PARA NIVELES INTERMEDIOS

Matemáticas

Un enfoque interactivo

Curso **1**

Suzanne H. **Chapin**

Mark **Illingworth**

Marsha **Landau**

Joanna O. **Masingila**

Leah **McCracken**

PRENTICE HALL

PARA NIVELES INTERMEDIOS
Matemáticas
Un enfoque interactivo

Curso 1

Needham, Massachusetts
Upper Saddle River, New Jersey

The authors and consulting authors on *Prentice Hall Mathematics: An Interactive Approach* team worked with Prentice Hall to develop an instructional approach that addresses the needs of middle grades students with a variety of ability levels and learning styles. Authors also prepared manuscript for strands across the three levels of Middle Grades Mathematics. Consulting authors worked alongside authors throughout program planning and all stages of manuscript development offering advice and suggestions for improving the program.

Authors

Suzanne Chapin, Ed. D., Boston University, Boston MA; Proportional Reasoning and Probability strands

Mark Illingworth, Hollis Public Schools, Hollis, NH; Graphing strand

Marsha S. Landau, Ph. D., National Louis University, Evanston, IL; Algebra, Functions, and Computation strands

Joanna Masingila, Ph. D., Syracuse University, Syracuse, NY; Geometry strand

Leah McCracken, Lockwood Junior High, Billings, MT; Data Analysis strand

Consulting Authors

Sadie Bragg, Ed. D., Borough of Manhattan Community College, The City University of New York, New York, NY

Vincent O'Connor, Milwaukee Public Schools, Milwaukee, WI

ISBN 0-13-839689-2

Printed in the United States of America

1 2 3 4 5 00 99 98 97 96

Reviewers

All Levels

Ann Bouie, Ph. D., Multicultural Reviewer, Oakland, CA

Victoria Delgado, Director of Multicultural/ Bilingual Programs, District 32, Brooklyn, NY (Spanish Edition)

Mary Lester, Dallas Public Schools, Dallas, TX

Dorothy S. Strong, Ph. D., Chicago Public Schools, Chicago, IL

Course 1

Darla Agajanian, Sierra Vista School, Canyon Country, CA

Rhonda Bird, Grand Haven Area Schools, Grand Haven, MI

Leroy Dupee, Bridgeport Public Schools, Bridgeport, CT

Ana Marina Gómez-Gil, Sweetwater Union High School District, Chula Vista, CA (Spanish Edition)

José Lalas, California State University, Dominguez Hills, CA

Richard Lavers, Fitchburg High School, Fitchburg, MA

Jaime Morales, Gage Middle School, Huntington Park, CA (Spanish Edition)

Course 2

Raylene Bryson, Alexander Middle School, Huntersville, NC

Sheila Cunningham, Klein Independent School District, Klein, TX

Eduardo González, Sweetwater High School, National City, CA (Spanish Edition)

Natarsha Mathis, Hart Junior High School, Washington, DC

Marcela Ospina, Washington Middle School, Salinas, CA (Spanish Edition)

Jean Patton, Sharp Middle School, Covington, GA

Judy Trowell, Little Rock School District, Little Rock, AR

Course 3

Frank Acosta, Colton Junior High School, Colton, CA (Spanish Edition)

Michaele F. Chappell, Ph. D., University of South Florida, Tampa, FL

Bettye Hall, Math Consultant, Houston, TX

Joaquín Hernández, Shenandoah Middle School, Miami, FL

Dana Luterman, Lincoln Middle School, Kansas City, MO

Isabel Pereira, Bonita Vista Senior High School, Chula Vista, CA (Spanish Edition)

Loretta Rector, Leonardo da Vinci School, Sacramento, CA

Anthony C. Terceira, Providence School Department, Providence, RI

Staff Credits

Editorial: Carolyn Artin, Alison Birch, Judith D. Buice, Kathleen J. Carter, Linda Coffey, Noralie V. Cox, Edward DeLeon, Christine Deliee, Audra Floyd, Mimi Jigarjian, John A. Nelson, Lynn H. Raisman

Marketing: Michael D. Buckley, Bridget A. Hadley, Christina Trinchero

Production: Jo Ann Connolly, Leanne Cordischi, Gabriella Della Corte, David Graham, Virginia Shine

Electronic Publishing: Will Hirschowitz, Pearl Weinstein

Manufacturing: Roger Powers, Holly Schuster

Design: Betty Fiora, Russell Lappa, L. Christopher Valente, Stuart Wallace

Prentice Hall dedica este programa interactivo de matemáticas a todos los maestros y estudiantes de matemáticas de los niveles intermedios.

CONTENIDO

CAPÍTULO 1 Representación de datos

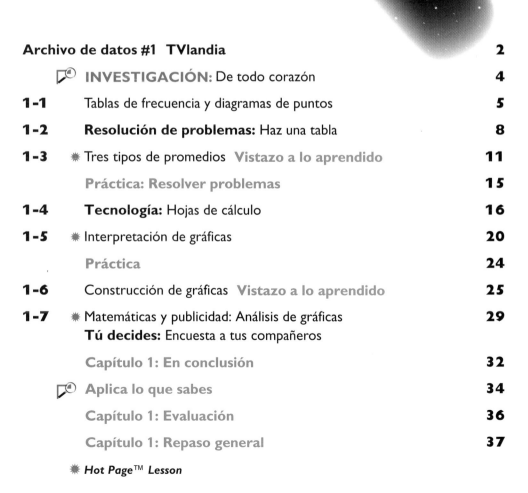

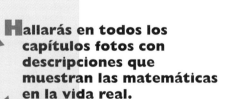

Hallarás en todos los capítulos fotos con descripciones que muestran las matemáticas en la vida real.

Aja Henderson tiene una colección de más de 1,000 libros. Aja presta los libros a los chicos del vecindario que no pueden visitar la biblioteca pública.

✳ *Hot Page*™ *Lesson*

Conceptos geométricos

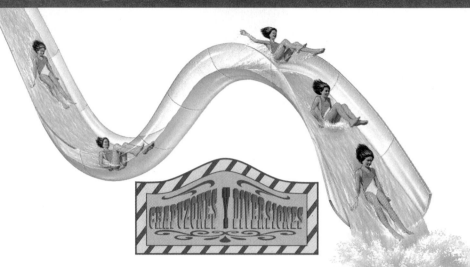

Hallarás en todos los capítulos, bajo los títulos ¿Quién?, ¿Qué?, ¿Por qué?, ¿Cuándo?, ¿Dónde? y ¿Cómo?, miniartículos llenos de datos fascinantes.

¿QUÉ? Un arlequín era un payaso vivaz e ingenioso del teatro italiano. Usaba un traje de brillantes retazos de seda en forma de diamante. A veces el traje tenía encajes y volantes. También llevaba una "varita" que usaba para indicar los cambios de escena.

Fuente: *The Oxford Companion to the Theater*

✳ *Hot Page*™ *Lesson*

Patrones, funciones y ecuaciones

Hallarás en todos los capítulos, bajo el título ¡RECUERDA!, repasos relámpago que te darán la información que necesitas justo cuando la necesitas.

⚡ ¡RECUERDA!

Un número escrito en forma normal está separado en grupos de tres dígitos divididos por comas.

Hallarás en todas las lecciones "Repasos mixtos" que te ayudarán a mantener tus habilidades en computación y en resolución de problemas.

R$e$pa$s$o MIXTO

Redondea a la décima más cercana.

1. 44.68   2. 8.146

Halla la respuesta.

3. $59.36 ÷ $7.42

4. $189.32 + $33.79

Escribe el decimal en palabras.

5. 0.73   6. 386.908

7. María gastó $35 en un par de pantalones vaqueros y $18 en una blusa. Le quedaron $24. ¿Cuánto dinero tenía en total antes de hacer las compras?

Medidas

Energía
A PEDAL

Hallarás en todos los
capítulos, bajo los títulos
¿Quién?, ¿Qué?, ¿Por qué?,
¿Cuándo?, ¿Dónde? y
¿Cómo?, miniartículos
llenos de datos fascinantes.

 La Gran Muralla
se extiende
2,971 km a lo
largo de una cordillera
montañosa del norte de
China. La muralla mide 14 m
de altura y 7 m de grueso en
algunos lugares. **¿Cuánto
tardarías en recorrerla, si
viajaras a 10 km/h?**

Fuente: *A Ride Along the Great Wall*

✳ *Hot Page*™ *Lesson*

Suma y resta de decimales

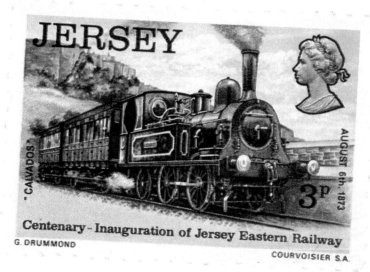

Centenary - Inauguration of Jersey Eastern Railway

Hallarás en todos los capítulos artículos de periódico que muestran las matemáticas en la vida real.

¿A cuántos años-luz?

La estrella más brillante del firmamento es Sirius, que se halla a aproximadamente 8.7 años-luz de la Tierra. Las estrellas Alfa Centauri A y B están a aproximadamente 4.37 años-luz de la Tierra. Próxima Centauri se encuentra a unos 4.28 años-luz. Otras estrellas vecinas son 61 Cygni B, a aproximadamente 11.09 años-luz de distancia, y Procyon B, a alrededor de 11.4 años-luz.

Si pudieras manejar hasta Alfa Centauri a 55 mi/h, el viaje demoraría aproximadamente 52 millones de años.

✱ *Hot Page*™ *Lesson*

Multiplicación y división de decimales

Hallarás en todos los capítulos fotos con descripciones que muestran las matemáticas en la vida real.

A LA MEDIDA

La corteza terrestre se mueve continuamente, lo que ocasiona terremotos, la formación de montañas y la separación de continentes.

Hallarás en todos los capítulos citas relacionadas con el tema que estás estudiando.

"

Las matemáticas, vistas desde la perspectiva apropiada, poseen no sólo verdad, sino también suprema belleza: una belleza...semejante a la de una escultura.
—Bertrand Russell
(1872–1970)

"

✳ *Hot Page*™ *Lesson*

Conceptos de fracciones

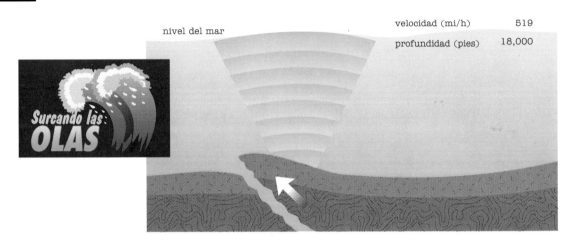

nivel del mar

velocidad (mi/h) 519

profundidad (pies) 18,000

Surcando las OLAS

Hallarás por todo el libro "Sugerencias para resolver el problema".

Sugerencia para resolver el problema

Haz una lista organizada.

Hallarás en todos los capítulos ideas para investigaciones a largo plazo.

Misión: Haz una lista de objetos que podrías usar para representar los números enteros del 0 al 9. Debe ser fácil identificar de un vistazo el número representado por el objeto. Decide cómo usar los objetos para representar los números del 10 al 20. Crea un cartel que muestre tu propio sistema de numeración.

✳ *Hot Page*™ *Lesson*

Operaciones con fracciones

   ✳ *Hot Page*™ *Lesson*

Hallarás **en todos los capítulos fotos con descripciones que muestran las matemáticas en la vida real.**

La Asociación Nacional de Atletismo en Silla de Ruedas (The National Wheelchair Athletic Association) *fue fundada en 1957 y cuenta con aproximadamente1,500 miembros.*

R azones, proporciones y porcentajes

RÁPIDO, MÁS RÁPIDO RAPIDÍSIMO

Poste de la meta

8 cm — 2 cm

Borde interior de
madera o de concreto

1.22 m

5 cm ancho
5 cm alto

1.22 m

H allarás en todos los
capítulos uso frecuente
de datos reales.

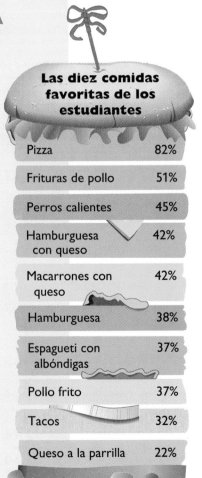

**Las diez comidas
favoritas de los
estudiantes**

Pizza	82%
Frituras de pollo	51%
Perros calientes	45%
Hamburguesa con queso	42%
Macarrones con queso	42%
Hamburguesa	38%
Espagueti con albóndigas	37%
Pollo frito	37%
Tacos	32%
Queso a la parrilla	22%

Fuente: *Gallup Organization*

✳ *Hot Page™ Lesson*

CAPÍTULO 10 **P**robabilidad

Zonas de movimientos sísmicos en los Estados Unidos

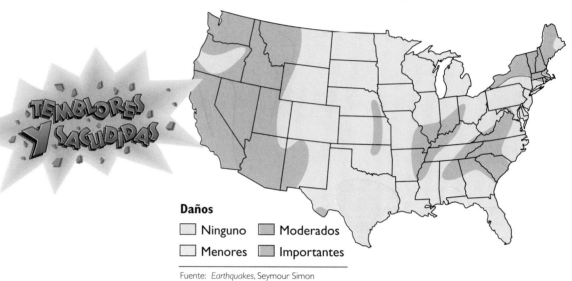

Daños

☐ Ninguno   ■ Moderados
☐ Menores   ▨ Importantes

Fuente: *Earthquakes*, Seymour Simon

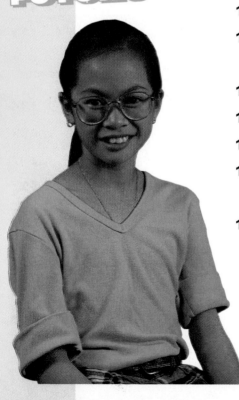

Hallarás por todo el libro cartas relacionadas con las carreras y profesiones. Busca el título "Un gran futuro".

UN GRAN FUTURO

✳ *Hot Page*™ *Lesson*

Números enteros y gráficas de coordenadas

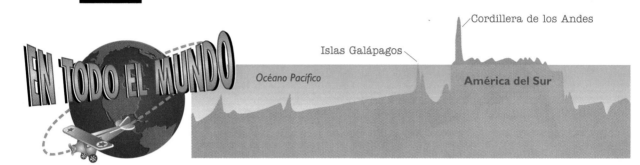

Cordillera de los Andes

Islas Galápagos

Océano Pacífico

América del Sur

EN TODO EL MUNDO

✹ *Hot Page*™ *Lesson*

Hallarás en todos los capítulos listas de materiales que te indicarán lo que "Vas a necesitar".

■ VAS A NECESITAR

✓ Geotabla

✓ Elásticos

Hallarás en todos los "Archivos de datos" una perspectiva mundial. Busca el logotipo "De todo el mundo".

DE TODO EL MUNDO

Hawai se desplaza hacia Japón a una velocidad de unas 4 pulg anuales. América del Norte y Europa se alejan a una velocidad de, aproximadamente, 1 pulg anual.

Representación de datos

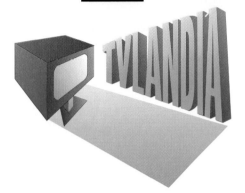

Hoy día, el 98% de los hogares en los Estados Unidos cuentan con al menos un televisor. Más de la mitad de las familias incluidas en la encuesta informaron que veían entre 7 y 21 horas de televisión a la semana. Observa la tabla de abajo y decide a qué grupo perteneces.

¿Cuánta televisión vemos?

Horas a la semana	Porcentaje
Menos de 7	17
7 a 14	29
15 a 21	22
22 a 28	12
29 a 35	9
36 a 42	4
43 a 49	2
50 a 70	3
71 ó más	1
No respondieron	1

Fuente: *TV Guide*

¿Cuántos tienen televisión?

Hogares con:	Cantidad
Televisor a color	90,258,000
Televisor en blanco y negro	1,842,000
2 ó más televisores	59,865,000
1 televisor	32,235,000
TV por cable	56,235,340
Cualquier tipo de televisor	92,100,000

Fuentes: *Information Please Almanac; World Almanac; Nielsen Media Research*

CÓMO FUNCIONA UNA RED INTERACTIVA

3 El satélite recibe los datos, los transmite a una oficina para ser procesados, y luego recibe instrucciones adicionales.

2 El receptor en tierra recibe los datos y los envía a un satélite.

1 El televidente usa su unidad casera para enviar información sobre su selección basada en una lista que aparece en la pantalla.

EN ESTE CAPÍTULO

- reunirás datos y los mostrarás en una gráfica
- hallarás y usarás la media, la mediana y la moda
- usarás la tecnología para analizar datos
- resolverás problemas haciendo una tabla

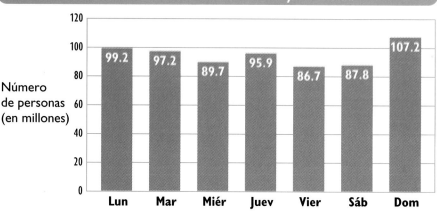

Televidentes durante horas de mayor sintonía

Número de personas (en millones)

Lun	Mar	Miér	Juev	Vier	Sáb	Dom
99.2	97.2	89.7	95.9	86.7	87.8	107.2

Las horas de mayor sintonía son 8–11 p.m. (Hora Estándar del Este) de lunes a sábado y 7–11 p.m. los domingos.

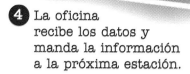

4 La oficina recibe los datos y manda la información a la próxima estación.

5 Una tienda u otra agencia recibe las solicitudes, cumple con ellas y prepara las cuentas.

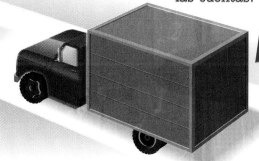

DE TODO EL MUNDO

El gobierno japonés gasta $17.71 por persona en televisión pública. Los canadienses gastan $32.15 y Estados Unidos gasta sólo $1.06.

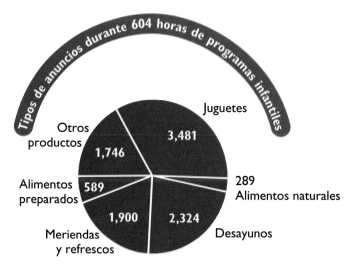

Tipos de anuncios durante 604 horas de programas infantiles

- Juguetes 3,481
- Otros productos 1,746
- Alimentos preparados 589
- Meriendas y refrescos 1,900
- Desayunos 2,324
- Alimentos naturales 289

Total de anuncios: 10,329

Fuente: *Dynamath*

3

investigación

Proyecto

Informe

Es posible que el corazón humano sea la máquina más asombrosa que exista. Pesa sólo una media libra, pero puede bombear sangre a través de unas 12,000 mi de vasos sanguíneos del cuerpo humano. Nunca descansa ni se detiene por reparaciones. En un año, el corazón humano bombea alrededor de un millón de galones de sangre por todo el cuerpo. Durante la vida promedio de una persona, el corazón late más de dos mil millones de veces.

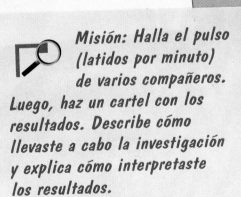

Misión: Halla el pulso (latidos por minuto) de varios compañeros. Luego, haz un cartel con los resultados. Describe cómo llevaste a cabo la investigación y explica cómo interpretaste los resultados.

Sigue Estas Pistas

✓ ¿A cuántos estudiantes deberás tomar el pulso?

✓ ¿Cuántas veces deberás tomar el pulso a cada uno?

✓ ¿Qué tipo de información sobre el pulso deberás mostrar en tu cartel?

En esta lección

• Organizar datos en
tablas de frecuencia
y diagramas de
puntos

1-1 Tablas de frecuencia y diagramas de puntos

PIENSA Y COMENTA

Puedes lograr cualquier color si mezclas pinturas de color rojo, azul y amarillo. Estos colores son los *colores primarios*. Una maestra de arte preguntó a sus alumnos cuáles eran sus colores primarios favoritos. Ella organizó las respuestas en la *tabla de frecuencia* de abajo. Una **tabla de frecuencia** muestra el número de veces que ocurre cada dato.

Color primario favorito	Conteo	Frecuencia
azul	ﬃ ﬃﬃﬃ	9
rojo	ﬃﬃ ﬃﬃ	10
amarillo	ǀ	1

1. ¿Qué representa cada marca o ǀ?

2. ¿Cómo se determina la frecuencia en la tercera columna?

3. **Discusión** ¿Cuántos estudiantes hay en la clase? Describe dos maneras de hallar el número de estudiantes.

También se pueden organizar los datos con un *diagrama de puntos*. Un **diagrama de puntos** muestra los datos sobre una línea horizontal.

El azul es el color favorito de la mayoría de las personas en Estados Unidos. Los demás, en orden de popularidad, son: rojo, verde, blanco, rosado, morado, anaranjado y amarillo.

Fuente: *3-2-1 Contact*

Estaturas de los estudiantes de una clase de matemáticas (pulg)

```
                              ×
            ×           ×  ×  ×           ×
         ×  ×  ×  ×  ×  ×  ×  ×  ×
      ×  ×  ×  ×  ×  ×  ×  ×  ×  ×  ×
      55 56 57 58 59 60 61 62 63 64 65
```

4. ¿Qué representa cada × ?

5. **Discusión** ¿Cuántos estudiantes hay en la clase de matemáticas? Explica cómo hallaste el número de estudiantes.

Halla las respuestas.

1. $243 + 43 + 817 + 36$

2. $96 + 17 + 89 + 16$

3. $23{,}427 - 4{,}798$

4. $592 - 418$

5. Vivian tiene seis monedas que valen un total de 52¢. ¿Cuántas monedas de cada tipo tiene?

⌐EN EQUIPO

- Hagan una tabla de frecuencia en la que puedan anotar los meses de nacimiento de los estudiantes de la clase de matemáticas.

- Pidan a cada estudiante de la clase que diga en qué mes nació. Escriban las respuestas en la tabla de frecuencia.

- Muestren los resultados en un diagrama de puntos.

- Reúnete con un compañero y escriban un párrafo corto que describa los resultados.

La **gama** de un conjunto de datos numéricos es la diferencia entre el valor mayor y el menor.

6. En 1852, varios agrimensores tomaron estas cinco medidas del monte Everest para determinar la altitud de la montaña.

28,990 pies	28,992 pies	28,999 pies
29,002 pies	29,005 pies	29,026 pies

a. ¿Cuál es la mayor altitud? ¿Y la menor altitud?

b. Halla la gama de las medidas.

⌐POR TU CUENTA

Letra	Conteo	Frecuencia
a	|||	3
e	▪	▪
i	▪	▪
o	▪	▪
u	▪	▪

7. **Estudios sociales** Hay un lugar en Gales que se llama Llanfairpwllgwyngyllgogerychwyrndrobwllllantysilio-gogogoch.

a. Copia y llena la tabla de frecuencia de la izquierda usando el nombre de este pueblo galés.

b. Describe los datos anotados en la tabla de frecuencia.

8. **Literatura** A continuación, se muestra el número de letras de cada una de las primeras veinticinco palabras del libro *The Story of Amelia Earhart*. Haz una tabla de frecuencia.

6 3 4 2 3 5 3 7 3 4 3 3 4

3 3 3 6 6 3 5 3 2 3 7 5

9. **Calculadora** La NASA exige que los astronautas midan un mínimo de 58.5 pulg y un máximo de 76 pulg de estatura. Halla la gama de estaturas.

10. a. ¿Qué información muestra el diagrama de puntos?

b. ¿Cuántas notas aparecen en el diagrama de puntos?

c. ¿Cuántos estudiantes obtuvieron una nota de C o mejor?

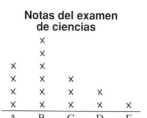

Notas del examen
de ciencias

```
          ×
          ×
    ×     ×
    ×     ×     ×
    ×     ×     ×     ×
    ×     ×     ×     ×     ×
    A     B     C     D     F
```

11. Por escrito ¿En qué se parecen las tablas de frecuencia y los diagramas de puntos? ¿En qué se diferencian?

12. Deportes Los precios de los boletos para asistir a un juego de béisbol de los Brewers de Milwaukee son $14, $12, $4, $15, $8, $7 y $11. Halla la gama de precios.

13. Estudios sociales A continuación se muestran los estados donde nacieron los 42 presidentes de los Estados Unidos.

Estados de origen de los presidentes					
Estado	**Conteo**	**Estado**	**Conteo**	**Estado**	**Conteo**
VA	ꟷꟷꟷ ꟷꟷꟷ	KY	I	CA	I
MA	IIII	OH	ꟷꟷꟷ II	NE	I
SC	I	VT	II	GA	I
NY	IIII	NJ	II	IL	I
NC	II	IA	I	AR	I
NH	I	MO	I		
PA	I	TX	II		

a. Usa los datos para hacer un diagrama de puntos.

b. ¿En qué cuatro estados nacieron la mayor cantidad de presidentes?

c. ¿Es posible hallar la gama de estos datos? Explica tu respuesta.

14. Actividad Hay 8 estados que empiezan con la letra *M*.

a. Pide a 20 personas que no estén en la clase de matemáticas que nombren tantos estados como puedan recordar que empiecen con la letra *M*. Anota los estados de las respuestas correctas en una tabla de frecuencia.

b. Muestra los resultados en un diagrama de puntos.

c. Por escrito Describe los resultados de la encuesta. ¿Qué estado se omitió con más frecuencia?

15. Investigación (pág. 4) Reúne datos sobre la cantidad de veces que 10 personas parpadean en un minuto. Muestra los resultados en una tabla de frecuencia.

Franklin D. Roosevelt *nació en Nueva York y es la persona que ha ocupado la presidencia durante más tiempo. Fue electo cuatro veces y su mandato presidencial duró más de doce años.*

1-2 Haz una tabla

En esta lección

• Resolver problemas haciendo una tabla

> El Sr. E. S. Ricacho tiene el bolsillo lleno de monedas. Él dice que puede mostrarte todas las combinaciones que dan un total de 18¢. ¿Cuántas combinaciones crees que te mostrará, si es cierto lo que dice?

LEE ➡

Lee la información que te dan y asegúrate que entiendes bien. Resume el problema.

Piensa en la información que se te da y en lo que tienes que hallar.

1. ¿Qué te pide el problema que halles?

2. ¿Qué tipos de monedas necesita el Sr. E. S. Ricacho tener en el bolsillo? ¿Qué valor tiene cada moneda?

PLANEA ➡

Decide qué estrategia usarás para resolver el problema.

Puedes hacer una tabla para organizar las combinaciones posibles que dan un total de 18¢.

3. a. El Sr. E. S. Ricacho pone 1 moneda de 10¢ en la mesa. ¿Cuántas monedas de 1¢ tendría que poner en la mesa para obtener 18¢?

   b. ¿De qué otra manera podría el Sr. E. S. Ricacho obtener 18¢ después de poner 1 moneda de 10¢ sobre la mesa?

4. El Sr. E. S. Ricacho usa sólo monedas de 1¢ para obtener 18¢. ¿Cuántas monedas de 1¢ hay sobre la mesa?

RESUELVE ➡

Prueba con la estrategia.

Haz una tabla como la que aparece a continuación para organizar una lista de todas las combinaciones posibles que dan un total de 18¢.

 La moneda más popular es la de 1¢ que muestra la cabeza de Lincoln. Desde 1909 se han acuñado más de 250,000 millones. Si se colocaran todas estas monedas una encima de otra, llegarían de la Tierra a la Luna.

Monedas de 10¢	Monedas de 5¢	Monedas de 1¢
1	0	8
:	:	:
:	:	:
0	0	18

5. Copia y completa la tabla de arriba.

Fuente: *Guinness Book of Records*

---

6. ¿Por qué no aparece el número 2 en la columna de las *monedas de 10¢*?

7. **Discusión** ¿Por qué es más fácil determinar primero el número necesario de monedas de 10¢, en vez del de monedas de 1¢? Usa un ejemplo para ilustrar tu respuesta.

8. Cuenta las combinaciones que dan un total de 18¢.

Puedes usar la tabla que hiciste para contestar muchas otras preguntas.

◀ **COMPRUEBA**

Piensa en cómo resolviste este problema.

9. **Discusión** ¿Existe algún patrón en los números de tu tabla? Si es así, describe los patrones.

10. ¿Cuál es la cantidad mínima de monedas que dan un total de 18¢? ¿Y la cantidad máxima?

11. Hay diez monedas que dan un total de 18¢. ¿Qué tipos de monedas son?

PONTE A PRUEBA

Haz una tabla para resolver cada problema.

12. ¿Cuántas combinaciones de monedas hay que dan un total de 28¢?

13. Hay 16¢ en una bolsa. Hay más monedas de 5¢ que de 1¢.
    a. ¿Qué tipos de monedas hay en la bolsa?
    b. ¿Cuántas monedas de cada tipo hay en la bolsa?

POR TU CUENTA

Escoge una estrategia para resolver cada problema. Muestra todo tu trabajo.

14. Miguel se dedica a repartir periódicos. Gana 15¢ por cada periódico que reparte entre semana y 35¢ por cada periódico que reparte el domingo. Miguel reparte entre semana el doble de periódicos que reparte el domingo. ¿Cuántos periódicos de cada tipo reparte, si gana $13 a la semana?

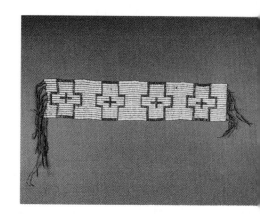

Los cinturones de wampum hechos de cuentas era lo que usaban algunos indios de Estados Unidos como dinero. Intercambiaban wampum con los colonizadores a cambio de mercancías. Cinco cuentas moradas equivalían a un centavo inglés.

Fuente: *Reader's Digest Book of Facts*

15. Yasmine, Fiona y Carmen se graduaron de la universidad. Una es ingeniera, otra enfermera y otra abogada. Yasmine y la ingeniera planean compartir un apartamento. La enfermera ayuda a Carmen a empacar. Fiona es la abogada y se especializa en derecho administrativo. ¿Quién es la ingeniera?

16. La clase del Sr. Odina patrocina una subasta para recaudar fondos para los desamparados. Se asigna a cada estudiante la tarea de hacer boletas. La tarea de Chang es hacer boletas con números de tres dígitos, usando los números 3, 7 y 8. ¿Cuántas boletas puede hacer Chang poniendo cada dígito sólo una vez en cada boleta?

17. ¿Cuántos triángulos hay en la losa de abajo?

18. Halla el número más pequeño que reúna todas estas condiciones.

- Cuando dividas el número entre 7, el residuo será 1.
- Cuando dividas el número entre 9, el residuo será 7.
- Cuando dividas el número entre 11, el residuo será 10.

19. Una imprenta usó 121 caracteres para numerar las páginas de un libro. La primera página es la número 1. ¿Cuántas páginas numeradas hay en el libro?

20. Thelma y su hermano Otis visitan a su abuela y a su tío los viernes. Caminan tres cuadras hacia el norte y cuatro hacia el oeste para ir de su apartamento a la casa de su abuela. Después, continúan caminando una cuadra hacia el sur y nueve cuadras hacia el este para ir a casa de su tío. ¿Cuáles son tres maneras en las que Thelma y Otis pueden regresar a su casa caminando un total de siete cuadras?

21. Cada 40 min sale un autobús de Boston con rumbo a Nueva York. El primer autobús sale a las 5:10 a.m. ¿Cuál es la hora de salida más próxima a las 12:55 p.m.?

22. Los niños se pueden montar en dos tipos de vehículos en la feria. A cada miniauto le caben 4 niños y a cada bote le caben 6. Hay un total combinado de 28 miniautos y botes, a los que les caben un total de 136 niños. ¿Cuántos vehículos hay de cada tipo?

Repaso MIXTO

Usa estos datos en los ejercicios 1–3.
Estaturas de los estudiantes (pulg): 53, 55, 60, 53, 57, 55, 52, 54, 53, 55

1. Haz una tabla de frecuencia.

2. Haz un diagrama de puntos.

3. Halla la gama.

4. Andrés ha formado un grupo de intercambio de libros. De momento, él es el único miembro, pero espera que cada miembro añada tres miembros adicionales al mes. ¿Cuántos miembros espera tener Andrés después de 6 meses?

Tres tipos de promedios

En esta lección

- Hallar la media, la mediana y la moda

- Decidir qué promedio resulta más apropiado en una situación dada

VAS A NECESITAR

✓ Papel cuadriculado

✓ Tijeras ✂

EN EQUIPO

- Escriban los nombres de los estudiantes del grupo en tiras de papel cuadriculado, tal como se muestra a continuación.

L	I	S	A					
A	N	T	O	N	I	O		
I	A	N						
C	H	R	I	S	T	I	N	A
A	L	E	X	A	N	D	E	R

- Hallen el número promedio de letras que tienen los nombres de los estudiantes del grupo. Describan cómo halló el grupo este número.

- Comparen sus resultados con los de los demás grupos. ¿Usaron todos la misma estrategia para hallar el número promedio de letras de los nombres? Expliquen su respuesta.

PIENSA Y COMENTA

Puedes hacer observaciones generales sobre los datos usando los promedios *media, mediana* y *moda*. La **media** de un conjunto de datos es la suma de los datos dividida entre el número de datos.

Ejemplo 1

Halla la media de los minutos a la semana que los estudiantes pasan en la clase de matemáticas.

- Halla la suma de los datos.

179 ⊞ 251 ⊞ 204 ⊞ 180 ⊞ 228 ⊞

230 ⊟ *1272*

- Divide la suma entre el número de datos.

1272 ⊡ 6 ⊟ *212*

Los estudiantes pasan aproximadamente 212 min a la semana en la clase de matemáticas.

Matemáticas alrededor del mundo

País	Minutos a la semana en la clase de matemáticas
Corea del Sur	179
Suiza	251
Taiwan	204
Jordania	180
Estados Unidos	228
Francia	230

Puedes también describir datos hallando la *mediana*. La **mediana** es el número del medio en un conjunto de datos ordenados.

Ejemplo 2

Las temperaturas (°F) diarias promedio de una semana dada son 86, 78, 92, 79, 87, 91 y 77. Halla la mediana.

Ordena los datos y elige el número del medio.

77   78   79 (86) 87   91   92

La mediana de las temperaturas es 86°F.

Cuando haya un número par de datos, puedes hallar la mediana sumando los dos números del medio y dividiendo entre 2.

Temperaturas (°F) mensuales promedio en St. Louis, MO					
29	34	43	56	66	75
79	77	70	58	45	34

1. A la izquierda se muestran las temperaturas (°F) mensuales promedio en St. Louis, Missouri.

   a. Halla la media y la mediana.

   b. **Discusión** ¿Qué promedio describe mejor las temperaturas en St. Louis durante el año? Explica.

También se puede describir un conjunto de datos mediante la *moda*. La **moda** es el dato que aparece con más frecuencia. La moda es muy útil cuando los datos no son numéricos.

Ejemplo 3

El diagrama de puntos muestra las colecciones de un grupo de estudiantes. Halla la moda.

Colecciones

	×			
×	×			
×	×		×	
×	×	×	×	
×	×	×	×	×
Monedas	Postales	Sellos	Revistas de historietas	Otras

Las postales constituyen la moda, porque aparecen con más frecuencia.

Un conjunto de datos puede tener más de una moda. Cuando todos los datos aparecen el mismo número de veces, no hay moda.

2. Supón que uno de los estudiantes colecciona monedas en vez de sellos. Halla la moda.

3. **Discusión** Describe cómo es un diagrama de puntos cuando no hay una moda para los datos.

Aja Henderson tiene una colección de más de 1,000 libros. Aja presta los libros a los chicos del vecindario que no pueden visitar la biblioteca pública.

Halla la media, la mediana y la moda de cada conjunto de datos.

4. 15 12 20 13 17 19

5. 95 80 92 91 98 94 94

6. Deportes En los juegos de béisbol profesional se usa una pelota para un promedio de cinco lanzamientos. Halla siete números que tengan una media de 5.

7. ¿Qué promedio describiría mejor la asignatura favorita de los estudiantes de la clase de matemáticas? Explica.

8. a. Espectáculos Describe la duración promedio de una película cómica con la media, la mediana y la moda.

   b. Actividad Visita una tienda de video cercana. Anota la duración en minutos de 20 películas de ciencia ficción. Analiza la información con la media, la mediana y la moda.

   c. Por escrito Usa la media, la mediana y la moda para comparar la duración de las películas cómicas con la de las películas de ciencia ficción.

9. Música El diagrama de puntos muestra el número de canciones de 27 discos compactos de rock distribuidos recientemente.

Duración de 20 películas cómicas (min)				
102	111	105	100	100
99	107	104	101	89
101	90	92	87	96
92	95	101	110	98

Número de canciones de discos compactos de rock

```
                            ×
                   ×        ×
                   ×        ×
          ×        ×        ×
          ×        ×        ×
          ×        ×        ×
   ×      ×        ×        ×     ×      ×
   ×      ×        ×        ×     ×      ×      ×
   9      10       11       12    13     14     15
```

   a. Halla la mediana y la moda.

   b. ¿Que promedio crees que refleja mejor el número de canciones de un disco compacto de rock? Explica tu respuesta.

   c. Pensamiento crítico ¿Tendría sentido usar la media para describir estos datos? ¿Por qué?

Repaso MIXTO

Halla las respuestas.

1. 718 + 46

2. 2,057 − 569

3. 114 × 12

4. 248 ÷ 8

5. La altura de una carretera montañosa es de 4,000 pies en un punto dado. Dos millas más adelante, la altura es de 5,200 pies. ¿Cuál será la altura seis millas después del punto de partida, si continúa este patrón?

10. **Elige A, B, C o D.** Supón que la maestra de Leticia permite a los estudiantes decidir si se va a usar la media, la mediana o la moda para hallar el promedio de notas de sus exámenes. Leticia halla que obtendrá el promedio mayor si usa la media. ¿Cuál de estos conjuntos de notas es el de Leticia?

   A. 74, 80, 92, 82, 92   **B.** 74, 80, 74, 82, 85

   C. 74, 80, 92, 85, 74   **D.** 74, 80, 70, 71, 80

En una encuesta reciente a 10,832 estudiantes de escuela secundaria, las matemáticas resultaron ser la asignatura favorita.

Fuente: *Scholastic Math*

Pensamiento crítico ¿Qué promedio resulta más apropiado en cada situación? Explica.

11. la clase favorita de los estudiantes de tu grado

12. la cantidad de nieve caída durante el mes de diciembre en Lansing, MI

13. el costo de la vivienda en tu comunidad

14. **Archivo de datos #1 (págs. 2–3)** Usa la calculadora para hallar la media de televidentes durante las horas de mayor sintonía de lunes a viernes.

15. **Por escrito** Describe una situación para la cual sería más apropiado usar cada uno de los siguientes promedios: media, mediana y moda.

16. **Investigación (pág. 4)** Reúne datos sobre cuántas veces pueden diez personas chasquear los dedos en un minuto. Halla la media, la mediana y la moda de tus resultados.

Deporte	Jugadores por equipo
Fútbol americano	11
Voleibol	6
Básquetbol	5
Fútbol	11
"Ultimate Frisbee"	7
Hockey sobre hielo	6
Softball	9
Hockey sobre hierba	11
"Speedball"	11
Béisbol	9

V I S T A Z O A LO APRENDIDO

Usa los siguientes datos para las preguntas 1 y 2.

Gramos de grasa por porción de 25 marcas populares de cereal:
0, 1, 1, 3, 1, 1, 2, 2, 0, 3, 1, 3, 2, 0, 1, 0, 2, 1, 1, 0, 0, 0, 2, 1, 0

1. Haz una tabla de frecuencia.

2. Haz un diagrama de puntos.

Usa la tabla de la izquierda para las preguntas 3 a 6.

3. **Calculadora** Halla la media del número de jugadores.

4. Halla la mediana.   5. Halla la moda.

6. ¿Qué promedio describe mejor la cantidad de jugadores de un equipo deportivo? Explica.

Práctica: Resolver problemas

ESTRATEGIAS PARA RESOLVER PROBLEMAS

Haz una tabla
Razona lógicamente
Resuelve un problema más sencillo
Decide si tienes suficiente información, o más de la necesaria
Busca un patrón
Haz un modelo
Trabaja en orden inverso
Haz un diagrama
Estima y comprueba
Simula el problema
Prueba con varias estrategias

Resuelve. La lista de la izquierda muestra algunas de las estrategias que puedes usar.

1. Te han entregado cinco eslabones sueltos de oro. Un joyero cobra $1 por cortar y soldar un eslabón. ¿Cuánto será lo mínimo que cobrará el joyero por hacer una cadena sencilla con los cinco eslabones de oro?

2. Resuelve esta adivinanza: "Pienso en un número, sumo 6, multiplico por 4, divido entre 8 y resto 3. La respuesta es 2." ¿Cuál es el número original?

3. Hay dos niños en la familia Jackson. La suma de sus edades es 15 y el producto es 54. ¿Qué edades tienen los niños?

4. Zahur usa un tablero de velcro, como el de abajo, y tres dardos de velcro en su juego favorito. Cuando el dardo cae en una línea, se cuenta el valor mayor. ¿Qué puntuaciones podría obtener Zahur si da con los tres dardos en el tablero?

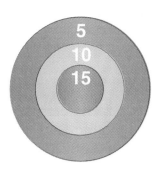

¿QUÉ? El velcro fue inventado por Georges de Mestral, un ingeniero suizo. La idea se la inspiró la naturaleza, cuando observó bien que se pegaban los cardos a sus medias de lana.

Fuente: *How in the World?*

5. **Calculadora** Divide 3 entre 11. ¿Qué dígito ocuparía el lugar decimal número 50?

6. Seis manzanas pesan lo mismo que dos naranjas y dos kiwis. Una naranja pesa lo mismo que ocho kiwis. ¿Cuántos kiwis pesan lo mismo que una manzana?

1-4 Hojas de cálculo

En esta lección

• Organizar datos en una hoja de cálculo

• Usar hojas de cálculo para estudiar promedios

VAS A NECESITAR

✓ Computadora

✓ Hoja de cálculo

PIENSA Y COMENTA

A un disco compacto le caben aproximadamente 80 min de música. ¿Les caben más canciones a tus discos compactos? ¿Tienen algunos discos compactos más música que otros?

La *hoja de cálculo* de abajo muestra la duración de 20 discos compactos de 5 distintas categorías musicales. Puedes usar una **hoja de cálculo** para organizar y analizar la información.

	A	B	C	D	E	F
1	Tipo de música	Disco 1 (min)	Disco 2 (min)	Disco 3 (min)	Disco 4 (min)	Duración media (min)
2	Rock/Popular	40	44	45	47	
3	Rap	47	53	55	41	
4	Country	32	34	30	36	
5	Clásica	45	73	51	59	
6	Jazz	41	58	44	77	

Los datos de la hoja de cálculo están organizados en filas y columnas.

1. **a.** ¿Cómo se identifican las columnas en la hoja de cálculo?

   b. ¿Cómo se identifican las filas en la hoja de cálculo?

Un disco compacto contiene 3 mi de pista. Los discos compactos no se rayan porque no hay aguja que toque la superficie del disco.

Una **celdilla** es el cuadro donde se cruzan una fila y una columna. Por ejemplo, el cuadro en que coinciden la columna E y la fila 3 se llama celdilla E3. El valor que aparece en la celdilla E3 es 41.

2. **a.** ¿Qué valor muestra la celdilla D4? ¿Qué significa este número?

   b. ¿Qué celdillas hay en la fila 2?

   c. ¿Qué celdillas hay en la columna C?

3. **a.** ¿Qué celdilla muestra el valor mayor? ¿Y el menor?

   b. ¿Qué tipo de música contiene el disco compacto de mayor duración? ¿Y el de menor duración?

Se puede ahorrar tiempo y esfuerzo usando un programa de hoja de cálculo. Por ejemplo, la computadora puede llenar automáticamente todos los valores de una columna si se le indican qué cálculos hacer. Una **fórmula** es un conjunto de instrucciones que le explica a la computadora lo que tiene que hacer.

Trabaja con un compañero para contestar estas preguntas.

 La palabra *celdilla* tiene su origen en la palabra latina *cella*, que significa "habitación".

Fuente: *The Oxford Dictionary of English Etymology*

4. **a. Por escrito** La celdilla F2 muestra la duración media de los cuatro discos compactos de rock/popular. Describan cómo calcular este valor sin usar la computadora.

   b. Discusión Con un programa de hoja de cálculo pueden escribir en la celdilla F2 la fórmula =(B2+C2+D2+E2)/4. ¿En qué se parece esta fórmula a la descripción que escribieron? ¿En qué se diferencia?

   c. Computadora Preparen una hoja de cálculo como la de la página anterior. Escriban las fórmulas en las celdillas F2 a F6. ¿Cuál es la duración media para cada uno de los cinco tipos de música?

5. **Pensamiento crítico** Determinen qué sucedería al valor de F4 si:

   a. aumentara el valor de la celdilla C4

   b. disminuyera el valor de la celdilla B4

   c. aumentara el valor de la celdilla B3

Sugerencia para resolver el problema

Pueden sustituir valores apropiados en cada celdilla para ver qué sucede con el valor de la celdilla F4.

6. **Discusión** ¿Cómo cambiarían las fórmulas de la columna F si hubiera cinco discos para representar cada tipo de música, en vez de cuatro?

7. **Computadora** Supongan que se escribiera incorrectamente la duración del primer disco compacto de música clásica. Cambien el valor de la celdilla B5 a 65. ¿Cómo cambió la hoja de cálculo al hacer esta corrección?

8. **Computadora** Añadan una fila 7 a la hoja de cálculo.

   a. Incluyan estos datos sobre cuatro discos compactos que contienen temas musicales de películas: 31 min, 48 min, 32 min, 49 min.

   b. ¿Qué fórmula escribieron en la celdilla F7?

   c. ¿Cuál es la duración media de los discos compactos de temas musicales de películas?

Usa la información siguiente con los ejercicios 9–12.

Tamara trabaja tiempo parcial en la tienda de música Ritmos de Hoy, donde le pagan $6 la hora. Tamara preparó una hoja de cálculo para llevar la cuenta de cuántas horas trabaja y cuánto gana. La hoja de cálculo de abajo muestra el horario normal de una semana.

	A	B	C	D	E
1	Día	Hora de entrada (p.m.)	Hora de salida (p.m.)	Horas trabajadas	Cantidad ganada
2	Lunes	3	5	■	■
3	Miércoles	4	6	■	■
4	Viernes	3	6	■	■
5	Sábado	1	6	■	■
6			Total:	■	■
7			Media:	■	■

9. ¿Cómo puedes calcular el valor de la celdilla D2? ¿Y el de la celdilla E2?

10. a. **Computadora** Haz una hoja de cálculo como la de Tamara. Usa tu respuesta al ejercicio 9 para escribir las fórmulas en las columnas D y E.

    b. ¿Cuántas horas trabaja Tamara durante una semana normal?

    c. ¿Cuál es la media del número de horas que trabaja Tamara en cada turno?

    d. ¿Cuánto gana Tamara en una semana normal?

    e. ¿Cuál es la cantidad media que Tamara gana en cada turno?

11. a. ¿Estaría aún correcta tu fórmula para la celdilla D2 si Tamara llegara a la tienda a las 11 a.m. y saliera a la 1 p.m.? ¿Por qué?

    b. **Pensamiento crítico** ¿Cómo cambiarías la hoja de cálculo para incluir horarios de mañana y de tarde?

12. **Computadora** Determina los ingresos semanales de Tamara si tuviera el mismo horario, pero hubiera recibido un aumento de $2 la hora.

En Dinamarca Tamara ganaría aproximadamente 42 kroner la hora. **¿A cuántos kroner equivale un dólar?**

Usa la información de abajo con los ejercicios 13–18.

Es el mes de la música de videos en la clase de la Sra. Houston. Cada grupo de estudiantes crea un video y recibe tres calificaciones de 0 a 100 por originalidad, esfuerzo y calidad técnica. La Sra. Houston incluyó todas las puntuaciones en una hoja de cálculo, pero un error del programa de la computadora borró varios datos.

	A	B	C	D	E	F
1	Grupo	Originalidad	Esfuerzo	Calidad	Total	Puntuación media
2	Rojo	90	■	80	■	85
3	Anaranjado	90	90	■	■	80
4	Amarillo	95	100	75	■	■
5	Verde	■	80	80	■	75
6	Azul	85	■	85	■	85

¿QUIÉN? La Contralmirante Grace Hopper (1907–1992) fue la primera persona en usar la frase "computer bug" para describir errores o fallos de computadora.

Fuente: *The Book of Women*

13. Escribe las fórmulas que podría usar la Sra. Houston para determinar los valores de las celdillas E2 a E6.

14. Elige A, B o C. ¿Qué fórmula *no* podría usar la Sra. Houston para determinar el valor de la celdilla F2?

   A. =E2/3

   B. =(B2+B3+B4)/3

   C. =(B2+C2+D2)/3

15. ¿Tiene la Sra. Houston que incluir la columna E en la hoja de cálculo para poder determinar la puntuación media de cada grupo? Explica tu respuesta.

16. Por escrito Explica cómo puedes hallar el valor de la celdilla D3.

17. a. Calculadora Copia y completa la hoja de cálculo de arriba.

   b. ¿Qué grupo creó el video más original?

   c. ¿Qué grupo realizó el menor esfuerzo para producir el video?

   d. ¿Qué grupo obtuvo la mejor calificación general en su proyecto de video? Explica tu respuesta.

18. Pensamiento crítico ¿Por qué tiene que ser menor que 80 el valor de la celdilla B5?

Repaso MIXTO

Usa estos datos: 37, 11, 15, 16, 19, 11, 13, 20, 11

1. Halla la gama.

2. Halla la media.

3. Halla la mediana.

4. Halla la moda.

5. A las 9:00 p.m. la temperatura era 42°F. Entre las 9:00 p.m. y la medianoche la temperatura bajó 8°. Entre la medianoche y las 10:00 a.m., la temperatura subió 15°. ¿Qué temperatura había a las 10:00 a.m.?

1-5

Interpretación de gráficas

PIENSA Y COMENTA

Hay muchas maneras distintas de representar datos. El tipo de gráfica que elijas depende del tipo de datos que hayas reunido y de la idea que quieras comunicar. Una **gráfica de barras** se usa para comparar cantidades.

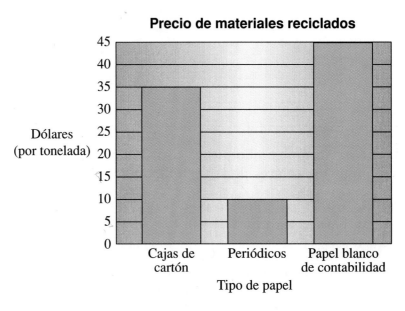

Precio de materiales reciclados

 El papel se ha fabricado con materiales reciclados a través de la historia. Los chinos inventaron el papel en el año 105 d.C., usando desechos de trapos y de redes de pescar. No fue hasta la década de 1850 que se comenzó a cortar árboles para la fabricación del papel.

Fuente: *Origins of Everything Under, and Including, the Sun*

1. ¿Qué información se da en la parte de abajo de la gráfica?

2. ¿Qué representan los números que se encuentran a la izquierda en la gráfica?

3. **a.** Sin hallar el precio exacto de cada uno, ordena los tipos de papel de mayor precio a menor precio.

   b. Discusión ¿Por qué te permite la gráfica de barras hacer estas comparaciones con rapidez?

   c. Describe la relación entre la altura de las barras y los dólares por tonelada de papel.

4. **a.** ¿Cuál es el precio de cada tipo de papel?

   b. Si la asociación de vecinos recoge 15 T de papel de periódico, ¿aproximadamente cuánto dinero recibirán?

También puedes presentar datos en una *gráfica lineal*. Una **gráfica lineal** muestra cómo cambia una cantidad con el transcurso del tiempo.

¿Serás tú el próximo patinador?

5. **a.** ¿Qué tendencia muestra la gráfica lineal de arriba?

   b. ¿Cómo indica la gráfica visualmente esa tendencia?

6. **Discusión** ¿Por qué te podría resultar más útil una gráfica lineal que una tabla de datos?

7. **Estimación** ¿Aproximadamente cuántos patinadores había en 1991?

8. ¿Entre qué dos años hubo el mayor aumento? ¿Cómo puedes determinar esto sin calcular?

Una **gráfica circular** compara las distintas partes de un entero. El círculo representa el entero. Cada sector de la gráfica circular representa una parte del entero.

9. ¿En qué tipo de terreno ocurre la mayoría de los accidentes de ciclismo de montaña?

10. ¿En qué tipo de terreno ocurre la menor cantidad de accidentes de ciclismo de montaña?

11. Describe la relación entre el tamaño de las secciones y el número de accidentes en cada categoría.

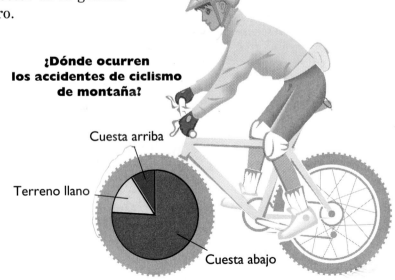

¿Dónde ocurren los accidentes de ciclismo de montaña?

Cuesta arriba

Terreno llano

Cuesta abajo

Trabaja con un compañero.

12. Elijan la gráfica más apropiada para mostrar cada conjunto de datos. Justifiquen su respuesta.

   a. los estudiantes de cada grado que pertenecen al coro

   b. la matrícula escolar anual desde 1980 hasta el presente

   c. las altitudes de las diez cataratas más altas del mundo

13. Para cada gráfica, describan dos situaciones que serían apropiadas representar con ella. Pide a tu compañero que identifique la gráfica más apropiada para cada situación.

   a. gráfica de barras   **b.** gráfica lineal   **c.** gráfica circular

Medallas y más

A partir de 1994, los campeones olímpicos recibirán dinero además de medallas. La cantidad se basará en el tipo de medalla que ganen. El Comité Olímpico de EE.UU. explica que los premios en efectivo les darán a los atletas "medios para pagar por su entrenamiento y poder permanecer más tiempo en el deporte".

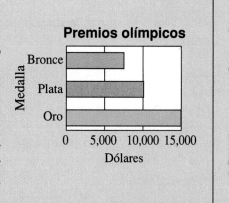

Premios olímpicos

Deportes Usa el artículo de arriba para contestar las preguntas 14–16.

14. ¿Cuánto dinero recibirá el ganador de una medalla de oro olímpica? ¿Y el ganador de una medalla de plata? ¿Y el ganador de una de bronce?

15. Por escrito ¿Sería también apropiada una gráfica lineal para representar estos datos? ¿Por qué?

16. Describe la relación entre la longitud de la barra y la cantidad en dólares para cada tipo de medalla olímpica.

Re**pa**s**o** MIXTO

Completa.

1. Una tabla hecha en la computadora se conoce como una ■.

2. El cuadro en el que se encuentran una fila y una columna en la hoja de cálculo se llama ■.

3. Una ■ es un conjunto de instrucciones que le explica a la computadora lo que debe hacer.

4. La media de la puntuación de tres exámenes es 85. ¿Es posible que las puntuaciones de los exámenes sean 92, 77 y 86? ¿Por qué?

Deportes **Usa la gráfica lineal de abajo.**

Fiesta internacional de globos aerostáticos de Albuquerque

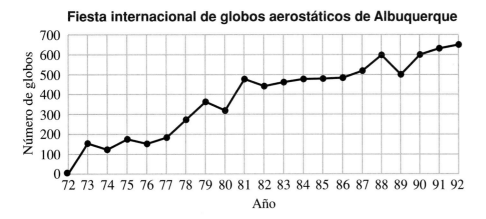

La fiesta internacional de globos aerostáticos de Albuquerque cuenta con participantes de más de 15 países.

17. ¿Qué tendencia general muestra la gráfica lineal?

18. ¿Durante qué tres años permaneció aproximadamente igual el número de globos participantes en la fiesta?

19. ¿Durante qué años aumentó más el número de globos participantes en la fiesta?

20. ¿Aproximadamente cuántos globos participaron en la fiesta en 1992?

Educación **Usa la gráfica circular de la derecha.**

21. ¿Cuántos maestros tienen la mayoría de los estudiantes de escuela intermedia?

22. ¿Es el número de estudiantes que tienen un maestro aproximadamente igual al número de estudiantes que tienen cuatro maestros? Explica tu respuesta.

Elige la gráfica más apropiada para mostrar cada conjunto de datos. Justifica tu respuesta.

23. el número de estudiantes zurdos y el número de estudiantes diestros de tu clase de matemáticas

24. el número de casos de sarampión en los Estados Unidos durante los años 1930, 1940, 1950, 1960, 1970, 1980 y 1990

25. el promedio de vida de algunas especies de animales

26. la temperatura anual promedio de la Tierra desde 1980 hasta el presente

27. Archivo de datos #1 (págs. 2–3) ¿Qué tipo de anuncio aparece con más frecuencia en los programas infantiles de televisión?

Número de maestros de los estudiantes de escuelas intermedias

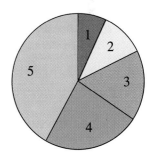

Usa los datos de la tabla de la derecha.

1. Haz un diagrama de puntos.

2. Halla la mediana y la moda.

3. Halla la gama.

Las diez vueltas más rápidas de la carrera Daytona 500 (mi/h)				
196	196	199	202	205
205	210	197	197	196

Haz una tabla de frecuencia para cada conjunto de datos.

4. $125, $122, $138, $135, $125, $122, $122

5. 800, 900, 700, 700, 800, 800, 800, 800

Halla la media, la mediana y la moda.

6. 85, 73, 93, 74, 71, 101, 71, 90, 98

7. 1,216; 4,891; 2,098; 3,662; 5,748

Nombra el tipo de gráfica más apropiado para cada situación. Justifica tu respuesta.

8. el precio promedio del almuerzo en seis restaurantes

9. los cambios en los impuestos pagados desde 1950 hasta 2000

10. el número de ancianos, el número de adultos y el número de niños que visitan los parques Paramount en un día

Usa la gráfica de barras de la derecha.

11. ¿Qué estado de New England tiene la mayor cantidad de territorio? ¿Y la menor cantidad?

12. ¿Qué estados de New England tienen aproximadamente la misma cantidad de territorio?

13. Compara la cantidad de territorio de Maine con la de Vermont.

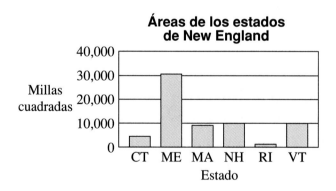

Áreas de los estados de New England

Resuelve el problema haciendo una tabla.

14. El Sr. Humphrey tiene 14 animales en su establo. Algunos de los animales son pollos y otros son cabras. Susana contó 38 patas en total. ¿Cuántos de los animales son pollos? ¿Cuántos son cabras?

Construcción de gráficas

PIENSA Y COMENTA

Muchos animales corren el peligro de desaparecer para siempre. Las razones principales son cambios en el medio ambiente. Las actividades humanas como la contaminación ambiental y el desmonte de terrenos contribuyen a estos cambios. La tabla muestra el número de animales en peligro de extinción en los Estados Unidos.

Ejemplo 1
Dibuja una gráfica de barras para mostrar los datos que aparecen a la izquierda.

* Traza el eje vertical y el eje horizontal. Escribe los nombres de los tipos de animales en el eje horizontal.

* Elige una escala para el eje vertical. Los datos van desde 10 hasta 70. Dibuja y marca una escala de 0 a 70 con intervalos de 10.

* Dibuja una barra que represente el número de cada tipo de animal en peligro de extinción.

* Escribe lo que se representa en el eje horizontal y en el eje vertical. Elige un título para tu gráfica.

Animales en peligro de extinción en EE.UU.	
Tipo de animal	Especies en peligro
Mamíferos	36
Aves	53
Reptiles	18
Anfibios	10
Peces	70

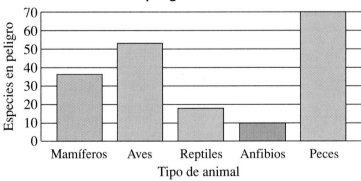

Animales en peligro de extinción en EE.UU.

1. **Discusión** ¿Cómo mostrarías estos datos en una gráfica de barras en que las barras fueran horizontales?

2. ¿Cuáles serían las ventajas y desventajas de usar intervalos de 5 en la gráfica, en vez de intervalos de 10?

> "La larga lucha para salvar la belleza del mundo natural representa la democracia en su máxima expresión. Es preciso para ello que la ciudadanía practique la más difícil de las virtudes: la moderación."
>
> —Edwin Way Teale
> (1899–1980)

La tabla muestra la población por milla cuadrada de los Estados Unidos durante determinados años a partir de 1930.

Población de EE.UU. por milla cuadrada	
Año	Habitantes
1930	35
1940	37
1950	43
1960	51
1970	58
1980	64
1990	70

Ejemplo 2 Haz una gráfica lineal con los datos que se hallan a la izquierda.

- Traza los ejes. Después, escribe los años a intervalos regulares en el eje horizontal.

- Elige una escala para el eje vertical. Los datos van de 35 a 70. Dibuja y marca una escala de 0 a 70 con intervalos de 10.

- Sitúa un punto en la gráfica para indicar la población de cada año. Une los puntos.

- Escribe lo que se representa en el eje horizontal y en el eje vertical. Elige un título para la gráfica.

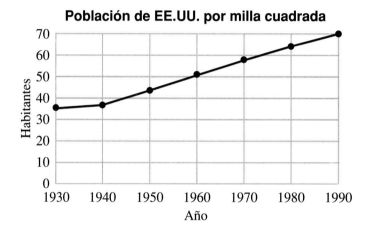

3. **a.** ¿Qué tendencia muestra esta gráfica lineal?

   b. ¿Afectaría a la tendencia un cambio en los intervalos del eje vertical? Explica tu respuesta.

PONTE A PRUEBA

Botes de vela construidos en los Estados Unidos	
Año	Número
1988	14,510
1989	11,790
1990	11,709
1991	8,672
1992	11,264

4. Supón que la velocidad promedio de cinco animales varía entre 25 mi/h y 60 mi/h.

   a. ¿Qué escala usarías para mostrar los datos en una gráfica de barras horizontales? ¿Por qué?

   b. ¿Qué escribirías en el eje vertical y en el horizontal?

5. Haz una gráfica lineal con los datos que aparecen a la izquierda.

Arquitectura Usa la tabla de abajo en los ejercicios 6–8.

Los cinco edificios más altos de la ciudad de Nueva York		
Edificio	Pisos	Altura (pies)
World Trade Center (Norte)	110	1,368
World Trade Center (Sur)	110	1,362
Empire State	102	1,250
Chrysler	77	1,046
American International	67	950

6. ¿Qué intervalos usarías para hacer una gráfica de barras que mostrara el número de pisos de cada edificio?

7. ¿Qué intervalos usarías para hacer una gráfica de barras que mostrara las alturas de los edificios?

8. Haz una gráfica de barras que muestre el número de pisos de los cinco edificios más altos de la ciudad de Nueva York.

Estudios sociales Usa la tabla de abajo en los ejercicios 9 y 10.

Población de dos ciudades de Ohio		
Año	Cleveland	Columbus
1950	914,808	375,901
1960	876,050	471,316
1970	751,000	540,000
1980	574,000	565,000
1990	505,616	632,958

9. Haz una gráfica lineal para mostrar la población de Cleveland de 1950 a 1990. ¿Qué tendencia muestra la gráfica?

10. a. **Por escrito** ¿En qué se diferencian los datos sobre la población de Cleveland de los datos sobre la población de Columbus?

   b. **Por escrito** ¿Cómo se vería esta diferencia en una gráfica lineal?

Re**paso MIXTO**

Para los ejercicios 1–3, nombra el tipo de gráfica que sería más apropiado.

1. frecuencia con que los estudiantes de tu clase alquilan videos de películas

2. precipitación mensual promedio en Seattle, Washington

3. cambios en los precios de la vivienda desde 1980 hasta el presente

4. Halla dos números consecutivos cuyo producto sea 462.

¿DÓNDE? Ohio se encuentra entre el Lago Erie y el río Ohio. El nombre de este estado se deriva de una palabra iroquesa que quiere decir "gran río".

Fuente: *Encyclopedia Americana*

Costo de la educación universitaria		
Año escolar	Pública ($)	Privada ($)
1984–1985	3,682	8,451
1986–1987	4,138	10,039
1988–1989	4,678	11,474
1990–1991	5,243	13,237
1992–1993	6,125	15,255

11. Educación Usa la tabla de la izquierda.

a. Haz una gráfica lineal que muestre el costo de la educación universitaria pública.

b. Haz una gráfica lineal que muestre el costo de la educación universitaria privada. Usa los mismos intervalos que usaste para hacer la gráfica lineal de la parte (a).

c. Describe la tendencia o las tendencias de tus gráficas lineales.

d. ¿Qué tipo de educación universitaria ha aumentado de costo a mayor ritmo?

e. ¿Cómo se muestra esto en la gráfica?

12. Investigación (pág. 4) Reúne datos sobre la cantidad de veces que 10 personas distintas pueden abrir y cerrar los puños en un minuto. Elige la gráfica más apropiada para mostrar los datos.

V I S T A Z O A LO APRENDIDO

Usa la hoja de cálculo de abajo.

	A	B	C	D	E	F
1	Estudiante	Examen 1	Examen 2	Examen 3	Examen 4	Puntuación media
2	Justin	80	78	94	88	■
3	Isabel	64	78	82	80	■
4	Naomi	94	84	88	82	

1. Elige A, B o C. ¿Qué fórmula podrías usar para determinar el valor de la celdilla F4?

A. =(B2+B3+B4)/3

B. =(A4+B4+C4+D4+E4)/5

C. =(B4+C4+D4+E4)/4

2. Haz una gráfica de barras que muestre la puntuación media de los estudiantes que aparecen en la hoja de cálculo.

Usa la gráfica circular de la izquierda.

3. ¿Qué rama de las fuerzas armadas recibió la mayor cantidad de medallas de honor por servicios en la Guerra de Vietnam?

4. ¿Cuántas medallas de honor fueron otorgadas por servicios en la Guerra de Vietnam?

Medallas de honor otorgadas por servicios en Vietnam

Infantes de Marina **57**

Fuerza Aérea **12**

Marina de Guerra **14**

Ejército **155**

En esta lección

• Analizar el efecto que distintos intervalos y escalas tienen en las gráficas

• Reconocer gráficas engañosas

1-7 Análisis de gráficas

PIENSA Y COMENTA

Hay muchas maneras distintas de representar datos. Las compañías frecuentemente presentan los datos de manera que puedan proyectar la mejor imagen posible y así persuadirte a ver las cosas a su manera. La tabla de la izquierda muestra la tarifa básica mensual de la compañía TVCable.

Compañía TVCable	
Año	**Tarifa mensual**
1960	$5
1965	$5
1970	$6
1975	$7
1980	$8
1985	$10
1990	$18

1. Supón que la compañía TVCable quiere aumentar la tarifa mensual.

   a. ¿Qué gráfica podría usar la compañía para persuadirte de que está justificado un aumento? Explica tu respuesta.

   b. ¿Qué gráfica podrían usar los clientes de la compañía para demostrar que no está justificado el aumento? Explica tu respuesta.

Gráfica B

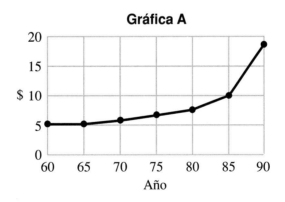

Gráfica A

2. a. ¿Cómo cambia la apariencia del conjunto de datos de una gráfica lineal al disminuir los intervalos de la escala vertical?

   b. **Discusión** ¿Cómo cambiaría la apariencia del conjunto de datos de una gráfica de barras vertical al aumentar los intervalos de la escala vertical?

3. ¿Cómo cambia la apariencia del conjunto de datos de la gráfica lineal según aumenta la separación entre los datos de la escala horizontal?

En la carrera American Tour de Sol *compiten autos no contaminantes. Su propósito es educar al público sobre las alternativas no contaminantes a los autos con motor de gasolina.*

Fuente: *AAA World*

Una agencia de autos afirma haber aumentado grandemente su volumen de ventas durante los pasados tres meses. Uno de sus anuncios muestra la gráfica de la derecha.

4. ¿Están de acuerdo o no con esta afirmación? Expliquen su respuesta.

5. a. Hay un salto en la escala, que empieza por 77 en vez de por 0. ¿Cómo se representa este salto?

b. ¿Cómo afecta un salto como éste la apariencia de los datos?

6. Supongan que la compañía desea mostrar que las ventas se han mantenido constantes durante los pasados tres meses. Dibujen una gráfica de barras para apoyar esta afirmación.

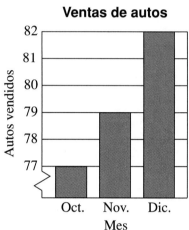

Ventas de autos

(Autos vendidos / Mes: Oct., Nov., Dic.)

TÚ DECIDES

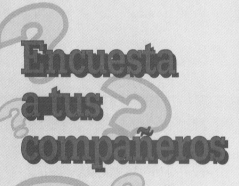

Encuesta a tus compañeros

REÚNE DATOS

Reúne datos sobre los pasatiempos favoritos de 25 de tus compañeros de clase. Puedes limitar la selección a siete u ocho pasatiempos. Algunos de los pasatiempos podrían ser leer, hacer ejercicios, ir de compras y bailar.

1. ¿Qué otros pasatiempos podrías incluir en la encuesta?

2. a. Describe cómo organizarás las respuestas de los 25 participantes.

b. ¿Hay más de una manera de organizar las respuestas? Explica.

ANALIZA LOS DATOS

3. ¿Cuál resultó ser el pasatiempo favorito de tus compañeros?

Usa la tabla de abajo.

Fondos recaudados en un telemaratón nacional			
Año	Dólares	Año	Dólares
1983	30,691,627	1988	41,132,113
1984	32,074,566	1989	42,209,727
1985	33,181,652	1990	44,172,186
1986	34,096,773	1991	45,071,857
1987	39,021,723	1992	45,759,368

7. Haz una gráfica lineal que muestre que los fondos recaudados aumentaron grandemente cada año.

8. Haz una gráfica lineal que muestre que la cantidad recaudada aumentó a un ritmo bastante lento.

9. Por escrito Explica cómo hiciste las gráficas en los ejercicios 7 y 8 para lograr los resultados deseados.

1. Haz una gráfica de barras para presentar los datos de abajo.

Ciudad	Precipitación media de nieve
Albany, NY	65.5 pulg
Boston, MA	41.8 pulg
Juneau, AK	102.8 pulg
Omaha, NE	31.1 pulg

2. Sumi gana $4.50 la hora cuidando niños. Está ahorrando para comprarse un tocacintas que cuesta $89.95. ¿Cuántas horas tendrá que trabajar para ganar lo suficiente para comprar el tocacintas?

4. ¿Hubo algún pasatiempo que fue mucho más popular que los demás? ¿Cuál? ¿Por qué crees que fue así?

5. Pon los pasatiempos en orden de popularidad.

TOMA LA DECISIÓN

6. ¿Qué tipo de gráfica sería más apropiado para mostrar los datos de tu encuesta? Explica tu respuesta.

7. Supón que tienes que hacer una presentación ante el director de la escuela sobre los pasatiempos favoritos de tus compañeros.

   a. Haz una gráfica de barras que muestre que hay gran variedad de pasatiempos favoritos entre tus compañeros.

   b. Haz una gráfica de barras que muestre que todos los pasatiempos cuentan con similar popularidad entre tus compañeros

   c. Explica cómo hiciste las gráficas para lograr los resultados deseados.

La música es uno de los pasatiempos favoritos de personas de todas las edades.

En conclusión

Tablas de frecuencia y diagramas de puntos · 1-1

Una **tabla de frecuencia** presenta datos mediante un sistema de conteo con marcas que muestra el número de veces que ocurre cada respuesta o suceso. Un **diagrama de puntos** muestra los datos en columnas sobre una línea horizontal.

1. Haz una tabla de frecuencia que muestre el número de veces que aparece cada vocal en el párrafo de arriba.

2. Haz un diagrama de puntos que muestre el número de veces que aparecen las palabras *el, una* y *de* en el párrafo de arriba.

Haz una tabla · 1-2

Puedes hacer una tabla para organizar las soluciones posibles de un problema.

3. ¿Cuántas combinaciones de monedas dan un total de 21¢?

4. ¿De cuántas maneras puedes obtener $1.00 usando sólo combinaciones de monedas de 10¢, 25¢ y 50¢?

Tres tipos de promedio · 1-3

La **media** es la suma de todos los datos de un conjunto dividida entre el número de datos. La **mediana** es el número del medio en un conjunto ordenado de datos. La **moda** es el dato que aparece con más frecuencia.

Halla la media, la mediana y la moda de cada conjunto de datos.

5. puntuaciones: 34, 49, 63, 43, 50, 50, 26

6. precipitación en centímetros: 3, 7, 1, 9, 9, 5, 8

Tecnología: Hojas de cálculo · 1-4

La **hoja de cálculo** es una tabla electrónica. Una **celdilla** es el cuadro en que se encuentran una fila y una columna. Las celdillas pueden contener datos o fórmulas.

	A	B	C	D	E
1	Fecha	Ventas de cometas ($)	Ventas de cuerda ($)	Ventas de libros ($)	Total de ventas ($)
2	9/9/93	500	85	145	■
3	9/10/93	750	65	125	■

7. ¿Qué representa el número de la celdilla C3?

8. ¿Cómo puedes calcular el valor de la celdilla E2?

9. ¿Cuál es el valor de la celdilla E3?

Gráficas de barras y gráficas lineales   1-5, 1-6, 1-7

Usamos las *gráficas de barras* para mostrar datos numéricos que capturen un momento en el tiempo. Usamos las *gráficas lineales* para mostrar datos que cambian con el transcurso del tiempo. Los intervalos que se usan en las escalas de las gráficas pueden afectar su apariencia.

Elige la gráfica más apropiada para representar cada conjunto de datos. Justifica tu respuesta.

10. la distancia entre tu ciudad y las mejores universidades del estado

11. tu estatura en cada cumpleaños, desde tu nacimiento hasta el presente

12. las ventas de distintos tipos de almuerzo en la cafetería

Haz una gráfica de cada conjunto de datos usando la gráfica más apropiada.

13. los datos que reuniste en la tabla del ejercicio 1

14. el costo de los boletos de la tabla de la derecha, de manera que muestre un gran aumento de precio

15. el costo de los boletos de la tabla de la derecha, de manera que muestre sólo un aumento pequeño de precio

Año	Precio del boleto
1970	10.00
1975	15.00
1980	20.00
1985	25.00
1990	30.00

PREPARACIÓN PARA EL CAPÍTULO 2

El mundo que nos rodea está lleno de figuras geométricas. El diseño adecuado de muchos de los objetos de la vida diaria depende de la geometría.

Identifica estas figuras planas.

1.   **2.**   **3.**   **4.**

Nombra un objeto que tenga la forma geométrica dada.

5. triángulo   **6.** cuadrado   **7.** círculo   **8.** rectángulo

APLICA LO QUE SABES

Cierra el caso

De corazón

En este capítulo aprendiste a analizar y a presentar datos. Revisa el cartel que hiciste para mostrar los resultados de tu encuesta sobre el pulso. ¿Cómo podrías analizar mejor los datos? ¿Cómo podrías presentar los resultados con mayor claridad? Aplica lo que has aprendido para hacer cambios en el cartel si es necesario. Puedes usar las siguientes sugerencias para mejorar tu cartel.

✔ Usa una tabla de frecuencia.
✔ Usa los promedios.
✔ Usa la gráfica apropiada.

Los problemas precedidos por la lupa (pág. 7, #15; pág. 14, #16 y pág. 28, #12) te ayudarán a completar la investigación.

La sangre que el corazón bombea por los vasos sanguíneos es rica en oxígeno que recoge en los pulmones. Mientras mejor sea tu estado físico, más eficientemente funcionarán y colaborarán el corazón y los pulmones para procesar y transportar el oxígeno. ¿Crees que un atleta profesional tendría un pulso más rápido o más lento que el de la persona promedio?

Extensión: ¿Cuándo es el pulso más rápido de lo normal? ¿Cuándo es más lento? Dibuja una gráfica que muestre estimaciones de tu pulso durante un período de 24 horas. La gráfica debe comenzar al despertarte y terminar a la misma hora, al día siguiente.

"Y el ganador es..."

Haz una encuesta. Pide a 20 estudiantes de la escuela que nombren su grupo musical favorito. Organiza los resultados de la encuesta en una gráfica, una tabla o un diagrama de puntos. Escribe una breve explicación de los resultados de la encuesta. Explica por qué decidiste organizar los datos de esa manera.

DUELO DE DATOS

✏ Reúne ejemplos de gráficas de barras, gráficas lineales, gráficas circulares y tablas que encuentres en periódicos y revistas.

✏ Elige una gráfica de barras, una gráfica lineal, una gráfica circular y una tabla de tu colección.

✏ Escribe varios problemas de matemáticas que puedan ser resueltos con los datos representados en cada gráfica o tabla. Anima a tus compañeros a resolver los problemas.

SUBE Y BAJA

Anota las temperaturas altas y bajas de cada día durante una semana. Puedes obtener la información del radio, la televisión o los periódicos. Usa los datos para hacer una gráfica lineal con dos líneas. Una línea mostrará las temperaturas altas y la otra las temperaturas bajas. Explica la gráfica a un compañero.

TOMA MEDIDAS

Prueba lo siguiente con tu grupo.

● Mide con una regla o una vara de medir la estatura de cada miembro del grupo.

● Anota los datos y muéstralos en una gráfica de barras horizontales.

● Halla la estatura media de los miembros del grupo. Traza una línea vertical en la gráfica que indique la estatura media.

1. El número de personas en 15 familias que viven en Pike Road son 1, 3, 2, 1, 3, 1, 2, 6, 2, 3, 3, 4, 3, 4 y 5.

   a. Haz una tabla de frecuencia.

   b. Haz un diagrama de puntos.

2. Halla la media, la mediana, la moda y la gama de cada conjunto de datos.

   a. 12, 7, 8, 6, 9, 7, 10, 8, 11, 8

   b. $31, $45, $20, $22, $31, $48, $27

3. Elena empaca pantalones cortos negros, pantalones vaqueros y pantalones rojos. Añade una camiseta amarilla, una camiseta verde sin mangas y una blusa blanca. Empaca dos pares de zapatos: tenis y unas sandalias. ¿Cuántas combinaciones distintas de ropa y zapatos tendrá para el viaje?

4. **Elige A, B o C.** Si todos los números en un conjunto de datos ocurren la misma cantidad de veces, entonces el conjunto no tiene ■.

   A. mediana   **B.** media   **C.** moda

5. Usa la gráfica circular de abajo.

   Cómo llegan los estudiantes a la escuela

   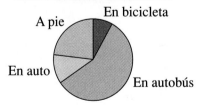

   a. ¿Qué medio usan *más* los estudiantes para ir a la escuela? ¿Cuál usan *menos*?

   b. **Por escrito** ¿Habría sido apropiado usar una gráfica de barras para presentar estos datos? Explica por qué.

6. **Por escrito** Las edades de los estudiantes en el baile de la escuela son 14, 13, 12, 12, 13, 12, 15, 16, 14, 13, 13 y 14. ¿Qué promedio describiría mejor estos datos: la media, la mediana o la moda? Explica tu respuesta.

7. La tabla de abajo muestra la población en la época colonial desde 1700 hasta 1740. Muestra los datos en una gráfica lineal.

1700	1710	1720	1730	1740
250,900	331,700	466,200	629,400	905,600

8. Las temperaturas promedio diarias (°F) durante una semana dada son 60, 59, 58, 61, 63, 59 y 64. Halla la mediana.

9. Haz una lista de datos que contenga seis números con una media de 40, una mediana de 41 y una gama de 18.

10. Usa la gráfica de barras de abajo.

    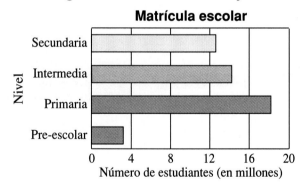

    a. ¿En qué nivel se matricularon menos estudiantes?

    b. Estima la media.

    c. Estima la mediana.

    d. Estima la gama.

Repaso general

Elige A, B, C o D.

1. ¿Qué medida es mayor para los datos: 81, 70, 95, 73, 74, 91, 86, 74?

   A. media   **B.** mediana

   C. moda   **D.** gama

2. Cuando un número se divide entre 13, el cociente es 15 y el residuo es menor que 4. ¿Cuál de éstos podría ser el número?

   A. 198   **B.** 200   **C.** 190   **D.** 206

3. ¿Qué información *no* aparece en la gráfica de barras de abajo?

   Tiempo dedicado anualmente a la lectura en los Estados Unidos

   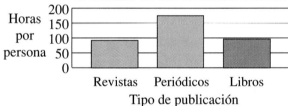

   A. Los estadounidenses dedican más tiempo a leer periódicos que libros.

   B. Los estadounidenses dedican aproximadamente la misma cantidad de tiempo a leer revistas que libros.

   C. La mayoría de los estadounidenses leen el periódico del domingo.

   D. Los estadounidenses dedican aproximadamente el doble de tiempo a leer periódicos que a leer libros.

4. ¿Qué producto da la mejor estimación del producto de 519 × 36?

   A. 500 × 30   **B.** 550 × 40

   C. 500 × 40   **D.** 550 × 30

5. En una tienda se venden radios portátiles por $90, $109, $79 y $60. Halla la gama.

   A. $60   **B.** $109   **C.** $49   **D.** $19

6. La media de tres números es 19 y la mediana es 22. ¿Qué sabes sobre los otros dos números?

   A. Ambos están entre 19 y 22.

   B. Los números tienen que ser 17 y 18.

   C. Al menos uno de los números está entre 19 y 22.

   D. Si un número es 24, el otro es 11.

Usa esta gráfica lineal en las preguntas 7–8.

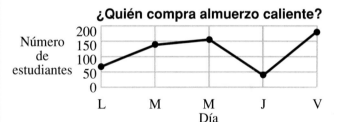

7. Estima la mediana del número de estudiantes que compra almuerzo caliente.

   A. 70   **B.** 140   **C.** 150   **D.** 120

8. ¿Cómo podrías dibujar la gráfica de manera que dé la impresión de que aproximadamente el mismo número de estudiantes compra almuerzo caliente todos los días?

   A. Empieza la escala vertical en 50.

   B. Usa intervalos de 10, en vez de 50.

   C. Usa intervalos de 100, en vez de 50.

   D. Presenta los datos en una gráfica circular.

Conceptos geométricos

Archivo de datos #2

La persona queda suspendida en el aire durante unos 25 pies. El ángulo del deslizadero garantiza un aterrizaje suave y cómodo.

La persona viaja a unas 40 mi/h en esta parte del deslizadero, velocidad suficiente para impulsarla cuesta arriba en la próxima subida.

El Waimea, en Salt Lake City, Utah, es el primer deslizadero acuático con subidas. El viaje por el deslizadero dura sólo 15 s. Hay una parte en la que el deslizadero baja 50 pies y luego va cuesta arriba. En el punto más alto de la subida, la persona vuela por el aire. Cuando cae de nuevo al agua, está viajando a una velocidad de 25 mi/h.

Fuente: *3•2•1 Contact*

Durante la subida, la persona ve sólo el cielo. Esto hace que el viaje sea aún más emocionante.

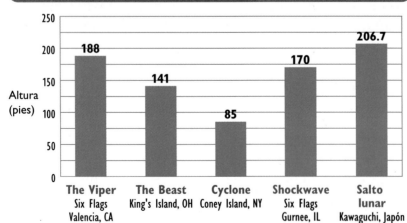

Vueltas inolvidables

Altura (pies)

188	141	85	170	206.7
The Viper Six Flags Valencia, CA	**The Beast** King's Island, OH	**Cyclone** Coney Island, NY	**Shockwave** Six Flags Gurnee, IL	**Salto lunar** Kawaguchi, Japón

EN ESTE CAPÍTULO

- identificarás figuras geométricas
- usarás instrumentos para dibujar figuras geométricas
- usarás la tecnología para explorar la geometría
- usarás la lógica para resolver problemas

Atracciones favoritas de los parques de diversiones

Parque (asistencia anual)	Entrada	Atracción	Tiempo de espera (min)	Duración de la vuelta (min)
Walt Disney World Lake Buena Vista, FL (30 millones)	Adultos: $32.75 Niños: $26.40	Space Mountain Captain EO Para niños: Peter Pan	45:14 14:29 20:37	2:36 16:47 3:09
Knott's Berry Farm Buena Park, CA (4 millones)	Adultos: $21.00 Niños: $16.00	XK-1 Timber Mountain Log Montezooma's Revenge Para niños: Red Baron	2:30 9:22 1:30 0:55	1:30 4:25 0:37 2:00
Kings Island Kings Island, OH (3.2 millones)	Adultos: $20.95 Niños: $10.45	The Beast Vortex The Racer Para niños: Beastie	45:00 30:00 15:00 10:00	4:30 2:30 2:15 1:30
Cedar Point Sandusky, OH (3.2 millones)	Adultos: $19.95 Niños: $10.95	Demon Drop Cedar Downs Para niños: Sir Rub-a-Dub's Tubs	30:00 5:00 15:00	0:15 2:30 3:00

Fuente: *Money*

En la última subida, la persona queda suspendida en el aire entre una y seis pulgadas sobre el deslizadero, y experimenta la sensación de apenas tener peso.

DE TODO EL MUNDO

La primera feria internacional se celebró en el Palacio de Cristal de Londres en 1851. La exposición atrajo 6,039,195 personas.

La persona se desliza a 40 mi/h por la última bajada antes de caer con suavidad en la piscina que se halla al fondo.

investigación

Informe

La repetición de una figura en un diseño tiene como resultado un *patrón visual*. Hay patrones visuales por todas partes. Uno de los diseños que aparecen a la derecha consiste en una flor que se repite muchas veces. El diseño de la bandera canadiense consiste en dos mitades, cada una el inverso de la otra. Si se doblara la bandera por la línea punteada, las dos mitades corresponderían perfectamente. El logotipo de la *Data Processing Corporation* consiste en dos **d**, la segunda de ellas invertida para formar una **p**. Cada uno de estos diseños muestra un patrón.

Misión: *Halla ejemplos de patrones en diseños visuales. Puedes descubrir algunos patrones simplemente observando el salón de clases. Puedes hallar otros hojeando libros y revistas, e intercambiando ideas con tus compañeros. Estudia los diseños. Después, crea un diseño para una bandera de la clase o de la escuela. El diseño debe presentar un patrón visual.*

Sigue Estas Pistas

✓ ¿Qué diseños te gustan más? ¿Cuáles producen más fuerte impresión? ¿Qué podrías hacer para crear un diseño atractivo para tu bandera?

✓ ¿Qué querrías comunicar sobre la clase o la escuela por medio de tu diseño?

2-1

Puntos, rectas y planos

PIENSA Y COMENTA

¿Qué figuras geométricas sugieren los siguientes objetos de la vida diaria: una carretera recta, la superficie de una mesa, un lápiz, un rayo de sol?

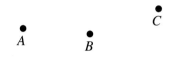

Un **punto** no tiene tamaño, sólo ocupa un lugar. La pequeña marca que deja la punta afilada de un lápiz puede representar un punto. Puedes nombrar los puntos con letras mayúsculas. A la izquierda se muestran los puntos *A*, *B* y *C*.

1. Nombra otra cosa que pudiera ser la representación física de un punto.

Una **recta** se extiende hacia el infinito en direcciones opuestas. No tiene ancho; sólo largo. Puedes nombrar una recta usando dos puntos de la misma. Por ejemplo, podrías llamar a esta recta $\overleftrightarrow{DE}$ (se lee "la recta *DE*").

2. ¿Qué otros nombres podrías dar a esta recta?

3. Nombra alguna cosa que pudiera ser la representación física de una recta.

Un **plano** es una superficie que se extiende hacia el infinito en cuatro direcciones. No tiene grueso; sólo extensión.

4. Nombra alguna cosa que pudiera ser la representación física de un plano.

Un **segmento** es parte de una recta. Está formado por dos puntos y todos los puntos de la recta que se hallen entre esos dos puntos. Puedes nombrar un segmento por sus dos *extremos*. Éste es $\overline{RS}$ (se lee "el segmento *RS*").

5. ¿Qué otro nombre podrías dar a $\overline{RS}$?

6. Nombra alguna cosa que pudiera ser la representación física de un segmento.

7. Traza una recta y marca varios puntos en ella. Nombra cuatro segmentos distintos.

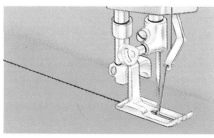

¿Qué concepto geométrico representan las puntadas de la costura?

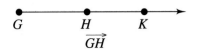

Un **rayo** es parte de una recta. Consiste en un *extremo* y en todos los puntos de la recta a un lado de ese extremo. Para nombrar un rayo, nombras primero el extremo y después cualquier otro punto del rayo. Éste es $\overrightarrow{GH}$ (se lee "el rayo *GH*").

8. Si es posible, da otro nombre para $\overrightarrow{GH}$.

9. Nombra alguna cosa que pudiera ser la representación física de un rayo.

10. Describe $\overrightarrow{YX}$. ¿En qué se diferencia $\overrightarrow{YX}$ de $\overrightarrow{XY}$? ¿Qué parte de $\overleftrightarrow{XY}$ tienen en común $\overrightarrow{YX}$ y $\overrightarrow{XY}$?

Si se puede trazar una recta a través de un conjunto de puntos, los puntos son **colineales**. Si no se puede trazar una recta a través de todos los puntos, los puntos son **no colineales**.

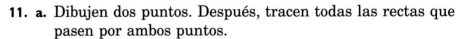

puntos colineales   **puntos no colineales**

EN EQUIPO

11. **a.** Dibujen dos puntos. Después, tracen todas las rectas que pasen por ambos puntos.

b. ¿Cuántas rectas pueden pasar por dos puntos dados?

12. **a.** Dibujen tres puntos. Después, tracen todas las rectas que pasen por dos de los puntos. ¿Hay otra manera de situar los tres puntos de modo que puedan obtener un número distinto de rectas?

b. Si tienen tres puntos, ¿cuántas rectas pasan por al menos dos de ellos?

13. **a.** Sitúen cuatro puntos de tantas maneras como puedan. Tracen las rectas que pasan al menos por dos de los puntos.

b. Si tienen cuatro puntos, ¿cuántas rectas pasan por al menos dos de ellos?

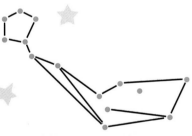

¿QUÉ? Se pueden representar con puntos las estrellas que forman la constelación Cetus. Estos puntos están aquí unidos por segmentos para ayudarte a identificar la figura que sugiere el nombre en latín de la constelación. **¿Qué figura descubres?**

Fuente: *Encyclopedia Americana*

Hay dos relaciones posibles entre dos rectas que se hallan en un plano: o se cortan o son paralelas. **Rectas paralelas** son las rectas que se hallan en el mismo plano y no se cortan. **Segmentos paralelos** son los segmentos que se hallan en rectas paralelas.

Ejemplo   ¿Se cortan o son paralelas estos pares de rectas?

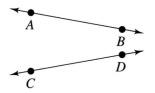 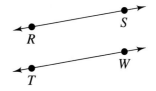

- $\overleftrightarrow{AB}$ y $\overleftrightarrow{CD}$ son rectas que se cortan, aunque no se muestre en el dibujo el punto en que se cortan.

- $\overleftrightarrow{RS}$ y $\overleftrightarrow{TW}$ son paralelas. No importa cuánto las extiendas, nunca se cortarán.

Las barras paralelas son uno de los eventos deportivos de la gimnasia masculina. Sirven de modelo de segmentos paralelos.

PONTE A PRUEBA

Asocia cada figura con su nombre.

14. E   F   **a.** $\overleftrightarrow{EF}$

15. E   F   **b.** $\overrightarrow{EF}$

16. E   F   **c.** $\overrightarrow{FE}$

17. E   F   **d.** $\overline{EF}$

18. Nombra la recta de varias maneras distintas.

19. Nombra cuatro rayos diferentes.

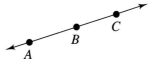

Usa el artículo de la derecha para contestar las preguntas.

20. **a.** ¿Cómo podrías describir geométricamente la posición de la Luna, la Tierra y el Sol durante un eclipse solar?

    b. Pensamiento crítico ¿Por qué podemos pensar en cuerpos celestes tan grandes como éstos como si fueran puntos?

Eclipses

La Tierra está a unas 248,550 mi de la Luna y a una asombrosa distancia de 93,000,000 mi del Sol. Los diámetros de la Tierra y la Luna son de aproximadamente 7,910 mi y 2,200 mi, respectivamente. El diámetro del Sol es de aproximadamente 865,400 mi. Cuando la Luna se interpone entre la Tierra y el Sol, ocurre un eclipse solar.

Calcula mentalmente.

1. 24×5

2. $160 \div 8$

Usa los datos: 50, 39, 46, 68, 53, 59, 49.

3. Halla la media.

4. Halla la mediana.

5. Cuarenta y seis miembros de un club de excursionismo se van a acampar. A cada tienda de campaña le caben 4 personas. ¿Cuántas tiendas de campaña tendrán que llevar?

P O R TU CUENTA

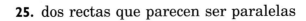

Nombra lo que se pide.

21. tres puntos colineales

22. tres puntos no colineales

23. tres segmentos

24. tres rayos

25. dos rectas que parecen ser paralelas

26. dos pares de rectas que se cortan

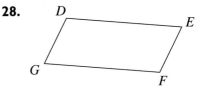

Nombra los segmentos que parecen ser paralelos.

27.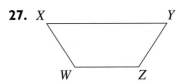

28.

29. Dibuja cinco puntos colineales.

30. Dibuja tres puntos no colineales.

Completa las oraciones usando *a veces, siempre* o *nunca*.

31. Dos puntos ■ son colineales.

32. Dos rectas paralelas ■ se cortan.

33. Cuatro puntos ■ son colineales.

34. Un segmento ■ tiene dos extremos.

35. Un rayo ■ tiene dos extremos.

36. Una recta ■ tiene dos extremos.

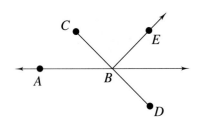

37. **Por escrito** Escribe una descripción de la figura de la izquierda que indique cómo dibujar una figura igual.

38. **Pensamiento crítico** ¿De cuántas maneras pueden relacionarse tres rectas que se hallen en el mismo plano? Haz varios dibujos para mostrar todas las maneras en que las rectas podrían cortarse o ser paralelas.

Exploración de ángulos

En esta lección

• Estimar, medir y dibujar ángulos

• Clasificar ángulos en agudos, rectos, obtusos o llanos

■ VAS A NECESITAR

✓ Transportador

 Los babilonios usaban un sistema numérico basado en el número 60. **¿Cómo usamos las ideas de los babilonios para medir el tiempo?**

Fuente: *Historical Topics for the Mathematics Classroom*

P I E N S A Y C O M E N T A

Hace más de 3,000 años, los babilonios descubrieron que el Sol tarda aproximadamente 360 días en hacer una trayectoria circular por el cielo. Como resultado de este descubrimiento, los babilonios dividieron el círculo en 360 partes iguales. Cada una de estas partes se llama un *grado*.

Los *ángulos* se miden en grados. Un **ángulo** está compuesto de dos rayos con un extremo común llamado el *vértice* del ángulo. Los rayos son los *lados* del ángulo.

1. a. Nombra el vértice y los lados del ángulo.

   b. Una manera de nombrar el ángulo es ∠*YXZ*. Describe qué representan las tres letras.

   c. ¿Puedes darle al ángulo un nombre de tres letras distinto?

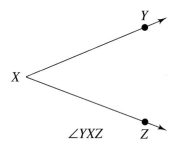

∠*YXZ*

2. A veces, puedes usar un número para nombrar un ángulo, como ∠1, o usar una sola letra. ¿Qué letra podrías usar para nombrar ∠*YXZ*? ¿Por qué?

3. a. ¿Cuántos ángulos se muestran? Nómbralos.

   b. ¿Por qué no puedes usar una sola letra para nombrar ninguno de estos ángulos?

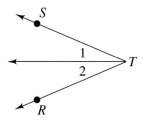

Puedes usar un *transportador* para medir en grados el tamaño de un ángulo, tal como se muestra en la próxima página.

4. a. Haz un dibujo grande de un ángulo. Para hallar la medida del ángulo, coloca el punto central del transportador sobre el vértice del ángulo. Asegúrate que uno de los lados del ángulo pase por el cero de la escala del transportador.

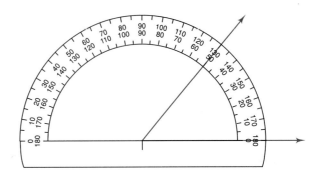

 Las aves vuelan en formación V porque esto las ayuda a conservar energía. El ave que vuela al frente reduce el viento para las demás aves. Cuando el ave al frente se cansa, otra toma su lugar.

Fuente: *The Information Please Kids' Almanac*

b. Para hallar la medida del ángulo, lee la escala en el lugar donde la corta el segundo lado del ángulo. La mayoría de los transportadores tienen dos escalas. ¿Cómo decidirás qué número leer?

c. ¿Cuánto mide el ángulo que dibujaste?

5. ¿Cómo medirías un ángulo con lados que no lleguen hasta la escala del transportador?

6. Usa el transportador para medir los ángulos.

a. 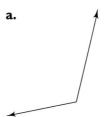　　**b.** 　　**c.**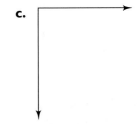

Puedes clasificar los ángulos de acuerdo a sus medidas.

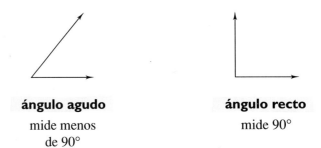

ángulo agudo
mide menos
de 90°

ángulo recto
mide 90°

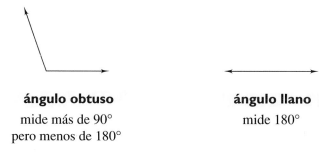

ángulo obtuso
mide más de 90°
pero menos de 180°

ángulo llano
mide 180°

7. Di si cada ángulo de la pregunta 6 es agudo, recto, obtuso o llano.

8. Puedes también usar el transportador para dibujar ángulos. Describe cómo usarías el transportador para dibujar un ángulo de 110°.

Las rectas que se cortan formando ángulos rectos son **perpendiculares**. Puedes usar el símbolo ⌐ para indicar que dos rectas son perpendiculares o que un ángulo es recto.

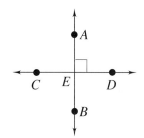

9. Nombra todos los ángulos rectos formados por las rectas perpendiculares $\overleftrightarrow{AB}$ y $\overleftrightarrow{CD}$ del dibujo de la derecha.

10. Halla ejemplos de rectas perpendiculares en el salón de clases.

⌐EN EQUIPO

Para poder estimar las medidas de los ángulos se necesita visualizar ciertos ángulos.

• Usen un transportador para dibujar ángulos que tengan las siguientes medidas, pero no los dibujen en el orden dado a continuación.

30°   45°   60°   90°   120°   135°   150°

• Intercambien papeles con su compañero.

• Sin usar el transportador para medir los ángulos, escriban la medida al lado de cada ángulo.

¿Tuvieron más dificultad en identificar algunos ángulos que otros? Si así fue, traten de dibujar ángulos que tengan esas medidas sin usar el transportador. Después, usen el transportador para comprobar las medidas.

Una lente de cámara de 50 mm tiene un ángulo de visión de 45°. **¿Qué tipo de ángulo es?**

Fuente: *How in the World?*

11. a. Nombra tres rayos.

b. Nombra tres ángulos. Di si cada uno es agudo, recto, obtuso o llano.

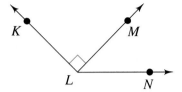

12. a. Traza dos rectas perpendiculares, $\overleftrightarrow{RS}$ y $\overleftrightarrow{TW}$.

b. ¿Cuántos ángulos rectos se formaron?

13. Dibuja un ángulo obtuso ∠DEF y un ángulo agudo ∠NOP.

14. Trata de dibujar un ángulo de 45° sin usar el transportador.

15. ¿Hay algún tipo de ángulo que puedas dibujar con bastante exactitud sin tener que usar el transportador? Explica.

Sin usar el transportador, estima la medida de los ángulos. Elige la mejor estimación entre 30°, 60°, 90°, 120° y 150°.

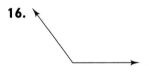

Estima la medida de cada ángulo. Después, usa el transportador para hallar las medidas. Clasifica los ángulos.

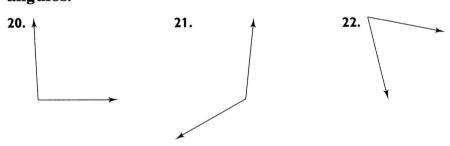

Usa el transportador para dibujar ángulos con las medidas siguientes.

23. 125° **24.** 75° **25.** 82° **26.** 154°

Halla la respuesta.

1. 918 + 79

2. 2,076 − 582

3. ¿Usarías la media, la mediana o la moda para describir el tipo de pizza favorito de la clase?

Usa el diagrama de abajo para los ejercicios 4 y 5.

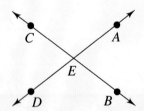

4. Nombra tres puntos no colineales.

5. Nombra dos rayos en $\overleftrightarrow{BC}$.

6. Una librería anunció la siguiente venta especial: *¡Compre 3 libros y reciba 1 libro gratis!* ¿Cuántos libros tendrías que comprar para recibir 4 libros gratis?

27. ¿Qué ángulo forma el tiranosauro con respecto al suelo en este dibujo?

28. a. **Archivo de datos #1 (págs. 2–3)** ¿Qué producto se anunció en más o menos la cuarta parte de los anuncios que aparecen durante los programas infantiles?

   b. ¿Qué dos categorías juntas dominan alrededor de la mitad de los anuncios?

29. **Elige A, B, C o D.** ¿Qué medida no corresponde a ninguno de los ángulos de la derecha?

   A. 60°   **B.** 90°

   C. 120°   **D.** 150°

30. **Por escrito** ¿Tienen que tener la misma medida dos ángulos agudos? ¿Y dos ángulos rectos? ¿Y dos ángulos obtusos? ¿Y dos ángulos llanos? Explica.

31. Halla la medida de cada ángulo.

   a. ∠AGF   **b.** ∠DGB   **c.** ∠BGE   **d.** ∠EGC

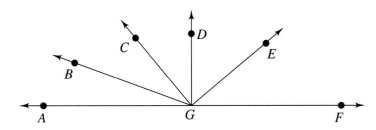

   e. Haz una lista de todos los ángulos obtusos del dibujo.

   f. Haz una lista de todos los ángulos rectos del dibujo.

   g. Haz una lista de todos los ángulos llanos del dibujo.

LEE
PLANEA
RESUELVE
COMPRUEBA

ESTRATEGIAS PARA RESOLVER PROBLEMAS

Haz una tabla
Razona lógicamente
Resuelve un problema más sencillo
Decide si tienes suficiente información, o más de la necesaria
Busca un patrón
Haz un modelo
Trabaja en orden inverso
Haz un diagrama
Estima y comprueba
Simula el problema
Prueba con varias estrategias

Usa las estrategias que quieras para resolver los problemas. Muestra tu trabajo.

1. ¿Bajo qué letra de la tabla hallarías el número 45? ¿Y el 101?

A	B	C	D	E	F
1	2	3	4	5	6
7	8	9	10	11	12
13	14	15	16	17	18

2. ¿Qué cantidades de dinero puedes conseguir usando cualesquiera de las siguientes monedas: tres monedas de 1¢, dos monedas de 5¢, una moneda de 10¢?

3. Ewa vende suscripciones de revista para recaudar fondos para la clase. Está tratando de vender 26 subscripciones para ganar 10 entradas de cine. Ya ha vendido 7 suscripciones. ¿Cuántos días le tomaría lograr la cuota si pudiera vender 3 suscripciones diarias?

4. El equipo de tenis tiene 20 estudiantes. Ocho estudiantes juegan sólo partidos individuales y 8 juegan tanto partidos individuales como partidos en parejas. ¿Cuántos estudiantes juegan sólo partidos en parejas?

5. Dibuja un diagrama que incluya las siguientes figuras geométricas. Primero, lee la lista completa. Después, traza el menor número de rectas que cumplan con todo lo que se pide.

   • al menos tres segmentos que no estén los tres en la misma recta
   • al menos tres rectas que se corten en un punto
   • al menos dos rectas paralelas
   • al menos tres puntos no colineales

6. El viernes, después de clases, Kyle cortó la hierba de varios jardines. Trabajó durante 2 h y terminó a las 5:30 p.m. Antes de trabajar, hizo la tarea escolar durante 50 min. ¿A qué hora empezó a hacer la tarea escolar?

 La cortadora de hierba más ancha del mundo mide 60 pies de ancho y pesa 5.6 T. La cortadora llamada "La gran máquina verde" es capaz de podar un acre en 60 s.

Fuente: *Guinness Book of Records*

Construcción de segmentos y ángulos

- Construir un segmento congruente con un segmento dado

- Construir un ángulo congruente con un ángulo dado

VAS A NECESITAR

✓ **Regla métrica** o en pulgadas

✓ **Compás**

✓ **Regla**

✓ **Transportador**

PIENSA Y COMENTA

¿Cuál crees que será el segmento más largo: $\overline{UV}$ o $\overline{XY}$?

Comprueba tu respuesta usando una regla para medir la longitud de los segmentos. Aunque $\overline{UV}$ parece ser más largo, $\overline{UV}$ y $\overline{XY}$ son en realidad del mismo largo. Los segmentos que tienen la misma longitud son **segmentos congruentes**. Puedes *construir* dos segmentos congruentes con dos instrumentos geométricos: el compás y la regla.

Un **compás** es un instrumento que se usa para dibujar círculos o partes del círculo llamadas *arcos*. Una **regla** es cualquier instrumento que se pueda usar para trazar una línea recta; no tiene que estar graduado con medidas de longitud.

1. Dibuja $\overline{AB}$ de la misma longitud que el de la izquierda. Después, sigue los pasos de abajo para dibujar un segmento congruente con $\overline{AB}$.

   Paso 1 Usa la regla para trazar un rayo. Designa con la letra C el extremo del rayo.

   Paso 2 Coloca la punta del compás sobre A y abre el compás lo suficiente para trazar un arco que pase por B.

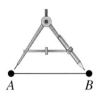

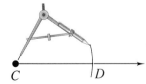

   Paso 3 Con la misma abertura del compás, coloca la punta en C y traza un arco que corte el rayo. Nombra D el punto donde se cortan.

Has construido un segmento, $\overline{CD}$, que es congruente con $\overline{AB}$.

os ángulos que tienen la misma medida son **ángulos congruentes**. Puedes usar el compás y la regla para construir un ángulo congruente con otro ángulo dado.

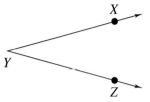

2. Dibuja un ángulo agudo, ∠*XYZ*. Después, sigue los pasos de abajo para construir un ángulo congruente con ∠*XYZ*.

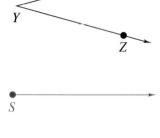

Paso 1 Dibuja un rayo. Nombra *S* el extremo.

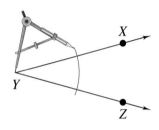

Paso 2 Coloca la punta del compás en *Y* y dibuja un arco que corte tanto $\overline{YX}$ como $\overline{YZ}$.

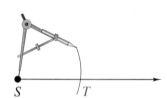

Paso 3 Con igual abertura del compás, coloca la punta en *S*. Traza un arco que corte el rayo por un punto que nombrarás *T*.

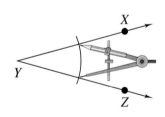

Paso 4 Ajusta la abertura del compás de manera que la punta y el lápiz estén en los puntos donde el arco corta $\overrightarrow{YX}$ e $\overrightarrow{YZ}$.

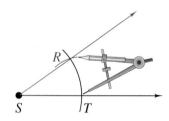

Paso 5 Con igual abertura del compás, coloca la punta en *T* y traza un arco que corte el primer arco. Nombra *R* el punto donde se cortan. Dibuja $\overrightarrow{SR}$.

Has construido un ángulo, ∠*RST*, que es congruente con ∠*XYZ*.

3. Dibuja un ángulo obtuso ∠G. Después, construye un ángulo, ∠K, congruente con ∠G.

4. Usa el transportador para medir ∠XYZ, ∠RST, ∠G y ∠K. ¿Obtuviste la misma medida para ∠XYZ que para ∠RST? ¿Y para ∠G que para ∠K? ¿Cómo se podría explicar cualquier diferencia?

5. ¿Es preciso que sepas la longitud de un segmento o la medida de un ángulo para construir un segmento o un ángulo congruente? ¿Por qué?

EN EQUIPO

- Usen la regla para trazar un segmento. Nómbrenlo $\overline{AB}$.
- Abran el compás de manera que la punta esté sobre el punto A y la punta del lápiz esté sobre B. Dibujen un círculo.
- Con la misma abertura del compás, coloquen la punta sobre B. Tracen un arco que corte el círculo en un punto. Nombren C el punto donde se cortan.
- Tracen $\overline{AC}$ y $\overline{BC}$. Describan la figura compuesta por $\overline{AB}$, $\overline{BC}$ y $\overline{AC}$.
- Usen el transportador para medir ∠A, ∠B y ∠C. Comparen los resultados con los del resto del grupo. Hagan una conjetura sobre sus resultados.

POR TU CUENTA

6. Traza un segmento y nómbralo $\overline{KL}$. Construye un segmento congruente con $\overline{KL}$.

7. Dibuja un ángulo agudo ∠A. Construye un ángulo congruente con ∠A.

8. Dibuja un ángulo obtuso ∠B. Construye un ángulo congruente con ∠B.

9. Traza un segmento $\overline{GH}$. Construye un segmento que sea tres veces más largo que $\overline{GH}$.

10. Dibuja un ángulo parecido a ∠C. Después, construye un ángulo que mida el doble que ∠C.

11. Por escrito Describe cómo construir un ángulo cuya medida sea el triple de la medida de ∠C.

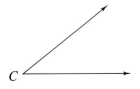

Repaso MIXTO

Completa usando <, > ó =.

1. 13 × 7 ■ 120 − 27

2. 237 + 338 ■ 25 × 23

Usa los datos: 2, 4, 4, 0, 3, 1, 2, 3, 1, 0.

3. Haz una tabla de frecuencia.

4. Halla la gama.

Usa el diagrama de abajo para los ejercicios 5 y 6.

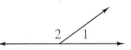

5. Nombra un ángulo agudo.

6. Si la medida de ∠1 es 35°, halla la medida de ∠2.

7. Una alpinista comienza a escalar a una altitud de 2,830 pies y sube 4,920 pies. Al día siguiente, sube otros 3,130 pies. ¿A qué altitud ha llegado?

2-4 | **Exploración de triángulos**

EN EQUIPO

Trabajen en equipos. Formen en las geotablas tantos triángulos de los descritos abajo como puedan. Si es posible, traten de formar dos triángulos diferentes que correspondan con la descripción. Dibujen los triángulos en papel punteado.

a. un triángulo con tres ángulos agudos

b. un triángulo con un ángulo recto

c. un triángulo con un ángulo obtuso

d. un triángulo con un ángulo recto y un ángulo obtuso

e. un triángulo que no tenga lados congruentes

f. un triángulo con exactamente dos lados congruentes

PIENSA Y COMENTA

Los triángulos se pueden clasificar según la medida de sus ángulos o según el número de lados congruentes.

Clasificación según los ángulos

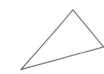  

triángulo acutángulo	**triángulo obtusángulo**	**triángulo rectángulo**
tres ángulos agudos	un ángulo obtuso	un ángulo recto

Clasificación según los lados

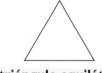 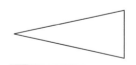 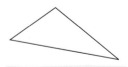

triángulo equilátero	**triángulo isósceles**	**triángulo escaleno**
tres lados congruentes	al menos dos lados congruentes	sin lados congruentes

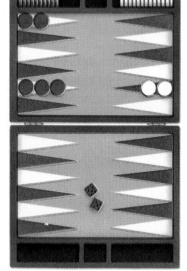

El tablero de backgammon contiene muchos triángulos. *¿Cómo clasificarías los triángulos?*

1. ¿Cuáles de los triángulos descritos en la actividad "En equipo" *no* se podían construir en la geotabla? ¿Por qué?

2. ¿Puede un triángulo isósceles ser un triángulo acutángulo? ¿Puede ser un triángulo rectángulo? ¿Y un triángulo obtusángulo?

3. ¿Puede un triángulo escaleno ser un triángulo acutángulo? ¿Puede ser un triángulo rectángulo? ¿Y un triángulo obtusángulo?

4. ¿Puede un triángulo equilátero ser un triángulo acutángulo? ¿Puede ser un triángulo rectángulo? ¿Y un triángulo obtusángulo?

5. Supón que un triángulo fuera isósceles y obtusángulo. ¿Qué nombre lo describiría mejor?

Ejemplo Guiándote por su apariencia, da todos los nombres que puedas para el triángulo. ¿Cuál lo describe mejor?

- El triángulo es acutángulo, equilátero e isósceles.
- El nombre que mejor lo describe es equilátero, porque todos los triángulos equiláteros son acutángulos e isósceles.

 La vela latina o vela triangular permite al velero navegar en cualquier dirección, incluso en contra del viento.

PONTE A PRUEBA

Guiándote por su apariencia, nombra todos los triángulos que corresponden con cada descripción.

6. triángulo equilátero

7. triángulo isósceles

8. triángulo escaleno

9. triángulo acutángulo

10. triángulo rectángulo

11. triángulo obtusángulo

a.   b.

c.   d.

e.   f.

1. Ordena los siguientes números de mayor a menor: 3,201; 2,684; 978; 2,852; 4,527 y 3,097.

2. Archivo de datos #1 (págs. 2–3) ¿Aproximadamente cuántas personas más tienen televisores a color que en blanco y negro?

Completa.

3. Los dos instrumentos que se usan para hacer construcciones geométricas son el ■ y la regla.

4. Los ángulos que tienen las mismas medidas son ángulos ■.

5. ¿Cuántas combinaciones distintas de monedas dan un total de 15¢?

P O R TU CUENTA

12. Usa una regla de centímetros y un transportador para medir los lados y los ángulos de estos triángulos. Clasifica los triángulos según las medidas de sus ángulos y la longitud de sus lados. Después, elige el nombre que mejor describe cada triángulo.

a.  **b.** 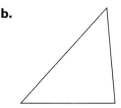 **c.**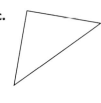

Di si el triángulo descrito es escaleno, isósceles o equilátero.

13. Las longitudes de los lados son 6, 8 y 6.

14. Las longitudes de los lados son 12, 7 y 9.

15. Las longitudes de los lados son 11, 11 y 11.

Di si el triángulo descrito es acutángulo, rectángulo u obtusángulo.

16. Los ángulos miden 100°, 37° y 43°.

17. Los ángulos miden 56°, 88° y 36°.

18. Los ángulos miden 50°, 90° y 40°.

19. Por escrito ¿Tiene que ser isósceles un triángulo equilátero? ¿Por qué? ¿Tiene que ser equilátero un triángulo isósceles? ¿Por qué?

20. Pensamiento crítico Usa la regla de centímetros y el transportador para medir los lados y los ángulos de cada triángulo. Clasifica los triángulos según la longitud de sus lados. Después, haz una conjetura sobre la relación entre ángulos y lados.

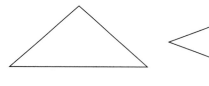 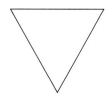

Dibuja los triángulos. Si no puedes dibujar algún triángulo, explica por qué.

21. un triángulo isósceles acutángulo

22. un triángulo escaleno obtusángulo

23. un triángulo isósceles rectángulo

24. un triángulo equilátero obtusángulo

25. un triángulo escaleno acutángulo

26. un triángulo escaleno rectángulo

27. un triángulo isósceles obtusángulo

28. un triángulo equilátero rectángulo

29. un triángulo obtusángulo acutángulo

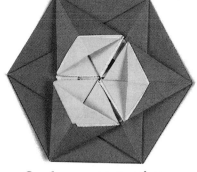

Según una costumbre japonesa, los regalos se decoran con "noshi". Estas decoraciones de papel simbolizan la buena fortuna.

VISTAZO A LO APRENDIDO

Usa la figura de la derecha. Nombra lo que se pide.

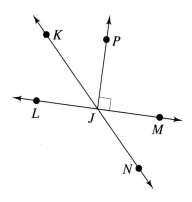

1. dos rectas
2. tres rayos
3. tres segmentos
4. un ángulo agudo
5. un ángulo obtuso
6. un ángulo recto
7. un ángulo llano
8. tres puntos colineales
9. tres puntos no colineales

10. Usa el transportador para medir $\angle LJK$.

11. Usa el transportador para dibujar un ángulo de 105°.

12. Dibuja un ángulo obtuso $\angle E$. Después, construye un ángulo congruente con $\angle E$.

13. **Elige A, B, C o D.** Guiándote por su apariencia, clasifica el triángulo.

    A. escaleno rectángulo

    B. isósceles acutángulo

    C. equilátero

    D. isósceles obtusángulo

14. Da tres ejemplos de maneras en que se podrían usar los triángulos en la vida real.

Exploración de polígonos

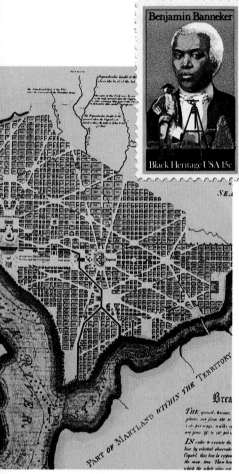

Benjamin Banneker ayudó a diseñar la ciudad de Washington, D.C. Este mapa muestra el uso de la geometría en su diseño.

⌐EN EQUIPO

Algunas de esta figuras son *polígonos*. Las demás no lo son. Trabajen en equipo para contestar las siguientes preguntas.

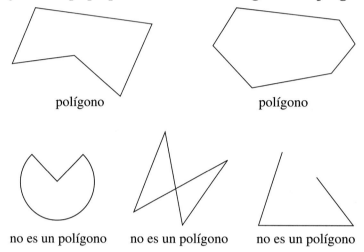

1. **a.** ¿Qué características tienen en común los polígonos?

    b. ¿En qué se diferencian las figuras que son polígonos de las que no lo son?

    c. Por escrito   Formulen la definición de un polígono. Estén preparados para compartir su definición con el resto de la clase.

2. Usen su definición para identificar los polígonos. ¿Resulta correcta la definición? Si no, ¿qué cambiarían?

    a.   **b.**   **c.**

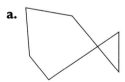   

    d.   **e.**   **f.**

PIENSA Y COMENTA

Los polígonos se nombran según el número de sus lados. Aquí tienes algunos de los nombres más comunes.

Polígono	Número de lados	Polígono	Número de lados
Triángulo	3	Hexágono	6
Cuadrilátero	4	Octágono	8
Pentágono	5	Decágono	10

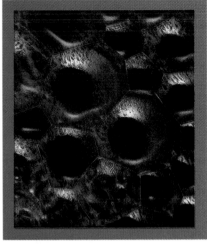

Puedes descubrir polígonos en una aglomeración de burbujas. *¿Qué tipos de polígonos ves en la foto?*

3. Di si cada polígono es un triángulo, un cuadrilátero, un pentágono, un hexágono, un octágono o un decágono.

a.

b.

c.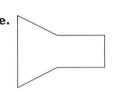

d.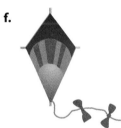

e.

f.

Puedes imaginarte que un polígono **convexo** es un polígono alrededor del cual se ajustaría perfectamente un elástico, sin dejar ninguna cavidad. Este polígono no es convexo, porque el elástico rojo no se ajusta a él perfectamente.

no es convexo

4. ¿Se muestra algún polígono no convexo en la pregunta 3?

5. **Pensamiento crítico** ¿Cuántos ángulos rectos parece tener el polígono azul? ¿Tiene sentido decir que este polígono tiene ángulos?

Siempre que hablemos sobre un polígono, nos referiremos a un polígono convexo.

 Octos es el nombre de una bicicleta diseñada para ocho personas. La bicicleta tiene 7 pies de ancho y puede alcanzar una velocidad de 50 mi/h si los ciclistas pedalean fuerte. **¿Por qué crees que se llama *Octos* esta bicicleta?**

Fuente: *3-2-1 Contact*

Repaso MIXTO

Calcula mentalmente.

1. 23×10

2. $1,500 \div 100$

Di si cada triángulo es acutángulo, rectángulo u obtusángulo.

3. Los ángulos miden 48°, 53° y 79°.

4. Los ángulos miden 42°, 104° y 34°.

5. Los vasos desechables vienen en paquetes de 50. Hay 576 estudiantes y maestros en la escuela intermedia César Chávez. ¿Cuántos paquetes de vasos desechables habrá que comprar para el picnic de la escuela?

POR TU CUENTA

Clasifica los polígonos.

6.

7.

8.

9.

10.

11.

12. Dibuja en papel punteado un triángulo, un cuadrilátero, un pentágono, un hexágono, un octágono y un decágono.

   a. ¿Cuántos ángulos tiene cada polígono?

   b. **Por escrito** ¿Cuál es la relación entre el número de lados y el número de ángulos de un polígono? ¿Por qué existe esta relación?

13. a. ¿Qué tienen en común estos triángulos?

   b. ¿Qué tienen en común estos cuadriláteros?

   c. ¿Qué tienen en común estos pentágonos?

   d. **Pensamiento crítico** ¿Qué características tienen en común los triángulos, los cuadriláteros y los pentágonos?

14. **Terminología** Escribe tres palabras, además de *triángulo*, que empiecen con el prefijo *tri-*.

15. Terminología Escribe tres palabras, además de *cuadrilátero*, que empiecen con el prefijo *cuad-*.

Usa papel punteado para dibujar los siguientes polígonos.

16. un cuadrilátero con exactamente dos ángulos rectos

17. un cuadrilátero sin ningún ángulo recto

18. un pentágono con tres ángulos rectos

19. Elige A, B, C o D. ¿En cuál de los polígonos del dibujo miden todos los ángulos 120°?

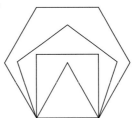

   A. triángulo   **B.** cuadrilátero

   C. pentágono   **D.** hexágono

La balsa voladora

Si te has subido a un árbol alguna vez, entonces sabes lo divertido que es llegar a la copa. ¡Imagínate cómo sería caminar por encima de las copas de árboles de más de 100 pies de altura! Eso es lo que el botánico Francis Hallé y su equipo están haciendo con la ayuda de la "Balsa voladora". Esta "balsa" permite a los científicos investigar las copas de los árboles de la selva tropical, algo que antes sólo podían hacer los expertos en escalar árboles.

La plataforma inflable pesa aproximadamente 1,650 lb y tiene un área de unos 6,500 pies², o sea, alrededor del tamaño de dos canchas de tenis. La plataforma se asemeja a una enorme cámara neumática con seis lados conectados al centro por seis brazos y con una red de circo como piso. Aunque la balsa parece pesada, puede "flotar" por las copas de los árboles sin apenas romper las ramas más chicas y frágiles.

20. a. ¿Qué forma tiene la plataforma?

   b. Dibuja un polígono que tenga la forma de la plataforma. En vez de dividirlo en seis triángulos, divídelo en cuatro.

   c. Dibuja un polígono que tenga la forma de la plataforma. Divídelo en un cuadrilátero y dos triángulos.

   d. ¿Por qué crees que Francis Hallé usó este diseño para la plataforma?

2-6 **C**uadriláteros especiales

PIENSA Y COMENTA

Ciertos cuadriláteros tienen nombres especiales porque poseen características que los distinguen de otros cuadriláteros.

Un **paralelogramo** es un cuadrilátero cuyos lados opuestos son paralelos.

Un **rectángulo** es un paralelogramo con cuatro ángulos rectos.

1. Halla varios ejemplos de rectángulos en el salón de clases.

Un **rombo** en un paralelogramo con cuatro lados congruentes.

2. ¿Puede un rombo ser un rectángulo? ¿Por qué?

Un **cuadrado** es un paralelogramo con cuatro ángulos rectos y cuatro lados congruentes.

3. **a.** ¿Es necesario que un cuadrado sea un rectángulo? ¿Es necesario que un rectángulo sea un cuadrado? Explica.

   b. ¿Es necesario que un cuadrado sea un rombo? ¿Es necesario que un rombo sea un cuadrado? Explica.

   c. ¿Qué nombre describe mejor a un rombo que también es un rectángulo?

Un **trapecio** es un cuadrilátero con sólo un par de lados opuestos paralelos.

4. ¿Puede un trapecio ser un paralelogramo? ¿Por qué?

Ejemplo Guiándote por su apariencia, anota todos los nombres que describan este polígono. Después, elige el nombre que mejor lo describe.

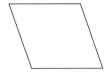

- Tiene cuatro lados.

- Los lados opuestos son paralelos.

- Los cuatro lados son congruentes.

- El polígono es un cuadrilátero, un paralelogramo y un rombo.

- El nombre que mejor lo describe es rombo, porque todos los rombos son también cuadriláteros y paralelogramos.

EN EQUIPO

Puedes usar piezas de tangram para formar cuadriláteros. A la derecha se muestran dos maneras de formar un paralelogramo.

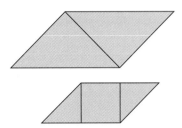

Trabaja con un compañero. Anoten todas las maneras posibles de usar las piezas de tangram para formar paralelogramos, rectángulos, rombos, cuadrados y trapecios. Organicen los resultados en una tabla. Comparen los resultados con los de los demás grupos.

PONTE A PRUEBA

Escribe las letras de todos los polígonos que correspondan a cada nombre.

5. cuadrilátero

6. paralelogramo

7. rombo

8. rectángulo

9. cuadrado

10. trapecio

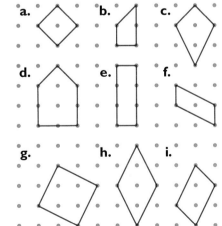

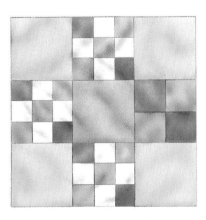

¿Cuántos cuadrados hay en este patrón textil?

11. ¿Cuál es el nombre que mejor describe a cada uno de los polígonos anteriores?

Halla la respuesta.

1. 116 ÷ 4
2. 250 × 100

Identifica los polígonos.

3. un polígono de 8 lados
4. un polígono de 5 lados

5. La medida de ∠A es el doble de la de ∠B. La medida de ∠B es el triple de la de ∠C. ∠A es un ángulo recto. ¿Cuánto mide ∠C?

POR TU CUENTA

Dibuja los cuadriláteros.

12. un paralelogramo
13. un cuadrado
14. un trapecio

15. un rectángulo que no sea un cuadrado

16. un rombo que no sea un cuadrado

17. un cuadrilátero que no sea ni un trapecio ni un paralelogramo

Escribe todos los nombres que parezcan describir a cada cuadrilátero. Elige entre paralelogramo, rectángulo, rombo, cuadrado y trapecio. Después, marca con un círculo el nombre que mejor lo describe.

18.

19.

20.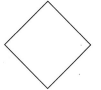

21. **Archivo de datos #6 (págs. 226–227)** ¿Qué figuras geométricas puedes hallar en la bicicleta?

22. **Por escrito** Explica la relación entre las siguientes figuras: rectángulo, rombo y cuadrado.

23. **a.** En el papel punteado de abajo se muestran cuatro trapecios. ¿Qué notas en los pares de lados que no son paralelos?

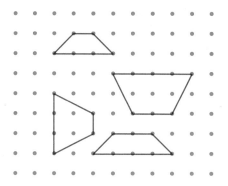

b. ¿Qué nombre especial tiene un triángulo cuyos lados tienen esta misma característica?

c. **Pensamiento crítico** ¿Qué nombre especial podrías usar para describir trapecios como éstos? ¿Por qué resultaría apropiado ese nombre?

24. Haz tres copias de este trapecio en papel de calcar.

   a. Traza una recta que divida uno de los trapecios en dos trapecios.

   b. Traza una recta que divida el segundo trapecio en un paralelogramo y un triángulo.

   c. Traza una recta que divida el tercer trapecio en un rombo y un trapecio.

Nombra todos los tipos de cuadriláteros que correspondan con la descripción.

25. al menos dos lados paralelos

26. un paralelogramo con cuatro ángulos rectos

27. un paralelogramo

28. un paralelogramo con cuatro lados congruentes

Completa cada oración con *siempre, a veces* o *nunca*.

29. Los cuadriláteros ■ son paralelogramos.

30. Los trapecios ■ son paralelogramos.

31. Los paralelogramos ■ son cuadriláteros.

32. Los cuadrados ■ son rectángulos.

33. Los rombos ■ son rectángulos.

34. Elige A, B, C o D. ¿Qué nombre *no* parece describir al cuadrilátero *RSTU*?

   A. cuadrado   **B.** rombo

   C. trapecio   **D.** paralelogramo

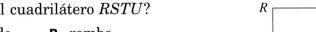

35. Investigación (pág. 40) Reúne fotos de edificios. Incluye edificios nuevos y antiguos. ¿Qué cuadriláteros especiales son comunes en la arquitectura?

 Un arlequín era un payaso vivaz e ingenioso del teatro italiano. Usaba un traje de brillantes retazos de seda en forma de diamante. A veces el traje tenía encajes y volantes. También llevaba una "varita" que usaba para indicar los cambios de escena.

Fuente: *The Oxford Companion to the Theater*

En esta lección

• Resolver problemas razonando lógicamente

2-7 **R**azona lógicamente

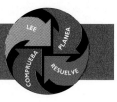

Con frecuencia, puedes usar el razonamiento lógico para resolver problemas sobre las relaciones entre grupos de objetos o de personas.

> La clase de sexto grado de la escuela intermedia Fairfield hizo una encuesta entre 130 estudiantes de séptimo y octavo grado para determinar cómo ganaban dinero. La encuesta mostró que 45 estudiantes cuidaban niños, 32 repartían periódicos, 28 hacían labores de jardinería y 12 tenían empleos después de las horas de escuela. Cada estudiante que trabaja realiza sólo un tipo de trabajo, a excepción de 15 estudiantes que cuidan niños y hacen labores de jardinería. **¿Cuántos estudiantes ganan dinero cuidando niños o haciendo labores de jardinería (o haciendo ambas cosas)? ¿Cuántos estudiantes no ganan dinero?**

LEE

Lee la información que se te da a fin de entenderla. Resume el problema.

1. Piensa en la información que se te da y en lo que se te pide que contestes.

   a. ¿Cuántos estudiantes fueron encuestados? ¿Cómo ganaban dinero?

   b. ¿Cuántos hacen dos tipos distintos de trabajo?

   c. ¿Qué te pide el problema que halles?

PLANEA

Decide qué estrategia usarás para resolver el problema.

El *razonamiento lógico* es una estrategia apropiada en este caso. Puedes dibujar un *diagrama de Venn* para mostrar las relaciones entre las distintas maneras de ganar dinero. Primero, dibuja un rectángulo para representar a todos los estudiantes de séptimo y octavo grado.

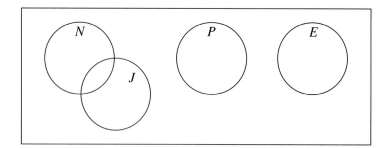

Después, dibuja un círculo, N, para representar a los estudiantes que cuidan niños. Dibuja otro círculo, P, para representar a los estudiantes que reparten periódicos. Dibuja un círculo, J, que tenga parte en común con N para representar a los estudiantes que realizan labores de jardinería, y dibuja otro círculo, E, para representar a los estudiantes que tienen empleos en empresas locales.

2. ¿Por qué deben tener parte en común J y N?

3. ¿Por qué los círculos E y P no tienen partes en común con ningún otro círculo?

Escribe 15 en el área que tienen en común N y J. Escribe 32 en P y 12 en E.

4. Halla el número de estudiantes que gana dinero sólo cuidando niños. Escribe el número en la parte que N no tiene en común con J.

RESUELVE

Prueba con la estrategia.

5. Halla el número de estudiantes que ganan dinero sólo realizando labores de jardinería. Escribe este número en la parte que J no tiene en común con N.

Usa esta información para contestar las preguntas del problema.

6. ¿Qué números puedes sumar para hallar el número total de estudiantes que ganan dinero cuidando niños o realizando labores de jardinería (o ambos)? ¿Cuál es el total?

7. a. ¿Qué representa la suma de los cinco números de los círculos del diagrama de Venn?

   b. Si le restas la suma de los círculos a 130, ¿qué representa el resultado? Escribe el número dentro del rectángulo, pero no dentro de un círculo.

Observa el diagrama de Venn y comprueba que la suma de todos los números es 130. Asegúrate de haber contestado con claridad las preguntas del problema.

COMPRUEBA

Piensa en cómo resolviste este problema.

Puedes usar un diagrama de Venn para mostrar las relaciones entre cuadriláteros, rectángulos, paralelogramos, cuadrados, trapecios y rombos.

8. Dibuja un diagrama de Venn grande, como el que se muestra aquí. Escribe las letras correspondientes para mostrar las relaciones entre los distintos tipos de cuadriláteros.

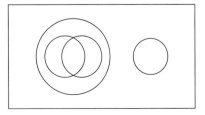

Calcula mentalmente.

1. 30×21
2. 20×19

Usa los datos: 8, 11, 9, 17, 18, 7 y 8.

3. Halla la gama.
4. Halla la mediana.

Escribe el nombre que mejor describe cada figura.

5.   6.

7. Carla obtuvo puntuaciones de 76, 89 y 81 en los exámenes. ¿Cuál es la puntuación media de Carla?

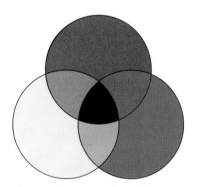

Los colores primarios son rojo, amarillo y azul. **¿Qué color obtienes al mezclar azul y rojo?**

PONTE A PRUEBA

Usa el razonamiento lógico para resolver.

9. En una caja de 39 botones, hay 25 botones de cuatro agujeros, 18 botones rojos y 13 botones rojos de cuatro agujeros. Los demás botones tienen dos agujeros y son de otros colores.

    a. ¿Cuántos botones tienen cuatro agujeros pero no son rojos?

    b. ¿Cuántos botones rojos tienen dos agujeros?

    c. ¿Cuántos botones no tienen cuatro agujeros ni son rojos?

POR TU CUENTA

Usa las estrategias que quieras para resolver los problemas. Muestra tu trabajo.

10. Si tienes tres pantalones, cuatro suéteres y cinco camisas, ¿cuántos días podrás usar una combinación distinta de pantalón, suéter y camisa, sin repetir una combinación anterior?

11. En un restaurante, 37 clientes pidieron el almuerzo entre las 11:30 a.m. y las 12:30 p.m. Veinticinco de los clientes pidieron sopa con el almuerzo, 16 pidieron ensalada con el almuerzo y 8 pidieron tanto la sopa como la ensalada.

    a. ¿Cuántos clientes pidieron sopa, pero no ensalada, con el almuerzo?

    b. ¿Cuántos clientes no pidieron ni sopa ni ensalada?

12. Supón que tienes una colección de tarjetas de béisbol y has decidido ponerlas en grupos. Al agrupar las tarjetas de dos en dos, te sobra una. También te sobra una cuando las agrupas de tres en tres o de cuatro en cuatro. Pero cuando las agrupas de siete en siete, no te sobra ninguna.

    a. ¿Cuál es el número mínimo de tarjetas en tu colección?

    b. Menciona otras dos posibilidades para el número de tarjetas.

13. ¿Cuántas combinaciones distintas de monedas dan un total de exactamente 17¢?

Práctica

Nombra lo que se pide.

1. tres puntos colineales
2. cuatro puntos no colineales

3. tres segmentos
4. cuatro rayos

5. un ángulo agudo
6. un ángulo obtuso

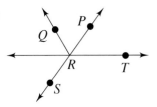

Usa el transportador para hallar la medida de los ángulos.

7. $\angle KHL$
8. $\angle NHM$

9. $\angle KHN$
10. $\angle JHN$

11. $\angle LHM$
12. $\angle LHJ$

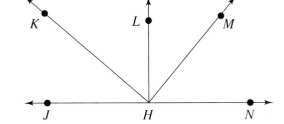

13. Usa el transportador para dibujar un ángulo de 115°.

14. Traza un segmento, $\overline{GH}$. Construye un segmento el doble de largo que $\overline{GH}$.

15. Dibuja un ángulo obtuso $\angle A$. Construye un ángulo congruente con $\angle A$.

Según las medidas de sus lados, di si cada triángulo es escaleno, isósceles o equilátero.

16. 6 cm, 6 cm, 6 cm
17. 6 pulg, 8 pulg, 6 pulg
18. 17 m, 15 m, 8 m

Según las medidas de sus ángulos, di si cada triángulo es acutángulo, obtusángulo o rectángulo.

19. 60°, 90°, 30°
20. 40°, 100°, 40°
21. 60°, 70°, 50°

Dibuja las siguientes figuras.

22. un pentágono
23. un octágono
24. un hexágono

¿Verdadero o falso?

25. Todos los cuadrados son rectángulos.
26. Algunos rectángulos son paralelogramos.

27. Los rombos no son trapecios.
28. Todos los rectángulos son cuadriláteros.

2-8 **F**iguras congruentes y figuras semejantes

EN EQUIPO

Trabaja con un compañero.

• Dibujen un triángulo en papel punteado.

• Dibujen tres copias del triángulo en papel punteado.

• Recorten los cuatro triángulos.

• Coloquen los triángulos uno encima de otro para comprobar que son del mismo tamaño y de la misma forma.

1. **a.** Agrupen los cuatro triángulos de manera que formen un triángulo más grande que tenga la misma forma que el triángulo original. Los triángulos no deben quedar con partes sobrepuestas.

   b. Dibujen su agrupamiento de triángulos en papel punteado. Muestren cómo se agrupan los triángulos pequeños para formar el triángulo más grande. Comparen las longitudes de los lados del triángulo original con las de los lados del triángulo mayor.

2. Supongan que tienen nueve triángulos del mismo tamaño y de la misma forma que el triángulo original. Usen papel punteado para mostrar cómo agrupar estos triángulos para formar un triángulo más grande con la misma forma. Comparen las longitudes de los lados del triángulo mayor con las de los lados del triángulo original.

¿Por qué crees que es importante que las piezas que se fabrican en una línea de montaje sean congruentes?

PIENSA Y COMENTA

Las figuras que tienen la misma forma y el mismo tamaño son **congruentes.** Como pudiste observar en la actividad "En equipo", dos figuras pueden ser congruentes incluso si se invierte una de ellas. Dos figuras pueden también ser congruentes incluso si una de ellas parece estar volteada.

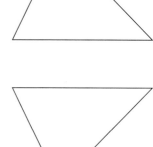

3. ¿Cómo podrías comprobar si estos trapecios son congruentes?

4. ¿Qué triángulos son congruentes con el triángulo de la derecha?

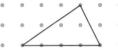

a.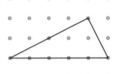

b.

c.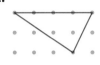

d.

e.

f.

Las figuras que tienen la misma forma son **semejantes.** Dos figuras pueden ser semejantes incluso si una parece estar, o está, volteada. Los triángulos grandes que formaste en la actividad "En equipo" son todos semejantes al triángulo original. También son semejantes unos a otros.

5. ¿Es necesario que dos figuras congruentes sean también semejantes? ¿Por qué?

6. ¿Qué triángulos son semejantes al triángulo de la derecha?

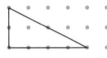

a.

b.

c.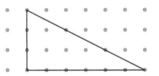

d.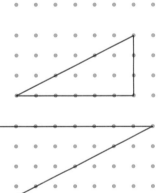

e.

f.

¿DÓNDE? Puedes descubrir triángulos congruentes y triángulos semejantes en el Puente Navajo, en Arizona. El puente cruza el río Colorado.

1. 24×5 ■ $600 \div 5$

2. $1{,}100 \div 100$ ■
$110 \div 10$

3. Supón que preguntas a 100 personas si prefieren yogur con sabor a arándano, a frambuesa o a vainilla. ¿Qué tipo de gráfica resultaría más apropiada para representar los resultados? Explica.

Usa el diagrama de Venn de abajo para contestar las siguientes preguntas.

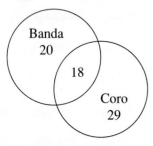

4. ¿Cuántos estudiantes tocan en la banda?

5. ¿Cuántos estudiantes participan tanto en la banda como en el coro?

⌐POR TU CUENTA

7. ¿Qué figuras parecen ser congruentes con el trapecio de la derecha?

a.   **b.**   **c.**   **d.**

8. ¿Qué rectángulos son semejantes al rectángulo de la derecha?

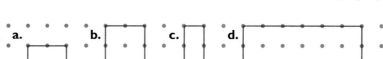

Indica si los triángulos parecen ser congruentes, semejantes o ninguna de las dos cosas.

9.    **10.** 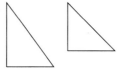   **11.**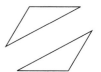

12. Haz una lista de los pares de triángulos que parecen ser congruentes.

a.    **b.**   **c.**

d. 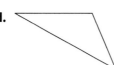   **e.**   **f.**

13. Por escrito ¿Son semejantes las figuras congruentes? ¿Son congruentes las figuras semejantes? Explica.

14. Usa papel punteado para dibujar cuatro triángulos congruentes en distintas posiciones.

15. Supón que estás cambiando una ventana. ¿Es necesario que la ventana nueva sea congruente con la ventana original, o semejante a ella? Explica tu razonamiento.

16. Haz una lista de los pares de figuras que parecen ser semejantes.

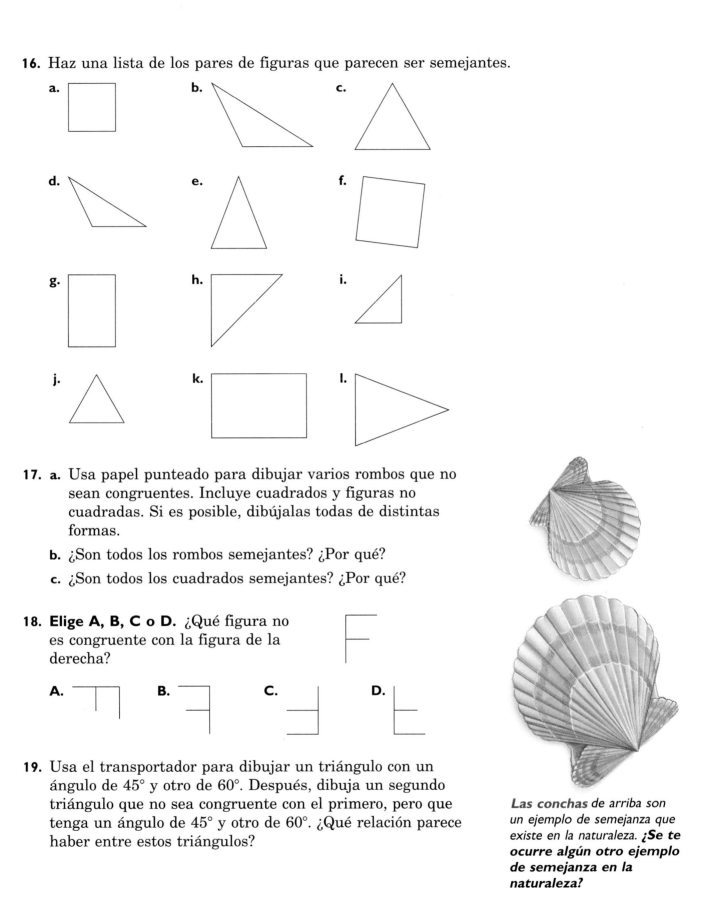

a.   b.   c.

d.   e.   f.

g.   h.   i.

j.   k.   l.

17. a. Usa papel punteado para dibujar varios rombos que no sean congruentes. Incluye cuadrados y figuras no cuadradas. Si es posible, dibújalas todas de distintas formas.

    b. ¿Son todos los rombos semejantes? ¿Por qué?

    c. ¿Son todos los cuadrados semejantes? ¿Por qué?

18. Elige A, B, C o D. ¿Qué figura no es congruente con la figura de la derecha?

    A.   **B.**   **C.**   **D.**

19. Usa el transportador para dibujar un triángulo con un ángulo de 45° y otro de 60°. Después, dibuja un segundo triángulo que no sea congruente con el primero, pero que tenga un ángulo de 45° y otro de 60°. ¿Qué relación parece haber entre estos triángulos?

Las conchas de arriba son un ejemplo de semejanza que existe en la naturaleza. ¿Se te ocurre algún otro ejemplo de semejanza en la naturaleza?

2-9

Exploración de la simetría

EN EQUIPO

• Calca el triángulo equilátero y el cuadrado. Después, recórtalos.

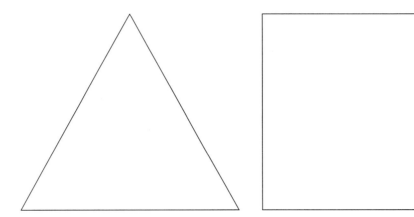

• Dobla el triángulo de tantas maneras como puedas, de modo que una mitad coincida exactamente con la otra.

• Repite el procedimiento con el cuadrado.

• Compara tus resultados con los de un compañero. ¿De cuántas maneras distintas pudieron doblar cada figura?

PIENSA Y COMENTA

Con frecuencia, podrás observar simetría en la naturaleza: en el cuerpo humano, en las flores, en los insectos, en los pájaros y en muchos otros objetos de la naturaleza. Debido a que los diseños simétricos resultan muy atractivos visualmente, se usan con frecuencia en telas, banderas, esculturas, máscaras, tejidos y cerámicas.

Una figura tiene **simetría lineal** si hay una recta que divide a la figura en dos mitades congruentes. Esta recta se llama *eje de simetría*.

1. Tiene la mariposa de la izquierda algún eje de simetría? ¿Cuántos?

2. ¿Cuántos ejes de simetría tiene un triángulo equilátero? Dibuja un triángulo equilátero y traza los ejes de simetría.

3. ¿Cuántos ejes de simetría tiene un cuadrado? Dibuja un cuadrado y traza los ejes de simetría.

4. ¿Cuántos ejes de simetría tienen estas figuras? Di si cada eje de simetría es horizontal, vertical o ninguno de los dos.

a.    b.    c.

Esta máscara proviene de Indonesia. *¿Cuántos ejes de simetría tiene?*

d. 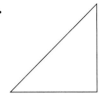   e. 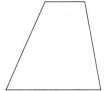   f.

5. **Pensamiento crítico** ¿Cómo podrías comprobar si una figura tiene simetría lineal?

⌐POR TU CUENTA

¿Tiene la figura simetría lineal? Si la tiene, calca la figura y traza todos los ejes de simetría.

6.   7. 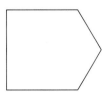   8.

9.    10.    11.

R^epa^so MIXTO

Calcula mentalmente.

1. 0 + 332

2. 332 ÷ 1

Di si cada triángulo es escaleno, isósceles o equilátero.

3. un triángulo con lados que miden 8, 8 y 8

4. un triángulo con lados que miden 9, 14 y 7

Usa las figuras de abajo con los ejercicios 5 y 6.

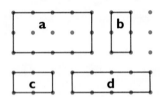

5. ¿Qué figuras parecen ser congruentes?

6. ¿Qué figuras parecen ser semejantes?

7. El producto de dos números enteros es 35. Su diferencia es 2. ¿Cuáles son los dos números?

Copia las figuras en papel punteado. Completa las figuras de manera que la recta sea un eje de simetría.

12.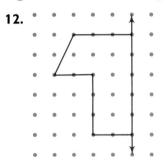

13.

14. Calca el hexágono y traza todos los ejes de simetría.

15. a. Dibuja al menos tres triángulos isósceles como los de abajo. Traza todos los ejes de simetría de cada triángulo.

b. Dibuja al menos tres triángulos escalenos. Traza todos los ejes de simetría de cada triángulo.

c. Por escrito Describe los ejes de simetría de los triángulos equiláteros, isósceles y escalenos.

16. ¿Qué mayúsculas del alfabeto tienen simetría lineal?

A B C D E F G H I J K L M

N Ñ O P Q R S T U V W X Y Z

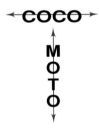

17. La palabra COCO tiene un eje de simetría horizontal. Halla otra palabra que tenga un eje de simetría horizontal.

18. Cuando se escribe la palabra MOTO en forma de columna, tiene un eje de simetría vertical. Halla otra palabra que tenga un eje de simetría vertical.

19. Muchas banderas, como la bandera canadiense que aparece a la derecha, tienen simetría lineal.

    a. Diseña una bandera que tenga simetría lineal.

    b. Diseña una bandera que no tenga simetría lineal.

20. a. Actividad Dobla una hoja de papel. Recorta una figura que tenga el doblez como eje de simetría.

    b. Dobla una hoja de papel en cuatro. Recorta una figura que tenga dos ejes de simetría perpendiculares.

La bandera de Canadá, con su hoja de arce, es símbolo de unidad.

VISTAZO A LO APRENDIDO

¿Cuántos lados tiene cada polígono?

1. un decágono   **2.** un octágono   **3.** un cuadrilátero

4. Por escrito Define un cuadrado en tus propias palabras.

5. El Café Delicias tiene 63 clientes a la hora de la cena. De estos clientes, 20 piden aperitivo antes de la cena, 36 piden postre al final de la cena y 14 piden tanto postre como aperitivo.

    a. ¿Cuántos clientes piden aperitivo pero no piden postre?

    b. ¿Cuántos clientes no piden ni postre ni aperitivo?

6. a. ¿Cuáles de las figuras de abajo parecen ser congruentes?

    b. ¿Cuáles parecen ser semejantes?

A   **B**   **C**   **D**   **E**

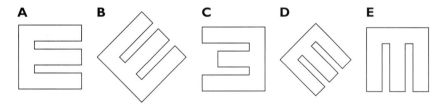

7. Elige A, B, C o D. ¿Qué figura tiene el mayor número de ejes de simetría?

    A. un cuadrado   **B.** un triángulo isósceles rectángulo

    C. un triángulo escaleno   **D.** un triángulo equilátero

2-10 Exploración del círculo

PIENSA Y COMENTA

Las computadoras ayudan a diseñar desde fábricas hasta parques de diversiones. Los diseñadores y los ingenieros usan figuras geométricas en la pantalla de la computadora para representar objetos reales. Por ejemplo, puedes representar una noria o "rueda de la fortuna" en un parque de diversiones con un *círculo* y segmentos dentro del círculo.

Un **círculo** es el conjunto de puntos en el plano que se halla a la misma distancia de un punto dado, el *centro*. Un círculo se nombra por su centro. Este círculo es el círculo O.

Un **radio** es un segmento que tiene un extremo en el centro y el otro extremo en el círculo.

$\overline{OG}$ es un radio del círculo O.

Un **diámetro** es un segmento que pasa a través del centro de un círculo y tiene ambos extremos en dicho círculo.

$\overline{AE}$ es un diámetro del círculo O.

La ciudad espacial del futuro podría ser construida en forma de rueda.

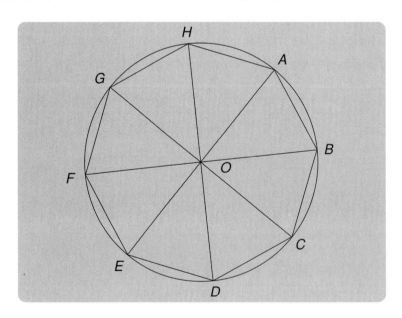

Una **cuerda** es un segmento cuyos extremos se hallan en el círculo.

$\overline{ED}$ es una cuerda del círculo O.

Usa el compás para dibujar un círculo. Nombra el centro S.

1. **a.** Nombra un radio del círculo O que no sea $\overline{OG}$.

   b. Traza un radio en tu círculo S. Nómbralo $\overline{ST}$.

   c. ¿Trazaron todos tus compañeros $\overline{ST}$ de la misma manera?

   d. Pensamiento crítico ¿Cuántos radios distintos puede tener un círculo?

2. **a.** Nombra dos diámetros del círculo O que no sean $\overline{AE}$.

   b. Elige un punto del círculo S que no sea T. Nómbralo U. Traza el diámetro $\overline{UV}$. ¿Cuántas veces más largo es $\overline{UV}$ que $\overline{ST}$?

   c. ¿Es siempre la longitud del radio de un círculo la mitad de la longitud del diámetro? ¿Por qué?

La longitud de un radio de un círculo es *el radio* del círculo. La longitud de un diámetro de un círculo es *el diámetro* del círculo.

3. **a.** ¿Cuál es el radio del círculo O si su diámetro es 6 cm?

   b. Halla el diámetro y el radio del círculo S.

4. Traza $\overline{UT}$ en el círculo S. ¿Cómo se llama este tipo de segmento?

5. Traza y mide varias cuerdas en el círculo S. ¿Cómo se llama la cuerda más larga de un círculo?

6. El modelo de computadora de una "rueda de la fortuna" de 6 vagones, como la de la derecha, contiene muchos ángulos. Algunos de los ángulos, como $\angle APB$, son *ángulos centrales*. ¿Por qué crees que se los llama de esta manera?

7. **a.** Haz una lista con los nombres de los 6 ángulos centrales agudos que se muestran en el círculo P.

   b. ¿Cuál es la suma de sus medidas?

   c. Estos ángulos centrales son congruentes. ¿Cuánto mide cada ángulo?

8. **a.** Describe los triángulos que se muestran en el círculo O de la página anterior.

   b. ¿Cuál es la medida de $\angle AOB$ del círculo O?

   c. Guiándote por su apariencia, clasifica los triángulos que se muestran en el círculo P.

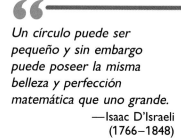

Un círculo puede ser pequeño y sin embargo puede poseer la misma belleza y perfección matemática que uno grande.
—Isaac D'Israeli
(1766–1848)

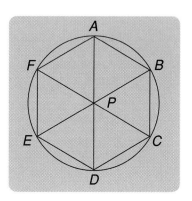

**Compara usando <, >
ó =.**

1. 750 ÷ 150 ■ 80 ÷ 16

2. 19 × 17 ■ 176 + 83

**¿Cuántos ejes de
simetría tiene cada
figura?**

3.

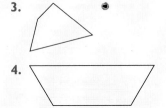

4.

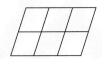

**Usa la figura de abajo
para contestar las
siguientes preguntas.**

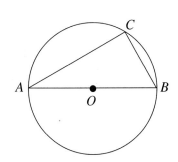

5. **¿Cuántos
paralelogramos hay en la
figura?**

6. **¿Cuántos rombos hay?**

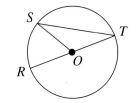

EN EQUIPO

9. **a. Computadora** Hagan una conjetura sobre la suma de las medidas de los ángulos centrales de un círculo que no estén superpuestos. Comprueben la conjetura aplicándola a distintos círculos y distintos ángulos centrales.

   b. Pensamiento crítico Supongan que comprueban la conjetura con una computadora y que hay una diferencia de 1° en la suma de los ángulos. ¿A qué podrían atribuir la diferencia?

POR TU CUENTA

Nombra las siguientes partes del círculo O.

10. tres radios

11. un diámetro

12. dos ángulos centrales

13. dos cuerdas

14. ¿Cuánto mide el diámetro de un círculo si su radio mide 8 cm?

15. ¿Cuánto mide el radio de un círculo si su diámetro mide 10 pulg?

16. Una diseñadora gráfica usó la computadora para diseñar el logotipo de la izquierda. La diseñadora quiere saber qué piensa del diseño un amigo que vive en otra ciudad. La máquina de facsímiles está descompuesta, así que tendrá que describir el diseño en palabras.

    a. Por escrito Escribe el conjunto de instrucciones que podría dar la diseñadora por teléfono para ayudar a la otra persona a dibujar el logotipo. Usa términos geométricos como cuerda, diámetro y radio para dar las instrucciones.

    b. Comprueba las instrucciones con un amigo o un miembro de la familia. Si es necesario, modifica las instrucciones.

17. **Computadora** Dibuja un círculo y varias cuerdas de distintas longitudes. Mide la distancia desde el centro del círculo hasta los extremos de las cuerdas. Describe la relación entre la longitud de las cuerdas y las distancias desde el centro del círculo.

18. Elige A, B, C o D. Los ángulos centrales agudos del círculo P son congruentes. ¿Cuánto mide $\angle APC$?

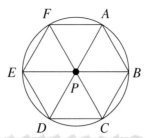

A. $60°$ **B.** $120°$

C. $150°$ **D.** $180°$

Vueltas y más vueltas

La noria o "rueda de la fortuna" hizo su aparición por primera vez en la Feria Mundial de Chicago, en 1893, gracias a George Washington Ferris. Este ingeniero mecánico soñaba con construir algo "original, atrevido e insólito". A consecuencia de este sueño, podemos disfrutar de su creación en las ferias y parques alrededor del mundo.

La primera noria tenía 265 pies de altura y un diámetro de 250 pies. ¡Casi el largo de un campo de fútbol americano! Los 36 vagones elevaban a 2,160 pasajeros por encima de la multitud. A diferencia de las vueltas de noria actuales, una vuelta en esta noria tomaba 20 min. Construir esta gigantesca noria costó $385,000.

Usa el artículo de arriba para contestar las preguntas 19 y 20.

19. ¿Cuál era el radio de la primera noria?

20. ¿Cuántas personas cabían en un vagón?

21. Computadora Diseña tu propia noria usando figuras geométricas. ¿Cuántos vagones tiene? ¿Cuánto miden los ángulos centrales?

22. Computadora Dibuja y nombra un círculo. Después, dibuja un ángulo central. ¿Qué sucede con la medida del ángulo central si aumentas o disminuyes el tamaño del círculo?

23. Computadora Haz una conjetura sobre lo que sucederá a $\angle ACB$ a medida que el punto C se desplaza por el círculo. Luego comprueba tu conjetura. (*Pista*: ¿Qué tipo de ángulo es ACB?)

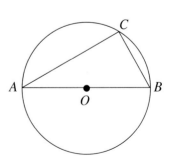

24. Investigación (pág. 40) Usa la computadora para diseñar una bandera que tenga simetría. Describe la simetría de tu bandera.

En esta lección

• Dibujar teselados

2-11 **E**xploración de teselados

VAS A NECESITAR

✓ Transportador

✓ Papel punteado

✓ Tijeras

PIENSA Y COMENTA

Los **teselados** son diseños geométricos que se repiten sin superponerse hasta cubrir completamente un plano. Los teselados se han usado para diseñar y decorar edificios, calles y paseos desde hace mucho tiempo. Por ejemplo, los sumerios del valle de Mesopotamia (alrededor del año 4,000 a.C.) decoraban sus viviendas y templos con mosaicos de diseños geométricos. Las calles de adoquines y los pisos y patios de losas son sólo algunos ejemplos de los teselados modernos.

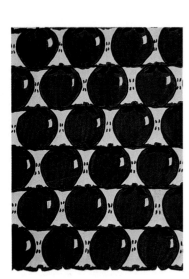

El título de esta obra de arte es "Corazón de manzana". *¿Qué dos figuras componen el teselado del plano?*

1. Describe los polígonos usados para formar los teselados de arriba.

2. Mide los ángulos de los polígonos. En cada teselado, ¿cuál es la suma de los ángulos que tienen el mismo vértice?

3. Describe cómo podrías usar un patrón de cada polígono para dibujar el teselado. ¿Podrías dibujar los tres teselados sin invertir el patrón?

4. ¿Hay alguna relación entre los teselados? ¿Cuál?

5. Trabaja con un compañero. Dibujen en papel punteado un triángulo escaleno acutángulo y un triángulo escaleno obtusángulo. Cada uno de ustedes debe recortar varias copias congruentes de uno de los triángulos y usarlas para formar un teselado. Copien los teselados en papel punteado.

6. Dibujen en papel punteado un cuadrilátero que no tenga lados congruentes. Hagan juntos las siguientes actividades.

  a. Recorten nueve copias del cuadrilátero.

  b. Prueben varias maneras de formar un teselado.

  c. Copien el teselado en papel punteado.

  d. ¿Qué demuestra el teselado sobre la suma de los ángulos del cuadrilátero? Expliquen su razonamiento.

¡RECUERDA!

Un triángulo escaleno no tiene lados congruentes.

⌐**POR TU CUENTA**

Calca las figuras. Determina si puedes usarlas para formar un teselado.

7. 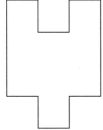   **8.**   **9.**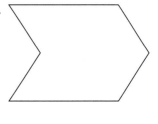

10. Puedes crear tu propia figura para hacer teselados. Empieza con un cuadrado y sigue los pasos siguientes.

  a. Recorta una figura de un lado del cuadrado.

  b. Pega con cinta adhesiva la figura en el lado opuesto del cuadrado.

  c. Recorta otra figura de un lado distinto y pégala en el lado opuesto.

  d. Calca varias veces la nueva figura para formar el teselado.

  e. **Por escrito** ¿Por qué es el resultado de este procedimiento una figura que podrá formar un teselado?

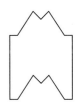

1. 13,789 + 23,653

2. 34,567 − 27,488

3. ¿Cuántos lados más que un cuadrilátero tiene un octágono?

4. ¿Cuántos lados menos que un decágono tiene un triángulo?

Completa la oración.

5. El diámetro de un círculo es ■ del radio del círculo.

6. Un ■ es la cuerda más larga del círculo.

11. Puedes usar más de un tipo de polígono para formar un teselado. Crea un teselado calcando al menos dos de las figuras de abajo.

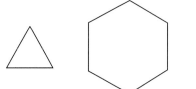
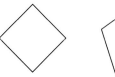

12. Pensamiento crítico ¿Es posible usar una figura con curvas para crear un teselado? Si crees que es posible, dibuja un ejemplo. Si crees que no es posible, explica tu razonamiento.

TÚ DECIDES

REÚNE DATOS

Puedes usar losas cuadradas para cubrir un piso. O puedes crear diseños más interesantes con más de una figura, como se muestra a continuación.

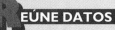

6 pulg

$5

4 pulg

4 por $5

4 pulg

$2.50

1 pulg

$1

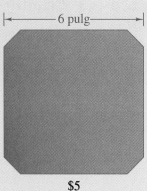

4 pulg

$7

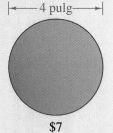

2 pulg

$2.50

13. Elige A, B, C o D. ¿Cuál de las siguientes figuras podrías usar para formar el teselado de un plano?

Sugerencia para resolver el problema

Calca las figuras y dibuja un diagrama.

A.

B.

C.

D.

 14. Investigación (pág. 40) Es posible crear diseños gráficos para las letras *C*, *S* y *T* de modo que se puedan usar para hacer teselados. Usa papel cuadriculado para crear un teselado con cada letra.

El cuadrado de 1 pulg viene en distintos colores. La losa redonda y el cuadrado de 2 pulg vienen en distintos diseños.

NALIZA LOS DATOS

1. Usa papel de calcar para dibujar tres diseños. Usa dos tipos de losas para cada diseño.

2. Supón que usas los diseños para cubrir un cuadrado de 1 pie por 1 pie.

   a. ¿Tendrías que recortar algunas de las losas? ¿Cuáles?

   b. ¿Cuántas losas de cada tipo necesitarías?

OMA LA DECISIÓN

3. Vas a enlosar una superficie de 12 pies por 8 pies. Halla el costo del nuevo piso para cada uno de los tres diseños. Si tienes que usar la mitad o una cuarta parte de una losa, considera que el costo será la mitad o un cuarto del precio de la losa entera. Después, elige uno de los diseños y explica tu decisión.

La palabra teselado *se deriva del término latino* tessellare, *que significa "cubrir con losas".* **¿Qué figuras puedes observar en los teselados de la foto?**

En conclusión

Puntos, rectas, planos y ángulos · 2-1, 2-2

Puedes representar **puntos, rectas** y **planos** con objetos de la vida diaria.

Un **segmento** es parte de una recta y tiene dos extremos. Un **rayo** es parte de una recta y tiene un extremo.

Puedes clasificar los ángulos en **agudos, rectos, obtusos** y **llanos.**

1. Dibuja tres puntos no colineales A, B y C.

2. Traza las rectas paralelas $\overleftrightarrow{JK}$ y $\overleftrightarrow{MN}$.

3. ¿Cuántos segmentos hay en la figura? ¿Cuántos rayos? ¿Cuántas rectas?

A B C

Clasifica cada ángulo.

4.

5.

6.

Círculos · 2-10

Un **radio** tiene un extremo en el centro y el otro en el círculo. Un **diámetro** tiene los dos extremos en el círculo y pasa por el centro. Una **cuerda** tiene los dos extremos en el círculo.

Nombra lo siguiente en el círculo O.

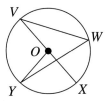

7. tres radios

8. un diámetro

9. dos ángulos centrales

10. tres cuerdas

Construcción · 2-3

Las figuras que tienen el mismo tamaño y la misma forma son **congruentes.**

11. **Por escrito** Explica cómo construir un segmento congruente con un segmento dado.

12. Dibuja un ángulo agudo ∠Z. Construye un ángulo congruente con ∠Z.

Puedes clasificar los triángulos en **acutángulos, obtusángulos** o **rectángulos** y en **equiláteros, isósceles** o **escalenos.**

Identificamos los polígonos según el número de sus lados.

Las figuras que tienen el mismo tamaño y la misma forma son **congruentes.** Las figuras que tienen la misma forma son **semejantes.**

13. Elige A, B, C o D. Cuando se traza $\overline{XZ}$ en el paralelogramo *WXYZ*, se forman dos triángulos equiláteros congruentes. ¿Qué tipo de figura es *WXYZ*?

A. un rectángulo   **B.** un rombo   **C.** un trapecio   **D.** un cuadrado

¿Parecen los triángulos ser congruentes, semejantes o ninguna de las dos cosas?

14.

15.

Un **eje de simetría** divide una figura en dos partes congruentes.

Los **teselados** son figuras geométricas que cubren completamente el plano sin quedar superpuestas.

16. ¿Cuántos ejes de simetría tendrá un rombo que no sea un cuadrado?

17. Haz un dibujo que muestre cómo puede un paralelogramo formar el teselado de un plano.

Con frecuencia, puedes usar el razonamiento lógico para resolver problemas.

18. De un grupo de 26 estudiantes, 3 leyeron tanto *The Black Stallion* como *Island of the Blue Dolphins*. Once estudiantes leyeron el primer libro, pero no el segundo. Siete estudiantes no leyeron ninguno de los dos libros. ¿Cuántos estudiantes leyeron sólo el segundo libro?

PREPARACIÓN PARA EL CAPÍTULO 3

En el número 254, 4 es el dígito de las unidades, 5 el de las decenas y 2 el de las centenas.

1. En el número 4,908, 9 es el dígito de las ■.

2. Identifica el dígito de los millares en el número 36,158.

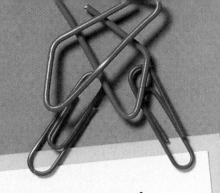

cierra el caso

En busca de patrones

Al principio de este capítulo, tú y tu grupo diseñaron una bandera. Ahora, han sido invitados a portar la bandera en el desfile anual de la Feria de Matemáticas.

El comité de organización de la feria ha establecido que el diseño de las banderas debe ser geométrico y simétrico. Observa la bandera. Si no es simétrica, vuelve a diseñarla. Una vez que te sientas satisfecho con el diseño, explica en qué es geométrico. Explícalo de una de estas maneras.

✔ Haz una presentación oral ante el comité.
✔ Escribe una carta al comité.
✔ Escribe un artículo para el periódico de la escuela.

Los problemas precedidos por la lupa (pág. 65, #35; pág. 81, #24 y pág. 85, #14) te ayudarán a completar la investigación.

Extensión: Diseña de nuevo la bandera de modo que el diseño sea un teselado.

Puedes consultar:
- a un maestro de arte
- a un diseñador gráfico

FORMAS Y FIGURAS

Reglas:

☛ Se juega con tres o más personas.
☛ Un jugador lleva la cuenta del tiempo y asigna una figura, como un cuadrado, a los demás jugadores.
☛ Los jugadores tienen 1 minuto para observar el salón de clases y hacer una lista de todos los objetos que tengan la forma de la figura, o cuyo diseño incluya la figura.

Una vez que se acabe el tiempo, los jugadores comparan las listas para ver quién halló más objetos. El jugador que tenga la lista más larga asignará la próxima figura y llevará la cuenta del tiempo en la próxima vuelta.

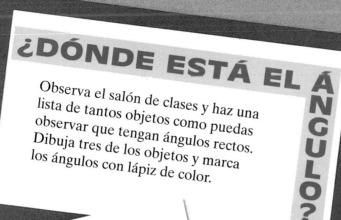

¿DÓNDE ESTÁ EL ÁNGULO?

Observa el salón de clases y haz una lista de tantos objetos como puedas observar que tengan ángulos rectos. Dibuja tres de los objetos y marca los ángulos con lápiz de color.

123 SIMETRÍA

Usa papel cuadriculado para escribir los números del 0 al 12. Asegúrate que la forma de los números sea uniforme. Usa los números para contestar las siguientes preguntas. ¿Qué números de un dígito tienen simetría lineal? ¿Qué números de dos dígitos tienen simetría lineal? ¿Puedes formar un número de tres dígitos y un número de cuatro dígitos que tengan simetría lineal?

El retrato de un polígono

En una hoja de papel, haz un dibujo que tenga al menos seis polígonos distintos. Intercambia papeles con un compañero. Cuenta el número de ángulos y el número de lados de cada polígono. Identifica los ejes de simetría de los polígonos. Halla los lados paralelos que tengan los polígonos. Puedes marcar los ángulos en azul, los ejes de simetría en rojo y los lados paralelos en verde.

1. Dibuja tres puntos no colineales y nómbralos *X, Y* y *Z*. Traza $\overleftrightarrow{XY}$. Después, traza una recta que pase por *Z* y parezca ser paralela a $\overleftrightarrow{XY}$.

2. **Estimación** La *mejor* estimación de la medida de $\angle PQR$ es:

    A. 100°

    B. 80°

    C. 135°

    D. 150°

    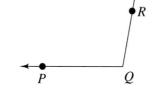

3. $\triangle ABC$ es isósceles. Copia el triángulo y después usa la regla y el compás para construir un triángulo congruente con $\triangle ABC$. (*Pista:* Primero construye un ángulo congruente con $\angle B$.)

    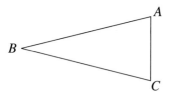

4. **Por escrito** En los polígonos de abajo, se han trazado *diagonales* desde un vértice. ¿Cuántas diagonales puedes trazar desde un vértice de un hexágono? ¿Y de un polígono de 7 lados? ¿Y de un polígono de 100 lados? Explica tu razonamiento.

    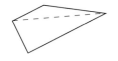

5. Dibuja el círculo *O* y una cuerda $\overline{AB}$ que no sea un diámetro. Traza $\overline{OA}$, $\overline{OB}$ y el radio que sea perpendicular a $\overline{AB}$. Haz tantas conjeturas como puedas sobre los ángulos, segmentos y triángulos del diagrama.

6. Para poder concluir que *MNOP* es un rombo, tienes que saber que:

    A. $\overline{MO} \perp \overline{NP}$

    B. la longitud de $\overline{MO}$ es 8

    C. la longitud de $\overline{MP}$ y de $\overline{PO}$ es 8

    D. $\overline{NP}$ y $\overline{MO}$ son congruentes

    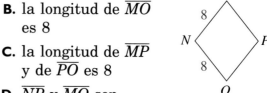

7. De los 16 varones de la clase de matemáticas de la Sra. Stern, 7 juegan fútbol y 5 tocan en la banda. Cuatro juegan béisbol y no participan en ninguna otra actividad. Dos estudiantes juegan fútbol *y* tocan en la banda. ¿Cuántos estudiantes no participan en ninguna de las tres actividades?

8. **a.** Nombra un par de triángulos que parezcan ser congruentes.

    b. Nombra un par de triángulos que parezcan ser semejantes, pero no congruentes.

    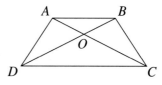

9. Dibuja un cuadrilátero con el siguiente número de ejes de simetría.

    a. 0   **b.** 1   **c.** 2   **d.** 4

10. Copia la figura de abajo y úsala para crear un teselado en el plano.

Elige A, B, C o D.

1. ¿Qué puedes concluir al observar el diagrama de puntos?

   A. La mayoría de las ausencias ocurrieron el lunes y el viernes.

   B. La media del número de ausencias diarias fue 2.5.

   C. Sólo un estudiante estaba ausente el miércoles, debido a una excursión.

   D. Al menos un estudiante estuvo ausente dos veces esa semana.

   Nº de estudiantes ausentes

   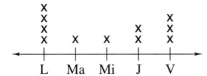

2. ¿Cuántos ejes de simetría tiene un rectángulo que no es un cuadrado?

   A. 0   **B.** 1   **C.** 2   **D.** 4

3. ¿Qué rayo NO contiene a C?

   A. $\overrightarrow{DB}$ **B.** $\overrightarrow{BA}$

   C. $\overrightarrow{AD}$ **D.** $\overrightarrow{BD}$

   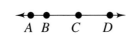

4. Estima la suma de las medidas de un ángulo obtuso y un ángulo recto.

   A. menos de 90°   **B.** igual a 180°

   C. entre 90° y 180°

   D. más de 180°

5. ¿Qué tipo de triángulo es imposible dibujar?

   A. escaleno rectángulo

   B. isósceles acutángulo

   C. isósceles obtusángulo

   D. equilátero obtusángulo

6. Halla la moda de las siguientes temperaturas: 100°, 70°, 70°, 85°, 70°.

   A. 70°   **B.** 75°   **C.** 77°   **D.** 79°

7. Halla la mediana de estas puntuaciones de un examen:
   78, 90, 71, 85, 68, 77, 88, 96.

   A. 81.5   **B.** 78   **C.** 85   **D.** 82

8. ¿Cómo hallarías el costo de 5 rosquillas, si cuestan \$2 la docena?

   A. \$2 × 5 × 12   **B.** \$2 ÷ 12 × 5

   C. \$2 × 12 ÷ 5   **D.** \$2 ÷ 5 × 12

9. ¿Qué información NO presenta la gráfica circular?

   A. Jen compró el almuerzo más veces que lo trajo de casa.

   B. Jen compró almuerzos fríos y calientes igual número de veces.

   C. Jen trajo almuerzo de casa más veces que compró almuerzo frío.

   D. Jen compró almuerzo caliente más veces que trajo almuerzo de casa.

   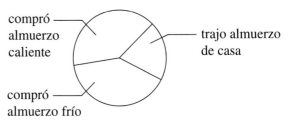

10. ¿Cuántos ángulos agudos puedes hallar en la figura?

    A. 3   **B.** 4

    C. 5   **D.** 6

Archivo de datos #3

Este "sello dentro de un sello" fue emitido en 1950 para conmemorar cien años de sellos españoles. El pequeño sello de la esquina superior izquierda es una copia del primer sello español, emitido en 1850.

Este sello de 1980 muestra varias botellas que serán recogidas por un bote de remos cerca de la isla Ascensión. Esta era la costumbre hace 300 años, ya que resultaba peligroso para los barcos veleros acercarse a las costas rocosas.

Fuente: *Stamps! A Young Collectors Guide*, Brenda Lewis

SELLOS

La ampliación del sello muestra los posibles componentes de un sello de correos. La próxima vez que uses un sello o abras una carta, trata de hallar tantas de estas partes como puedas.

Fuente: *Usborne Guide to Stamps and Stamp Collecting*

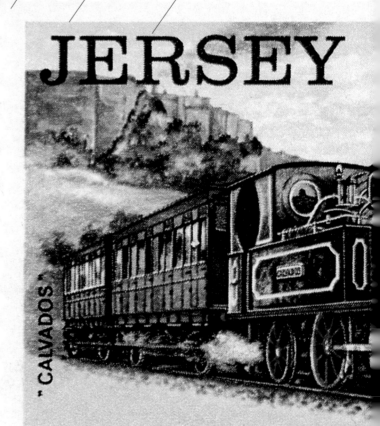

Margen / Borde / País de emisión

Nombre del diseñador   Motivo de la emisión

- usarás y aplicarás conceptos decimales
- estimarás sumas y restas de decimales
- usarás la tecnología para aplicar los conceptos decimales
- resolverás problemas usando un problema más sencillo

DE TODO EL MUNDO

Los sellos más pequeños del mundo fueron emitidos en Bolivia entre 1863 y 1866. Medían 0.31 pulg por 0.37 pulg.

Tarjetas de béisbol valiosas			
Nombre del jugador	**Año(s) de emisión**	**Publicada por**	**Valor ($)**
Honus Wagner	1909-11	T206	250,000
Napoleon "Larry" Lajoie	1933	Goudey	25,000
Eddie Plank	1909-11	T206	25,000
Mickey Mantle	1951	Bowman	24,000
Robin Roberts*	1951	Topps	15,000
Eddie Stanky*	1951	Topps	12,500
Jim Konstanty*	1951	Topps	12,500
Sherry Magie	1909-11	T206	12,000
Ty Cobb	1911	T3	5,000
Babe Ruth	1933	Goudey	4,500

*Tarjeta "All Star"
Nota: Las tarjetas con la inicial "T" son publicadas por la American Tobacco Company.

Fuente: *Baseball Cards Price Guide,* Dr. James Beckett; *U.S. News and World Report*

Retrato de jefe de estado

AUGUST 6th. 1873

3^P

ey Eastern Railway

COURVOISIER S.A.

Entrante de la perforación

Saliente de la perforación

Denominación

Diseño

Imprenta

TARJETAS DE BÉISBOL

La tarjeta de béisbol más valiosa es la de Honus Wagner de 1909, impresa por la American Tobacco Company. Sólo existen seis de estas tarjetas en óptimas condiciones y unas 40 de calidad inferior. Quedan muy pocas tarjetas porque Wagner, que no fumaba, exigió que la American Tobacco Company retirara su tarjeta de circulación.

Fuente: *U.S. News and World Report; The Saturday Evening Post*

ínVestigación

Informe

El Club de Música vende cintas y discos compactos por correo. En la actualidad el club anuncia la siguiente oferta para atraer nuevos miembros.

¡12 cintas por sólo un centavo!

Envíenos un centavo y recibirá 12 magníficos discos compactos o cintas que usted elija. A cambio, usted debe comprometerse a comprar 8 cintas o discos adicionales durante los próximos dos años a nuestros precios regulares (en la actualidad, de $7.98 a $11.98 más $1.79 en gastos de envío y franqueo).

¡No se demore! ¡Inscríbase hoy mismo!

Misión: *¿Sería buena idea inscribirse en el Club de Música? ¿O sería mejor comprar las cintas y discos en tiendas locales? Tu respuesta debe estar basada en razones de dinero, conveniencia y otros factores que consideres importantes.*

Sigue estas pistas

✓ ¿Cuántos discos compactos o cintas crees que comprarás en los próximos dos años?

✓ ¿Cuánto cuesta el disco compacto o cinta promedio donde vives?

✓ ¿Cuánto tendrás que gastar para cumplir tu obligación con el Club de Música?

3-1

Exploración de décimas y centésimas

PIENSA Y COMENTA

Supón que estás a cargo de cortar una enorme torta cuadrada de cumpleaños. Hay que servir a 100 personas. ¿Cómo cortarías la torta de manera que todos recibieran porciones iguales?

1. **Discusión** Dibuja un cuadrado en una hoja de papel cuadriculado para representar la torta. ¿De qué tamaño dibujarás el cuadrado?

2. Corta la "torta" en diez tajadas verticales. Traza una recta para representar cada corte en tu modelo.

Una tajada es *una décima* de la torta. Una décima se escribe 0.1. Dos tajadas representan dos décimas, ó 0.2, de la torta.

Modelo de décimas

3. **a.** ¿Cuántas tajadas son 0.8 de la torta?

   b. ¿Cuántas décimas son 0.3 de la torta?

   c. ¿Cuántas tajadas tiene la torta completa?

   d. Escribe un decimal que represente la mitad de la torta.

   e. Dibuja un modelo que represente nueve décimas de la torta.

4. Ahora, corta la "torta" horizontalmente, de manera que cada tajada vertical quede dividida en 10 cuadrados. Traza una recta para representar cada corte en tu modelo. ¿Cuántas porciones de torta hay ahora?

Modelo de centésimas

Cada porción es *una centésima* de la torta. Una centésima se escribe 0.01. Dos porciones representan dos centésimas, ó 0.02.

5. **a.** ¿Cuántas porciones son 0.07 de la torta?

   b. ¿Cuántas porciones son 0.43 de la torta?

   c. ¿Cuántas centésimas son 0.09 de la torta?

   d. ¿Cuántas centésimas son 0.90 de la torta?

   e. Escribe un decimal que represente la mitad de la torta.

   f. ¿Cuántas centésimas es un cuarto de la torta?

   g. Dibuja un modelo que represente 0.11 de la torta.

 El 18 de octubre de 1989, se preparó una enorme torta en forma del estado de Alabama para celebrar el 100 aniversario del pueblo de Fort Payne. La torta pesaba 128,238.5 lb, incluyendo 16,209 lb de merengue. Ed Henderson, un residente de 100 años, cortó la primera porción.

Fuente: *Guinness Book of Records*

A continuación se muestran dos modelos diferentes de la mitad de la torta.

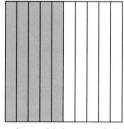

cinco décimas = 0.5

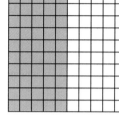

cincuenta centésimas = 0.50

6. ¿Representan ambos modelos la misma cantidad de torta?

Los números que representan la misma cantidad son **equivalentes.** Los decimales 0.5 y 0.50 son equivalentes.

7. a. ¿Cuántas décimas tiene la torta completa? ¿Cuántas centésimas tiene la torta completa? ¿Son equivalentes los números? ¿Por qué?

  b. ¿Qué número entero describe la torta completa?

8. ¿A cuántas centésimas equivalen siete décimas?

⌐EN EQUIPO

- Trabaja con un compañero. Supongan que tienen una moneda de 10¢ y una de 1¢. ¿Son estas monedas décimas o centésimas de un dólar? Dibujen modelos para un dólar, una moneda de 10¢ y una de 1¢. Escriban un número decimal para representar el valor de cada moneda.

- Dibujen modelos para una moneda de 5¢ y una de 25¢. Escriban los números decimales que representen estas monedas.

⌐POR TU CUENTA

Dibuja un modelo para cada decimal.

9. 0.7   **10.** 0.36   **11.** tres décimas   **12.** cuatro centésimas

Escribe los decimales con palabras.

13. 0.08   **14.** 0.2   **15.** 0.56   **16.** 0.30

17. Por escrito Susana piensa que este modelo representa 0.4. Pablo piensa que representa 0.40. ¿Estás de acuerdo con Susana o con Pablo? Explica.

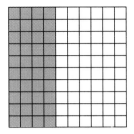

18. ¿A cuántas décimas equivalen sesenta centésimas?

Escribe con números el decimal dado.

19. cuatro décimas

20. noventa y seis centésimas

21. seis décimas

22. cinco centésimas

Escribe un decimal para cada modelo.

23.
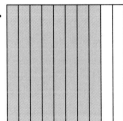

24.
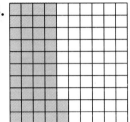

Estimación El cuadrado de cada modelo representa 1. Escribe un decimal para estimar la cantidad sombreada.

25.

26.

27. Por escrito Imagina que te piden introducir una nueva moneda al sistema monetario. ¿Cuánto valdría la moneda? Explica tu selección y da un nombre a la moneda.

28. Pensamiento crítico Supón que quieres cortar una torta cuadrada de cumpleaños en 10 porciones iguales. Una tajada vertical no cabría en el plato, así que decides cortar las porciones de una forma distinta.

   a. Dibuja un modelo que muestre cómo cortarías la torta.

   b. Escribe un número decimal para representar una porción de la torta.

Re**pas**o **MIXTO**

Halla la moda.

1. 4, 5, 9, 2, 2, 3

2. 98, 95, 91, 98, 95, 95

Determina si puedes formar un teselado con las figuras.

3. ☐   **4.** ◯

5. Una hormiga puede levantar 50 veces su propio peso. Supón que un estudiante que pesara 85 lb pudiera hacer lo mismo. ¿Cuánto podría levantar?

3-2 Valor relativo de decimales

PIENSA Y COMENTA

Si usaras un billete de $1.00 para comprar una merienda de $.75, el cambio sería $.25. Dibuja un modelo de centésimas para representar $1.00.

1. El cambio de $.25 podría ser 2 monedas de 10¢ y 5 de 1¢. Usa papel cuadriculado para representar esta cantidad. Usa décimas y centésimas para describir $.25.

2. ¡O podrías recibir el cambio en 25 monedas de 1¢! Usa papel cuadriculado para representar esta cantidad. Usa las centésimas para describir $.25.

Dos décimas y cinco centésimas equivalen a veinticinco centésimas. Describen la misma cantidad. Una está expresada en *forma desarrollada* y la otra en *forma normal*.

Forma desarrollada	=	Forma normal
0.2 + 0.05	=	0.25
dos décimas y cinco centésimas		veinticinco centésimas

Un número en **forma desarrollada** muestra el lugar y el valor de los dígitos. Observa 0.25 en esta tabla de valor relativo.

Millares	Centenas	Decenas	Unidades		Décimas	Centésimas	Milésimas	Diezmilésimas	Cienmilésimas	Millonésimas
			0	.	2	5				

⚡ ¡RECUERDA!

El prefijo *dec-* significa *diez*.

3. En el número 0.25, el 2 está en el lugar de las décimas. Su valor es de dos décimas, ó 0.2. ¿Cuál es el valor de 5?

4. **Discusión** ¿Cómo aumentan o disminuyen los valores al moverte de izquierda a derecha por la tabla de valor relativo?

Cuando usas la forma normal para escribir o leer un número decimal mayor o igual que 1, la coma, o una ligera pausa en la pronunciación, te indica dónde colocar el punto decimal.

Ejemplo **a.** 1.897 se lee "uno, y ochocientas noventa y siete milésimas".

b. "Trescientos veintisiete, y sesenta y cuatro centésimas" se escribe 327.64 en forma normal.

EN EQUIPO

Trabaja con un compañero en esta actividad. La unidad que en Estados Unidos se llama "mill" es una unidad monetaria muy pequeña que los gobiernos estatales usan a veces para calcular impuestos. Una "mill" equivale a $0.001. No existe moneda que represente la "mill"; es una unidad imaginaria.

5. Dinero Escriban cada número de "mills" como partes de un dólar. ¿Aproximadamente cuántos centavos vale cada número?

a. 6 "mills"   **b.** 207 "mills"   **c.** 53 "mills"   **d.** 328 "mills"

PONTE A PRUEBA

¿Cuál es el valor relativo del dígito 4 en estos números?

6. 0.4   **7.** 3.004   **8.** 1.285964   **9.** 42.39

Lee los números en forma normal.

10. 352.3   **11.** 6.025   **12.** 11.2859   **13.** 70.009

Escribe los números en forma normal.

14. cuatrocientas setenta y cinco milésimas

15. cuatrocientos, y setenta y cinco milésimas

16. dos, y seiscientas cinco diezmilésimas

17. 1 + 0.6 + 0.03

18. Parejas Escribe un número decimal en forma normal. Pide a tu compañero que escriba el número en forma desarrollada. Repitan varias veces el ejercicio, turnándose para escribir la forma normal y la desarrollada.

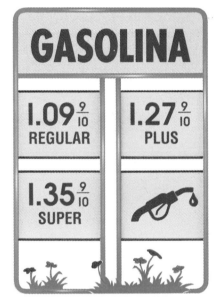

¿QUÉ? Por lo general, los precios de la gasolina se calculan hasta el *lugar de las milésimas de dólar.* **¿Cómo funciona esto al pagar por la gasolina?**

Di si el ángulo es agudo, obtuso o recto.

1. 67°   2. 45°

Escribe los decimales.

3. nueve décimas

4. uno, y cinco centésimas

Escribe en palabras.

5. 0.35   6. 2.33

7. Evan ahorra dos monedas de 25¢ y tres de 5¢ diariamente. ¿Cuánto habrá ahorrado en 30 días?

En realidad, las abejas no zumban. Baten las alas a una velocidad de hasta 250 veces por segundo, lo que produce el zumbido tan familiar.

POR TU CUENTA

19. **a.** Dibuja un modelo para veintidós centésimas. Escribe el número en forma normal.

    b. ¿Cuántas décimas y centésimas sombreaste en el modelo? Escribe el número en forma desarrollada.

Dinero Escribe cada cantidad como parte decimal de $1.00.

20. 8 monedas de 10¢   21. 6 monedas de 1¢

22. 49 monedas de 1¢   23. 3 monedas de 25¢

24. **Archivo de datos #2 (págs. 38–39)** Supón que vas a montar dos veces en The Beast, en el parque de diversiones Kings Island. ¿Cuánto crees que tendrás que esperar en total?

¿Cuál es el valor relativo del dígito 5 en cada número?

25. 0.5   26. 4.0052   27. 3.004365   28. 530.34

29. **Por escrito** Explica cómo cambia el valor relativo del dígito 2 en cada lugar del número 22.222.

Escribe en palabras estos números en forma normal.

30. 342.5   31. 0.09   32. 41.283   33. 0.00001

Escribe cada número en forma desarrollada.

34. 4.133   35. 0.2498   36. dieciséis, y cuatro décimas

37. **Investigación** La Tierra da una vuelta completa alrededor del Sol en 365.24 días. ¿Qué sucede con el 0.24 día extra?

Biología Escribe las medidas en forma normal.

38. Una pulga puede saltar seiscientas cuarenta y seis milésimas de pie.

39. Una cabra da cuatro pintas y siete décimas de leche al día.

40. Una tortuga se mueve a una velocidad de diecisiete centésimas de milla por hora.

41. A una mosca doméstica le toma una milésima de segundo batir las alas una vez.

42. El ala de una abeja pesa cinco cienmilésimas de gramo.

43. **Investigación (pág. 94)** Lleva a cabo una encuesta sencilla para determinar si a la gente le interesa inscribirse en un club de música o de libros.

3-3

Comparación y orden de decimales

PIENSA Y COMENTA

La población de Buenos Aires, Argentina, se estima en 12.23 millones de personas. La de Río de Janeiro, Brasil, en 12.79 millones. Para comparar la población de las dos ciudades, observa primero los números enteros: 12 y 12. Son iguales. Ahora, observa la parte decimal: 0.23 y 0.79.

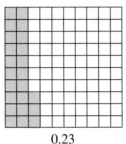   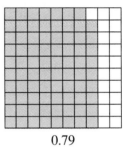

0.23   0.79

El modelo de 0.79 muestra más espacio sombreado que el modelo de 0.23. Por lo tanto, 0.79 es mayor que 0.23 y 12.79 > 12.23.

¡RECUERDA!

Usa estos símbolos para comparar números.

= es igual a
> es mayor que
< es menor que

1. **Estudios sociales** ¿Qué ciudad se estima que tiene la mayor población: Buenos Aires o Río de Janeiro?

2. Dibuja modelos para representar los números 0.7 y 0.72. ¿Qué número es mayor?

Para comparar decimales, puedes ordenarlos en una recta numérica. Los números aumentan a medida que avanzas hacia la derecha por la recta numérica.

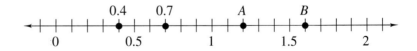

3. Usa =, < ó > para hacer que las expresiones sean verdaderas.

   a. 0.7 ■ 0.4   **b.** 0.4 ■ 0.7

4. **a.** ¿Qué números decimales se hallan en los puntos A y B?

   b. Escribe dos expresiones que comparen los números.

Sal por litro en grandes masas de agua

Mar Negro	0.018 kg
Mar Caspio	0.013 kg
Mar Muerto	0.28 kg
Gran Lago Salado	0.205 kg
Océano (promedio)	0.035 kg

5. Usa la recta numérica para comparar 0.13 y 0.08. ¿Cuántas centésimas hay entre los dos decimales?

También puedes usar el valor relativo para comparar números decimales. Empieza por la izquierda y avanza hacia la derecha un lugar cada vez.

Ejemplo 1

¿Qué masa de agua es más salada, el Mar Muerto o el Gran Lago Salado? Usa los datos de la izquierda.

Compara 0.28 y 0.205. Alinea los puntos decimales.

| 0.28 | Compara los dígitos de las unidades. |
| 0.205 | Son iguales. |

| 0.28 | Compara los dígitos de las décimas. |
| 0.205 | Son iguales. |

| 0.28 | Compara los dígitos de las centésimas. |
| 0.205 | 8 > 0, por lo tanto, 0.28 > 0.205. |

El Mar Muerto es más salado que el Gran Lago Salado.

 COMPRUEBA ¿Cómo podrías usar un modelo o una recta numérica para resolver el problema?

6. **Discusión** Explica cómo puedes usar el valor relativo para comparar 1.679 y 1.697.

Para poner decimales en orden hay que compararlos.

Ejemplo 2

Ordena las masas de agua de la tabla de más salada a menos salada.

Compara 0.018, 0.013, 0.28, 0.205 y 0.035.

0.280 > 0.205	Compara los números que tengan los dígitos mayores en el lugar de las décimas.
0.03 > 0.01	Observa los dígitos de las centésimas en los demás números.
0.018 > 0.013	Compara los números restantes.

Las masas de agua, ordenadas de más a menos saladas, son el Mar Muerto, el Gran Lago Salado, el océano, el Mar Negro y el Mar Caspio.

El Mar Muerto, que se halla entre Israel y Jordania, es tan salado que resulta fácil flotar en sus aguas.

7. **a. Discusión** ¿Qué tendrás que hacer primero para hallar la mediana de los cinco valores de la tabla?

   b. Halla la mediana de los cinco valores.

 **¡RECUERDA!**

La mediana es el valor del medio en un conjunto ordenado de datos.

EN EQUIPO

Trabajen en grupos de tres. Cada miembro del grupo escribe un número decimal entre 0 y 1, y dibuja un modelo para el número. Asignen una de las tareas siguientes a cada miembro del grupo.

• Ordenar los números en una recta numérica.

• Ordenar los modelos de menor a mayor.

• Escribir los decimales en orden de menor a mayor.

¡Asegúrense de que la recta numérica, los modelos y la lista coincidan! Repitan la actividad hasta que todos los miembros hayan participado en todas las tareas.

PONTE A PRUEBA

8. Discusión Dibuja modelos para representar 0.45 y 0.55. ¿Cómo muestran los modelos qué número es mayor?

Compara. Usa >, < ó =.

9. 0.06 ■ 0.60   **10.** 3.968 ■ 4.007   **11.** 0.05 ■ 0.050

12. Representa 6.4, 6.04, 7.6, 6.59 y 7.2 en una recta numérica.

POR TU CUENTA

Compara. Usa >, < ó =.

13. 0.58 ■ 0.578   **14.** 5.7 ■ 5.70   **15.** 0.37 ■ 0.3651

16. 8.009 ■ 8.079   **17.** 6.6 ■ 6.2   **18.** 49.5 ■ 49.05

19. Representa 0.49, 0.34, 0.4, 0.3 y 0.38 en una recta numérica.

20. Elige A, B, C o D. Los decimales x, y y z están ordenados en una recta numérica. Lee los enunciados I–IV. ¿Qué dos enunciados presentan exactamente la misma información?

    I. $y < z$ y $z < x$　　　　II. y es menor que x y z
   III. $y < x$ y $x < z$　　　　IV. $y < z$ e $y < x$

A. I y II　　　**B.** II y III　　　**C.** II y IV　　　**D.** III y IV

21. Pensamiento crítico ¿Hay sólo 9 decimales entre 0.4 y 0.5? Explica tu razonamiento.

Repaso MIXTO

¿Cuántos grados hay que añadirle a cada ángulo para obtener un ángulo recto?

1. 22°　　　**2.** 59°

Halla el valor relativo del dígito 3 en cada número.

3. 108.39　　**4.** 38.22

5. El peso de una piedra grande de pavimentar es cinco veces mayor que el de un ladrillo. Juntos, el ladrillo y la piedra de pavimentar pesan 30 lb. ¿Cuánto pesa la piedra de pavimentar?

22. Archivo de datos #1 (págs. 2–3)

  a. Ordena los días de la semana desde el día con más televidentes hasta el día con menos televidentes durante las horas de mayor sintonía.

  b. Por escrito ¿Cómo representa los números la gráfica de barras?

23. ¿Qué números decimales representan los puntos *A*, *B* y *C*?

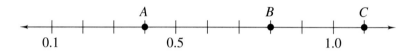

Astronomía **Lee el artículo de la izquierda. Usa la información en los ejercicios 24–26.**

24. ¿Qué estrella está más lejos de la Tierra? ¿Cuál está más cerca de la Tierra?

25. Escribe las distancias entre las seis estrellas y la Tierra en orden de menor a mayor.

26. Usa <, > y = para escribir tres expresiones sobre la distancia entre cualquiera de estas estrellas y la Tierra.

27. Investigación Busca el significado de la palabra año-luz. ¿Por qué crees que los astrónomos usan esta medida?

 28. Investigación (pág. 94) Haz una lista de las ventajas y desventajas de pertenecer a un club de música o de libros. Escribe las ventajas y desventajas en orden de importancia.

VISTAZO A LO APRENDIDO

Escribe cada decimal en palabras.

  1. 0.9   **2.** 0.01   **3.** 0.73   **4.** 0.60

Escribe estos decimales en forma normal.

  5. tres décimas   **6.** dos centésimas   **7.** 0.9 + 0.02

Halla el valor relativo del dígito subrayado.

  8. 5.6̲8̲   **9.** 0.87̲0   **10.** 8̲.005   **11.** 4.20̲3̲

Compara. Usa >, < ó =.

  12. 0.2 ■ 0.29   **13.** 32.07 ■ 32.070   **14.** 1.8 ■ 1.08

En esta lección

• Resolver problemas usando un problema más sencillo

3-4

Resuelve un problema más sencillo

Cuando tratas de resolver un problema, es posible que te resulte útil resolver primero un problema parecido pero más sencillo.

Supón que estás jugando el juego de video Túnel del Peligro. Tienes dos opciones para entrar en la próxima etapa del juego. Conoces el juego y no quieres usar la Opción 1 porque toma demasiado tiempo. Tu objetivo es usar la Opción 2 y seguir la trayectoria correcta en el período de tiempo establecido.

Túnel del Peligro

Elige una trayectoria. Tiempo de viaje: 1 min

Opción 1 Esta trayectoria tiene montones de 2, 3, 4, hasta 100 diamantes. Tienes que recoger todos los montones de números pares. La suma de los montones aparece automáticamente cada vez que recoges un montón. Si te saltas un montón o recoges montones de números impares, el juego termina.

Opción 2 Un monstruo de tres cabezas vigila el camino. Uno de los números de abajo representa el total de diamantes que puedes recoger en la Opción 1. Si eliges el número equivocado, el monstruo no te dará paso y el juego terminará.

3,129   5,050   4,201   2,550   1,201

LEE

Lee la información que se te da a fin de entenderla. Resume el problema.

Piensa en la información que tienes y en lo que necesitas hallar.

1. Lee cuidadosamente las Opciones 1 y 2. ¿Cuál es tu objetivo?

2. ¿Qué números vas a sumar para hallar el número de diamantes que debes elegir en la Opción 2?

3. ¿Qué números puedes eliminar? ¿Por qué?

Una estrategia para hallar la suma de todos los números pares del 2 al 100 consiste en resolver primero un problema más sencillo. Empieza con todos los números pares del 2 al 20: 2, 4, 6, 8, 10, 12, 14, 16, 18, 20. Busca una manera simple y rápida de obtener la suma de estos números.

RESUELVE ➤

Prueba con la estrategia.

4. Prueba sumar parejas de números.

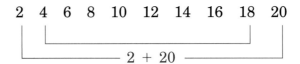

a. Continúa sumando parejas. ¿Qué suma obtienes siempre?

b. ¿Con cuántos números pares empezaste?

c. ¿Cuántas parejas hay?

d. ¿Cómo puedes usar el número de parejas para hallar la suma?

5. Observa el problema original y usa el mismo procedimento.

a. ¿Cuáles son el primer número y último número que vas a sumar? ¿Cuánto suman estos dos números?

b. Hay 50 números pares entre 2 y 100. ¿Cuántas parejas puedes formar?

c. Usa varios ejemplos para mostrar que todas las parejas suman lo mismo.

d. ¿Cuánto suman los números pares entre 2 y 100. Ése es el número que vas a elegir en el juego de video.

COMPRUEBA ➤

Piensa en cómo resolviste este problema.

6. a. Discusión Explica cómo te ayudó resolver el problema más sencillo a hallar la respuesta al problema original.

b. Discusión ¿Es mejor esta estrategia que hallar la suma a mano o con la calculadora? ¿Por qué?

┏P O N T E A PRUEBA

Usa un problema más sencillo para resolver.

7. Cuando abrió la panadería de Ben, se instaló un semáforo en la esquina. El semáforo cambia cada 30 s. La panadería abrió hace 1 año. ¿Cuántas veces ha cambiado el semáforo desde que abrió la panadería?

a. Divide el problema en problemas más sencillos. ¿Cuántas veces cambió el semáforo en 1 min? ¿Y en 1 h?

b. Resuelve el problema y explica la solución.

8. Halla la suma de todos los números enteros entre 1 y 100.

   a. ¿Con qué conjunto de números más pequeño podrías empezar?

   b. ¿Cómo formarás las parejas?

   c. Resuelve el problema y explica la solución.

┌ P O R TU CUENTA

Usa las estrategias que quieras para resolver estos problemas. Muestra tu trabajo.

9. Una fila de 1,500 personas espera para ver una exposición en el museo. El portero permite a 55 personas entrar cada 20 min. La exposición está abierta durante 8 h. ¿Podrán entrar las 1,500 personas?

10. El Club Internacional sirve comida china, mejicana, alemana y libanesa. Chris sirve comida alemana o libanesa. Vincent no sirve comida china. Louis sirve comida alemana. Carla no sirve comida mejicana ni libanesa. Cada uno sirve sólo un tipo de comida. ¿Quién sirve qué comida?

11. **Biología** El cuerpo humano contiene aproximadamente 19 oz de plasma por cada cuarto de sangre. Un adulto promedio tiene aproximadamente 5 ct de sangre. ¿Aproximadamente cuántos cuartos tiene de plasma?

12. **Biología** El corazón de un bebé late aproximadamente 120 veces por minuto. ¿Cuántas veces late el corazón de un bebé en un año?

13. **Consumo** Un paquete de tres plantas cuesta $1.59. Un paquete de 24 plantas cuesta $11.59. Supón que quieres comprar 30 plantas. ¿Cuál es la menor cantidad de dinero que tendrías que gastar?

14. El auto de Ted rinde un promedio de 420 mi por 14 gal de gasolina. ¿Cuántos galones consumirá el auto si Ted maneja 1,080 mi?

15. **Consumo** Los boletos de circo valen $6.50 por persona. El precio de los boletos disminuye a $5.00 por persona para grupos de 10 ó más personas.

   a. ¿Cuánto ahorrarías sobre el costo de los boletos individuales si compras 18 boletos?

   b. ¿Cuánto ahorraría tu clase en una visita al circo?

Re**paso** MIXTO

¿Cuántos grados hay que añadirle a la suma de cada par de ángulos para obtener un ángulo llano?

1. 42°, 60° **2.** 90°, 65°

Compara. Usa >, < ó =.

3. 0.39 ■ 0.399

4. 1.2 ■ 1.02

5. Un tren hace 5 paradas. En la primera parada hay 3 pasajeros. En la segunda, 9. En la tercera, 27. Extiende el patrón para hallar el número de pasajeros en la quinta parada.

En la década de 1940, el Dr. Charles Drew supervisó el proyecto "Sangre para Gran Bretaña". Este proyecto conservaba y almacenaba plasma para transfusiones en el campo de batalla durante la Segunda Guerra Mundial.

• Representar con modelos sumas y restas de decimales

Exploración de la suma y la resta

✓ Papel cuadriculado

EN EQUIPO

Trabajen en parejas en esta actividad.

• Dibuja un modelo para representar 0.63, mientras tu compañero escribe 0.63 en forma desarrollada.

• Pónganse de acuerdo en dos maneras de describir 0.63 en palabras.

• Dibujen modelos para representar la suma 0.6 + 0.03 = 0.63.

PIENSA Y COMENTA

Puedes usar modelos para hallar cualquier suma. Los modelos de abajo muestran 0.4 + 0.3 = 0.7.

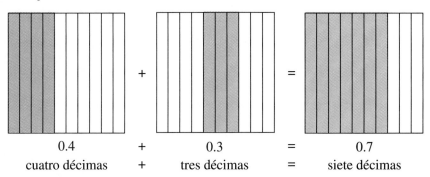

| 0.4 | + | 0.3 | = | 0.7 |
| cuatro décimas | + | tres décimas | = | siete décimas |

¡RECUERDA!

Sumas para hallar el total o la suma, y restas para hallar la diferencia.

1. Usa modelos para hallar las sumas.

   a. 0.1 + 0.8   b. 0.3 + 0.09   c. 0.44 + 0.23

2. Describe en palabras las sumas de la pregunta 1.

3. a. Describe 0.8 + 0.5 en palabras. ¿Cuál es el total de las décimas?

   b. Trece décimas equivalen a uno y ■ décimas.

   c. Puedes escribir la suma:

$$\begin{array}{r} 0.8 \\ + \ 0.5 \\ \hline 1.3 \end{array}$$

   Dibuja un modelo para representar 0.8 + 0.5 = 1.3.

4. a. Dibuja un modelo para representar 1.6 + 0.8. Halla la suma.

   b. **Por escrito** Explica cómo hallaste la suma.

5. Halla cada suma. Puedes usar modelos como ayuda.

    a. 0.6 + 0.9   **b.** 0.52 + 0.51   **c.** 0.4 + 0.92

6. a. Tres centésimas + nueve centésimas = ■ centésimas.

    b. Usa decimales para escribir la suma descrita en la parte (a).

    c. Escribe la suma de manera vertical, como en la pregunta 3c.

    d. ¿Cómo podrías hallar esta suma sin usar modelos?

    e. ¿Es más fácil pensar en la suma como "una décima y dos centésimas" o como "doce centésimas"? ¿Por qué?

7. Halla cada suma. Puedes usar modelos como ayuda.

    a.   0.31   **b.**   0.06   **c.**   1.50   **d.**   0.87
        + 0.49   + 0.55   + 0.92   + 0.56

Puedes también usar modelos para restar números decimales. Los modelos de abajo representan 1.4 − 0.6 = 0.8.

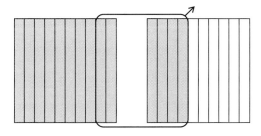
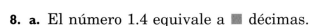

8. a. El número 1.4 equivale a ■ décimas.

    b. catorce décimas − seis décimas = ■ décimas.

    c. **Por escrito** Explica cómo representa el modelo 1.4 − 0.6 = 0.8.

9. Usa modelos para hallar cada diferencia.

    a. 1.2 − 0.5   **b.** 0.92 − 0.75   **c.** 2.3 − 0.8

10. Piensa en la diferencia 0.52 − 0.07 de dos maneras.

    a. Dibuja un modelo para representar 0.52 y muestra la eliminación de 0.07. ¿Cuál es la respuesta?

    b. Escribe la diferencia así:

$$
\begin{array}{r}
{\scriptstyle 4\ 12} \\
0.5\cancel{2} \\
-\ 0.07 \\
\hline
0.45
\end{array}
$$

    c. El número 0.52 es equivalente a cuatro décimas y doce centésimas. ¿Cómo representa esto el modelo?

¿Es la figura un polígono?

1. 2.

Escribe *verdadero* o *falso*.

3. Un rayo no tiene extremos.

4. Las rectas paralelas no se cortan.

5. Marcos lava su ropa cada seis días. ¿Cuántas veces habrá lavado la ropa en un año?

POR TU CUENTA

11. Halla $1.03 - 0.08$ con y sin modelos.

Usa modelos que te ayuden a completar las expresiones.

12. $1.6 =$ uno, y ■ décimas = ■ décimas

13. $0.47 =$ ■ centésimas = ■ décimas y ■ centésimas

14. $2.5 = 2$ unidades y ■ décimas = 1 unidad y ■ décimas

15. 3 décimas y una centésima = 2 décimas y ■ centésimas

Escribe la suma o la diferencia representada por los modelos.

16.

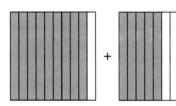

17.

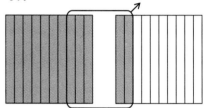

18.

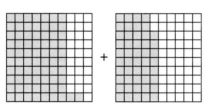

19.

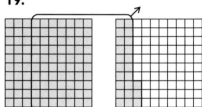

Suma o resta. Puedes usar modelos como ayuda.

20. $\begin{array}{r} 1.8 \\ + 0.8 \\ \hline \end{array}$

21. $\begin{array}{r} 0.73 \\ + 0.36 \\ \hline \end{array}$

22. $\begin{array}{r} 2.5 \\ - 1.3 \\ \hline \end{array}$

23. $\begin{array}{r} 1.18 \\ + 0.37 \\ \hline \end{array}$

24. $\begin{array}{r} 1.85 \\ - 0.86 \\ \hline \end{array}$

25. $\begin{array}{r} 1.03 \\ + 0.97 \\ \hline \end{array}$

26. $\begin{array}{r} 0.81 \\ - 0.34 \\ \hline \end{array}$

27. $\begin{array}{r} 0.5 \\ + 1.26 \\ \hline \end{array}$

28. Pensamiento crítico ¿Puede la respuesta ser milésimas cuando restas centésimas a centésimas?

29. Por escrito Explica por qué cinco décimas y once centésimas equivalen a seis décimas y una centésima. Dibuja modelos de las sumas para justificar tu explicación.

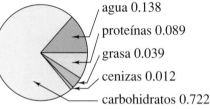

3-6 **R**edondeo y estimación

El maíz ha constituido una parte importante de la cultura india de Estados Unidos. La representación del espíritu del maíz en las tribus hopi, se llama kachina.

PIENSA Y COMENTA

¿Te has preguntado alguna vez qué contiene lo que comes? La gráfica circular muestra los componentes del maíz integral. Por ejemplo, 0.138 de un grano de maíz es agua.

agua 0.138
proteínas 0.089
grasa 0.039
cenizas 0.012
carbohidratos 0.722

Puedes redondear los decimales a cualquier lugar.

1. Para redondear 0.138 a la centésima más cercana, pregúntate:

   a. ¿Qué dígito está en el lugar de las centésimas? Después de redondear, este dígito permanecerá igual o aumentará en uno. Por lo tanto, se puede redondear 0.138 a 0.1■ ó a 0.1■, cualquiera que sea el más cercano.

   b. ¿Está más cercano 0.138 a 0.13 ó a 0.14? Dibuja una recta numérica para decidir. O puedes también observar el dígito 8. ¿Es igual o mayor que 5?

2. **a.** Redondea los cinco decimales de la gráfica circular a la centésima más cercano.

   b. **Discusión** Para representar los cinco números redondeados, usa papel cuadriculado y dibuja un modelo de centésimas. Sombrea cada número redondeado con un color distinto. ¿En qué se parece este modelo a una gráfica circular?

Dibuja un modelo de décimas para los decimales de la gráfica circular.

Ejemplo 1

Redondea 0.138 a la décima más próxima.

• Halla el dígito en el lugar de las décimas: 1. Por lo tanto, 0.138 se redondea a 0.1 ó a 0.2.

• Puesto que 3 < 5, 0.138 está más cercano a 0.1 que a 0.2.

Redondeado a la décima más cercana, 0.138 es 0.1.

3. **a.** Redondea los decimales de la gráfica circular a la décima más cercana.

   b. **Discusión** Dibuja un modelo de décimas. Sombrea con un color distinto cada número redondeado. ¿Qué notas?

Palomitas de maíz

Lata de 1 gal	$8.45
Lata de 2 gal	$10.95
Lata de 3 gal	$12.35
Lata de 6 gal	$17.95

Puedes redondear para estimar una suma o una diferencia. Redondea al dólar más cercano para hallar el precio total de una lata de 1 galón y una lata de 2 galones de palomitas de maíz.

Redondea cada número al dólar más cercano.

$$
\begin{array}{rcl}
\$\ 8.45 & \rightarrow & \$\ \ 8 \\
+\ 10.95 & \rightarrow & +\ 11 \\
\hline
& & \$\ \ 19
\end{array}
$$

El precio total de las dos latas es aproximadamente $19.

4. **Pensamiento crítico** ¿Es la estimación más alta o más baja que el precio real? ¿Cómo lo sabes?

5. Redondea para estimar el precio total de dos latas de 2 galones cada una.

6. ¿Aproximadamente cuánto más cuesta la lata más grande de palomitas que la lata más chica? Redondea para estimar.

Para estimar sumas, puedes usar estimación por la izquierda.

Ejemplo 2   Estima el precio total de cuatro latas de distintos tamaños de palomitas de maíz.

$0 + 10 + 10 + 10 = 30$ Suma los dígitos de la izquierda.

$8 + 2 + 7 = 17$
$0.45 + 0.35 \approx 1$ Ajusta estimando las sumas de los dígitos restantes.
$0.95 + 0.95 \approx 2$

$30 + 17 + 1 + 2 = 50$ Suma los resultados.

El precio total de las cuatro latas es aproximadamente $50.

⌐EN EQUIPO

Trabaja con un compañero. Busquen en varios periódicos o revistas al menos cinco números decimales. Hagan una tabla como la de abajo. Decidan si los números son o no estimaciones.

Decimal	Unidades	Tema	¿Estimación?
47.05	pies	profundidad máxima del río Mississippi	no
24.1 millones	dólares	ganancias	sí

Estudien la información de su tabla. Escriban varias expresiones verdaderas sobre los decimales. Por ejemplo, ¿hallaron muchas estimaciones? ¿A qué lugar estaban redondeados los decimales?

Redondea al lugar del dígito subrayado.

7. 2.64372 **8.** 0.5817 **9.** 0.7352 **10.** 3.4746

Redondea al dólar más cercano para estimar.

11. $14.65
    + 3.85

12. $9.93
    − 3.26

13. $16.81
    + 11.49

14. $12.44
    − 8.75

15. Escribe cinco números decimales distintos que se puedan redondear a 6.7.

Usa estimación por la izquierda. Explica cómo estimaste.

16. $1.29 + $3.52 + $8.89   **17.** $3.89 + $9.95 + $6.59

18. Consumo La gasolina sin plomo cuesta $1.259/gal. Echas $5 de gasolina en el tanque del auto. ¿Aproximadamente cuántos galones echaste?

Redondea al lugar del dígito subrayado.

19. 0.087 **20.** 0.6873 **21.** 2.70842 **22.** 4.0625

Redondea al dólar más cercano para estimar.

23. $ 7.28
    + 6.87

24. $18.42
    − 9.88

25. $24.66
    + 19.55

26. $ 7.42
    − 2.58

27. Nutrición Usa la tabla de la derecha. Estima y redondea a la décima más cercana.

   a. ¿Aproximadamente cuánto azúcar habrás consumido si tomas un refresco y comes una barra de granola? ¿Y si comes y tomas uno de cada cosa?

   b. ¿Aproximadamente cuánto más azúcar hay en media taza de helado que en 8 oz de yogur?

   c. ¿Aproximadamente cuánto azúcar contendrán los últimos tres alimentos combinados?

28. Pensamiento crítico El redondeo y la estimación por la izquierda son métodos para estimar la suma. Piensa en tres decimales que, al ser sumados, den el mismo resultado con ambos métodos.

Alimentos	Contenido de azúcar
Jugo de naranja (4 oz)	0.417 oz
Barra de granola	0.333 oz
Pasas (7 oz)	0.75 oz
Helado ($\frac{1}{2}$ tz)	1.166 oz
Refresco (12 oz)	1.5 oz
Yogur (8 oz)	1 oz

El carrusel más grande y más caro es el llamado Columbia, en Paramount's Great America. Tiene 100 pies de altura y costó $1.5 millones.

Archivo de datos #2 (págs. 38–39) Usa los datos en los ejercicios 29–32.

29. Redondea para estimar el precio de la entrada a Walt Disney World para una familia de dos adultos y dos niños.

30. Usa estimación por la izquierda para hallar el precio de la entrada a Kings Island para una familia compuesta por un adulto y tres niños.

31. Tu familia planea un viaje a Ohio y tú decides ahorrar para la entrada a un parque de diversiones. ¿Valdrá menos visitar Kings Island o Cedar Point?

32. Selecciona un parque de diversiones que te gustaría visitar. Estima el precio de la entrada para toda tu familia.

33. **Elige A, B, C o D.** Una estimación baja de $19 y una estimación alta de $22 constituye una buena gama para qué suma?

   A. $4.22 + $10.85 + $8.97   **B.** $2.98 + $13.75 + $4.50

   C. $6.05 + $7.86 + $9.22   **D.** $15.32 + $9.63 + $0.45

34. **Por escrito** Describe una situación en la que pudieras desear que la estimación fuera alta. Después, describe una situación en la que pudieras desear que la estimación fuera baja.

35. Usa los números 13.228, 6.8, 8.87, 3.158 y 5.4.

   a. ¿Qué par de números tiene una suma estimada de 10?

   b. ¿Qué par tiene una diferencia estimada de 6?

36. **Consumo** ¿Es $7 suficiente dinero para comprar $4.29 de cereal, $2.47 de leche y $.98 de fresas? Explica.

37. ¿Es una estimación de 22 más alta o más baja que la suma de 6.83, 9.57 y 4.712?

38. ¿Es la la siguiente afirmación verdadera o falsa? Explica tu respuesta.

   Tony tiene $10 para útiles escolares. Le sobrará alrededor de $1 después de comprar lápices por $2.79, una libreta por $1.39, una regla por $0.85 y tres plumas por $1.69 cada una.

39. **Archivo de datos #3 (págs. 92–93)** ¿Cuánto más vale la tarjeta de Honus Wagner que la de Mickey Mantle?

 40. **Investigación (pág. 94)** Halla la gama estimada del precio de 8 cintas en el Club de Música.

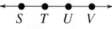

Usa la figura de abajo.

S   T   U   V

1. Nombra la recta de tres maneras diferentes.

2. Nombra tres rayos.

Suma o resta.

3. 2.2 + 0.4

4. 1.05 − 0.95

5. Un librero tiene tres estantes. A cada estante le caben 20 libros. Si los estantes están llenos, ¿cuál es el número total de libros en el librero?

Resuelve. La lista de la izquierda muestra algunas de las estrategias que puedes usar.

ESTRATEGIAS PARA RESOLVER PROBLEMAS

Haz una tabla
Razona lógicamente
Resuelve un problema más sencillo
Decide si tienes suficiente información, o más de la necesaria
Busca un patrón
Haz un modelo
Trabaja en orden inverso
Haz un diagrama
Estima y comprueba
Simula el problema
Prueba con varias estrategias

1. **Transporte** Martha viajó 331 mi en viaje de negocios desde Montreal, Canadá, hasta Nueva York. Voló 10 veces esta distancia desde Nueva York hasta París, Francia. Regresó de París a Montreal con una parada en Nueva York. ¿Aproximadamente cuántas millas voló?

2. **Consumo** El Sr. Álvarez compra jugo en latas de 12 oz para el picnic de la escuela. Hay cuatro paquetes de 6 latas en cada caja. Por cada 5 cajas que se compren, la tienda donará dos cajas. ¿Cuántas cajas deberá comprar el Sr. Álvarez para tener 430 latas de jugo?

3. Sara, Susana, Steve y Sam son hermanos. Sam tiene el doble de la edad de Susana, pero es más joven que Steve. Dentro de cuatro años Sara tendrá el doble de la edad de Susana, y Sam tendrá la edad que tiene ahora Sara. Steve es el mayor. Escribe los nombres de los hermanos de mayor a menor.

4. **Transporte** Un barco sale de Miami el viernes a las 4:40 p.m. La duración del viaje a Nassau es 16 h 30 min. ¿Qué día y a qué hora se espera que llegue el barco a Nassau?

5. **Transporte** Keisha tiene acumuladas 18,659 millas en el programa de viajero frecuente de una compañía de aviación. Necesita 35,000 mi para poder obtener un pasaje gratis de ida y vuelta. Si ella vuela aproximadamente 1,500 mi al mes, estima cuánto tiempo pasará antes de que pueda obtener un pasaje gratis.

6. **Dinero** Terry está ahorrando para comprar una bicicleta que vale $120. Por cada $20 que Terry ahorre, sus padres contribuirán $5 para la bicicleta. Terry planea ahorrar $20 al mes. ¿Cuánto tiempo le tomará ahorrar para la bicicleta?

7. La familia McCormick va al cine. La familia está compuesta de 2 adultos y 4 niños. La entrada para adultos cuesta $7 y la entrada para menores, la mitad. Compraron un cupón de $.75 de descuento por entrada para adultos y $.50 de descuento por entrada para menores. ¿Serán $25.00 suficientes para todas las entradas? ¿Por qué?

 En 1894, un teatro conocido como Holland Kinetoscope Parlor, en Nueva York, cobraba a sus clientes $.25 por ver cinco películas cortas en una máquina llamada el *kinetoscopio*.

3-7 Suma y resta de decimales

PIENSA Y COMENTA

Los fabricantes con frecuencia empacan las pelotas deportivas en cajas. Una pelota de básquetbol, que pesa 21.8 oz, está empacada en una caja que pesa 2.4 oz.

1. Suma para hallar el peso total de la caja con la pelota.

2. ¿Cómo puedes comprobar si tu respuesta es razonable?

Antes de sumar o restar, es buena idea estimar la respuesta como método de comprobación. Cuando sumes, alinea los puntos decimales y añade ceros para que las columnas sean uniformes.

Ejemplo 1   Halla la suma de 3.026 + 4.7 + 1.38.

Estima: 3 + 5 + 1 = 9

$$
\begin{array}{r}
\text{Suma:} \quad 3.026 \\
4.7 \\
+\ 1.38 \\
\end{array}
\qquad \rightarrow \qquad
\begin{array}{r}
3.026 \\
4.700 \\
+\ 1.380 \\
\hline
9.106 \\
\end{array}
$$

Comprueba 9.106 es una respuesta razonable, ya que está cercana a 9. ✓

3. ¿Por qué puedes escribir 4.7 como 4.700?

Por lo general, los equipos deportivos cumplen con ciertas normas. La tabla de abajo da los pesos máximos y mínimos para las pelotas deportivas.

¿QUÉ? Una pelota de básquetbol inflada de forma correcta debe rebotar entre 1.2 m y 1.4 m en un piso de madera dura si se deja caer desde una altura de aproximadamente 1.8 m. **Describe una manera de comprobar si una pelota de básquetbol está correctamente inflada.**

Pesos oficiales de pelotas deportivas		
Deporte	Peso mínimo	Peso máximo
Básquetbol	21.16 oz	22.93 oz
Béisbol	5 oz	5.5 oz
Fútbol americano	14 oz	15 oz
Softball	6.25 oz	7 oz
Tenis	2 oz	2.06 oz
Voleibol	9.17 oz	9.88 oz

Fuente: *The Rules of the Game*

Para hallar la gama de pesos oficiales para un tipo dado de pelota deportiva, resta el peso mínimo del peso máximo.

4. ¿La diferencia 9.88 − 9.17 es la gama de pesos oficiales para qué tipo de pelota deportiva? Halla la gama.

5. ¿Está una pelota de voleibol que pese 9.02 oz dentro de las normas de pesos oficiales? ¿Qué significa esto?

Puedes usar la calculadora para sumar o restar decimales.

Ejemplo 2

Halla la diferencia 10.028 − 3.7.

Estima: $10 - 4 = 6$

10 ▣ 028 ▣ 3 ▣ 7 ▣ *6.328*

Comprueba 6.328 se aproxima a la estimación de 6. ✓

6. Cuando usas la calculadora para hallar 7.87 − 1.47, ¿por qué aparece en la pantalla 6.4 en vez de 6.40?

A veces tienes que escribir un número entero como un decimal.

Ejemplo 3

Entregas un billete de $20 para pagar por un disco compacto que vale $11.78. ¿Cuánto será el cambio?

Estima: $20 - $12 = $8

Escribe $20 como $20.00 y resta:

$$\begin{array}{r} \$20.00 \\ -\ 11.78 \\ \hline \$8.22 \end{array}$$

Comprueba $8.22 se aproxima a la estimación de $8. ✓

El cambio será $8.22.

¿QUIÉN? Ningún lanzador de Grandes Ligas ha tenido 110 juegos sin permitir *hits*, 35 juegos perfectos, un promedio de bateo de por vida de 0.300 y un lanzamiento recto cronometrado en 118 mi/h. Entre 1958 y 1976, una lanzadora de softball llamada Joan Joyce logró todo esto.

Fuente: *The Superman Book of Super-human Achievements.*

EN EQUIPO

Trabaja con un compañero. Usa la tabla de pesos oficiales.

• Ordena las pelotas deportivas en una lista, de más a menos pesada.

• Halla la gama de pesos oficiales para cada pelota deportiva.

• Usa los datos para decidir si la siguiente afirmación es verdadera o falsa: Mientras más pesada la pelota, menor es la gama de pesos oficiales.

Lista de compras

Cartel	$4.99
Tarjeta de cumpleaños	$1.25
Rollo de película (12 fotos)	$3.89
o (24 fotos)	$4.59
Papel de regalo	$2.49
Lazo	$ .79

7. El largo del Eurotúnel, entre Inglaterra y Francia, es 49.94 km. El túnel Seikan, en Japón, tiene 53.9 km de largo. ¿Cuánto más largo es el túnel Seikan?

Primero estima. Después, halla la suma o la diferencia.

8. 0.6 + 3.4

9. 6.2 − 0.444

10. 8.001 − 0.77

11. 4.035 + 8.99

12. 22.2 − 4.3

13. 9.76 + 3.45

14. Consumo Tienes un billete de $10 y un billete de $5. Deseas comprar todos los artículos de la lista de la izquierda. ¿Puedes comprar el rollo de 24 fotos?

POR TU CUENTA

Primero estima. Después, halla la suma o la diferencia.

15. 0.5 + 4.6

16. 8.7 − 0.368

17. 9.011 − 0.45

18. 2.091 + 5.75

19. 8.5 − 5.8

20. 12.34 + 1.68

21. 4.1 + 3.72 + 6.05

22. 7 + 11.436 + 3.08

Usa los datos de la izquierda en los ejercicios 23–27.

23. ¿Qué parte de la energía total se deriva de la hulla?

24. Halla la suma de los números de la tabla. ¿Qué significa esta suma?

25. Dibuja un modelo de centésimas que muestre las partes de energía derivadas de cada recurso natural.

26. ¿Qué parte del total de energía se deriva del petróleo y la hulla? ¿Es más de la mitad? Explica.

27. Estimación ¿De qué dos recursos naturales se deriva una cantidad de energía aproximadamente igual a la que se deriva de la hulla?

Cálculo mental Halla el número que falta.

28. 6.4 + 3.1 = ■ + 6.4

29. 0.43 + ■ = 0.43

30. (2.1 + 0.3) + 4 = 2.1 + (■ + 4)

Parte de la energía total derivada de distintos recursos naturales

Petróleo	0.39
Hulla	0.27
Gas natural	0.17
Energía nuclear	0.02
Energía hidroeléctrica (agua)	0.02
Leña y carbón vegetal	0.12
Otros	0.01

Consumo ¿Cuánto será el cambio?

31. En el cine, pides una bolsa de palomitas de maíz a $2.75 y dos refrescos a $1.50 cada uno. Pagas con un billete de $10.

32. Pam usó la calculadora para hallar las siguientes sumas y diferencias. Primero, estima para comprobar si la respuesta es razonable. ¿Qué error cometió Pam si la respuesta no es razonable?

a. $5.85 + 6.24 = 629.85$ **b.** $36.8 - 7.2 = 29.6$

33. Elige A, B, C o D. Si colocaras los dígitos 1–6 en los cuadros ■■.■ + ■.■■ para obtener la mayor suma posible, el dígito del tercer cuadro a partir de la izquierda tendría que ser:

A. 2 **B.** 3 **C.** 2 ó 3 **D.** 4

Usa la calculadora y la información dada.

Cuando ordenas artículos por correo, pagas gastos de envío y franqueo. La compañía puede basar estos gastos en el valor del pedido o en el número de artículos.

34. a. Supón que ordenas una sudadera de adulto, talla extra-extra-grande, y tres camisetas de niño. ¿Cuánto costarán sin los gastos de envío y franqueo?

b. Halla el costo de envío y franqueo de la orden en las dos tablas. Explica la diferencia de precio.

35. Supón que ordenas un artículo de cada tipo en talla mediana. ¿Qué método de envío y franqueo costará menos?

36. Por escrito ¿Qué tabla preferirías si ordenaras artículos más caros? ¿Cuál preferirías si ordenaras artículos más baratos? Usa ejemplos para explicar tu respuesta.

CAMISETAS DE

#345 Camiseta para adultos
(M – XG) $15.00
(XXG) $17.95

#355 Sudadera para adultos
(M – XG) $29.50
(XXG) $29.95

CUMPLEAÑOS

#445 Camiseta de niño
$12.50

#455 Sudadera de niño
$16.95

Re**p**a**s**o **MIXTO**

¿Verdadero o falso?

1. La letra M tiene simetría.

2. Todos los triángulos tienen simetría.

Redondea al lugar del dígito subrayado.

3. 1.94872

4. 23.0384

5. Jonah tenía $340 en su cuenta bancaria. Retiró $52 y escribió un cheque de $18.50. Halla el balance.

Gastos de envío y franqueo según el valor de la orden	
Menos de $15.00	$2.95
$15.00–$24.99	$3.95
$25.00–$39.99	$4.95
$40.00–$49.99	$5.95
$50.00–$74.99	$6.95
$75.00–$99.99	$7.95
$100.00 o más	$8.95

Gastos de envío y franqueo según el número de artículos en la orden	
1 artículo	$3.15
2 artículos	$4.95
3 artículos	$6.95
4 artículos o más	$8.95

3-8 El control de tus ahorros

En esta lección

• Sumar y restar decimales en cuentas bancarias

• Usar una hoja de cálculo para sumar y restar decimales en la computadora

✓ Computadora

✓ Hoja de cálculo

 A la edad de 11 años, Andrew J. Burns, asumió la presidencia de Children's Bank, en Omaha, Nebraska. El banco es parte de Enterprise Bank, del cual es presidente el padre de Andrew. Andrew ayuda a los jovencitos a abrir cuentas bancarias. En 1993 Children's Bank contaba con 500 cuentas.

Fuente: *National Geographic World*

PIENSA Y COMENTA

Supón que necesitas ahorrar dinero para comprar un regalo.

1. ¿Dónde guardarías el dinero que ahorraras? ¿Cómo llevarías la cuenta de la cantidad de dinero ahorrada?

Puedes abrir una cuenta de ahorro en un banco. Es un lugar seguro para guardar el dinero. Además, el banco te paga dinero, llamado **interés,** por mantener tu cuenta de ahorro en el banco.

2. ¿Por qué crees que el banco te paga interés por tu cuenta de ahorro, en vez de cobrarte por ella?

Por lo general, los bancos mandan al cliente un **estado de cuenta.** El estado de cuenta muestra el interés ganado en la cuenta. También muestra los **depósitos,** dinero que pones en la cuenta, y los **retiros,** dinero que sacas de la cuenta. El **balance** es la cantidad de dinero en la cuenta en un momento dado.

3. ¿Son los intereses semejantes a los depósitos o a los retiros?

4. Abres una cuenta con un depósito de $50. ¿Cuál es el balance?

5. **Discusión** Los bancos envían estados de cuenta mensuales, trimestrales o anuales. ¿Por qué sería buena idea mantener tu propio control de la cuenta y verificarlo con el estado de cuenta del banco?

Puedes usar una hoja de cálculo para llevar la cuenta de tus ahorros.

	A	B	C	D	E	F
1	Fecha	Balance	Retiro	Depósito	Interés	Balance final
2	11/3	73.47		100.00		173.47
3	11/14	173.47	98.00			75.47
4	11/31	75.47			1.99	77.46

6. ¿Qué significa el número de la celdilla B2? ¿Y el de la celdilla D2?

7. ¿Cómo se calculó la cantidad de la celdilla F2? ¿Y la de F3? ¿Y la de F4?

8. ¿Qué celdillas muestran las mismas cantidades? ¿Por qué?

9. Discusión ¿Cómo puedes usar el cálculo mental para comprobar el balance diario de la cuenta?

10. A la derecha se muestra un recibo de retiro y un recibo de depósito. Muestra cómo cambiarían las próximas dos filas de la hoja de cálculo después de estas transacciones.

11. Supón que tu cuenta de ahorro tiene un balance de $67.41. Depositas $37.75 y después, retiras $37.75. ¿Cuál sería el nuevo balance? ¿Obtendrías el mismo resultado si hicieras primero el retiro y luego el depósito? Explica.

12. Pensamiento crítico Supón que depositas $7.50. En tu registro de control de la cuenta, por error restas $7.50 en vez de sumar. ¿Cuánto sería la diferencia en el balance? ¿Por qué?

EN EQUIPO

13. Computadora Usen los cinco recibos bancarios de la derecha y una hoja de cálculo para hacer un registro de control de esta cuenta. El balance inicial es $68.74.

  a. ¿Cómo ordenarán las transacciones?

  b. ¿Cuál es el balance final?

  c. ¿Cuánto suman los depósitos? ¿Cuánto suman los retiros?

  d. Calculen: (Balance inicial) + (Suma de los depósitos) − (Suma de los retiros). Comparen el resultado con el balance final.

  e. Por escrito Describan la relación hallada en la parte (d). ¿Cómo pueden usar esta información para comprobar sus cálculos?

R_ep_as_o MIXTO

Halla la media.

1. 44, 45, 43, 49

2. 2, 9, 7, 3, 2

Suma o resta.

3. 5.31
  + 17.04

4. 10.25
  − 6.09

5. Rod gana $10 por cortar la hierba de un jardín. ¿Cuánto habrá ganado después de cortar la hierba en siete jardines?

POR TU CUENTA

14. Supón que éste es el estado de tu cuenta de ahorro.

Fecha	Balance	Retiro	Depósito	Interés	Balance
1/5	38.64		22.50		61.14
1/11	61.14	21.00			40.14
1/17	40.14	14.00			40.00
1/23	40.00		37.50		2.50

a. ¿Hay errores? ¿Cómo sucedieron los errores, si los hay?

b. ¿De qué cantidades puedes llevar tú la cuenta? ¿Qué cantidades sólo puedes obtener del estado de cuenta?

15. Rita guarda sus ahorros en una cajita, en su dormitorio. Usa una libreta para llevar la cuenta de las cantidades. Un día, su perro Rex se comió parte de la libreta.

Fecha	Principio del día	Saqué	Metí	Comentarios	Final del día
6/3			4.50	Asignación	24.50
6/8		7.00		Fui al cine	
6/9	17.50		1.99	Cambio del cine	
6/10			4.50	Asignación	
6/14			9.25	Corté la hierba	
6/15		25.00		Compré regalo	

a. **Discusión** ¿En qué se parece el registro de control de Rita a una hoja de cálculo?

b. ¿Cómo llama Rita a los depósitos? ¿Y a los retiros? ¿Y a los balances?

c. ¿Cuánto dinero había en la caja al final del 3 de junio?

d. ¿Había más o menos de esa cantidad al principio del 3 de junio? ¿Cómo lo sabes?

e. ¿Cuánto había en la caja al principio del 8 de junio?

f. Copia la tabla de Rita y escribe las cantidades que faltan.

16. **Por escrito** ¿Cómo podrías comprobar las respuestas del ejercicio 15 calculando el balance final de distinta manera?

¿QUIÉN? Ruthie Barrientos es campeona de batuta. Además de haber ganado numerosos campeonatos, Ruthie halla tiempo para participar de manera activa en la escuela y se mantiene en la lista de honor. En 1988, Ruthie fue nombrada Atleta del Año por la Cámara de Comercio Hispana de Houston.

Dibuja un modelo para cada decimal.

1. 0.6   **2.** 0.27   **3.** 1.7   **4.** cuatro décimas   **5.** diez centésimas

Escribe los decimales en palabras.

6. 0.09   **7.** 0.5   **8.** 0.65   **9.** 0.70   **10.** 22.75   **11.** 75.03

Escribe un decimal para cada expresión.

12. tres décimas   **13.** cuarenta y cinco centésimas   **14.** siete, y nueve centésimas

¿Cuál es el valor relativo del dígito 7 en estos números?

15. 0.7   **16.** 5.007   **17.** 73.59   **18.** 0.532497   **19.** 431.07

Escribe los números en forma normal.

20. ciento cincuenta y una milésimas   **21.** cien, y cincuenta y una milésimas

Escribe los números en forma desarrollada.

22. 438.9   **23.** 38.8015   **24.** dos, y ciento cuarenta y nueve milésimas

Compara. Usa >, < ó =.

25. 7.7 ■ 7.3   **26.** 0.3978 ■ 0.39   **27.** 81.773 ■ 81.78   **28.** 12.70 ■ 12.7

29. Representa 0.59, 0.37, 0.5, 0.3 y 0.33 en una recta numérica.

Redondea al lugar del dígito subrayado.

30. 0.0_5_4   **31.** 6.18_7_9   **32.** 7.1_3_48   **33.** 95.3_5_8   **34.** 4_5_.89   **35.** _3_.09

Redondea al dólar más cercano para estimar.

36. $6.27
    + 5.73   **37.** $18.79
    − 9.78   **38.** $75.12
    + 73.81   **39.** $49.02
    − 48.13   **40.** $107.55
    + .39

Estima primero. Después, halla la suma o la diferencia.

41. 0.7 + 2.3   **42.** 7.8 − 0.375   **43.** 9.001 − 0.54   **44.** 12.43 + 2.86

45. 5.13 + 6.4   **46.** 8 − 2.3   **47.** 12.431 − 6.522   **48.** 4.181 + 1.299

Longitud en el sistema métrico

VAS A NECESITAR

✓ Regla métrica

PIENSA Y COMENTA

El sistema métrico decimal de medidas, como el sistema decimal, se basa en el diez. El *metro* es la unidad básica de longitud. Otras unidades que usarás son el *centímetro*, el *milímetro* y el *kilómetro*.

Un centímetro (cm) es una centésima de un metro (m).

1. **a. Discusión** Supón que tienes una tira de papel que representa un metro. ¿Qué tendrías que hacer con el papel para representar un centímetro?

   b. Discusión ¿En qué se parece este modelo a los modelos cuadrados de centésimas que has usado?

   c. ¿Cuántos centímetros hay en un metro?

Un milímetro (mm) es una milésima de un metro.

2. **a.** Supón que quisieras hacer un modelo de milímetros. ¿En cuántas partes iguales dividirías un segmento que representara 1 m?

   b. ¿Cuántos milímetros hay en un metro?

   c. ¿Cuántos milímetros hay en un centímetro?

3. Usa los modelos para completar las siguientes expresiones.

   a. 1 cm = ■ m   **b.** ■ cm = 1 m

   c. 1 mm = ■ m   **d.** ■ mm = 1 m

   e. ■ mm = 1 cm   **f.** 1 mm = ■ cm

¿QUÉ? El metro fue la primera unidad de medida que no se basó en el cuerpo humano. En la actualidad, el metro se basa en la distancia que recorre la luz en una determinada cantidad de tiempo.

Puedes usar una regla de centímetros para medir distancias cortas. Para medir un segmento, alinea el 0 de la regla con un extremo del segmento. Entonces, lee la longitud.

El segmento mide 53 mm, o 5.3 cm de longitud.

4. a. ¿Qué representan las marcas pequeñas de la regla?

   b. ¿Qué representan los números 0, 1, 2, 3, etc.?

5. Mide cada segmento en milímetros.

   a. ———————   **b.** ————————————————

   c. ————————————————————————————

   d. Estimación ¿Cuál es la longitud de cada segmento redondeada al centímetro más cercano?

   e. Mide cada segmento en centímetros.

6. a. Dibuja un segmento de 16 cm de longitud.

   b. Dibuja un segmento de 128 mm de longitud.

   c. ¿Cuál de los dos segmentos que dibujaste es más largo?

El **perímetro** de una figura es la longitud del contorno de la figura. Para hallar el perímetro se suman las longitudes de los lados de la figura.

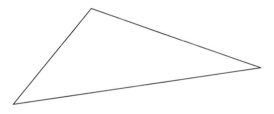

7. a. Mide los lados del triángulo en milímetros.

   b. ¿Cuál es el perímetro del triángulo?

8. Describe varias situaciones en las que necesitarías saber el perímetro de una figura.

Cuando se mide un objeto, primero hay que elegir la unidad de medida apropiada. Para medir distancias largas, se usa el kilómetro (km). Hay 1,000 m en 1 km.

9. Nombra dos objetos o distancias que medirías con la unidad dada.

   a. metro   **b.** centímetro   **c.** milímetro   **d.** kilómetro

10. ¿Qué unidad usarías para medir cada una de las siguientes cosas?

   a. el perímetro de un patio

   b. el largo de una manga de camisa

   c. el ancho de la cabeza de un clavo

   d. distancia entre dos ciudades

 Algunas organizaciones recaudan fondos celebrando caminatas o carreras de 10 km (10K). Cada participante pide que se done una cierta cantidad de dinero por cada kilómetro que camine o corra.

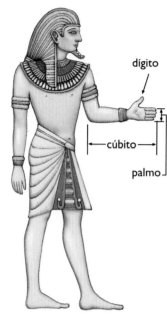

dígito

cúbito

palmo

Puedes estimar la longitud o altura de un objeto basándote en la longitud o altura de un objeto conocido.

11. **a.** El ancho de una puerta es aproximadamente un metro. ¿Cómo puedes estimar el ancho de la pared en la que se encuentra la puerta?

   b. Estima la longitud de la pared del salón de clases usando el método que acabas de describir.

12. Una mesa o un pupitre mide aproximadamente un metro de alto. Explica cómo estimar la altura del salón de clases, desde el piso hasta el techo, usando el alto de la mesa o del pupitre.

EN EQUIPO

Trabaja con un compañero para crear su propio conjunto de unidades de medida. Primero, pide a tu compañero que mida la distancia máxima entre la punta del pulgar y la punta del meñique de tu mano. Después, pídele que te mida el ancho del dedo y el largo del pie. Usen estas unidades para estimar la longitud de dos objetos del salón de clases. ¿Resultan convenientes estas unidades de medida?

POR TU CUENTA

Mide cada segmento en milímetros.

13. _____   14. _____

15. _____

Halla el perímetro de cada figura.

16.    17.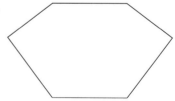

18. Dibuja una figura que tenga un perímetro de 20 cm.

19. **Animales domésticos** Una perrera rectangular mide 4 m por 5 m. ¿Cuánta cerca se necesitará para rodear la perrera?

20. Por escrito Explica cómo puedes hallar el perímetro del rectángulo sin medirlo. Halla el perímetro.

3 cm

1.5 cm

¿Es razonable cada medida? Si no lo es, da una medida razonable.

21. La acera frente a una casa mide 30 km de longitud.

22. Tu amigo mide aproximadamente 160 cm de estatura.

23. Tu lápiz mide 18 mm de longitud.

24. La mesa de la cocina mide aproximadamente 123 cm de longitud.

25. Por escrito Lee el artículo de la derecha. Haz una lista de las posibles razones por las cuales no se usa con más frecuencia el sistema métrico decimal en los Estados Unidos. Después, explica por qué crees que debería usarse más o usarse menos.

26. Pensamiento crítico El perímetro de una mesa rectangular es 8 m. La mesa mide 1 m más de largo que de ancho. Halla la longitud de los lados. Explica cómo hallaste la respuesta.

Elige una unidad de medida apropiada.

27. tu estatura

28. el ancho de una sortija

29. el perímetro del estado donde vives

30. la altura del techo

Sistema métrico avanza poco en EE.UU.

Estados Unidos comenzó oficialmente la transición al sistema métrico decimal en 1973. Esto pareció ser una buena idea, ya que el resto de los países del mundo usaban el sistema métrico.

La transición ha sido muy lenta. Pero al menos hay señales de algún avance hacia el sistema métrico en la señalización de las carreteras y en algunos artículos de supermercado y ferretería.

VISTAZO A LO APRENDIDO

Primero, estima. Después, halla la suma o la diferencia.

1. 1.25
      + 6.07

2. 9.06
      − 0.8

3. 5.59 + 12.6

4. 37 − 7.8

Redondea al lugar del dígito subrayado.

5. 12.0<u>4</u>1

6. <u>2</u>.40

7. 9.06<u>5</u>5

8. 53.8<u>5</u>

9. Elige A, B o C. Supón que deseas comprar tres artículos con precios de $2.09, $.59 y $1.46. ¿Cuál es la mejor estimación del total?

A. $4.00   **B.** $3.50   **C.** $5.00

Re**paso MIXTO**

¿Cuántos grados hay que añadirle a cada ángulo para obtener un ángulo llano?

1. 98°   **2.** 44°

¿Verdadero o falso?

3. Algunos trapecios son cuadrados.

4. Todos los cuadrados son rectángulos.

5. Randa tiene $25 en su cuenta de ahorro. Deposita $33, $18 y $19.80. Gana intereses de $3.83. ¿Cuánto dinero tiene ahora en la cuenta?

3-10 Tiempo y horarios

En esta lección

• Determinar y usar el tiempo transcurrido

• Leer, usar y preparar horarios

PIENSA Y COMENTA

La cantidad de tiempo entre dos sucesos es el **tiempo transcurrido.**

1. ¿A qué hora te levantas los días de escuela? ¿A qué hora empieza la escuela? Halla el tiempo transcurrido.

2. ¿Cuánto dura el período del almuerzo? ¿Es éste tiempo transcurrido?

Puedes usar el tiempo transcurrido para planear una fiesta.

Fiesta de Joey	
11:00 a.m.	Llegan amigos, jugar afuera.
11:30 a.m.	Payaso
12:15 p.m.	Almuerzo
1:00 p.m.	Abrir regalos
2:00 p.m.	Termina la fiesta

3. Planeas una fiesta de cumpleaños para tu hermano menor y preparas el horario de la izquierda.

   a. ¿Cuánto deseas que dure la fiesta?

   b. ¿Cuánto tiempo planeaste para el espectáculo del payaso? ¿Y para el almuerzo? ¿Y para los regalos?

   c. El payaso llama a las 10:30 a.m. para decir que no llegará a la fiesta hasta el mediodía. Prepara un nuevo horario para la fiesta.

4. Susana celebra una fiesta a las 4:00 p.m. El día de la fiesta, tiene que realizar las siguientes actividades:

decorar la sala (1 h)	mezclar la torta (40 min)
hornear la torta (35 min)	enfriar la torta (45 min)
poner merengue a la torta (20 min)	tomar una ducha (25 min)

   a. ¿A qué hora debe Susana empezar, si realiza las actividades en el orden anterior?

   b. Observa cuidadosamente las actividades. ¿Qué actividades habrá que realizar en orden? ¿Podrían algunas hacerse al mismo tiempo? Averigua qué sería lo más tarde que Susana podría empezar.

   c. Susana no quiere tomar su ducha hasta después de ponerle merengue a la torta. ¿Cambia esto tu respuesta?

   d. Susana decide que necesita 25 min antes de que empiece la fiesta para encargarse de los detalles finales. ¿Cuándo debe empezar sus actividades para contar con esos 25 minutos adicionales?

Whiteface, Auguste y *Character son tres tipos de payaso.* **Investiga las diferencias entre los tres tipos de payaso.**

5. Decides celebrar una fiesta de Halloween. Quieres que las invitaciones lleguen al menos una semana antes de la fiesta. Por lo general, el correo se tarda dos días en tu ciudad.

   a. ¿En qué fecha deberás enviar las invitaciones por correo?

   b. Discusión ¿Qué tendrás que hacer antes de enviar las invitaciones por correo? ¿Cuánto tiempo deberás reservar para estas actividades?

   c. Las invitaciones piden que los invitados avisen, al menos dos días antes de la fiesta, si van a asistir o no. Si los invitados responden por teléfono o por correo, ¿entre qué fechas te avisarán?

También tienes que tener la hora en cuenta cuando asistas a una fiesta.

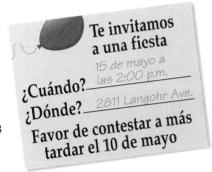

6. Supón que recibes la invitación de la derecha. Es la 1:30 p.m. del 15 de mayo. Haces una lista y estimas el tiempo necesario para las cosas que tendrás que hacer antes de la fiesta.

Cambiarme de ropa	5 min
Envolver regalo	10 min
Ir en bicicleta a la tienda	5 min
Comprar rollo de película	5 min
Ir en bicicleta a la fiesta	10 min

   a. Supón que empiezas a prepararte a la 1:30 p.m. ¿Llegarás a tiempo a la fiesta?

   b. Por escrito Explica cómo resolviste el problema.

7. Leonor va a una fiesta el viernes a las 6:00 p.m. Irá en autobús. El horario de autobuses se halla a la derecha. La parada de Willson Street está frente a la casa de Leonor. Toma 5 min caminar a la fiesta desde la parada de Kagy Boulevard.

   a. ¿A qué hora tendrá que tomar el autobús Leonor para llegar a tiempo a la fiesta?

   b. ¿Cuántos minutos tomará el viaje de ida en autobús? ¿Y el de vuelta? ¿Cuántos minutos en total?

   c. ¿A qué hora tendrá que marcharse Leonor de la fiesta para tomar el autobús y llegar a casa a alrededor de las 9:00 p.m.?

   d. Prepara un horario para Leonor.

Horario de autobuses

El autobús pasa cada 30 minutos de lunes a viernes.

Sale de	Llega a
Willson St.	Kagy Blvd.
7:20 a.m.	7:45 a.m.
7:50 a.m.	8:15 a.m.
...	...
11:20 p.m.	11:45 p.m.
Kagy Blvd.	Willson St.
7:50 a.m.	8:15 a.m.
8:20 a.m.	8:45 a.m.
...	...
11:50 p.m.	12:15 a.m.

Trabaja con un compañero para planear una fiesta. Decidan la ocasión y las actividades de la fiesta. Hagan una lista de todo lo que tendrán que hacer para planear y celebrar la fiesta. Preparen un horario para la fiesta.

⌐POR TU CUENTA

8. Usa el horario de autobuses de la página anterior.

   a. ¿A qué hora sale el último autobús del día? ¿Dónde termina el viaje?

   b. **Pensamiento crítico** ¿Podría usarse sólo un autobús para todas las paradas del horario? Explica la respuesta.

Ir en bicicleta a casa	20 min
Dar de comer al perro	10 min
Tareas escolares	1 h
Jugar afuera	▨
Ayudar con la cena	35 min

9. Bonnie realiza las actividades de la izquierda después de la escuela, pero antes de la cena a las 6:00 p.m. Las clases terminan a las 3:30 p.m.

   a. ¿Cuánto tiempo le queda para jugar afuera?

   b. Prepara un horario de la tarde de Bonnie.

UN GRAN FUTURO

Astronauta

Me llamo Evin Demirel y me encantaría ser astronauta. Siempre me ha fascinado la exploración espacial. Visitar otro planeta sería una experiencia maravillosa y única. Quisiera asistir al campamento espacial de Huntsville para aprender a ser astronauta. Quisiera también aprender sobre los planetas. Siempre me ha interesado el espacio. Asistí a un programa hace unos 2 años y decidí que mi carrera sería en ciencias espaciales. De noche, me gusta contemplar la misteriosa oscuridad del firmamento y también me gusta mirar libros con fotos de planetas y otros objetos espaciales. Ahora mismo, quisiera ser uno de los primeros afortunados en pisar el suelo de Marte. Y no les quepa la menor duda de que con determinación y dedicación lo lograré.

Evin Demirel

10. Investigación (pág. 94) ¿Cada qué tiempo tendrás que comprar algo si te inscribes en un club de música? ¿Influye esto en tu decisión de inscribirte o no en el club?

11. Actividad Nombra al menos cinco actividades que realizas entre la hora a la que te levantas y la hora a la que llegas a la escuela. Estima el tiempo transcurrido en cada actividad. Mañana por la mañana, mide el tiempo de las actividades para comprobar tus estimaciones.

Archivo de datos #2 (págs. 38–39) Usa los datos en los ejercicios 12–14.

12. Halla el tiempo total que emplearás en la atracción Montezooma's Revenge en Knott's Berry Farm.

13. ¿Qué atracción tiene un tiempo de espera de poco menos que la atracción misma?

14. Estimación Alrededor de las 4:50 p.m., te pones en fila para Captain EO, mientras tu hermana compra algo de comer. ¿Aproximadamente a qué hora debe reunirse contigo después de bajarte de Captain EO?

Repaso MIXTO

Clasifica el triángulo con los siguientes ángulos.

1. 45°, 45°, 90°

2. 38°, 65°, 77°

3. El lado de un cuadrado mide 1.5 mm de longitud. Halla el perímetro.

4. ¿Qué unidad métrica usarías para medir la altura de la escuela?

5. Joelna tiene 3 h de tareas escolares esta noche. A ella le gusta tomarse un descanso de $\frac{1}{2}$ h en medio de las tareas. ¿Qué será lo más tarde que podrá empezar para poder terminar a las 9:30 p.m.?

Estimado Evin:

Me fascinó por completo tu descripción del espacio y tu determinación de ser un futuro explorador espacial. Las experiencias que he vivido como astronauta de la NASA me permiten observar el mundo desde una perspectiva algo distinta de lo normal.

    ¡Mientras nos hallábamos en el transbordador espacial, orbitábamos la Tierra cada 90 minutos a una velocidad de 7 millas por segundo! Mi concepto de *vecino* comienza a incluir a aquéllos que viven en distintos continentes y en regiones remotas y aisladas. Al observar la Tierra desde el espacio es fácil reconocer los distintos continentes y regiones geográficas, porque se parecen mucho a los mapas que estudié en la escuela. No existen muros, barreras ni fronteras visibles desde nuestra perspectiva espacial. Resulta una experiencia impresionante poder observar el mundo en su totalidad.

        Frederick D. Gregory
        Astronauta de la NASA

En conclusión

Valor relativo de decimales   3-1, 3-2, 3-3

Los decimales se pueden escribir en **forma normal**, en **forma desarrollada** o en palabras. Ordena los decimales comparando los dígitos que tengan el mismo valor relativo. Empieza por el dígito de la izquierda y avanza hacia la derecha según sea necesario.

Escribe estos números en forma normal.

1. cinco décimas   **2.** cuarenta y ocho centésimas   **3.** nueve, y ocho diezmilésimas

Compara. Usa >, < ó =.

4. 1.8392 ■ 1.8382   **5.** 11.721 ■ 6.731   **6.** 0.81 ■ 0.81   **7.** 500.2 ■ 50.02

Estimación, suma y resta de decimales   3-5, 3-6, 3-7, 3-8

Puedes usar **redondeo** o **estimación por la izquierda** para estimar una suma. Redondea para estimar una diferencia. Antes de sumar o restar decimales, alinea los puntos decimales y añade ceros si es necesario. Usa la estimación para comprobar si las respuestas son razonables.

Un **depósito** es el dinero que se añade a una cuenta bancaria. Un **retiro** es el dinero que se saca de la cuenta. La cantidad de dinero en la cuenta es el **balance**.

Redondea al lugar del dígito subrayado.

8. 5.69<u>8</u>3   **9.** 0.8<u>7</u>624   **10.** 9.23<u>5</u>7   **11.** 3.<u>9</u>876   **12.** 44.<u>0</u>95

Suma o resta.

13.	**14.**	**15.**	**16.** 62.24 − 8.598	**17.** 337.4 + 20.08
0.9 − 0.2	0.72 + 0.96	1.741 − 0.81		

Completa esta hoja de cálculo.

	A	B	C	D	E	F
1	Fecha	Balance inicial	Retiro	Depósito	Interés	Balance final
2	2/5/95	**18.** ■	20.00	0.00	0.00	65.62
3	2/15/95	**19.** ■	0.00	40.00	**20.** ■	106.02

Longitud en el sistema métrico 3-9

Las unidades del sistema métrico se basan en el diez. El **metro** (m) es la unidad básica de longitud. Otras unidades son el **milímetro** (0.001 m), el **centímetro** (0.01 m) y el **kilómetro** (1,000 m).

Elige la unidad de medida apropiada en cada caso.

21. la altitud de un avión   **22.** tu estatura   **23.** el perímetro del salón de clases

Tiempo y horarios 3-10

El **tiempo transcurrido** es la cantidad de tiempo entre dos sucesos. Puedes usar el tiempo transcurrido para planear tu día.

24. Son las 6:00 p.m. ¿Puede Lori hacer todas las actividades del horario y contar aún con 25 min de tiempo para leer antes de tener que acostarse a las 9:30 p.m.? ¿A qué hora terminará las actividades de la lista si las hace consecutivamente?

Cenar	40 min
Tarea escolar	55 min
Programa de TV	30 min
Dar de comer al perro	10 min

Estrategias y aplicaciones 3-4

Resolver un problema parecido, pero más sencillo, puede ayudarte a descubrir nuevas maneras de resolver un problema dado.

25. La campana de un reloj suena cada 30 min. ¿Cuántas veces sonará la campana durante el mes de junio?

26. ¿Cuántos días han transcurrido desde que naciste?

PREPARACIÓN PARA EL CAPÍTULO 4

A veces puedes estimar el producto o el cociente de dos decimales redondeando primero cada decimal al número entero más próximo y luego multiplicando o dividiendo.

Redondea cada decimal al entero más próximo. Después, multiplica o divide.

1. 3.5×2.1 **2.** 6.3×9.256 **3.** 10.1×119.2 **4.** $80.63 \div 8.9$

5. $72.4 \div 8.5$ **6.** $99.8 \div 9.8$ **7.** 32.5×0.55 **8.** $230.55 \div 0.95$

9. 47.8×39.9 **10.** $11.99 \div 4.33$ **11.** 70.008×3.15 **12.** $2.5 \div 0.99$

cierra el caso

El Club de Música

El Club de Música se ha estado anunciando para que se inscriban los estudiantes de la escuela. El editor del periódico escolar te ha pedido que escribas un breve artículo aconsejando a los estudiantes si deben o no inscribirse en el club. Revisa la decisión que tomaste al principio del capítulo. Examina otra vez tu decisión, tomando en cuenta lo que has estudiado en este capítulo. Puede ser que cambies de decisión. Después, escribe un artículo que resuma tu decisión y explique por qué la tomaste. Si lo deseas, puedes explicar los gastos ocultos o recomendar otro club. Los problemas precedidos por la lupa (pág. 100, #43; pág. 104, #28; pág. 114, #40 y pág. 131, #10) te ayudarán a escribir el artículo.

No hace mucho tiempo, los clubes de cintas y discos compactos se llamaban clubes de discos. Pero entre 1988 y 1991, las ventas de discos bajaron drásticamente de $532 millones a sólo $29 millones al año. Las ventas de cintas permanecieron más o menos iguales, pero las ventas de discos compactos subieron vertiginosamente a más de $4,000 millones al año. Resulta claro que los amantes de la música prefieren los discos compactos.

Extensión: Halla los precios promedio de los discos compactos y cintas durante los últimos diez años. ¿Qué tendencias observas? ¿Qué crees que sucederá con los precios de los discos compactos y de las cintas durante los próximos cinco años? Explica tu razonamiento.

EN NÚMEROS REDONDOS

Puede jugar cualquier cantidad de estudiantes.
- Cada jugador recorta seis trozos de papel de 3 x 5 para crear tarjetas. Cada jugador escribe una cantidad decimal de dinero, como $25.71, en cada una de sus tarjetas.
- Barajen las tarjetas y colóquenlas todas juntas boca abajo.
- El primer jugador voltea las dos tarjetas de arriba y estima la suma de las dos cantidades redondeada al dólar más cercano. Si el jugador acierta, se queda con las tarjetas. Si no acierta, se mezclan las tarjetas de nuevo en el montón. Entonces, le toca al jugador de la izquierda.

El juego termina cuando se acaben las tarjetas. El jugador que tenga más tarjetas gana el juego.

Variación: Se estima la diferencia redondeada entre las dos cantidades.

COMPETENCIA DE DECIMALES

El objetivo de este juego es formar el mayor decimal posible.

Reglas del juego:

- Juega con tres o más compañeros.

- Usa una tabla de valor relativo con columnas marcadas Decenas, Unidades, Décimas y Centésimas.

- Cada jugador tira un cubo numerado cuatro veces. Después de cada tirada, el jugador escribe el número en una de las columnas de la tabla de valor relativo.

El juego continúa hasta que todos los jugadores hayan escrito su número. El jugador que forme el número decimal mayor es el ganador.

Variación: Cada vez que comiencen una nueva ronda, añadan una nueva columna a la tabla de valor relativo y tiren el cubo numerado una vez más.

Un tiempo y un lugar

Supón que tienes tres horas para visitar un museo de ciencias. Deseas ver 12 exhibiciones durante la visita. Prepara un horario que incluya al menos 20 minutos para el almuerzo. Recuerda incluir períodos de tiempo para caminar entre las exhibiciones y visitar la cafetería.

Números de periódico

Busca en periódicos 10 números que tengan de tres a cinco dígitos cada uno. Haz una lista de los números y de lo que describen. Podría ser el número de personas que asisten a un espectáculo, la edad de una persona o el precio de un artículo. Al lado de cada descripción, escribe el número redondeado a la unidad, decena, centena, millar o decena de millar más cercana. Ahora, observa de nuevo los números del periódico y sus descripciones. ¿Cómo afectan los números redondeados a lo que describen? ¿Es aún acertada la descripción? ¿Cambian los números redondeados la facilidad con que alguien entendería lo que se describe?

Extensión: Piensa en cinco ejemplos en los que sería necesario un número exacto. ¿Se te ocurren cinco ejemplos adicionales de casos en los que resultaría satisfactorio un número redondeado? ¿En qué consiste la diferencia?

1. **Por escrito** ¿Es "doscientos trece milésimas" lo mismo que "doscientos, y trece milésimas"? Explica.

2. **Elige A, B, C o D.** El valor del dígito 3 en el número 24.1538 es ■.

   A. tres centenas

   B. tres centésimas

   C. tres décimas

   D. tres milésimas

3. **Elige A, B, C o D.** ¿Cuál de las siguientes expresiones *no* es verdadera para el número 5.836?

   A. 5.836 se redondea a 5.84

   B. 5.836 > 5.85

   C. La forma desarrollada es 5 + 0.8 + 0.03 + 0.006.

   D. Se lee "cinco, y ochocientas treinta y seis milésimas".

4. Compara. Usa >, < ó =.

   a. 2.34 ■ 2.4

   b. 8.97 ■ 8.970

   c. 32.12 ■ 32.42

   d. 12.82 ■ 12.81

5. Halla las sumas.

   a. 3.89 + 15.638

   b. 8.99 + 6.35

   c. 0.9356 + 0.208

   d. $4.38 + $2.74 + $1.17

6. **Estimación** Supón que tienes un balance de $129.55 en la cuenta de ahorro. Depositas $17.89 y retiras $83.25. ¿Cuál es el balance aproximado?

7. Halla las diferencias.

   a. $20 − $15.99   **b.** 8.956 − 6.973

   c. 536.79 − 95.8   **d.** 5.867 − 0.345

8. Halla el perímetro en milímetros.

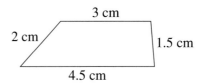

9. ¿Qué unidad métrica resulta apropiada en cada caso?

   a. la longitud de un bolígrafo

   b. el perímetro de un estado

   c. la distancia alrededor de una pista de carreras

   d. el ancho de un automóvil

10. Jackson planea asistir a una fiesta en la playa a la 1:00 p.m. Tiene que ducharse y vestirse (35 min), desayunar (25 min), hacer sus tareas caseras (1 h 40 min), reunir sus artículos de playa (25 min) e ir a la fiesta en bicicleta (20 min). Prepara un horario de las actividades que tiene que hacer antes de salir para la fiesta.

11. Ordena 8.1, 8.2, 8.08, 8.15 y 8.03 en una recta numérica.

12. ¿Cuánto suman todos los números enteros del 1 al 300?

Repaso general

Elige A, B, C o D.

1. ¿Cuál es el decimal para treinta y cuatro centésimas?

   A. 0.034   **B.** 0.34

   C. 3.40   **D.** 34.00

2. ¿Qué ángulo tendría $\overrightarrow{XY}$ como uno de sus lados?

   A. $\angle XYZ$ **B.** $\angle XZY$

   C. $\angle ZXY$ **D.** $\angle YZX$

3. ¿Cómo hallarías la gama de cinco salarios?

   A. Se suman los salarios y se divide entre 5.

   B. Se resta el salario más bajo del más alto.

   C. Se ordenan los salarios y se elige el del medio.

   D. Se elige el salario que se repita.

4. ¿Cuál de los siguientes *no puede ser* un cuadrilátero con dos ejes de simetría?

   A. rombo   **B.** cuadrado

   C. rectángulo   **D.** trapecio

5. Se multiplican por 10 los cinco números de un conjunto de datos. ¿Cómo cambia la moda?

   A. Se multiplica por 10.

   B. Se multiplica por 50.

   C. Se multiplica por 2.

   D. La moda no cambia.

6. En $\triangle ABC$, la medida de $\angle A$ es la mitad de la medida de $\angle B$. $\angle B$ es un ángulo recto. ¿Cuánto mide $\angle A$?

   A. 45°   **B.** 61°   **C.** 78°   **D.** 59°

7. La gasolina sin plomo vale \$1.29 el galón. Estima cuánto valdría comprar 12 galones.

   A. \$10   **B.** \$29

   C. \$14   **D.** \$20

8. ¿Qué números podrían representar los puntos A y C, si el punto B representara 0.305?

   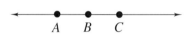

   A. A: 0.051, C: 0.7

   B. A: 0.03, C: 0.06

   C. A: 0.350, C: 0.4

   D. A: 0.29, C: 0.32

9. ¿Cuál es el nombre que mejor describe al triángulo de abajo?

   A. acutángulo   **B.** obtusángulo

   C. escaleno   **D.** rectángulo

10. ¿Cuál es la mejor estimación del perímetro del triángulo de la pregunta 9, sin tomar las medidas?

    A. 7 mm   **B.** 7 cm   **C.** 7 m   **D.** 7 km

CAPÍTULO 4

Multiplicación y división de decimales

DE TODO EL MUNDO

Durante el siglo XVI, los alemanes empleaban entablillados de piernas y extensores de brazos para fijar las fracturas. Los griegos usaban entablillados, vendas almidonadas y moldes de arcilla para fijar huesos rotos.

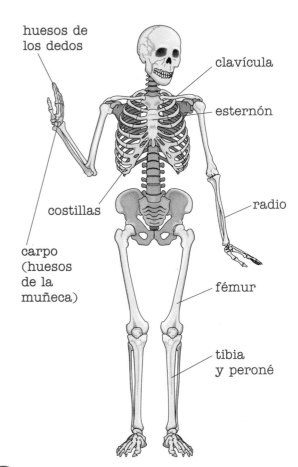

huesos de los dedos

clavícula

esternón

costillas

radio

carpo (huesos de la muñeca)

fémur

tibia y peroné

TODO ESTÁ EN LOS HUESOS

Cuando los científicos conocen el sexo de un esqueleto y el largo de la tibia, el fémur, el húmero o el radio, pueden estimar la estatura de la persona en vida. La tabla muestra la fórmula para ambos sexos y los distintos tipos de hueso.

Estatura adulta (en cm) basada en la longitud de los huesos principales

Hombres

(2.9 x longitud del húmero) + 70.6

(3.3 x longitud del radio) + 86.0

(1.9 x longitud del fémur) + 81.3

(2.4 x longitud de la tibia) + 78.7

Mujeres

(2.8 x longitud del húmero) + 71.5

(3.3 x longitud del radio) + 81.2

(1.9 x longitud del fémur) + 72.8

(2.4 x longitud de la tibia) + 74.8

Fuente: *Arithmetic Teacher*

¿CUÁNTOS HUESOS TIENE EL CUERPO HUMANO?

Un bebé nace con más de 300 huesos: más que los 206 huesos que tiene un adulto. Al crecer el cuerpo, algunos de los huesos se unen. Esto se llama fusión de los huesos. Los últimos huesos en fusionarse constituyen la clavícula. Los huesos crecen y se fusionan de distintas formas, dependiendo del individuo. Aproximadamente una de cada veinte personas tiene una costilla adicional.

Fuente: *Macmillan Book of Fascinating Facts*

EN ESTE CAPÍTULO

- representarás productos y cocientes decimales
- estimarás productos y cocientes decimales
- usarás la tecnología para crear bases de datos
- resolverás problemas con exceso o falta de información

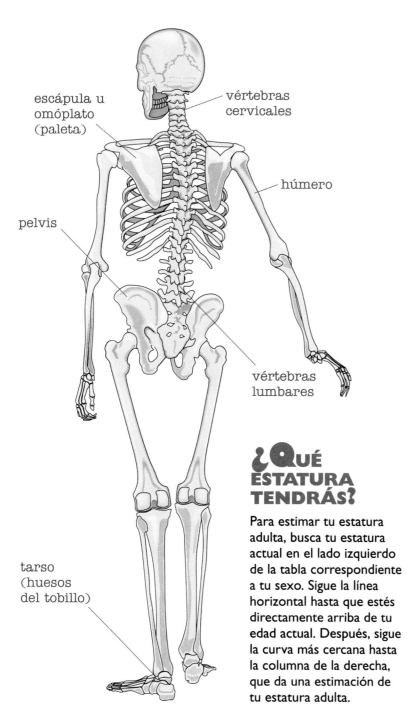

escápula u omóplato (paleta)

vértebras cervicales

húmero

pelvis

vértebras lumbares

tarso (huesos del tobillo)

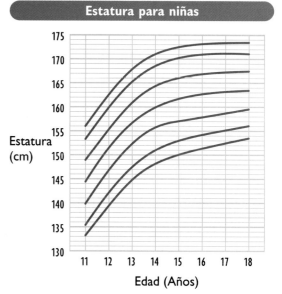

Estatura para niñas

Estatura (cm)

Edad (Años)

¿QUÉ ESTATURA TENDRÁS?

Para estimar tu estatura adulta, busca tu estatura actual en el lado izquierdo de la tabla correspondiente a tu sexo. Sigue la línea horizontal hasta que estés directamente arriba de tu edad actual. Después, sigue la curva más cercana hasta la columna de la derecha, que da una estimación de tu estatura adulta.

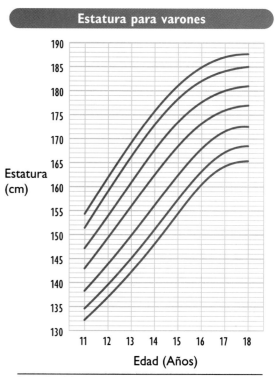

Estatura para varones

Estatura (cm)

Edad (Años)

Fuente: *Ross Laboratories*

ĺnvestigación

Proyecto

Informe

Estás matriculado en un curso de estudios de doce semanas. ¡Se rumora que el maestro, el Sr. Skim, dicta muchas notas! De hecho, los estudiantes que han asistido a la clase dicen que el Sr. Skim dicta un promedio de cuatro páginas de notas por clase y que la tarea escolar toma aproximadamente dos páginas diarias. Decides que ésta es una buena oportunidad para comenzar a practicar tus destrezas de organización y compras una carpeta para las notas y tareas de la clase. La librería escolar vende carpetas de 0.5 pulg, 0.625 pulg y 1 pulg.

Misión: Halla el grueso de carpeta más apropiado para las notas y tareas de la clase. Explica en detalle cómo llegaste a tu conclusión.

Sigue estas pistas

✓ ¿Cuántas hojas de papel necesitarás en total para las notas de la clase y las tareas?

✓ ¿Qué grueso tiene una hoja de papel de libreta?

✓ Si decides escribir por ambos lados de la hoja de papel, ¿cómo influiría esto en tu decisión sobre qué carpeta comprar?

Estimación de productos y cocientes

┌ PIENSA Y COMENTA

Lisa trabaja en la Ferretería Central. Sus horas varían según la cantidad de trabajo disponible. Su tarjeta de entradas y salidas muestra las horas que Lisa trabaja. Lisa gana $4.25 por hora. Estima cuánto ganará esta semana.

1. **a.** ¿Qué dos números multiplicarás para hallar cuánto ganará Lisa esta semana?

   b. Redondea cada factor al entero más cercano.

   c. Estima los ingresos de Lisa para esta semana.

2. Estima los ingresos semanales de Lisa de dos maneras distintas.

   a. Redondea cada factor al entero mayor más cercano. ¿Es esta estimación mayor o menor que los ingresos semanales reales de Lisa? Explica.

   b. Redondea cada factor al entero menor más cercano. ¿Es esta estimación mayor o menor que los ingresos semanales reales de Lisa? Explica.

3. ¿Es tu estimación de la pregunta 1(c) mayor o menor que los ingresos semanales reales de Lisa? Explica.

4. Estima el producto de 12.6 × 1.9. Redondea cada factor al entero más cercano.

Los números que son fáciles de dividir o multiplicar mentalmente son **números compatibles.** Puedes usarlos para estimar productos.

Ejemplo 1   Estima el producto de 26.03 × 3.31.

$$
\begin{array}{r}
26.03 \rightarrow 25 \\
\times\ 3.31 \rightarrow \times\ 3 \\
\hline
75
\end{array}
$$
Cambia a números compatibles.

El producto de 26.03 × 3.31 es aproximadamente 75.

5. ¿Qué números compatibles elegirías para estimar el producto de 3.89 × 16.03? Explica tu decisión.

6. ¿Cómo es más fácil estimar el producto de 29.26 × 11.62: con números compatibles o redondeando cada factor al entero más cercano? Explica.

Puedes usar números compatibles para estimar cocientes.

Ejemplo 2

El billete de mayor tamaño jamás emitido fue el billete chino de un kwan. Fue emitido en el siglo XIV y medía 92.8 cm de largo. El billete de un dólar de los Estados Unidos mide 15.6 cm de largo. ¿Aproximadamente a cuántas veces la longitud de un billete de un dólar equivale la longitud de un billete de un kwan?

$92.8 \div 15.6$ Escribe el cociente.

$90 \div 15 = 6$ Usa números compatibles.

La longitud de un billete de un kwan equivale a alrededor de seis veces la longitud de un billete de un dólar.

Artículo	Precio
Serpentina (81 pies)	$.79
Manteles de papel	$1.99
Servilletas (50)	$2.49
Servilletas decoradas (8)	$.69
Globos de colores (20)	$2.29
Globos de aluminio (1)	$1.99
Figuras de cartón	$.29
Papel de colores (24)	$1.16
Marcadores (10 colores)	$1.65
Juegos (4-6 jugadores)	$9.95
Música	$8.78

EN EQUIPO

Planea una fiesta para la clase. Trabaja con un compañero en esta actividad. Elijan los artículos necesarios para celebrar la fiesta. Tengan en cuenta que la clase tiene un presupuesto de $26 para la fiesta.

• Elijan un tema para la fiesta de la clase.

• Decidan qué artículos desean para la fiesta. Elijan entre los artículos de la lista de la izquierda.

• ¿Cuánto necesitan de cada artículo? Asegúrense de que haya suficiente para toda la clase.

• Estimen el costo total de la fiesta.

PONTE A PRUEBA

Redondea cada factor al entero más cercano. Estima el producto.

7. 15.3×2.6 **8.** 2.25×16.91 **9.** 3.5×2.72

Escribe un par de números compatibles. Después, usa los números para estimar.

10. $46.4 \div 4.75$ **11.** $39.3 \div 8.7$ **12.** 39.26×1.98

13. 18.8×4.3 **14.** $17.33 \div 5.49$ **15.** 2.18×24.19

16. Luisa gana $4.75/h cortando céspedes. Estima cuánto ganará en 3.5 h.

17. Yuri ganó $33.25 cuidando niños en una semana. Gana $3.50/h. Estima el número de horas que trabajó.

POR TU CUENTA

Redondea cada factor al entero más cercano. Estima el producto.

18. 0.95×22.8 **19.** 11.6×3.23 **20.** 15.25×3.9

21. 1.79×0.12 **22.** 4.01×0.62 **23.** 31.4×3.20

Usa números compatibles para estimar.

24. 41.5×18.75 **25.** $15.76 \div 2.51$ **26.** 3.5×8.9

27. $65 \div 8.4$ **28.** 12.2×2.96 **29.** $37.2 \div 6.12$

Repaso MIXTO

1. El viaje en autobús de Austin a San Antonio tarda 2 h 57 min. ¿A qué hora llegará el autobús a San Antonio, si sale de Austin a las 10:35 a.m.?

Completa.

2. ■ m = 54 cm

3. 18 km = ■ m

4. 400 mm = ■ cm

5. Un año dado tiene dos meses seguidos con un viernes 13. ¿Qué meses tienen que ser?

Carrera de cajones sobre ruedas

Esta carrera anual, que se celebra en Akron, Ohio, es una competencia cuesta abajo para vehículos sin motor. Los vehículos están construidos y conducidos por jóvenes entre las edades de 9 y 16 años. La pista es una pendiente cuesta abajo de 953.75 pies de longitud.

Los conductores pueden participar en una de tres divisiones. Para poder participar en la división de expertos, el peso combinado del vehículo y el conductor debe ser exactamente 236 lb. Para competir en la división clásica o la división prototipo, el peso combinado del vehículo y el conductor tiene que ser 206 lb. En ocasiones, los conductores tienen que añadir pesos de plomo a los vehículos para poder alcanzar el peso necesario para su división.

En 1992, 70 muchachas y 133 muchachos provenientes de 35 estados y 6 países participaron en la carrera. Carolyn Fox, una jovencita de 11 años de Salem, Oregon, fue la ganadora de la división prototipo. Ganó con un tiempo de 28.27 s.

30. Para hallar la velocidad, divide la distancia por el tiempo. Estima el promedio de velocidad de Carolyn Fox.

31. Supón que la distancia de la pista es 2.5 veces la distancia original. Carolyn gana la carrera en 52.56 s. Halla su promedio de velocidad.

Usa la tabla de abajo para contestar las preguntas 32–34.

Alimento	Porción	Proteínas (gramos)
Queso americano	1 rebanada	6.6
Atún enlatado	3 oz (escurrido)	24.4
Pan de centeno	1 rebanada	2.3
Pizza de queso	1 sección (pizza de 14 pulg)	7.8

32. ¿Aproximadamente cuántos gramos de proteínas hay en 2 porciones de pizza?

33. ¿Aproximadamente cuántos gramos de proteínas hay en 8 porciones de pizza?

34. **Nutrición** Estima cuántos gramos de proteínas hay en un sándwich hecho con 2 rebanadas de pan de centeno, 2 oz de atún y una rebanada de queso americano.

35. a. **Cálculo mental** Estima cuánto habrás ahorrado en un año si ahorras $6.25 a la semana.

    b. **Cálculo mental** Estima cuánto habrás ahorrado a la semana si ahorraste $443.75 en un año.

36. Un bibliotecario ordena 3 ejemplares de un libro. La factura es de $38.85. Estima el precio de 1 libro. ¿Es tu estimación más alta o más baja que el precio real del libro? Explica.

37. **Elige A, B o C.** ¿Entre qué dos números se halla el cociente de 18.7 ÷ 5.4?

    A. 2 y 3   **B.** 3 y 4   **C.** 4 y 5

38. **Deportes** Una pelota de voleibol pesa 283.5 g y una caja de embalaje pesa 595.34 g. Estima el peso total de una caja que contenga 9 pelotas de voleibol.

39. **Estudios sociales** El Túnel de Ferrocarril de los Apeninos, en Italia, mide 18.5 km de longitud. El Túnel Seikan, en Japón, tiene aproximadamente 2.9 veces esa longitud. Estima el largo del Túnel Seikan.

40. **Por escrito** ¿Obtendrán dos personas siempre el mismo resultado si estiman un producto o un cociente usando números compatibles? Da ejemplos en tu respuesta.

41. **Archivo de datos #6 (págs. 226–227)** Estima cuál sería la altura apropiada del asiento de la bicicleta si fueras tú a montarla.

 Las proteínas forman nuevas células para ayudar al cuerpo a crecer. La mayoría de los alimentos contienen proteínas. La carne, el pescado, las nueces, la leche y el queso proveen grandes cantidades de proteínas. Una persona de 12 años necesita alrededor de 55 g diarios de proteínas.

Fuente: *The Usborne Book of Food Fitness & Health*

• Usar una base de datos para explorar aplicaciones de decimales

■ VAS A NECESITAR

✓ Computadora

✓ Hoja de cálculo o base de datos

✓ Calculadora

4-2 Decimales en bases de datos

PIENSA Y COMENTA

Una **base de datos** es un conjunto de información organizada por categorías. Podrías usar una base de datos para organizar recetas de cocina o una colección de revistas de historietas. Un **campo** es una categoría de la base de datos. Un grupo de campos relacionado con una entrada es el **registro.**

1. Supón que tienes una colección de sellos. ¿De qué maneras podrías organizar la colección? Nombra al menos tres campos que podrías usar para organizar los datos.

Puedes usar una hoja de cálculo para organizar los datos de la misma manera que en una base de datos. La base de datos de abajo muestra una manera de organizar la información sobre una colección de revistas de historietas.

2. **a.** ¿Qué campos hay en la base de datos? ¿Qué otros campos podrías añadir a la base de datos?

   b. ¿Qué información contiene cada registro?

	A	B	C	D
1	**Número de serie**	**Título**	**Valor**	
2	270	Batman	35.00	
3	1	Indiana Jones	2.50	
4	314	Justice League	11.00	
5	28	Spiderman	170.00	
6	1	The Atom	300.00	

Fuente: *Wizzard*

3. **a.** ¿Qué campos contienen números? ¿Qué campos contienen letras o texto?

   b. **Discusión** ¿En qué se parecen los registros? ¿En qué se diferencian?

Algunas computadoras pueden "hablar" con el usuario y "escuchar". Cuando la computadora "habla" crea palabras mediante sonidos digitales y los emite a través de una bocina. Cuando "escucha", un receptor identifica los sonidos y los traduce para que la computadora los pueda entender.

Una de las ventajas de la base de datos es su capacidad para **clasificar,** o poner en orden, los datos de acuerdo a los campos. La computadora clasifica las letras o el texto alfabéticamente y ordena los números de mayor a menor o de menor a mayor.

4. ¿Cómo están clasificadas las revistas de historietas? ¿De qué otras maneras podrías clasificar la base de datos de las revistas?

EN EQUIPO

Se ha pedido a tu grupo que recomiende una marca de zapatillas deportivas para el equipo de campo y pista. La base de datos muestra información sobre 5 marcas distintas de zapatillas deportivas. Se han clasificado las zapatillas en una escala de 1 (muy buenas) a 5 (muy malas) de acuerdo a lo rápido que se secan después de usarse (tasa de evaporación), y de acuerdo a su flexibilidad.

5. ¿Qué factores serán más importantes al hacer la recomendación?

6. ¿Qué otra información les sería útil para tomar la decisión?

7. Computadora Usen el programa de base de datos para entrar la información en la computadora. Clasifiquen los datos de varias maneras para obtener la información deseada.

8. Preparen un informe.
   a. ¿Qué marca de zapatillas deportivas recomiendan?
   b. ¿Qué marca habría que evitar?
   c. Ofrezcan una alternativa a la zapatilla que recomendaron.

	A	B	C	D	E
1	**Marca**	**Precio**	**Peso**	**Tasa de evaporación**	**Flexibilidad**
2	Air Jumpers	33.50	13 oz	5.0	1.8
3	Cool Runners	60.00	12 oz	2.5	3.3
4	Floaters	75.95	16 oz	2.6	2.9
5	Foot Lights	125.35	17 oz	3.9	2.7
6	Hi Flyers	135.00	11 oz	1.5	4.1

	A	B	C	D
1	**Moneda**	**Composición**	**Condición**	**Precio**
2	Águila de plata, 1993, Estados Unidos	0.999 oz de plata pura	brillante, sin circular	$8.95
3	Panda, 1992	0.999 oz de plata pura	gema, brillante, sin circular	$18.95
4	Dólar de plata Morgan, sin circular	0.90 de plata pura	brillante, sin circular	$19.95
5	Dólar de plata de la Estatua de la Libertad, 1986 (juego de 2 monedas)	0.90 de plata pura	gema, juego de muestra	$29.95
6	Libertad, 1992, México	0.999 oz de plata pura	brillante, sin circular	$8.95

Fuente: *Quality Collectibles, LTD*

Repaso MIXTO

Estima el producto.

1. 19.2 × 9.7

2. 4.3 × 6.73

3. Dibuja un ángulo agudo ∠A. Construye un ángulo congruente con ∠A.

Halla la diferencia.

4. 8 − 7.35

5. 25 − 21.984

6. ¿Alcanzarán $5 para comprar yogur por $2.09, arándanos por $1.49 y pan por $.85?

9. Usa la base de datos de arriba.

   a. Nombra los campos de la base de datos.

   b. ¿Cuántos registros hay en la base de datos?

   c. Supón que clasificas las monedas de acuerdo a su condición. ¿En qué orden irían?

   d. Supón que clasificas las monedas de acuerdo al precio. ¿En qué orden irían?

   e. ¿Cuál es el valor total de la colección?

   f. ¿Qué otros campos podrías añadir a la base de datos?

10. Computadora Usa el programa de base de datos. Elige un tema de la lista de la derecha o escoge tu propio tema y crea una base de datos. Usa al menos tres campos.

Bases de datos
• colección
• guía telefónica
• cuaderno de calificaciones

11. Por escrito ¿Cuándo resultaría útil una base de datos? ¿Cómo podría un maestro usar la base de datos?

12. Archivo de datos #8 (págs. 316–317)

   a. ¿Qué conjunto de datos sería apropiado para una base de datos?

   b. Nombra tres campos que la base de datos podría tener.

   c. Nombra dos maneras en que podrías clasificar la base de datos.

En esta lección

• Aplicar el orden de
las operaciones para
hallar el valor de
expresiones

4-3 ●**rden de las operaciones**

EN EQUIPO

Trabaja con un compañero en esta actividad. Un miembro de la
pareja usa la calculadora y el otro usa lápiz y papel para hallar
el valor de las expresiones de abajo. Trabajen de izquierda a
derecha. El miembro de la pareja que use la calculadora aprieta
▤ sólo después de marcar el último número.

1. Anoten el valor de cada expresión.

   a. $18 + 12 \times 5$

   b. $15 - 12 \div 3$

   c. $(6 + 18) \div 3 \times 6$

2. **a.** Comparen sus resultados. ¿Obtuvieron ambos de ustedes
   los mismos valores para las expresiones?

   b. ¿Es posible obtener dos valores distintos? Expliquen la
   respuesta.

   c. ¿Qué problemas podría ocasionar el obtener dos valores
   distintos para una misma expresión?

3. Observen los resultados de la calculadora y decidan qué
   operación efectuó primero la calculadora.

*Dices que tienes la solución
verdadera.
Bueno, ya sabes,
quisiéramos que nos
mostraras el plan.*
—John Lennon

PIENSA Y COMENTA

En ocasiones, obtener distintas soluciones para una misma
expresión puede causar gran confusión. Existe un conjunto de
reglas para hallar el valor de expresiones que garantiza que se
obtenga siempre el mismo valor para la misma expresión.
Llamamos a este conjunto de reglas el **orden de las
operaciones.**

Orden de las operaciones
1. Haz primero las operaciones que aparecen en paréntesis.
2. Multiplica y divide en orden de izquierda a derecha.
3. Suma y resta en orden de izquierda a derecha.

4. Ahora observa la expresión 3 + 4 × 5. ¿Qué dos posibles valores podrías hallar para esta expresión? ¿Cuál es el correcto? Explica.

5. a. ¿Cuál es el valor de la expresión (4 + 5) × 5?

　b. ¿Cuál es el valor de la expresión 4 + (5 × 5)?

　c. ¿Cuál es el valor de la expresión 4 + 5 × 5?

　d. ¿Qué observas sobre los valores de las expresiones de las partes (a), (b) y (c)?

6. Considera la expresión 2 + 6 × 7.

　a. ¿Qué operación realizarías primero?

　b. ¿Qué harías después?

　c. ¿Cuál es el valor de la expresión?

7. Considera la expresión 3 + 2 × 5 × 4.

　a. ¿Qué operación realizarías primero? ¿Por qué?

　b. Escribe la expresión después del primer paso.

　c. ¿Qué harías después?

　d. ¿Cuál es el último paso y el valor final de la expresión?

POR TU CUENTA

¿Qué operación realizarías primero?

8. 8 − 2 × 3　　　　**9.** (4.6 − 0.6) ÷ 4　　　**10.** 15 × 8 ÷ 3

11. 12 − 2 × 3 ÷ 5　　　　　　**12.** 16 ÷ 4 × (3.3 + 0.7) × 4

Halla el valor de las expresiones.

13. 6 − 2 + 4 × 2　**14.** 3 + 3 × 2　　**15.** (3.3 − 1.4) + 6

16. 4 ÷ (4.4 − 2.4)　**17.** 6 × (2 × 5)　　**18.** 13 − (2.7 + 0.4)

Cálculo mental Halla el valor.

19. 5 + 2 × 0　　　　　**20.** (12 − 7) × 5 + 1

21. (6.3 − 4.8) × 1　　　**22.** 18 ÷ 6 − (5.6 − 4.6)

23. Por escrito Explica los pasos que seguirías para hallar el valor de la expresión 8 ÷ 4 × 6 + (7.5 − 5.5).

R*e*p*a*s*o* MIXTO

1. Will tiene 2 ejemplares de una revista de *Batman* valorados en $35 cada uno, y un ejemplar de *Spiderman* valorado en $170. ¿Qué valor tiene su colección de revistas?

2. ¿Cuántos ejemplares de *Justice League* valorados en $11 cada uno tendrías que dar a cambio del primer ejemplar de *The Atom* valorado en $300?

Usa números compatibles para estimar.

3. 19.43 × 6.2

4. 493.8 × 1.869

5. 203.179 ÷ 22.039

6. Los armarios del pasillo del sexto grado están numerados del 100 al 275. ¿Cuántos armarios hay?

Sustituye ■ con <, > ó =.

24. $(3 + 6) \times 4$ ■ $3 + 6 \times 4$

25. $(8 - 2) \times (6 + 1)$ ■ $(8 - 2) \times 6 + 1$

26. $2 + (12 \div 3)$ ■ $2 + 12 \div 3$

27. $7 - 2 \times 3$ ■ $(7 - 2) \times 3$

28. $2 \times (15 - 3)$ ■ $2 \times 15 - 3$

29. Pensamiento crítico Siguiendo el orden de las operaciones, ¿cuándo restarías antes de multiplicar?

Coloca el paréntesis de manera que la expresión sea verdadera.

30. $12 + 6 \div 2 - 1 = 8$

31. $14 \div 2 + 5 - 1 = 1$

32. $1 + 2 \times 15 - 4 = 33$

33. $11 - 7 \div 2 = 2$

34. $14 - 3 - 2 \times 3 = 5$

35. $5 \times 6 \div 2 + 1 = 16$

Usa la calculadora para hallar el valor.

Ejemplo: $3 \times (5 + 2)$

3 $\boxed{\times}$ $\boxed{(}$ 5 $\boxed{+}$ 2 $\boxed{)}$ $\boxed{=}$ *21*

36. $(6.3 + 3.7) \div 5$

37. $4 \times (13 - 6)$

38. $13 \times (4.6 - 1.6)$

39. $(16 \times 4) \div (4.2 + 3.8)$

Escribe los símbolos de operaciones de manera que las ecuaciones sean verdaderas.

40. 21 ■ 3 ■ $4 = 11$

41. 14 ■ 7 ■ 2 ■ $3 = 7$

42. $(6$ ■ $9)$ ■ 4 ■ $6 = 10$

43. $(12$ ■ $8)$ ■ $(5$ ■ $1) = 20$

44. Las manzanas cuestan normalmente 49 centavos la libra en un supermercado. Esta semana hay una rebaja de 20 centavos. La próxima semana, el gerente del supermercado piensa doblar este precio reducido.

    a. ¿Deberás resolver $49 - 20 \times 2$ ó $(49 - 20) \times 2$ para hallar el precio de la próxima semana? Explica.

    b. ¿Qué precio tendrán las manzanas la próxima semana?

En 1991, los agricultores de Estados Unidos obtuvieron un precio promedio de $.25/lb por sus manzanas.

VAS A NECESITAR

✓ Papel cuadriculado

✓ Tijeras ✂

Área = longitud × ancho
$$A = l \times a$$

4-4

La propiedad distributiva

PIENSA Y COMENTA

Llamamos *área* de un rectángulo al número de unidades cuadradas que lo cubre. El **área** de un rectángulo es igual al producto de la longitud multiplicada por el ancho. Expresamos el área en unidades cuadradas.

1. Usa papel cuadriculado para dibujar un rectángulo que tenga 5 unidades de ancho y 6 unidades de longitud.

   a. Cuenta el número de unidades cuadradas del rectángulo para hallar su área.

   b. Multiplica la longitud por el ancho para hallar el área del rectángulo. ¿Obtuviste el mismo resultado?

   c. Compara las partes (a) y (b). ¿Qué método parece más fácil? Explica.

2. Halla el área de un rectángulo que mide 3 pies de ancho y 6 pies de longitud.

3. Mide la longitud y el ancho de una libreta o de una carpeta. Halla el área de la cubierta.

EN EQUIPO

Trabaja con un compañero en esta actividad. Dibujen en papel cuadriculado un rectángulo que tenga las dimensiones dadas. Recorten los rectángulos.

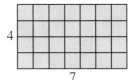

4. Hallen el área de cada rectángulo. Anoten los resultados.

5. Coloquen los rectángulos de manera que se toquen los lados de igual longitud. ¿Cuál es el ancho y la longitud del nuevo rectángulo?

6. Hallen el área del nuevo rectángulo. ¿Qué relación hay entre esta área y las áreas de los rectángulos más pequeños?

Alrededor del año 300 a. C., Euclides escribió un libro titulado *Elementos*. En el libro, Euclides muestra cómo aplicar la propiedad distributiva para hallar áreas. "Si se divide un rectángulo grande en 3 rectángulos más pequeños, el área del rectángulo grande será igual a la suma de las áreas de los 3 rectángulos más pequeños."

Existen al menos dos métodos para hallar el área de dos rectángulos que tengan la misma longitud o el mismo ancho.

Ejemplo 1   La familia Elliot tiene que cubrir dos mesas para la cena de Memorial Day. Una mesa tiene 5 pies de longitud por 3 pies de ancho. La otra mesa tiene 5 pies de longitud por 4 pies de ancho. ¿Cuánto papel adhesivo necesitarán para cubrir ambas mesas?

Método 1

Halla el área de la superficie de cada mesa. Después, suma las áreas.

Método 2

Coloca las mesas una junto a la otra. Halla el área de la superficie combinada.

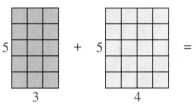 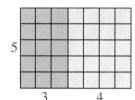

$$(5 \times 3) \quad + \quad (5 \times 4) \quad = \quad 5 \times (3 + 4)$$
$$15 \quad + \quad 20 \quad = \quad 5 \times 7$$
$$35 \quad = \quad 35$$

Ambos métodos tienen como resultado la misma área total. Por lo tanto, $5 \times (3 + 4) = (5 \times 3) + (5 \times 4)$. Éste es un ejemplo de la **propiedad distributiva.** Puedes aplicar la propiedad distributiva para hallar el valor de una expresión que contenga multiplicaciones y sumas.

Ejemplo 2   Aplica la propiedad distributiva para hallar el valor.

$(3 \times 4) + (3 \times 7)$.

$$(3 \times 4) + (3 \times 7) = 3 \times (4 + 7)$$
$$= 3 \times \quad 11$$
$$= 33$$

7. Discusión ¿Crees que la propiedad distributiva se puede también aplicar a la multiplicación y a la resta? Haz una conjetura. Compruébala con varios ejemplos.

8.   **a.** Aplica la propiedad distributiva para hallar el valor de $8 \times (100 - 3)$.

  b. Halla $100 - 3$. Después, multiplica por 8. ¿Es la respuesta igual a la de la parte (a)? Explica.

  c. ¿Qué método resultó más fácil en este problema, el de la parte (a) o el de la parte (b)? Explica tu razonamiento.

Puedes también usar la propiedad distributiva para multiplicar mentalmente.

Ejemplo 3 Aplica la propiedad distributiva para hallar 8×56.

$$8 \times 56 = 8 \times (50 + 6) \quad \text{Piensa en 56 como 50 + 6.}$$
$$= (8 \times 50) + (8 \times 6) \quad \text{Multiplica mentalmente.}$$
$$= 400 \quad + \quad 48 \quad \text{Suma mentalmente.}$$
$$= 448$$

Cada lado de la cancha oficial de tenis para jugadores individuales tiene 27 pies de ancho por 39 pies de longitud. ¿Puedes aplicar la propiedad distributiva para hallar el área total de la cancha?

PONTE A PRUEBA

Escribe dos expresiones para describir el área total de cada figura. Después, halla el área total.

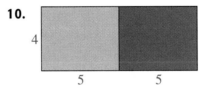

9.

7	
5	14

10.

4	
5	5

Escribe los números que faltan.

11. $6 \times (12 + 2) = (\blacksquare \times 12) + (6 \times \blacksquare)$

12. $(10 \times \blacksquare) - (\blacksquare \times \blacksquare) = 10 \times (6 - 3)$

Aplica la propiedad distributiva para escribir de nuevo y luego hallar el valor de las expresiones.

13. $(4 \times 6) + (4 \times 3)$ **14.** $6 \times (20 - 4)$

15. $12 \times (4 + 10)$ **16.** $(5 \times 3) - (5 \times 2)$

Cálculo mental **Aplica la propiedad distributiva para hallar el valor.**

17. 6×210 **18.** 8×109 **19.** 4×75

POR TU CUENTA

Dibuja un modelo rectangular para cada expresión.

20. $8 \times (3 + 4)$ **21.** $(5 \times 8) + (5 \times 2)$

22. Pensamiento crítico ¿Cuál sería el resultado si multiplicaras el ancho por la longitud para hallar el área de un rectángulo? Usa un ejemplo para justificar tu respuesta.

R^epaso MIXTO

Halla el valor de las expresiones. Aplica el orden de las operaciones.

1. $16 - 3 \times 2 + 5$

2. $(6.3 + 8.7) - 6 \times 2$

3. $24 \div 3 - 2 \times 4$

Organiza los datos en una tabla de frecuencia y en un diagrama de puntos.

4. edades: 16 15 9 10 9 13 9 12 15 11 8 20

5. puntos: 8.5 8.8 8.4 8.4 8.5 9 8.6 8.1 8.5 9

6. Halla la media, la mediana y la moda de los conjuntos de datos de los ejercicios 4 y 5.

Escribe dos expresiones para describir el área total. Después, halla el área total.

23.
3
6   2

24.
2
1   8

Completa las expresiones.

25. $(8 \times 3) + (\blacksquare \times 4) = 8 \times (\blacksquare + 4)$

26. $3 \times (8 - 1) = (\blacksquare \times 8) - (3 \times \blacksquare)$

Cálculo mental Aplica la propiedad distributiva para hallar el valor de las expresiones.

27. 8×42 **28.** 6×98 **29.** 5×112

Aplica el orden de las operaciones y la propiedad distributiva para hallar el valor.

30. $8 \times (2 + 3) \times 6 - 1$ **31.** $(7 + 3) \times 2 \times 4$

32. $4 + 2 \times 9 \times 3 + 1$ **33.** $7 \times (5 - 2) + 7 \times 8$

34. Por escrito Describe cómo te puede ayudar la aplicación de la *propiedad distributiva* a hallar 9×92.

VISTAZO A LO APRENDIDO

Redondea y estima.

1. 2.2×9.4 **2.** 26.28×1.71 **3.** 4.9×12.2

Usa números compatibles para estimar.

4. 39.4×2.34 **5.** 12.78×3.39 **6.** 28.75×51.23

Halla el valor.

7. $5 + 4 \times 6$ **8.** $9 + 2 - 1 \times 5$ **9.** $4 + 36 \div 4 - 5$

10. Elige A, B o C. Halla el área total de un rectángulo que tiene 3 unidades de longitud y 4 unidades de ancho y de un rectángulo que tiene 3 unidades de longitud y 6 unidades de ancho.

A. 25 unidades cuadradas

B. 18 unidades cuadradas

C. 30 unidades cuadradas

Resuelve. La lista de la izquierda muestra algunas estrategias que puedes usar.

1. Cinco amigos deciden que se van a llamar unos a otros por teléfono esta noche. Cada uno quiere hablar sólo una vez con cada uno de los demás. ¿Cuántas llamadas harán en total?

2. **Música** Paul McCartney es cantante, compositor y antiguo miembro de los Beatles, un célebre grupo de rock de los años 60. Se estima que gana $72/min con sus grabaciones y composiciones. ¿Cuánto gana Paul McCartney al año si redondeas al millón de dólares más cercano?

3. Un vagón de un tren de pasajeros tiene filas de 5 asientos. Hay 2 asientos a un lado del pasillo y 3 asientos al otro lado. El conductor recoge 76 billetes y se da cuenta de que 4 asientos de cada fila están ocupados. ¿Cuántas filas de asientos tiene el vagón?

4. **Empleos** Magena trabaja en una tienda de zapatos. Durante las 5 semanas pasadas vendió 160 pares de zapatos. Cada semana vendió 7 pares más que la semana anterior. ¿Cuántos pares de zapatos vendió Magena cada una de las cinco semanas?

5. **Jardinería** Rusty tiene un pequeño invernadero y riega sus plantas de acuerdo a un horario. Riega las petunias cada 4 días, los guisantes cada 6 días y las margaritas cada 9 días. Rusty regó todas las plantas el 1 de abril. ¿En qué fecha regará de nuevo todas las plantas?

6. Una sección de una gran ciudad se asemeja a una cuadrícula. Hay 12 avenidas paralelas en dirección norte-sur. Hay 22 calles paralelas que cortan las avenidas. ¿Cuántas intersecciones hay en esta sección de la ciudad?

7. ¿Cuál es el perímetro de la figura número 100 de este patrón?

Una glicina china *plantada en Sierra Madre, CA, en 1892, tiene ramas de hasta 500 pies de longitud.*

Fuente: *Guinness Book of Records*

4-5 **E**xploración de productos decimales

✓ Cuadrados decimales

✓ Lápices de colores

✓ Papel cuadriculado

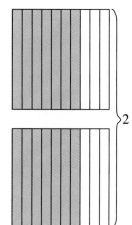

0.7

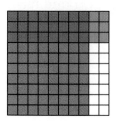

P I E N S A Y C O M E N T A

Jared fue al parque de diversiones. Necesita dos boletos para poder montar en la montaña rusa. Cada boleto cuesta $.70. ¿Cuánto cuesta montar en la montaña rusa? Puedes sumar o multiplicar para expresar el valor de dos boletos.

$$0.7 + 0.7 \text{ ó } 2 \times 0.7$$

Cuando multiplicas un decimal y un número entero, puedes usar modelos para representar la multiplicación como sumas que se repiten.

1. Usa dos cuadrados decimales para representar el producto de 2×0.7. Colorea 7 columnas para representar 0.7.

   a. ¿Cuántas décimas coloreaste en total?

   b. ¿Qué número decimal representa el área total coloreada?

2. Usa cuadrículas de 10 por 10 para representar el producto de 4×0.5.

   a. ¿Cuántas cuadrículas necesitarás?

   b. ¿Cuánto de cada cuadrícula tendrás que colorear?

   c. ¿Cuántas décimas coloreaste en total?

   d. Escribe un enunciado de suma que describa el modelo.

Usa sólo una cuadrícula para representar la multiplicación de dos decimales que sean menores que 1.

3. **a.** Colorea 3 filas de azul. ¿Qué número representan?

   b. Colorea 8 columnas de rojo. ¿Qué número representan?

   c. El área morada que tienen en común los dos colores representa el producto. ¿Cuántos cuadros hay de color morado?

   d. ¿Qué número decimal representan?

   e. Escribe un enunciado de multiplicación que describa el modelo.

4. **Pensamiento crítico** Si se multiplican dos decimales menores que 1, ¿será el resultado mayor o menor que 1? Haz una conjetura. Compruébala con varios ejemplos.

5. Trabaja con un compañero en esta actividad. Dibujen un modelo para representar el producto de 1.5 × 0.5. Contesten las siguientes preguntas mientras trabajan.

    a. ¿Cuántas cuadrículas usarán?

    b. ¿Cuántas filas y columnas van a colorear y que números representarán?

    c. ¿Cuál es el producto?

POR TU CUENTA

Escribe un enunciado de multiplicación para describir cada modelo.

6.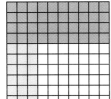
7.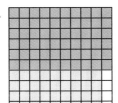
8.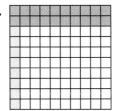

9.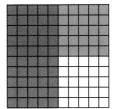
10.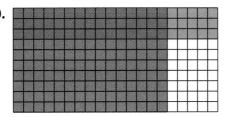

Dibuja un modelo para hallar el producto.

11. 0.2 × 3   **12.** 2.2 × 0.4   **13.** 3 × 0.6

14. 0.4 × 0.1   **15.** 0.7 × 0.2   **16.** 1.3 × 0.2

17. 2 × 0.3   **18.** 1.7 × 0.5   **19.** 0.9 × 0.8

20. Por escrito Explica cómo dibujar un modelo para hallar el producto de 1.2 × 0.4.

21. Dibuja un modelo para hallar el producto de 1.5 × 0.1. Escribe un enunciado de multiplicación que describa en palabras el modelo.

22. Puedes hallar productos con modelos o sin ellos. ¿Cuáles son las ventajas de usar un modelo? ¿Hay alguna desventaja? Explica tu razonamiento.

Repaso MIXTO

Compara. Usa >, < ó =.

1. 17.34 ■ 17.051

2. 0.105 ■ 0.15

3. Dibuja un par de rectángulos que no sean semejantes.

Aplica la propiedad distributiva para hallar el producto.

4. 24 × 5

5. 99 × 26

6. Halla la media de las siguientes calificaciones de exámenes: 83, 98, 64, 90 y 78.

4-6 | **M**ultiplicación de decimales

EN EQUIPO

Trabaja con un compañero en esta actividad. Usen la calculadora para hallar los productos. Después, contesten las preguntas de abajo.

$$31 \times 65 \qquad 31 \times 6.5 \qquad 3.1 \times 6.5 \qquad 3.1 \times 0.65$$

1. Comparen los factores de las distintas expresiones. ¿En qué se parecen? ¿En qué se diferencian?

2. Comparen los productos. ¿En qué se parecen? ¿En qué se diferencian?

3. Ahora, comparen el número de lugares decimales de los factores con el número de lugares decimales de los productos. ¿Qué observan?

4. Escriban una regla para la multiplicación de decimales. Basen la regla en los resultados de esta actividad. Usen ejemplos para poner la regla a prueba.

PIENSA Y COMENTA

La multiplicación de decimales es muy parecida a la multiplicación de números enteros.

Ejemplo 1 En la actualidad, Norteamérica se aleja de Europa a razón de 0.8 pulg/año. ¿Aproximadamente qué distancia se moverá Norteamérica en 5 años?

$$
\begin{array}{r}
0.8 \\
\times \ 5 \\
\hline
4.0
\end{array}
$$

0.8 ← 1 lugar decimal
× 5 ← ningún lugar decimal
4.0 ← 1 lugar decimal

En 5 años, Norteamérica se alejará aproximadamente 4.0 pulg de Europa.

5. ¿Aproximadamente cuánto se alejará Norteamérica en 9 años?

6. ¿Cumple el ejemplo de arriba la regla que describiste en la actividad "En equipo"? Explica.

La corteza terrestre se mueve continuamente, lo que ocasiona terremotos, la formación de montañas y la separación de continentes.

Cuando ambos factores son decimales, se cuentan los lugares decimales en ambos factores para hallar la cantidad de lugares decimales del producto.

El eucalipto es el árbol de *más rápido crecimiento del mundo.*

Ejemplo 2 Un eucalipto de Nueva Guinea creció 10.5 m en un año. Si sigue creciendo a este ritmo, ¿cuánto crecerá en 2.5 años?

Estima: $11 \times 3 = 33$

$$
\begin{array}{r}
10.5 \quad \text{1 lugar decimal} \\
\times\ 2.5 \quad \text{1 lugar decimal} \\
\hline
525 \\
+\ 210 \\
\hline
26.25 \quad \text{2 lugares decimales}
\end{array}
$$

El eucalipto crecerá aproximadamente 26.25 m.

7. ¿Cómo puede ayudarte la estimación de la respuesta a colocar correctamente el punto decimal en el producto?

Cuando ambos factores son menores que 1, quizá sea necesario añadir ceros en el producto.

Ejemplo 3 Halla 0.13×0.02.

Aprieta: 0.13 ⊠ 0.02 ▭ *0.0026*

El producto de 0.13 y 0.02 es 0.0026.

8. Escribe de nuevo tu regla de multiplicación de decimales para incluir los cambios que hayas notado en el Ejemplo 3.

9. Pensamiento crítico Al usar la calculadora para hallar 0.05×0.36 ves el resultado será 0.018. ¿Por qué se observan sólo 3 lugares decimales en vez de 4?

10. Calculadora Multiplica 2.5×10, 2.5×100 y $2.5 \times 1,000$. Compara los productos. Escribe una regla sobre la multiplicación de decimales por 10, 100 ó 1,000.

11. Calculadora Multiplica 3×0.1, 3×0.01 y 3×0.001. Escribe una regla sobre la multiplicación por 0.1, 0.01 ó 0.001.

Estas reglas te pueden ayudar a multiplicar mentalmente.

Ejemplo 4 Calcula mentalmente $1,000 \times 0.26$.

$0.260 \leftarrow 260$ Usa la regla para multiplicar un decimal por 1,000.

$1,000 \times 0.26 = 260$

PONTE A PRUEBA

Coloca el punto decimal en cada producto.

12. 0.403	13. 0.15	14. 523	15. 8.42
× 5	× 0.31	× 0.5	× 6.7
2015	00465	2615	56414

Cálculo mental Halla el producto.

16. 0.1×257 **17.** 100×1.6 **18.** 0.47×10 **19.** 2×0.01

20. Oceanografía Un delfín nada a alrededor de 27.5 mi/h. El ser humano puede nadar a aproximadamente 0.1 de esa velocidad. ¿A qué velocidad puede nadar el ser humano?

POR TU CUENTA

Coloca el punto decimal en cada producto.

21. $3.2 \times 4.6 = 1472$ **22.** $0.145 \times 26 = 3770$

23. $5.05 \times 3.14 = 158570$ **24.** $4.50 \times 3.8 = 17100$

Cálculo mental Halla el producto.

25. 6.2×10 **26.** 7.08×0.1 **27.** $3.5 \times 1,000$ **28.** 26×0.01

Halla el producto.

29. 2.065	30. 0.18	31. 3.1	32. 15.35
× 12	× 0.06	× 0.04	× 3.2

33. 450	34. 35.15	35. 0.96	36. 7.6
× 0.01	× 25	× 0.12	× 0.06

37. ¿Es $(2.3 \times 3) \times 6$ igual a $2.3 \times (3 \times 6)$? ¿Parece esto fuera de lo común? ¿Por qué?

¿Verdadero o falso? Usa ejemplos para justificar tu respuesta.

38. El producto de cualquier número multiplicado por cero es siempre cero.

39. Si se altera el orden de los factores, también cambiará el producto.

40. Todo número multiplicado por 1 es igual a sí mismo.

Repaso MIXTO

Usa la propiedad distributiva para hallar el producto.

1. 68×8 2. 95×4

3. Dibuja una figura que no tenga eje de simetría.

4. Dibuja una figura que tenga simetría lineal horizontal y vertical.

Resuelve.

5. Efra bebe dos latas de jugo diarias. Cada lata contiene 355 mL. 1L = 1,000 mL. ¿Cuántos litros de jugo bebe Efra en una semana?

6. El Sr. García llegó al trabajo a las 7:37 a.m. y salió a las 4:19 p.m. Tomó sólo 15 min para comer. ¿Cuánto tiempo trabajó?

---

41. Archivo de datos #4 (págs. 138–139) ¿Con cuánta exactitud predice la longitud de tu fémur tu estatura en centímetros?

42. Astronomía La Tierra mide alrededor de 40,200 km de circunferencia por el ecuador. La circunferencia de Júpiter es 11.2 veces la de la Tierra. ¿Cuál es la circunferencia de Júpiter?

43. Investigación (pág. 140) Una resma tiene 500 hojas de papel. El grueso de una hoja de papel es de 0.01 cm. Calcula el grueso de una resma de papel.

44. Por escrito Explica en qué se parece multiplicar 0.3 × 0.4 a multiplicar 3 × 4. ¿En qué se diferencia?

Usa el artículo y la tabla para resolver los problemas.

¿Cuántas calorías?

El cuerpo humano usa los alimentos para producir la energía necesaria para nuestras actividades diarias. Los alimentos que consumes y la energía que gastas se miden en calorías.

No todos los alimentos tienen el mismo número de calorías y no todas las actividades consumen el mismo número de calorías. Una persona que pesa 120 lb consumiría aproximadamente 80 calorías si se pasa 1 h sentada en una silla. La misma persona consumiría 336 calorías jugando al tenis durante 1 h. El peso de una persona es también un factor al determinar el número de calorías que consume. Por ejemplo, una persona que pesa 120 lb consumiría aproximadamente 216 calorías montando bicicleta durante 1 h, pero una persona de 60 lb sólo consumiría alrededor de 108 calorías.

Actividad	Calorías/min/lb
Montar bicicleta	0.03
Tirar y atrapar una pelota	0.03
Bailar	0.05
Saltar la cuerda	0.07
Patinar sobre ruedas	0.05
Correr	0.10
Montar patineta	0.05
Jugar fútbol	0.05
Jugar softball	0.04
Permanecer de pie	0.02
Caminar	0.03

La siguiente expresión indica aproximadamente cuántas calorías consumes durante distintas actividades.

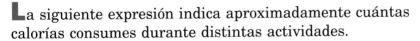

Peso × Cantidad de minutos de actividad × Calorías consumidas por minuto por libra

45. Un niño de 100 lb salta la cuerda durante 15 min. ¿Cuántas calorías consumirá?

46. Una niña de 80 lb baila durante 2 h. ¿Cuántas calorías consumirá?

47. Pesas 70 lb. ¿Cuántas calorías consumirás jugando softball durante 1 h 10 min? ¿Consumirías más o menos calorías si jugaras fútbol?

En esta lección

4-7 **D**emasiada o insuficiente información

• Resolver problemas con demasiada o insuficiente información

 El festival mundial de cometas *Un Cielo, Un Mundo* se celebró por primera vez en 1986. El tema del festival fue la paz mundial y la protección del medio ambiente.

Fuente: *UNESCO Courier*

A veces no tendrás suficiente información para resolver un problema. Otras veces, los problemas tienen más información de la necesaria. Tendrás que estar alerta.

Pablo está haciendo una cometa de varillas de madera y tiras de papel para un festival. Las partes de arriba y de abajo de la cometa son cuadradas. Cada lado de los cuadrados mide 26.5 cm de longitud. Pablo tiene $10.00 para los materiales. Las ocho varillas de madera cuestan $4.50. Los demás materiales (pegamento, cuerda y clavos) cuestan $4.27 en total. Las tiras de papel van alrededor de la cometa. Halla la longitud total de las tiras de papel que Pablo va a necesitar.

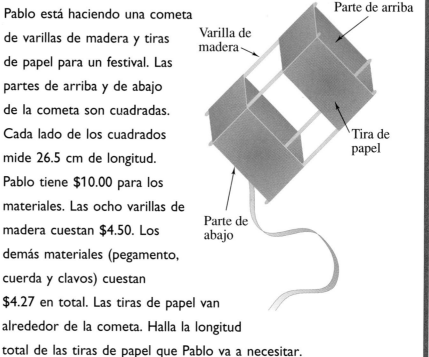

LEE

Lee la información que se te da a fin de entenderla. Resume el problema.

1. Piensa en la información que ofrece el problema.

   a. ¿Qué tienes que hallar?

   b. ¿Qué información necesitas para poder resolver el problema?

PLANEA

Decide si hay suficiente información. Piensa en un método para resolver el problema.

2. a. ¿Qué forma tienen las partes de arriba y de abajo de la cometa?

   b. ¿Cuál es la longitud de cada lado?

   c. ¿Cómo puedes usar esta información para resolver el problema?

   d. ¿Cómo hallarás la longitud total de papel que se necesita?

3. Ahora que has decidido qué información necesitas para resolver el problema, ¿qué información resulta innecesaria?

4. Una manera de resolver el problema es hallar el perímetro del cuadrado y después, multiplicarlo por 2 para hallar la longitud total necesaria de papel para las dos tiras.

a. ¿Qué longitud de papel necesita Pablo para las dos tiras?

b. ¿De qué otra manera se puede resolver el problema?

5. Pablo quiere saber cuánto costará construir la cometa.

a. ¿Qué información proporciona el problema para ayudarte a hallar el precio de construcción de la cometa?

b. ¿Qué información falta?

◄ RESUELVE

Usa el método que elegiste para hallar la solución.

◄ COMPRUEBA

Si falta información para resolver el problema, determina qué datos se necesitan.

PONTE A PRUEBA

Resuelve el problema si es posible. Si no, explica qué información falta.

6. Nathan compró dos llantas nuevas de bicicleta por $21.90. El diámetro de las llantas es 20 pulg. El peso combinado de las llantas es 2.9 lb.

a. ¿Cuánto vale cada llanta?

b. ¿Qué información usaste para resolver la parte (a)?

c. ¿Cuánto pesa una llanta?

d. ¿Qué información usaste para resolver la parte (c)?

e. ¿Qué información del problema no es necesaria para resolver ni la parte (a) ni la (c)?

7. **Dinero** Manolo compra varias revistas de historietas en una tienda local. Paga $10.00 y recibe $1.45 de vuelto. Todas las revistas cuestan lo mismo. ¿Cuánto cuesta cada revista?

a. ¿Qué información te ayuda a hallar el precio por revista?

b. ¿Qué información falta?

8. Coretta compró un par de cortinas por $69.99. Cada cortina mide 45 pulg de longitud por 98 pulg de ancho, y el par pesa 1.50 lb en total.

a. ¿Cuánto pesa cada cortina?

b. ¿Qué información no es necesaria?

Repaso MIXTO

Halla el producto.

1. 1.9×0.8

2. 0.95×6

3. ¿Cuántos ejes de simetría tiene un octágono regular?

4. Halla dos números que tengan una suma de 28 y un producto de 96.

Ordena los números de menor a mayor.

5. 0.05 5.55 0.505 0.55

6. 9.04 90.4 900.4 9.004

7. ¿Cuántas cantidades diferentes de franqueo puedes obtener con dos sellos de 25¢ y tres de 30¢?

Una jaca es un caballito que mide menos de 14.2 palmos de altura. ¿Cuál sería la altura en pulgadas?

Resuelve el problema si es posible. Si no, explica qué información falta.

9. La compañía de teléfono le cobró a Rebeca por una llamada que ella hizo. La tarifa era $2.40 por el primer minuto y $.60 por cada minuto adicional. ¿Cuántos minutos adicionales le cobró la compañía a Rebeca?

10. Una manta de retazos tiene una cuadrícula de cuadros de 5 por 5. El diseño alterna cuadros rojos y azules. ¿Cuántos cuadros de cada color tiene la cuadrícula?

11. La altura récord de hombro de un caballo es 78 pulg. La altura de los caballos se mide en palmos. Un palmo equivale a aproximadamente 4 pulg. ¿Cuál es la altura récord de hombro de un caballo en palmos?

12. **Empleos** Percy trabaja en una tienda de animales domésticos después de las horas escolares. Trabaja 2 h diarias los lunes, miércoles y viernes. Está ahorrando para comprar una bicicleta que vale $245. ¿Cuántas semanas tendrá que trabajar para tener suficiente dinero si gana $6 la hora?

13. Una costurera envió un total de 250 vestidos a varias tiendas. ¿Cuántos vestidos recibió cada tienda si la costurera envió la misma cantidad de vestidos a cada una?

14. **Finanzas** Cuando Sasha tenía 7 años, su mamá le abrió una cuenta bancaria para sus gastos universitarios. Abrió la cuenta con $30. Todos los años, como muestra la tabla, deposita un poco más de dinero. ¿Cuánto depositará en la cuenta cuando Sasha tenga 16 años si continúa con el mismo patrón de depósitos?

15. **a. Por escrito** Redacta un problema que tenga demasiada información.

    b. Redacta un problema que tenga insuficiente información.

16. **Aficiones** A Alexis le gusta coleccionar postales cuando viaja. Durante las vacaciones pasadas reunió 15 postales. Algunas de las postales costaron $.79 y otras costaron $1.19. Gastó un total de $14.25 en las postales. ¿Cuántas postales de cada precio compró?

17. **Archivo de datos #7 (págs. 272–273)** Halla el nivel promedio del agua durante la marea alta en la bahía de Fundy, Canadá.

Fondo universitario de Sasha

Año 1	$ 30.00
Año 2	$ 45.00
Año 3	$ 67.50
Año 4	$101.25

Redondea cada número al entero más cercano. Estima.

1. 8.2×3.7 **2.** $34.5 \div 4.96$ **3.** $17.8 \div 6.2$ **4.** 12.79×9.68

Usa números compatibles para estimar.

5. $14.3 \div 2.9$ **6.** 19.3×5.1 **7.** 2.18×51.3

8. $36.1 \div 4.84$ **9.** $101.5 \div 24.3$ **10.** $24.1 \div 8.39$

Aplica el orden de las operaciones para hallar el valor de las expresiones.

11. $8 - 3 + 5 \times 3$ **12.** $(6.4 - 1.2) \times 3$ **13.** $5 \div (1.6 + 3.4)$

14. $15 \div 5 + 10$ **15.** $(15 + 12) \div 9 \times 3$ **16.** $25 \div 5 \times (8.4 + 0.6) - 5$

Escribe los símbolos de las operaciones de manera que las ecuaciones sean ciertas.

17. $24 \blacksquare 3 \blacksquare 3 = 5$ **18.** $(12 \blacksquare 8) \blacksquare (5 \blacksquare 1) = 100$

19. $49 \blacksquare 20 \blacksquare 2 = 9$ **20.** $14 \blacksquare 2 \blacksquare 5 \blacksquare 1 = 11$

Completa las expresiones.

21. $6 \times (15 + 4) = (\blacksquare \times 15) + (6 \times \blacksquare)$

22. $22 \times (10 - 3) = (22 \times \blacksquare) - (\blacksquare \times 3)$

Aplica la propiedad distributiva para hallar el valor de las expresiones.

23. $(3 \times 7) + (3 \times 4)$ **24.** $8 \times (70 + 3)$ **25.** $(7 \times 4) - (7 \times 2)$

26. $6 \times (4 + 10)$ **27.** $5 \times (20 - 8)$ **28.** $(12 \times 7) - (12 \times 3)$

Cálculo mental **Aplica la propiedad distributiva para hallar el valor de las expresiones.**

29. 4×57 **30.** 7×203 **31.** 9×89 **32.** 3×312

Halla el producto.

33. 2.12×0.3 **34.** $1,000 \times 0.43$ **35.** 5.2×1.33 **36.** 2.3×0.01

37. 8.2×0.06 **38.** 3.045×25 **39.** 0.28×0.09 **40.** 60.4×0.09

4-8 **E**xploración de cocientes de decimales

PIENSA Y COMENTA

Bik prepara licuados de yogur para los clientes de su restaurante de comidas naturales. Tiene 0.8 lb de fresas en trozos y usa 0.2 lb por licuado. La expresión de abajo representa el número de licuados de yogur que Bik puede preparar con las fresas.

$$0.8 \div 0.2$$

Puedes usar un modelo para dividir un número decimal en décimas.

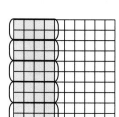

1. Usa el modelo de la izquierda para contestar las preguntas.

   a. ¿Cómo se representa 8 décimas, 0.8, en el modelo?

   b. ¿Cómo se representa 2 décimas, 0.2, en el modelo?

   c. ¿Cuántos grupos de 0.2 hay en 0.8?

   d. **Calculadora** Halla el cociente de $0.8 \div 0.2$. Compara la respuesta con el modelo.

2. Dibuja un modelo para hallar el cociente.

   a. $0.8 \div 0.4$ **b.** $0.9 \div 0.3$ **c.** $1 \div 0.4$

Puedes también usar un modelo para dividir un número decimal en centésimas.

3. Usa el modelo de la izquierda para contestar las preguntas.

   a. ¿Qué número representa la parte coloreada de amarillo?

   b. La parte coloreada está dividida en grupos. ¿Qué decimal representa cada grupo?

   c. ¿Cuántos grupos hay en la parte coloreada?

   d. Completa el enunciado: $0.4 \div 0.08 = $ ■.

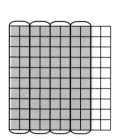

4. Dibuja un modelo para hallar el cociente.

   a. $0.3 \div 0.06$ **b.** $0.9 \div 0.15$ **c.** $0.6 \div 0.12$

5. **Pensamiento crítico** En el enunciado $0.8 \div 0.2 = 4$, el divisor, 0.2, representa el tamaño de cada grupo. ¿Qué representa el cociente, 4?

EN EQUIPO

Trabaja con un compañero en esta actividad. Dibujen modelos para hallar los cocientes. Primero, decidan cuántos cuadrados decimales necesitan. Después, coloreen el modelo para representar el dividendo. Luego, rodeen con un círculo grupos de igual tamaño. Recuerden, el divisor representa el tamaño de cada grupo.

6. $1.8 \div 0.3$ **7.** $1 \div 0.2$ **8.** $2 \div 0.4$

¡RECUERDA!

Cada número de un enunciado de división tiene un nombre especial.

$$24 \div 8 = 3$$

24 Dividendo
8 Divisor
3 Cociente

POR TU CUENTA

Completa los enunciados.

9.

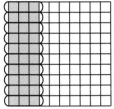

$0.3 \div 0.03 = \blacksquare$

10.

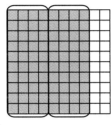

$\blacksquare \div 0.4 = 2$

11.

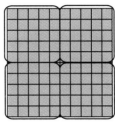

$1 \div \blacksquare = 4$

12.

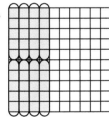

$0.4 \div \blacksquare = 8$

13.

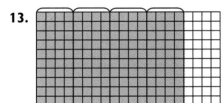

$\blacksquare \div 0.4 = 4$

Dibuja un modelo para hallar el cociente.

14. $0.6 \div 0.2$ **15.** $0.8 \div 0.05$ **16.** $1.6 \div 0.8$

17. $2 \div 0.5$ **18.** $1.5 \div 0.06$ **19.** $0.3 \div 0.15$

20. $1.2 \div 3$ **21.** $2.4 \div 0.8$ **22.** $0.36 \div 4$

23. Por escrito Explica cómo dibujar un modelo para hallar el cociente de $2.4 \div 0.6$.

24. a. Dibuja un modelo para hallar el cociente de $2.1 \div 7$.

b. ¿Qué representa 7, el divisor, en este problema?

Repaso MIXTO

Coloca el punto decimal en el producto.

1. $5.9 \times 0.46 = 2714$

2. $0.08 \times 0.09 = 00072$

3. $0.3 \times 0.2 = 0006$

Resuelve si es posible. Si no, explica qué información falta.

4. Yuri, de 12 años de edad, nadó los 100 m estilo libre en 29.56 s. Su mejor tiempo en 1993 fue 29.6 s. ¿Qué tiempo necesita para romper el récord de la piscina?

5. Construye cuatro triángulos equiláteros con sólo seis palillos de dientes.

4-9 # División de decimales

VAS A NECESITAR

✓ Calculadora

EN EQUIPO

Trabaja con un compañero en esta actividad. Contesten las preguntas de abajo.

$$0.24 \div 0.06 \qquad 2.4 \div 0.6 \qquad 24 \div 6$$

1. Comparen los números de las distintas expresiones. ¿En qué se parecen? ¿En qué se diferencian?

2. Usen la calculadora para hallar los cocientes. Comparen los cocientes. Describan el patrón.

3. **a. Calculadora** Hallen el cociente de $2.4 \div 6$.

   b. ¿Cumple esta expresión el patrón descrito arriba? ¿Por qué?

4. ¿Cumple la expresión $0.024 \div 0.006$ el patrón de arriba? ¿Cuál creen que será el cociente? Comprueben su respuesta con la calculadora.

PIENSA Y COMENTA

La división de decimales es muy parecida a la división de números enteros.

Ejemplo 1 El puente Seto mide 7.64 mi de largo. ¿Cuánto tardarías en cruzar el puente si caminaras a 4 mi/h?

Estima: $7.64 \div 4 \approx 8 \div 4 = 2$

$$
\begin{array}{r}
1.91 \\
4\overline{)7.64} \\
-4 \\
\hline
3\,6 \\
-3\,6 \\
\hline
04 \\
-\ 4 \\
\hline
0
\end{array}
$$

Divide. Coloca el punto decimal en el cociente.

Tardarías 1.91 h en cruzar el puente.

5. **Discusión** ¿En qué se diferencia la división de decimales de la división de números enteros? ¿En qué se parece?

¿QUÉ? **El gran puente Seto,** que cruza el Mar del Japón, fue inaugurado el 10 de abril de 1988. Es el puente colgante de carretera/ferrocarril más largo del mundo.

Fuente: *Guinness Book of World Records*

Es más fácil dividir un decimal por otro decimal si escribes el divisor como un número entero.

Ejemplo 2   Halla el cociente de $0.312 \div 0.06$.

$$0.06\overline{)0.312} \; \rightarrow \; 06.\overline{)031.2}$$

$$\begin{array}{r} 5.2 \\ 06.\overline{)031.2} \\ -\,30 \\ \hline 1\,2 \\ -\,1\,2 \\ \hline \end{array}$$

Comprueba Multiplica el cociente por el divisor.
$$5.2 \times 0.06 = 0.312 \; \checkmark$$

Por lo tanto, $0.312 \div 0.06 = 5.2$.

COMPRUEBA ¿Por qué número multiplicaste para escribir el divisor como un número entero?

6. a. Halla el cociente de $1.22 \div 0.4$. Describe tu método.

b. Mueves el punto decimal en 0.4 un lugar hacia la derecha. ¿Esto equivale a multiplicar por qué número?

7. a. ¿Por qué número multiplicas para escribir 0.015 como 15?

b. Halla el cociente de $0.54 \div 0.015$.

c. Pensamiento crítico ¿Cómo te ayuda la respuesta de la parte (a) a hallar el cociente de la parte (b)?

La distancia récord de caminar con las manos es 870 mi. La velocidad récord es 54.68 yd en 17.44 s.

Puedes usar patrones para dividir mentalmente. Completa las ecuaciones de la derecha para contestar las preguntas.

8. a. Haz una conjetura. ¿Qué le pasa al cociente a medida que aumenta el divisor?

b. ¿Qué relación hay entre el número de ceros del divisor y el número de lugares decimales que se "mueve" el punto hacia la izquierda?

c. Halla mentalmente $0.8 \div 100$. Explica qué hiciste.

d. Establece una regla para la división de decimales por 10, 100 ó 1,000.

Divisor		Cociente
$2.9 \div$	10 =	▪
$2.9 \div$	100 =	▪
$2.9 \div$	1,000 =	▪

9. a. ¿Qué le pasa al cociente a medida que disminuye el divisor?

b. ¿Cómo puedes determinar cuántos lugares hacia la derecha debes "mover" el punto decimal?

c. Halla mentalmente $3.6 \div 0.01$. Explica qué hiciste.

d. Establece una regla para la división de decimales por 0.1, 0.01 ó 0.001.

Divisor		Cociente
$0.52 \div$	0.1 =	▪
$0.52 \div$	0.01 =	▪
$0.52 \div$	0.001 =	▪

10. El pastel más alto jamás horneado medía 1,214.5 pulg de altura. Beth Cornell y sus ayudantes lo terminaron en los terrenos de la Feria del Condado de Shiwassee, MI, el 5 de agosto de 1990. El pastel consistía de 100 "pisos" de igual altura. Halla la altura de cada piso.

11. A Melba le entregan una pila de hojas de papel para distribuir a la clase de 25 estudiantes. La pila mide 0.9 cm de grueso. Cada hoja de papel mide 0.01 cm de grueso.

    a. ¿Cuántas hojas de papel tiene Melba en la pila?

    b. ¿Tiene Melba suficiente papel para entregar tres hojas a todos los estudiantes de la clase? Si el papel es suficiente, ¿cuántas hojas le sobran? Si el papel no es suficiente, ¿cuántas hojas más necesitará?

PONTE A PRUEBA

Halla el cociente.

12. $82 \overline{)155.8}$

13. $29 \div 0.4$

14. $0.34 \overline{)0.204}$

15. $33 \overline{)237.6}$

16. $51 \div 0.06$

17. $81 \div 5.4$

Cálculo mental **Halla el cociente.**

18. $14.2 \div 1,000$

19. $6.4 \div 0.1$

20. $0.7 \div 10$

21. El jueves hubo 1.4 pulg de lluvia. El viernes hubo 2.2 pulg de lluvia. ¿Cuál es la precipitación media para los dos días?

22. **Discusión** ¿Usarías un modelo, la calculadora, lápiz y papel, o cálculo mental para hallar $0.035 \div 0.7$? Explica.

POR TU CUENTA

Halla el cociente.

23. $7.5 \div 3$

24. $36 \overline{)\$19.80}$

25. $4 \overline{)0.012}$

26. $0.5 \overline{)66}$

27. $0.3 \div 15$

28. $5.6 \overline{)16.24}$

29. $0.04 \div 0.8$

30. $75.03 \div 6.1$

31. $8.9 \overline{)0.6497}$

Repaso MIXTO

Dibuja un modelo para hallar el cociente.

1. $0.9 \div 0.06$

2. $1.8 \div 0.2$

3. La Sra. Dunn ganó $443.75 en una semana. Trabajó 35.5 h. ¿Cuánto ganó por hora?

Halla el producto o el cociente.

4. 0.07×4.8

5. $9.8 \div 2.8$

Cálculo mental Halla el cociente.

32. $0.48 \div 1{,}000$ **33.** $3.8 \div 0.1$ **34.** $7.3 \div 10$

35. $64.5 \div 0.01$ **36.** $11.2 \div 100$ **37.** $0.32 \div 0.01$

38. Un paquete de 15 tarjetas de béisbol cuesta $.75. ¿Cuánto cuesta una de estas tarjetas?

39. Dinero Una pila de 300 monedas de un dólar de Susan B. Anthony mide 23.7 pulg de grueso. Halla el grueso de una moneda.

El dólar de Susan B. Anthony fue emitido el 2 de julio de 1979. Se emitió una moneda en vez de un billete para que el tiempo de circulación de esta unidad monetaria se prolongara y se redujeran los gastos de producción.

Fuente: *A History of U.S. Coinage*

40. Investigación (pág. 140) Describe todos los métodos que se te ocurran para hallar el grueso de la página de un libro.

41. Por escrito Describe cómo hallar el cociente de $12.5 \div 0.04$.

42. Elige A, B o C. ¿Qué expresión equivale a tres, y ocho décimas dividido por treinta y dos milésimas.

   A. $0.032 \div 3.8$ **B.** $3.8 \div 0.032$ **C.** $3.8 \div 0.32$

43. a. Pensamiento crítico Halla el cociente de $3.5 \div 0.7$.

   b. ¿Es el cociente mayor o menor que 3.5? ¿Y que 0.7? ¿Te parece esto razonable? Explica.

Sugerencia para resolver el problema

Usa un modelo decimal para ayudarte.

▌V I S T A Z O A LO APRENDIDO

Escribe los números que faltan.

1. $(9 \times 8) + (9 \times 4) = \blacksquare \times (\blacksquare + 4)$

2. $6 \times (5 - 2) = (6 \times \blacksquare) - (\blacksquare \times \blacksquare)$

Coloca el punto decimal en el producto.

3. $5.2 \times 6.3 = 3276$ **4.** $0.239 \times 8.2 = 19598$

5. Dalia gana $6.50 por hora como cajera. Cuando trabaja más de las 40 h, gana $9.75 por hora. Recientemente, Dalia trabajó 45 h durante una semana. ¿Cuánto dinero ganó por sus horas adicionales esa semana?

Halla el cociente.

6. $8.5 \div 2$ **7.** $3.4\overline{)\$48.28}$ **8.** $0.13\overline{)2.132}$

4-10 **O**rganización de datos

VAS A NECESITAR

✓ Calculadora

✓ Regla métrica o en pulgadas

✓ Papel cuadriculado

PIENSA Y COMENTA

Los precios cambian de año en año. Algunos precios aumentan, mientras que otros bajan.

1. a. ¿Qué artículos de la gráfica aumentaron de precio?

b. ¿Qué artículos de la gráfica bajaron de precio?

c. Discusión Selecciona un artículo que aumentó de precio y uno que bajó de precio. Halla al menos dos razones para cada cambio.

d. ¿Observas algún patrón en la manera en que cambiaron los precios?

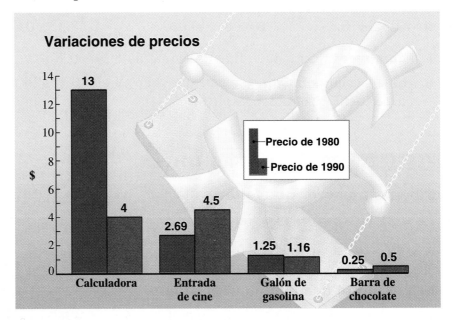

Variaciones de precios

Precio de 1980
Precio de 1990

Puedes estimar cuánto han cambiado los precios durante el período de diez años.

2. a. ¿El precio de qué artículo se duplicó entre 1980 y 1990?

b. ¿Alrededor de cuántas veces menos valía una calculadora en 1990 que en 1980? ¿Crees que continuará esta tendencia en la reducción de los precios de las calculadoras? ¿Por qué?

c. Supón que los precios de las entradas de cine continuaran aumentando al ritmo que muestra la gráfica. ¿Cuánto crees que valdría una entrada de cine en el año 2000? ¿Y en el año 2005?

3. a. Observa los cambios en los precios de la leche entre 1920 y 1940. Si descubres un patrón, descríbelo.

   b. Observa los cambios en los precios de la leche entre 1940 y 1990. Si descubres un patrón, descríbelo.

   c. **Discusión** ¿Ha sido el cambio en el precio de la leche aproximadamente el mismo de año en año? ¿Puedes usar los datos de la tabla para predecir el precio de la leche dentro de cinco años? ¿Por qué?

Precio medio de la leche ($\frac{1}{2}$ gal)	
1920	$.33
1930	$.28
1940	$.25
1950	$.39
1960	$.49
1970	$.57
1980	$1.05
1990	$1.39

EN EQUIPO

- Trabaja con un compañero en esta actividad. Usen los datos de la tabla de la derecha para escribir tres expresiones que comparen los precios del pan.

- Dibujen una gráfica que muestre el cambio en los precios del pan. Expliquen por qué eligieron ese tipo de gráfica.

- Un estudiante observó que el precio del pan se duplicó cada diez años. ¿Están de acuerdo? Expliquen su razonamiento.

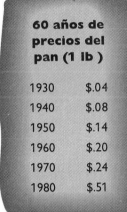

60 años de precios del pan (1 lb)	
1930	$.04
1940	$.08
1950	$.14
1960	$.20
1970	$.24
1980	$.51

PONTE A PRUEBA

4. a. ¿Cuánto más valía el pan en 1980 que en 1950?

   b. ¿Cuántas veces más valía el pan en 1970 que en 1940?

   c. **Discusión** ¿Qué factores pueden ocasionar cambios en el precio del pan?

5. En 1991, el precio medio de 16 oz de mantequilla de cacahuate era $2.04. La porción recomendada es 1 oz. ¿Cuánto valía 1 porción? Redondea al centavo más próximo.

6. Cuando se compran artículos cuyos precios son 2 por $1.69 ó 3 por $1, por lo general el precio de un sólo artículo se redondea hacia arrriba al centavo próximo.

   a. Las gomas de borrar valen 3 por $1.00. Halla el precio de una goma de borrar.

   b. **Discusión** ¿Por qué crees que el precio se redondea hacia arriba al centavo próximo?

Salario base por hora en el sector de ventas

Año	Salario
1970	$2.44
1980	$4.88
1990	$6.76

Elige Usa la calculadora, lápiz y papel, estimación o cálculo mental.

7. En 1992, el precio medio de una entrada de cine era $5.05. En 1980 el precio medio era $2.69.

   a. ¿Aproximadamente cuánto costaba comprar 4 entradas en 1992?

   b. ¿Cuánto menos costaban 4 entradas en 1980 que en 1992?

8. Usa la tabla de salario base por hora de la izquierda.

   a. ¿A cuántas veces más que el salario base por hora de 1970 equivale el de 1980?

   b. Supón que Anita trabajó 10 h/semana en 1980. ¿Cuánto más ganó que si hubiera trabajado el mismo número de horas en 1970?

   c. **Estimación** ¿Alrededor de cuántas veces mayor que el salario base por hora de 1970 es el de 1990?

9. **Investigación (pág. 140)** Halla el grueso de una de las páginas de tu libro de matemáticas. Describe qué procedimiento usaste.

UN GRAN FUTURO

Pediatra

Quisiera ser pediatra cuando sea grande. Quisiera practicar esta profesión porque me agrada ayudar a la gente con sus problemas de salud. Sé que los pediatras ayudan a los niños cuando están enfermos. He tratado con los pediatras cuando he tenido problemas de salud. La pediatría y las matemáticas se relacionan porque tendré que estar familiarizado con las proporciones para comparar el tamaño de un paciente con la cantidad de medicina que tenga que tomar. También tendré que conocer las unidades de peso del sistema métrico decimal.

Justin Rankin

10. **Actividad** Usa anuncios de periódicos o pide a un adulto que te ayude a hallar los precios actuales de los artículos de la lista de la derecha.

   a. Haz una gráfica de doble barra que compare los precios de 1985 con los precios actuales de los artículos.

   b. ¿Subieron todos los precios? ¿Qué artículos subieron más de precio? Ofrece al menos dos razones por las cuales un artículo podría subir de precio más que otro.

   c. ¿Cuánto costaría comprar todos los artículos de la lista a los precios actuales? ¿Y a los precios de 1985?

11. **Por escrito** Existen al menos dos maneras de resolver el problema de abajo. Explica dos maneras y resuélvelo.

   En 1991, los autos nuevos rendían un promedio de 27.3 mi/gal de gasolina. En 1974, los autos nuevos rendían un promedio de 13.2 mi/gal. ¿Cuánta más distancia podría recorrer un auto de 1991 que un auto de 1974 con 12 gal de gasolina?

12. En 1962, una revista de historietas valía $.12. En 1988, las revistas de historietas valían $.75.

   a. ¿Cuánto más valían las revistas de historietas en 1988?

   b. **Estimación** ¿Aproximadamente cuántas revistas de historietas podrías comprar al precio de 1962 por lo que valía una revista en 1988?

Precios de 1985	
Carne molida (lb)	$1.68
Lechuga (1)	$.45
Jugo de naranja (ct)	$1.09
Plátanos (lb)	$.32
Huevos grandes (docena)	$.91

Repaso MIXTO

Calcula mentalmente.

1. $3.9 \div 10$

2. $191 \div 100$

3. $0.82 \div 1,000$

Completa. $\triangle RWF \cong \triangle MLK.$

4. $MK = \blacksquare$

5. $\angle R \cong \blacksquare$

6. Haz una lista de todas las combinaciones de monedas que dan un total de $.45, sin usar monedas de 1¢.

Estimado Justin:

Soy pediatra en Milwaukee, Wisconsin. Desde que era un joven deseaba ser médico. Al igual que tú, siempre quise hacer algo para ayudar a la gente. Me agrada trabajar con los niños y sus familias. Me gusta ayudar a los niños enfermos a que se mejoren. En mi clínica, cuidamos de pacientes de cualquier procedencia. He llegado a conocer muchas familias maravillosas e interesantes.

   Uso las matemáticas diariamente. Uso las proporciones tal como lo explicas tú. También dibujo gráficas para mostrar el peso y estatura de los bebés. Las gráficas me ayudan a determinar si los bebés se desarrollan adecuadamente. Siempre me gustaron las matemáticas cuando iba a la escuela. Tengo suerte de poder usar las matemáticas frecuentemente en mi trabajo.

     David A. Waters, Doctor en Medicina

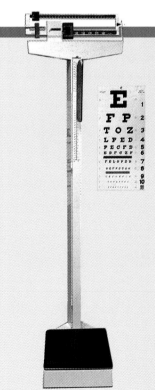

En conclusión

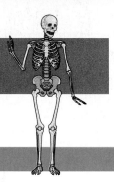

Estimación de productos y cocientes   4-1

Puedes redondear para estimar productos decimales. Puedes usar números compatibles para estimar productos y cocientes.

Redondea o usa números compatibles para estimar.

1. 23.78×5.3 **2.** 3.25×9.12 **3.** $34.1 \div 6.67$ **4.** 19.03×4.79

Uso de bases de datos   4-2

Una **base de datos** es un conjunto de información ordenada en **registros.** Un **campo** es una categoría en un registro.

5. Por escrito ¿Cómo organizarías una base de datos para una guía de la clase que incluyera nombres, direcciones, teléfonos, materias y maestros? ¿Cuántos registros y cuántos campos necesitarías?

Orden de las operaciones y propiedad distributiva   4-3, 4-4

El **orden de las operaciones** muestra cómo hallar el valor de una expresión.

Puedes aplicar la **propiedad distributiva** para hallar el valor de expresiones que incluyan multiplicaciones y sumas o multiplicaciones y restas.

Aplica el orden de las operaciones y la propiedad distributiva para hallar el valor.

6. $5 \times (4 + 12) - 8$ **7.** $9 + 21 \div 3 - (6.3 - 2.6)$

8. $11 \times 6 + 7 \times 6 - 3$ **9.** $9 \times (50 - 9) - 27 \div (4.1 - 1.1)$

10. Elige A, B, C o D. Cuando pones paréntesis en la expresión $18 \div 6 - 3 + 2$, el mayor valor posible es:

A. 8   **B.** 3.6   **C.** 18   **D.** 36

Completa.

11. $5 \times 97 = (5 \times \blacksquare) + (5 \times 7) = \blacksquare$ **12.** $8 \times 27 = 8 \times (\blacksquare - 3) = \blacksquare$

Puedes usar cuadrados decimales o cuadrículas de 10 por 10 para representar la multiplicación y la división de decimales.

13. Escribe un enunciado de multiplicación que describa el modelo.

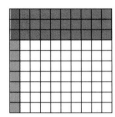

14. Escribe un enunciado de división que describa el modelo.

Para multiplicar números decimales, cuenta los lugares decimales en ambos factores para hallar cuántos lugares decimales debe tener el producto.

Para dividir por un decimal, mueve el punto decimal del divisor para convertirlo en un número entero. Después, mueve el punto decimal del dividendo la misma cantidad de lugares.

Halla el producto o el cociente.

15. $\begin{array}{r} 3.215 \\ \times\ 0.04 \\ \hline \end{array}$

16. $\begin{array}{r} 30.72 \\ \times\ 1.5 \\ \hline \end{array}$

17. $4.5 \div 6$

18. $3.2\overline{)96}$

Dibuja un modelo para el producto o el cociente.

19. $1.2 \div 0.4$

20. $0.6 \div 0.03$

21. 0.7×3

22. 0.8×0.2

Algunos problemas no contienen suficiente información para resolverlos. Otros problemas tienen más información de la necesaria.

Resuelve el problema si es posible. Si no, explica qué información falta.

23. Leslie irá al juego en autobús. Los boletos del juego valen $5. Planea llevar $7 para comprar comida. Los estudiantes compartirán por igual los $125 que cuesta el alquiler del autobús. ¿Cuánto dinero necesitará Leslie?

24. Sharon mide 152.4 cm de estatura y pesa 44.5 kg. Su hermana gemela, Karen, es 1.1 cm más alta y pesa 0.9 kg más. ¿Cuánto mide Karen?

PREPARACIÓN PARA EL CAPÍTULO 5

1. Por escrito Explica la diferencia entre el área de un rectángulo y su perímetro.

2. Pensamiento crítico Aplica la propiedad distributiva para completar el enunciado:
$(x \times y) + (x \times z) = \blacksquare \times (\blacksquare + \blacksquare)$.

APLICA LO QUE SABES

cierra el caso

Una cuestión de ancho

Observa de nuevo la explicación que preparaste al principio del capítulo. Revisa la explicación basándote en lo que has aprendido en este capítulo. Las siguientes sugerencias te ayudarán a asegurarte de que has elegido la carpeta más apropiada para las notas y tareas escolares.

✔ Haz una tabla que muestre la manera en que hallaste el número de hojas de papel necesario para el curso.

✔ Dibuja una gráfica que muestre el número de hojas de papel que cabría en las carpetas de diferentes anchos.

Los problemas precedidos por la lupa (pág. 161, #43; pág. 171, #40 y pág. 174, #9) te ayudarán a completar la investigación.

Extensión: Corina compró una resma de papel. El empleado le explicó que el papel era de "20 libras". Corina pesó la resma de papel cuando llegó a su casa y descubrió que pesaba mucho menos de 20 libras. Halla el significado de la palabra **libra** cuando se refiere al papel de venta comercial.

Puedes consultar:

• al gerente de una papelería

Materiales:
Hojas de anuncios de distintas tiendas

CINCO MINUTOS de compras

Reglas:

✍ Tres o más jugadores

✍ Los jugadores tienen 5 minutos para "comprar" artículos con un total de menos de $500. Debe haber al menos 6 artículos en la lista de cada jugador. El jugador que se aproxime más a los $500, sin sobrepasar esa cantidad, gana el juego.

Juega bien tus cartas

456123456789012345678901234567890123456

Puede participar cualquier número de jugadores.

- Cada jugador tiene cinco tarjetas de 3" x 5". Los jugadores escriben un problema de matemáticas en cada una de sus tarjetas. Aquí hay algunos ejemplos de problemas:

  dos números decimales con una diferencia de 0.052

  dos números con un cociente de menos de 0.75

  dos números decimales que sumen 10.09

  dos números con un cociente de 3.5

  dos números con una diferencia de 2.93

- Barajen las tarjetas y entreguen cinco tarjetas a cada jugador. El primer jugador que resuelva correctamente sus cinco problemas gana el juego.

Lugar por lugar

Halla el número misterioso: Soy un número de 6 dígitos. Los seis dígitos son distintos. El dígito de las décimas es dos más que el de los millares. No tengo 0, 1, 4 ni 8. El dígito mayor es el de las unidades. El dígito menor es el de las centésimas. El dígito de los millares es 5. El dígito de las decenas es igual a la mitad del dígito de las centenas. ¿Qué número soy?

Extensión: Crea tu propia adivinanza para uno de tus compañeros. Asegúrate de que haya sólo una respuesta posible.

NÚMEROS Y DEPORTES

Investiga tres de tus equipos deportivos favoritos. Halla la puntuación final de varios de sus juegos más recientes. Calcula la puntuación media de cada equipo. Muestra la información en un cartel, con una gráfica o tabla para organizar los datos.

Extensión: Investiga las puntuaciones del doble de juegos. Realiza de nuevo los mismos cálculos. ¿Son los datos para el doble de juegos parecidos o diferentes? ¿Por qué crees que será así?

1. Redondea y estima.

   a. 7.3×29.7 **b.** 4.63×50.4

2. Usa números compatibles para estimar.

   a. 21.14×4.89 **b.** $17.9 \div 3.6$

   c. $98.13 \div 24.27$ **d.** 38.95×2.78

3. Escribe un enunciado de multiplicación para el modelo.

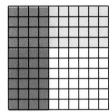

4. Elige A, B, C o D. ¿Qué expresión tiene como resultado un valor de 18?

   A. $26 - 5 \times (2 + 2)$

   B. $(26 - 5) \times (2 + 2)$

   C. $26 - (5 \times 2) + 2$

   D. $(26 - 5) \times 2 + 2$

5. Escribe los símbolos de las operaciones de manera que las ecuaciones sean ciertas.

   a. $9 \blacksquare 6 \blacksquare 3 = 27$

   b. $8 \blacksquare 2 \blacksquare 4 \blacksquare 6 = 10$

   c. $(5 \blacksquare 2) \blacksquare (5 \blacksquare 2) = 17$

   d. $35 \blacksquare 2 \blacksquare 10 \blacksquare 2 = 50$

6. Cálculo mental Aplica la propiedad distributiva para hallar el valor.

   a. 5×112 **b.** 4×58

7. Aplica la propiedad distributiva para hallar el valor.

   a. $5 \times (6 + 10)$

   b. $(7 \times 6) + (7 \times 5)$

   c. $9 \times (3 + 10)$

8. Aplica el orden de las operaciones y la propiedad distributiva para hallar el valor.

   a. $3 \times (6 + 5) \times 4 - 3$

   b. $8 + 7 \times 3 \times 4 - 6$

   c. $2 + 3 \times 9 - 1$

   d. $(4 + 3) \times 2 \times 5$

9. Por escrito Explica cómo dibujar un modelo para la expresión 0.8×0.7.

10. Halla el producto.

   a. $\begin{array}{r} 9.063 \\ \times\ 24 \\ \hline \end{array}$ **b.** $\begin{array}{r} 0.85 \\ \times\ 0.06 \\ \hline \end{array}$ **c.** $\begin{array}{r} 5.2 \\ \times\ 0.17 \\ \hline \end{array}$

11. Jamal compró tres entradas de cine. Cada entrada costaba $4.50. Pagó con un billete de $20. ¿Cuánto costaron las tres entradas?

12. Por escrito Explica cómo usar un modelo para hallar el cociente de $0.6 \div 0.12$.

13. Halla el cociente.

   a. $3.2\overline{)8.832}$ **b.** $45\overline{)\$32.85}$

   c. $0.4 \div 0.25$ **d.** $63.72 \div 0.03$

14. Las uvas sin semilla valen $1.79 la libra. Halla el precio de un racimo de uvas que pesa 2.2 lb. Redondea el resultado hacia arriba al centavo próximo.

Repaso general

Elige A, B, C o D.

1. ¿Cuál es la mejor estimación del producto de 34.3 × 5.98?

    A. 34 × 6   **B.** 35 × 6

    C. 35 × 5   **D.** 34 × 5

2. ¿Cuál es la mejor unidad para medir la longitud del espacio para el estacionamiento de autos en tu casa?

    A. milímetros   **B.** centímetros

    C. metros   **D.** kilómetros

3. Nombra dos triángulos del diagrama que parezcan ser semejantes pero no congruentes.

    A. △ABC, △MNC

    B. △MNB, △MNC

    C. △BMC, △AMB

    D. △ABC, △ADC

4. Kevin compró seis rosquillas por $2.39. Pagó con tres billetes de un dólar y varias monedas de 1¢. ¿Cuántas monedas de 1¢ entregó a la cajera si no recibió ninguna moneda de 1¢ de vuelto?

    A. 1   **B.** 2   **C.** 3   **D.** 4

5. ¿Dónde pondrías los paréntesis para hacer que el valor de 6 − 2 × 9 ÷ 3 + 15 sea 5?

    A. (6 − 2) × 9 ÷ 3 + 15

    B. 6 − (2 × 9) ÷ 3 + 15

    C. 6 − 2 × (9 ÷ 3) + 15

    D. 6 − 2 × 9 ÷ (3 + 15)

6. ¿Qué cociente es igual a 0.317 ÷ 0.08?

    A. 317 ÷ 8   **B.** 31.7 ÷ 8

    C. 317 ÷ 0.8   **D.** 3.17 ÷ 8

7. Kim tiene sesenta y cinco centavos en monedas de 25¢, de 10¢ y de 5¢. (Tiene al menos una moneda de cada tipo.) ¿Qué cantidad de monedas de 5¢ *no* puede tener?

    A. 1   **B.** 2   **C.** 3   **D.** 4

8. ¿Qué número *no* es igual a 4.3?

    A. cuatro, y treinta centésimas

    B. tres, y trece décimas

    C. dos, y veintitrés décimas

    D. cuatro, y tres milésimas

9. ¿Cuál de los siguientes polígonos no puede usarse para el teselado de un plano?

    A.   **B.**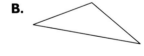

    C.   **D.**

10. ¿En qué conjunto se hallan todos los números entre 0.5 y 1.95?

    A. 0.504, 1.9, 1.951

    B. 0.194, 1, 1.94

    C. 0.618, 1, 1.009

    D. 0.6, 1.04, 2

Patrones, funciones y ecuaciones

Archivo de datos #5

Que duermas bien

Ciclos al dormir

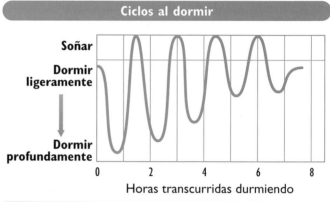

Soñar
Dormir
ligeramente

Dormir
profundamente

Horas transcurridas durmiendo

Fuente: *Prentice Hall Health*

RELOJES MECÁNICOS

Resortes o pesos impulsan el engranaje que opera un reloj mecánico. El engranaje hace que el horario y el minutero se muevan en el patrón correcto.

Rueda motriz

Piñón

Resorte principal

Tiempo pasado en dormir

Animal	Promedio de horas diarias
perezoso	20
armadillo	19
castor	14
cerdo	13
jaguar	11
conejo	10
niño humano	10–12
adulto humano	8
topo	8
vaca	7
oveja	6
caballo	5
jirafa	4
elefante	3
musaraña	menos de 1

Fuente: *3•2•1 Contact*

EN ESTE CAPÍTULO

- representarás patrones y exponentes
- representarás y escribirás expresiones y ecuaciones
- usarás la tecnología para hacer gráficas de funciones
- resolverás problemas buscando un patrón

EL SUEÑO

El ser humano necesita dormir una cantidad de horas que varía a lo largo de su vida. La tabla muestra algunas variaciones para grupos de personas de distintas edades.

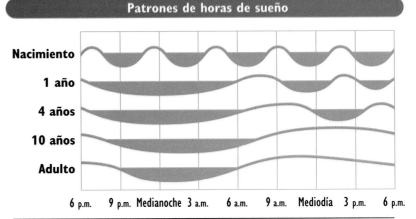

Patrones de horas de sueño

Nacimiento · 1 año · 4 años · 10 años · Adulto

6 p.m.   9 p.m.   Medianoche   3 a.m.   6 a.m.   9 a.m.   Mediodía   3 p.m.   6 p.m.

Fuente: *Encyclopedia Britannica*

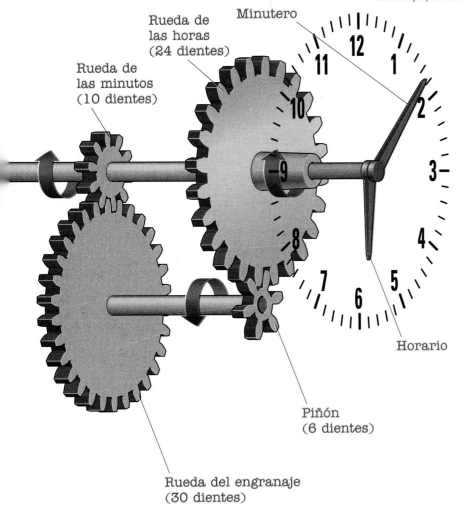

Minutero

Rueda de las horas (24 dientes)

Rueda de las minutos (10 dientes)

Horario

Piñón (6 dientes)

Rueda del engranaje (30 dientes)

DE TODO EL MUNDO

En 1955, L. Essen y J. Parry, de Gran Bretaña, fabricaron el primer reloj atómico de cesio. El reloj de 1955 marcaba la hora con un margen de error de menos de un segundo cada 300 años.

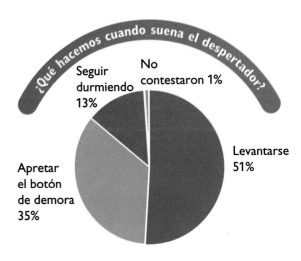

¿Qué hacemos cuando suena el despertador?

Seguir durmiendo 13%

No contestaron 1%

Levantarse 51%

Apretar el botón de demora 35%

ínvestigación

Informe

Vivimos en una sociedad que crea muchos desperdicios. Cada hora, los estadounidenses arrojan a la basura 2.5 millones de botellas plásticas. Diariamente producimos medio millón de toneladas de basura. Cada semana, arrojamos a la basura suficientes botellas y vasijas de cristal para llenar una de las torres de 1,350 pies de los rascacielos del World Trade Center, en Nueva York. Podríamos reciclar hasta un 90% de la basura de nuestros hogares. Pero reciclamos sólo un 10% del cristal y un 30% del papel.

Misión: Escribe una carta al director de la escuela que proponga un plan para la reducción de la cantidad de basura producida por la escuela. El plan debe incluir una explicación de la procedencia de la basura, una estimación de la cantidad de basura que se produce y una lista de las medidas que pueden tomar los alumnos, maestros, administradores y demás personal para reducir la cantidad de basura.

Sigue Estas Pistas

✓ ¿Qué tipo de basura se produce en el salón de clases? ¿Qué se podría hacer para reducir la cantidad de basura?

✓ ¿Qué otros tipos de desperdicios se producen en la escuela?

✓ ¿Qué tipos de cambios de comportamiento puedes esperar que la gente esté verdaderamente dispuesta a realizar?

Patrones numéricos

En esta lección

• Hallar el próximo
término en un
patrón numérico

• Describir un
patrón numérico en
palabras

VAS A NECESITAR

✓ Papel cuadriculado

PIENSA Y COMENTA

A continuación se muestran los tres primeros diseños de un patrón formado por cuadrados.

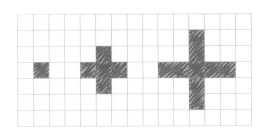

1. a. Continúa este patrón añadiendo el cuarto y el quinto diseño.

b. ¿Cuántos cuadrados sombreados hay en el cuarto diseño? ¿Y en el quinto?

c. Discusión Piensa en el sexto diseño. Descríbelo en tus propias palabras.

Puedes usar el patrón de diseños de arriba para formar el patrón numérico 1, 5, 9, ... Cada uno de los números del patrón es un **término.**

2. ¿Qué relación tienen el primero, el segundo y el tercer término del patrón numérico con el primero, el segundo y el tercer diseño?

3. ¿Cuáles son el cuarto y el quinto término del patrón numérico?

¡RECUERDA!

Los puntos suspensivos, . . . , indican que el patrón se extiende indefinidamente.

También puedes describir el patrón numérico 1, 5, 9, . . . con la siguiente regla: *Empieza por el número 1 y suma 4 cada vez.*

4. a. Escribe los primeros cinco términos del siguiente patrón numérico: *Empieza por el número 3 y suma 4 cada vez.*

b. Discusión ¿Por qué es importante indicar por qué número empezar al describir un patrón numérico con una regla?

La máquina de diferencias es una computadora diseñada por el científico inglés Charles Babbage (1791–1871). Si le suministras una lista de números, la máquina tratará de hallar el patrón y continuar la lista. **¿Por qué crees que se le dio ese nombre a esta computadora?**

Fuente: *Dynamath*

5. a. Dibuja el quinto y el sexto diseño del patrón de abajo.

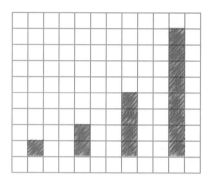

b. Usa el patrón de diseños para formar un patrón numérico.

c. Establece una regla que describa al patrón numérico.

d. Discusión Explica en qué se diferencia esta regla de la que describe al patrón numérico 1, 5, 9, ...

ᴇN EQUIPO

Trabaja con un compañero en esta actividad.

Biología Los canguros son los únicos mamíferos grandes que saltan. Cuando los canguros alcanzan velocidades de entre 10 km/h y 35 km/h, es posible predecir la longitud de sus saltos.

Velocidad (km/h)	Longitud del salto (m)
10	1.2
15	1.8
20	2.4
▪	▪
▪	▪

6. a. Copia y completa la tabla de arriba.

b. Establece una regla para describir el patrón numérico que usaste para completar cada columna de la tabla.

c. ¿Aproximadamente qué longitud tienen los saltos de un canguro cuando alcanza una velocidad de 35 km/h?

d. Dibuja una gráfica lineal para mostrar tus datos. Usa la gráfica para estimar la longitud de los saltos de un canguro cuando alcanza una velocidad de 27 km/h.

POR TU CUENTA

Usa papel cuadriculado para dibujar los próximos tres diseños de cada patrón.

7.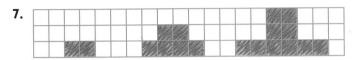

8.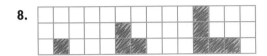

Halla los próximos tres términos del patrón numérico. Establece una regla que describa al patrón.

9. 7, 14, 21, 28, ■, ■, ■

10. 1, 3, 9, 27, ■, ■, ■

11. 0.25, 0.5, 0.75, ■, ■, ■

12. 1, 3, 5, 7, ■, ■, ■

13. $1, \frac{1}{2}, \frac{1}{4}, \frac{1}{8}$, ■, ■, ■

14. 1, 0.1, 0.01, 0.001, ■, ■, ■

15. Calculadora Escribe los primeros cinco términos del siguiente patrón numérico: *Empieza por el número 1 y multiplica por 1.5 cada vez.*

16. Astronomía El cometa Halley deriva su nombre de un científico llamado Edmund Halley (1656–1742). Halley vio por primera vez el cometa en 1682 y predijo acertadamente que regresaría aproximadamente cada 76 años.

   a. Calculadora ¿Cuándo fue la última vez que apareció el cometa según la teoría de Halley? ¿En qué año se espera que regrese el cometa?

   b. ¿Aproximadamente cuántos años tendrás cuando aparezca de nuevo el cometa Halley?

   c. Por escrito ¿Tuvo Edmund Halley la oportunidad de ver aparecer el cometa por segunda vez? Explica.

 17. Investigación (pág. 184) Estima la cantidad de basura que produces diariamente. Haz una lista de acciones que podrías tomar para reducir esa cantidad.

18. Archivo de datos #5 (págs. 182–183) Describe el patrón de horas de sueño de un recién nacido.

Repaso MIXTO

Redondea a la décima más cercana.

1. 44.68   **2.** 8.146

Halla la respuesta.

3. $59.36 ÷ 7.42

4. $189.32 + $33.79

Escribe el decimal en palabras.

5. 0.73   **6.** 386.908

7. María gastó $35 en un par de pantalones vaqueros y $18 en una blusa. Le quedaron $24. ¿Cuánto dinero tenía en total antes de hacer las compras?

 Giotto, una nave espacial europea, pasó a menos de 375 mi del cometa Halley la última vez que éste apareció. Las fotos tomadas desde la nave espacial revelan que el núcleo, o centro, del cometa mide unas 5 mi por 10 mi.

Fuente: *Reader's Digest Book of Facts*

En esta lección

• Entender cómo usar patrones para multiplicar números grandes

5-2 Las barras neperianas

VAS A NECESITAR

✓ Papel rayado

✓ Tijeras

PIENSA Y COMENTA

John Napier o Neper (1550–1617) inventó una serie de diez barras que permiten multiplicar dos número con sólo sumar.

Cada barra neperiana tiene nueve casillas. La primera casilla contiene un dígito del 0 al 9. Las demás casillas contienen dos dígitos cada una, separados por una diagonal. Aquí tienes dos de las barras neperianas.

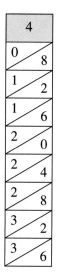

1. **Discusión** ¿Qué relación hay entre el número de la primera casilla de la barra y los números incluidos desde la segunda a la novena casilla en cada una de las barras neperianas?

2. Establece una regla que describa al patrón numérico que usarías para completar cada barra.

   a.   b.   c.

3. Dibuja las diez barras neperianas en una hoja de papel rayado. Luego, recórtalas.

¿QUÉ? Los comerciantes usaban con frecuencia las barras neperianas para llevar sus cuentas. Llevaban consigo para hacer sus cálculos un juego de barras de marfil o de madera.

Fuente: *The Joy of Mathematics*

Puedes usar tu juego de barras neperianas para hallar un producto.

Ejemplo 1

Halla el producto de 864 × 6.

- Saca las barras del 8, del 6 y del 4. Ordena los dígitos de las primeras casillas de izquierda a derecha.

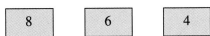

John Napier describió su invención en un trabajo titulado *Rabdologis*. Este título se deriva de la palabra griega *rabdos*, que quiere decir "barras".

Fuente: *Historical Topics for the Mathematics Classroom*

- Como estás multiplicando por seis, cuenta hasta la sexta fila. Copia, en orden, los dígitos de la parte de arriba de las casillas de la sexta fila. Después, añade un cero.

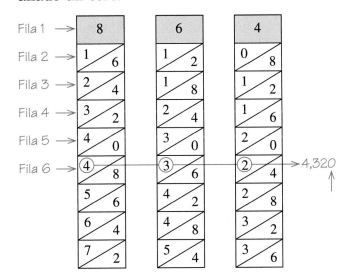

- Copia los dígitos de la parte de abajo de las casillas de la sexta fila. No añadas dígitos adicionales.

- Suma los números   4,320 + 864 = 5,184

4. a. Describe en términos de valor relativo los números de la parte de abajo de las casillas que tienen diagonales.

b. Describe en términos de valor relativo los números de la parte de arriba de las casillas que tienen diagonales.

c. Discusión ¿Por qué se añade un cero a los números de la parte de arriba de las casillas que tienen diagonales?

1. 19.2 ÷ 6
2. 122 ÷ 6.25

Halla los tres términos siguientes en cada patrón numérico.

3. 1, 4, 16, 64, ■, ■, ■
4. 0.2, 0.5, 0.8, ■, ■, ■

Halla el valor.

5. 8 − 2 × 3 + 5
6. 6 + 2(12 ÷ 4)

7. La suma de dos números es 17. Su producto es 60. Halla los números.

PONTE A PRUEBA

Usa las barras neperianas para hallar el producto.

5. 39 × 8
6. 836 × 9
7. 602 × 7
8. 4,186 × 7
9. 16,573 × 8
10. 836,724 × 5

11. **a.** Trabaja con un compañero para hallar el producto de 7,872 × 2.

   b. **Por escrito** Explica por qué es más fácil hallar este producto con la ayuda de un compañero.

12. **Archivo de datos #2 (págs. 38–39)** Supón que la clase planea un viaje a Kings Island. La maestra está reuniendo el dinero para la entrada al parque de diversiones. Los estudiantes que midan 4 pies o más de estatura tienen que comprar entrada de adulto. ¿Cuánto dinero tendrá que reunir la maestra?

UN GRAN FUTURO

Arqueóloga

Me interesa ser arqueóloga debido a la relación de este trabajo con la historia. Me encanta aprender sobre cómo vivían y trabajaban las personas de épocas remotas. Quisiera saber en qué creían, cómo criaban a sus hijos y por qué guerreaban.

Si fuera arqueóloga, podría informar a la gente sobre su pasado y sus antepasados. Quisiera informar a la gente de los errores de sus antepasados, para que no los repitan.

Katherine Shell

Usa las barras neperianas para hallar el producto.

13. 43 × 7

14. 671 × 9

15. 908 × 4

16. 7,482 × 5

17. 42,793 × 6

18. 207,416 × 8

19. 32,749 × 8

20. 206,831,954 × 7

21. Hay 28 estudiantes en la clase de historia de la Sra. Chin. Los estudiantes tienen que dar presentaciones orales de 5 minutos sobre su presidente favorito. ¿Cuántos minutos de clase tendrá que dedicar la Sra. Chin a las presentaciones?

22. El Sr. Leonard puede mecanografiar a una velocidad de 43 palabras por minuto. ¿Alrededor de cuántas palabras podrá mecanografiar en una hora?
(*Pista:* 1 h = 60 min)

¿CÓMO? Los antiguos egipcios multiplicaban mediante la repetición de dobles. Para multiplicar 2,801 × 7 hacían lo siguiente:

1	2,801
2	5,602
+4	+11,204
7	19,607

¿Cómo habrían hallado el producto de 3,468 × 3?

Fuente: *Historical Topics for the Mathematics Classroom*

Estimada Katherine:

Me ha atraído la arqueología desde que, en cuarto grado, estudiamos los indios californianos. Mientras más aprendía sobre las culturas indígenas de Estados Unidos, más pensaba en el maltrato que han recibido en este país. Me pareció que si aprendíamos más sobre estas culturas, podríamos hacer algo para ayudar.

Y se me ocurrió que la mejor manera de aprender sería la arqueología. Había visto artículos de periódico sobre las excavaciones arqueológicas y sobre los increíbles descubrimientos realizados. Aunque los arqueólogos hallaban cosas viejas, este tipo de historia era realmente nuevo.

La gente siempre se sorprende al escuchar esta declaración. Muchos piensan que la arqueología sólo se dedica a las artes antiguas, a los lugares remotos y a las expediciones peligrosas. Eso es todo cierto, pero el arqueólogo tiene que usar las ciencias y las matemáticas continuamente en su trabajo diario.

> David Hurst Thomas
> Conservador de Antropología
> American Museum of Natural History

En el siglo XV, algunos indios de América del Norte usaban cestas para moler maíz y para almacenar.

Potencias

PIENSA Y COMENTA

Elis F. Stenman construyó una casa y sus muebles con aproximadamente 100,000 periódicos. Puedes expresar 100,000 como el producto de $10 \times 10 \times 10 \times 10 \times 10$. Puedes expresar este producto con un *exponente*.

$$\underbrace{10 \times 10 \times 10 \times 10 \times 10}_{\text{5 factores}} = 10^{\underset{\text{base}}{5}} \leftarrow \text{exponente}$$

El **exponente** indica cuántas veces se usa un número, o **base**, como factor.

1. Identifica la base y el exponente en 3^6.

2. Usa un exponente para expresar el producto de $5 \times 5 \times 5 \times 5$.

Un número expresado en un exponente es una **potencia.** El número 10^5 se lee "diez elevado a la quinta potencia".

3. Lee en voz alta las siguientes potencias: 8^4, 3^6, 10^8.

Los exponentes 2 y 3 tienen nombres especiales.

4. **a.** Completa: El área del *cuadrado* es 3×3 ó $3^{\blacksquare}$.

   b. ¿Por qué crees que el exponente 2 se lee "al cuadrado"?

5. **a.** Completa: El volumen del *cubo* es $4 \times 4 \times 4$ ó $4^{\blacksquare}$.

   b. ¿Por qué crees que el exponente 3 se lee "al cubo"?

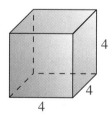

6. Lee en voz alta las siguientes potencias: 6^3, 7^2, 12^3.

 Elis F. Stenman levantó las paredes de su casa pegando y doblando capas de papel de periódico. Enrolló periódicos de distintos tamaños para construir los muebles, que incluyen mesas, sillas, lámparas y un reloj de péndulo.

Fuente: *The Kids' World Almanac of Records and Facts*

Puedes **hallar el valor** de una potencia escribiéndola primero como un producto.

Ejemplo 1   **a.** Halla el valor de 4^3.   **b.** Halla el valor de 1^2.

$$4^3 = 4 \times 4 \times 4 = 64 \qquad 1^2 = 1 \times 1 = 1$$

La calculadora resulta muy útil cuando se trabaja con potencias. Puedes usar la tecla para hallar el valor de *cualquier* potencia.

Ejemplo 2   **a.** Halla el valor de 6^8.   **b.** Halla el valor de 25^2.

6  8 *1679616*   25 2 *625*

Puedes usar la tecla $\boxed{x^2}$ para elevar un número al cuadrado.

Ejemplo 3   Halla el valor de 26^2.

26 $\boxed{x^2}$ *676*

7. Discusión ¿Cómo puedes usar la tecla $\boxed{x^2}$ para hallar el valor de 12^4?

Se puede extender el orden de las operaciones para incluir las potencias.

Orden de las operaciones
1. Haz primero todas las operaciones entre paréntesis.
2. Haz todas las operaciones con exponentes.
3. Multiplica y divide de izquierda a derecha.
4. Suma y resta de izquierda a derecha.

Ejemplo 4   **a.** Halla el valor de $2 \times (4^2 - 5)$.

$$2 \times (4^2 - 5) = 2 \times (16 - 5)$$
$4^2 = 4 \times 4 = 16$
Resta 16 menos 5.
$$= 2 \times 11$$
Multiplica 2 por 11.
$$= 22$$

b. Halla el valor de $2^3 - 9 \div 3$.

$$2^3 - 9 \div 3 = 8 - 9 \div 3$$
$2^3 = 2 \times 2 \times 2 = 8$
Divide 9 entre 3.
$$= 8 - 3$$
Resta 8 menos 3.
$$= 5$$

8. Discusión ¿Cómo puedes usar la calculadora para evaluar las expresiones del ejemplo 4?

¿QUIÉN? El matemático francés René Descartes (1596–1650) introdujo el uso de los números indo-arábigos como exponentes de una base dada.

Fuente: *Historical Topics for the Mathematics Classroom*

¿QUÉ? La frase *Para Entender Matemáticas Debes Saber Restar* te puede ayudar a recordar el orden de las operaciones. **¿Qué representa la primera letra de cada palabra?**

Nombra la base y el exponente.

9. 4^5 **10.** 3^2 **11.** 6^3

Expresa usando exponentes.

12. $6 \times 6 \times 6$ **13.** $3 \times 3 \times 3 \times 3 \times 3$

Cálculo mental **Halla el valor.**

14. 5^2 **15.** 2^3 **16.** $2 \times 4^2 - 32$

17. $21 + (7^2 - 40)$ **18.** $(3^2 - 1) \div 2^2$

R^ep^as_o MIXTO

Estima el producto.

1. 48×195

2. 79×28

Halla los tres términos siguientes de cada patrón numérico.

3. 2, 4, 6, ■, ■, ■

4. 6, 12, 18, ■, ■, ■

5. El apartamento de tu abuela queda a 24 cuadras de distancia. Supón que caminas 3 cuadras y luego recorres 16 cuadras en autobús. ¿Qué distancia te falta para llegar al apartamento de tu abuela?

POR TU CUENTA

Nombra la base y el exponente.

19. 7^9 **20.** 8^1 **21.** 10^3

Expresa usando exponentes.

22. $8 \times 8 \times 8 \times 8$ **23.** $4 \times 4 \times 4 \times 4 \times 4 \times 4$

Elige **Usa la calculadora, cálculo mental o lápiz y papel para evaluar las expresiones.**

24. 11^7 **25.** $5 \times 3^2 - 10$ **26.** $7^1 \times 2^4$

27. $175 + (128 \div 4^2)$ **28.** $16 + 32 \div 2^3$

29. $6^3 \div (2 \times 6) + 64$ **30.** $674 - (14 - 6)^3$

31. $498 + (2^{12} \div 2^4) \div (2^5 \times 2) - 2^1$

Usa un exponente para expresar el área o el volumen.

32.

90
90

33.

2
2
2

34. Pensamiento crítico ¿Cuál es el valor de cualquier número elevado a la primera potencia? ¿Cuál es el valor de 1 elevado a cualquier potencia? Da un ejemplo que apoye cada respuesta.

35. a. Copia y completa la tabla de abajo.

Potencia	Forma normal
10^1	10
10^2	100
10^3	1,000
10^4	■
■	■

b. Por escrito ¿Qué relación hay entre el exponente y la cantidad de ceros a la derecha del número 1 cuando se expresa la potencia en forma normal?

c. Expresa cada potencia en forma normal: 10^8, 10^{10}, 10^{12}.

36. Espectáculos El tamaño de la imagen de una película se relaciona con la distancia entre el proyector y la pantalla. Usa la tabla de la derecha para contestar las preguntas.

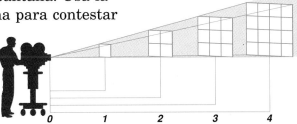

Distancia de la pantalla (unidades)	Tamaño de la imagen (unidades cuadradas)
1	1
2	4
3	9
4	16

a. Por escrito Describe qué relación tiene el tamaño de la imagen de una película con la distancia entre el proyector y la pantalla.

b. El proyector se halla a una distancia de 25 pies de la pantalla. ¿De qué tamaño será la imagen de la película?

VISTAZO A LO APRENDIDO

1. Escribe los primeros cinco términos del siguiente patrón: *Empieza por el número 4 y multiplica por 2 cada vez.*

2. Música Usa un exponente para expresar el número de discos sencillos que tiene que vender un artista en EE.UU. para ganar un disco de oro.

Halla el valor.

3. 9^7 **4.** $7 \times 3^4 - 99$ **5.** 3×2^1

6. $(2 \times 4^2) \div 8$ **7.** $50 \div (5^2 \div 5) + 4$

Discos de oro	
País	**Sencillos vendidos**
Austria	100,000
España	100,000
Finlandia	10,000
EE.UU.	1,000,000
Irlanda	100,000
Italia	1,000,000

Fuente: *The Kids' World Almanac of Records and Facts*

5-4 Variables y expresiones

PIENSA Y COMENTA

Un **cuadrado mágico** es una agrupación de números en un cuadrado en el que las filas, las columnas y las diagonales suman todas la misma cantidad. A la derecha se muestra un cuadrado mágico.

■	7	2
1	5	■
8	■	4

Para hallar los valores que faltan en el cuadrado mágico, identifica primero la fila, columna o diagonal en que aparezcan todos los valores. La suma de la diagonal que tiene todos los valores en el cuadrado mágico de arriba se puede representar con la *expresión numérica* $8 + 5 + 2$. Una **expresión numérica** contiene sólo números y símbolos matemáticos.

1. ¿Cuánto suma cada fila, columna y diagonal del cuadrado mágico de arriba?

Se puede representar el valor que falta en los cuadros mediante una *variable*, tal como se muestra a la derecha. Una **variable** es un símbolo, por lo general una letra, que representa un número.

a	7	2
1	5	b
8	c	4

2. Nombra las variables del cuadrado mágico.

La *expresión algebraica* $a + 7 + 2$ representa la suma de los cuadrados de la primera fila. Una **expresión algebraica** es una expresión que contiene al menos una variable.

3. a. **Cálculo mental** ¿Cuál es el valor de a?

   b. Nombra otra expresión algebraica que podrías usar para determinar el valor de a.

4. a. ¿Qué expresiones algebraicas podrías usar para determinar el valor de b? ¿Y el valor de c?

   b. **Cálculo mental** ¿Cuál es el valor de b? ¿Y el valor de c?

 El *lo-shu* es el cuadrado mágico más antiguo del mundo. El emperador chino Yu lo halló en el caparazón de una tortuga hace alrededor de 4,000 años. El diseño de arriba te puede dar una idea de la posible apariencia del lo-shu. **¿Cómo representarías este cuadrado mágico?**

Fuente: *Math Activities for Child Involvement*

Las fichas de álgebra amarillas representan las unidades y las fichas verdes representan las variables. Puedes usar las fichas para representar expresiones.

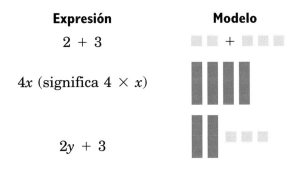

Expresión	Modelo
$2 + 3$	
$4x$ (significa $4 \times x$)	
$2y + 3$	

5. Discusión ¿Por qué se usa el símbolo $\times$ para representar multiplicación en las expresiones numéricas, pero no en las expresiones algebraicas?

Puedes usar fichas para hallar el valor de una expresión algebraica.

Ejemplo 1   Halla el valor de $2x + 1$ si $x = 3$.

Representa la expresión $2x + 1$.

Sustituye cada ficha verde con 3 fichas amarillas.

El valor de $2x + 1$ es 7 si $x = 3$.

6. Usa fichas para hallar el valor de $6 + 3t$ si $t = 2$.

También puedes hallar el valor de una expresión algebraica sustituyendo la variable por un número. Después, sigue el orden de las operaciones.

Ejemplo 2

a. Halla el valor de $a + 8$ si $a = 7$.

$a + 8 = 7 + 8$ Sustituye a por 7.
$\quad\quad = 15$ Calcula mentalmente.

b. Halla el valor de $b^2 - 12$ si $b = 6$.

$b^2 - 12 = 6^2 - 12$ Sustituye b por 6.
Halla el valor de la potencia.
$\quad\quad = 36 - 12$ Resta 36 menos 12.
$\quad\quad = 24$

¡RECUERDA!

Para seguir el orden de las operaciones, primero haz las operaciones entre paréntesis. Luego haz las operaciones con exponentes. Entonces, multiplica y divide de izquierda a derecha. Después, suma y resta de izquierda a derecha.

7. Discusión ¿Tendrán el mismo valor las expresiones $2c^2$ y $(2c)^2$ si $c = 4$? Explica.

A fines del siglo XIX vivió en Alemania un caballo llamado Muhamed, que era capaz de contar. El dueño lo había entrenado para sumar, restar, multiplicar y dividir. Muhamed daba una respuesta de 25 golpeando el suelo dos veces con el casco izquierdo y cinco veces con el derecho. **¿Cómo daría Muhamed el resultado de la expresión numérica 97 − 12?**

Fuente: *The Kids' World Almanac of Animals and Pets*

Una expresión algebraica puede tener más de una variable.

Ejemplo 3 Halla el valor de $r(36 - s)$ con $r = 0.5$ y $s = 8$.

$r(36 - s) = 0.5(36 - 8)$ Sustituye r por 0.5 y s por 8.

$\qquad\quad\; = 0.5(28)$ Resta 36 menos 8.

$\qquad\quad\; = 14$ Multiplica 0.5 por 28.

PONTE A PRUEBA

Elige una variable y escribe una expresión algebraica para el modelo.

8.

9.

Cálculo mental Halla el valor de las expresiones si $x = 8$.

10. $x + 12$

11. $80 \div x$

12. x^2

13. $0.25 + 2x$

14. $3x \div 2$

15. $2(x - 3)$

POR TU CUENTA

Dibuja un modelo para cada expresión algebraica.

16. $3y + 5$

17. $c + 3$

18. $5b + 2$

Elige Usa la calculadora, cálculo mental o lápiz y papel para hallar el valor.

19. $24 \div d$ si $d = 3$

20. $p + 8$ si $p = 6$

21. $3r - 2$ si $r = 65$

22. $x^2 - 12$ si $x = 8$

23. $n \div 10$ si $n = 30$

24. $0.75s$ si $s = 29.98$

25. $(2c)^3$ si $c = 3$

26. $2ab$ si $a = 3.5$ y $b = 0.3$

27. $8 - y^2$ si $y = 2$

28. $2r + s$ si $r = 7$ y $s = 30$

29. Copia y completa el cuadrado mágico de la izquierda. Halla los valores de r, s y t.

4	9	r
s	7	3
6	5	t

Copia cada tabla y complétala hallando el valor de las expresiones con los valores asignados a x.

30.

x	$x + 6$
1	7
4	10
7	■
10	■
■	20

31.

x	$7x$
2	■
4	■
6	■
8	■
■	70

32.

x	$100 - x$
20	■
35	■
50	■
72	■
■	88

33. Elige A, B o C. ¿Qué expresión numérica tiene el valor más cercano a 176?

    A. $11.5 \times 14 + 25.5$ **B.** $7.5 + 3 \times 50$

    C. $(35 \times 2.5 + 300) \div 2$

34. Por escrito ¿Cuál es la diferencia entre una expresión numérica y una expresión algebraica?

Usa el artículo de abajo para contestar las preguntas.

Suave como la seda

La seda es la tela más valiosa en relación con su peso. El gusano de la seda hila la seda para crear un capullo. El capullo está constituido por un sólo hilo de hasta 1.6 km de largo. Se necesitan 110 capullos para hacer una corbata de seda, 630 capullos para hacer una blusa y 3,000 capullos para hacer un kimono. Al gusano le toma unos 3 días completar el capullo. Durante ese tiempo, el gusano habrá sacudido la cabeza unas 300,000 veces.

 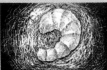 

35. Escribe una expresión numérica que represente el número total de capullos de seda necesario para hacer una corbata y una blusa.

36. ¿Cuántos días le llevaría a un gusano hilar la seda necesaria para un kimono? ¿Aproximadamente cuántos kilómetros de hilo se necesitarían para hacer un kimono?

R^epaso MIXTO

Usa los datos: 9, 16, 21, 10, 12, 17, 20.

1. Halla la media.

2. Halla la mediana.

Expresa usando exponentes.

3. $5 \times 5 \times 5 \times 5$

4. $9 \times 9 \times 9$

5. Escribe los primeros cinco términos del siguiente patrón numérico: *Empieza por el 2 y suma 7 cada vez.*

6. Margarita está en el medio de una cola para comprar boletos para un concierto. Hay 47 personas en frente de ella. ¿Cuántas personas hay en la cola?

En esta lección

• Resolver
problemas buscando
un patrón

5-5

Busca un patrón

Supón que el Club de Computadoras Bits y Bytes, que tiene ahora 15 miembros, está planeando instalar su propio sistema de comunicaciones. El sistema conectará la computadora de cada miembro con la computadora de cada uno de los 14 miembros restantes. ¿Cuántos cables necesitará el sistema de comunicaciones?

LEE ➡

Lee la información que se te da a fin de entenderla. Resume el problema.

Piensa en la información que se te da y en lo que se te pide que halles.

1. ¿Cuántos miembros tiene el club?

2. ¿Qué se te pide que halles en el problema?

PLANEA ➡

Determina qué estrategia vas a usar para resolver el problema.

Dibuja diagramas para los casos más sencillos. Anota el número de cables necesario en cada caso.

3. ¿Cuántos cables necesitarías para conectar 2 computadoras?

4. ¿Cuántos cables necesitarías para conectar 3 computadoras?

5. ¿Cuántos cables necesitarías para conectar 4 computadoras?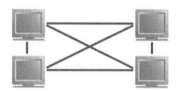

6. ¿Cuántos cables necesitarías para conectar 5 computadoras?

¿Cómo usan los niños las computadoras?

juegos	84%
tarea escolar	40%
procesamiento de texto	25%
gráficas	12%

Anota la información en una tabla como la de abajo y busca un patrón en los datos.

RESUELVE

Prueba con la estrategia.

Número de computadoras	Número de cables	
2	1	+2
3	3	+3
4	6	+4
5	10	▪
6	▪	▪
7	▪	

7. a. ¿Cuántos cables necesitarías para conectar 6 computadoras? ¿Y 7 computadoras?

b. Describe el patrón.

8. Extiende el patrón. Halla el número de cables que necesitarías para conectar las computadoras de los 15 miembros del club.

Podrías haber dibujado un diagrama para mostrar el número de cables necesario para conectar las computadoras de los 15 miembros del club.

COMPRUEBA

Piensa en cómo resolviste este problema.

9. ¿Crees que ésta sería una buena estrategia para hallar la solución del problema? ¿Por qué?

PONTE A PRUEBA

Resuelve cada problema buscando un patrón.

10. Germaine planea ahorrar $1 la primera semana, $2 la segunda semana, $4 la tercera semana, $8 la cuarta semana y $16 la quinta semana. ¿Cuánto dinero ahorrará Germaine la semana número 12 si continúa de acuerdo a este patrón?

11. ¿Cuánto suman los 20 primeros números pares?

12. Hay 12 personas en una fiesta. ¿Cuántos apretones de manos habrá si cada persona le da la mano una sola vez a cada una de las demás?

¿QUIÉN? El presidente Theodore Roosevelt mantiene el récord de la mayor cantidad de veces que una figura pública haya dado la mano en una actividad oficial. En 1907, dio la mano 8,513 veces en una presentación de Año Nuevo en la Casa Blanca.

Fuente: *The Guinness Book of Records*

Usa las estrategias que quieras para resolver estos problemas. Muestra todo tu trabajo.

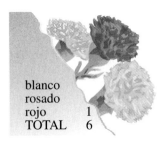

blanco
rosado
rojo   1
TOTAL   6

13. Jennifer quiere llevar a sus padres y a su hermanito a la obra de teatro de la escuela. Los boletos para adultos cuestan $6.00 y los boletos para menores cuestan $2.00. Jennifer gana $2.50 la hora cuidando niños. ¿Cuántas horas tendrá que trabajar para poder comprar los boletos?

14. El consejo de estudiantes está vendiendo claveles para un baile. Venden claveles blancos, rosados y rojos. Una de las órdenes de compra se rompió por accidente. ¿Cuántas combinaciones posibles podría haber en la orden?

15. En la escuela intermedia Muchoaprendemos el timbre suena todas las mañanas a las 8:20, a las 9:05, a las 9:50 y a las 10:35. De acuerdo a este patrón, ¿sonará el timbre a las 11:20? ¿Y a las 12:35? ¿Y a las 2:20?

16. Hay 32 estudiantes en la orquesta y 44 estudiantes en la banda. Hay 8 estudiantes que pertenecen tanto a la orquesta como a la banda. ¿Cuántos estudiantes participan en total en las dos actividades?

17. Halla dos números que tengan un producto de 63 y una suma de 16.

18. La mina de un lápiz nuevo podría trazar una línea de 35 mi de longitud. ¿Alrededor de cuántos lápices se necesitarían para trazar una línea alrededor de la circunferencia de la Tierra? (*Nota:* La circunferencia de la Tierra es 24,902 mi.)

19. Abres un libro y el producto de los números de las dos páginas enfrentadas es 600. ¿Qué dos páginas son?

20. La Sra. Snyder alquiló un automóvil por dos días. La tarifa era $26.50 diarios y $.35 por milla. La Sra. Snyder viajó 225 mi. ¿Cuánto le cobraron?

21. Anita, Cheryl, Beth y Althea fueron a la biblioteca a trabajar en un informe. Cuando se marcharon de la biblioteca, cada una de ellas se llevó por accidente el abrigo de una de las demás muchachas del grupo y el sombrero de otra. Cheryl se llevó el sombrero de Anita y la muchacha que se llevó el sombrero de Althea se llevó también el abrigo de Beth. ¿A quiénes pertenecían los abrigos y sombreros que se llevó cada una de las muchachas?

Halla la respuesta.

1. 48.8 + 3.47

2. 2.863 − 0.174

Nombra la variable en cada expresión.

3. $4(n - 6)$

4. $6f \div 3$

Halla el valor.

5. $r^2 + 9$ si $r = 6$

6. $8p - 2q$ si $p = 7$ y $q = 9$

7. Karenna tiene una blusa blanca, una blusa verde, una blusa azul, una falda de cuadros y una falda de rayas. ¿Cuántas combinaciones distintas podrá hacer?

Halla los siguientes tres términos de cada patrón numérico. Establece una regla para describir el patrón.

1. 2, 4, 6, 8, ■, ■, ■

2. 1, 2, 4, 8, ■, ■, ■

3. 0.2, 1.2, 2.2, ■, ■, ■

Nombra la base y el exponente.

4. 3^2

5. 7^4

6. 6^3

7. 2^8

Usa un exponente para expresar el área o el volumen.

8.
6, 6, 6

9.
24, 24

10.
9.5, 9.5, 9.5

Elige Usa la calculadora, cálculo mental o lápiz y papel para hallar el valor.

11. $(5^2 - 7) \div 3$

12. $7 \times (4 + 7)$

13. $9^8 \div 3^1$

14. $6(34 + 3^4) \div 30$

15. $(2 \times 4^2) \div 8$

16. $135 + 64 \div 4^2$

17. $7 \times 3^4 - 99$

18. $50 \div (5^2 \div 5) + 4$

Elige una variable y escribe una expresión algebraica para cada modelo.

19.

20.

21.

Cálculo mental Halla el valor de cada expresión según el valor de la variable.

22. $6x$ con $x = 8$

23. $a + 0.75$ con $a = 4.25$

24. $b^2 - 21$ con $b = 9$

25. rs con $s = 7$ y $r = 3$

26. $88 - 2c$ con $c = 40$

27. $72 \div h$ con $h = 6$

28. $5ab$ con $a = 1.5$ y $b = 6$

29. $8b + 3c$ con $b = 3$ y $c = 2$

5-6

Expresiones algebraicas

EN EQUIPO

1. Trabaja con un compañero para hacer una lista de todas las frases y palabras que se les ocurran que indiquen cada una de las siguientes operaciones: suma, resta, multiplicación y división.

2. Usen las listas para describir en palabras cada una de estas expresiones numéricas. Traten de hallar tantas formas distintas de describirlas como puedan.

   a. $5 + 8$ **b.** $10 - 4$ **c.** 10×3 **d.** $18 \div 6$

PIENSA Y COMENTA

También se usan frases y palabras para describir expresiones algebraicas como las de la tabla de abajo.

Frase o palabra	Expresión algebraica
la suma de m y 45	$m + 45$
22 más que un número	$n + 22$
w menos que 55	$55 - w$
el producto de w y 10	$10w$
el cociente de r por s	$r \div s$

3. Escribe dos frases para describir cada una de las siguientes expresiones algebraicas: $b + 15$, $m - n$, $10x$, $18 \div p$.

4. Escribe expresiones algebraicas para las frases verbales *"cinco más un número y"* y *"6 veces la cantidad q"*.

5. La longitud de la lasagna más grande de EE.UU. fue 56 pies más que su ancho. La letra a representará el ancho de la lasagna.

   a. Escribe una expresión algebraica para la longitud de la lasagna.

   b. **Discusión** ¿Por qué es a una buena variable para representar el ancho de la lasagna?

La lasagna más grande de EE.UU. pesó 3,477 lb y midió 63 pies × 7 pies.

Fuente: *The Guinness Book of Records*

Escribe dos frases para cada expresión algebraica.

6. $z + 24$ **7.** $y - x$ **8.** $7s$ **9.** $g \div h$

Escribe una expresión algebraica para cada frase. Elige una variable apropiada para representar la cantidad desconocida.

10. ocho menos que s

11. seis más que un número

12. 7 veces el número de sombreros

13. b dividido entre 3

14. tres pulgadas más bajo que Caleb

15. Escribe una expresión algebraica para el perímetro del triángulo.

Escribe dos frases para cada expresión algebraica.

16. $t + 6$ **17.** $18 - h$ **18.** ab **19.** $21 \div m$

Escribe una expresión algebraica para cada frase. Elige una variable apropiada para representar la cantidad desconocida.

20. tres más que h

21. veintidós menos que k

22. la suma de r y s

23. el producto de tres y m

24. veinte estudiantes divididos en cierta cantidad de grupos

25. tres veces el número de libros

Escribe una expresión algebraica que describa cada tabla.

26.

x	
1	3
2	6
3	9
4	12

27.

a	
2	5
5	8
6	9
7	10

28.

m	
5	2
10	7
15	12
20	17

Antes — 68 pulg   Después — 70 pulg

¿POR QUÉ?

Al final de un vuelo espacial, la estatura de un astronauta puede ser, durante cierto tiempo, 2 pulg mayor de lo normal. Esto sucede en ausencia de la fuerza de gravedad, al expandirse los discos cartilaginosos de la columna vertebral. Supongamos que la expresión algebraica $e + 2$ describe esta situación. **¿Qué tendrá que representar la e?**

Fuente: *Reader's Digest Book of Facts*

41	43	45	47	49
31	33	35	37	39
21	23	25	27	29
11	13	15	17	19
1	3	5	7	9

29. Usa el ejemplo de abajo y el patrón de la izquierda para hallar los valores.

Ejemplo Halla el valor de 15 ↑.

Halla el número 15 en el patrón. Después, avanza una unidad en la dirección de la flecha. El valor es 25.

a. Halla los valores 27 ↑ y 33 ↑.

b. ¿Cuál sería el valor de 47 ↑ si se extendiera este patrón?

c. Sea n cualquier número en la parte sombreada del patrón. Escribe una expresión algebraica para los valores de $n\uparrow$, $n\downarrow$, $n\leftarrow$ y $n\rightarrow$.

30. Elige A, B, C o D. ¿Qué expresión algebraica describe el área de la parte sombreada en el diagrama de la izquierda?

A. $a^2 + 14$ **B.** $49 - 2a$

C. $a^2 - 49$ **D.** $49 - a^2$

31. Aarón tiene x años de edad. Escribe una expresión para la edad de Aarón:

a. hace 3 años   **b.** dentro de 10 años

c. hace z años   **d.** dentro de t años

32. Paloma tiene $3.25 en el bolso. Tiene m dólares en el bolsillo. Escribe una expresión algebraica para la cantidad de dinero que tiene Paloma en total.

33. Archivo de datos #2 (págs. 38–39) Supón que te pasas el día montado en el Waimea durante tus vacaciones en Utah.

a. Sea v el número de veces que te montaste en el deslizadero. Escribe una expresión algebraica para el número de segundos que te habrías pasado montado en el Waimea.

b. Pensamiento crítico Escribe una expresión algebraica para el número de minutos que te habrías pasado montado en Waimea.

34. Por escrito ¿Corresponde la misma expresión algebraica a las frases *veintidós menos que x* y *x menos que veintidós*? Explica.

35. Investigación (pág. 184) Reúne datos sobre la cantidad de desperdicios diarios de vidrio y papel en la escuela. Estima cuánto vidrio y papel se recicla y cuánto se arroja a la basura.

R^{e}paso MIXTO

Halla la respuesta.

1. 36.18×4

2. 517.6×0.01

Compara usando $>$, $<$ ó $=$.

3. $0.630 \blacksquare 0.63$

4. $3.6 \blacksquare 3.06$

5. Supón que cortas un trozo de cuerda por la mitad y que después cortas por la mitad otra vez los trozos que resultan. ¿Cuántos trozos de cuerda tendrías después de cinco rondas de cortes siguiendo este procedimiento?

ESTRATEGIAS PARA RESOLVER PROBLEMAS

Haz una tabla
Razona lógicamente
Resuelve un problema más sencillo
Decide si tienes suficiente información, o más de la necesaria
Busca un patrón
Haz un modelo
Trabaja en orden inverso
Haz un diagrama
Estima y comprueba
Simula el problema
Prueba con varias estrategias

Resuelve los problemas. Usa estrategias o combinaciones de estrategias apropiadas.

1. Aiesha gana $15 diarios cuidando niños. Yvonne gana $8 diarios cuidando los animales de los vecinos. ¿Después de cuántos días habrá ganado Aiesha $42 más que Yvonne?

2. Un edificio de apartamentos tiene 8 pisos. El elevador tarda 6 s en viajar del primer piso al tercero. ¿Cuánto tardará el elevador en viajar del primer piso al sexto?

3. Cuatro amigos compiten en una carrera. Harry está 0.25 km delante de José. José está al doble de distancia que Frank. Steve está 0.25 km detrás de José. ¿Cuánta distancia ha corrido cada uno de los demás si Harry ha corrido 2.75 km?

4. Sasha vendió papel de envolver regalos y tarjetas de felicitaciones para ayudar a recaudar fondos para la escuela. Cada rollo de papel vale $3.25 y cada caja de tarjetas vale $3.75. Sasha recaudó un total de $44.75. ¿Cuánto vendió Sasha de cada artículo?

5. La maestra de arte usa cuatro tachuelas, una en cada esquina, para colocar un dibujo en un tablero de anuncios. Si superpone las esquinas, puede colocar dos dibujos con sólo seis tachuelas. ¿Cuál es la cantidad mínima de tachuelas que la maestra de arte necesita para colocar ocho dibujos en el tablero?

6. ¿Cuántos cuadrados hay en un patrón de tablero de damas de 4 × 4 como el de la izquierda?

7. Un carpintero corta una tabla en cuatro pedazos en 12 s. ¿Cuánto le llevaría al carpintero cortar la madera en cinco pedazos a la misma velocidad?

8. Hanukkah es una fiesta judía que dura ocho días. La primera noche de Hanukkah, se encienden dos velas. Cada noche sucesiva se usan velas nuevas y se enciende una vela adicional. ¿Cuántas velas se habrán usado al final de la celebración de Hanukkah?

En esta lección

• Usar tablas para hacer gráficas

• Usar la computadora para explorar las gráficas

VAS A NECESITAR

✓ Papel cuadriculado

✓ Computadora

✓ Hoja de cálculo

5-7 Gráficas de funciones

Nick Lowery es pateador del equipo de los Chiefs de Kansas City. Cada vez que logra un field goal anota 3 puntos para su equipo. **¿Cuál será la puntuación si logra este field goal?**

PIENSA Y COMENTA

En 1990, un pateador llamado Nick Lowery anotó más de 100 puntos en *field goals*. La hoja de cálculo de abajo muestra cuántos puntos valen las distintas cantidades de *field goals*.

	A	B
1	**Número de field goals**	**Puntos**
2	1	3
3	2	6
4	3	9
5	4	12
6	5	

1. **a.** ¿Qué número va en la celdilla o cuadro en blanco?

   b. ¿Qué relación tienen los números de la columna B con los de la columna A?

   c. ¿Qué expresión algebraica representa el número de puntos si *f* representa el número de *field goals*?

Puedes crear una gráfica para mostrar la relación entre dos conjuntos de datos en una hoja de cálculo. Esta relación se llama *función*. El punto *P* representa el par de números (1, 3) de la segunda fila de la hoja de cálculo.

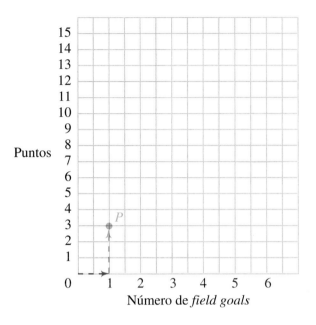

2. **a. Discusión** ¿Cómo se determina la posición del punto *P*?

   b. Copia la gráfica de arriba. Marca un punto para el par de números (2, 6) de la tercera fila de la hoja de cálculo.

   c. Marca puntos para el resto de los datos de la hoja de cálculo. ¿Son colineales o no colineales estos puntos?

   d. Traza una recta que pase por los puntos de la gráfica.

3. **a.** Marca el punto de la recta que representa 6 *field goals*. Traza una recta horizontal a través de este punto que corte el eje vertical. ¿Por qué número pasa la recta?

   b. ¿Se ajusta el resultado al patrón de la tabla? Explica.

   c. Discusión ¿Crees que *todos* los puntos de la recta se ajustan al *patrón* de la tabla? ¿Por qué?

   d. Discusión ¿Representan *todos* los puntos de la recta datos que podrían aparecer en la tabla? ¿Por qué?

4. **Computadora** Crea una hoja de cálculo y una gráfica que muestren cuántos puntos vale cada tipo de anotación en el fútbol americano.

   a. *touchdown* (6 puntos)   **b.** *safety* (2 puntos)

   c. Discusión ¿En qué se parecen las gráficas? ¿En qué se diferencian?

 A la edad de 12 años, Kishae Swafford anotó 20 *touchdowns* para los Marshall Minutemen, su equipo de fútbol de la liga Pop Warner. Fue una de las corredoras más rápidas de la liga.

Fuente: *Sports Illustrated for Kids*

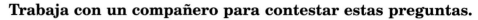
Trabaja con un compañero para contestar estas preguntas.

Línea de anotación

5. a. En el fútbol americano profesional, las porterías están a 10 yd detrás de la línea de anotación. ¿Qué expresión representa la distancia en yardas entre la pelota y la portería, si d representa la distancia en yardas entre la pelota y la línea de anotación?

b. Computadora Creen primero una hoja de cálculo y después una gráfica que muestren cómo depende de d la distancia en yardas entre la pelota y la portería.

c. Pensamiento crítico Expliquen por qué tiene sentido que la gráfica no pase por el punto donde se cortan el eje horizontal y el vertical.

6. a. Copien y completen la tabla de la derecha.

b. Usen los datos para hacer una gráfica. Unan los puntos para formar una línea curva. ¿En qué se diferencia esta gráfica de las demás gráficas que han dibujado en esta lección?

0	0
1	1
2	4
3	9
4	16
5	■

7. Goalposters, Inc. vende por correo sujetadores de pelotas de fútbol americano a $3 cada uno, pero añade gastos de franqueo. El gasto de franqueo es $5 por cualquier número de sujetadores que se ordene.

The Good Sports Shop vende sujetadores en la tienda a $4 cada uno. Por supuesto, no hay gastos de franqueo. Además, si usas un cupón, recibes un descuento de $2 en el total.

a. Copia y completa las tablas de la izquierda. Recuerda incluir los gastos de franqueo y usar el cupón.

b. Sea s el número de sujetadores que vas a ordenar. Escribe expresiones que representen los precios finales de los sujetadores comprados en Goalposters, Inc. y en The Good Sports Shop.

c. ¿Serán rectas las gráficas? ¿Por qué?

d. ¿Pasarán las gráficas por el punto donde se cortan el eje horizontal y el eje vertical? ¿Por qué?

e. Usa los datos para dibujar una gráfica y comprobar tus predicciones.

Goalposters, Inc.

Número de sujetadores	Precio final
1	8
2	■
3	■
4	■

The Good Sports Shop

Número de sujetadores	Precio final
1	2
2	■
3	■
4	■

8. Elige A, B, C o D. El entrenador del equipo ha recibido folletos de cuatro compañías distintas que ofrecen coser el nombre SAILORS en los uniformes. Professional Lettering cobra $2 por letra. Football Fans cobra $1 por letra, más una tarifa base de $5. The Sports Page cobra $1 por letra más una tarifa base de $2. Speedy Lettering cobra un precio fijo de $15. ¿Qué gráfica representa el precio de la compañía que haría el trabajo más económico? (*Pista:* Las gráficas sólo muestran el precio de entre 1 y 6 letras.)

A.

B.

C.

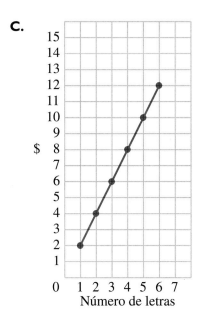

D.

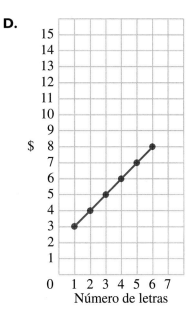

¿Verdadero o falso?

1. Todos los paralelogramos son rombos.

2. Un trapecio es un paralelogramo.

Escribe una frase para cada expresión algebraica.

3. $x \div 5$

4. $s + 14$

Escribe una expresión algebraica para cada frase.

5. 3 menos que t

6. 8 más que un número n

7. La ciudad en que vives tiene 8 equipos de fútbol que compiten en un torneo. Cada equipo será eliminado del torneo al perder 1 juego. ¿Cuántos juegos habrá en el torneo?

5-8

Ecuaciones de suma y resta

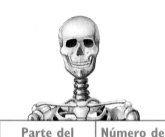

Parte del cuerpo	Número de huesos
Brazo	32
Pierna	31
Cráneo	29
Columna vertebral	26
Pecho	25

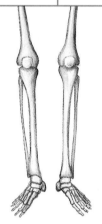

EN EQUIPO

Trabaja con un compañero para contestar las preguntas. Usen la tabla de la izquierda.

1. **a.** Escriban una expresión numérica que represente el número total de huesos del brazo y el pecho.

   b. Escriban una expresión numérica que represente el número total de huesos de la pierna y la columna vertebral.

   c. ¿Qué observan sobre el valor de estas expresiones?

2. Escriban cinco expresiones numéricas que tengan el mismo valor que la suma de tu edad y la de tu compañero.

PIENSA Y COMENTA

Se puede decir que dos expresiones numéricas son iguales cuando tienen el mismo valor.

3. **Discusión** Explica por qué la expresión numérica $4 + 6$ es igual a $12 - 2$, pero la expresión numérica $3 + 6$ *no* es igual a $4 + 8$.

Puedes escribir una ecuación para mostrar que dos expresiones son iguales. Una **ecuación** es un enunciado matemático que contiene un signo de igualdad. El símbolo = se lee "es igual a".

4. Lee en voz alta las ecuaciones.

   a. $5 + 9 = 14$ **b.** $9 + 6 = 15$ **c.** $21 = 25 - 4$

5. **Discusión** Explica por qué la ecuación $4 + 6 = 10$ es verdadera y la ecuación $3 + 7 = 12$ es falsa.

6. Di si la ecuación es verdadera o falsa.

   a. $16 = 9 + 7$ **b.** $3 + 11 = 15$ **c.** $8 + 12 = 20$

Las ecuaciones también pueden contener variables. Se **resuelve** una ecuación que contiene una variable cuando se sustituye la variable por un número de manera que la ecuación sea verdadera. El número que hace que la ecuación sea verdadera es una **solución** de la ecuación.

7. a. ¿Es el número 3 una solución de la ecuación $x + 4 = 7$? ¿Por qué?

b. ¿Es el número 5 una solución de la ecuación $x + 4 = 12$? ¿Por qué?

8. Di si el número es una solución de la ecuación dada.

a. $y - 6 = 24; y = 18$ **b.** $20 = p + 4; p = 16$

c. $150 = k - 50; k = 200$ **d.** $j + 30 = 70; j = 100$

Los matemáticos eligieron el símbolo $=$ para representar la igualdad porque pensaron que nada podía ser más igual que dos segmentos de recta.

Fuente: *Historical Topics for the Mathematics Classroom*

Puedes usar fichas para representar y resolver ecuaciones de suma.

9. ¿Qué ecuación representa el modelo de arriba?

Puedes hallar la solución de una ecuación de suma aislando la variable, es decir, colocando la variable sola a un lado del signo de igualdad.

       Representa la ecuación.

       Aísla la variable.

       Halla la solución.

10. a. ¿Qué ecuación representa el primer modelo?

b. Discusión ¿Qué se hizo para aislar la variable? ¿Qué operación representa esta acción?

c. ¿Cuál es la solución de la ecuación?

11. Usa fichas de álgebra para resolver cada ecuación de suma.

a. $m + 4 = 7$ **b.** $6 + k = 11$ **c.** $9 = h + 3$

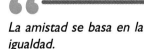

La amistad se basa en la igualdad.
—Pitágoras
(550 a. C.)

Puedes calcular mentalmente para resolver ecuaciones de suma y resta.

12. a. ¿Cuál tendrá que ser el valor de r en la ecuación de suma $r + 8 = 15$ para que ambos lados de la ecuación sean iguales?

    b. ¿Cuál tendrá que ser el valor de m en la ecuación de resta $m - 4 = 10$ para que ambos lados de la ecuación sean iguales?

13. Cálculo mental Resuelve las ecuaciones.

    a. $8 = 3 + h$ **b.** $a + 5 = 8$

    c. $m - 2.5 = 10$ **d.** $15 = g - 5$

    e. $5 = n - 10$ **f.** $8 = k + 7.25$

Si no puedes usar fichas para resolver una ecuación o si es demasiado difícil de resolver con cálculo mental, puedes usar la calculadora.

14. a. Discusión ¿Cómo podrías usar la calculadora para resolver la ecuación de suma $x + 3,687 = 5,543$?

    b. ¿Qué tecla de operaciones de la calculadora se usa para resolver una ecuación de suma?

15. Calculadora Resuelve cada ecuación de suma.

    a. $f + 1,478 = 3,652$ **b.** $12,597 = h + 6,954$

    c. $183.35 = 119.75 + b$ **d.** $50,876 + s = 877,942$

16. a. Discusión ¿Cómo podrías usar la calculadora para resolver la ecuación de resta $x - 4,621 = 1,347$?

    b. ¿Qué tecla de operaciones de la calculadora se usa para resolver una ecuación de resta?

17. Calculadora Resuelve cada ecuación de resta.

    a. $y - 432 = 127$ **b.** $10,006 = k - 67,948$

    c. $z - 11,897 = 34,954$ **d.** $189.622 = p - 24.752$

18. Discusión Explica el significado de la oración *La suma y la resta se deshacen una a la otra*.

Las operaciones que se deshacen una a la otra, como la suma y la resta, se llaman **operaciones inversas.**

Di si cada ecuación es verdadera o falsa.

19. $5 + 10 = 15$ **20.** $9 - 3 = 2$ **21.** $24 = 6 + 18$

Determina si el número dado es una solución de la ecuación.

22. $h + 6 = 14; h = 7$ **23.** $k + 5 = 16; k = 11$

24. $p - 10 = 20; p = 20$ **25.** $18 = m - 4; m = 22$

26. $25 = 14 + y; y = 11$ **27.** $t - 5 = 25; t = 15$

Elige **Usa fichas de álgebra, cálculo mental o la calculadora para resolver cada ecuación.**

28. $x + 2 = 7$ **29.** $152 = p + 64$ **30.** $16 = k + 7$

31. $h + 49 = 97$ **32.** $6 + w = 9$ **33.** $20 = m - 6.6$

34. $62 + r = 83$ **35.** $y - 265 = 124$ **36.** $w - 7 = 10$

37. $437.782 + y = 512.36$ **38.** $18,943 = x - 11,256$

39. Por escrito ¿Qué relación hay entre las palabras *ecuación* y *equilátero*?

40. Pensamiento crítico ¿Se afecta la igualdad de una ecuación cuando se suma o resta el mismo valor a ambos lados de la ecuación? Usa ejemplos para apoyar tu respuesta.

41. a. Escribe las tres filas siguientes del patrón de ecuaciones de abajo.

$$1 + 3 = 4 \text{ ó } 2^2$$
$$1 + 3 + 5 = 9 \text{ ó } 3^2$$
$$1 + 3 + 5 + 7 = 16 \text{ ó } 4^2$$

b. ¿Cuál es la relación entre el número de sumandos y la base de la potencia?

c. ¿Cómo hallarías la suma de los primeros diez números impares? ¿Cuál es la suma?

d. Halla la suma de los primeros veinte números impares.

42. Terminología ¿En qué se parece una ecuación a una oración?

Identifica el polígono.

1. un polígono de 6 lados

2. un polígono de 10 lados

Un club de discos vende discos compactos a $10.50 cada uno, más $1.50 de envío y franqueo por pedido.

3. Haz una tabla que muestre cuánto costaría ordenar 1, 2, 3, 4 y 5 discos compactos.

4. Haz una gráfica con los datos de la tabla.

5. A un autobús le caben 44 pasajeros. Empieza la ruta vacío y recoge 1 pasajero en la primera parada, 2 en la segunda, 3 en la tercera y así, sucesivamente. ¿En qué parada se llenará el autobús, si no se baja nadie?

¡RECUERDA!

Los *sumandos* de la ecuación $6 + 8 = 14$ son 6 y 8.

Usa el artículo de abajo para contestar las preguntas.

Un sueño hecho realidad

Dwight Collins tenía diez años de edad la primera vez que pensó en atravesar el Océano Atlántico. Veintiséis años más tarde, en junio y julio de 1992, partió a hacer su sueño realidad. Estableció un récord pedaleando su bote, *Tango*, desde New-foundland hasta Londres en sólo 40 días: 14 días menos que el récord anterior. ¿Te imaginas pedalear 2,250 millas de océano? ¡Ni siquiera una tormenta con vientos de más de 50 millas por hora pudo impedir a Dwight Collins hacer su sueño realidad!

43. Después de la tormenta, a Dwight le quedaban aún aproximadamente 1,200 mi de camino. Sea p el número de millas ya pedaleado por Dwight. Escribe y resuelve una ecuación para determinar a cuántas millas de camino se encontró Dwight con la tormenta.

44. a. ¿Alrededor de cuántas millas diarias viajó Dwight?

b. Pensamiento crítico ¿Crees que viajó la misma distancia todos los días? ¿Por qué?

VISTAZO A LO APRENDIDO

1. Elige A, B, C o D. ¿Qué expresión tiene el valor más cercano a 70 unidades cuadradas, el área del paralelogramo?

A. $x^2 + 3$ si $x = 8$

B. $2(b \div 2) + 1$ si $b = 70$

C. $10^2 - 3c$ si $c = 5$

D. $2a$ si $a = 32$

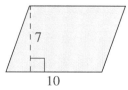

Escribe una expresión algebraica para cada frase.

2. doce más que y

3. b aumentado en cinco

4. w menos que seis

5. r menos que veintidós

Resuelve cada ecuación.

6. $b + 25 = 75$

7. $256 = m - 129$

8. $6 = 4 + y$

5-9

Ecuaciones de multiplicación y división

Deporte	Número de jugadores por equipo
Béisbol	9
Básquetbol	5
Fútbol	11
Vóleibol	6

EN EQUIPO

El número de jugadores en los equipos deportivos varía, como se muestra en la tabla de la izquierda.

1. Supón que 30 estudiantes participan en deportes intraescolares.

   a. **Cálculo mental** ¿Cuántos equipos de vóleibol puede haber?

   b. **Discusión** Sea e el número de equipos de vóleibol que puede haber. ¿Qué ecuación de multiplicación representa esta situación: $6e = 30$ ó $30e = 6$? Explica.

   c. **Pensamiento crítico** ¿Cómo cambiaría la ecuación si los equipos fueran de básquetbol en vez de vóleibol?

PIENSA Y COMENTA

Puedes usar fichas de álgebra para representar y resolver ecuaciones de multiplicación.

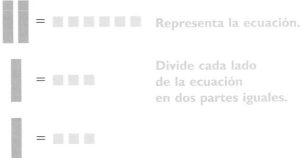

Representa la ecuación.

Divide cada lado
de la ecuación
en dos partes iguales.

2. a. ¿Qué ecuación representa el primer modelo?

   b. **Discusión** ¿Qué se hizo para hallar el valor de la variable? ¿Qué operación representa esta acción?

   c. ¿Cuál es la solución de la ecuación?

3. Usa fichas para resolver estas ecuaciones de multiplicación.

   a. $2b = 8$ b. $2g = 10$ c. $3x = 12$

 Tres deportes se iniciaron en los Estados Unidos: el básquetbol, el vóleibol y el béisbol.

Fuente: *The Information Please Kids' Almanac*

Se puede usar cálculo mental para resolver ecuaciones de multiplicación y división.

4. a. ¿Cuál tendrá que ser el valor de r en la ecuación de multiplicación $10r = 90$, para que ambos lados de la ecuación sean iguales?

b. ¿Cuál tendrá que ser el valor de h en la ecuación de división $h \div 4 = 6$, para que ambos lados de la ecuación sean iguales?

5. Cálculo mental Resuelve cada ecuación.

a. $5c = 35$ **b.** $n \div 2 = 30$

c. $100 = k \div 20$ **d.** $10 = 2.5h$

e. $11m = 121$ **f.** $b \div 100 = 1{,}000$

También puedes usar la calculadora para resolver ecuaciones de multiplicación y división.

6. a. Discusión ¿Cómo podrías usar la calculadora para resolver la ecuación $125x = 1{,}875$?

b. ¿Qué tecla de operaciones de la calculadora se usa para resolver una ecuación de multiplicación?

7. Calculadora Resuelve cada ecuación de multiplicación.

a. $125v = 2{,}750$ **b.** $4{,}731 = 57g$ **c.** $125.3p = 4{,}097.31$

d. $83.5375 = 25.625s$ **e.** $123{,}456n = 97{,}406{,}784$

8. a. Discusión ¿Cómo podrías usar la calculadora para resolver la ecuación $x \div 429 = 6{,}864$?

b. ¿Qué tecla de operaciones de la calculadora se usa para resolver una ecuación de división?

9. Calculadora Resuelve cada ecuación de división.

a. $s \div 62{,}409 = 289$ **b.** $t \div 5.88 = 75.38$

c. $2{,}256 = g \div 1{,}111$ **d.** $p \div 287 = 64{,}685$

10. Discusión Explica qué significa que la multiplicación y la división son operaciones inversas.

11. Pensamiento crítico Compara las ecuaciones de multiplicación y división con las ecuaciones de suma y resta. ¿En qué se parecen? ¿En qué se diferencian?

 Shakuntala Devi, de la India, calculó mentalmente el producto de los números 7,686,369,774,870 y 2,465,099,745,779. ¡Y obtuvo la respuesta correcta en sólo 28 segundos!

Fuente: *The Guinness Book of Records*

Di si el número dado es una solución de la ecuación.

12. $6h = 60; h = 10$

13. $g \div 8 = 7; g = 64$

14. $15 = 5p; p = 3$

15. $36 = m \div 3; m = 12$

Elige Usa fichas de álgebra, cálculo mental o la calculadora para resolver cada ecuación.

16. $3m = 15$

17. $g \div 5 = 25$

18. $805 = 7b$

19. $2.5h = 45$

20. $10 = k \div 20$

21. $y \div 43 = 1,204$

22. $16 = 4h$

23. $5.25c = 8.6625$

24. $h \div 20 = 9$

25. $204,425 = 1,258k$

26. $d \div 1,000 = 100$

27. Por escrito Sin resolver la ecuación $0.8t = 4$, determina si el valor de t es mayor o menor que 4. Explica.

28. Elige A, B, C o D. León participó en una competencia de natación para recaudar fondos para el banco local de alimentos. Su vecina, la Sra. Tram, lo patrocinó a $.20 por vuelta. León le pidió $4.40 a la Sra. Tram. Elige la ecuación que podría usar la Sra. Tram para determinar cuántas vueltas completó León.

A. $0.20(4.40) = s$

B. $0.20s = 4.40$

C. $0.20 \div s = 4.40$

D. $0.20 = 4.40s$

29. El precio de la gasolina está a $1.28 el galón. La factura de Laila es de $16.

a. ¿Usarías la ecuación $1.28g = 16$ ó la ecuación $16g = 1.28$ para determinar cuántos galones de gasolina compró Laila?

b. ¿Cuántos galones de gasolina compró Laila?

Calculadora Completa cada ecuación. Predice la quinta y la sexta ecuación de cada patrón.

30.
$$1 \times 8 + 1 = \blacksquare$$
$$12 \times 8 + 2 = \blacksquare$$
$$123 \times 8 + 3 = \blacksquare$$
$$1,234 \times 8 + 4 = \blacksquare$$

31. $99 \times 12 = \blacksquare$
$$99 \times 13 = \blacksquare$$
$$99 \times 14 = \blacksquare$$
$$99 \times 15 = \blacksquare$$

Repaso MIXTO

Halla el perímetro de cada rectángulo.

1. longitud 8 cm, ancho 5 cm

2. longitud 2 m, ancho 56 m

Resuelve cada ecuación.

3. $k + 8 = 14$

4. $m - 2 = 15$

5. Las casas de la Avenida Los Héroes están numeradas en orden del 1 al 85. ¿Cuántos números tendrán al menos un dígito 3?

 Un galón de gasolina produce alrededor de 20 libras de dióxido de carbono. Mientras más dióxido de carbono se libera en la atmósfera, más contaminación se produce.

Fuente: *50 Simple Things You Can Do To Save The Earth*

En conclusión

Barras neperianas y patrones — 5-1, 5-2

Cada elemento de un patrón es un **término.** Puedes describir un patrón numérico mediante una regla que contenga el primer término y que indique qué hacer para obtener los términos siguientes.

1. Halla los tres términos siguientes en el patrón numérico 2, 6, 18, 54, ... Escribe una regla para describir el patrón.

Potencias — 5-3

Las potencias representan la repetición de una multiplicación. En 2^3, la base es 2 y el exponente es 3. Se usa el 2 como factor 3 veces: $2^3 = 2 \times 2 \times 2$.

Se usa el orden de las operaciones para hallar el valor de las expresiones numéricas.

- Haz primero las operaciones que se hallan entre paréntesis.
- Haz todas las operaciones con exponentes.
- Multiplica y divide de izquierda a derecha.
- Suma y resta de izquierda a derecha.

Halla el valor.

2. 3^2 **3.** $5^2 + 4^3$ **4.** $(6 + 2)^2 \div 4$ **5.** $(6 + 2^2) \div 8$

Variables y expresiones algebraicas — 5-4, 5-6

Una **variable** es un símbolo que representa un número. Una **expresión algebraica,** como $2x - 3$, es una expresión que contiene al menos una variable. Para hallar el valor de una expresión algebraica sustituye primero cada variable por un número. Después, halla el valor de la expresión numérica.

Escribe una expresión algebraica para cada frase.

6. 5 menos que el número x **7.** el número y dividido por p

8. Elige A, B, C o D. ¿Entre qué dos números está el valor de $(2 + x)^3$ si $x = 5$?

     A. $1 - 99$ **B.** $100 - 199$ **C.** $200 - 299$ **D.** $300 - 399$

Una estrategia para resolver problemas es buscar un patrón. Puedes usar una gráfica para mostrar las relaciones entre los números.

9. El precio de una llamada de 1 minuto desde Brookfield hasta el pueblo vecino de Carnstown es $.07. El precio de una llamada de 2 minutos es $.15 y el de una llamada de 3 minutos es $.23. ¿Cuál sería el precio de una llamada de 5 min de acuerdo a este patrón?

10. a. Ordena los datos del ejercicio 9 en una gráfica. Traza una recta que pase por los puntos.

b. Por escrito Explica cómo podrías usar la gráfica para hallar el precio de una llamada de 8 min.

Una ecuación es una expresión matemática que contiene un signo de igualdad. Una ecuación que contiene una variable se resuelve hallando una *solución* que haga que la ecuación sea verdadera. Se puede resolver una ecuación usando *operaciones inversas,* es decir, operaciones que se deshacen una a la otra.

Determina la operación inversa que ayudaría a hallar el valor de la variable en cada ecuación. Después, resuelve la ecuación.

11. $x + 7 = 12$ **12.** $m - 8 = 15$ **13.** $4a = 32$ **14.** $t \div 4 = 32$

15. Elige A, B, C o D. Ruth compró una calculadora por x dólares. Pagó con un billete de $20. Recibió $7.54 de vuelto. ¿Qué ecuación podrías usar para hallar el precio de la calculadora?

A. $7.54x = 20$ **B.** $x - 20 = 7.54$ **C.** $x \div 7.54 = 20$ **D.** $x + 7.54 = 20$

PREPARACIÓN PARA EL CAPÍTULO 6

1. Describe cómo hallar el perímetro y el área de un rectángulo.

Halla el valor de cada expresión algebraica.

2.

la con $l = 5.2$ y $a = 3$

3.

l^2 con $l = 17$

4.
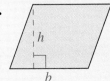
bh con $b = 12$ y $h = 10$

cierra el caso

Montañas de basura

Durante el tiempo que has estado estudiando este capítulo, la población de Estados Unidos ha producido varios millones de toneladas de basura. Antes de que sea demasiado tarde, presenta una propuesta para la reducción de la basura escolar al director de la escuela. Revisa el plan basándote en lo que has estudiado en este capítulo. Las siguientes sugerencias te ayudarán a respaldar tu propuesta.

✔ Dibuja una gráfica que muestre las tendencias en la producción de la basura escolar.

✔ Prepara un cartel.

✔ Lleva a cabo una encuesta sobre la disposición de los estudiantes y maestros a obedecer tu plan de reducción de basura.

Si resolviste los problemas precedidos por la lupa (pág. 187, #17 y pág. 206, #35) los datos que reuniste te ayudarán también a respaldar tu propuesta.

Tus esfuerzos por reducir la producción de basura pueden tener grandes resultados. ¡Si cada uno de nosotros redujera en sólo un cuarto la cantidad de basura que producimos, podríamos ahorrar más de 300 libras de materia prima por persona al año!

Extensión: El reciclaje no sólo ahorra los materiales reciclados, sino que también ahorra dinero. Estima la cantidad de dinero que podría ahorrar tu escuela mediante el reciclaje. Explica cómo calculaste la estimación. Luego, sugiere algunos usos para el dinero que podría ahorrar la escuela.

Puedes consultar:

• a los representantes de las oficinas locales o estatales encargadas de los desperdicios sólidos

En un abrir y cerrar de ojos

Trabaja con un compañero en esta actividad. Cuenten cuántas veces pestañea cada uno en un minuto. Usen una variable para representar esta cantidad, como p (pestañeos por minuto) = 20. Usen esta variable para escribir una expresión de multiplicación que muestre cuántas veces pestañearían tú y tu compañero en una hora, en un día, en una semana y en un año. Hallen el valor de las expresiones. Compartan los resultados con el resto de la clase. Determinen la cantidad promedio de pestañeos por minuto de la clase.

Exprésate

Has puesto en marcha un negocio junto con dos de tus amigos, haciendo todo tipo de trabajos en el vecindario. El número de horas de trabajo diarias varía. Le cobran la misma cantidad por hora a todos los clientes por el trabajo que hacen. Al final del día se reparten los ingresos en tres partes iguales. Usa dos variables para escribir una expresión que describa la cantidad de dinero diaria que ganarías.

¿Cuál es el truco?

- Elige un número mayor que 1.
- Suma 3 al número.
- Multiplica el resultado por 2.
- Resta 6.
- Resta el número original.
- Anota el resultado final.
- ¿Cuál es el truco?

¿QUÉ NÚMERO ES?

Reglas del juego:

- Tres o más jugadores.
- Cada jugador tiene diez tarjetas de 3" x 5". Los jugadores escriben en cada una de sus tarjetas una ecuación de las tablas de multiplicación o división a la que le falte un número.
- Barajen las tarjetas.
- Los jugadores se turnan en sacar las tarjetas y resolver las ecuaciones. Cuando un jugador resuelva correctamente una ecuación, el producto o cociente es la puntuación del jugador. Si el jugador no da la respuesta correcta, no recibe puntuación alguna y el juego continúa de derecha a izquierda.
- El jugador que tenga la puntuación más alta gana el juego.

1. a. Halla los tres términos siguientes de este patrón numérico: 7, 16, 25, 34, ...

b. Escribe una regla para describir el patrón.

2. Elige A, B o C. ¿Qué patrón numérico describiría la siguiente regla? *Empieza por el número 3 y suma 7 cada vez.*

A. 3, 10, 17, . . .

B. 7, 10, 13, . . .

C. 1, 3, 7, . . .

3. Por escrito ¿Cómo usarías las barras neperianas para multiplicar 724 × 9?

4. Halla el valor.

a. $500 + (12 - 8)^3$ **b.** $3^5 \times 2^4$

c. $8^2 \div 4 - 2^4$ **d.** $8 + 4^2 \div 2$

5. Compara usando <, > ó =.

$3 + (2)^3$ ■ $(3 + 2)^3$

6. Carolina se entrena para una competencia de natación. La primera semana nada 4 vueltas diarias. La segunda semana, nada 8 vueltas diarias, la tercera semana 12 vueltas diarias y la cuarta semana 16 vueltas diarias. ¿Cuántas vueltas diarias nadará Carolina la octava semana de acuerdo a este patrón?

7. Elige una variable. Después, escribe una expresión para cada modelo.

a.    **b.**

8. Halla el valor de $2a^2 + b$ con $a = 5$ y $b = 18$.

9. Escribe y resuelve la ecuación representada por cada modelo.

a.

b.

10. Escribe una expresión algebraica para cada frase.

a. ocho menos que d

b. el doble de q

11. Cálculo mental Resuelve cada ecuación.

a. $14 = y - 8$ **b.** $2m = 26$

12. Resuelve cada ecuación.

a. $25 + b = 138$ **b.** $n - 46 = 84$

c. $135 = 10y$ **d.** $k \div 12 = 3$

13. Alonso construyó un cohete para la clase de ciencias. La tabla muestra la altura que alcanza el cohete después de una cantidad dada de segundos.

Tiempo (s)	Altura (m)
1	1
2	3
3	6
4	10
5	■
6	■

a. Copia y completa la tabla. Después, ordena los datos en una gráfica.

b. ¿Son colineales los puntos? Explica.

Elige A, B, C o D.

1. ¿Qué número representa la *mejor estimación* de 2.17 − 0.014?

   A. 2   **B.** 2.1   **C.** 2.15   **D.** 2.2

2. ¿Cuál de los siguientes *no* es uno de los ángulos agudos que aparecen en el diagrama?

   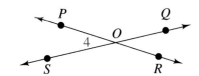

   A. ∠4   **B.** ∠POS

   C. ∠SOR   **D.** ∠ROQ

3. ¿Qué nombre se da al número obtenido al restar el número menor del número mayor en un conjunto de datos?

   A. media   **B.** mediana

   C. moda   **D.** gama

4. ¿Qué regla podrías usar para describir el patrón numérico 4, 8, 12, 16, 20?

   A. Empieza por el 4 y suma 4 cada vez.

   B. Empieza por el 4 y multiplica por 2.

   C. Empieza por el 4 y halla el cuadrado.

   D. Escribe las primeras cinco potencias de 4.

5. ¿Qué conjunto de decimales está ordenado de menor a mayor?

   A. 0.2, 0.02, 0.22   **B.** 0.15, 0.51, 1.05

   C. 0.24, 0.3, 0.05   **D.** 0.49, 0.4, 0.05

6. Si $31.2 \times \blacksquare = 0.00312$, ¿cuál es el valor de ■?

   A. 10,000   **B.** 0.0001

   C. 1,000   **D.** 0.001

7. ¿Cuál es el valor de $3 + 4 \times 2^3$?

   A. 56   **B.** 35   **C.** 515   **D.** 27

8. ¿Qué información NO necesitas para resolver el problema?

   "En Comida SuperRápida, una hamburguesa con queso vale 99¢, la ración de papas fritas vale 20¢ menos que la hamburguesa y la leche vale 75¢. ¿Puede Jan comprar dos hamburguesas y leche, si tiene tres dólares?"

   A. el precio de la hamburguesa

   B. el precio de las papas fritas

   C. el precio de la leche

   D. que Jan tiene tres dólares

9. ¿Qué polígono *no* es un cuadrilátero?

   A. trapecio   **B.** paralelogramo

   C. rombo   **D.** pentágono

10. El río Amazonas, en América del Sur, corre a través de una de las selvas tropicales más grandes del mundo y su caudal representa una sexta parte de las aguas terrestres que fluyen hacia los océanos. ¿Alrededor de qué porcentaje del agua que fluye a los océanos representa este caudal?

    A. 16%   **B.** 10%   **C.** 12.5%   **D.** 6%

11. Nombra un par de triángulos que *no* parezcan ser congruentes.

    A. △KNO, △KLO

    B. △MON, △MOL

    C. △NKL, △NML

    D. △KMN, △KML

    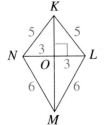

Medidas

Energía
A PEDAL

USA LA CABEZA

El uso de un casco que se ajuste de manera adecuada puede reducir en un 85% el riesgo de graves lesiones en la cabeza. Si todos los ciclistas de Estados Unidos hubieran usado casco durante los últimos cinco años:

• se podría haber salvado una vida diaria

• se podría haber evitado una lesión en la cabeza cada 4 min.

7 piñones traseros más 3 platos = 21 combinaciones → bicicleta de 21 velocidades
26" de diámetro de llanta → una bicicleta de 26"

piñón de la rueda trasera

cilindros sobre muelles

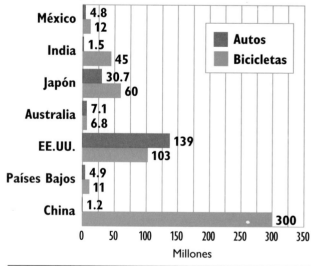

Número de autos y bicicletas en varios países

País	Autos	Bicicletas
México	4.8	12
India	1.5	45
Japón	30.7	60
Australia	7.1	6.8
EE.UU.	139	103
Países Bajos	4.9	11
China	1.2	300

Millones

Fuente: *Information Please Environmental Almanac*

EN ESTE CAPÍTULO

- estimarás y hallarás el área de figuras geométricas
- usarás y aplicarás conceptos de medida
- usarás la tecnología para estudiar PI
- harás modelos para resolver problemas

Tamaños de rueda para triciclos y bicicletas (diámetro en pulgadas)

Bicicletas
10, 12, 16, 18, 20, 24, 26, 27

Big Wheels™
11, 11½, 13, 16

Triciclos
10, 12, 13, 16

Fuente: *Arithmetic Teacher*

DE TODO EL MUNDO Se atribuye a los sumerios la invención de la rueda alrededor del año 3,500 a.C.

Altura del asiento = 1.09 x largo de la pierna (medida de la costura interior)

manubrio

altura del asiento

frenos de mano

plato

pedal

cadena

26 pulgadas

Federación de ciclismo de EE.UU.
Récords nacionales para 20 km

Masculino

Edad	min:s	km/h
12 y menores	33:33	35.77
14 y menores	28:06	42.86
16 y menores	25:21	47.34
18 y menores	25:04	47.87

Femenino

Edad	min:s	km/h
12 y menores	37:42	31.83
14 y menores	32:22	37.08
16 y menores	30:39	39.15
18 y menores	29:42	40.40

Fuente: U.S. Cycling Federation

ínvestigación

Informe

Orlando usó fichas para formar cuadrados y los nombró según el número de fichas en las columnas y en las filas. He aquí un cuadrado de 2 y un cuadrado de 3 fichas.

Orlando reunió tres datos sobre cada cuadrado:

a. el número de fichas usadas

b. el número de fichas usadas en los bordes

c. el número de fichas necesarias para formar un nuevo cuadrado a partir del cuadrado anterior

Para el cuadrado de 3, usó 9 fichas. Usó 8 fichas en los bordes. Necesitó 5 fichas adicionales para formar el cuadrado de 3 a partir del cuadrado de 2. Después de estudiar los cuadrados durante un largo rato, dijo: "Se necesitarían 300 fichas para formar un cuadrado de 30. Habría 120 fichas en los bordes. Necesitaría 61 fichas adicionales para hacer el cuadrado de 30 a partir del cuadrado de 29". ¿Estaba Orlando en lo cierto?

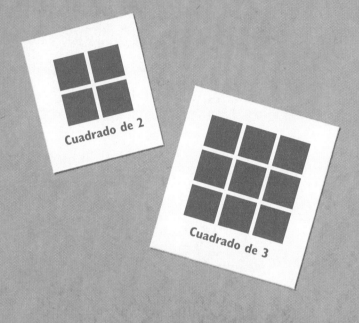

Cuadrado de 2

Cuadrado de 3

Misión: Averigua si Orlando estaba o no en lo cierto en cada uno de sus cálculos. Después, explica por escrito cómo llegaste a esa conclusión.

Sigue Estas Pistas

✓ ¿Podrías averiguarlo si formas un cuadrado de 30?

✓ ¿Cómo puedes usar los patrones en la investigación?

✓ ¿Cómo halló Orlando los datos para el cuadrado de 3?

• Estimar áreas

6-1

Estimación de áreas

PIENSA Y COMENTA

Cuando calculas el número de *unidades cuadradas* de una figura, hallas el área de la figura.

1. ¿Cuántas unidades cuadradas hay en cada figura? Describe el método que emplearás para hallar el área.

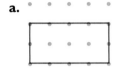

a.   b.   c.

Algunas de las unidades que se usan para medir el área son los centímetros cuadrados (cm^2), los metros cuadrados (m^2), las pulgadas cuadradas ($pulg^2$), los pies cuadrados (pie^2) y las yardas cuadradas (yd^2).

2. Nombra otras unidades de medida del área.

Esta figura aparece en papel cuadriculado en centímetros.

¿QUÉ? Si Estados Unidos estuviera formado por estados del tamaño de Alaska, sólo habría espacio para seis estados. **¿Cuántos estados del tamaño del tuyo crees que cabrían?**

Fuente: *Comparisons*

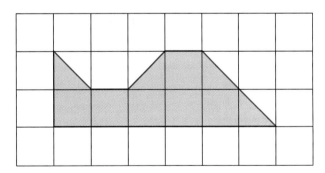

3. a. ¿Cuál es el área de cada cuadrado del papel cuadriculado?

   b. ¿Cuál es el área de la figura sombreada?

   c. ¿Cómo hallaste el área?

   d. Supón que cada cuadrado representa 9 m^2. ¿Cuál es el área sombreada?

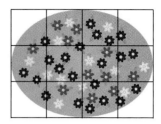

A veces es difícil determinar el área exacta, pero una estimación es suficiente. Si usas una gráfica, puedes determinar si los cuadrados están llenos, casi llenos, por la mitad o casi vacíos.

4. Estima el área del cantero de flores. Cada cuadrado representa 1 m².

5. Cada cuadrado del dibujo de abajo representa 4 mi².

   a. ¿Cuántos cuadrados están llenos o casi llenos?

   b. ¿Cuántos cuadrados están por la mitad?

   c. Estima el área del lago.

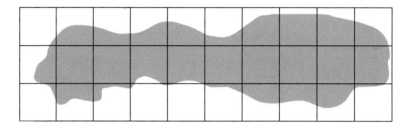

EN EQUIPO

Trabaja con un compañero para estimar el área de Australia. Cada cuadrado representa un área de 240 millas por 240 millas.

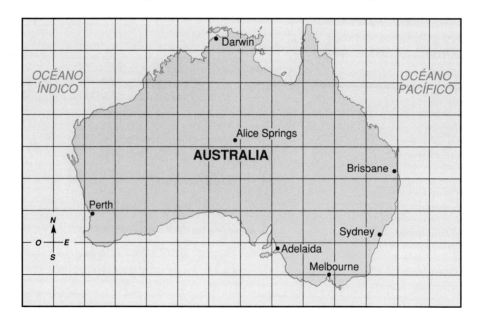

Halla el área de la figura. El área de cada cuadrado es de 1 cm².

6.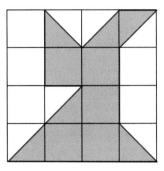

7.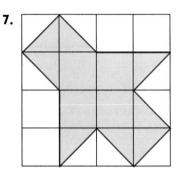

Estima el área de la figura. Considera que cada cuadrado representa 1 pulg².

8.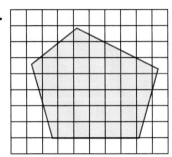

9.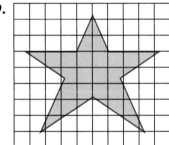

Estima el área de la figura. Considera que cada cuadrado representa 4 cm².

10.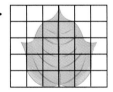

11.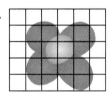

12. **Actividad** Coloca la mano, con los dedos juntos, sobre papel cuadriculado en centímetros. Traza el contorno de la mano. En una segunda hoja de papel cuadriculado en centímetros traza el contorno de la mano con los dedos abiertos. Trata de trazar una recta por el mismo lugar de la muñeca en ambos dibujos.

   a. Estima el área de cada mano.

   b. Pensamiento crítico ¿Qué podría ocasionar la diferencia en las dos estimaciones de la parte (a)?

R^{e}pa^{s}o MIXTO

1. ¿Cuánto suman los primeros 20 números impares?

Resuelve la ecuación.

2. $3x = 27$

3. $17 = y \div 9$

Calcula la expresión.

4. 4^2 5. $(3 + 2)^2$

6. Usa los dígitos 1, 3, 5, 7 y 9 en cualquier orden para escribir un problema de multiplicación con el mayor producto posible.

13. Por escrito Describe dos situaciones en las que sea suficiente estimar el área, en vez de medirla con exactitud.

14. Elige A, B, C o D. Cada cuadrado representa 100 m². ¿Cuál es la estimación que mejor representa el área de la figura?

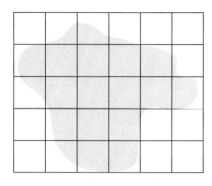

A. 3,000 m²   **B.** 15.5 cm²

C. 1,550 m²   **D.** 15.5 m²

15. ¿Qué región tiene el área mayor? ¿Cuál tiene la menor?

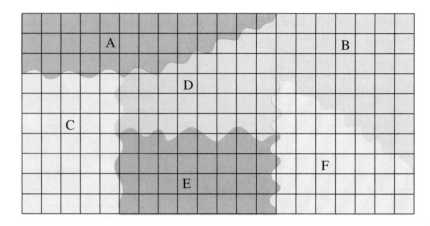

16. Pensamiento crítico ¿Cuántas pulgadas cuadradas hay en una yarda cuadrada? Usa un dibujo para mostrar cómo hallaste la respuesta.

Estima **Estima el área del nombre. Cada cuadrado representa 1 pulg².**

17.
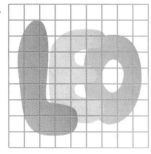

18.
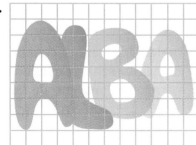

19. Dibuja tu nombre en papel cuadriculado. Estima el área de tu nombre en unidades cuadradas.

 La *Homestead Act* dio oportunidades a miles de personas. Esta ley permitía a los colonizadores obtener 160 acres de terreno gratis. Si los colonizadores no deseaban labrar las tierras, podían pagar $1.25 por acre.

Área de rectángulos y cuadrados

En esta lección

• Hallar el área y el perímetro de rectángulos y cuadrados

Sugerencia para resolver el problema

Puedes dibujar diagramas para ayudarte a resolver el problema.

PIENSA Y COMENTA

Moisés planea construir un jardín. Decide dividirlo en 12 parcelas cuadradas de 1 m de lado, agrupadas en forma de rectángulo. Después de marcar las parcelas, cercará el jardín.

1. **a.** ¿Cómo podría Moisés agrupar las parcelas de manera que obtuviera el menor perímetro posible y necesitara la menor cantidad de cerca?

   b. ¿Cómo podría Moisés agrupar las parcelas de manera que obtuviera el mayor perímetro posible?

2. **a.** ¿Cuál es el área de la agrupación de menor perímetro?

   b. ¿Cuál es el área de la agrupación de mayor perímetro?

   c. ¿Variará el área si Moisés agrupa las parcelas en forma no rectangular? ¿Por qué?

En el problema de las parcelas de jardín, puedes contar las parcelas cuadradas para hallar el área de la agrupación rectangular. Cuando no puedas contar cuadrados, puedes hallar el área A de un rectángulo multiplicando la longitud l por el ancho a. Puedes hallar el perímetro P, sumando $l + a + l + a$ para obtener $2l + 2a$ ó $2(l + a)$.

Área y perímetro de un rectángulo
$A = l \times a$
$P = 2(l + a)$

Un cuadrado es un rectángulo en el que el ancho y la longitud son iguales. Puedes hallar el área A de un cuadrado elevando al cuadrado la longitud l de un lado. El perímetro P es $4l$.

Nabucodonosor hizo construir los jardines colgantes de Babilonia en el año 600 a.C. Eran tan maravillosos y complicados que se convirtieron en una de las siete maravillas del mundo antiguo.

Fuente: *Encyclopedia Britannica*

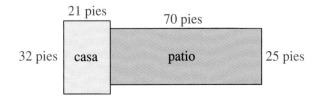

3. Halla el perímetro y el área de un cuadrado cuyos lados midan 8 cm de longitud.

Ejemplo Halla el área y el perímetro del patio.

21 pies

70 pies

32 pies | casa | patio | 25 pies

- La longitud del patio es 70 pies. El ancho, 25 pies. Para hallar el área, aplica $A = l \times a$.

  $A = l \times a = 70 \times 25 = 1{,}750$

- Para hallar el perímetro, aplica $P = 2(l + a)$.

  $P = 2(l + a) = 2(70 + 25) = 2 \times 95 = 190$

El área del patio es 1,750 pies². El perímetro es 190 pies.

4. ¿Por qué en este ejemplo se indica el área en pies cuadrados y el perímetro en pies?

5. ¿Necesitarías 190 pies de cerca para cercar el patio del ejemplo? ¿Por qué?

El laberinto de 1,250 m²
del jardín de Hampton Court,
en Inglaterra, cumplió su
tricentenario en 1991. Todos
los años, miles de turistas
pagan $2.15 para tratar de
hallar la salida entre los setos
de 2.5 m de altura.

Fuente: *Encyclopedia Britannica*

⌐ EN EQUIPO

Usen las fichas cuadradas para formar los siguientes rectángulos. Dibujen los resultados en papel cuadriculado.

6. Formen al menos dos rectángulos cuyas áreas (en unidades cuadradas) sean menores que sus perímetros (en unidades).

7. Formen al menos un rectángulo cuya área sea igual a su perímetro.

8. Formen al menos dos rectángulos cuyas áreas sean mayores que sus perímetros.

Halla el área y el perímetro del rectángulo.

9.
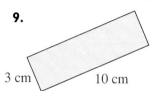
3 cm   10 cm

10.
4 pulg

4 pulg

11.

4 pies
3 yd

¡RECUERDA!

1 yd = 3 pies

POR TU CUENTA

Usa una regla de centímetros para medir la longitud y el ancho del rectángulo. Después, halla el perímetro y el área.

12.

13.

14.

Elige Usa lápiz y papel, calculadora o cálculo mental para resolver el problema.

15. La longitud de un rectángulo es 20 pulg. El ancho es 10 pulg.

    a. ¿Cuál es el área?

    b. ¿Cuál es el perímetro?

16. El área de un rectángulo es 24 pulg². Una de sus dimensiones es 6 pulg. ¿Cuál es el perímetro?

17. El perímetro de un cuadrado es 12 pulg. ¿Cuál es el área del cuadrado?

18. La longitud de un rectángulo es 16.5 cm. El ancho es 8.2 cm. ¿Cuál es el área del rectángulo?

19. El perímetro de un rectángulo es 22 pies. El ancho es 4 pies. ¿Cuál es la longitud?

20. a. ¿Cuánta cerca necesitarías para vallar un jardín rectangular de 9 pies por 6 pies?

    b. ¿Cuántas secciones necesitarías, si cada sección de cerca tuviera 3 pies de ancho?

Re**paso** MIXTO

Usa las barras neperianas para hallar el producto.

1. 46 × 8

2. 912 × 9

Estima el área del círculo en unidades cuadradas.

3.

4. Yuma planea manejar 1,350 mi. Su auto rinde un promedio de 25 mi/gal. Al tanque de gasolina le caben 15 galones. La gasolina vale $1.299 el galón.

a. ¿Cuántas veces tendrá que llenar el tanque de gasolina?

b. ¿Cuánto le costará la gasolina?

21. Los lados de un cuadrado miden 0.5 cm de longitud.

    a. ¿Cuál es el perímetro?

    b. ¿Cuál es el área?

22. **Jardinería** Deseas un jardín con un área de 18 pies². Tienes un espacio de 6 pies de longitud para plantar el jardín. ¿De qué ancho debe ser?

23. Un rectángulo mide 2 m por 50 cm.

    a. ¿Cuál es el perímetro?

    b. ¿Cuál es el área?

24. **Archivo de datos #3 (págs. 92–93)** Halla el área del sello más pequeño del mundo.

25. **Elige A, B, C o D.** Un rectángulo mide 15.95 m por 8.25 m. ¿Cuál de las siguientes respuestas representa la mejor estimación del área?

    A. unos 48 m   **B.** unos 48 m²

    C. unos 128 m   **D.** unos 128 m²

26. El área de una zona de estacionamiento rectangular es 24 yd². Usa sólo números enteros para hallar todas las posibles dimensiones en yardas del estacionamiento.

27. El perímetro de un rectángulo es 10 m. Usa sólo números enteros para hallar todas las posibles dimensiones en metros.

28. Estima el área del rectángulo.

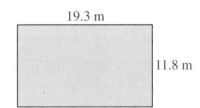

19.3 m

11.8 m

29. **Por escrito** Imagínate que conoces el área de un rectángulo. ¿Puedes hallar el perímetro? ¿Por qué? Usa ejemplos para ilustrar la respuesta.

 30. a. **Investigación (pág. 228)** Haz una tabla que muestre el número de fichas que necesitarías para construir cada cuadrado de fichas, desde un cuadrado de 1 hasta un cuadrado de 10.

    b. Describe la relación entre el número de fichas necesario para hacer un cuadrado de fichas y el área del cuadrado.

 La Gran Muralla se extiende 2,971 km a lo largo de una cordillera montañosa del norte de China. La muralla mide 14 m de altura y 7 m de grueso en algunos lugares. **¿Cuánto tardarías en recorrerla, si viajaras a 10 km/h?**

Fuente: *A Ride Along the Great Wall*

Área de paralelogramos y triángulos

• Desarrollar y aplicar fórmulas para hallar el área de triángulos y paralelogramos

VAS A NECESITAR

✓ Papel cuadriculado

✓ Tijeras

EN EQUIPO

• Dibujen un paralelogramo no rectangular en papel cuadriculado.

• Tracen un segmento perpendicular desde un vértice hasta la base.

• Recorten el paralelogramo y corten a lo largo del segmento perpendicular.

• Reagrupen las dos piezas de manera que formen un rectángulo.

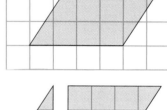

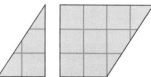

1. **a.** ¿Cuál es el área del rectángulo?

   b. ¿Cuál es el área del paralelogramo original? ¿Por qué?

   c. Comparen sus modelos con los de los demás grupos. ¿Obtuvieron todos los mismos resultados?

Usen papel cuadriculado en centímetros para dibujar dos triángulos congruentes. Recorten los triángulos. Agrúpenlos de manera que formen un paralelogramo.

2. ¿En qué se parece el área de cada triángulo al área del paralelogramo, y en qué se diferencia?

En este patrón, el perímetro se duplica cada vez mientras que el área sólo aumenta ligeramente. Si repitieras los pasos, el perímetro resultaría gigantesco, pero el área sería menos de cuatro veces la de la figura original.

PIENSA Y COMENTA

Cualquier lado del paralelogramo o del triángulo puede ser considerado la *base*, con una longitud *b*. La *altura* (*h*) de un paralelogramo o de un triángulo es la longitud de un segmento perpendicular desde uno de los vértices hasta la recta que contenga la base.

En la actividad "En equipo" descubriste que el área de un paralelogramo es igual al área de un rectángulo de las mismas dimensiones. También existe una relación entre el área del triángulo y el área de un paralelogramo con la misma altura y longitud de base.

Área de paralelogramos y triángulos
Área de un paralelogramo = longitud de la base × altura = bh
Área de un triángulo = $\frac{1}{2}$ × longitud de la base × altura = $\frac{1}{2}bh$

3. ¿Cuál es el área del rectángulo?

4. ¿Cuál es el área del paralelogramo que no es un rectángulo?

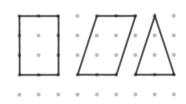

5. ¿Cuál es el área del triángulo?

A veces es más fácil dividir una figura en polígonos más pequeños. Entonces, puedes hallar las áreas.

Ejemplo   Halla el área de la figura.

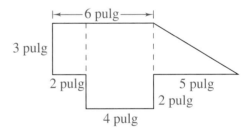

Puedes dividir el polígono en dos rectángulos y un triángulo, tal como está marcado en el dibujo.

Después, halla el área de cada polígono.

Área del rectángulo menor = 3 × 2 = 6 pulg²

Área del rectángulo mayor = 5 × 4 = 20 pulg²

Área del triángulo = $\frac{1}{2}(5 × 3) = \frac{1}{2} × 15 = 7.5$ pulg²

Suma el área de las tres figuras para hallar el área total de la figura compuesta.

6 pulg² + 20 pulg² + 7.5 pulg² = **33.5 pulg²**

COMPRUEBA ¿De qué otras maneras podrías dividir la figura para hallar el área?

Edmonton Mall, en Alberta, Canadá, mide 5.2 millones de pies². Este enorme centro comercial cuenta incluso con una montaña rusa bajo techo.

Fuente: *Guinness Book of Records*

Halla el área.

6.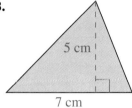

7.

8.

5 cm

7 cm

9.

6 m

2 m

3 m

6 m

2 m

2 m

4 m

"
*Las ecuaciones sólo
representan la parte tediosa
de las matemáticas. Yo trato
de percibir las cosas en
términos de geometría.*
—Stephen Hawking
(1942–   )
"

Halla el perímetro y el área.

10.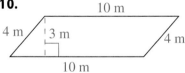

10 m

4 m   3 m   4 m

10 m

11.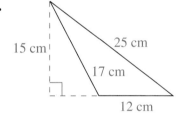

15 cm   25 cm

17 cm

12 cm

**Copia la figura en papel punteado. Luego, halla el área
dividiéndola en polígonos cuyas áreas puedas hallar.**

12.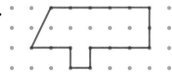

13.

14.

15.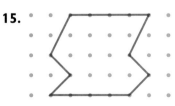

1. Las alas de una mariposa son simétricas.

2. Tu mano es simétrica.

Halla el área.

3. un cuadrado cuyos lados miden 4 pulg

4. un rectángulo cuyo largo es de 8 pies y cuyo ancho es de 3 pies

5. Un plim vale más que un plam. Un plum vale más que un plom. ¿Cuál será mayor, el plum o el plam, si un plam vale menos que un plom?

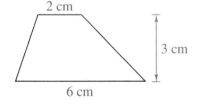

2 cm
3 cm
6 cm

16. Usa una regla de centímetros para medir los lados del triángulo. Después, halla el perímetro y el área.

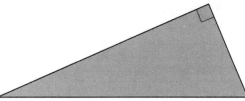

17. Halla el área del paralelogramo.

a.

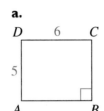

b.

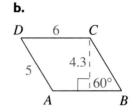

c.

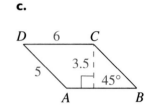

   d. **Pensamiento crítico** ¿Cómo afecta la medida de ∠B al área del paralelogramo?

18. **Elige A, B, C o D.** ¿Qué expresión es falsa?

   A. Un paralelogramo no rectangular y un rectángulo pueden tener la misma área.

   B. Un cuadrado es siempre un paralelogramo.

   C. Se puede dividir un paralelogramo en dos triángulos congruentes.

   D. Dos rectángulos con la misma área tienen siempre el mismo perímetro.

19. a. Copia el trapecio en una hoja de papel. Divídelo en dos triángulos. Después, halla el área.

   b. **Por escrito** Usa este trapecio para explicar cómo puedes dividir un trapecio en dos triángulos para hallar su área.

▌V I S T A Z O A LO APRENDIDO

1. Un rectángulo mide 35 pulg de largo y 5 pulg de ancho. ¿Cuáles son el área y el perímetro?

2. ¿Cuánto encaje necesitarías para hacer el borde de un mantel rectangular que mide 72 pulg de largo por 48 pulg de ancho?

Halla el perímetro y el área de la figura.

3. rectángulo:
   $l = 7$ pulg, $a = 12$ pulg

4. cuadrado:
   $l = 8.5$ cm

ESTRATEGIAS PARA RESOLVER PROBLEMAS

Haz una tabla
Razona lógicamente
Resuelve un problema más sencillo
Decide si tienes suficiente información, o más de la necesaria
Busca un patrón
Haz un modelo
Trabaja en orden inverso
Haz un diagrama
Estima y comprueba
Simula el problema
Prueba con varias estrategias

Usa cualquier estrategia para resolver los problemas. Muestra tu trabajo.

1. Matsuda está ahorrando para comprarse unas zapatillas de baloncesto que valen $78. Tiene $17 y gana semanalmente $8 cortando el césped del vecino. ¿Dentro de cuántas semanas podrá comprarse las zapatillas?

2. Jamaica observaba a los vecinos pasear sus perros por el parque. Contó un total de 17 vecinos y perros y un total de 54 piernas y patas. ¿Cuántos vecinos contó? ¿Y cuántos perros?

3. Rachel desea vallar una parcela rectangular del patio para su perro Skipper. Tiene 36 m de cerca. ¿Cuáles son las dimensiones en metros, y en números enteros, de las distintas parcelas rectangulares que podría vallar?

4. De las 60 semillas que Todd plantó en el jardín, treinta más dieron plantas que las que no dieron plantas. ¿Cuántas de las 60 semillas dieron plantas?

5. En el carnaval de la escuela, Nia jugó a lanzar cuatro bolsas de frijoles a este tablero numerado. Una de las bolsas de frijoles no dio en el tablero. Las otras tres cayeron en números distintos. Nia anotó 34 puntos. Halla las posibles combinaciones de números en que podrían haber caído las bolsas.

6. A Rashida y a su mamá les gusta jugar con los números. Rashida le dice a su mamá que está pensando en un número entre el 50 y el 125. Si su mamá le suma 23 al número y divide el resultado entre 2, la respuesta es 37. ¿En qué número piensa Rashida?

7. Un tablero de juego es cuadrado y mide 16 pulg de largo por 16 pulg de ancho. Se corta un cuadrado que mide 2 pulg por 2 pulg de cada esquina del tablero. ¿Cuál es el perímetro de la figura original? ¿Y el de la nueva figura?

En esta lección

6-4

Exploración de π

• Usar π para resolver problemas de circunferencia

EN EQUIPO

La banda "Círculo vicioso" planea hacer honor a su nombre. El grupo dará su próximo concierto en un escenario circular.

Imaginen que están encargados de diseñar el escenario circular. Van a poner luces rojas alrededor del círculo y una hilera de luces azules que lo atraviese por el medio. ¿Cómo afectará el tamaño del escenario a la cantidad de luces rojas y azules que van a necesitar?

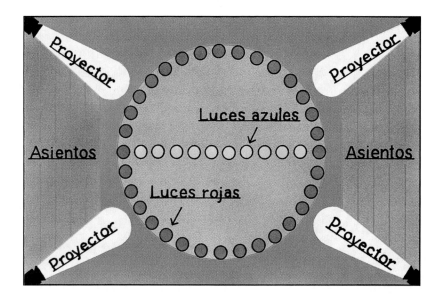

¡RECUERDA!

El *diámetro* es un segmento que tiene sus extremos en un círculo y lo atraviesa pasando por su centro.

La longitud del contorno del círculo es su **circunferencia.**

1. **a. Computadora** Usen el programa de geometría para explorar la relación entre la circunferencia y el diámetro. Dibujen distintos círculos y midan sus diámetros y circunferencias. Calculen el cociente de la circunferencia y del diámetro de cada círculo.

   b. Por escrito Resuman los resultados.

   c. ¿En qué se parece el número de luces rojas al número de luces azules que necesitarán, y en qué se diferencia? ¿Variaría esta relación si cambiara el círculo?

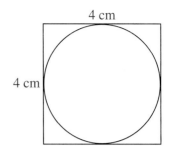
4 cm

4 cm

2. a. Usen los resultados para estimar la circunferencia del círculo de la derecha. Hallen el perímetro del cuadrado.

b. Pensamiento crítico ¿Es menor la circunferencia del círculo que el perímetro del cuadrado? ¿Tiene esto sentido? Expliquen la respuesta.

PIENSA Y COMENTA

La relación entre la circunferencia y el diámetro de un círculo resulta de gran utilidad para resolver problemas.

3. El diseñador del escenario para el concierto de la banda "Círculo vicioso" necesita saber si 200 bombillos rojos serán suficientes. El diámetro del escenario mide 83 pies. Los bombillos se deben colocar a 1 pie de distancia uno de otro.

a. Estima la circunferencia del escenario.

b. ¿Cómo hiciste tu estimación?

c. ¿Serán 200 bombillos rojos suficientes para rodear por completo el escenario? ¿Cómo lo sabes?

4. Si el escenario gira con demasiada rapidez, los músicos se podrían marear. El guitarrista planea situarse a 25 pies del centro del escenario. El escenario gira a una revolución por minuto.

a. Dibuja un diagrama. Dibuja un círculo que muestre la trayectoria del guitarrista al girar el escenario.

b. ¿Cuál es el diámetro de la trayectoria del guitarrista?

c. Aproximadamente, ¿qué distancia recorre el guitarrista en 1 min?

d. Aproximadamente, ¿qué distancia recorre el guitarrista en 1 s?

e. Escribe la velocidad en pies por segundo (pies/s). ¿Se moverá el guitarrista a más de 10 mi/h?

Sugerencia para resolver el problema

Puedes dibujar un diagrama para ayudarte a resolver el problema.

¡RECUERDA!

5,280 pies = 1 mi

No podemos escribir el cociente de la circunferencia y el diámetro de un círculo con exactitud como decimal o como fracción. Los matemáticos usan el símbolo π (se lee "pi"), una letra del alfabeto griego, para representar este valor.

5. ¿Qué punto de la recta numérica representa π? Explica.

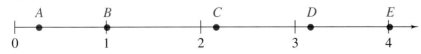

A   B   C   D   E

0   1   2   3   4

Halla la suma.

1. 4.5 + 0.04

2. 0.7 + 0.12

Calcula la expresión.

3. 17^2 4. 5.2^2

5. Halla el área de un paralelogramo cuya base mida 3 cm y cuya altura sea 7 cm.

6. Halla el área de un triángulo con una base de 2 m y una altura de 11 m.

7. ¿Cuántos círculos hay en la figura?

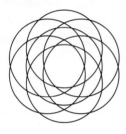

Sugerencia para resolver el problema

Dibuja un diagrama. Muestra la huella de la llanta y el lugar en que aparece la marca de la piedrecilla.

Dado que $\frac{C}{d} = \pi$, $C = \pi d$.

La circunferencia de un círculo
$C = \pi d$ (Circunferencia = pi × el diámetro)
$C = 2\pi r$ (Circunferencia = 2 × pi × el radio)

6. ¿Por qué se deriva $C = 2\pi r$ de $C = \pi d$?

Gracias a las computadoras, podemos escribir un decimal largo, de miles de dígitos, que se aproxime al verdadero número π. En la mayoría de los casos, una aproximación como 3.14 basta. Muchas calculadoras tienen una tecla $\boxed{\pi}$.

7. **Calculadora** Oprime la tecla $\boxed{\pi}$ en la calculadora. ¿Cuál es el resultado?

8. El diámetro de una cesta de básquetbol es 45 cm. Un fabricante desea saber cuánto metal necesitará para fabricar el aro de la cesta.

   a. **Calculadora** Halla la circunferencia de la cesta de básquetbol de las dos maneras siguientes. Sustituye π por 3.14 y, después, usa la tecla $\boxed{\pi}$. Compara los resultados.

   b. ¿Cuál es el contorno del aro de la cesta de básquetbol? Redondea al centímetro más próximo.

9. Una piedrecilla atrapada en la llanta de una bicicleta queda marcada en la huella que deja la rueda cada 82 pulg. Prueba a ver si eres un buen detective.

   a. ¿Cuál es la circunferencia de la llanta? ¿Cómo lo sabes?

   b. Estima el diámetro de la llanta.

   c. **Calculadora** Usa la tecla $\boxed{\pi}$. Halla el diámetro de la llanta. Redondea a la media pulgada más próxima.

   d. **Pensamiento crítico** ¿Podría un radio de 14 pulg de longitud pertenecer a la bicicleta que dejó las huellas? Explica.

⌐POR TU CUENTA

Cálculo mental Sustituye π por 3 para estimar la circunferencia de un círculo con el radio o diámetro dado.

10. $d = 5$ cm   11. $d = 11$ m   12. $r = 1$ pulg   13. $r = 3$ m

Calculadora Halla la circunferencia de un círculo con el radio o diámetro dado. Redondea a la unidad más próxima.

14. $d = 15$ pies   **15.** $d = 50$ m   **16.** $r = 17$ pulg

17. $r = 64$ m   **18.** $d = 3.9$ m   **19.** $d = 17.5$ pies

20. $r = 9.5$ pulg   **21.** $r = 0.39$ m

Calculadora Halla el diámetro de un círculo con la circunferencia dada. Redondea a la unidad más próxima.

22. 192 pies   **23.** 85 cm   **24.** 22 pulg   **25.** 56.5 m

26. 27.5 pies   **27.** 68.7 cm   **28.** 3.75 pulg   **29.** 19.67 m

Sustituye π por 3.14 o usa la calculadora si resulta apropiado.

30. Archivo de datos #6 (págs. 226–227) ¿Cuántas veces giraría cada rueda, aproximadamente, si la bicicleta se desplazara 1,000 pies?

31. Un perro atado a un poste se ejercita corriendo en círculos. Un día, el perro corrió 100 veces alrededor del poste con la soga de 10 pies estirada al máximo. ¿Corrió el perro al menos 1 mi (5,280 pies)?

32. Imagina que quisieras dibujar un círculo con una circunferencia de 10 cm. ¿Cuánto deberías abrir el compás (al 0.1 cm más próximo)?

33. En el escenario giratorio descrito en la actividad "En equipo", el baterista está a 15 pies del centro del escenario. La pianista está a 30 pies del centro. El escenario gira a una revolución por minuto.

    a. ¿Qué músico habrá dado más vueltas al cabo de 5 min? Explica.

    b. ¿Qué músico habrá viajado mayor distancia al cabo de 5 min?

    c. ¿Cuánta distancia recorrerá el baterista en 1 min? Redondea al 0.1 pie más próximo.

    d. La pianista está a doble distancia del centro que el baterista. ¿Se desplaza el doble de la distancia en 1 min? Explica.

34. Por escrito Crea un problema cuya solución precise el uso de π.

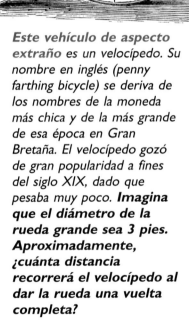

*Este vehículo de aspecto extraño es un velocípedo. Su nombre en inglés (penny farthing bicycle) se deriva de los nombres de la moneda más chica y de la más grande de esa época en Gran Bretaña. El velocípedo gozó de gran popularidad a fines del siglo XIX, dado que pesaba muy poco. **Imagina que el diámetro de la rueda grande sea 3 pies. Aproximadamente, ¿cuánta distancia recorrerá el velocípedo al dar la rueda una vuelta completa?***

Fuente: *Guinness Book of Records*

6-5 **El área de un círculo**

VAS A NECESITAR

✓ Papel cuadriculado

✓ Compás

✓ Regla

✓ Tijeras

✓ Calculadora

EN EQUIPO

• Usen un compás para dibujar un
círculo con un radio de 7 cm en
papel cuadriculado en centímetros.

• Dividan el círculo en ocho sectores
congruentes.

• Recorten el círculo. Recorten los ocho
sectores. Agrupen los sectores como
se muestra abajo.

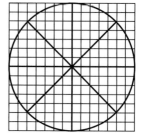

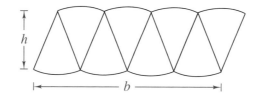

1. ¿Cuál era la circunferencia del círculo original?

2. ¿A qué figura geométrica les recuerdan los ocho sectores en
su nueva agrupación?

3. Estimen la longitud de la base b y la altura h.

4. Usen las respuestas a las preguntas 2 y 3 para estimar el
área de la nueva figura.

PIENSA Y COMENTA

Puedes hacer generalizaciones sobre lo que hiciste en la
actividad "En equipo".

5. **a.** Imagina que el radio del círculo de la actividad "En
equipo" fuera r. ¿Cuál sería la altura del paralelogramo?

b. ¿Cuál sería la circunferencia del círculo? ¿Cuál sería la
longitud de la base del paralelogramo?

c. ¿Cuál sería el área del paralelogramo?

Acabas de encontrar la fórmula para el área A de un círculo.

El área de un círculo
$A = \pi \times r \times r = \pi r^2$

6. a. Calculadora ¿Cuál es el área de un círculo con un radio de 7 cm?

b. ¿En qué se parece el área que hallaste en la parte (a) a la que hallaste en la pregunta 4 de la actividad "En equipo", y en qué se diferencia?

Ejemplo 1 Halla la circunferencia y el área de un círculo cuyo radio sea 5 cm.

Estima: $C = 2\pi r \rightarrow C \approx 2 \times 3 \times 5 = 30$

$A = \pi r^2 \rightarrow A \approx 3 \times 5^2 = 3 \times 25 = 75$

Usa la calculadora.

2 $\boxed{\times}$ $\boxed{\pi}$ $\boxed{\times}$ 5 $\boxed{=}$ *31.415927* $C = 2\pi r$

$\boxed{\pi}$ $\boxed{\times}$ 5 $\boxed{x^2}$ $\boxed{=}$ *78.539816* $A = \pi r^2$

Redondea al lugar más conveniente. La circunferencia es de, aproximadamente, 31 cm y el área es de, aproximadamente, 79 cm².

Los blancos del tiro con arco están hechos de anillos de distintos colores y del mismo ancho. Según las propiedades de las áreas circulares, cada anillo tiene el doble del área del anillo anterior, más dos dianas. **El área de la diana de este blanco de tiro es de 10 cm². ¿Cuál será el área del primer anillo?**

Puedes hallar el área de una figura compuesta tanto de polígonos como de círculos.

Ejemplo 2 Halla el área de la región sombreada de la figura de la derecha.

Estima: Área del cuadrado $\rightarrow 12^2 = 144$

Área del círculo $\rightarrow 3 \times 6^2 = 3 \times 36 = 108$

Área del cuadrado − área del círculo = $144 - 108 = 36$

Usa la calculadora.

$A = (12)^2 = 144$ $A = l^2$

$\boxed{\pi}$ $\boxed{\times}$ 6 $\boxed{x^2}$ $\boxed{=}$ *113.09734* $A = \pi r^2$

$144 - 113 = 31$

El área de la región sombreada es de unos 31 cm².

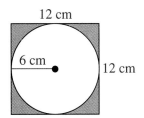

7. Compara las estimaciones de los dos ejemplos con las respuestas de la calculadora. Explica las variaciones.

Calculadora **Halla la circunferencia y el área del círculo. Redondea la respuesta a la décima de unidad más próxima.**

8.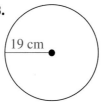

9.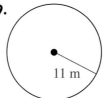

10.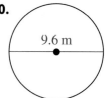

┌ **POR** TU CUENTA

Calculadora **Halla el área del círculo con el radio o el diámetro dado. Redondea la respuesta a la décima de unidad más próxima.**

11. $r = 9$ cm   **12.** $d = 7$ cm   **13.** $r = 25$ m

Calculadora **Halla el área y el contorno de la figura. Redondea la respuesta a la décima de unidad más próxima.**

14. 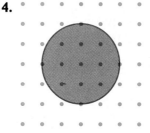   **15.**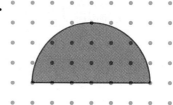

Cálculo mental **Sustituye π por 3 para estimar el área del círculo con el radio o el diámetro dado.**

16. $r = 2$ pulg   **17.** $d = 2$ m   **18.** $d = 10$ cm

19. **Por escrito** ¿Qué cacerola es mayor, una con un radio de 10 pulg o una con un diámetro de 18 pulg? Explica.

20. La señal de radio de la emisora WAER FM 88 en Syracuse, Nueva York, puede recibirse en un radio de 45 millas alrededor de la estación, dependiendo de las montañas de la región. ¿Cuál es el área aproximada de la zona de recepción de la emisora? Sustituye π por 3.14.

$R^{e}pa^{s}o$ **MIXTO**

Redondea al lugar del dígito subrayado.

1. 3.9<u>5</u>7

2. 345.0<u>0</u>8

Halla la circunferencia del círculo con el radio o diámetro dado.

3. $r = 5$ pulg

4. $d = 32$ cm

5. ¿Cuántos triángulos hay en la figura de abajo?

Calculadora **Halla el área de la región sombreada.**
Redondea a la unidad más próxima.

21.
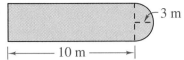
3 m
|← 10 m →|

22.

10 m
4 m

23.
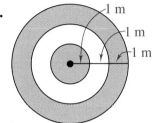
1 m
1 m
1 m

24.
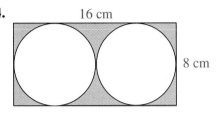
16 cm
8 cm

25. a. Investigación (pág. 228) Haz una tabla que muestre el
número de fichas que usarías para el borde de los
cuadrados, desde el cuadrado de 2 hasta el de 10.

b. Describe los patrones que puedas observar en los datos
de la parte (a).

La trayectoria del Sol

La Piedra del Sol o calendario azteca resulta prodigiosa, ya que muestra los precisos conocimientos de matemáticas y astronomía de ese pueblo. Los aztecas esculpieron el calendario en una piedra circular de 3.6 m de diámetro con una masa de 24 T. Empezaron a trabajar en el calendario en 1427 y lo terminaron en 1479. El círculo central de la piedra muestra la cara de Tontiuh, el dios del sol azteca. El centro está rodeado de cuatro cuadrados, seguidos de 20 cuadrados que nombran los días del mes azteca. En el calendario azteca había 18 meses de 20 días cada uno. La sección circular que sigue cuenta con 8 cuadrados que contienen 5 puntos cada uno, para representar las semanas de 5 días.

26. Halla el área de la Piedra del Sol. Sustituye π por 3.14.

27. ¿Cuánto tardaron los aztecas en terminar el calendario?

28. ¿Con cuántos días contaba el calendario azteca?

Estima el área de la figura. Considera que cada cuadrado representa 5 cm².

1.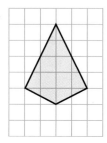

2.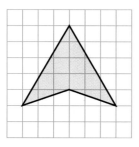

3.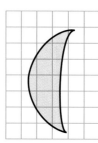

4.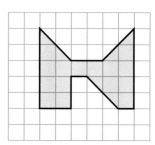

Halla el área y el perímetro de la figura.

5.

6.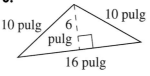

7.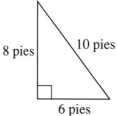

8.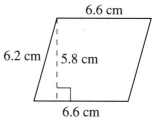

9. El área de un cuadrado es 144 pulg². ¿Cuál es su perímetro?

10. El área de un rectángulo es 45 cm². Una de sus dimensiones es 5 cm. ¿Cuál es la otra dimensión?

Sustituye π por 3. Estima la circunferencia y el área de un círculo con el radio o el diámetro dado.

11. $d = 10$ cm

12. $d = 7$ m

13. $r = 2$ cm

14. $r = 8$ m

Calculadora Halla la circunferencia y el área del círculo con el radio o el diámetro dado. Redondea al lugar más conveniente.

15. $d = 21$ pulg

16. $d = 17.5$ pies

17. $r = 72$ m

18. $r = 13$ pulg

Halla el área de la figura. Redondea al lugar más conveniente.

19.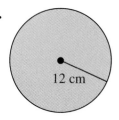

20.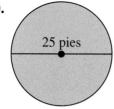

21.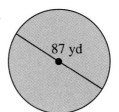

22.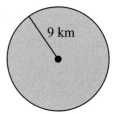

6-6 Figuras tridimensionales

PIENSA Y COMENTA

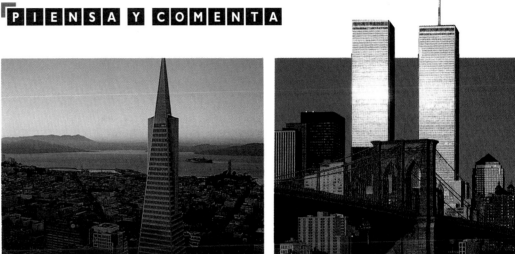

1. ¿Qué polígonos puedes observar en los edificios de arriba?

Las figuras que, como los edificios, no están situadas en un plano son *figuras tridimensionales*. Algunas figuras tridimensionales tienen sólo superficies planas en forma de polígonos, llamadas *caras*.

La mayoría de los edificios tienen forma de *prismas rectangulares*. Un **prisma** es una figura tridimensional con dos caras poligonales congruentes y paralelas llamadas *bases*. Un prisma recibe su nombre según la forma de sus bases.

2. ¿Qué forma tienen las bases de un prisma rectangular?

Cuando dibujas un prisma rectangular, por lo general lo representas como si pudieras observar tres de sus caras. Puedes usar líneas rayadas para mostrar segmentos que no podrías ver a menos que el prisma fuera transparente.

3. ¿Por qué crees que el dibujo de un prisma rectangular no muestra normalmente una vista de frente?

4. ¿Qué forma tienen las bases del prisma en el dibujo? ¿Qué forma tendrían en una figura real de 3 dimensiones?

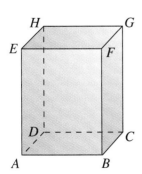

5. ¿Qué caras están "ocultas a la vista" en este dibujo?

6. Identifica el prisma: elige entre prisma triangular, prisma rectangular, prisma pentagonal o prisma hexagonal.

a.   **b.**

Una **pirámide** tiene una base poligonal.

7. ¿Qué nombre darías a la pirámide?

a.   **b.**    **c.**

8. ¿Qué forma tiene la cara de una pirámide que no sea la base?

Dos caras de un prisma o pirámide se cortan en un segmento denominado *arista*. Los puntos donde se unen las aristas son los *vértices*.

9. ¿Cuántas caras tiene la figura?

10. ¿Cuántas aristas tiene la figura?

11. ¿Cuántos vértices tiene la figura?

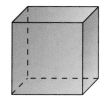

Un **cubo** es un prisma rectangular con seis caras congruentes.

12. ¿Qué forma tienen las caras de un cubo?

13. ¿En qué se parecen y en qué se diferencian las longitudes de las aristas de un cubo?

Algunas figuras tridimensionales no tienen caras poligonales.

cilindro   **cono**   **esfera**

 La geosfera de Epcot Center es el primer edificio en su clase. Es una esfera de 164 pies de diámetro, compuesta de 954 triángulos de distintos tamaños, que encierra un espacio de 2,200,000 pies³.

Fuente: *Fodor's Walt Disney World Guide*

14. ¿Cuáles de las figuras de la parte de abajo de la página 252 tienen bases? ¿Qué forma tienen las bases?

15. ¿En qué se parecen un cilindro y un cono? ¿En qué se diferencian?

16. ¿Qué hizo el dibujante para diferenciar el dibujo de la esfera del dibujo de un círculo?

EN EQUIPO

El diseño que se recorta y dobla para formar una figura tridimensional se denomina **patrón.**

- Imagina que recortaras este patrón y lo doblaras. ¿Qué tipo de figura tridimensional crees que formaría?

- Trabaja con un compañero para comprobar si estás en lo cierto. Dibujen el patrón en papel cuadriculado, recórtenlo y dóblenlo.

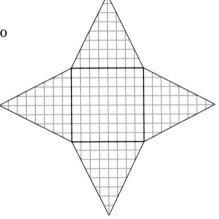

Repaso MIXTO

Halla el producto.

1. 0.24 × 7

2. 4.1 × 0.5

Halla el área del círculo con el radio o el diámetro dado.

3. $r = 9$ pies

4. $d = 14$ m

Calcula la expresión.

5. $5^2 + 2(6 + 4)$

6. $3^2 + 6^2$

7. Un ejemplar de *Revista Juvenil*, una publicación mensual, cuesta $2.25. Una suscripción de un año cuesta $25.08. ¿Cuánto podrías ahorrar si te suscribieras por un año?

POR TU CUENTA

Identifica las figuras tridimensionales.

17.

18.

19.

20.

21. Esta fotografía fue tomada en Expo 70, en Japón. ¿Qué figuras tridimensionales puedes identificar?

22. a. Identifica la figura.

   b. Halla el número de caras, aristas y vértices de la figura.

UN GRAN FUTURO

Bióloga marina

Quisiera ser bióloga marina porque creo que el océano es un lugar aún desconocido. Me gustaría estudiar las plantas y animales del océano. De ese modo, podría ayudarlos. Quiero aprender más porque he visto fotografías y el mundo submarino es muy bello. Siempre me han encantado la playa y el océano, y a menudo me he preguntado qué criaturas lo habitan. Creo que, en cierto modo, el océano es como el espacio exterior, porque es un lugar desconocido que estamos empezando a descubrir. Me encantaría participar en ese descubrimiento.

Jane Broussard

23. Por escrito Describe en tus propias palabras una *pirámide cuadrangular*.

24. Elige A, B, C o D. ¿Cuál de las figuras siguientes no es una vista posible de un cilindro?

A.   B.   C.   D.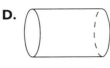

Identifica qué figura podrías formar con el patrón.

25.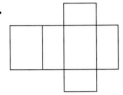

26.

27.

28.

Querida Jane:

Tu carta aborda varios puntos importantes. Quisiera hablar sobre ellos, ya que los niños representan la esperanza para el futuro de los océanos.

Los océanos se asemejan, de hecho, al espacio exterior. Bajo el agua, el acuanauta es un cuerpo sin peso que se desliza sobre los arrecifes de coral de manera semejante a como se deslizan los astronautas entre las estrellas en sus naves espaciales. He explorado el mundo submarino de los océanos durante 13 años y puedo afirmar que cada exploración es una experiencia educativa única en su género.

Aunque se han explorado muchos de los océanos, aún queda bastante por conocer. ¿Por qué? Por una razón: muchos científicos piensan que podríamos hallar la cura del cáncer y de otras enfermedades en las plantas y animales marinos. Los tiburones constituyen uno de los principales objetos de estudio debido a que no pueden contraer cáncer.

Espero que logres tu meta de llegar a ser bióloga marina. Una sugerencia: conviértete también en escritora. Así puedes ayudar al medio ambiente marino y compartir con otros tus conocimientos y tu entusiasmo.

Rick Sammon
Presidente de CEDAM International

• Hallar el área superficial de prismas rectangulares

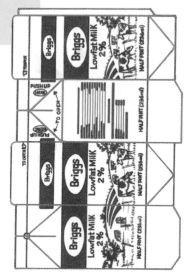

Los diseñadores de envases tienen que conocer las dimensiones y formas de las superficies de los envases.

EN EQUIPO

Si desdoblaran un prisma rectangular, podrían obtener el patrón de la derecha.

• Hallen el área del patrón.

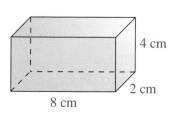

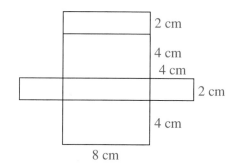

PIENSA Y COMENTA

La suma de las áreas de las caras de un prisma rectangular es el **área superficial** del prisma.

1. **a.** Describe las caras del prisma de la actividad "En equipo". Incluye en la descripción las dimensiones de las caras y explica si hay caras congruentes.

   b. **Pensamiento crítico** ¿Hay más de una manera de hallar el área superficial de un prisma rectangular? Explica.

2. **a.** ¿Cuál es el mejor nombre para este prisma rectangular?

   b. Describe las caras.

   c. Halla el área superficial.

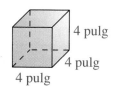

3. **a.** Describe las caras del prisma rectangular.

   b. Halla el área superficial.

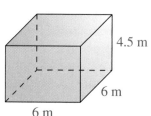

Elige Usa lápiz y papel, calculadora o cálculo mental para hallar el área superficial del prisma rectangular.

4.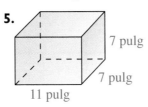
10 pies
10 pies
10 pies

5.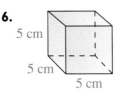
7 pulg
7 pulg
11 pulg

6.
5 cm
5 cm
5 cm

7.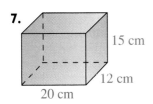
15 cm
12 cm
20 cm

8.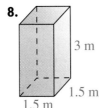
3 m
1.5 m
1.5 m

9.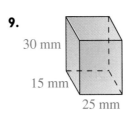
30 mm
15 mm
25 mm

Halla el área superficial del prisma rectangular con el patrón dado.

10.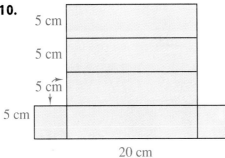
5 cm
5 cm
5 cm
5 cm
20 cm

11.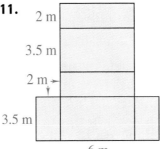
2 m
3.5 m
2 m
3.5 m
6 m

12. a. Dibuja un patrón que puedas doblar para formar este prisma rectangular.

 b. Halla el área superficial del prisma.

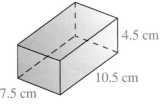
4.5 cm
10.5 cm
7.5 cm

13. Por escrito Explica cómo hallarías el área superficial de un cubo.

14. El área superficial del cubo de la derecha es 24 cm². ¿Cuál es la longitud de las aristas?

R^epa^{so} **MIXTO**

Halla el cociente.

1. 25 ÷ 0.5

2. 3.2 ÷ 0.8

Expresa el nombre matemático de la figura.

3. una pelota de béisbol

4. un ladrillo

Calcula la expresión.

5. 12 × 7 × 15

6. 3.3 × 2.5 × 10.1

7. Supón que dos pizzas valen lo mismo. ¿Qué sería mejor comprar, una pizza redonda de 10 pulg o una pizza cuadrada de 9 pulg?

15. Te han contratado para pintar las paredes de esta habitación.

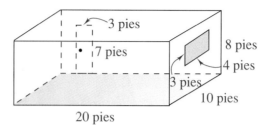

a. Halla el área de las dos paredes sin puertas ni ventanas.

b. Halla el área de la superficie que tendrás que pintar en las otras dos paredes. (Considera que no tienes que pintar ni la puerta ni la ventana.)

c. ¿Cuál es el área superficial total que tendrás que pintar?

d. Un galón de la pintura que usarás basta para pintar aproximadamente 400 pies². ¿Cuántos galones necesitarás?

16. Pensamiento crítico Cada cubo de la figura de abajo mide 1 cm de lado.

a. Halla el área superficial de la figura.

b. ¿Podrías quitar algún cubo sin cambiar el área superficial de la figura? ¿Cuántos de estos cubos hay en la figura? ¿En qué parte de la figura están?

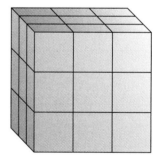

c. ¿Podrías quitar algún cubo de manera que el área superficial aumentara en 2 cm²? ¿Cuántos de estos cubos hay en la figura? ¿En qué parte de la figura están?

d. ¿Podrías quitar algún cubo de manera que el área superficial aumentara en 4 cm²? ¿Cuántos de estos cubos hay en la figura? ¿En qué parte de la figura están?

17. Investigación (pág. 228) ¿Cuántas fichas adicionales necesitarías para formar un cuadrado de 2 a partir del cuadrado de 1? ¿Y un cuadrado de 3 a partir del cuadrado de 2? Reúne los datos para las fichas adicionales necesarias para todos los cuadrados, desde el de 1 ficha hasta el de 10. Describe qué patrones puedes observar.

Los estadounidenses usan tres millones diarios de galones de pintura y barniz. Esto sería suficiente para pintar ambos lados de una cerca de 5 pies de altura y 17,000 mi de longitud.

Fuente: *In One Day*

6-8

Volumen de prismas rectangulares

EN EQUIPO

Usen los cubos de unidad para construir un prisma rectangular. Usen 3 filas de 6 cubos para formar la capa inferior de cubos. Después, añadan una segunda capa de cubos.

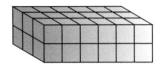

El **volumen** de una figura tridimensional es el número de unidades cúbicas necesarias para llenar el espacio en el interior de la figura.

1. **a.** Supongan que el volumen de cada cubo sea 1 unidad cúbica. ¿Cuál sería el volumen del prisma rectangular?

   b. ¿Cómo determinaron el volumen?

2. Construyan un prisma rectangular distinto y hallen el volumen.

Una caja de cereal mide aproximadamente 7.0 cm × 10.2 cm × 4.2 cm. **Estima el volumen en centímetros cúbicos.**

PIENSA Y COMENTA

Medimos el área en unidades cuadradas porque multiplicamos dos factores, la *longitud* y el *ancho*, para hallar el área. Medimos el volumen V en unidades cúbicas porque multiplicamos tres factores, la *longitud l*, el *ancho a* y la *altura h*, para hallar el volumen.

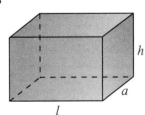

El volumen de un prisma rectangular
Volumen = longitud × ancho × altura
$V = lah$

3. ¿Cuáles son el ancho, la longitud y la altura del prisma rectangular que construiste en la actividad "En equipo"?

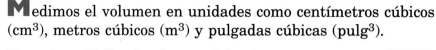

Medimos el volumen en unidades como centímetros cúbicos (cm³), metros cúbicos (m³) y pulgadas cúbicas (pulg³).

Ejemplo 1 Halla el volumen del prisma rectangular.

5 cm
2 cm
4 cm

Aplica $V = lah$.

$$V = 4 \times 2 \times 5 = 40$$

El volumen es 40 cm³.

4. Pensamiento crítico Imagina que colocas el prisma del ejemplo 1 de manera que la base fuera 2 cm por 5 cm y la altura fuera 4 cm. ¿Sería el volumen el mismo? ¿Por qué?

Si conoces el volumen y dos de las dimensiones de un prisma rectangular, puedes hallar la tercera dimensión.

Ejemplo 2 El volumen de un prisma rectangular es 105 pulg³. La altura del prisma es 5 pulg. La longitud es 7 pulg. ¿Cuál es el ancho del prisma?

Aplica $V = lah$.

$$105 = 7 \times a \times 5 \quad \text{Sustituye.}$$
$$105 = 35a$$
$$\frac{105}{35} = \frac{35a}{35} \qquad \text{Divide cada lado por 35.}$$
$$a = 3$$

Comprueba $7 \times 3 \times 5 = 105$ ✓

El ancho es 3 pulg.

5. El volumen de un prisma rectangular es 36 m³. El área de la base es 9 m². ¿Cuál es la altura del prisma?

PONTE A PRUEBA

Halla el volumen del prisma rectangular.

6.

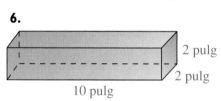

2 pulg
2 pulg
10 pulg

7.

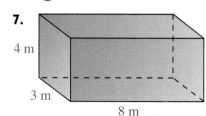

4 m
3 m
8 m

Halla el volumen del prisma rectangular.

8.

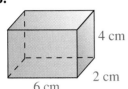

4 cm
2 cm
6 cm

9.

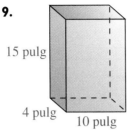

15 pulg
4 pulg
10 pulg

10.

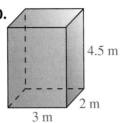

4.5 m
2 m
3 m

11. $l = 5$ mm, $a = 4$ mm, $h = 9$ mm

12. $l = 14$ cm, $a = 7$ cm, $h = 2.5$ cm

13. $l = 6$ pies, $a = 1$ pie, $h = 7$ pies

A continuación se dan el volumen y dos de las dimensiones de un prisma rectangular. Halla la tercera dimensión.

14. $V = 154$ yd^3, $h = 11$ yd, $a = 2$ yd

15. $V = 120$ cm^3, $a = 4$ cm, $h = 6$ cm

16. $V = 108$ pies^3, $l = 6$ pies, $a = 2$ pies

17. a. Halla el volumen del cubo.

   b. Por escrito ¿Cómo podrías escribir la fórmula del volumen de un cubo de manera diferente a $V = lah$? Explica.

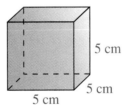

5 cm
5 cm
5 cm

18. Elige A, B, C o D. Este prisma rectangular está compuesto de cubos cuyos lados miden 1 cm. ¿Cuál sería el volumen del prisma que quedaría si se quitara la capa de cubos de arriba?

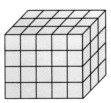

   A. 45 cm^3 **B.** 60 cm^3

   C. 48 cm^3 **D.** 40 cm^3

19. Elige A, B, C o D. Un prisma rectangular mide 2 m de longitud, 50 cm de ancho y 1 m de altura. ¿Cuál es el volumen?

   A. 100 m^3 **B.** 100 cm^3 **C.** 1 m^3 **D.** 10,000 cm^3

1. Dibuja una figura que pueda formar un teselado.

2. Dibuja una figura que no pueda formar un teselado.

3. a. Identifica la figura.
   b. Halla el área superficial.

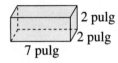

2 pulg
2 pulg
7 pulg

4. Melanie tiene 19 monedas de cinco centavos. Jerry tiene 11 monedas de diez centavos. ¿Quién tiene más dinero? ¿Cuánto más?

20. ¿En qué se parecen y en qué se diferencian los volúmenes de estos prismas rectangulares? ¿Y las áreas superficiales?

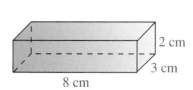

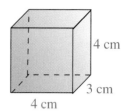

Sugerencia para resolver el problema

Un prisma de 2 cm × 3 cm × 5 cm es igual a un prisma de 3 cm × 5 cm × 2 cm.

Halla las dimensiones en números enteros de todos los posibles prismas rectangulares que tengan el volumen dado.

21. $V = 32$ cm^3

22. $V = 48$ cm^3

23. Una piscina municipal de forma rectangular tiene 24 m de longitud y 16 m de ancho. El promedio de la profundidad del agua es 2.5 m.

   a. ¿Cuál es el volumen del agua?

   b. Para medir líquidos usamos unidades de *capacidad,* como el *litro.* Un volumen de 1 m^3 equivale a 1,000 L de capacidad. ¿Cuál es la capacidad, en litros, de la piscina?

   c. ¿Cuáles serían las dimensiones de una lona de tamaño suficiente para cubrir la superficie del agua?

24. **Archivo de datos #9 (págs. 360–361)** ¿Cuál es el volumen del poste de la meta en una pista de carreras?

VISTAZO A LO APRENDIDO

Identifica la figura. Indica el número de caras, aristas y vértices.

1.

2.

Halla el área superficial de la figura.

3.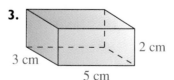

4.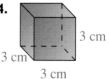

En esta lección

• Hacer un modelo
para resolver
problemas

6-9

Haz un modelo

✓ Monedas de 1¢

✓ Regla de
centímetros

A veces, la construcción de un modelo puede ayudarte a resolver un problema.

> Danny colecciona monedas de 1¢. Las guarda en una caja cuyas dimensiones interiores son 21 cm por 21 cm por 21 cm. ¿Cuántas monedas de 1¢ cabrán en la caja?

LEE

Lee y entiende la información.
Resume el problema.

1. Piensa en la información que se te da y en qué se te pide que halles.

   a. ¿Qué se te pide en el problema?

   b. ¿Se te da toda la información necesaria? ¿Qué más necesitas saber?

PLANEA

Decide qué estrategia vas a
usar para resolver
el problema.

Hacer un modelo te ayudará a resolver el problema. Si tienes suficientes monedas de 1¢, puedes hallar cuántas necesitarás para formar una capa de monedas que quepa en un cuadrado de 21 cm por 21 cm. Sin embargo, bastaría con hallar cuántas monedas caben en una fila no más larga de 21 cm.

2. ¿Necesitas una columna de monedas de 1¢ de 21 cm de altura para poder hallar cuántas capas de monedas caben en la caja? ¿Por qué?

RESUELVE

Prueba la estrategia.

3. Trabaja con el resto del grupo para hacer modelos que puedas medir.

   a. ¿Cuántas monedas de 1¢ cabrán en una fila de 21 cm de longitud?

   b. ¿Cuántas monedas de 1¢ cabrán en una columna de 21 cm de altura?

4. a. ¿Cuántas monedas de 1¢ cabrán en una capa?

   b. ¿Cuántas monedas de 1¢ cabrán en la caja?

COMPRUEBA

Piensa en cómo resolviste
el problema.

5. Supón que mides el diámetro y la altura de una moneda de 1¢. ¿Cómo podrías usar esta información para obtener el mismo resultado?

Haz un modelo para resolver el problema.

6. Observa el busto de Lincoln en la moneda de la izquierda. Si deslizas la moneda media vuelta alrededor de la otra moneda, ¿quedará con la cabeza hacia arriba, hacia abajo o en ninguna de estas dos posiciones?

7. Clarence tarda 12 min en cortar un tronco en 4 pedazos. ¿Cuánto tardará en cortar un tronco del mismo tamaño en 5 pedazos?

Las personas ciegas pueden usar el método Braille para leer. *Las letras y los números están indicados mediante combinaciones de seis puntos en relieve. Arriba se muestra el número 5.*

POR TU CUENTA

Usa cualquier estrategia para resolver el problema. Muestra tu trabajo.

8. Las páginas de un libro están numeradas del 1 al 251. ¿Cuántos de los números de las páginas contienen al menos un 2?

9. **a.** Halla tres números que extiendan el patrón.

   1, 2, 4, ■, ■, ■

   b. Halla otros tres números que extiendan el patrón de distinta manera.

10. ¿Cuáles de los siguientes patrones podrías usar para armar una caja sin tapa?

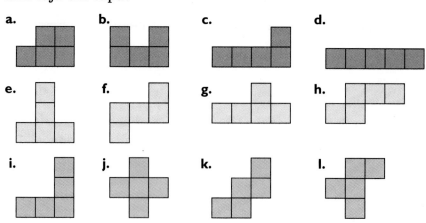

11. ¿Cuál es el área del triángulo?

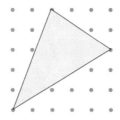

12. Mosi trabaja en una tienda de comestibles después de las horas escolares. Colocó las toronjas en forma de pirámide cuadrangular. Había una toronja en el nivel superior, cuatro en el nivel siguiente y nueve en el tercero. ¿Cuántas toronjas había en la pirámide si ésta tenía 8 niveles en total?

13. ¿Cuáles serán las dimensiones en números enteros de un prisma rectangular cuyo volumen sea 12 unidades cúbicas, y cuál será la mayor área superficial posible de este prisma?

14. Kevin fue a la tienda de comestibles con exactamente 90¢ en monedas. No tenía ninguna moneda de 1¢.

  a. ¿Cuál sería la menor cantidad de monedas que podría tener?

  b. ¿Cuál sería la mayor cantidad de monedas que podría tener?

15. El pastel de cumpleaños de Pilar tiene la forma de un cubo con merengue cubriendo la parte de arriba y cuatro lados. Pilar cortó el pastel tal como se muestra.

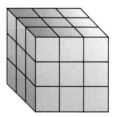

  a. ¿Cuántos cortes hizo Pilar?

  b. ¿En cuántos pedazos cortó el pastel?

  c. ¿Cuántos de los pedazos no tienen merengue?

16. **Elige A, B o C.** ¿Cuál de los papeles de regalo de abajo *no* podrías usar para envolver la caja de la derecha sin tener que cortarlo?

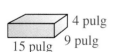
15 pulg   9 pulg   4 pulg

A. 20 pulg

28 pulg

B. 18 pulg

36 pulg

C. 14 pulg
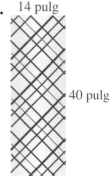
40 pulg

R^epaso **MIXTO**

Escribe usando un exponente.

1. $6 \times 6 \times 6 \times 6$

2. $22 \times 22 \times 22$

Halla el volumen del prisma rectangular.

3. $l = 7$ cm, $a = 2$ cm, y $h = 4$ cm

4. $l = 5$ pies, $a = 3$ pies, y $h = 7$ pies

5. Un coleccionista compra un sello por $25, lo vende en $30, lo compra de nuevo por $33 y finalmente lo vuelve a vender en $35. ¿Cuánto dinero ganó o perdió en la compra y venta del sello?

Perímetro y área de polígonos

6-1, 6-2, 6-3

El **perímetro** de una figura es la longitud de su contorno.

El **área** es el número de unidades cuadradas en el interior de una figura.

1. Estima el área de la figura. Considera que cada cuadrado representa 1 m².

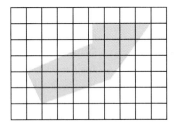

2. Halla el área y el perímetro de la figura.

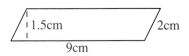

3. Un patio rectangular tiene un área de 72 m². Uno de los lados tiene 8 m de longitud. ¿Cuánta cerca necesitarías para vallar el patio?

4. Halla el área de un triángulo de 12 cm de base y 7.6 cm de altura.

Circunferencia y área de círculos

6-4, 6-5

Usamos el símbolo π para representar el cociente de la circunferencia y el diámetro de un círculo. La fórmula para el área del círculo es $A = \pi r^2$.

Halla la circunferencia y el área del círculo con el radio o el diámetro dado. Sustituye π por 3.14. Redondea al lugar más conveniente.

5. $r = 6$ pulg

6. $r = 3.8$ m

7. $d = 24.5$ cm

8. $d = 37.6$ pies

Calculadora Halla la circunferencia y el área del círculo. Redondea al lugar más conveniente.

9.

10.
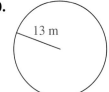

11.
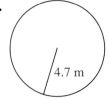

Figuras tridimensionales 6-6

Las figuras tridimensionales son figuras como cajas, latas y pelotas de béisbol, que no están situadas en un plano. Algunas figuras tridimensionales tienen superficies planas y poligonales llamadas *caras.* Cuando dos caras se cortan, el segmento resultante se denomina *arista.* Cada punto en que se encuentran las aristas es un *vértice.*

12. a. Identifica la figura.

    b. Halla el número de caras, aristas y vértices.

13. Por escrito Describe una esfera.

Área superficial y volumen 6-7, 6-8

La suma de las áreas de las caras de un prisma o de una pirámide tridimensional es el *área superficial* de la figura.

El *volumen* de una figura tridimensional es el número de unidades cúbicas necesario para llenar el espacio interior de la figura. El volumen de un prisma rectangular es $V = lah$.

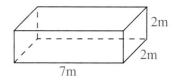

14. Halla el área superficial y el volumen del prisma rectangular.

15. Elige A, B, C o D. ¿Cuáles no podrían ser las dimensiones de un prisma rectangular con un volumen de 60 m³?

    A. 1 m por 1 m por 60 m   **B.** 4 m por 15 m por 2 m

    C. 3 m por 4 m por 5 m   **D.** 1 m por 6 m por 10 m

Estrategias y aplicaciones 6-9

A veces, construir un modelo te puede ayudar a resolver un problema.

16. Hay 12 mesas cuadradas. En cada lado de una mesa se puede sentar una persona. Tienes que colocarlas de manera que al menos un lado de cada mesa toque un lado de otra. ¿Cuántas personas se podrán sentar?

17. Diseña una caja a la que le quepan 4 velas en forma de cubo. Usa la menor cantidad posible de material. Los lados de las velas miden 4 pulg.

PREPARACIÓN PARA EL CAPÍTULO 7

Determina si el número es divisible por 2, 5 ó 10.

  1. 72   **2.** 40   **3.** 47   **4.** 55   **5.** 1,000   **6.** 129

cierra el caso

Los problemas precedidos por la lupa (pág. 236, #30; pág. 249, #25 y pág. 258, #17) te ayudarán a completar la investigación.

✓ Usa patrones.
✓ Haz un modelo.
✓ Dibuja una gráfica.

Patrones y cuadrados

En este capítulo has estudiado el área y el perímetro de figuras y has aprendido a construir modelos para resolver problemas. ¿Has aprendido algo que te hiciera cambiar de opinión sobre los cálculos de Orlando respecto a los cuadrados de fichas? Revisa tu conclusión sobre sus cálculos. Si fuera necesario, modifícala. Después, escribe una breve explicación de cómo llegaste a esa conclusión. Las siguientes sugerencias te pueden ayudar a justificar tu razonamiento.

Extensión: Supón que Orlando hubiese investigado triángulos en vez de cuadrados.

Triángulo de 2   Triángulo de 3

¿Cuántas fichas necesitaría para construir un triángulo de 8 a partir de un triángulo de 7?

Haz esta actividad con el resto del grupo. Vas a necesitar un transportador y un compás.

Prepara una gráfica circular que represente la manera en que distribuyes el tiempo durante un día de escuela normal. Redondea el tiempo al cuarto de hora más próximo. Divide el círculo en sectores que representen el tiempo que dedicas a cada actividad.

Piensa en lo siguiente: ¿Cuántas horas están representadas en la gráfica circular? ¿Cómo puedes usar la medida de un círculo (360 grados) para determinar qué sector representará una parte dada del día escolar?

CONCENTRACIÓN EN 3-D

Reglas del juego:

☞ Tres o más jugadores.

☞ Veinticuatro tarjetas de 3" x 5".

☞ Elijan 6 figuras tridimensionales. Escriban el nombre de cada figura en dos tarjetas, hasta completar 12 tarjetas.

☞ Dibujen cada figura tridimensional en dos tarjetas en las 12 tarjetas restantes. Barajen las tarjetas y pónganlas boca abajo.

☞ Túrnense para voltear 2 tarjetas. Si la tarjeta con el nombre y la tarjeta con la figura coinciden, el jugador se queda con las tarjetas y le toca de nuevo el turno. Si no coinciden, el juego continúa de derecha a izquierda. El juego termina cuando se acaben las tarjetas. El jugador que tenga más tarjetas gana el juego.

¿De qué tamaño?

Tú y tu compañero han sido contratados por la compañía Galletas Delicias para diseñar la caja de su producto más reciente. La caja debe tener un volumen de 24 cm³. El diseño tiene que emplear la menor cantidad posible de cartón. Usen papel cuadriculado para planear el diseño. Muestren por dónde doblar la caja para formar los lados. Expliquen cómo saben que el diseño tiene 24 cm³ y que usa la menor cantidad posible de cartón.

¿EN QUÉ PIENSAS?

Reglas del juego:

● Dos o más jugadores.

● Un jugador piensa en una figura tridimensional.

● El otro jugador hace preguntas cuyas respuestas sean sólo sí o no, para determinar en qué figura piensa el primer jugador. Los jugadores deben usar palabras como base, lado, vértice, cara, ángulo, etc., para hacer las preguntas.

● La puntuación será igual al número de intentos que el jugador necesite para adivinar la figura. Después de que todos hayan jugado la misma cantidad de turnos, el jugador que tenga menos puntos gana el juego.

1. Halla el área de la figura. Considera que cada cuadrado representa 1 cm².

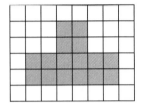

2. Halla el área y el perímetro de un cuadrado cuyos lados midan 6 m.

3. El perímetro de un rectángulo es 32 pies. Una de sus dimensiones es 9 pies. Halla el área.

4. Halla el área de la figura de abajo.

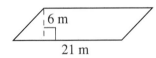

6 m

21 m

5. Halla el área de un paralelogramo de 12 cm de base y 7 cm de altura.

6. Halla el área de un triángulo de 9.2 m de base y 19.3 m de altura.

7. Halla el área del triángulo de abajo.

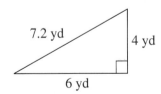

7.2 yd   4 yd

6 yd

8. Por escrito ¿Cuál es mayor, un plato de pastel con un radio de 5 pulg o uno con un diámetro de 9 pulg? Explica.

9. ¿Cuál es el área superficial de una caja con una longitud de 8 pies, un ancho de 5 pies y una altura de 4 pies?

10. Halla la circunferencia y el área de un círculo con el radio o el diámetro dado. Redondea a la décima más próxima.

a. $r = 10$ km
b. $d = 12$ cm
c. $d = 7.4$ yd
d. $r = 27$ m

11. a. Identifica la figura.

b. Halla el número de caras, aristas y vértices.

12. Un prisma rectangular tiene 17 m de longitud, 3 m de ancho y 5 m de altura. Halla el volumen.

13. El volumen de un prisma rectangular es 504 cm³. El área de la base es 72 cm². Halla la altura del prisma.

14. A continuación, se da el volumen y dos de las dimensiones de un prisma rectangular. Halla la tercera dimensión.

a. $V = 189$ cm³, $h = 7$ cm, $a = 3$ cm
b. $V = 1,080$ pulg³, $h = 15$ pulg, $a = 6$ pulg
c. $V = 360$ pies³, $h = 9$ pies, $a = 4$ pies

15. Elige A, B, C o D. ¿Cuál podría ser el patrón de un prisma rectangular?

A. 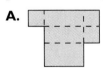   **B.**

C.   **D.**

Repaso general

Elige A, B, C o D.

1. ¿Cuál es el área de un círculo de 6 cm de diámetro?

   A. 36 cm^2 **B.** 6 cm^2

   C. 28 cm^2 **D.** 12 cm^2

2. ¿Cuál es la mediana del precio de la porción de mantequilla de cacahuate?

   A. 20 centavos   **B.** 20.5 centavos

   C. 21 centavos   **D.** 22 centavos

Precios de la mantequilla de cacahuate (porción de 3 cdas)			
Super Sabor	22¢	De la Abuela	20¢
Buena y Barata	19¢	Más Natural	22¢
Campestre	14¢	Dos Delicias	22¢

3. ¿Qué harías primero para calcular la expresión 3.9 + 4.1 × 16 − 6 ÷ 4.8?

   A. Sumar 3.9 y 4.1.

   B. Multiplicar 4.1 por 16.

   C. Restar 6 de 16.

   D. Dividir 6 por 4.8.

4. Halla el volumen de la caja abierta que armarías doblando los lados del patrón de abajo.

   A. 90 pulg^3 **B.** 66 pulg^3

   C. 165 pulg^3 **D.** 14 pulg^3

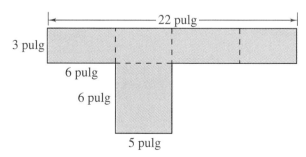

5. ¿Qué figura tendría 51 bloques si extendieras el patrón?

   A. la número 26   **B.** la número 25

   C. la número 50   **D.** la número 100

6. Un tren de alta velocidad de 13.5 mi vale $622 millones. Aproximadamente, ¿cuánto vale por milla?

   A. $460,000   **B.** $4.6 millones

   C. $46 millones   **D.** $460 millones

7. ¿Qué ecuación *no* es un ejemplo de la propiedad distributiva?

   A. 12(6.2) + 12(3.8) = 12(6.2 + 3.8)

   B. 0.75(8.869) + 0.25(8.869) = 8.869

   C. 19.1(80) = 19.1(100) − 19.1(20)

   D. 8.1(1.9 + 3.5) = (8.1 + 1.9)(3.5)

8. ¿Qué método usarías para representar tu estatura anual a partir de tu nacimiento?

   A. un diagrama de puntos   **B.** una gráfica de barras

   C. una gráfica lineal   **D.** una gráfica circular

9. Un triángulo y un rectángulo tienen bases y alturas iguales. ¿En qué se parecen y en qué se diferencian sus perímetros?

   A. El perímetro del triángulo es mayor.

   B. El perímetro del rectángulo es mayor.

   C. Los perímetros son iguales.

   D. Es imposible de determinar.

Archivo de datos #7

La mayor altura registrada de un tsunami fue de, aproximadamente, 278 pies. Este tsunami hizo su aparición en las cercanías de la isla Ishigaki, en Japón, el 24 de abril de 1771. El tsunami arrojó un bloque de coral de 826.7 T a una distancia de más de 1.3 mi.

Un *tsunami* es una ola de proporciones fuera de lo normal producida por una erupción volcánica en el suelo marino. La velocidad del tsunami y la distancia entre las crestas se relacionan con la profundidad del océano. El diagrama muestra que una ola en 18,000 pies de agua viaja a una velocidad de hasta 519 mi/h. Las aguas poco profundas reducen la velocidad del fondo de una ola. La parte de arriba de la ola continúa empujando hacia adelante, lo que ocasiona que la ola sea cada vez más alta, hasta chocar contra la orilla con tremenda fuerza.

Razones que ofrecen los lectores de Science World para explorar los océanos

- Cultivar alimentos 12%
- Otras 8%
- Explotar la energía de las olas 22%
- Edificar ciudades submarinas 58%

Fuente: *Science World*

nivel del mar

| velocidad (mi/h) | 519 |
| profundidad (pies) | 18,000 |

EN ESTE CAPÍTULO

- representarás, compararás y ordenarás fracciones
- usarás la tecnología para simplificar fracciones
- trabajarás en orden inverso para resolver problemas

La *amplitud de la marea* mide la diferencia entre el nivel del agua durante la marea alta y la marea baja.

Amplitudes de la marea	
Lugar	**Amplitud promedio de la marea (pies)**
Bahía de Fundy, Canadá	39.4
Boston, MA, EE.UU.	9.5
Galveston, TX, EE.UU.	1.0
Río de Janeiro, Brasil	2.5
Sunrise, Cook Inlet, AK, EE.UU.	30.3
Darwin, Australia	14.4
Rangún, Birmania	12.8
Hamburgo, Alemania	7.3

Fuente: *Collier's Encyclopedia*

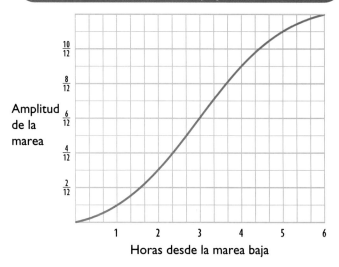

Fracción de la amplitud de la marea cubierta entre la marea baja y la alta

Amplitud de la marea (eje vertical: $\frac{2}{12}$, $\frac{4}{12}$, $\frac{6}{12}$, $\frac{8}{12}$, $\frac{10}{12}$)

Horas desde la marea baja (eje horizontal: 1, 2, 3, 4, 5, 6)

Cuando un tsunami se acerca a la orilla, donde el agua es menos profunda, disminuye la longitud de la ola. El tsunami puede estrellarse contra la costa con una muralla de agua de hasta 125 pies de altura.

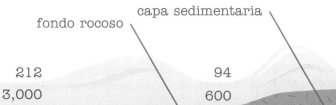

fondo rocoso capa sedimentaria

212
3,000

94
600

30
60

ínvestigación

Informe

Todas las culturas desarrollan sus métodos de representar números. Los hotentotes del sur de África usaban sólo los números 1 y 2, y los representaban levantando uno o dos dedos. Se referían a cualquier cantidad mayor que 2 como "muchos".

Hay diversas maneras visuales de representar números. La ilustración muestra cinco maneras de representar el número 6.

¿Qué otros objetos, aparte de un copo de nieve, se te ocurre que podrías usar para representar el número 6?

Sistema de numeración maya

VI
Sistema de numeración romano

6
Sistema de numeración arábigo

Sistema de numeración con las manos

Sistema de copos de nieve

Misión: Haz una lista de objetos que podrías usar para representar los números enteros del 0 al 9. Debe ser fácil identificar de un vistazo el número representado por el objeto. Decide cómo usar los objetos para representar los números del 10 al 20. Crea un cartel que muestre tu propio sistema de numeración.

Sigue estas pistas

✓ ¿Sería un copo de nieve una elección apropiada para representar el 6 en tu sistema? ¿Por qué?

✓ Imagina que se te ocurran varios objetos para representar un número. ¿Cómo podrías decidir cuál es el mejor?

7-1 **C**álculo mental: la divisibilidad

¡Comer una mazorca de maíz puede ser una experiencia matemática! Las mazorcas de maíz siempre tienen un número par de filas de granos. ¿Por qué número es divisible el número de filas de granos de la mazorca?

PIENSA Y COMENTA

¿Por qué es tan importante la *divisibilidad*? ¿Es acaso la capacidad de desaparecer por completo? No, eso es la *invisibilidad*. La **divisibilidad** es la capacidad de un número de ser dividido por otro sin dejar residuo. Usarás la divisibilidad con frecuencia al trabajar con las fracciones y tratar de entender sus conceptos.

1. Observa los números de la tabla de abajo.

Divisible por 2							No divisible por 2					
10	14	202	5,756	798	80	120	9	13	467	4,005	99	42,975

a. Encuentra dos números más que sean divisibles por 2. Encuentra dos números más que no sean divisibles por 2.

b. **Discusión** Establece una regla de la divisibilidad por 2.

c. ¿Cuáles de los números de la tabla que sean divisibles por 2 son también divisibles por 5? ¿Y divisibles por 10?

d. ¿Cuáles de los números de la tabla que no sean divisibles por 2 son divisibles por 5? ¿Y divisibles por 10?

e. **Discusión** Establece las reglas de la divisibilidad por 5 y de la divisibilidad por 10.

Las reglas de la divisibilidad te pueden ayudar a ahorrar tiempo cuando hallas la divisibilidad de un número. Uno de los aspectos más interesantes de las matemáticas es que hay muchos patrones que proporcionan atajos estupendos. La tabla de abajo muestra algunas reglas de la divisibilidad.

Divisible por	Regla
1	Todos los números son divisibles por 1.
2	Todos los números pares son divisibles por 2.
5	Los números que terminan en 5 ó en 0 son divisibles por 5.
10	Los números que terminan en 0 son divisibles por 10.

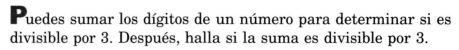

Puedes sumar los dígitos de un número para determinar si es divisible por 3. Después, halla si la suma es divisible por 3.

Ejemplo 1

¿Es 2,571 divisible por 3?

• Halla la suma de los dígitos.
$2 + 5 + 7 + 1 = 15$

Determina si la suma es divisible por 3.
$15 \div 3 = 5$

La suma de los dígitos es divisible por 3; por tanto 2,571 es divisible por 3.

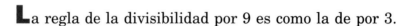

La regla de la divisibilidad por 9 es como la de por 3.

2. **a. Cálculo mental** ¿Es 99 divisible por 9?

 b. ¿Cuál es la suma de los dígitos del número 99? ¿Es la suma divisible por 9?

 c. Cálculo mental ¿Es 66 divisible por 9?

 d. ¿Cuál es la suma de los dígitos del número 66? ¿Es la suma divisible por 9?

 e. Discusión Establece una regla de la divisibilidad por 9.

Ejemplo 2

¿Es 27,216 divisible por 1, 2, 3, 5, 9 ó 10?

1 Sí, todos los números son divisibles por 1.

2 Sí, es un número par.

3 Sí, la suma de los dígitos es divisible por 3.

5 No, no termina ni en 5 ni en 0.

9 Sí, la suma de los dígitos es divisible por 9.

10 No, no termina en 0.

PONTE A PRUEBA

Cálculo mental Determina si el primer número es divisible por el segundo.

3. 525; 5   **4.** 848,960; 10   **5.** 2,385; 10   **6.** 36,928; 1

7. 60,714; 3   **8.** 757,503; 9   **9.** 4,673; 2   **10.** 333,335; 3

Cálculo mental **Determina si el número es divisible por 1, 2, 3, 5, 9 ó 10.**

11. 105 **12.** 15,345 **13.** 40,020 **14.** 8,516

15. 356,002 **16.** 12,345 **17.** 2,021,112 **18.** 70,641

Halla el dígito que falta para que el número sea divisible por 9.

19. 34,76■ **20.** ■7,302 **21.** 2■6,555 **22.** 19,76■,228

Halla un número que cumpla las condiciones dadas.

23. un número de tres dígitos divisible por 1, 2, 3 y 5

24. un número de cuatro dígitos divisible por 1, 2, 3, 5, 9 y 10

25. un número mayor que 1,000 millones divisible por 1, 2 y 3

26. Pensamiento crítico Si un número es divisible por 5, ¿será también divisible por 10? Usa ejemplos para justificar la respuesta.

27. Elige A, B, C o D. Los cinco lados del Pentágono son congruentes. El perímetro del edificio es divisible por 5 y por 10. ¿Cuál es la longitud de cada lado?

A. 351 pies **B.** 353 pies **C.** 352 pies **D.** 357 pies

28. Por escrito Describe cómo puedes usar la calculadora para determinar si un número es divisible por otro. ¿Crees que será más fácil usar la calculadora o el cálculo mental para determinar la divisibilidad por 1, 2, 3, 5, 9 y 10? Explica.

29. Usa los números de la derecha.

  a. Aplica las reglas de la divisibilidad para determinar qué números son divisibles tanto por 2 como por 3.

  b. Calculadora ¿Qué números son divisibles por 6?

  c. Utiliza los resultados para establecer una regla de la divisibilidad por 6.

30. Elissa y ocho de sus amigos fueron a almorzar a un restaurante tailandés. La cuenta fue $56.61.

  a. ¿Puede el grupo dividir la cuenta en partes iguales?

  b. ¿Crees que las reglas de la divisibilidad son aplicables a los números decimales? Usa ejemplos para justificar la respuesta.

Repaso MIXTO

Imagina que sean necesarios 27 cubos numerados para llenar una caja cúbica transparente.

1. ¿Cuántos cubos tocarán el fondo de la caja?

2. ¿Cuántos cubos tocarán la caja?

3. ¿Cuántos cubos no serán visibles?

Resuelve.

4. $a - 7 = 23$

5. $35 = 19 + c$

6. $54 = 3t$

7. $\frac{y}{9} = 30$

---

78   154   237
8,010   21,822

En esta lección

• Identificar
números primos y
compuestos

• Hallar los factores
primos de un
número compuesto

7-2

La descomposición factorial

 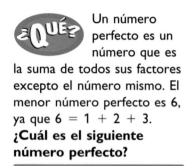
PIENSA Y COMENTA

Puedes construir todos los
rectángulos de la derecha con
exactamente 12 fichas cuadradas.

1. **Discusión** ¿Tendrá un
rectángulo de 4 por 3
la misma forma que un
rectángulo de 3 por 4? Explica.

2. ¿Cuántos rectángulos de
distintas formas puedes
construir con exactamente
12 fichas cuadradas?
¿Cuáles son sus dimensiones?

Los números 1, 2, 3, 4, 6 y 12 son *factores* de 12. Un número es
factor de otro cuando al dividir el primer número entre el
segundo no queda residuo.

3. **Discusión** ¿Cómo se relacionan con los factores de 12 las
dimensiones de los rectángulos construidos con exactamente
12 fichas?

4. Usa fichas cuadradas para hallar todos los factores de 17 y
de 20.

Llamamos **número primo** al que tiene sólo 2 factores, el 1 y el
número mismo. Llamamos **número compuesto** al que tiene más
de dos factores.

5. ¿Cuántos rectángulos de distintas formas puedes construir
con un número primo de fichas cuadradas?

6. Describe el número de rectángulos de distintas formas que
puedes construir con un número compuesto de fichas
cuadradas.

7. **Discusión** ¿Por qué no se considera el número 1 ni primo ni
compuesto?

¿QUÉ? Un número
perfecto es un
número que es
la suma de todos sus factores
excepto el número mismo. El
menor número perfecto es 6,
ya que 6 = 1 + 2 + 3.
**¿Cuál es el siguiente
número perfecto?**

Fuente: *More Joy of Mathematics*

Ejemplo 1 Determina si 9 es un número primo o compuesto.

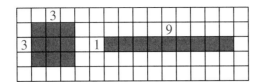

Las dimensiones de los rectángulos muestran que los factores de 9 son 1, 3 y 9. Por tanto, 9 es un número compuesto.

Un número compuesto es divisible por sus factores primos. Puedes hallar estos factores primos mediante un **árbol de factorización.** Abajo se muestran dos árboles de factorización para el número 36.

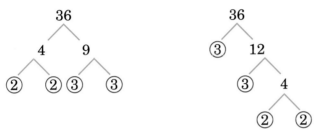

¿QUÉ? El mayor número primo hallado hasta la fecha tiene 258,716 dígitos. Fue descubierto en 1994 por un grupo de expertos en computadoras.

8. a. Discusión ¿En qué se parecen los dos árboles de factorización? ¿En qué se diferencian?

b. Identifica los factores primos de 36.

9. Discusión ¿Cómo puedes usar las reglas de la divisibilidad para iniciar un árbol de factorización?

Puedes escribir un número compuesto como producto de sus factores primos. Este producto es la **descomposición factorial** del número.

Ejemplo 2 Halla los factores primos de 75 con un árbol de factorización.

Elige un par de factores cuyo producto sea 75.

Sugerencia para resolver el problema

Es buena idea rodear el factor primo con un círculo tan pronto como aparezca en el árbol de factorización.

La descomposición de 75 en sus factores primos es 3 × 5 × 5.

1	2	3	4	5	6
7	8	9	10	11	12
13	14	15	16	17	18
19	20	21	22	23	24
25	26	27	28	29	30
31	32	33	34	35	36
37	38	39	40	41	42
43	44	45	46	47	48
49	50				

EN EQUIPO

Trabaja con un compañero para hallar números primos con un método llamado *criba*. Hagan una lista de los números del 1 al 50, como la de la izquierda.

10. Tachen el 1, ya que no es un número primo. Rodeen el 2 con un círculo ya que es un número primo. Tachen todos los múltiplos de 2. ¿Qué patrón observan respecto a los múltiplos de 2?

11. Rodeen con un círculo el primer número después del 2 que esté sin tachar. Éste es el próximo número primo. Tachen todos sus múltiplos. ¿Qué patrón observan respecto a estos múltiplos?

12. El siguiente número primo es 5. Rodéenlo con un círculo y tachen todos sus múltiplos. Describan el patrón formado.

13. ¿Cuál es el siguiente número primo? Rodéenlo con un círculo y tachen todos sus múltiplos.

14. El 11 es un número primo. Rodéenlo con un círculo. ¿Por qué han tachado ya todos los múltiplos del 11 de la tabla?

15. ¿Qué observan en los números que quedan sin tachar? Hagan una lista de los números primos menores que 50.

La criba de Eratóstenes te permite determinar todos los números primos menores que el número dado. Eratóstenes (aprox. 276–195 a.C.), un matemático griego, estableció el procedimiento.

Fuente: *The Joy of Mathematics*

PONTE A PRUEBA

16. A continuación se muestran los rectángulos que se pueden formar con exactamente 16 fichas cuadradas. Haz una lista de todos los factores de 16.

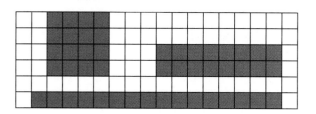

Haz una lista de todos los factores del número. Determina si el número es primo o compuesto.

17. 55   18. 51   19. 103   20. 100

Usa un árbol de factorización para descomponer el número en sus factores primos.

21. 30   22. 63   23. 120   24. 275

25. **Por escrito** Dibuja todos los rectángulos de distintas formas que se puedan formar con exactamente 8 fichas cuadradas. Explica cómo usar tu diagrama para hallar los factores de 8 y para determinar si 8 es un número primo o compuesto.

Dibuja todos los rectángulos de distintas formas que se puedan formar con el número dado de fichas cuadradas. Haz una lista de los factores del número. Determina si el número es primo o compuesto.

26. 15   27. 3   28. 28   29. 21

Determina si el número es primo o compuesto.

30. 36   31. 19   32. 72   33. 90

34. 44   35. 7   36. 80   37. 86

38. 93   39. 71   40. 150   41. 56

Copia y completa el árbol de factorización.

42. 27   43. 68   44. 150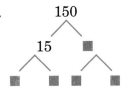

Usa un árbol de factorización para hallar los factores primos.

45. 50   46. 32   47. 45   48. 90

49. 143   50. 160   51. 108   52. 531

Calculadora Halla el número al que corresponde la descomposición factorial dada.

53. $3 \times 17 \times 17 \times 17 \times 47$ 54. $7 \times 7 \times 17 \times 23 \times 23$

55. Dos número primos cuya diferencia sea 2, como el 3 y el 5, son llamados números *gemelos*. Halla todos los números gemelos menores que 100.

56. ¿Cómo puedes usar exponentes para escribir la descomposición factorial $2 \times 2 \times 2 \times 3 \times 3 \times 5$?

¿QUIÉN? Christian Goldbach (1690–1764) consideró que siempre se puede escribir un número par como la suma de dos números primos. Nunca se ha podido comprobar ni refutar su conjetura. **¿Cómo puedes escribir el número 24 como la suma de dos números primos?**

Fuente: *The I Hate Mathematics Book*

R^{e}pa^{s}o MIXTO

Determina si el número es divisible por 3, 5 ó 9.

1. 378   2. 6,480
3. 4,095   4. 3,003

Halla el área.

5. (triángulo: 8 m, 10 m, 6 m)   6. 1.2 cm, 4.8 cm (rectángulo)

7. Halla la suma de los números enteros desde 25 hasta 50.

Máximo común divisor

EN EQUIPO

En una reunión del Club Filatélico, el patrocinador anuncia la donación de dos series de sellos. El patrocinador planea distribuir los sellos de manera equitativa entre los miembros presentes en la reunión. Supongan que una serie está compuesta de 18 sellos y la otra de 24. Hallemos el mayor número de miembros que podrían estar presentes en la reunión.

1. ¿Es posible que sólo haya 5 miembros presentes? Expliquen la respuesta.

2. ¿Es posible que sólo haya 3 miembros presentes? Expliquen la respuesta.

3. ¿Qué debe cumplirse respecto al número de miembros presentes en la reunión?

4. Hagan una lista de todas las posibles cantidades de miembros que podrían estar presentes en la reunión. ¿Cuál es el mayor número posible de miembros presentes?

Los sellos de arriba representan una muestra de los sellos impresos en honor de importantes matemáticos.

PIENSA Y COMENTA

Los factores que son iguales para dos o más números son sus **factores comunes.** El **máximo común divisor** (M.C.D.) de dos o más números es el mayor factor que tengan en común los números. Puedes hacer una lista para hallar el M.C.D. de dos números.

Ejemplo 1

Halla el M.C.D. de 18 y 30.

• Haz una lista de los factores de cada número. Después, rodea con un círculo los factores que tengan en común ambos números.

18: 1, 2, 3, 6, 9, 18
30: 1, 2, 3, 5, 6, 10, 15, 30

El M.C.D. de 18 y 30 es 6, que es el mayor de sus factores comunes.

5. **Discusión** Explica cómo puedes hallar el M.C.D. de tres o más números.

También puedes usar la descomposición factorial para hallar el M.C.D. de un conjunto de números.

Ejemplo
2

Halla el M.C.D. de 42 y 90.

• Haz un árbol de factorización para cada número.

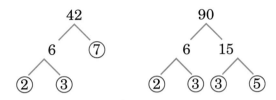

• Escribe la descomposición factorial de cada número. Después, identifica los factores comunes.

$42 = \boxed{2} \times \boxed{3} \times 7$

$90 = \boxed{2} \times \boxed{3} \times 3 \times 5$

• Multiplica los factores comunes.

$2 \times 3 = 6$

El M.C.D. de 42 y 90 es 6.

6. **a.** Haz una lista para hallar el M.C.D. de 28 y 33.

   b. Usa la descomposición factorial para hallar el M.C.D. de 28 y 33. Explica por qué no se puede determinar de inmediato el M.C.D. con este método.

   c. Discusión ¿Cómo sabrás que el M.C.D. de un conjunto de números es 1 cuando usas la descomposición factorial?

PONTE A PRUEBA

Cálculo mental Halla el M.C.D. del conjunto de números.

7. 14, 21

8. 6, 18

9. 10, 15, 20

10. 13, 17

11. **a.** Halla todos los factores de 36 y 56.

   b. Halla todos los factores comunes de 36 y 56.

   c. Halla el M.C.D. de 36 y 56.

12. **Pensamiento crítico** El M.C.D. de 18 y otro número es 6. ¿Cuáles son tres posibles valores del número que falta?

Creo que la mejor lección que he aprendido es que no hay nada como prestar atención.

—Diane Sawyer
(1945–)

Escribe la descomposición factorial.

1. 324   2. 600

Usa papel cuadriculado para representar el decimal.

3. 0.75   4. 0.7

Halla el área del círculo. Sustituye π por 3.14.

5. radio = 7 m

6. diámetro = 16 pulg

7. El autobús de Montreal a Chicago sale a las 5:43 a.m. y llega a las 4:54 p.m. ¿Cuánto dura el viaje si el autobús atraviesa un huso horario y gana una hora?

POR TU CUENTA

Haz una lista para hallar el M.C.D. del conjunto de números.

13. 14, 35   14. 24, 25   15. 12, 15, 21

16. 26, 34   17. 11, 23   18. 6, 8, 12

Usa la descomposición factorial para hallar el M.C.D. del conjunto de números.

19. 22, 104   20. 64, 125   21. 6, 57, 102

22. 13, 120   23. 17, 85   24. 150, 240

25. **Por escrito** ¿Cuál es el M.C.D. de dos números primos cualesquiera? Explica la razón.

26. La gráfica muestra el M.C.D. de 4 y un número x.
   a. Describe el patrón de la gráfica.
   b. ¿Cuál es el M.C.D. de 8 y 4?
   c. Usa la gráfica para predecir el M.C.D. de 18 y 4.

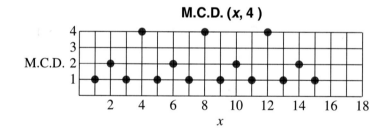

M.C.D. (x, 4)

VISTAZO A LO APRENDIDO

Cálculo mental Determina si el número es divisible por 1, 2, 3, 5, 9 ó 10.

1. 960   2. 243   3. 2,310   4. 5,070

Usa un árbol de factorización para hallar la descomposición factorial.

5. 960   6. 243   7. 2,310   8. 5,070

Halla el M.C.D. del conjunto de números.

9. 48, 56   10. 24, 42, 72   11. 300, 450

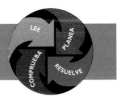

Haz una tabla

Razona lógicamente

Resuelve un problema
más sencillo

Decide si tienes suficiente
información, o más de
la necesaria

Busca un patrón

Haz un modelo

Trabaja en orden inverso

Haz un diagrama

Estima y comprueba

Simula el problema

Prueba con varias estrategias

Resuelve. La lista de la izquierda muestra algunas estrategias que puedes usar.

1. Alicia y Brad están en la biblioteca. Alicia va cada 6 días y Brad va cada 8 días. ¿Cuántas veces, durante las próximas 12 semanas, irán Brad y Alicia a la biblioteca el mismo día?

2. ¿De cuántas maneras distintas pueden Latosha, Pang-Ni y Charles formar una fila en la librería?

3. **Salud** Después de un reconocimiento clínico de su clase, la Sra. Kato dio a conocer los resultados. De los 25 estudiantes de la clase, 11 necesitaban un examen dental, 17 necesitaban un examen de la vista y 5 estudiantes no necesitaban ningún examen. ¿Cuántos estudiantes necesitaban ambos exámenes?

4. **Dinero** Taesha tiene $1.35 en 15 monedas de 5¢ y 10¢. ¿Cuántas monedas de cada clase tendrá?

5. En cada visita, la abuela dobla la cantidad de dinero que tenga ahorrada Aretha y le da $3 más para gastar. Después de la primera visita de la abuela, Aretha tenía $19. ¿Cuánto había ahorrado antes de la visita?

6. La caja A tiene 9 bolas verdes y 4 bolas rojas. La caja B tiene 12 bolas verdes y 5 bolas rojas. Deseas que la fracción de bolas verdes de la caja A sea igual a la fracción de bolas rojas de la caja B. ¿Cuántas bolas verdes tendrás que trasladar de la caja A a la caja B?

7. ¿A cuántos días equivale tu edad?

8. **Espectáculos** Durante la gran inauguración de Cinegrande, cada decimoquinta persona que compraba un boleto recibía un boleto gratis para una película aún no estrenada. Cada décima persona recibía un cupón para una caja gratis de palomitas de maíz. ¿Cuántas de las 418 personas que compraron boletos recibieron ambos premios?

9. Alaina asiste al juego de fútbol americano de la escuela. El recital de piano de Alaina empieza a las 7:00 p.m. Tarda 15 min en llegar a casa, 20 minutos en cenar, 25 minutos en cambiarse de ropa y 10 minutos hasta allí. ¿A qué hora debería marcharse del juego?

Shigechiyo Izumi mantiene el récord de longevidad del mundo. Shigechiyo vivió 120 años y 273 días. **¿Alrededor de cuántos minutos representa esta cantidad de tiempo?**

Fuente: *Guinness Book of World Records*

VAS A NECESITAR

✓ Barras de fracciones

Exploración de las fracciones

PIENSA Y COMENTA

Puedes representar las fracciones con *barras de fracciones*. Las **barras de fracciones** representan las fracciones como partes sombreadas de una sección.

1. **a.** ¿Cómo representa el modelo el numerador (1) y el denominador (6)?

   b. ¿Cómo representarías $\frac{5}{6}$ con este tipo de modelo?

2. Identifica la fracción representada por la barra de fracciones.

   a.    **b.**

3. Halla una barra de fracciones que represente la fracción.

   a. $\frac{2}{6}$ **b.** $\frac{3}{4}$ **c.** $\frac{6}{10}$ **d.** $\frac{2}{5}$

4. **Discusión** ¿Qué número representa el modelo cuando todas las secciones de la barra de fracciones están sombreadas? Explica.

Las barras de fracciones de la derecha muestran fracciones equivalentes. Las **fracciones equivalentes** son fracciones que representan la misma parte de un entero.

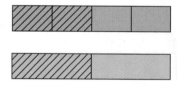

5. **a.** ¿Qué fracción representa la barra de fracciones azul? ¿Y la verde?

   b. Compara el área sombreada de la barra azul con el área sombreada de la barra verde.

   c. Halla otras dos barras de fracciones que muestren la misma área sombreada que las barras de arriba.

   d. Halla tres fracciones equivalentes a $\frac{1}{2}$.

6. Halla una barra de fracciones que represente $\frac{4}{6}$. Halla otras dos barras de fracciones que muestren una fracción equivalente.

Un rayo dura, aproximadamente, $\frac{3}{100}$ de segundo. ¡Menos de lo que tardas en parpadear!

Trabaja con un compañero para establecer reglas para la estimación de fracciones.

7. Las fracciones de la derecha tienen un valor próximo a 0. Establezcan una regla para determinar si el valor de una fracción se aproxima a 0.

$$\frac{1}{14} \quad \frac{3}{17} \quad \frac{2}{25} \quad \frac{7}{125}$$

8. Las fracciones de la derecha tienen un valor próximo a $\frac{1}{2}$. Establezcan una regla para determinar si el valor de una fracción se aproxima a $\frac{1}{2}$.

$$\frac{3}{8} \quad \frac{8}{14} \quad \frac{11}{23} \quad \frac{55}{100}$$

9. Las fracciones de la derecha tienen un valor próximo a 1. Establezcan una regla para determinar si el valor de una fracción se aproxima a 1.

$$\frac{99}{100} \quad \frac{3}{4} \quad \frac{45}{50} \quad \frac{79}{91}$$

10. Apliquen las reglas que establecieron para escribir tres fracciones cuyo valor se aproxime a 0, tres fracciones cuyo valor se aproxime a $\frac{1}{2}$ y tres fracciones cuyo valor se aproxime a 1. Después, intercambien los trabajos para ver si pueden estimar las fracciones.

Re... **Ha**...

1.

2.

3. 36, ...

Escribe una expresión algebraica.

4. 10 menos que un número

5. la suma del doble de un número y 5

6. el producto de un número y 6

7. Halla la longitud y el ancho de un rectángulo cuya área sea 48 m^2 y cuyo perímetro sea 32 m.

POR TU CUENTA

Identifica la fracción representada por la barra.

11.

12.

Halla una barra que represente la fracción. Busca otras barras que muestren una fracción equivalente.

13. $\frac{1}{2}$ 0.5

14. $\frac{9}{12}$ 1.3

15. $\frac{2}{3}$ 1.5

16. $\frac{2}{6}$ .33

17. Por escrito Usa los modelos de la derecha para explicar por qué $\frac{2}{4}$ y $\frac{1}{3}$ no son equivalentes.

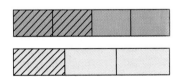

18. Estimación Determina si el valor de las fracciones de la derecha se aproxima a 0, a $\frac{1}{2}$ ó a 1.

19. Pensamiento crítico Escribe tres fracciones cuyo valor se aproxime a 0, tres fracciones cuyo valor se aproxime a $\frac{1}{2}$ y tres fracciones cuyo valor se aproxime a 1.

$\frac{3}{30}$	$\frac{7}{9}$	$\frac{1}{10}$
$\frac{38}{45}$	$\frac{17}{40}$	$\frac{45}{100}$
$\frac{35}{80}$	$\frac{5}{99}$	$\frac{75}{80}$

7-5 Fracciones equivalentes

PIENSA Y COMENTA

El área sombreada de la barra de fracciones roja es equivalente al área sombreada de la barra de fracciones amarilla. Por lo tanto, los modelos representan fracciones equivalentes.

1. **a.** Identifica el par de fracciones equivalentes representadas con las barras de fracciones.

   b. Halla otra barra de fracciones que represente una fracción equivalente a las representadas arriba. ¿Qué fracción representa?

2. **Discusión** Representa las fracciones $\frac{3}{5}$ y $\frac{3}{4}$ con barras de fracciones. Usa los modelos para explicar por qué las fracciones no son equivalentes.

Puedes multiplicar o dividir el numerador y el denominador por un mismo número que no sea cero para formar fracciones equivalentes.

3. Las fracciones $\frac{3}{4}$ y $\frac{9}{12}$ están representadas abajo.

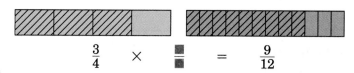

$$\frac{3}{4} \quad \times \quad \frac{\blacksquare}{\blacksquare} \quad = \quad \frac{9}{12}$$

   a. ¿Por qué número puedes multiplicar el numerador y el denominador de $\frac{3}{4}$ para obtener $\frac{9}{12}$?

   b. Explica cómo se muestra la multiplicación por este número en los modelos.

   c. **Discusión** ¿Por qué número entero multiplicas en realidad $\frac{3}{4}$ para obtener $\frac{9}{12}$? Explica.

   d. Multiplica para hallar otras dos fracciones equivalentes a $\frac{3}{4}$.

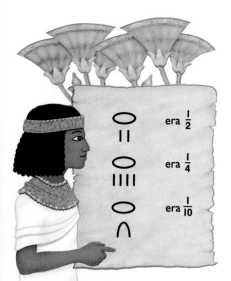

era $\frac{1}{2}$

era $\frac{1}{4}$

era $\frac{1}{10}$

 Los antiguos egipcios escribían fracciones colocando un círculo ovalado sobre los símbolos de los números.

Fuente: *The History of Mathematics*

4. Las fracciones $\frac{6}{12}$ y $\frac{2}{4}$ están representadas abajo.

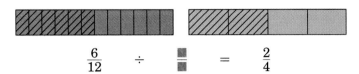

$$\frac{6}{12} \quad \div \quad \blacksquare \quad = \quad \frac{2}{4}$$

a. ¿Entre qué número puedes dividir el numerador y el denominador de $\frac{6}{12}$ para obtener $\frac{2}{4}$?

b. Explica cómo se representa esta división.

c. **Discusión** ¿Entre qué número entero divides en realidad $\frac{6}{12}$ para obtener $\frac{2}{4}$? Explica.

d. Divide para hallar otras dos fracciones equivalentes a $\frac{6}{12}$.

Cuando divides el numerador y el denominador de una fracción por el M.C.D., la fracción se ha reducido a su **mínima expresión.**

Ejemplo 1

Reduce $\frac{20}{28}$ a su mínima expresión.

• Haz una lista de los factores del numerador y del denominador. Rodea con un círculo los factores comunes y halla el M.C.D.

20: 1, 2, 4, 5, 10, 20
28: 1, 2, 4, 7, 14, 28 ← El M.C.D. es 4.

• Divide el numerador y el denominador de $\frac{20}{28}$ por su M.C.D., o sea, 4.

$$\frac{20}{28} \div \frac{4}{4} = \frac{5}{7}$$

La mínima expresión de la fracción $\frac{20}{28}$ es $\frac{5}{7}$.

¿Te imaginas construir una columna de billetes de $100 por valor de mil millones de dólares? ¡Tendría una altura de $\frac{6}{10}$ de milla! **¿Cuál sería la altura reducida a su mínima expresión?**

Fuente: *Junior Fact Finder*

P O N T E A PRUEBA

5. Representa las fracciones equivalentes $\frac{3}{5}$ y $\frac{6}{10}$ con barras de fracciones.

Escribe dos fracciones equivalentes a la fracción.

6. $\frac{1}{4}$ **7.** $\frac{10}{20}$ **8.** $\frac{4}{5}$ **9.** $\frac{15}{45}$

Cálculo mental **Reduce la fracción a su mínima expresión.**

10. $\frac{16}{18}$ **11.** $\frac{12}{16}$ **12.** $\frac{21}{24}$ **13.** $\frac{120}{150}$

Marlee Matlin, que padece de sordera, ganó un Óscar como mejor actriz por su papel en la película "Hijos de un dios menor".

P O R TU CUENTA

Escribe una fracción para la oración.

14. **Dinero** Al gobierno de los Estados Unidos le cuesta aproximadamente cuatro quintos de centavo producir una moneda de un centavo.

15. **Espectáculos** El Óscar a la mejor película y al mejor director han sido otorgados a la misma película 47 de 64 veces.

Identifica las fracciones de los modelos. Determina si son equivalentes.

16.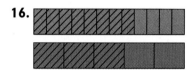

17.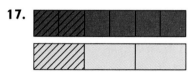

Sustituye cada ■ por el número apropiado.

18. $\frac{2}{5} \times \frac{■}{■} = \frac{8}{20}$

19. $\frac{40}{50} \div \frac{■}{■} = \frac{8}{10}$

20. $\frac{4}{16} \div \frac{4}{4} = \frac{■}{■}$

Escribe dos fracciones equivalentes a la fracción.

21. $\frac{4}{8}$

22. $\frac{1}{6}$

23. $\frac{6}{18}$

24. $\frac{7}{21}$

Determina si la fracción está en su mínima expresión. Si no, redúcela a su mínima expresión.

25. $\frac{24}{56}$

26. $\frac{21}{77}$

27. $\frac{25}{150}$

28. $\frac{3}{50}$

29. $\frac{45}{135}$

30. $\frac{17}{51}$

31. $\frac{10}{65}$

32. $\frac{126}{153}$

33. **Por escrito** ¿Puedes reducir una fracción a su mínima expresión si divides el numerador y el denominador por un número que no sea el M.C.D.? Explica.

34. ¿Cuál es el único factor que tienen en común el numerador y el denominador cuando una fracción está reducida a su mínima expresión?

35. **Pensamiento crítico** Usa los números 2, 6, 4 y 12 para escribir dos pares de fracciones equivalentes.

36. **Archivo de datos #7 (págs. 272–273)** ¿Qué parte de la amplitud de la marea estará cubierta cuatro horas después de la marea baja? Expresa la respuesta en su mínima expresión.

Rᵉpaso MIXTO

Determina si el valor de la fracción se aproxima a 0, $\frac{1}{2}$ ó 1.

1. $\frac{23}{25}$ 2. $\frac{3}{40}$ 3. $\frac{37}{80}$

Halla el área superficial.

4. un cubo cuyo lado mide 10 cm

5. un prisma rectangular con una altura de 4 pulg, una longitud de 6 pulg y un ancho de 5 pulg

6. Un equipo de natación se sitúa en 6 pasillos con un número igual de nadadores por pasillo. Si sólo se usan 5 pasillos, dos pasillos tienen una persona adicional. ¿Cuál es el menor número de nadadores en el equipo de natación?

Práctica

Cálculo mental Determina si el número es divisible por 1, 2, 3, 5, 9 ó 10.

1. 124 **2.** 365 **3.** 480 **4.** 7,083 **5.** 3,498

Indica si el número es primo o compuesto.

6. 2 **7.** 24 **8.** 31 **9.** 51 **10.** 17

Usa un árbol de factorización para descomponer en factores primos.

11. 35 **12.** 148 **13.** 273 **14.** 75 **15.** 144

Halla el M.C.D. del conjunto de números.

16. 18, 24 **17.** 25, 35 **18.** 13, 19 **19.** 56, 63 **20.** 14, 8, 24

Escribe la fracción representada por la barra de fracciones.

21.  **22.** 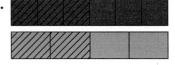 **23.**

Halla una barra de fracciones que represente la fracción. Identifica otras barras de fracciones que muestren fracciones equivalentes.

24. $\frac{2}{3}$ **25.** $\frac{3}{4}$ **26.** $\frac{1}{2}$ **27.** $\frac{2}{5}$ **28.** $\frac{1}{4}$

Escribe dos fracciones equivalentes a la fracción.

29. $\frac{1}{6}$ **30.** $\frac{9}{16}$ **31.** $\frac{2}{8}$ **32.** $\frac{3}{5}$ **33.** $\frac{11}{12}$

Escribe las fracciones representadas. Indica si son equivalentes.

34. **35.** **36.**

Reduce la fracción a su mínima expresión.

37. $\frac{12}{18}$ **38.** $\frac{24}{60}$ **39.** $\frac{15}{90}$ **40.** $\frac{14}{35}$ **41.** $\frac{33}{77}$

En esta lección

• Usar la calculadora para simplificar fracciones

VAS A NECESITAR

✓ Calculadora

⌐PIENSA Y COMENTA

Puedes usar una calculadora de fracciones para simplificar una fracción. La calculadora de fracciones divide el numerador y el denominador por un factor común e indica la nueva fracción. Puedes repetir el procedimiento hasta reducir la fracción a su mínima expresión.

Ejemplo   Usa la calculadora de fracciones para simplificar $\frac{9}{27}$.

Oprime	Pantalla	
9 **/** 27	**9/27**	Marca la fracción.
Simp	SIMP N/D → n/d **9/27**	
=	N/D → n/d **3/9**	Se simplifica la fracción una vez.
Simp	SIMP N/D → n/d **3/9**	
=	**1/3**	Fracción reducida a su mínima expresión.

1. ¿Entre qué factor común se dividió primero el numerador, 9, y el denominador, 27?

2. **Pensamiento crítico** La expresión que aparece en la pantalla de la calculadora, N/D→ n/d se podría escribir $\frac{N}{D} \rightarrow \frac{n}{d}$. ¿Qué representan la n y la d?

Una ensalada de frutas de 10 tz contiene 2 tz de fresas. Por tanto, $\frac{2}{10}$ ó $\frac{1}{5}$ de la ensalada se compone de fresas.

⌐EN EQUIPO

Trabaja con un compañero para simplificar fracciones con una calculadora. Cada estudiante debe copiar la tabla de la página siguiente. Pueden trabajar juntos para simplificar la primera fracción, $\frac{12}{20}$. Después, trabajen por separado para simplificar el resto de las fracciones. Gana el estudiante que obtenga la mayor cantidad de puntos.

Paso 1   Estima el M.C.D. del numerador y del denominador de la fracción. Anota tu estimación en tu tabla.

Paso 2   Usa la tecla **/** para marcar la fracción en la calculadora.

Paso 3 Oprime [Simp] . Marca el número que creas que constituye el M.C.D. del numerador y del denominador de la fracción. Oprime [=] .

Paso 4 Si N/D→n/d no aparece en la pantalla, el número que elegiste era el M.C.D. del numerador y del denominador de la fracción. Te anotas 3 puntos y pasas a la próxima fracción.

Si N/D→n/d aparece en la pantalla, el factor elegido no es el M.C.D. del numerador y del denominador de la fracción. Vuelve a oprimir las teclas de la fracción y prueba de nuevo. Después de tres intentos, no recibes ningún punto.

	Fracción	Primer intento (3 puntos)	Segundo intento (2 puntos)	Tercer intento (1 punto)	Puntos	Mínima expresión
3.	$\frac{12}{20}$	▧	▧	▧	▧	▧
4.	$\frac{15}{25}$	▧	▧	▧	▧	▧
5.	$\frac{21}{24}$	▧	▧	▧	▧	▧
6.	$\frac{5}{40}$	▧	▧	▧	▧	▧
7.	$\frac{27}{81}$	▧	▧	▧	▧	▧

▛PONTE A PRUEBA

Calculadora Usa la calculadora para simplificar la fracción.

8. $\frac{4}{12}$ **9.** $\frac{30}{45}$ **10.** $\frac{18}{54}$ **11.** $\frac{16}{48}$

▛POR TU CUENTA

Elige Usa lápiz y papel, calculadora o cálculo mental para simplificar las fracciones.

12. $\frac{8}{24}$ **13.** $\frac{20}{65}$ **14.** $\frac{17}{68}$ **15.** $\frac{14}{35}$

16. $\frac{105}{180}$ **17.** $\frac{35}{56}$ **18.** $\frac{24}{64}$ **19.** $\frac{39}{117}$

20. a. Calculadora Simplifica $\frac{19}{57}$.

     b. Por escrito Oprime la tecla [+○-] . ¿Qué número aparece en la pantalla? ¿Por qué?

R^{e}pa^{s}o MIXTO

Sustituye cada ▧ por = ó ≠.

1. $\frac{7}{10}$ ▧ $\frac{2}{3}$

2. $\frac{5}{15}$ ▧ $\frac{24}{72}$

Usa el orden de las operaciones para simplificar.

3. $5 + 2 \times 8 - 1$

4. $16 \div 2 \times 3 - 20$

5. $3^2 - 2^3$

6. $6 \times (8 - 3)^2 - 10^2$

7. Una niña traviesa salió del ascensor en el piso 9. Ya había bajado 5 pisos, subido 6 y bajado 3. ¿En qué piso se subió al ascensor?

7-7 **Números mixtos y fracciones impropias**

EN EQUIPO

Trabaja con un compañero para explorar las fracciones representadas abajo.

$\frac{4}{4}$ $\frac{5}{2}$ $\frac{1}{6}$

$\frac{1}{2}$ $\frac{11}{8}$  $\frac{3}{3}$

1. **a.** ¿Qué fracciones equivalen a 1?

   b. Comparen el numerador y el denominador de una fracción que sea igual a 1. (*Pista:* Usen >, < ó =.)

2. **a.** ¿Qué fracciones equivalen a un número menor que 1?

   b. Comparen el numerador y el denominador de una fracción que sea menor que 1.

3. **a.** ¿Qué fracciones equivalen a un número mayor que 1?

   b. Comparen el numerador y el denominador de una fracción que sea mayor que 1.

PIENSA Y COMENTA

Una fracción cuyo numerador sea mayor o igual que su denominador se denomina **fracción impropia.** Puedes escribir una fracción impropia mayor que 1 como un *número mixto.* El **número mixto** muestra la suma de un número entero y una fracción.

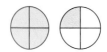

4. **a.** ¿Qué fracción impropia se representa a la izquierda?

   b. ¿Cuántos círculos completos hay sombreados?

   c. ¿Qué fracción adicional de un círculo hay sombreada?

   d. **Discusión** El número mixto $1\frac{1}{4}$ describe la parte sombreada. ¿Cómo muestra este número la suma de un número entero y una fracción?

La próxima vez que viajes en automóvil, ¡fíjate en los números mixtos! Se hallan con frecuencia en las señales de tránsito que indican las distancias a varios destinos. **¿Qué números mixtos aparecen en las señales de tránsito de arriba?**

St 1½
St 2½
y St 3¼

Market St.

WELCOME TO MISSOURI

5. Describe la sección sombreada de la derecha con una fracción impropia y con un número mixto.

Puedes hacer un modelo para que te sea más fácil escribir un número mixto como una fracción impropia.

Ejemplo 1   Escribe $2\frac{1}{4}$ como una fracción impropia.

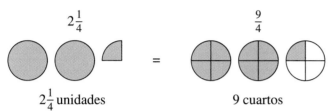

$2\frac{1}{4}$ unidades   9 cuartos

Se puede escribir el número mixto $2\frac{1}{4}$ como $\frac{9}{4}$.

Puedes dividir para escribir una fracción impropia como un número mixto.

Ejemplo 2   Escribe $\frac{11}{5}$ como número mixto.

$$5\overline{)11}^{2\ R1}$$

Divide 11 por 5.

$2\frac{1}{5}$ Expresa el residuo como una fracción.

Se puede escribir la fracción $\frac{11}{5}$ como $2\frac{1}{5}$.

PONTE A PRUEBA

6. ¿Es una fracción impropia mayor, menor o igual a uno? Usa un modelo para justificar tu respuesta.

A la derecha se muestran cinco cuadrados de 2 × 2. Cada cuadrado de 2 × 2 representa 1 unidad. Describe la sección sombreada con una fracción impropia y con un número mixto.

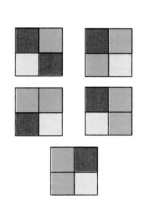

7.   **8.** ▢   **9.** ▢

Escribe la fracción impropia como número mixto. Escribe el número mixto como fracción impropia.

10. $5\frac{1}{2}$ **11.** $\frac{9}{4}$ **12.** $\frac{17}{7}$ **13.** $4\frac{3}{5}$

Regalos del mar

Las perlas son las únicas gemas que provienen del mar y las únicas hechas por un organismo vivo—la almeja. La perla de mayor tamaño hallada hasta la fecha fue encontrada en las Filipinas en 1934, dentro de la concha de una almeja gigante. Tenía $9\frac{1}{2}$ pulg de longitud por $5\frac{1}{2}$ pulg de diámetro y pesaba 14 lb 1 oz. Esta perla se llama la Perla de Lao-tze y está valorada en, aproximadamente, $42 millones.

14. Identifica los números mixtos del artículo de la izquierda. Escribe los números mixtos como fracciones impropias.

15. Elige A, B, C o D. ¿Qué número mixto representa la cantidad sombreada?

A. $4\frac{3}{4}$ **B.** $3\frac{3}{4}$

C. $3\frac{15}{16}$ **D.** $3\frac{1}{4}$

Escribe la fracción impropia como un número mixto.

16. $\frac{17}{5}$ **17.** $\frac{13}{7}$ **18.** $\frac{27}{5}$ **19.** $\frac{37}{12}$ **20.** $\frac{53}{23}$

Escribe el número mixto como fracción impropia.

21. $6\frac{3}{5}$ **22.** $2\frac{7}{8}$ **23.** $4\frac{1}{2}$ **24.** $3\frac{1}{4}$

25. Archivo de datos #11 (págs. 446–447) ¿Qué fracción impropia hay en la fórmula usada para convertir grados centígrados a grados Fahrenheit? Escribe la fracción impropia como un número mixto.

 26. Investigación (pág. 274) La ilustración muestra cinco maneras de representar visualmente el número 6. Elige un número entero que no sea el 6 y enumera al menos cinco maneras de representar visualmente el número.

27. Por escrito Describe dos situaciones en las cuales hayas usado números mixtos.

R^epaso MIXTO

Reduce a su mínima expresión.

1. $\frac{45}{60}$ **2.** $\frac{36}{64}$

Halla el volumen.

3. un cubo cuyo lado tiene 12 cm de longitud

4. un prisma rectangular con una altura de 10 cm y un área de 18 cm²

5. Sustituye cada ■ por +, −, × 6 ÷.
    4 ■ 4 ■ 4 = 20

┌─ **VISTAZO** A LO APRENDIDO

Reduce la fracción a su mínima expresión.

1. $\frac{12}{16}$ **2.** $\frac{64}{96}$ **3.** $\frac{21}{27}$ **4.** $\frac{9}{54}$ **5.** $\frac{18}{36}$

Escribe la fracción impropia como un número mixto.

6. $\frac{49}{5}$ **7.** $\frac{21}{8}$ **8.** $\frac{49}{6}$ **9.** $\frac{17}{4}$ **10.** $\frac{5}{2}$

Escribe el número mixto como una fracción impropia.

11. $5\frac{2}{3}$ **12.** $12\frac{3}{4}$ **13.** $8\frac{5}{6}$ **14.** $10\frac{1}{2}$

En esta lección

• Hallar el mínimo común múltiplo de dos o tres números

7-8 Mínimo común múltiplo

PIENSA Y COMENTA

Pam y Teresa se cortan el pelo en la misma peluquería los sábados. Pam se corta el pelo cada seis semanas y Teresa cada cuatro semanas. Un sábado, Pam ve a Teresa en la peluquería.

Ésta es la lista de los días en que Pam y Teresa se cortan el pelo.

Pam, cada 6 semanas: 6, 12, 18, 24, 30, 36, 42, 48, 54, ... semanas

Teresa, cada 4 semanas: 4, 8, 12, 16, 20, 24, 28, 32, 36, ... semanas

En 18 semanas, Pam se habrá cortado el pelo 3 veces. El número 18 es un *múltiplo* de 6. Un **múltiplo** de un número es el producto de ese número y un número entero que no sea el cero.

1. Haz una lista de las semanas en que Pam y Teresa se cortarán el pelo el mismo día.

Estos números son múltiplos tanto de 6 como de 4; por lo tanto, son **múltiplos comunes.** El menor múltiplo común de dos o más números es el **mínimo común múltiplo (m.c.m.).** El m.c.m. de 6 y 4 es 12.

Puedes también usar la descomposición factorial de los números para hallar su m.c.m.

Ejemplo   Halla el m.c.m. de 15, 18 y 20.

• Escribe la descomposición factorial.

$15 = 3 \times ⑤$
$18 = 2 \times ③ \times ③$
$20 = ② \times ② \times 5$

Rodea con un círculo todos los factores diferentes, en los lugares en que aparezcan con mayor frecuencia.

• Multiplica los factores rodeados con un círculo.
$2 \times 2 \times 3 \times 3 \times 5 = 180$

El m.c.m. es 180.

Bajo una lente de aumento, *puedes ver las puntas fragmentadas de un cabello humano. Esto puede evitarse cortando el cabello con regularidad.*

Convierte a número mixto o entero.

1. $\frac{15}{6}$ 2. $\frac{63}{8}$

3. $\frac{27}{4}$ 4. $\frac{42}{3}$

Halla el área y el perímetro.

5.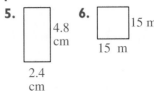
4.8 cm
2.4 cm

6. 15 m
15 m

7. Mugsy está atado con una soga de 20 pies de longitud a una estaca clavada en el suelo. Dibuja un diagrama y halla el área aproximada del espacio que tiene el perro para moverse.

PONTE A PRUEBA

2. **a.** Haz una lista de los múltiplos de 30, 40 y 50 para hallar su m.c.m.

   b. Usa la descomposición factorial para hallar el m.c.m. de 30, 40 y 50.

   c. **Por escrito** ¿Qué método crees que será más eficaz? Explica tu respuesta.

3. Levanto pesas cada tres días y nado cada cuatro días. Hice ambos ejercicios esta mañana. ¿Cuándo será la próxima vez que haga las dos actividades el mismo día?

POR TU CUENTA

Halla el m.c.m. del conjunto de números.

4. 75, 100   5. 22, 55, 60   6. 4, 12

7. 12, 20   8. 5, 6, 10   9. 14, 33

UN GRAN FUTURO

Diseñador de parques de diversiones

Quiero ser diseñador de parques de diversiones. Esta profesión me interesa porque me gusta crear cosas y se me ocurren buenas ideas para hacerlas. Además, hay que utilizar las matemáticas y yo saco buenas notas en esa asignatura. Sería estupendo si llegara a ser diseñador de parques de diversiones. Se me despertó el interés por esta profesión al tratar de encontrar otra atracción interesante, después de subir en la montaña rusa y no poder encontrar nada que me llamara la atención. Así que me dije que, si llegara a ser diseñador de atracciones, podría inventar atracciones que me gustaran. Una vez, fui a un parque buscando una atracción que fuera rápida y en la que me pudiera mojar. Logré mojarme, pero no era lo suficientemente rápida. Hago modelos, lo que me ayudaría a aprender cómo hacer los modelos de los parques antes de construirlos.

Stephen Horel

10. Pensamiento crítico Un número tiene 8 y 10 como factores.

   a. ¿Cuál sería el menor valor posible del número?

   b. Halla otros cuatro factores del número.

11. Transporte Dos barcos viajan entre Boston y Londres. Uno de los barcos hace el viaje de ida y vuelta en 12 días. El otro, en 16 días. Ambos barcos están en Londres hoy. ¿Dentro de cuántos días estarán ambos barcos de nuevo en Londres?

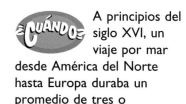

CUÁNDO A principios del siglo XVI, un viaje por mar desde América del Norte hasta Europa duraba un promedio de tres o cuatro meses.

12. Halla el M.C.D., el m.c.m., el producto de los números y el producto del M.C.D. y el m.c.m. de los pares de números.

   a. 12 y 18   **b.** 20 y 25   **c.** 24 y 28

   d. Por escrito Revisa los resultados. Describe el patrón.

13. Elige A, B, C o D. El m.c.m. de un número y 15 es 120. ¿Cuál es el número?

   A. 20   **B.** 12   **C.** 6   **D.** 24

Estimado Stephen:

Sí, ciertamente es muy divertido diseñar parques de diversiones. Es sorprendente la cantidad de física y matemáticas que uso cuando ayudo a diseñar una nueva atracción. Pienso en razones y capacidad cuando trato de determinar a qué velocidad irá la atracción y cuánta gente se debe subir a la vez. La mayoría de las montañas rusas funcionan con dos trenes y un promedio de 32 asientos por tren. Cada vuelta dura, aproximadamente, dos minutos. Calculamos un minuto para que suban los visitantes y un minuto para que bajen. Llamamos a esto un ciclo de cuatro minutos. Si se suben treinta y dos personas por ciclo, con dos trenes que salen de la estación cada dos minutos, habrá treinta ciclos por hora. Así calculamos que nuestra montaña rusa cuenta con una capacidad de 960 visitantes por hora.

   Hugh Darley
   Diseño y Atracciones, Paramount Parks

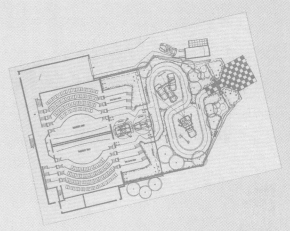

7-9 **Comparación y ordenación de fracciones**

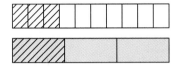

EN EQUIPO

Trabajen en grupos. Usen barras de fracciones para comparar los pares de fracciones. Primero, hallen las barras apropiadas. Después, deben alinear los extremos de la izquierda de las barras y comparar las secciones sombreadas. Las barras de fracciones de la izquierda muestran que $\frac{3}{10} < \frac{1}{3}$.

1. Usen <, > ó = para comparar.

   a. $\frac{3}{5}$ ■ $\frac{4}{5}$ b. $\frac{3}{4}$ ■ $\frac{3}{5}$ c. $\frac{3}{12}$ ■ $\frac{1}{4}$

   d. $\frac{9}{10}$ ■ $\frac{7}{10}$ e. $\frac{1}{4}$ ■ $\frac{2}{5}$ f. $\frac{2}{3}$ ■ $\frac{8}{12}$

   g. $\frac{2}{6}$ ■ $\frac{4}{12}$ h. $\frac{7}{10}$ ■ $\frac{3}{5}$ i. $\frac{1}{3}$ ■ $\frac{2}{5}$

PIENSA Y COMENTA

Has usado barras de fracciones para *comparar* las fracciones. También puedes usar barras de fracciones para *ordenarlas*.

2. Usa barras de fracciones para ordenar las fracciones de menor a mayor.

   a. $\frac{7}{10}, \frac{1}{10}, \frac{3}{10}$ b. $\frac{3}{4}, \frac{3}{5}, \frac{3}{10}, \frac{3}{12}$

   c. ¿En que se parecen las fracciones de la parte (a)? ¿Cómo puedes determinar qué fracción es la mayor sin usar las barras de fracciones?

   d. ¿En qué se parecen las fracciones de la parte (b)? ¿Cómo puedes determinar qué fracción es la mayor sin usar las barras de fracciones?

Es fácil comparar fracciones que tienen el mismo denominador. Las partes del entero son las mismas, por lo que la fracción que tenga el mayor numerador es la mayor. Por ejemplo, $\frac{5}{6} > \frac{4}{6}$ porque el numerador 5 > 4. Las barras de fracciones de la izquierda confirman este resultado.

Imagina que quisieras comparar dos fracciones con diferentes denominadores. Podrías usar fracciones equivalentes para hallar el *denominador común* de las dos fracciones. El denominador común ha de ser un múltiplo de cada uno de los denominadores originales. El **mínimo común denominador (m.c.d.)** es el mínimo común múltiplo (m.c.m.) de los denominadores originales.

Ejemplo 1 Compara $\frac{7}{24}$ y $\frac{5}{18}$. Usa $<$, $>$ ó $=$.

- El m.c.m. de 24 y 18 es 72. Por tanto, el m.c.d. es 72.

- Escribe fracciones equivalentes usando el m.c.d.

$$\frac{7}{24} = \frac{7}{24} \times \frac{3}{3} = \frac{21}{72} \qquad \frac{5}{18} = \frac{5}{18} \times \frac{4}{4} = \frac{20}{72}$$

- Compara los numeradores.

$$21 > 20$$
Como $\frac{21}{72} > \frac{20}{72}$, entonces $\frac{7}{24} > \frac{5}{18}$.

Cuando compares números mixtos, compara primero los números enteros. Determina qué número es mayor. Si los números enteros de los números mixtos son iguales, compara entonces las fracciones como lo hiciste en el ejemplo 1.

3. Usa $<$, $>$ ó $=$ para comparar.

a. $3\frac{2}{5}$ ▪ $2\frac{4}{5}$ **b.** $1\frac{2}{3}$ ▪ $1\frac{5}{9}$ **c.** $5\frac{7}{8}$ ▪ $6\frac{5}{6}$

d. $2\frac{4}{7}$ ▪ $2\frac{12}{21}$ **e.** $4\frac{2}{5}$ ▪ $4\frac{3}{7}$ **f.** $3\frac{8}{12}$ ▪ $3\frac{3}{4}$

Para ordenar tres o más fracciones, halla el m.c.d. Usa el m.c.d. para escribir fracciones equivalentes. Después, ordena los numeradores.

Ejemplo 2 Ordena de menor a mayor: $\frac{3}{8}, \frac{2}{5}, \frac{7}{20}$.

- El m.c.m. de 8, 5 y 20 es 40. Por tanto, el m.c.d. es 40.

- Escribe fracciones equivalentes usando el m.c.d.

$$\frac{3}{8} = \frac{15}{40} \qquad \frac{2}{5} = \frac{16}{40} \qquad \frac{7}{20} = \frac{14}{40}$$

- Ordena los numeradores.

$$14 \quad < \quad 15 \quad < \quad 16$$
Como $\frac{14}{40} < \frac{15}{40} < \frac{16}{40}$, entonces $\frac{7}{20} < \frac{3}{8} < \frac{2}{5}$.

4. Ordena de menor a mayor: $\frac{2}{6}, \frac{8}{21}, \frac{4}{14}$.

$$\frac{1}{4} \qquad \frac{1}{16} \qquad \frac{1}{2} \qquad \frac{1}{8}$$

Fracción de una nota semibreve

Las notas musicales se basan en fracciones de la nota semibreve o redonda. ***Ordena las notas de menor a mayor.***

Usa <, > ó = para comparar.

5. $2\frac{11}{19}$ ▇ $1\frac{13}{19}$ 6. $\frac{13}{20}$ ▇ $\frac{1}{4}$ 7. $\frac{9}{24}$ ▇ $\frac{3}{8}$ 8. $\frac{15}{17}$ ▇ $\frac{9}{10}$

Ordena los conjuntos de fracciones de menor a mayor.

9. $\frac{11}{24}, \frac{5}{8}, \frac{5}{12}$ 10. $\frac{11}{15}, \frac{2}{3}, \frac{7}{12}$ 11. $\frac{5}{7}, \frac{11}{14}, \frac{3}{4}$

12. **Cocina** Compara las cantidades de almendras dulces, mantequilla y leche de la receta. ¿Cuál es la mayor cantidad? ¿Cuál es la menor?

Torta Garfagnana
$\frac{1}{2}$ taza de almendras dulces
$2\frac{2}{3}$ tazas de harina
1 cucharadita de bicarbonato de sodio
$\frac{3}{4}$ taza de mantequilla
$\frac{1}{2}$ cucharada de anís
$\frac{2}{3}$ taza de leche

Usa <, > ó = para comparar.

13. $5\frac{4}{7}$ ▇ $5\frac{5}{7}$ 14. $\frac{3}{11}$ ▇ $\frac{1}{4}$ 15. $3\frac{1}{4}$ ▇ $3\frac{1}{5}$ 16. $\frac{2}{9}$ ▇ $\frac{4}{15}$

17. Timothy corrió $1\frac{3}{4}$ mi. Wenona corrió $1\frac{7}{10}$ mi. ¿Quién corrió mayor distancia?

Ordena los números de menor a mayor en cada conjunto.

18. $\frac{1}{5}, \frac{1}{8}, \frac{7}{40}, \frac{3}{10}$ 19. $\frac{7}{12}, \frac{23}{40}, \frac{8}{15}, \frac{19}{30}$ 20. $1\frac{8}{11}, 2\frac{1}{4}, 1\frac{3}{4}$

21. **Archivo de datos #8 (págs. 316–317)** Ordena de menor a mayor distancia los resultados de las ganadoras de salto largo olímpico.

22. Determina si la fracción es mayor que $\frac{1}{2}$, menor que $\frac{1}{2}$ o igual a $\frac{1}{2}$.

a. $\frac{3}{5}$ b. $\frac{5}{12}$ c. $\frac{5}{8}$ d. $\frac{2}{3}$

e. **Por escrito** ¿Cómo puedes usar tus resultados para comparar $\frac{3}{5}$ y $\frac{5}{12}$? ¿Es posible usar los resultados de arriba para comparar $\frac{3}{5}$ y $\frac{5}{8}$? ¿Por qué?

23. **Elige A, B, C o D.** ¿Qué harías primero, y por qué, para comparar $\frac{9}{24}$ y $\frac{5}{15}$?

A. Hallar el m.c.m. de 24 y 15.

B. Simplificar las fracciones.

C. Descomponer 24 y 15 en factores primos.

D. Multiplicar 24 × 15 para hallar un denominador común.

Repaso MIXTO

Halla el m.c.m. del conjunto de números.

1. 8, 12, 6   2. 5, 6, 15

3. 9, 15, 18   4. 36, 40

Aplica la propiedad distributiva para simplificar.

5. 7(100 − 2)

6. 8(50 + 3)

7. ¿Cuál es el cociente de la circunferencia de un círculo dividida por su diámetro?

En esta lección

• Representar fracciones y decimales

• Escribir decimales en forma de fracciones

• Escribir fracciones en forma decimal

VAS A NECESITAR

✓ Calculadora

✓ Cuadrados decimales

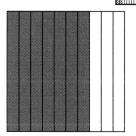

EN EQUIPO

Trabaja con un compañero en esta actividad.

1. **a.** ¿Qué decimal representa el modelo de la izquierda?

   b. Nombren el decimal en voz alta.

   c. Pide a tu compañero que escriba el decimal como una fracción.

   d. Usen el decimal y la fracción para completar la expresión: ■ = ■.

2. **a.** Hallen un cuadrado decimal que represente 0.05.

   b. Pide a tu compañero que lea el decimal en voz alta.

   c. Escriban el decimal como una fracción.

   d. Simplifiquen la fracción. Usen la fracción y el decimal para completar la expresión: ■ = ■.

3. **a.** **Discusión** Hagan una lista de los pasos necesarios para escribir un decimal en forma de fracción.

   b. ¿Necesitan usar un modelo? Usen un ejemplo para justificar la respuesta.

¡RECUERDA!

El número 0.225 se lee "doscientas veinticinco milésimas".

PIENSA Y COMENTA

Para expresar un decimal como fracción, escribe la fracción como dirías el decimal. Después, simplifica la fracción.

Ejemplo 1   Escribe 0.225 como una fracción en su mínima expresión.

$$0.225 = \frac{225}{1000}$$

$$= \frac{225 \div 25}{1000 \div 25} \quad \text{Simplifica. El M.C.D. de } 225 \text{ y } 1000 \text{ es } 25.$$

$$0.225 = \frac{9}{40}$$

4. Escribe el decimal como una fracción en su mínima expresión.

   a. 0.6 **b.** 0.35 **c.** 0.130

Si un decimal es mayor que 1, se puede escribir como un número mixto.

Ejemplo 2 Escribe 1.32 como una fracción en su mínima expresión.

$$1.32 = 1\frac{32}{100} \qquad \text{Conserva 1 como el número entero.}$$

$$= 1\frac{32 \div 4}{100 \div 4} \qquad \text{Simplifica. El M.C.D. de 32 y 100 es 4.}$$

$$1.32 = 1\frac{8}{25}$$

Una manera de expresar una fracción en forma decimal consiste en dividir el numerador por el denominador. El símbolo mismo de fracción significa división. Por ejemplo, he aquí cómo escribir $\frac{3}{4}$ en forma decimal con la calculadora.

$$3 \; \boxed{\div} \; 4 \; \boxed{=} \; \boxed{0.75} \quad \leftarrow \frac{3}{4} = 0.75$$

Si no hay residuo, el cociente es un **decimal exacto.** A veces, el cociente tiene residuo. El cociente que repite dígitos y no termina es un **decimal periódico.** El número 0.4444 . . . es un ejemplo de decimal periódico. Escribirías el decimal de esta manera: $0.\overline{4}$. La raya que se halla sobre el 4 significa que el dígito 4 se repite.

¡RECUERDA!

Añade ceros al dividendo.

Ejemplo 3 Escribe la fracción $\frac{4}{15}$ en forma decimal.

$$\frac{4}{15} \rightarrow \begin{array}{r} 0.266 \\ 15\overline{)4.000} \\ \underline{-3\,0} \\ 100 \\ \underline{-90} \\ 100 \\ \underline{-90} \\ 1 \end{array} \qquad \text{El dígito 6 se repite.}$$

$$\frac{4}{15} = 0.2\overline{6}$$

Puedes mostrar los decimales periódicos con la calculadora.

Ejemplo 4 Escribe la fracción $\frac{8}{11}$ en forma decimal.

• Divide el numerador por el denominador.

$$8 \; \boxed{\div} \; 11 \; \boxed{=} \; \boxed{0.7272727}$$

• Observa qué dígitos se repiten: 72.

• Coloca una raya sobre estos dígitos para escribir el decimal.

$$\frac{8}{11} = 0.\overline{72}$$

5. Escribe las fracciones en forma decimal. Usa la raya para mostrar los decimales periódicos.

a. $\frac{5}{9}$ **b.** $\frac{2}{3}$ **c.** $\frac{5}{11}$

6. a. ¿Cómo escribirías $\frac{1}{3}$ en forma decimal?

b. ¿Cómo escribirías 2 en forma decimal?

c. ¿Cómo podrías usar los resultados de las partes (a) y (b) para escribir $2\frac{1}{3}$ en forma decimal? Explica.

PONTE A PRUEBA

7. a. ¿Qué decimal representa el modelo de la derecha?

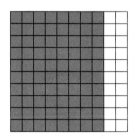

b. Escribe el número como una fracción en su mínima expresión.

8. a. Dibuja un cuadrado decimal que represente 0.68.

b. Escribe 0.68 como una fracción en su mínima expresión.

Escribe los decimales como fracciones en su mínima expresión. Escribe las fracciones en forma decimal.

9. 0.3   **10.** $\frac{9}{20}$ **11.** $\frac{11}{8}$ **12.** 0.004

13. 2.625   **14.** $\frac{5}{6}$ **15.** 0.075   **16.** $\frac{5}{12}$

POR TU CUENTA

Escribe los decimales como fracciones en su mínima expresión. Escribe las fracciones en forma decimal.

17. 0.5652   **18.** 1.62   **19.** 0.07   **20.** 0.064

21. $1\frac{1}{9}$ **22.** $\frac{14}{25}$ **23.** $\frac{7}{15}$ **24.** $4\frac{7}{10}$

25. $\frac{5}{24}$ **26.** $\frac{7}{16}$ **27.** $3\frac{4}{11}$ **28.** $\frac{7}{20}$

29. Compras Pallaton fue en autobús a la tienda de comestibles para comprar rodajas de pavo y preparar emparedados para sus almuerzos escolares. Ordenó un cuarto de libra ($\frac{1}{4}$ lb) de pavo en el mostrador de embutidos. ¿Qué decimal debió leer Pallaton en la pesa digital?

 En el transbordador espacial, un almuerzo típico se compone de carne con espárragos, fresas y una barra de almendras acarameladas.

Fuente: *How in the World?*

30. Archivo de datos #7 (págs. 272–273) Han transcurrido cuatro horas desde la marea baja. Halla la amplitud de la marea en forma de fracción y de decimal.

31. Chana puede gastar $1. Compra un paquete de semillas de girasol por $.55. ¿Qué fracción del dinero gastó?

32. Investigación (pág. 274) Usa tu propio sistema de numeración para escribir un número en forma de fracción y de decimal.

33. a. Calculadora Escribe la fracción en forma decimal: $\frac{17}{50}$, $\frac{1}{3}$, $\frac{8}{25}$, $\frac{26}{75}$.

b. Ordena las fracciones de menor a mayor.

c. ¿Preferirías usar fracciones equivalentes con un denominador común para ordenar los números de la parte (a)? ¿Por qué?

34. Ordena los números de menor a mayor en cada conjunto.

a. $\frac{7}{8}$, 0.8, $\frac{9}{11}$, 0.87

b. 1.65, $1\frac{2}{3}$, $1\frac{3}{5}$, 1.7

35. a. Por escrito Explica los pasos que seguirías para escribir 0.8 como una fracción en su mínima expresión.

b. Por escrito Explica los pasos que seguirías para escribir $\frac{2}{9}$ en forma decimal.

VISTAZO A LO APRENDIDO

Halla el m.c.m. del conjunto de números.

1. 16, 24, 32   **2.** 28, 56, 63   **3.** 40, 36, 18

Escribe la fracción en forma decimal.

4. $\frac{2}{5}$ **5.** $\frac{7}{100}$ **6.** $\frac{3}{8}$ **7.** $\frac{1}{6}$

Escribe el decimal como una fracción en su mínima expresión.

8. 0.52   **9.** 0.04   **10.** 0.75   **11.** 15.025

12. Elige A, B, C o D. ¿Qué conjunto de números está ordenado de mayor a menor?

A. 0.56, 0.055, 0.53, 0.52   **B.** 1.75, $\frac{3}{2}$, 1.25, 2.0

C. 3.47, $3\frac{1}{2}$, 3.6, $\frac{8}{3}$ **D.** $\frac{7}{8}$, 0.8, 0.75, $\frac{8}{11}$

Repaso MIXTO

Ordena de menor a mayor.

1. $\frac{3}{4}$, $\frac{2}{3}$, $\frac{7}{10}$

2. $\frac{1}{5}$, $\frac{1}{6}$, $\frac{3}{10}$

3. $3\frac{3}{8}$, $\frac{32}{10}$, $\frac{7}{2}$

Escribe tres fracciones equivalentes.

4. $\frac{9}{10}$ **5.** $\frac{3}{4}$

6. Jan y Leah ganan dinero haciendo encargos para sus vecinos de edad avanzada. Leah gana $1.25 más que Jan cada hora. ¿Cuánto gana cada una por hora, si juntas ganaron un total de $15.75 por 3 horas de trabajo?

7-11 **Trabaja en orden inverso**

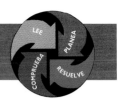

En esta lección

• Trabajar en orden inverso para resolver problemas

En ocasiones es necesario trabajar en orden inverso, a partir de un resultado conocido, para hallar un dato que se encuentra al principio.

> Una maestra presta lápices a los estudiantes. Al final del día tiene 16 lápices. Recuerda haber entregado 7 lápices por la mañana, haber recogido 5 antes del almuerzo y haber entregado 3 después del almuerzo. ¿Cuántos lápices tenía la maestra al comienzo del día?

LEE

Lee y entiende la información. Resume el problema.

1. ¿Cuántos lápices tiene la maestra al final del día?

2. ¿Cuántas veces entregó lápices la maestra? ¿Cuántas veces recogió lápices?

3. ¿Crees que tenía *más* o *menos* de 16 lápices al comienzo del día? ¿Por qué?

PLANEA

Decide qué estrategia vas a usar para resolver el problema.

En este problema sabes que hay 16 lápices al *final* del día. Trabaja en orden inverso para hallar cuántos lápices tenía la maestra al *comienzo* del día. Suma o resta cada vez que la maestra entregó o recogió lápices.

RESUELVE

Prueba con la estrategia.

4. ¿Qué fue lo último que hizo la maestra con los lápices antes de que terminara el día? ¿Cuántos lápices tenía justo antes de esa acción?

5. Continúa trabajando en orden inverso para hallar el número de lápices que tenía la maestra al comienzo del día.

COMPRUEBA

Piensa en cómo resolviste el problema.

6. Para comprobar, empieza por la respuesta y trabaja *hacia adelante*. ¿Obtuviste una respuesta de 16 lápices al final del día?

7. **Por escrito** Algunos quizás prefieran resolver el problema con la estrategia "estima y comprueba". Resuelve el problema usando 18 como tu estimación. ¿Qué estrategia prefieres? ¿Por qué?

PONTE A PRUEBA

Trabaja en orden inverso para resolver el problema.

8. **Dinero** Gasté la mitad de mi dinero en la primera tienda del centro comercial. Gasté la mitad del resto del dinero y $6 adicionales en la segunda tienda. Me quedaron $2. ¿Cuánto dinero tenía cuando llegué al centro comercial?

9. Pienso en un número. Si lo multiplico por 3 y sumo 5 al producto, el resultado es 38. ¿Qué número es?

10. **Aficiones** Horace decide vender a varios amigos todas las tarjetas de béisbol de su colección. Vendió la mitad más 1 a Juanita. Luego, vendió a Ethan la mitad de las tarjetas que le quedaban. Después, vendió 13 tarjetas a Erica. Por último, vendió las 9 tarjetas restantes a Cleon. ¿Cuántas tarjetas había en la colección original de Horace?

POR TU CUENTA

Usa cualquier estrategia para resolver el problema. Muestra tu trabajo.

11. **Deportes** Olivia ganó un torneo de ajedrez al ganar tres juegos. En cada ronda, el perdedor queda eliminado y el ganador avanza a la ronda siguiente. ¿Cuántos jugadores había en el torneo?

12. Pienso en dos números. El máximo común divisor es 6 y el mínimo común múltiplo es 18. ¿Qué números son?

13. Kathy y Bill hornearon varias rosquillas. Guardaron la mitad para el día siguiente y dividieron el resto entre sus 3 hermanas, cada una de las cuales recibió 3 rosquillas. ¿Cuántas rosquillas hornearon Bill y Kathy?

14. **Deportes** En una caja de efectos deportivos hay el doble de bates que de pelotas de softball y dos palos más de golf que bates. Seis de los objetos son palos o pelotas de golf. Hay dos pelotas de golf. ¿Cuántas pelotas de softball hay en la caja?

15. El último jueves de un mes dado es el día 27 del mes. ¿Qué día de la semana es el primer día del mes?

16. Aaron tiene una competencia de carreras a las 4:00 p.m. Tarda 5 min en cambiarse de ropa y 10 min en llegar a la pista. Antes de participar en la carrera, Aaron tiene que reunirse con su entrenador durante 10 min y hacer ejercicios de calentamiento durante 15 min. Planea estudiar por un tiempo en la biblioteca después de la escuela.

a. ¿A qué hora se debe marchar de la biblioteca?

b. ¿Cuánto tiempo puede estudiar en la biblioteca, si sale de clase a las 2:50 p.m.?

17. Pensamiento crítico Imagina que estuvieras en una isla desierta con sólo un recipiente de 3 ct y un recipiente de 5 ct. ¿Cómo podrías medir exactamente 1 ct de agua sin marcar los recipientes, que son de forma irregular?

18. Música Tenía varios discos compactos. Recibí un envío de 12 más, pero mi hermana tomó 4 de ellos prestados. Luego, me devolvió 2 de los discos. Ahora tengo 30. ¿Cuántos tenía antes de que llegara el envío?

19. Por escrito ¿Por qué es necesario a veces usar operaciones inversas cuando trabajamos en orden inverso? Explica.

20. Halla un número entre 1 y 100 que cumpla con estas condiciones. Si se divide por 3 ó 5, el residuo es 1. Si se divide por 7, el residuo es 4.

21. Investigación (pág. 274) Usa tu propio sistema de numeración para escribir el número 10. ¿Qué apariencia tendría el número 7?

22. ¿Cuál es el mayor número de tarjetas de 3 pulg por 5 pulg que se podría recortar de una cartulina rectangular de 2 pies por $2\frac{1}{2}$ pies?

23. Una colonia de bacterias se multiplica con rapidez, doblando su tamaño cada 6 min. Se coloca una cucharadita de las bacterias en un envase y el envase está lleno a las 2 h. ¿Cuánto tardó el envase en llenarse hasta la mitad?

24. El 27 de enero, la abuela y la tía de Luis vinieron de visita. Su tía visita cada cuatro días y su abuela, cada seis días. ¿Cuál fue la primera fecha de enero en la cual ambas visitaron a Luis el mismo día?

Stevie Wonder ha vendido más de 632,487 copias de "Jungle Fever". Se otorga un Disco de Oro por ventas de 500,000 copias. Las copias incluyen cintas, discos compactos y discos.

Repaso MIXTO

Escribe la fracción en forma decimal.

1. $\frac{17}{20}$ **2.** $\frac{3}{25}$

Escribe el decimal como una fracción en su mínima expresión.

3. 0.48   **4.** 0.06

5. 0.95   **6.** 0.152

7. Kale contó 12 ruedas en los vehículos del Desfile Anual de Ciclismo. Su hermana, Leilani, contó 7 vehículos en total. Los únicos vehículos permitidos eran monociclos, bicicletas y triciclos. ¿Cuántos vehículos de cada tipo había en el desfile?

En conclusión

La divisibilidad y la descomposición factorial   7-1, 7-2

Las reglas de la divisibilidad te pueden ayudar a hallar factores. Un **número primo** tiene exactamente 2 factores, 1 y el número mismo, mientras que un **número compuesto** tiene más de dos factores.

Cuando se escribe un número compuesto como el producto de sus factores primos, la operación se denomina **descomposición factorial.**

Determina si el número es divisible por 1, 2, 3, 5, 9 ó 10.

1. 69   **2.** 146   **3.** 837   **4.** 405   **5.** 628   **6.** 32,870

7. Elige A, B, C o D. ¿Cuál es un número primo?

    A. 519   **B.** 523   **C.** 525   **D.** 530

Usa un árbol de factorización para descomponer el número en sus factores primos.

8. 72   **9.** 120   **10.** 33   **11.** 80   **12.** 234   **13.** 345

M.C.D., m.c.m. y la simplificación de fracciones   7-3, 7-6, 7-8

El **máximo común divisor** (M.C.D.) de dos o más números es el número mayor que sea factor común de los números.

Para simplificar una fracción, divide el numerador y el denominador de la fracción por el M.C.D. También puedes usar una calculadora de fracciones para simplificarlas.

El **mínimo común múltiplo** (m.c.m.) de dos o más números es el número menor que sea múltiplo común de los números.

Halla el M.C.D. y el m.c.m. del conjunto de números.

14. 40, 140   **15.** 28, 33   **16.** 24, 9   **17.** 15, 25   **18.** 18, 42, 60   **19.** 10, 12, 16

Reduce las fracciones a su mínima expresión.

20. $\frac{16}{18}$ **21.** $\frac{24}{60}$ **22.** $\frac{15}{50}$ **23.** $\frac{27}{72}$ **24.** $\frac{16}{44}$ **25.** $\frac{6}{21}$

Fracciones equivalentes

Para formar *fracciones equivalentes,* multiplicas o divides el numerador y el denominador por un mismo número que no sea cero.

Escribe dos fracciones equivalentes a la fracción.

26. $\frac{1}{8}$ **27.** $\frac{2}{10}$ **28.** $\frac{5}{25}$ **29.** $\frac{3}{5}$ **30.** $\frac{14}{28}$ **31.** $\frac{30}{50}$

Comparación y ordenación de fracciones y números mixtos

En una *fracción impropia* el numerador es mayor que el denominador. Un *número mixto* representa la suma de un número entero y una fracción. Para comparar fracciones, halla un denominador común.

Escribe la fracción impropia como número mixto.
Escribe el número mixto como fracción impropia.

32. $4\frac{3}{4}$ **33.** $\frac{22}{5}$ **34.** $\frac{57}{7}$ **35.** $2\frac{3}{7}$ **36.** $\frac{30}{14}$ **37.** $5\frac{2}{11}$

38. Ordena de menor a mayor: $1\frac{5}{6}$, $1\frac{7}{9}$, $\frac{35}{36}$, $1\frac{3}{4}$.

Fracciones y decimales; estrategias

Para expresar un decimal en forma de fracción, escribe la fracción como dirías el decimal. Después, simplifica la fracción. Para escribir una fracción en forma decimal, divide el numerador por el denominador. Traza una raya sobre el dígito o los dígitos que se repitan.

Escribe el decimal como una fracción en su mínima expresión. Escribe la fracción en forma decimal.

39. 0.04   **40.** 3.875   **41.** 2.14   **42.** $\frac{17}{40}$ **43.** $\frac{8}{9}$ **44.** $\frac{6}{11}$

45. Tina gastó $7 en la primera tienda. Gastó la mitad del dinero que le quedaba en la tienda siguiente. Gastó la mitad del dinero restante y $3 adicionales en la última tienda. Le quedaron $5. ¿Cuánto dinero tenía antes de salir?

PREPARACIÓN PARA EL CAPÍTULO 8

Determina si el valor de la fracción se aproxima a 0, a $\frac{1}{2}$ ó a 1.

1. $\frac{54}{98}$ **2.** $\frac{11}{12}$ **3.** $\frac{1}{6}$ **4.** $\frac{2}{9}$ **5.** $\frac{19}{40}$ **6.** $\frac{5}{11}$

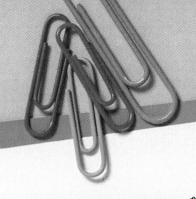

cierra el caso

La representación numérica

El tema de la competencia de matemáticas de este mes es "Conceptos de fracciones". Repasa los objetos que elegiste para representar números enteros. Efectúa los cambios que creas necesarios. Después, usa tu propio sistema de numeración ya finalizado para preparar una ilustración que muestre el tema de la competencia. Los problemas precedidos por la lupa (pág. 296, #26; pág. 306, #32 y pág. 309, #21) te ayudarán a preparar el cartel.

Extensión: El matemático griego Pitágoras estaba interesado en números como el 1, el 3 y el 6, cuyas representaciones visuales pueden ser triángulos.

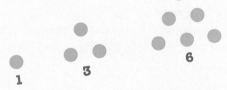

Escribe los siguientes 8 números triangulares. ¿Qué patrones puedes observar? ¿Qué conclusión puedes sacar sobre los números triangulares?

¡Adivina quién soy!

Soy un número entre 300 y 500. Mis factores primos son 2, 3 y 13. ¿Qué número soy?

Escribe tu propia adivinanza sobre los números primos. Pídele a un compañero que la resuelva.

Extensión: ¿Puedes inventar una adivinanza sobre los números primos que tenga más de una solución?

De dos en dos

Reglas del juego:

- Juega con tres o más jugadores.
- Van a necesitar, al menos, treinta tarjetas de cartón o cartulina de 3 x 5. Escriban en una tarjeta una fracción y en otra, el decimal equivalente. Continúen hasta escribir 15 fracciones diferentes y sus equivalentes decimales.
- Ordenen las tarjetas boca abajo, en filas. Por turnos, volteen dos tarjetas. Si la fracción y el decimal son equivalentes, el jugador se queda con ellas. El juego terminará cuando se acaben las tarjetas. Gana el jugador que tenga más al final.

Extensión: En vez de hallar las tarjetas equivalentes, determinen si la primera tarjeta que voltearon es $<$, $>$ ó $=$ que la segunda tarjeta. Si el jugador acierta, se queda con las tarjetas. El juego termina cuando se acaben las tarjetas. Gana el jugador que tenga más al final.

¡Qué problema!

Redacta un problema que incluya las siguientes fracciones y decimales:

$$0.5, \ \frac{3}{4}, \ 2\frac{1}{12} \ y \ 0.64$$

Comprueba el resultado para asegurarte de que el problema tenga sentido y solución. Pídele a un compañero que lo resuelva.

Ser o no ser

Resulta imposible que 3 personas se coman $\frac{1}{2}$ de un mismo pastel. Sin embargo, es posible que 3 personas jueguen $\frac{1}{4}$ de un juego de softball. Hagan una lista de 5 situaciones en las que sea imposible usar fracciones y de 5 situaciones en las que sea posible el uso de fracciones.

Extensión: Pídanle a otro grupo que determine qué situaciones de la lista son posibles y qué situaciones no lo son.

MEMO

313

1. **Por escrito** ¿Es 24,357 divisible por 9? Explica tu respuesta.

2. **Elige A, B, C o D.** ¿Qué número es divisible por 2, 3 y 10?

   A. 375   **B.** 430

   C. 2,328   **D.** 5,430

3. Haz una lista de todos los factores del número. Determina si el número es primo o compuesto.

   a. 33   **b.** 54

   c. 19   **d.** 102

4. Halla el M.C.D. del conjunto de números.

   a. 24, 36   **b.** 20, 25, 30

   c. 45, 105   **d.** 7, 19

5. Halla la descomposición factorial del número.

   a. 132   **b.** 360

6. Nombra la fracción del modelo.

   a.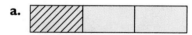

   b.

7. **Estimación** Di si el valor de la fracción se aproxima a 0, a $\frac{1}{2}$ ó a 1.

   a. $\frac{15}{16}$ **b.** $\frac{2}{20}$

   c. $\frac{24}{50}$ **d.** $\frac{40}{75}$

8. Escribe dos fracciones equivalentes a $\frac{6}{18}$.

9. Reduce la fracción a su mínima expresión.

   a. $\frac{5}{45}$ **b.** $\frac{34}{51}$

   c. $\frac{56}{128}$ **d.** $\frac{120}{180}$

10. Halla el m.c.m. del conjunto de números.

    a. 4, 8   **b.** 6, 11

    c. 18, 45   **d.** 10, 12, 15

11. Compara. Usa $<$, $>$ ó $=$ para llenar cada ▧.

    a. $1\frac{2}{5}$ ▧ $1\frac{1}{5}$ **b.** $\frac{15}{4}$ ▧ $\frac{17}{5}$

    c. $\frac{7}{14}$ ▧ $\frac{1}{2}$ **d.** $2\frac{3}{5}$ ▧ $2\frac{7}{11}$

12. **Elige A, B o C.** Lee corrió $\frac{1}{2}$ mi, Mary $\frac{2}{3}$ mi y Rosalinda $\frac{3}{8}$ mi. ¿Quién corrió una distancia mayor?

    A. Lee   **B.** Mary   **C.** Rosalinda

13. Ordena el conjunto de números de menor a mayor.

    a. $5\frac{3}{4}, 5\frac{1}{8}, 5$ **b.** $4\frac{4}{5}, 3\frac{7}{10}, 3\frac{3}{5}$

    c. $2\frac{1}{4}, 1\frac{3}{4}, 3\frac{2}{4}$ **d.** $\frac{2}{9}, \frac{7}{63}, \frac{5}{18}, \frac{1}{2}$

14. Escribe el decimal como una fracción en su mínima expresión.

    a. 0.4   **b.** 0.82   **c.** 0.025

15. Escribe la fracción en forma decimal. Usa una raya para indicar los decimales periódicos.

    a. $\frac{5}{8}$ **b.** $\frac{6}{11}$ **c.** $\frac{15}{45}$

16. Resuelve la siguiente adivinanza. Cuando sumo 2 a un número, resto 5 y multiplico por 3, el resultado es 24. ¿Qué número es?

Elige A, B, C o D.

1. ¿En qué polígono se pueden trazar tres diagonales desde un vértice?

    A. cuadrilátero   **B.** hexágono

    C. polígono de   **D.** pentágono
    7 lados

2. ¿Qué patrón numérico puede ser descrito mediante la siguiente regla: *Empieza por el número 12 y resta 4 cada vez?*

    A. 12, 8, 4, . . .   **B.** 12, 8, 10, . . .

    C. 12, 16, 24, . . .   **D.** 12, 24, 20, . . .

3. ¿Qué ángulo no parece ser un ángulo recto? Clasifica el ángulo en agudo, obtuso o llano.

    A. $\angle COD$

    B. $\angle DOE$

    C. $\angle AOB$

    D. $\angle CEO$

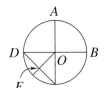

4. ¿Qué expresión tiene un valor de 13?

    A. $3 + (2)^2$ **B.** $(3 + 2)^2$

    C. $3^2 + 2^2$ **D.** $3^3 + 2^2$

5. ¿Qué par de triángulos parece ser semejante, pero *no* congruente?

    A. 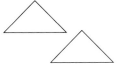   **B.**

    C. 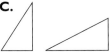   **D.**

6. ¿Qué decimal es equivalente a $\frac{3}{8}$?

    A. 0.037   **B.** 0.38   **C.** 0.375   **D.** 3.75

7. ¿Qué frase corresponde a la expresión algebraica $2b - 8$?

    A. ocho menos dos por b

    B. dos por b

    C. dos menos ocho por b

    D. dos por b menos ocho

8. ¿Qué conjunto de números tiene un M.C.D. de 8?

    A. 24, 36, 48   **B.** 56, 63, 42

    C. 64, 24, 56   **D.** 56, 36, 28

9. ¿Qué modelo de fracción *no* es equivalente a $\frac{2}{3}$?

    A.    **B.**

    C.    **D.**

10. ¿Qué nombre describe mejor el cuadrilátero?

    A. paralelogramo

    B. cuadrado

    C. rombo

    D. rectángulo

11. ¿Qué fracción *no* es equivalente a 0.125?

    A. $\frac{5}{40}$ **B.** $\frac{125}{1000}$ **C.** $\frac{1}{8}$ **D.** $\frac{15}{200}$

8 Operaciones con fracciones

DE TODO EL MUNDO

Los Juegos Olímpicos de Verano de 1992 se celebraron en Barcelona, España, con una participación de más de 14,000 atletas que representaban a 172 países. Los atletas compitieron en 257 eventos deportivos.

Carl Lewis recibió la medalla de oro de salto largo en las Olimpiadas de Verano de 1992.

Principales medallistas de los Juegos Olímpicos de Verano de 1992				
País	**Medallas de oro**	**Medallas de plata**	**Medallas de bronce**	**Total de medallas**
Equipo Unificado	45	38	29	112
Estados Unidos de América	37	34	37	108
Alemania	33	21	28	82
República Popular China	16	22	16	54
Cuba	14	6	11	31
Hungría	11	12	7	30
Corea del Sur	12	5	12	29
Francia	8	5	16	29
Australia	7	9	11	27
España	13	7	2	22
Japón	3	8	11	22
Gran Bretaña	5	3	12	20

Fuente: United States Olympic Committee

Países participantes en los Juegos Olímpicos de Verano, 1956–1992

Número de países

Años olímpicos	Número de países
1956	67
1960	83
1964	93
1968	112
1972	122
1976	92
1980	81
1984	141
1988	159
1992	172

Fuente: *Runner's World*

EN ESTE CAPÍTULO

- usarás fracciones para estimar
- representarás operaciones y conceptos de fracciones
- usarás la tecnología para explorar patrones
- dibujarás diagramas para resolver problemas

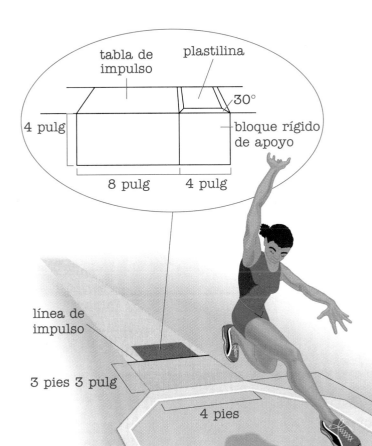

Ganadoras del salto largo olímpico femenino		
Año		**Distancia**
1956	Elzibieta Krzesinska *Polonia*	20 pies 10 pulg
1960	Vyera Krepkina *URSS*	20 pies $10\frac{3}{4}$ pulg
1964	Mary Rand *Gran Bretaña*	22 pies $2\frac{1}{4}$ pulg
1968	Viorica Viscopoleanu *Rumania*	22 pies $4\frac{1}{4}$ pulg
1972	Heidemarie Rosendahl *Alemania Occidental*	22 pies 3 pulg
1976	Angela Voigt *Alemania Oriental*	22 pies $\frac{3}{4}$ pulg
1980	Tatiana Kolpakova *URSS*	23 pies 2 pulg
1984	Anisoara Cusmir-Stanciu *Rumania*	22 pies 10 pulg
1988	Jackie Joyner-Kersee *Estados Unidos*	24 pies $3\frac{1}{2}$ pulg
1992	Heike Drechsler *Alemania*	23 pies $5\frac{1}{4}$ pulg

Fuente: United States Olympic Committee

LA TABLA DE IMPULSO DEL SALTO LARGO

En la pista donde los atletas inician sus saltos largos se construye una tabla de impulso. El borde más cercano al área de caída se conoce como la línea de impulso. Los atletas no pueden pisar pasada esta línea. El borde de la tabla de impulso está cubierto de una substancia arcillosa. Si el atleta se pasa de la línea, deja marcada su huella en la arcilla.

Fuente: *Rules of the Game*

ínvestigación

Informe

Para sumar fracciones puedes usar un **nomograma**. El nomograma que se muestra es uno muy simple para sumar tercios.

Las tres líneas son rectas numéricas divididas en intervalos iguales. La recta numérica del medio muestra el doble de números que las otras dos. Las fracciones que vas a sumar se hallan en las rectas exteriores. La recta que las une cortará la recta del medio por la suma de las fracciones.

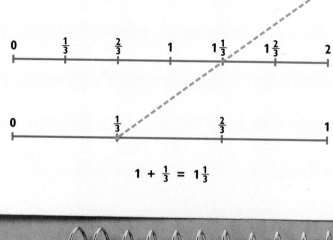

$$1 + \frac{1}{3} = 1\frac{1}{3}$$

Misión: dibuja un nomograma para sumar fracciones de 0 a 1 con denominadores de 2, 4, 8 ó 16. Usa los materiales que desees. Demuestra cómo se usa.

Sigue Estas Pistas

✓ ¿Cómo dividirás las rectas numéricas?

✓ ¿En qué se diferenciará tu nomograma del nomograma usado para sumar tercios?

- Redondear
fracciones y
números mixtos

- Estimar sumas y
diferencias de fracciones y
números mixtos

■ **VAS A NECESITAR**

✓ Regla métrica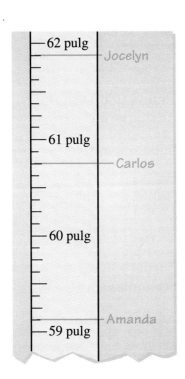
o en pulgadas

┌**EN EQUIPO**

Usen una regla para medir el
ancho de la mano extendida,
o palmo, de los miembros del
grupo. Anoten las medidas
redondeadas a la media pulgada
más próxima. ¿Cuál es la gama
de palmos del grupo?

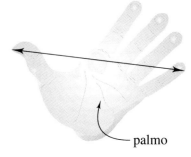

palmo

┌**PIENSA Y COMENTA**

A principios de verano, Jocelyn, Carlos y Amanda midieron sus
estaturas. Observa la tabla de crecimiento de la izquierda.

1. Redondea la estatura a la media pulgada más próxima.

   a. Jocelyn:
   $61\frac{7}{8}$ pulg

   b. Carlos:
   $60\frac{3}{4}$ pulg

   c. Amanda:
   $59\frac{1}{8}$ pulg

2. **Discusión** ¿Cómo redondearías las cantidades a la media
   pulgada más próxima? ¿Redondeaste al medir el palmo de
   tu mano?

Cuando redondeas una medida a la media pulgada más
próxima, determinas si el valor de la fracción se aproxima más
a 0, a $\frac{1}{2}$ ó a 1.

3. ¿Se aproxima más el valor de la fracción a 0, a $\frac{1}{2}$ ó a 1?

   a. $\frac{1}{10}$

   b. $\frac{7}{9}$

   c. $\frac{5}{12}$

   d. $\frac{1}{4}$

4. **Discusión** ¿Se redondea $\frac{1}{4}$ a 0 ó a $\frac{1}{2}$? ¿Por qué?

Puedes usar modelos para redondear una fracción.

5. Escribe la fracción representada por el modelo. Después,
   redondéala al $\frac{1}{2}$ más próximo.

   a.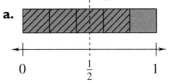

   0    $\frac{1}{2}$ 1

   b.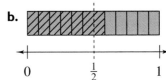

   0    $\frac{1}{2}$ 1

6. Representa con un modelo la fracción o número mixto. Usa barras de fracciones, reglas graduadas, rectas numéricas o cuadrados decimales. Después, redondea al $\frac{1}{2}$ más próximo.

   a. $\frac{6}{10}$ **b.** $1\frac{1}{3}$ **c.** $2\frac{3}{4}$ **d.** $\frac{1}{100}$

Para estimar una suma o diferencia de fracciones, puedes redondear la fracción al $\frac{1}{2}$ más próximo. Después, suma o resta.

7. Estima la suma de $\frac{7}{12} + \frac{4}{5}$.

   a. Redondea la fracción al $\frac{1}{2}$ más próximo. Por tanto, redondea $\frac{7}{12}$ a ■ y redondea $\frac{4}{5}$ a ■.

   b. Suma las fracciones redondeadas: ■ + ■ = ■.

8. Estima la diferencia de $\frac{9}{10} - \frac{3}{7}$.

Al final del verano, Jocelyn, Carlos y Amanda midieron de nuevo sus estaturas. Observa la tabla de la izquierda.

Estaturas	Junio	Sept.
Jocelyn	$61\frac{7}{8}$ pulg	$62\frac{1}{4}$ pulg
Carlos	$60\frac{3}{4}$ pulg	$61\frac{5}{8}$ pulg
Amanda	$59\frac{1}{8}$ pulg	$60\frac{5}{8}$ pulg

9. Aproximadamente, ¿cuánto creció Amanda durante el verano?

   a. Redondea el número mixto al entero más próximo. Por tanto, redondea $59\frac{1}{8}$ a ■ y redondea $60\frac{5}{8}$ a ■.

   b. Resta los números enteros: ■ − ■ = ■.

10. Aproximadamente, ¿cuánto crecieron Carlos y Jocelyn durante el verano? ¿Cuál de los tres creció más?

11. **Discusión** ¿Por qué tiene sentido redondear un número mixto al *número entero* más próximo antes de sumar o restar? ¿Podrías redondear al $\frac{1}{2}$ más próximo en vez de a un entero?

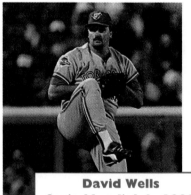

David Wells
Serie Mundial de 1992

Juego	1	2	3	4	5	6
Entradas lanzadas	1	$1\frac{2}{3}$	—	—	$1\frac{1}{3}$	$\frac{1}{3}$

▌**POR TU CUENTA**

Redondea la medida a la media pulgada más próxima.

12. $6\frac{5}{8}$ pulg   13. $10\frac{3}{16}$ pulg   14. $1\frac{7}{8}$ pulg   15. $100\frac{1}{4}$ pulg

16. Redondea las medidas de los ejercicios 12–15 a la pulgada más próxima.

17. **Estimación** Aproximadamente, ¿en cuántas entradas fue lanzador David Wells, de los Blue Jays de Toronto, en la Serie Mundial de 1992? Usa la información de la izquierda.

18. Elige A, B, C o D. ¿Qué número se aproxima más a 5?

A. $4\frac{3}{4}$ **B.** $4\frac{2}{6}$ **C.** $4\frac{7}{8}$ **D.** $4\frac{1}{3}$

Escribe la fracción representada por la barra. Después, redondea al $\frac{1}{2}$ más próximo.

19.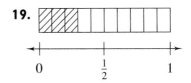

20.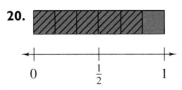

Usa la información de la derecha.

21. Estimación ¿Cuánto creció la planta kudzú entre el primer día y el segundo?

22. Estima el crecimiento medio diario de la planta kudzú.

Estima la suma o la diferencia.

23. $\frac{7}{8} + \frac{5}{12}$ **24.** $\frac{9}{10} - \frac{3}{8}$ **25.** $3\frac{3}{4} - 1\frac{2}{5}$

26. $\frac{9}{16} + \frac{5}{8}$ **27.** $7\frac{8}{12} + 4\frac{10}{12}$ **28.** $4\frac{8}{12} - \frac{5}{6}$

29. Piensa en tres fracciones cuya suma se aproxime a 1.

30. Piensa en dos números mixtos cuya diferencia se aproxime a 5.

31. Pensamiento crítico ¿Podrá ser alguna vez mayor que 1 la suma de muchas fracciones menores que $\frac{1}{4}$? Usa ejemplos para justificar tu respuesta.

32. Por escrito Imagina que eres finalista en una competencia para construir la torre más alta de latas recicladas. Tu torre tiene $7\frac{7}{8}$ pies. Las demás torres tienen $7\frac{3}{4}$ pies y $7\frac{15}{16}$ pies. ¿Podrías determinar el ganador si redondearas las alturas? Explica.

33. Estimación Planeas cercar el jardín que se muestra a la derecha. Aproximadamente, ¿cuánta cerca necesitarás?

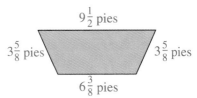

$9\frac{1}{2}$ pies

$3\frac{5}{8}$ pies $3\frac{5}{8}$ pies

$6\frac{3}{8}$ pies

34. Costura Luisa hace una colcha. La tela vale $4.96 la yarda. Necesita $1\frac{5}{8}$ yd de tela de color liso y $\frac{3}{4}$ yd de tela estampada. Aproximadamente, ¿cuánto costará la tela?

Crecimiento de la planta kudzú

Día	1	2	3	4	5
Altura (pies)	$1\frac{1}{12}$	$1\frac{7}{8}$	$2\frac{3}{4}$	$3\frac{5}{8}$	$4\frac{7}{12}$

R^{e}pa^{s}o **MIXTO**

Redondea al lugar del dígito subrayado.

1. 0.0<u>9</u>3   **2.** 5.6<u>1</u>84

3. El último viernes de cierto mes es el día 28. ¿Qué día de la semana es el primer día del mes?

4. Cuando divido un número por 8, sumo 6 y multiplico por 2, el resultado es 18. ¿Qué número es?

5. Halla la información necesaria para contestar a la pregunta: Ajayi compró 3 jugos. ¿Cuánto pagó por ellos?

• Representar la suma y resta de fracciones con denominadores iguales

• Sumar y restar fracciones con denominadores iguales

VAS A NECESITAR

✓ Barras de fracciones

Suma y resta de fracciones

PIENSA Y COMENTA

Imagina que un amigo y tú piden una pizza para la cena. La pizza está dividida en 8 porciones iguales. Te comes dos porciones y tu amigo se come tres. ¿Qué parte de la pizza se comieron? ¿Qué parte queda? Puedes usar modelos para resolver el problema.

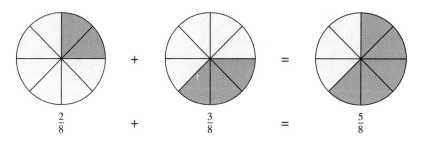

$$\frac{2}{8} \quad + \quad \frac{3}{8} \quad = \quad \frac{5}{8}$$

1. ¿Qué fracción representa la cantidad de pizza que has comido? ¿Qué fracción representa la cantidad de pizza que ha comido tu amigo? ¿Qué parte de la pizza se comieron?

2. ¿Qué fracción representa la pizza entera? ¿Qué parte queda?

Puedes usar barras de fracciones para representar operaciones de suma.

3. Escribe el enunciado de suma representado por el modelo.

a.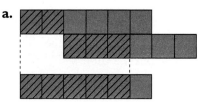

b.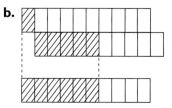

¡RECUERDA!

Para reducir una fracción a su mínima expresión, divide el numerador y el denominador por el M.C.D. También puedes usar una calculadora de fracciones para simplificar.

4. En el ejercicio 3b, la suma $\frac{6}{10}$ no está reducida a su mínima expresión. Escribe $\frac{6}{10}$ en su mínima expresión. Usa barras de fracciones para mostrar que las dos fracciones son equivalentes.

5. Dibuja un modelo y escribe la suma en su mínima expresión.

a. $\frac{2}{5} + \frac{1}{5}$

b. $\frac{1}{6} + \frac{1}{6}$

c. $\frac{3}{10} + \frac{7}{10}$

La suma de fracciones es, en ocasiones, mayor que 1.

6. Escribe el enunciado de suma representado por el modelo de abajo. Escribe la suma como un número mixto en su mínima expresión.

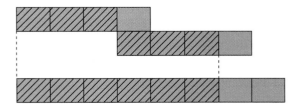

7. Dibuja un modelo para $\frac{4}{5} + \frac{3}{5} = \frac{7}{5}$. Escribe $\frac{7}{5}$ en forma de número mixto. ¿Equivale el resultado al modelo?

Puedes representar operaciones de resta. Imagina que haya 3 porciones de pizza. Te comes 1 porción. Los círculos muestran las porciones restantes.

 − 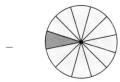 =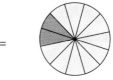

8. Usa el modelo para escribir un enunciado de resta para el problema. ¿Qué parte de la pizza queda?

9. Discusión También puedes usar barras para representar esta operación. ¿Prefieres los círculos o las barras? ¿Por qué?

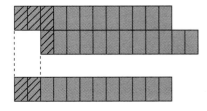

10. Escribe el enunciado de resta representado por el modelo.

a.

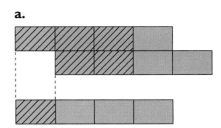

b.

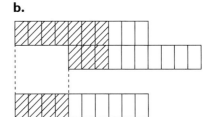

11. Dibuja un modelo y escribe la diferencia en su mínima expresión.

a. $\frac{5}{6} - \frac{1}{6}$ **b.** $\frac{3}{8} - \frac{1}{8}$ **c.** $\frac{9}{10} - \frac{7}{10}$

La pizza se originó en Nápoles, Italia. La primera pizzería de Estados Unidos abrió sus puertas en 1905, en la ciudad de Nueva York.

12. Discusión ¿Cómo puedes sumar o restar fracciones sin usar un modelo? Establece una regla para sumar y restar fracciones con denominadores iguales.

Puedes usar una ecuación para resolver algunos problemas de fracciones. Imagina que un amigo y tú piden una pizza de ocho porciones iguales. Tu amigo se come tres porciones y te pregunta cuántas te has comido. ¡No te acuerdas! Ambos observan la pizza y ven que quedan dos porciones. ¿Qué parte de la pizza te comiste?

13. Escribe la ecuación $\frac{3}{8} + x = \frac{8}{8} - \frac{2}{8}$ para resolver este problema. ¿Qué representan los términos de la ecuación?

14. Halla el valor de x. ¿Qué parte de la pizza te comiste?

15. Discusión Piensa en otra manera de resolver el problema.

EN EQUIPO

Trabaja con un compañero en esta actividad. Dibujen el diagrama de una pizza. Pueden dibujar una pizza rectangular o circular. Divídanla en tantas porciones iguales como deseen y escriban un problema sobre ustedes y la pizza. Asegúrense de que el problema use suma o resta de fracciones. Escriban una solución completa. Dibujen un modelo o diagrama para mostrar el problema y su solución.

POR TU CUENTA

Escribe un enunciado de suma para el modelo.

16.
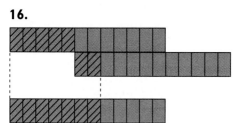

17.
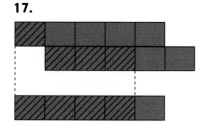

18.
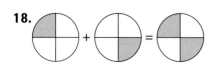

19.
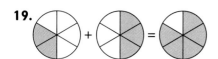

R*e*pa*s*o MIXTO

Identifica la figura tridimensional. Indica el número de caras, aristas y vértices.

1. ◭ **2.** ⬚

Estima la suma o la diferencia.

3. $\frac{9}{10} + \frac{3}{4}$

4. $6\frac{7}{12} - 2\frac{11}{12}$

5. Akira gastó un tercio de su dinero; después, gastó $6. Luego, gastó la mitad del dinero que le quedaba, lo cual lo dejó con un total de $4. ¿Cuánto dinero tenía al principio?

Escribe un enunciado de resta para el modelo.

20.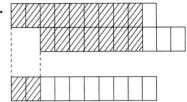

21.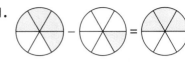

Salsa de cacahuate

2 tazas de cebolla picada

1 cucharada de aceite de cacahuate

$\frac{1}{4}$ cucharada de pimienta de Cayena

$\frac{1}{4}$ cucharadita de jengibre molido

1 plátano maduro

1 taza de jugo de tomate

$\frac{1}{2}$ taza de jugo de manzana

o de albaricoque

$\frac{1}{2}$ taza de mantequilla de cacahuate

$\frac{1}{2}$ cucharadita de sal

Dibuja un modelo y halla la suma o la diferencia.

22. $\frac{1}{3} + \frac{1}{3} = \blacksquare$ **23.** $\frac{9}{10} - \frac{1}{10} = \blacksquare$ **24.** $\frac{4}{7} + \frac{6}{7} = \blacksquare$

25. Cocina La salsa de cacahuate se usa con frecuencia como ingrediente principal de los guisos y sopas en Nigeria, Ghana y Sierra Leona.

    a. Decides doblar la cantidad de pimienta de Cayena para que la salsa sea más picante. ¿Cuánta pimienta usarás?

    b. Decides usar igual cantidad de jugo de manzana y de albaricoque. ¿Cuánta cantidad usarás de cada jugo?

Cálculo mental **Determina si el resultado será mayor que 1. Escribe *sí* o *no*. Después, suma o resta.**

26. $\frac{4}{7} + \frac{2}{7}$ **27.** $\frac{4}{5} - \frac{2}{5}$ **28.** $\frac{7}{10} + \frac{4}{10}$

29. $\frac{8}{9} - \frac{4}{9}$ **30.** $\frac{5}{6} + \frac{4}{6}$ **31.** $\frac{3}{3} - \frac{1}{3}$

¿Es correcto el resultado? Escribe *sí* o *no*. Si no lo es, hállalo y redúcelo a su mínima expresión.

32. $\frac{3}{10} + \frac{3}{10} = \frac{4}{5}$ **33.** $\frac{7}{12} - \frac{3}{12} = \frac{4}{12}$ **34.** $\frac{5}{6} + \frac{4}{6} = 1\frac{1}{2}$

Por escrito **A la derecha se encuentra la bandera de Tailandia. Describe qué podría representar cada ecuación en la bandera.**

35. $\frac{1}{6} + \frac{1}{6} = \frac{2}{6}$ **36.** $\frac{6}{6} - \frac{4}{6} = \frac{2}{6}$ **37.** $\frac{1}{3} + \frac{1}{3} = \frac{2}{3}$

Cálculo mental **Halla el valor de *x*. No reduzcas el resultado a su mínima expresión.**

38. $\frac{5}{6} - \frac{1}{6} = x$ **39.** $\frac{3}{10} + x = \frac{8}{10}$ **40.** $x + \frac{2}{5} = \frac{4}{5}$

41. $x = \frac{2}{8} + \frac{5}{8}$ **42.** $\frac{6}{7} - x = \frac{4}{7}$ **43.** $x - \frac{1}{3} = \frac{1}{3}$

44. Deportes En un torneo de tiro con arco, Zwena dio en el blanco 9 de 12 veces. ¿Qué fracción de sus flechas no dio en el blanco? Dibuja un modelo para representar la solución.

 45. Investigación (pág. 318) Suma $\frac{2}{6}$ y $\frac{3}{6}$ con un nomograma.

8-3 **D**istintos denominadores

┌ **EN EQUIPO**

Trabaja con un compañero para resolver el problema de abajo. Traten de pensar en diferentes maneras de resolver el problema. Usen barras de fracciones, modelos circulares, rectas numéricas, reglas graduadas o cualquier otro material.

1. Shika prepara una exhibición de rocas y cristales para la feria de ciencias. Necesita $\frac{1}{4}$ yd de terciopelo negro para los cristales y $\frac{5}{12}$ yd para las rocas. ¿Cuántas yardas de terciopelo negro necesitará en total para la exposición?

2. **Por escrito** Expliquen cómo resolvieron el problema. ¿En qué se diferencia este problema de los problemas de la lección anterior?

 Los cristales de cuarzo se usan en los relojes. La corriente eléctrica que pasa a través del cristal hace que los relojes de cuarzo sean muy precisos: sólo varían 1 segundo por año.

Fuente: *Did You Know?*

┌ **PIENSA Y COMENTA**

Hay muchas maneras diferentes de resolver problemas como el anterior. Puedes usar barras de fracciones aunque los denominadores no sean iguales.

Ejemplo 1 Halla la suma de $\frac{1}{4} + \frac{2}{3}$.

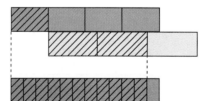

Usa la barra de $\frac{1}{4}$.

Usa la barra de $\frac{2}{3}$.

Halla una barra cuya área sea igual a la suma.

$$\frac{1}{4} + \frac{2}{3} = \frac{11}{12}$$

3. **Discusión** ¿Por qué la suma de $\frac{1}{4}$ y $\frac{2}{3}$ no tiene 4 ó 3 como denominador?

4. **Discusión** Dibuja modelos circulares para $\frac{1}{4}$ y $\frac{2}{3}$. ¿Cómo puedes usar los modelos para hallar la suma de $\frac{1}{4} + \frac{2}{3}$?

5. Usa modelos para hallar la suma o la diferencia.

   a. $\frac{1}{2} + \frac{1}{3}$ **b.** $\frac{4}{5} - \frac{1}{2}$ **c.** $\frac{5}{6} + \frac{1}{9}$ **d.** $\frac{1}{2} - \frac{1}{4}$

Puedes usar las barras de fracciones de otra manera. Halla fracciones equivalentes con denominadores iguales; después, suma o resta.

Ejemplo 2   Halla la diferencia de $\frac{1}{2} - \frac{1}{3}$.

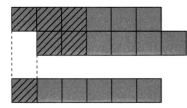

Usa la barra de $\frac{3}{6}$ para $\frac{1}{2}$.

Usa la barra de $\frac{2}{6}$ para $\frac{1}{3}$.

Resta: $\frac{3}{6} - \frac{2}{6}$.

$$\frac{1}{2} - \frac{1}{3} = \frac{3}{6} - \frac{2}{6} = \frac{1}{6}$$

6. ¿Cuál es el mínimo común denominador (m.c.d.) de $\frac{1}{2}$ y $\frac{1}{3}$?

7. Dibuja modelos circulares para $\frac{1}{2}$ y $\frac{1}{3}$. Después, divide los círculos en seis partes iguales y usa los modelos para hallar la diferencia.

8. Suma o resta. Usa modelos y fracciones equivalentes.

    a. $\frac{3}{5} + \frac{1}{10}$ **b.** $\frac{5}{6} - \frac{2}{3}$ **c.** $\frac{1}{3} + \frac{1}{4}$ **d.** $\frac{5}{12} - \frac{1}{4}$

Puedes usar fracciones equivalentes sin modelos.

Ejemplo 3   Halla la suma de $\frac{7}{8} + \frac{1}{6}$.

Estima: $1 + 0 = 1$ Redondea al $\frac{1}{2}$ más próximo.

El m.c.d. es 24.   Halla el m.c.d. de 8 y 6.

$\frac{7}{8} = \frac{21}{24}$ $\frac{1}{6} = \frac{4}{24}$ Escribe fracciones equivalentes.

$\frac{7}{8} + \frac{1}{6} = \frac{21}{24} + \frac{4}{24} = \frac{25}{24} = 1\frac{1}{24}$ Suma. Escribe el número mixto.

Puedes usar una calculadora de fracciones para hallar los resultados.

Ejemplo 4   Halla la diferencia de $\frac{13}{16} - \frac{5}{8}$.

Estima: $1 - \frac{1}{2} = \frac{1}{2}$

Oprime 13 ⊡ 16 ⊟ 5 ⊡ 8 ⊟   *3/16*

$\frac{13}{16} - \frac{5}{8} = \frac{3}{16}$

9. Discusión Si tu calculadora no calcula fracciones, ¿cómo podrías usarla para hallar la suma o la diferencia?

 Un fósil es una roca que contiene los restos preservados de plantas o animales. Con frecuencia, los científicos fechan las rocas al averiguar la edad de los restos hallados en ellas.

Fuente: *Rocks and Minerals*

A veces puedes estimar para resolver problemas de fracciones.

Ejemplo 5 Dos estudiantes exploran el saliente de una roca fósil que se encuentra a lo largo de una vieja carretera. Un estudiante explora $\frac{1}{3}$ mi del saliente y el otro, $\frac{1}{4}$ mi. ¿Exploran al menos 1 mi del saliente entre los dos?

Como $\frac{1}{3}$ es menor que $\frac{1}{2}$ y $\frac{1}{4}$ es menor que $\frac{1}{2}$, la suma de $\frac{1}{3} + \frac{1}{4}$ tiene que ser menor que 1. Por consiguiente, los estudiantes *no* exploran juntos al menos 1 mi del saliente.

10. Discusión Describe las distintas maneras de resolver problemas en los que haya que sumar o restar fracciones. ¿Qué método prefieres? ¿Por qué?

PONTE A PRUEBA

Escribe un enunciado numérico para el modelo.

11. 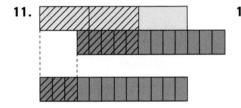 **12.**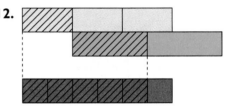

Dibuja un modelo para la ecuación.

13. $\frac{5}{6} - \frac{1}{3} = \frac{3}{6}$ **14.** $\frac{3}{8} + \frac{1}{2} = \frac{7}{8}$ **15.** $\frac{3}{4} + \frac{1}{3} = 1\frac{1}{12}$

Escribe el m.c.d. Después, suma o resta.

16. $\frac{1}{3} + \frac{5}{8}$ **17.** $\frac{9}{10} - \frac{2}{5}$ **18.** $\frac{5}{6} - \frac{1}{10}$

Calculadora Suma o resta. Reduce a la mínima expresión.

19. $\frac{7}{10} - \frac{1}{8}$ **20.** $\frac{9}{16} + \frac{3}{4}$ **21.** $\frac{1}{2} + \frac{1}{3} + \frac{1}{4}$

Estimación ¿Es el resultado mayor o menor que 1?

22. $\frac{1}{8} + \frac{1}{4}$ **23.** $\frac{4}{5} - \frac{1}{2}$ **24.** $\frac{1}{2} + \frac{3}{4}$

25. Arte Imagina que usas $\frac{3}{4}$ yd de fieltro en la parte de arriba de un tablero de anuncios. Después, usas $\frac{2}{3}$ yd en la parte de abajo del tablero. ¿Cuánto fieltro habrás usado en total?

Repaso MIXTO

Resuelve. Reduce la respuesta a su mínima expresión.

1. $\frac{4}{9} + \frac{2}{9}$ **2.** $\frac{13}{18} - \frac{11}{18}$

Resuelve. Puedes usar modelos si lo deseas.

3. 2.6
    $+0.4$

4. 3.17
    $- 1.26$

5. Wahkuna, Alma y Julia trabajan. Una es farmacéutica, otra es maestra y otra es corredora de bolsa. Wahkuna se encontró a la maestra y a la corredora de bolsa en una actividad de recaudación de fondos. La maestra fue a la universidad con Alma. ¿Cuál es la profesión de cada una?

Escribe un enunciado numérico para el modelo.

26.

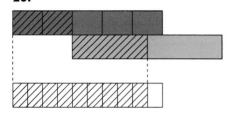

27.

Estudios sociales **Usa los datos de la derecha.**

28. Ordena los países de menor a mayor según su población.

29. ¿Es la suma de las poblaciones de Costa Rica y Nicaragua mayor o menor que la población de Honduras?

30. ¿Suman 1 las fracciones? ¿Por qué?

Elige **Usa cualquier método para sumar o restar.**

31. $\frac{5}{8} + \frac{9}{12}$

32. $\frac{11}{30} - \frac{1}{5}$

33. $\frac{2}{5} + \frac{1}{2}$

34. $\frac{3}{4} - \frac{1}{3}$

35. $\frac{1}{3} + \frac{1}{2}$

36. $\frac{9}{10} - \frac{7}{8}$

37. **Por escrito** Explica cuatro maneras diferentes de hallar la suma de $\frac{1}{2} + \frac{3}{4}$.

Halla x. Reduce la respuesta a su mínima expresión.

38. $x = \frac{1}{6} + \frac{1}{2}$

39. $\frac{2}{5} - \frac{3}{10} = x$

40. $x = \frac{2}{3} + \frac{7}{12}$

41. Un amigo y tú piden una pizza de ocho porciones iguales. Se comen la mitad de la pizza y tú te llevas el resto a casa. Al día siguiente te comes un porción. ¿Qué parte de la pizza queda? Dibuja un modelo que muestre el problema y la solución.

42. **Archivo de datos #7 (págs. 272–273)** Calcula la fracción de la marea cubierta entre las horas 1 y 2, 2 y 3, 3 y 4, 4 y 5, y 5 y 6. Describe qué patrones observas.

43. Un paquete de lonchas de jamón pesa $\frac{1}{2}$ lb. Otro paquete de lonchas de jamón pesa $\frac{3}{4}$ lb. Compras ambos paquetes. ¿Tienes suficiente jamón para que cuatro personas reciban $\frac{1}{3}$ lb cada una?

44. **Investigación (pág. 318)** Suma $\frac{2}{3}$ y $\frac{1}{6}$ con un nomograma.

Población de América Central

Golfo de México

CUBA

BELICE

MÉXICO   HONDURAS

Mar Caribe

GUATEMALA   NICARAGUA

EL SALVADOR

COSTA RICA

OCÉANO PACÍFICO   PANAMÁ

AMÉRICA
DEL SUR

País	Fracción de la población
Belice	$\frac{1}{125}$
Costa Rica	$\frac{11}{100}$
El Salvador	$\frac{9}{50}$
Guatemala	$\frac{8}{25}$
Honduras	$\frac{17}{100}$
Nicaragua	$\frac{3}{25}$
Panamá	$\frac{2}{25}$

<table>
</table>

ESTRATEGIAS PARA RESOLVER PROBLEMAS

Haz una tabla
Razona lógicamente
Resuelve un problema más sencillo
Decide si tienes suficiente información, o más de la necesaria
Busca un patrón
Haz un modelo
Trabaja en orden inverso
Haz un diagrama
Estima y comprueba
Simula el problema
Prueba con varias estrategias

Resuelve. La lista de la izquierda muestra algunas estrategias que puedes usar.

1. Un comerciante coloca cajas para decorar una vitrina. La fila de arriba tendrá una caja, la segunda fila tendrá tres cajas y la tercera, cinco. ¿Cuántas cajas tendría la décima fila si continuara el patrón?

2. Kyle cose un cojín cuadrado. Recorta trece pedazos de tela. ¡Pero olvida cómo colocar los pedazos para hacer el cojín! Hay ocho triángulos rectángulos isósceles y cinco cuadrados. Todos los triángulos son del mismo tamaño y todos los cuadrados son del mismo tamaño. El área de dos triángulos es igual al área de un cuadrado. Piensa al menos en una manera en que Kyle podría colocar los pedazos para hacer el cojín.

3. Guillermo maneja unas 24 mi diarias de ida y vuelta al trabajo. Trabaja cinco días a la semana y se toma dos semanas de vacaciones al año. ¿Cuántas millas de ida y vuelta al trabajo maneja al año, aproximadamente?

4. Tres primos se repartieron la herencia de un pariente. Amina recibió $\frac{1}{2}$ del dinero. Kareem recibió $\frac{1}{5}$ del dinero. Ahmed recibió $3,000. ¿Cuál era el total de la herencia?

5. Britta debe llegar al trabajo a las 9:30 a.m. Tiene que dejar a su hijo en la escuela, lo que le lleva 12 min. También pasará por la tintorería a dejar ropa. Tarda unos 15 min de la escuela a la tintorería y 18 min de la tintorería al trabajo. ¿A qué hora debe salir de su casa?

6. Juan prepara emparedados para una fiesta. Cada emparedado lleva un tipo de pan, un tipo de queso y un tipo de carne. Hay dos posibles selecciones de pan, dos de queso y dos de carne. ¿Cuántos emparedados distintos podrá preparar Juan?

7. Deportes Un equipo de baloncesto vendió 496 boletos de rifa y recaudó $396.80. Los gastos sumaron $75.98. ¿Cuánto valía cada boleto?

La Asociación Nacional de Atletismo en Silla de Ruedas (The National Wheelchair Athletic Association) *fue fundada en 1957 y cuenta con aproximadamente 1,500 miembros.*

8-4 Patrones en la suma de fracciones

En esta lección

• Explorar las series

• Usar hojas de cálculo para hacer listas y gráficas de sumas de fracciones

■ **VAS A NECESITAR**

✓ **Computadora**

✓ **Hoja de cálculo**

✓ **Calculadora**

~Recompensa A~

$1\frac{1}{2}$ oz de oro

Recompensa B

Una pieza de oro cada minuto durante el resto de tu vida, según el patrón descrito abajo.

1ª pieza: $\frac{1}{2}$ oz

2ª pieza: $\frac{1}{4}$ oz

3ª pieza: $\frac{1}{8}$ oz

PIENSA Y COMENTA

La alarma suena en una joyería. Un auto se aleja con un chillido de gomas. Ves la matrícula del auto y la memorizas. Gracias a tu memoria y a una búsqueda mediante computadora, se recobran las joyas robadas. El joyero te ofrece una de las dos recompensas descritas a la izquierda. ¿Cuál elegirías?

1. **Discusión** ¿Qué recompensa parece ser la mejor?

2. ¿Cuánto pesará la 4ª pieza de oro de la recompensa B? ¿Cuánto pesará la 5ª pieza de oro?

3. ¿Cuántas onzas de oro tendrás después de recibir la segunda pieza de oro?

Puedes usar una tabla para analizar la recompensa B.

Pieza	Onzas	Total de onzas	
		Expresión	Suma
1	$\frac{1}{2}$	$\frac{1}{2}$	$\frac{1}{2}$
2	$\frac{1}{4}$	$\frac{1}{2} + \frac{1}{4}$	■
3	$\frac{1}{8}$	$\frac{1}{2} + \frac{1}{4} + \frac{1}{8}$	■

4. **Discusión** ¿Qué muestra cada columna de la tabla?

5. **Discusión** Describe el patrón de la columna "Onzas".

6. **Calculadora** Copia y completa la tabla de arriba. Añade otra fila.

7. **Discusión** Analiza las fracciones de la columna "Suma". Describe qué patrones puedes observar en los numeradores o en los denominadores de las fracciones.

8. ¿Cuánto oro tendrás después de recibir la pieza 5? Primero, usa el patrón para hacer una predicción; después, calcula.

Resuelve. Reduce la respuesta a su mínima expresión.

1. $\frac{5}{6} + \frac{9}{10}$　　2. $\frac{9}{16} - \frac{2}{6}$

Nombra cada uno de los siguientes en el círculo O.

3. un diámetro

4. dos radios

5. **Archivo de datos #2 (págs. 38–39)** Halla la cantidad total de tiempo que esperarías pasar en Space Mountain, en Walt Disney World.

Puedes usar una hoja de cálculo para determinar qué sucede si continúas recibiendo piezas de oro con la recompensa B.

9. **Computadora** Prepara una hoja de cálculo como la de abajo. ¿Qué columnas de la tabla que hiciste vas a usar?

	A	B	C	D
1	Pieza	Numerador de la suma	Denominador de la suma	Suma en forma decimal
2	1	1	2	0.500
3	2	3	4	0.750

10. Usa los patrones que describiste en el ejercicio 7 para escribir fórmulas para las columnas B y C.

11. Usa las columnas B y C para escribir una fórmula para la columna D.

12. **Computadora** Llena la hoja de cálculo con los datos de las primeras 10 piezas de oro. ¿Qué puedes observar sobre los valores de la columna D?

13. **Discusión** ¿Qué recompensa es mejor, ahora que has analizado la recompensa B? ¿Te sorprende el resultado?

14. **Computadora** Dibuja una gráfica lineal de los valores de las columnas A y D. ¿Cómo muestra la gráfica el patrón de la recompensa B?

EN EQUIPO

A la izquierda se describe la recompensa C, una tercera alternativa. Trabajen en grupos pequeños para analizarla.

15. Hagan una tabla que muestre al menos cuatro piezas de oro.

16. **Computadora** Usen una hoja de cálculo para determinar qué sucede a medida que reciben más piezas de oro.

17. Hagan una gráfica que muestre el patrón de la recompensa C.

18. **Pensamiento crítico** ¿Creen que la cantidad de oro que recibirían con la recompensa C tiene límite? Justifiquen la respuesta.

19. **Por escrito** ¿En qué se parecen las recompensas B y C? ¿En qué se diferencian? ¿Cuál de las dos es la mejor elección?

◇ ◇ **Recompensa C** ◇ ◇

Una pieza de oro cada minuto durante el resto de tu vida, según el patrón descrito abajo.

1ª pieza:　$\frac{1}{3}$ oz

2ª pieza:　$\frac{1}{9}$ oz

3ª pieza:　$\frac{1}{27}$ oz

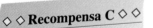

Usa el patrón de suma de fracciones de la derecha.

20. Analiza la columna "Expresión". Escribe la siguiente expresión del patrón.

21. Calculadora Copia y completa la tabla. Añade otra fila.

22. Por escrito Añade filas adicionales a la tabla hasta que puedas observar un patrón en la suma. Describe el patrón.

23. Computadora Prepara una hoja de cálculo como la de la página anterior. Llena los valores de las primeras diez sumas. Después, dibuja una gráfica lineal de las sumas.

24. Pensamiento crítico Si este patrón continuara indefinidamente, ¿crees que en algún momento sumaría $\frac{3}{8}$? ¿Por qué?

25. La recompensa D se describe a la derecha. ¿Cuál de las recompensas, A, B, C o D, es la mejor? Explica.

26. Imagina que salieras de la escuela y caminaras 1 mi en dirección norte, $\frac{1}{2}$ mi en dirección sur, $\frac{1}{4}$ mi hacia el norte, $\frac{1}{8}$ mi hacia el sur, y así sucesivamente. Aproximadamente, ¿a qué distancia de la escuela llegarías?

Expresión	Suma
$\frac{1}{4}$	$\frac{1}{4}$
$\frac{1}{4} + \frac{1}{16}$	■
$\frac{1}{4} + \frac{1}{16} + \frac{1}{64}$	■

○○**Recompensa D**○○

Una pieza de oro cada minuto durante el resto de tu vida, según el patrón descrito abajo.

1ª pieza: $\frac{1}{2}$ oz

2ª pieza: $\frac{1}{4}$ oz

3ª pieza: $\frac{1}{6}$ oz

VISTAZO A LO APRENDIDO

Escribe la fracción representada por la barra de fracciones. Después, redondea al $\frac{1}{2}$ más próximo.

1.    **2.**

Halla la suma o la diferencia. Después, reduce el resultado a su mínima expresión.

3. $\frac{2}{7} + \frac{4}{7}$ **4.** $\frac{3}{8} + \frac{1}{8}$ **5.** $\frac{5}{9} - \frac{2}{9}$ **6.** $\frac{7}{12} - \frac{6}{12}$

7. $\frac{4}{9} + \frac{2}{5}$ **8.** $\frac{3}{8} + \frac{3}{4}$ **9.** $\frac{7}{10} - \frac{1}{4}$ **10.** $\frac{2}{3} - \frac{6}{13}$

11. Usa el patrón de suma de fracciones de la derecha.

    a. Copia y completa la tabla.

    b. Añade otra fila.

    c. Por escrito Describe el patrón de la suma.

Expresión	Suma
$\frac{1}{5}$	$\frac{1}{5}$
$\frac{1}{5} + \frac{1}{25}$	■
$\frac{1}{5} + \frac{1}{25} + \frac{1}{125}$	■

Suma y resta de números mixtos

VAS A NECESITAR

✓ Regla métrica
o en pulgadas

✓ Tijeras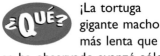

✓ Cuerda

¡La tortuga gigante macho más lenta que se ha observado avanzó sólo 15 pies en 43.5 segundos!

Fuente: *Guinness Book of World Records*

PIENSA Y COMENTA

La tortuga gigante es uno de los animales más lentos. Imagina que una tortuga gigante avance $8\frac{1}{4}$ yd en un minuto y $7\frac{1}{2}$ yd el minuto siguiente. ¿Qué distancia recorrió durante los dos minutos?

1. Resuelve el problema de arriba. Explica tu solución.

2. Discusión Piensa en varias maneras distintas de calcular $8\frac{1}{4} + 7\frac{1}{2}$.

Una manera de sumar o restar números mixtos es calcular los enteros y las fracciones por separado.

Ejemplo 1 Calcula $8\frac{1}{4}$ yd + $7\frac{1}{2}$ yd para hallar la distancia que avanzó la tortuga.

$$8 + 7 = 15 \qquad \text{Suma los enteros.}$$

$$\frac{1}{4} + \frac{1}{2} = \frac{3}{4} \qquad \text{Suma las fracciones.}$$

$$15 + \frac{3}{4} = 15\frac{3}{4} \qquad \text{Combina el número entero y la parte fraccionaria.}$$

La tortuga gigante avanzó $15\frac{3}{4}$ yd.

3. Usa el método del ejemplo 1 para hallar la suma de $10\frac{1}{8} + 6\frac{3}{16}$.

A veces, la suma de las fracciones es impropia. En ese caso, conviértela en un número mixto.

¡RECUERDA!

Divide para convertir una fracción impropia en un número mixto.

Ejemplo 2 Después de avanzar $15\frac{3}{4}$ yd, la tortuga gigante avanzó $3\frac{1}{2}$ yd adicionales. ¿Cuánta distancia recorrió en total?

$$15 + 3 = 18 \qquad \text{Suma los enteros.}$$

$$\frac{3}{4} + \frac{1}{2} = \frac{3}{4} + \frac{2}{4} = \frac{5}{4} \qquad \text{Suma las fracciones.}$$

$$18 + \frac{5}{4} = 18 + 1\frac{1}{4} = 19\frac{1}{4} \qquad \text{Convierte la fracción impropia en un número mixto y combina.}$$

La tortuga gigante avanzó $19\frac{1}{4}$ yd.

A veces, necesitas convertir antes de restar.

4. Un antílope corrió $4\frac{1}{2}$ yd en el mismo tiempo que un guepardo corrió $6\frac{1}{4}$ yd. Escribe una expresión de resta para mostrar cuánta más distancia corrió el guepardo que el antílope. ¿Puedes restar $\frac{1}{2}$ de $\frac{1}{4}$?

El guepardo es el animal terrestre más rápido en distancias de hasta 350 yd. El antílope americano es más rápido que el guepardo después de las 350 yd.

Ejemplo 3

Calcula $6\frac{1}{4}$ yd $- 4\frac{1}{2}$ yd para hallar cuánta más distancia corrió el guepardo que el antílope.

Como no puedes restar $\frac{1}{4} - \frac{1}{2}$, convierte $6\frac{1}{4}$.

$6\frac{1}{4} = 5 + 1\frac{1}{4} = 5 + \frac{5}{4} = 5\frac{5}{4}$ Convierte el número mixto.

$5 - 4 = 1$ Resta los enteros.

$\frac{5}{4} - \frac{1}{2} = \frac{5}{4} - \frac{2}{4} = \frac{3}{4}$ Resta las fracciones.

$5\frac{5}{4} - 4\frac{1}{2} = 1\frac{3}{4}$ Combina.

El guepardo corrió $1\frac{3}{4}$ yd más que el antílope.

5. Observa la ecuación de suma $4\frac{1}{2} + x = 6\frac{1}{4}$. ¿Sería posible usar esta ecuación para resolver el problema de arriba? ¿Cómo podrías usarla, de ser posible?

Ejemplo 4

Resuelve la ecuación $4\frac{1}{2} + x = 6\frac{1}{4}$.

Piensa: ¿Qué le sumarías a $4\frac{1}{2}$ para obtener $6\frac{1}{4}$?

$4\frac{1}{2} + \frac{1}{2} + 1 + \frac{1}{4} = 6\frac{1}{4}$

Por lo tanto, $x = \frac{1}{2} + 1 + \frac{1}{4} = 1\frac{3}{4}$.

6. Usa el método del ejemplo 4 para hallar la diferencia entre $5\frac{3}{8}$ yd y $2\frac{3}{4}$ yd. Después, resta para comparar.

Puedes usar una calculadora de fracciones para los números mixtos. Primero, estima la respuesta. Redúcela a su mínima expresión.

Ejemplo 5

Halla la suma de $8\frac{11}{16} + 5\frac{3}{8}$.

Estima: $9 + 5 = 14$

Oprime: 8 [Unit] 11 [/] 16 [+] 5 [Unit] 3 [/] 8 [=]

Resultado:

$8\frac{11}{16} + 5\frac{3}{8} = 13\frac{17}{16} = 14\frac{1}{16}$

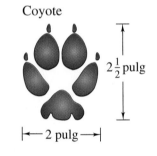

EN EQUIPO

Trabaja con un compañero en esta actividad. Corten un trozo de cuerda de cada una de las siguientes longitudes: $1\frac{3}{8}$ pulg, $2\frac{1}{4}$ pulg, $1\frac{7}{8}$ pulg, $3\frac{1}{8}$ pulg y $5\frac{3}{4}$ pulg. Elijan dos trozos de cuerda.

• Formen una recta con las dos cuerdas y midan la longitud.

• Escriban una ecuación de suma para las dos cuerdas y la longitud.

• Hallen la suma y compárenla con la longitud medida.

Repitan varias veces la actividad, usando distintos trozos de cuerda.

PONTE A PRUEBA

Completa para convertir el número mixto.

7. $3\frac{1}{10} = 2\frac{\blacksquare}{10}$ **8.** $5\frac{5}{6} = 4\frac{\blacksquare}{6}$ **9.** $1\frac{3}{4} = \frac{\blacksquare}{4}$

Estima la suma o la diferencia.

10. $6\frac{1}{4} + 2\frac{3}{5}$ **11.** $2\frac{5}{16} + 1\frac{1}{4}$ **12.** $8\frac{1}{5} - 3\frac{3}{4}$

Halla la suma o la diferencia.

13. $1\frac{1}{4} + 6\frac{1}{2}$ **14.** $3\frac{1}{3} + 1\frac{5}{6}$ **15.** $9\frac{1}{2} - 4\frac{7}{8}$

16. Explica cómo puedes calcular mentalmente $9\frac{1}{4} + 6\frac{3}{4}$.

17. **Cocina** Una receta requiere $1\frac{3}{4}$ tz de leche y otra, $1\frac{1}{2}$ tz de leche. Estimas la cantidad de leche en el refrigerador. Hay, aproximadamente, 3 tz. ¿Tienes suficiente leche para ambas recetas?

POR TU CUENTA

Biología **Usa los dibujos a escala de las huellas de animales.**

18. ¿Cuánto más ancha es la huella del lobo que la del zorro?

19. ¿Cuál es más larga, la huella del coyote o la del zorro? ¿Cuánto más larga?

20. ¿Qué es mayor, el largo o el ancho de la huella del lobo? ¿Cuál es la diferencia de tamaño?

Coyote

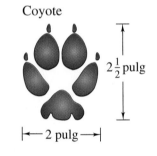

$2\frac{1}{2}$ pulg

|← 2 pulg →|

Lobo gris

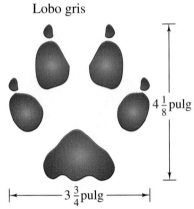

$4\frac{1}{8}$ pulg

|← $3\frac{3}{4}$ pulg →|

Zorro común

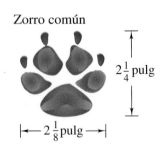

$2\frac{1}{4}$ pulg

|← $2\frac{1}{8}$ pulg →|

Cálculo mental Suma o resta mentalmente.

21. $9\frac{2}{3} - 5\frac{2}{3}$ **22.** $1 - \frac{1}{6}$ **23.** $3 + 1\frac{2}{3}$ **24.** $4\frac{1}{2} + 4\frac{1}{2}$

Biología Usa los datos de la derecha.

25. Reordena la tabla para que muestre las longitudes de los conos de la más corta a la más larga.

26. Halla la diferencia en longitud entre el cono más corto y el más largo.

27. Estimación ¿Qué dos conos tienen una diferencia de longitud de aproximadamente $\frac{1}{2}$ pulg?

Abeto	Longitud del cono (pulg)
Blanco	$1\frac{5}{8}$
Noruego	$5\frac{1}{2}$
Negro	$\frac{7}{8}$
Rojo	$1\frac{1}{4}$

Elige Usa cualquier método para sumar o restar.

28. $7\frac{1}{10} + 3\frac{2}{5}$ **29.** $1\frac{7}{8} + 1\frac{1}{4}$ **30.** $4\frac{5}{12} - 1\frac{1}{2}$ **31.** $6\frac{4}{5} - 2\frac{1}{3}$

32. $8 - 1\frac{2}{3}$ **33.** $4\frac{5}{8} - 1\frac{3}{8}$ **34.** $3\frac{1}{6} - 2$ **35.** $10\frac{1}{4} + 3\frac{1}{3}$

36. Estimación Los lados de un triángulo tienen longitudes de $5\frac{1}{2}$ pulg, $3\frac{7}{8}$ pulg y $2\frac{1}{4}$ pulg. ¿Tendría una cuerda de 12 pulg la suficiente longitud para rodear el triángulo?

37. Jardinería Paul planea cercar un jardín de flores rectangular que mide $4\frac{1}{2}$ pies por $3\frac{1}{4}$ pies. La cerca cuesta $5 el pie. ¿Cuánto costará cercar el jardín?

38. Por escrito Explica cómo puedes hallar mentalmente la suma de $5\frac{1}{3} + 3\frac{4}{5} + 2\frac{2}{3} + 6\frac{1}{5}$.

39. Archivo de datos #8 (págs. 316–317) ¿Cuánta más distancia saltó Jackie Joyner-Kersee que Heike Drechsler?

40. Elige A, B, C o D. ¿Qué dos números mixtos son equivalentes a $3\frac{1}{5}$?

A. $3\frac{1}{10}$ y $2\frac{6}{5}$ **B.** $3\frac{2}{10}$ y $2\frac{6}{5}$

C. $3\frac{2}{10}$ y $3\frac{6}{5}$ **D.** $3\frac{3}{5}$ y $2\frac{5}{5}$

41. Pensamiento crítico Escribe los próximos dos números del patrón: $9\frac{1}{3}$, $8\frac{1}{6}$, 7, $5\frac{5}{6}$, $4\frac{2}{3}$, ■, ■.

 42. Investigación (pág. 318) Explica cómo puedes usar un nomograma para sumar dos números mixtos cualesquiera. Haz un nomograma para sumar $2\frac{5}{6}$ y $1\frac{1}{3}$.

Re$p^a$$s_o$ MIXTO

Halla el patrón. Después, escribe los tres números siguientes.

1. $\frac{1}{5}$, $\frac{3}{5}$, 1, ■, ■, ■

2. 1, $\frac{9}{10}$, $\frac{4}{5}$, ■, ■, ■

Clasifica los triángulos en escalenos, isósceles o equiláteros.

3. longitud de los lados de 7, 7, 7

4. longitud de los lados de 3, 5, 3

5. El Club Rotario tiene $140 en la cuenta de ahorros. Las cuotas de 8 nuevos miembros aumentan la cantidad a $198. Halla cuánto pagó de cuota cada miembro.

En esta lección

• Dibujar un diagrama para resolver problemas

8-6 Dibuja un diagrama

Diseño prehistórico zuni de un pavo.

Dibujar un diagrama es una estrategia que puedes usar para resolver muchos problemas. El diagrama te ayuda a entender un problema y su solución de manera más clara.

> Un artista va a crear un mural de losetas para el ala de un museo dedicada a las tribus indígenas de Estados Unidos. El mural mostrará escenas de la vida presente y pasada de estas tribus. El borde estará compuesto de losetas que mostrarán pictogramas indígenas. Cada loseta del borde es un cuadrado cuyo lado mide $\frac{1}{2}$ pie de longitud, y contendrá un símbolo distinto. El mural de losetas, incluyendo el borde, tendrá 6 pies de altura por 10 pies de ancho. ¿Cuántas losetas tiene que hacer el artista para el borde?

LEE

Lee y entiende la información. Resume el problema.

Identifica la información que necesitas usar para resolver el problema.

1. ¿Qué forma y tamaño tienen las losetas del borde? Dibuja una loseta.

2. ¿Qué forma y tamaño tiene el mural de losetas? Dibuja el mural. ¿Incluyen el borde las dimensiones?

3. ¿Te pide el problema que halles el número total de losetas que necesitará hacer el artista para el mural?

PLANEA

Decide qué estrategia usar para resolver el problema.

Puedes dibujar el borde después de dibujar un diagrama del mural de losetas. Usa papel cuadriculado y cuenta el número de losetas que se necesitan para el borde.

4. Imagina que una unidad del papel cuadriculado representara 1 pie. ¿Cuántas losetas cabrían a lo ancho de la parte de arriba del mural?

5. Imagina, en cambio, que un cuadrado del papel cuadriculado representara una loseta. ¿Cuántas losetas cabrían a lo ancho de la parte de arriba del mural?

6. Experimenta con los dos métodos descritos en los ejercicios 4 y 5. ¿Cuál prefieres? ¿Por qué?

Dibuja un diagrama para "ver" el problema y la solución.

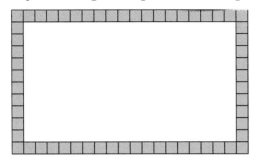

1 cuadrado = 1 loseta

7. Usa el diagrama para hallar el número de losetas que tendrá que hacer el artista para el borde. Explica por qué tu respuesta es correcta.

8. **Discusión** Una vez dibujado el diagrama, ¿fue fácil resolver el problema?

9. **Discusión** ¿Crees que sería difícil resolver el problema sin dibujar un diagrama?

10. **Discusión** En vez de dibujar un diagrama, un estudiante hizo lo siguiente. Halló el número de losetas de los cuatro bordes del mural: arriba, 20; abajo, 20; lado izquierdo, 12; lado derecho, 12. Después, sumó: 20 + 20 + 12 + 12 = 64 losetas para el borde. ¿Por qué es incorrecta esta solución?

⌐ P O N T E A PRUEBA

Dibuja un diagrama para resolver el problema.

11. **Carpintería** Bárbara construye un librero con maderos de $\frac{3}{4}$ pulg de grueso. El librero tiene 4 estantes. Un estante será la parte de arriba del librero y otro estante se usará para la parte de abajo. El espacio entre los estantes es de 12 pulg. Halla la altura total del librero.

12. **Jardinería** Hahnee planta flores alrededor del borde de un cantero circular. Va a colocar las plantas cada 6 pulg. El diámetro del círculo es de, aproximadamente, 7 pies. ¿Cuántas plantas necesitará Hahnee?

13. **Animales domésticos** Joseph tiene 24 pies de cerca para una perrera rectangular. Cada lado tendrá un número entero de pies (no uses fracciones). Haz una lista de las posibles dimensiones de la perrera. ¿Cuál ofrecerá la mayor área al perro de Joseph?

❝ ─────────

Hacen falta muchas páginas de un libro para describir lo que un dibujo me muestra de un vistazo.
—Ivan Sergeyevich Turgenev (1818–1883)

───────── ❞

Usa cualquier estrategia para resolver el problema. Muestra tu trabajo.

14. Elisheba tiene en la sala una alfombra que mide 12 pies por 18 pies. Quiere cortarla en dos alfombras rectangulares más pequeñas para colocarlas en otras habitaciones. Muestra cómo puede cortar una vez para obtener dos alfombras de la misma forma y el mismo tamaño.

15. Una tienda ofrece un regalo a cada cliente número 15 para celebrar su inauguración. El gerente de la tienda espera, aproximadamente, 100 clientes por hora. ¿Alrededor de cuántos regalos habrá ofrecido la tienda al cabo de las 12 horas de su inauguración?

16. Por escrito Escribe un problema para cuya solución se pueda usar el diagrama de la izquierda y resuélvelo.

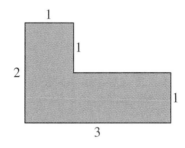

17. Un carpintero construye cuatro paneles rectangulares de madera para el piso de una galería. Cada panel mide $5\frac{1}{2}$ pies por 4 pies. Los paneles se colocarán uno junto a otro, por el lado que mide 4 pies. Habrá 3 pies de espacio entre los dos paneles del centro. ¿Cabrán los paneles en el piso de la galería, que mide 25 pies de longitud?

18. Imagina que tu clase esté organizando la Carrera de Relevos en Pro del Reciclado para la celebración del Día de la Tierra en la escuela. A lo largo del perímetro de un espacio rectangular de 15 pies por 40 pies, enterrarán una varilla de madera en el suelo cada 5 pies. ¿Cuántas varillas necesitarán?

19. La pista circular está rodeada de seis banderillas colocadas a espacios iguales. LaWanda cronometra el tiempo que tarda en recorrer la pista. Le toma 10 s ir de la primera banderilla a la tercera. A esa velocidad, ¿cuánto tardará LaWanda en recorrer la pista entera?

20. En un estante hay cuatro envases. Los envases tienen forma circular, cuadrada, ovalada y rectangular. Son de color azul, blanco, verde y rojo. El envase azul no es ni cuadrado ni rectangular. Los envases de superficies curvas son azules o verdes. El envase verde no es ni cuadrado ni redondo. El envase cuadrado no es rojo. ¿De qué colores son los envases?

21. Un rectángulo tiene un área de 3,000 pies². Un lado mide 40 pies. Halla el perímetro del rectángulo.

Re**pa**s**o** MIXTO

Halla la suma o la diferencia.

1. $2\frac{3}{7} + 4\frac{3}{14}$

2. $6\frac{2}{3} - 4\frac{1}{6}$

Usa los datos. Notas del examen de matemáticas: A, C, B, B, C, F, A, A, C, D.

3. Dibuja un diagrama de puntos.

4. ¿Cuántos estudiantes recibieron C o una nota mejor?

5. Ocho personas asisten a una reunión. Cada persona le da la mano a las demás exactamente una vez. ¿Cuál es el número total de apretones de mano que se intercambiaron en la reunión?

Estima la suma o la diferencia.

1. $\frac{5}{7} + \frac{6}{11}$ **2.** $4\frac{1}{4} - 2\frac{6}{7}$ **3.** $\frac{7}{16} + \frac{5}{32}$ **4.** $\frac{7}{10} - \frac{2}{5}$

Redondea la medida a la media pulgada más próxima.

5. $7\frac{3}{4}$ pulg   **6.** $1\frac{6}{7}$ pulg   **7.** $3\frac{1}{3}$ pulg   **8.** $99\frac{2}{5}$ pulg   **9.** $10\frac{2}{15}$ pulg

Dibuja un modelo y halla la suma o la diferencia.

10. $\frac{1}{7} + \frac{1}{7}$ **11.** $\frac{7}{8} - \frac{3}{8}$ **12.** $\frac{1}{10} + \frac{3}{10}$ **13.** $\frac{3}{4} - \frac{1}{4}$

Usa cualquier método para sumar o restar.

14. $\frac{1}{4} + \frac{1}{3}$ **15.** $\frac{1}{5} - \frac{1}{10}$ **16.** $\frac{7}{8} - \frac{3}{4}$ **17.** $\frac{1}{6} + \frac{1}{7} + \frac{1}{8}$

18. $\frac{5}{6} - \frac{5}{8}$ **19.** $\frac{7}{12} - \frac{3}{10}$ **20.** $\frac{3}{4} + \frac{1}{3}$ **21.** $\frac{3}{10} + \frac{4}{5}$

22. Analiza la columna "Expresión". Completa las sumas y después escribe la siguiente expresión del patrón.

Expresión	Suma
$\frac{1}{1}$	$\frac{1}{1}$
$\frac{1}{1} + \frac{1}{4}$	■
$\frac{1}{1} + \frac{1}{4} + \frac{1}{9}$	■

Halla la suma o la diferencia.

23. $5\frac{2}{3} + 2\frac{1}{2}$ **24.** $4\frac{1}{2} - 3\frac{3}{4}$ **25.** $1\frac{2}{3} + 1\frac{1}{4}$ **26.** $7\frac{3}{5} - 3\frac{2}{3}$

27. $2\frac{3}{4} + 6\frac{5}{16}$ **28.** $9\frac{4}{7} - 5\frac{1}{14}$ **29.** $8\frac{3}{8} + 6\frac{3}{4}$ **30.** $10\frac{1}{10} - 3\frac{3}{20}$

31. A Stanley se le poncha una goma de la bicicleta a medio camino de la escuela. Camina con la bicicleta el cuarto de milla siguiente. Entonces, la Sra. Chan lo recoge y lo lleva la $\frac{1}{2}$ milla restante a la escuela. Halla la distancia entre la escuela y la casa de Stanley.

32. Consuelo tira su sombrero hacia arriba. El sombrero cae a $\frac{3}{4}$ de la altura de un árbol de 20 pies. Consuelo trepa hasta la mitad del árbol y se estira 4 pies para alcanzar el sombrero. ¿Puede recuperar el sombrero de esta manera? ¿Por qué?

8-7 **M**ultiplicación de fracciones y números mixtos

✓ Barras de fracciones

✓ Calculadora

Número	Fracción	Producto
10	$\frac{1}{2}$	5
5	$\frac{1}{2}$	■
3.8	$\frac{1}{2}$	■
$9\frac{1}{4}$	$\frac{1}{2}$	■
■	$\frac{1}{4}$	■

EN EQUIPO

Trabaja con un compañero en esta actividad. Usen una calculadora de fracciones. Experimenten para determinar qué sucede cuando multiplican por una fracción menor que 1. Empiecen por una fracción como $\frac{1}{2}$. Multipliquen distintos números por $\frac{1}{2}$. Usen números enteros, números mixtos, decimales y fracciones. Hagan una tabla como la de la izquierda.

1. Cuando multiplican un número por una fracción menor que 1, ¿es mayor o menor el producto que el número? ¿Por qué?

PIENSA Y COMENTA

Imagina que tu comunidad recibe un terreno cuadrado para un parque. La comisión de planificación desea usar $\frac{1}{2}$ del terreno para campos deportivos y $\frac{1}{2}$ para zona de recreo y meriendas. Una tercera parte de la zona de recreo contará con un área infantil de juegos. ¿Qué parte del parque ocupa el área infantil? Puedes usar modelos o multiplicar para resolver el problema.

2. Usa el cuadro de la izquierda para representar el parque. El área sombreada representa la zona de recreo. ¿Qué parte del parque ocupa la zona de recreo? Escribe la fracción.

3. Ahora, divide el cuadrado en tercios, como se muestra a la izquierda. ¿Qué área del cuadrado representa el área infantil? ¿Qué parte del cuadrado (parque) representa? Escribe la fracción.

4. El área infantil es $\frac{1}{3}$ de $\frac{1}{2}$ del parque. ¿Cómo muestra esto el modelo?

5. ¿Representa la barra de fracciones de la izquierda $\frac{1}{3}$ de $\frac{1}{2}$? Explica.

Puedes multiplicar para hallar $\frac{1}{3}$ de $\frac{1}{2}$. La palabra "de" indica multiplicación.

$$\frac{1}{3} \text{ de } \frac{1}{2} = \frac{1}{3} \times \frac{1}{2} = \frac{1 \times 1}{3 \times 2} = \frac{1}{6}$$

6. Usa modelos y la multiplicación para hallar $\frac{2}{3}$ de $\frac{3}{4}$, ó $\frac{2}{3} \times \frac{3}{4}$.

Para resolver algunos problemas, multiplicas una fracción por un número entero.

Ejemplo 1

Imagina que 12 escuelas de la región participan en una competencia de ciencias y matemáticas. Dos tercios de las escuelas pasan a la siguiente eliminatoria. ¿Cuántas escuelas son?

Halla $\frac{2}{3}$ de 12.
Por lo tanto, multiplica $\frac{2}{3} \times 12$.

"De" significa multiplicación.

$$\frac{2}{3} \times 12 = \frac{2}{3} \times \frac{12}{1} = \frac{2 \times 12}{3 \times 1} = \frac{24}{3} = 8$$

Escribe 12 como $\frac{12}{1}$.

Por lo tanto, 8 escuelas pasan a la siguiente eliminatoria.

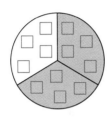

7. ¿Representa el modelo de la derecha $\frac{2}{3}$ de 12? Explica.

A veces, puedes simplificar antes de multiplicar. Divide el numerador y el denominador por un factor común.

8. Revisa $\frac{2 \times 12}{3 \times 1}$ en el ejemplo 1. Observa que el 12 del numerador y el 3 del denominador tienen un factor común. ¿Cuál es el factor común?

9. Divide el numerador y el denominador por el factor común 3 antes de multiplicar: $\frac{2 \times (12 \div 3)}{(3 \div 3) \times 1} = \frac{\blacksquare}{\blacksquare}$.

10. Usa este método para calcular $\frac{4}{5} \times \frac{1}{2}$. ¿Cuál es el factor común? Comprueba la respuesta.

Cuando multipliques números mixtos, escribe primero el número mixto como una fracción impropia.

Ejemplo 2

¿Cuál es el área del rectángulo?

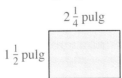

$2\frac{1}{4}$ pulg

$1\frac{1}{2}$ pulg

Estima: $2 \times 2 = 4$

Escribe $2\frac{1}{4}$ como $\frac{9}{4}$ y $1\frac{1}{2}$ como $\frac{3}{2}$.

$$2\frac{1}{4} \times 1\frac{1}{2} = \frac{9}{4} \times \frac{3}{2} = \frac{9 \times 3}{4 \times 2} = \frac{27}{8} = 3\frac{3}{8}$$

El área del rectángulo es $3\frac{3}{8}$ pulg².

11. Enumera en una lista los pasos necesarios para calcular $6\frac{2}{3} \times 1\frac{1}{5}$. Después, multiplica.

¡RECUERDA!

Para escribir un número mixto como una fracción impropia, multiplica el número entero por el denominador y suma el numerador al producto. Después, escribe el resultado encima del denominador.

¡RECUERDA!

Para estimar con fracciones, redondea al $\frac{1}{2}$ más próximo. Para estimar con números mixtos, redondea al entero más próximo.

Dibuja un modelo para representar el producto.

12. $\frac{1}{4}$ de $\frac{1}{3}$ **13.** $\frac{1}{2}$ de $\frac{3}{4}$ **14.** $\frac{3}{4}$ de 16   **15.** $\frac{1}{5}$ de $\frac{5}{8}$

Estima. Después, halla el producto.

16. $3\frac{1}{2} \times 1\frac{1}{4}$ **17.** $\frac{2}{3} \times \frac{1}{3}$ **18.** $\frac{3}{4} \times 9$ **19.** $15 \times \frac{1}{5}$

Explica cómo simplificar. Después, halla el producto.

20. $\frac{3}{16} \times \frac{4}{5}$ **21.** $3\frac{1}{5} \times \frac{3}{4}$ **22.** $5\frac{1}{3} \times 2\frac{1}{2}$ **23.** $12 \times \frac{5}{6}$

24. Elige A, B, C o D.
¿Qué producto representa el modelo?

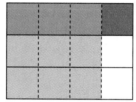

A. $\frac{3}{4} \times \frac{2}{3}$ **B.** $\frac{1}{3} \times \frac{1}{3}$

C. $\frac{3}{4} \times \frac{1}{3}$ **D.** $\frac{1}{3} \times \frac{2}{3}$

Estima el producto.

25. $2\frac{3}{4} \times 6\frac{1}{8}$ **26.** $5\frac{1}{2} \times 1\frac{3}{10}$ **27.** $9\frac{4}{5} \times 5\frac{7}{12}$ **28.** $\frac{4}{7} \times 1\frac{1}{3}$

Usa la información de la izquierda.

29. Carpintería Zahara construye el piso de una terraza. Va a colocar 32 tablas de "2 por 4" una junto a otra, dejando un espacio de $\frac{1}{4}$ pulg entre las tablas. ¿Qué ancho tendrá el piso de la terraza?

30. Carpintería Simón cargó unas tablas en su camioneta. Puso todas las tablas una sobre otra. Había tres tablas de "2 por 6" y seis tablas de "2 por 2". ¿Qué altura tenía el montón de tablas?

31. Por escrito Cuando multiplicas dos fracciones menores que 1, ¿es el producto menor que alguna de las fracciones *siempre*, *a veces* o *nunca*? Explica la respuesta.

32. Costura El patrón de una colcha muestra un cuadrado cuyos lados miden $4\frac{1}{2}$ pulg. Patty quiere reducir los lados a $\frac{2}{3}$ de la longitud del patrón. Halla las dimensiones del cuadrado reducido. Resuelve de dos maneras distintas, con modelos y con multiplicación.

Un pedazo de madera llamado "2 por 4" no mide 2 pulg por 4 pulg. En realidad, un madero de "2 por 4" mide $1\frac{1}{2}$ pulg de grueso y $3\frac{1}{2}$ pulg de ancho.

Tipo de madero	Grueso (pulg)	Ancho (pulg)
1 por 4	$\frac{3}{4}$	$3\frac{1}{2}$
2 por 2	$1\frac{1}{2}$	$1\frac{1}{2}$
2 por 4	$1\frac{1}{2}$	$3\frac{1}{2}$
2 por 6	$1\frac{1}{2}$	$5\frac{1}{2}$

Halla el producto.

33. $\frac{5}{8} \times 16$ **34.** $\frac{2}{3} \times \frac{9}{10}$ **35.** $6 \times \frac{2}{3}$ **36.** $8\frac{1}{2} \times 8\frac{1}{2}$

37. $4\frac{1}{9} \times 3\frac{3}{8}$ **38.** $\frac{1}{5} \times 100$ **39.** $\frac{2}{5} \times \frac{1}{6}$ **40.** $2\frac{1}{3} \times 10$

Lee el artículo y responde a las preguntas 41–44.

Repaso MIXTO

Simplifica.

1. $8 + 3 \times 6$

2. $12 \div 4 + 8 \times 2 - 1$

3. ¿Cuántos juegos tendrá que jugar el campeón si 32 equipos compiten en un torneo de eliminación sencilla?

4. Las longitudes de tres varillas son 4 mm, 6 mm y 9 mm. ¿Cómo puedes ordenar las varillas para medir una longitud de 11 mm?

5. La campana de un reloj suena cada hora en punto. ¿Cuántas veces sonará durante el mes de julio?

Casi la mitad apenas alfabetizada

Según la reciente Encuesta Nacional de Alfabetización Adulta, noventa millones de estadounidenses adultos no tienen un nivel adecuado de lectura y escritura en inglés. Una muestra de 16,000 personas mayores de 16 años fue seleccionada al azar entre la población adulta estadounidense, que consta de aproximadamente 191 millones. El estudio, patrocinado por el Departamento de Educación, dividió a los adultos en cinco niveles de alfabetización en inglés. Alrededor de $\frac{1}{4}$ de los 90 millones de adultos con bajo índice de alfabetización son inmigrantes que aprenden inglés como segundo idioma. De los 40 millones de adultos que se estima se encuentran en el más bajo de los cinco niveles, un 37% son analfabetos que no pudieron completar la encuesta.

Sin embargo, los partidarios de los programas de alfabetización opinan que este problema tiene solución. En 1980, había 2 millones de adultos matriculados en programas de alfabetización; hoy en día hay 3.8 millones, un aumento de casi el 90%. Al menos $\frac{1}{3}$ de la población actual de adultos matriculados en estos programas aprende inglés como segundo idioma.

¿Cómo puede ayudar? Si desea recibir información sobre los programas de alfabetización de la región, u ofrecer servicios voluntarios, puede llamar a la línea especial de Contact Literacy Center al 1 (800) 228-8813 o al TT1 (800) 552-9097 si tiene dificultades de audición.

41. ¿Qué datos del artículo apoyan la afirmación del título de que *casi la mitad* apenas está alfabetizada?

42. ¿Cuántos de los 90 millones de adultos de bajo índice de alfabetización aprenden inglés como segundo idioma? ¿Qué fracción de la población de EE.UU. representa?

43. ¿Cuántos inmigrantes que aprenden inglés como segundo idioma están matriculados hoy día en programas de alfabetización? ¿Qué fracción de los inmigrantes de bajo índice de alfabetización representa?

44. ¿Qué fracción de la población adulta de EE.UU. es analfabeta? ¿Cuántas personas representa esta fracción?

8-8 **D**ivisión de fracciones y números mixtos

Número	Fracción	Cociente
10	$\frac{1}{2}$	■
5	$\frac{1}{2}$	■
3.8	$\frac{1}{2}$	■
$9\frac{1}{4}$	$\frac{1}{2}$	■
■	$\frac{1}{4}$	■

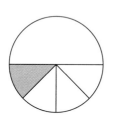

EN EQUIPO

Trabaja con un compañero en esta actividad. Usen la calculadora de fracciones. Experimenten para determinar qué sucede cuando dividen por una fracción menor que 1. Empiecen por una fracción como $\frac{1}{2}$. Dividan distintos números por $\frac{1}{2}$. Usen números enteros, números mixtos, decimales y fracciones. Hagan una tabla como la de la izquierda.

1. ¿Es mayor o menor el cociente que el número, cuando dividen un número por una fracción menor que 1? ¿Por qué?

PIENSA Y COMENTA

Imagina que tu familia y algunos amigos piden una pizza gigante. Tres de los amigos y tú se reparten $\frac{1}{2}$ pizza en porciones iguales. ¿Qué parte de la pizza come cada uno? Puedes usar modelos, multiplicar o dividir para resolver este problema.

2. Usa el círculo de la izquierda para representar la pizza. Ya que cuatro personas se reparten $\frac{1}{2}$ pizza, divide $\frac{1}{2}$ en cuatro porciones iguales. ¿Qué parte de la pizza come cada uno? ¡Observa el modelo!

3. Si vas a multiplicar para resolver este problema, piensa que cada uno recibe $\frac{1}{4}$ de $\frac{1}{2}$ de la pizza. Por lo tanto, multiplica para calcular $\frac{1}{4} \times \frac{1}{2}$.

4. Si vas a dividir para resolver el problema, piensa en $\frac{1}{2}$ pizza compartida entre cuatro amigos. ¿Qué parte recibirá cada uno si se divide $\frac{1}{2}$ pizza entre 4 personas? Por lo tanto, divide para calcular $\frac{1}{2} \div 4$.

5. **Discusión** Compara las tres distintas maneras de resolver el problema. ¿Cuál prefieres? ¿Coinciden los resultados?

6. Compara las expresiones de multiplicación y división que usaste para resolver el problema. Tienen el mismo resultado, por lo que son iguales. ¿Estás de acuerdo en que $\frac{1}{2} \div 4 = \frac{1}{2} \times \frac{1}{4}$?

Los números 4 y $\frac{1}{4}$ son *recíprocos* ya que su producto es 1. Dividir por un número dado es lo mismo que multiplicar por el recíproco de este número. Pudiste observar esto en el ejercicio 6.

7. Halla el producto. ¿Qué observas?

a. $\frac{1}{2} \times \frac{2}{1}$ b. $\frac{2}{3} \times \frac{3}{2}$ c. $\frac{1}{7} \times \frac{7}{1}$ d. $8 \times \frac{1}{8}$ e. $\frac{9}{2} \times \frac{2}{9}$

8. Escribe el recíproco del número.

a. $\frac{2}{3}$ b. $\frac{1}{9}$ c. 5   d. 1   e. $\frac{7}{4}$

Puedes usar números recíprocos para dividir fracciones.

La gimnasia rítmica es un deporte olímpico. Las gimnastas bailan mientras manipulan una cinta, un aro, una cuerda, una maza o una pelota.

Ejemplo 1   Nancy tiene 3 yd de cinta. Se necesitan $\frac{3}{8}$ yd para hacer un lazo. ¿Cuántos lazos puede hacer Nancy si usa toda la cinta?

$3 \div \frac{3}{8}$ Divide 3 por $\frac{3}{8}$.

$= 3 \times \frac{8}{3}$ Multiplica 3 por el recíproco de $\frac{3}{8}$.

$= \frac{3 \times 8}{1 \times 3} = 8$

Nancy puede hacer 8 lazos con 3 yd de cinta.

COMPRUEBA ¿Cómo puedes comprobar que la respuesta es razonable?

9. Dibuja un modelo para el problema y la solución del ejemplo 1.

10. **Discusión** Para dividir por un número, puedes multiplicar por su ■ ¿Por qué se puede hacer esto?

Cuando dividas con números mixtos, escribe primero los números mixtos en forma de fracciones impropias.

Ejemplo 2   Leroy cocinó 30 tz de sopa. ¿Cuántas porciones de $1\frac{1}{4}$ tz puede servir?

Divide: $30 \div 1\frac{1}{4}$

$30 \div \frac{5}{4} = 30 \times \frac{4}{5}$ Escribe $1\frac{1}{4}$ como $\frac{5}{4}$.

$= \frac{30 \times 4}{1 \times 5}$

$= \frac{(30 \div 5) \times 4}{1 \times (5 \div 5)}$ Simplifica antes de multiplicar.

$= 6 \times 4 = 24$

Leroy puede servir 24 porciones de sopa de $1\frac{1}{4}$ tz.

Escribe el recíproco del número.

11. $\frac{4}{5}$ **12.** 3 **13.** $\frac{2}{10}$ **14.** $\frac{1}{5}$ **15.** $3\frac{1}{2}$ **16.** $2\frac{5}{6}$

17. Dibuja un diagrama para mostrar cuántos pedazos de cuerda de $\frac{1}{3}$ pie puedes cortar de una cuerda de $3\frac{1}{3}$ pies de longitud.

18. Tienes una bolsa de 15 lb de semillas para pájaros. ¿Cuántos días durará la bolsa, si los pájaros se comen $1\frac{1}{2}$ lb de semillas diarias?

Divide. Escribe el resultado en su mínima expresión.

19. $\frac{3}{8} \div 5$ **20.** $\frac{7}{8} \div \frac{3}{4}$ **21.** $4 \div \frac{3}{4}$ **22.** $\frac{1}{5} \div \frac{1}{3}$

23. $4\frac{1}{6} \div 10$ **24.** $\frac{2}{3} \div 1\frac{1}{2}$ **25.** $2\frac{5}{8} \div \frac{3}{4}$ **26.** $3\frac{1}{5} \div 1\frac{1}{3}$

27. Samuel corta una lona en pedazos. La lona mide $\frac{3}{4}$ yd de longitud. ¿Cuántos pedazos de $\frac{1}{8}$ yd podrá cortar Samuel?

28. ¿Cuántos $\frac{1}{4}$ pulg hay en $\frac{1}{2}$ pie? Dibuja un modelo que muestre el problema y la solución.

La tabla de la izquierda muestra los picos más altos de cada una de las siete mayores masas terrestres del mundo.

29. ¿Cuánto más mide el monte Everest que el monte McKinley?

30. ¿De qué pico tiene el monte Kilimanjaro $\frac{2}{3}$ de la altura?

31. ¿Qué pico es $\frac{3}{10}$ mi más alto que el monte Elbrus?

32. ¿Qué pico tiene aproximadamente el triple de la altura del monte Kosciusko?

Divide. Escribe el resultado en su mínima expresión.

33. $\frac{2}{3} \div \frac{1}{3}$ **34.** $\frac{1}{8} \div \frac{1}{4}$ **35.** $\frac{3}{4} \div \frac{2}{3}$ **36.** $\frac{9}{10} \div \frac{3}{5}$

37. $\frac{5}{6} \div \frac{5}{9}$ **38.** $2 \div \frac{1}{2}$ **39.** $\frac{4}{5} \div 6$ **40.** $\frac{2}{10} \div \frac{1}{7}$

Cálculo mental Halla el cociente mentalmente.

41. $6 \div \frac{1}{2}$ **42.** $5 \div \frac{1}{3}$ **43.** $3 \div \frac{1}{8}$ **44.** $7 \div \frac{1}{5}$

Monte Kilimanjaro, Kenia

Masa terrestre	Pico más alto	Altitud (mi)
África	Kilimanjaro	$3\frac{7}{10}$
Asia	Everest	$5\frac{1}{2}$
Australia	Kosciusko	$1\frac{4}{10}$
Antártida	Vinson Massif	$3\frac{1}{5}$
Europa	Elbrus	$3\frac{1}{2}$
América del Sur	Aconcagua	$4\frac{3}{10}$
América del Norte	McKinley	$3\frac{8}{10}$

45. **Por escrito** Escribe un problema que puedas resolver dividiendo 10 por $\frac{1}{3}$. Resuelve el problema al menos de dos maneras distintas.

46. **Elige A, B, C o D.** ¿Qué cociente es mayor que 1?

A. $\frac{3}{5} \div \frac{3}{5}$ **B.** $\frac{1}{4} \div \frac{3}{4}$ **C.** $\frac{1}{3} \div 4$ **D.** $2 \div \frac{1}{4}$

47. ¿Cuántas porciones de $\frac{1}{2}$ tz hay en una jarra de 8 tz de jugo?

48. Alejandro decide usar una jarra de $\frac{1}{4}$ gal para llenar un recipiente de 5 gal. ¿Cuántas veces tendrá que verter líquido de la jarra al recipiente para llenarlo?

49. Luella cortó 3 manzanas en octavos. ¿Cuántos trozos de manzana tiene?

50. ¿Cuántas galletas de $\frac{1}{2}$ pulg de grueso puedes cortar de una masa de 1 pie de longitud?

Divide. Escribe el resultado en su mínima expresión.

51. $5\frac{5}{6} \div \frac{7}{8}$ 52. $9 \div 2\frac{1}{7}$ 53. $9\frac{1}{2} \div 3\frac{1}{2}$ 54. $2\frac{1}{3} \div 7$

55. $1\frac{3}{4} \div 4\frac{3}{8}$ 56. $2\frac{2}{5} \div \frac{1}{5}$ 57. $6 \div 3\frac{1}{2}$ 58. $6\frac{1}{3} \div 1\frac{1}{6}$

VISTAZO A LO APRENDIDO

1. Naomi cortó una tabla por la mitad. Después, cortó cada uno de los pedazos de nuevo por la mitad. Luego, cortó estos pedazos a su vez por la mitad. ¿Cuántos pedazos de madera tiene?

2. ¿Cuál es el recíproco de $\frac{7}{8}$? ¿De 4? ¿De $\frac{1}{3}$? ¿Y de $2\frac{1}{6}$?

Halla el producto o el cociente. Escribe el resultado en su mínima expresión.

3. $2\frac{4}{5} \times 3\frac{1}{8}$ 4. $\frac{5}{12} \times 1\frac{7}{9}$ 5. $3 \times \frac{3}{4}$ 6. $\frac{2}{9} \times 27$

7. $\frac{2}{3} \div 6$ 8. $\frac{7}{36} \div \frac{1}{8}$ 9. $6\frac{1}{4} \div \frac{3}{8}$ 10. $5\frac{4}{7} \div 3\frac{3}{14}$

11. **Elige A, B, C o D.** ¿Qué cociente es menor que 1?

A. $\frac{2}{5} \div \frac{1}{6}$ **B.** $1\frac{1}{3} \div \frac{2}{3}$ **C.** $2\frac{1}{9} \div 3\frac{4}{5}$ **D.** $\frac{2}{3} \div \frac{2}{3}$

Repaso MIXTO

Escribe el número decimal.

1. cinco centésimas
2. cuarenta y siete milésimas

Halla el producto. Escribe el resultado en su mínima expresión.

3. $4\frac{4}{5} \times 2\frac{1}{3}$
4. $6\frac{2}{3} \times 4\frac{1}{5}$
5. En una clase de 40 estudiantes, 29 traían puestos pantalones vaqueros, 18 traían zapatillas deportivas y 10 traían zapatillas deportivas y pantalones vaqueros. ¿Cuántos no usaron ni zapatillas deportivas ni pantalones vaqueros?

En esta lección

8-9 **E**l sistema angloamericano

• Resolver problemas que requieran convertir unidades de longitud, de peso y de capacidad del sistema angloamericano

PIENSA Y COMENTA

Las fracciones y los números mixtos se usan habitualmente en el sistema angloamericano de medidas. Por ejemplo, puedes necesitar $1\frac{1}{4}$ tz de harina para una receta o puedes comprar $\frac{1}{2}$ gal de leche para tu familia.

Discusión Observa la lista de unidades del sistema angloamericano que se encuentra a la izquierda. Piensa en algo que pudieras medir con cada unidad. Usa ejemplos de tu vida cotidiana.

Puedes multiplicar o dividir para convertir unidades de medida.

2. a. ¿Cuántas pulgadas hay en 2 pies?

  b. ¿Cuántas toneladas son 10,000 lb?

  c. ¿A cuántos cuartos equivalen dieciocho pintas?

  d. ¿Cuántas yardas hay en 90 pies?

3. Discusión Observa las respuestas al ejercicio 2. ¿Cómo supiste si multiplicar o dividir?

Puedes convertir unidades de medida para resolver muchos problemas.

Unidades angloamericanas de longitud

| 12 pulgadas (pulg) = 1 pie |
| 36 pulgadas = 1 yarda (yd) |
| 3 pies = 1 yarda |
| 5,280 pies = 1 milla (mi) |

Unidades angloamericanas de peso

| 16 onzas (oz) = 1 libra (lb) |
| 2,000 libras = 1 tonelada (T) |

Unidades angloamericanas de capacidad

| 8 onzas líquidas (oz líq) = 1 taza |
| 2 tazas (tz) = 1 pinta (pt) |
| 2 pintas = 1 cuarto (ct) |
| 4 cuartos = 1 galón (gal) |

Ejemplo 1

Pat necesita $8\frac{1}{2}$ pies de tela para un proyecto de costura. La tela se vende en piezas de $\frac{1}{8}$ de yd. ¿Cuántas yardas de tela debe comprar?

Piensa: ¿Cuántas yardas son $8\frac{1}{2}$ pies?

Divide: $8\frac{1}{2} \div 3$

$$= \frac{17}{2} \times \frac{1}{3}$$

$$= \frac{17}{6} = 2\frac{5}{6}$$

Redondea $2\frac{5}{6}$ yd al $\frac{1}{8}$ yd más próximo: $2\frac{7}{8}$.

Pat deberá comprar $2\frac{7}{8}$ yd de tela.

Para resolver algunos problemas, tienes que convertir las unidades de medida para determinar si la cantidad que tienes es suficiente.

Ejemplo 2

Imagina que estás planeando una fiesta. Tienes 24 invitados. Quieres servir al menos 2 tz de ponche de frutas por invitado. Llenas la vasija del ponche, a la que le caben $3\frac{1}{2}$ gal. ¿Tienes suficiente ponche?

Piensa: ¿Cuánto ponche necesitas?
24 invitados × 2 tz por invitado = 48 tz

Piensa: ¿Cuántas tazas hay en $3\frac{1}{2}$ gal?

1 gal = 4 ct

Convierte galones a cuartos. $3\frac{1}{2}$ gal = ■ ct

$$3\frac{1}{2} \times 4 = \frac{7}{2} \times 4 = 14 \text{ ct}$$

Convierte cuartos a pintas. 14 ct = ■ pt   1 ct = 2 pt
14 × 2 = 28 pt

Convierte pintas a tazas. 28 pt = ■ tz   1 pt = 2 tz
28 × 2 = 56 tz

Hay 56 tz en $3\frac{1}{2}$ gal. Necesitas sólo 48 tz; por lo tanto, tienes suficiente ponche.

Como parte del Festival de la Amistad, 75,000 personas asistieron al cumpleaños más grande del mundo para celebrar el 215 aniversario de los Estados Unidos. **¿Cuánto ponche de frutas necesitarías para 75,000 invitados?**

4. Discusión Resuelve el problema del ejemplo 2 de otra manera. Piensa: ¿Cuántos galones hay en 48 tz?

PONTE A PRUEBA

Completa la expresión.

5. 30 oz = ■ lb

6. $5\frac{1}{2}$ pies = ■ pulg

7. 27 ct = ■ gal

8. ¿Qué operación usas para convertir:

a. pulgadas a pies?   **b.** yardas a pies?   **c.** galones a tazas?

Usa <, > ó = para comparar.

9. 85 pulg ■ 8 pies

10. $3\frac{1}{2}$ lb ■ 56 oz

11. $2\frac{1}{2}$ gal ■ 25 pt

12. Los lados de un hexágono regular tienen 9 pulg de longitud. Halla el perímetro del hexágono en pies.

13. En algunos lugares de Alaska, los alces pueden causar verdaderas congestiones de tránsito. Un alce pesa aproximadamente 1,000 lb. ¿Cuántas toneladas pesa?

Completa la expresión.

14. $6\frac{1}{4}$ pies = ■ yd   **15.** $1\frac{3}{4}$ mi = ■ pies   **16.** $2\frac{1}{2}$ ct = ■ pt

17. 24 oz = ■ lb   **18.** $3\frac{1}{2}$ T = ■ lb   **19.** $4\frac{1}{4}$ tz = ■ oz líq

---

Crema de aguacate
una salsa para quesadillas, ensaladas y hojuelas de tortilla de maíz

1 aguacate maduro

jugo de 1 limón

$\frac{1}{2}$ taza de yogur natural

desgrasado

---

20. Cocina El "mousse" de arándano requiere 32 oz líq de yogur natural desgrasado. Mary usará una taza de medir. ¿Cuántas tazas de yogur va a necesitar?

21. Cocina Usa la receta de la izquierda. Odetta compró un envase de 6 oz líq de yogur natural desgrasado. ¿Compró suficiente yogur para la crema de aguacate?

22. Nutrición La Asociación Americana del Corazón recomienda que un adulto evite comer más de 6 oz diarias de pescado, carne cocida de ave o carne de res magra. Scott va a servir un asado de carne de res de $2\frac{1}{2}$ lb para una cena de seis adultos. Todos comerán aproximadamente la misma cantidad. ¿Deberán comerse todo el asado? Explica.

Escribe <, > ó =.

23. $6\frac{1}{2}$ pt ■ 2 ct   **24.** 24 oz líq ■ 3 tz   **25.** 6,750 lb ■ $3\frac{3}{4}$ T

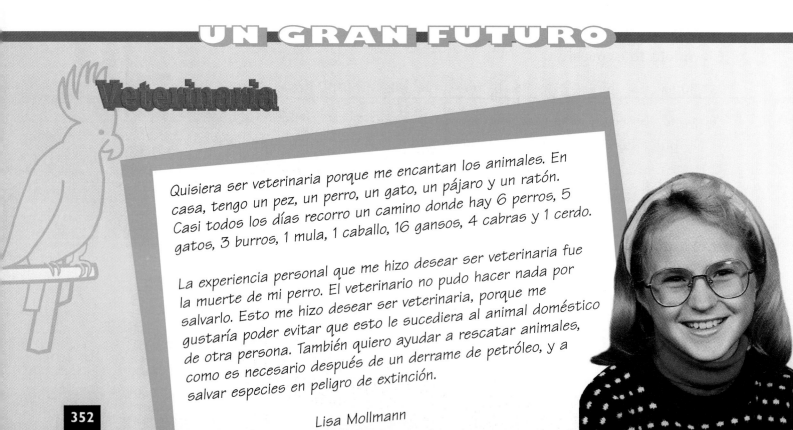

UN GRAN FUTURO

Veterinaria

Quisiera ser veterinaria porque me encantan los animales. En casa, tengo un pez, un perro, un gato, un pájaro y un ratón. Casi todos los días recorro un camino donde hay 6 perros, 5 gatos, 3 burros, 1 mula, 1 caballo, 16 gansos, 4 cabras y 1 cerdo.

La experiencia personal que me hizo desear ser veterinaria fue la muerte de mi perro. El veterinario no pudo hacer nada por salvarlo. Esto me hizo desear ser veterinaria, porque me gustaría poder evitar que esto le sucediera al animal doméstico de otra persona. También quiero ayudar a rescatar animales, como es necesario después de un derrame de petróleo, y a salvar especies en peligro de extinción.

Lisa Mollmann

26. Por escrito Describe una situación de la vida cotidiana en que sea necesario convertir una unidad de medida a otra.

27. El Monumento a Washington en Washington, D.C., mide 555 pies y $5\frac{1}{8}$ pulg de altura. ¿Cuántas pulgadas de altura tiene el monumento?

28. El túnel del Mont Blanc atraviesa la montaña y conecta Italia y Francia. Mide 7.2 millas de longitud. ¿Cuál es la longitud del túnel en pies?

29. La Grande Complexe es una central hidroeléctrica en Canadá. Una de sus represas, LG2, tiene una compuerta que permite el flujo de 750,000 gal de agua por segundo.

  a. ¿Cuántos galones pasan por LG2 en 1 min?

  b. Un galón de agua pesa, aproximadamente, 8 lb. ¿Alrededor de cuántas toneladas de agua pasan por la compuerta de la represa en 1 s?

Suma o resta. Convierte cuando sea necesario.

Ejemplo	8 lb 3 oz	7 lb 19 oz	Convierte 1 lb en 16 oz.
	− 4 lb 7 oz	− 4 lb 7 oz	16 oz + 3 oz = 19 oz
		3 lb 12 oz	

30. 4 pies 10 pulg
   + 1 pie   9 pulg

31. 5 yd 1 pie
   − 1 yd 2 pies

32. 3 gal 3 ct
   + 2 gal 5 ct

Repaso MIXTO

Halla el M.C.D. del conjunto de números.

1. 36, 27

2. 24, 60, 72

Halla el cociente. Escribe el resultado en su mínima expresión.

3. $\frac{7}{8} \div \frac{1}{4}$

4. $\frac{2}{7} \div \frac{14}{15}$

5. Linda compró 4 boletos de cine. Cada boleto costó $4.25. Pagó con un billete de $20. ¿Cuánto le costaron los boletos en total?

Estimada Lisa:

A mí también me encantan los animales. Decidí que deseaba emplear mi tiempo ayudando a mantenerlos saludables y a curarlos cuando se enferman. Tengo peces, dos gatos, un conejo, un loro y dos periquitos. También tengo un esposo y dos hijitas.

Las horas de trabajo pueden llegar a ser largas si vives y trabajas en un pueblo pequeño. A veces, recibes una llamada de emergencia en la madrugada y no puedes regresar a casa antes de las horas de consulta a la mañana siguiente. Las ciudades de mayor tamaño cuentan con clínicas de emergencia para los problemas que ocurren durante los fines de semana o los días feriados.

Resulta triste que los animales no vivan tanto como los humanos. Nos enfrentamos a enfermedades que la ciencia no puede curar en la actualidad. Sin embargo, muchos veterinarios participan en proyectos de investigación para intentar descubrir nuevos tratamientos que curen las enfermedades de los animales y de los seres humanos. Mientras más aprendamos, más fácil será salvar a nuestros animales en el futuro.

Dra. Chris Stone Payne, DMV
Veterinaria de animales pequeños

En conclusión

Estimación de sumas y diferencias 8-1

Puedes estimar la suma o la diferencia de fracciones redondeándolas al $\frac{1}{2}$ más próximo. Para estimar la suma o diferencia de números mixtos, redondea el número mixto al entero más próximo.

Estima la suma o la diferencia.

1. $\frac{15}{16} - \frac{7}{12}$

2. $\frac{6}{11} + \frac{7}{8}$

3. $7\frac{3}{5} - 3\frac{1}{6}$

4. $4\frac{4}{9} + 1\frac{8}{15}$

Suma y resta de fracciones 8-2, 8-3, 8-5

Puedes usar modelos para sumar o restar fracciones.

Para sumar o restar fracciones, halla primero un denominador común y después, suma o resta los numeradores.

5. Escribe un enunciado de suma que describa el modelo.

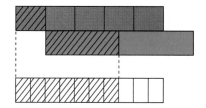

6. Escribe un enunciado de resta que describa el modelo.

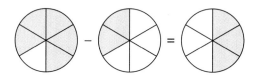

Halla la suma o la diferencia.

7. $\frac{7}{9} - \frac{2}{9}$

8. $4\frac{5}{6} - 2\frac{1}{3}$

9. $\frac{1}{3} + \frac{3}{4}$

10. $\frac{4}{7} + \frac{5}{7}$

11. $\frac{7}{16} + \frac{1}{4}$

12. $6\frac{2}{5} - 2\frac{3}{4}$

13. $3\frac{7}{8} + 1\frac{2}{12}$

14. $\frac{9}{10} - \frac{5}{6}$

Exploración de los patrones en la suma de fracciones 8-4

15. Copia y completa la tabla. Añádele filas adicionales hasta que puedas observar un patrón en la suma. Describe el patrón.

Expresión	Suma
$\frac{1}{3}$	$\frac{1}{3}$
$\frac{1}{3} + \frac{1}{6}$	■
$\frac{1}{3} + \frac{1}{6} + \frac{1}{12}$	■

A veces, puedes simplificar antes de multiplicar. Divide el numerador y el denominador por sus factores comunes.

Para multiplicar fracciones, multiplicas primero los numeradores y después los denominadores. Para dividir fracciones, multiplicas por el recíproco del divisor. Para calcular $\frac{2}{3} \div \frac{5}{6}$, multiplica $\frac{2}{3} \times \frac{6}{5}$.

Cuando multiplicas o divides números mixtos, escribe primero el número mixto como fracción impropia.

Halla el producto o el cociente.

16. $\frac{3}{5} \times \frac{10}{12}$
17. $\frac{2}{3} \div 8$
18. $2\frac{1}{6} \times 3\frac{3}{4}$
19. $2\frac{3}{8} \div 2\frac{1}{2}$

20. $\frac{4}{7} \div \frac{4}{7}$
21. $4\frac{1}{7} \times 6$
22. $8 \times \frac{3}{4}$
23. $8 \div 3\frac{1}{5}$

A veces, puedes dibujar un diagrama para resolver un problema.

24. La Sra. Cruz compró un trozo de alfombra rectangular de 12 pies de ancho y 18 pies de largo. Quiere alfombrar una sala rectangular, un comedor cuadrado y un pasillo que mide 4 pies de ancho y 18 pies de largo.

   a. Dibuja un diagrama que muestre cómo puede hacer las tres alfombras con dos cortes.

   b. Halla las dimensiones de la sala y del comedor.

   c. Halla el área de cada habitación y el área total de las tres habitaciones.

25. En béisbol, la distancia entre el lanzador y el bateador es de 60 pies. ¿Cuál es la distancia en yardas?

26. Puedes hacer 6 panqueques de trigo integral con $\frac{1}{2}$ tz de leche. ¿Cuántos panqueques podrás hacer con $\frac{1}{2}$ gal de leche?

PREPARACIÓN PARA EL CAPÍTULO 9

Usa fracciones equivalentes para llenar cada ■.

1. $\frac{1}{2} = \frac{■}{14}$
2. $\frac{6}{18} = \frac{2}{■}$
3. $\frac{3}{5} = \frac{■}{30}$
4. $\frac{16}{56} = \frac{■}{7}$

APLICA LO QUE SABES

cierra el caso

El nomograma

Al principio del capítulo, dibujaste un nomograma para sumar fracciones cuyos denominadores fueran 2, 4, 8 ó 16. Ahora, te ha contratado una compañía que quiere fabricar nomogramas. Tu trabajo consiste en escribir una descripción del diseño de un nomograma capaz de sumar dos fracciones con posibles denominadores del 2 al 10. Debes explicar el funcionamiento del nomograma y describir su uso para sumar tanto números mixtos como fracciones simples. Los problemas precedidos por la lupa (pág. 325, #45; pág. 329, #44 y pág. 337 #42) te ayudarán a preparar la descripción.

Desde tiempos remotos, el hombre ha usado instrumentos para calcular. Es probable que el **ábaco** fuera el primer instrumento de este tipo. Hasta hace poco, los ingenieros y científicos usaban con frecuencia la **regla de cálculo**, pero ha sido reemplazada por la calculadora y la computadora.

Extensión: Investiga el funcionamiento del ábaco. Construye un ábaco sencillo y demuestra su uso.

Puedes consultar:

- una enciclopedia

Tiempo de viaje

Anota durante dos días la cantidad de tiempo que pasas viajando. Esto incluye el tiempo que pasas en auto o en autobús, caminando o en bicicleta. Haz una tabla que muestre el día, la actividad, los minutos de viaje transcurridos y la parte fraccionaria de una hora que duró el viaje. Por ejemplo, si montas bicicleta durante 25 min, podrías anotarlo como 25/60. Al cabo de los dos días, halla el total de tiempo de viaje en horas y minutos. ¿Cómo podrías representar esta información con una fracción? ¿Necesitas redondear el tiempo a la hora más próxima?

¿Cuántas más?

Participa en esta actividad con el resto del grupo.

Midan algo de la clase cuya longitud sea mayor de 3 pies, como el ancho de la puerta o la altura de la pared. Anoten la medida en pies y pulgadas. Después, usen fracciones para escribir de diferentes formas la misma longitud. Por ejemplo, $3\frac{1}{2}$ pies se podría expresar con las fracciones $3\frac{6}{12}$ pies, $\frac{7}{2}$ pies y $1\frac{1}{6}$ yd.

Tira otra vez

Reglas del juego:

- **2 ó más jugadores**

- **Prepara 3 cubos. Escribe un número mixto en cada cara de dos de los cubos. Escribe tres signos de suma y tres signos de resta en el tercer cubo.**

- **Los jugadores se turnan para tirar los cubos. Si a un jugador le salen dos números mixtos y un signo de suma, le toca sumar los números mixtos. Si le salen dos números mixtos y un signo de resta, le toca restar el número menor del mayor. (Los jugadores pueden usar papel de notas.)**

- **La respuesta correcta es la puntuación del jugador. Los jugadores deben llevar la cuenta de la puntuación para facilitar la suma. Si el jugador no da la respuesta correcta, no se anota puntos. Después de un número igual de turnos, el jugador que tenga la puntuación más alta gana el juego.**

Evaluación

1. Kelsey trabajó $3\frac{3}{4}$ h el martes y $7\frac{1}{3}$ h el sábado.

   a. Aproximadamente, ¿cuántas horas más trabajó el sábado que el martes?

   b. Aproximadamente, ¿cuánto tiempo trabajó Kelsey en total?

2. Dibuja un modelo para hallar la suma o la diferencia.

   a. $\frac{1}{4} + \frac{1}{4}$

   b. $\frac{11}{12} - \frac{5}{12}$

3. Halla la suma. Después, escribe el resultado en su mínima expresión.

   a. $\frac{3}{5} + \frac{11}{15}$

   b. $\frac{7}{12} + \frac{3}{8}$

   c. $\frac{6}{15} + \frac{4}{9}$

   d. $\frac{1}{2} + \frac{6}{7}$

4. Halla la diferencia. Después, escribe el resultado en su mínima expresión.

   a. $\frac{3}{4} - \frac{2}{5}$

   b. $\frac{5}{6} - \frac{4}{15}$

   c. $\frac{7}{8} - \frac{17}{32}$

   d. $\frac{6}{7} - \frac{3}{5}$

5. Usa el patrón de suma de fracciones de la derecha.

   a. Copia y completa la tabla.

   b. Añade otra fila.

Expresión	Suma
$\frac{1}{3}$	$\frac{1}{3}$
$\frac{1}{3} + \frac{1}{9}$	▨
$\frac{1}{3} + \frac{1}{9} + \frac{1}{27}$	▨

   c. **Por escrito** Describe qué patrón puedes observar en la columna "Suma".

6. Explica cómo podrías calcular mentalmente la suma de $3\frac{1}{4} + 2\frac{2}{3} + 5\frac{3}{4} + 1\frac{1}{3}$.

7. Roscoe creció $4\frac{1}{4}$ pulg durante un período de dos años. Si creció $2\frac{1}{2}$ pulg el primer año, ¿cuánto creció el segundo?

8. Cuatro estudiantes esperan en fila. Bayo está detrás de Sarah, David está delante de Max y Sarah está detrás de Max. Halla el orden de los cuatro estudiantes.

9. **Elige A, B, C o D.** Un representante de ventas completó $\frac{4}{7}$ de un viaje de negocios de 1,394 mi. Aproximadamente, ¿cuántas millas de viaje le quedan?

   A. 100 mi   **B.** 600 mi

   C. 400 mi   **D.** 1000 mi

10. Tung gana \$2,640 al mes. Gasta $\frac{1}{5}$ de su salario en alquiler. ¿Cuánto paga Tung de alquiler al mes?

11. Un fabricante de muñecas usa $1\frac{7}{8}$ yd de tela para hacer una muñeca. ¿Cuántas puede hacer con una pieza de tela de 45 yd de longitud?

12. Escribe $>$, $<$ ó $=$.

    a. $3\frac{1}{2}$ yd ▨ 7 pies

    b. 34 oz líq ▨ $2\frac{3}{4}$ ct

    c. $5\frac{1}{4}$ tz ▨ 42 oz líq

13. Completa la expresión.

    a. 28 oz $=$ ▨ lb

    b. $5\frac{3}{4}$ pies $=$ ▨ pulg

    c. $9\frac{1}{4}$ gal $=$ ▨ ct $=$ ▨ pt

Repaso general

Elige A, B, C o D.

1. ¿Qué número *no* equivale a cinco décimas?

   A. 0.05 **B.** $\frac{5}{10}$ **C.** 0.5

   D. cincuenta centésimas

2. Las vacaciones de verano duran 68 días. ¿Cuántos días quedarán, si han transcurrido $\frac{3}{4}$ de las vacaciones?

   A. 12 días **B.** 51 días

   C. 23 días **D.** 17 días

3. El perímetro de un rectángulo es 36 pies. Una de sus dimensiones es 12 pies. Halla el área.

   A. 72 pies^2 **B.** 6 pies^2

   C. 60 pies^2 **D.** 3 pies^2

4. ¿Qué conjunto de números está ordenado de menor a mayor?

   A. $0.67, \frac{2}{3}, \frac{7}{10}, \frac{3}{4}$ **B.** $\frac{1}{4}, \frac{6}{25}, 0.23, \frac{2}{9}$

   C. $1\frac{1}{4}, 1\frac{2}{7}, 1.3, 1\frac{1}{3}$ **D.** $0.37, \frac{3}{8}, \frac{1}{3}, 0.4$

5. ¿Qué expresión *no* es cierta?

   A. $0.04 > 0.01$ **B.** $0.48 < 0.4798$

   C. $0.014 < 0.02$ **D.** $29.6 > 29.06$

6. Una caja tiene 24 cm de largo, 12 cm de ancho y 11 cm de alto. Halla el área superficial.

   A. 288 cm^2 **B.** 1,368 cm^2
   C. 792 cm^2 **D.** 47 cm^2

7. Jeremiah compró un radio por $18.64. El impuesto de venta es $1.49. ¿Cuánto pagó en total?

   A. $19.03 **B.** $17.15

   C. $33.54 **D.** $20.13

8. Halla la circunferencia y el área de un círculo cuyo diámetro mide 4.6 m. Redondea a la décima más próxima.

   A. $C = 16.6$ m, $A = 14.4$ m^2

   B. $C = 28.9$ m, $A = 66.4$ m^2

   C. $C = 14.4$ m, $A = 16.6$ m^2

   D. $C = 4.6$ m, $A = 5.29$ m^2

9. ¿Qué conjunto de números tiene un M.C.D. de 3?

   A. 15, 30, 45 **B.** 6, 30, 24

   C. 24, 36, 9 **D.** 36, 27, 18

10. ¿Cuántas horas hay en $\frac{5}{6}$ de un día?

    A. 20 **B.** 4 **C.** 9 **D.** 18

11. Un equipo de relevos compite en una carrera de $\frac{1}{2}$ mi. Cada miembro corre $\frac{1}{8}$ mi. ¿Cuántos miembros hay en el equipo?

    A. 16 **B.** 2 **C.** 8 **D.** 4

12. Halla la descomposición factorial de 300.

    A. $2 \times 2 \times 3 \times 5$

    B. $2 \times 5 \times 5 \times 7$

    C. $2 \times 3 \times 3 \times 5 \times 5$

    D. $2 \times 2 \times 3 \times 5 \times 5$

13. El lavado de autos de la clase de primer año produjo $214.35. El lavado de autos de la clase de segundo año produjo $189.76. ¿Cuánto dinero ganaron las dos clases juntas?

    A. $404.11 **B.** $403.01

    C. $393.01 **D.** $24.59

Razones, proporciones y porcentajes

DE TODO EL MUNDO

En Praga, la capital de la República Checa, hacerse socio de un club atlético cuesta, aproximadamente, $18 al mes. Esta cantidad representa alrededor de $\frac{1}{9}$ del salario medio. En Budapest, la capital de Hungría, cuesta casi $36 al mes o alrededor de $\frac{1}{6}$ del salario medio en Budapest.

Derek Turnbull hizo historia en 1992 cuando compitió en una serie de carreras de veteranos. Para competir en esta categoría, el atleta tiene que tener al menos 40 años de edad. Derek, un granjero de Nueva Zelanda de 65 años dedicado a la cría de ovejas, estableció el récord mundial de su categoría en todas las carreras.

Los récords de Derek Turnbull

Prueba	Antiguo récord	Turnbull en 1992
800 m	2:20.5	2:17.8
1500 m	4:41.82	4:39.8
1 milla	5:05.61	4:56.4
3,000 m	10:10.2	9:47.4
5,000 m	17:43.4	16:38.8
10,000 m	36:03	34:42.8
Maratón (26 mi)	2:42:29	2:41:57

Fuente: *Runner's World*

Participación deportiva de adolescentes, 12–15 años de edad*

Porcentaje de participación

■ masculino
■ femenino

Patinaje sobre ruedas · Fútbol · Vóleibol · Ejercicios aeróbicos · Ciclismo · Baloncesto

*basado en una encuesta a 549 jóvenes del sexo masculino y 523 del sexo femenino

Fuente: Teenage Research Unlimited

Archivo de datos #9

EN ESTE CAPÍTULO

- representarás y usarás razones y proporciones
- relacionarás fracciones, decimales y porcentajes
- usarás la tecnología para investigar figuras semejantes
- estimarás y comprobarás para resolver problemas

Entrenamiento aeróbico

En esta tabla se ven los resultados de una prueba, realizada en 1989, que consistía en recorrer una distancia de una milla. Muestra el porcentaje de jóvenes de ambos sexos que consiguieron superarla en cada categoría de edad.

Edad (años)	Tiempo máximo (min) (masculina)	Tiempo máximo (min) (femenina)	Porcentaje (masculino)	Porcentaje (femenino)
6	15:00	16:00	76	91
7	14:00	15:00	74	63
8	13:00	14:00	72	69
9	12:00	13:00	70	74
10–11	11:00	12:00	73	71
12	10:00	12:00	69	75
13	9:30	11:30	68	66
14–16	8:30	10:30	73	50

Fuente: *U.S. News & World Report*

Abdominales

La lista de abajo presenta el número mínimo de abdominales por minuto requeridos. En el estudio de 1989, 76% de los participantes del sexo masculino y 72% de las participantes del sexo femenino cumplieron las metas establecidas.

Niños y niñas de 5–7 años	20/min
Niños y niñas de 8–9 años	25/min
Niños y niñas de 10–11 años	30/min
Niños de 12–13 años	35/min
Niñas de 12–13 años	30/min
Niños de 14–16 años	40/min
Niñas de 14–16 años	35/min

Fuente: *U.S. News & World Report*

PISTA REGLAMENTARIA

Poste de la meta

8 cm | 2 cm

Borde interior de madera o de concreto

1.22 m

5 cm ancho
5 cm alto

1.22 m

Línea blanca de 5 cm

Nueve mil estudiantes entre las edades de 5 y 16 años participaron en una prueba de aptitud física en 1989. El 45% de los que participaron pasó con éxito al menos cuatro de las siete pruebas de resistencia física y flexibilidad. Aproximadamente un 70% pudo recorrer una milla en el tiempo establecido para su edad y sexo.

Fuente: *U.S. News & World Report*

investigación

	Diámetro (mi)	Distancia media al Sol (millones de millas)
Sol	865,120	0
Mercurio	3,030	36.0
Venus	7,520	67.2
La Tierra	7,926	3.0
Marte	4,216	141.7
Júpiter	88,724	483.9
Saturno	74,560	885.0
Urano	31,600	1,781.6
Neptuno	30,600	2,790.2
Plutón	1,860	3,670.7

Informe

El Museo de Ciencias del condado de Astro recauda fondos para construir un modelo a escala del sistema solar en el vestíbulo del museo. El vestíbulo tiene 50 pies de longitud. Un folleto publicado por el museo especifica que, en el modelo, el Sol tendrá el tamaño de una pelota de básquetbol. Según el folleto, "todos los ciudadanos interesados en promover la educación científica en el condado de Astro deberían donar fondos a este meritorio proyecto". ¿Donarías dinero para el modelo del sistema solar?

Misión: Diseña tu propio modelo del sistema solar cuyo Sol sea del tamaño de una pelota de básquetbol. El diseño deberá incluir estimaciones del tamaño de los planetas y de sus distancias al Sol. Después, decide si deberías donar fondos al museo de ciencias.

✓ Aproximadamente, ¿cuántas veces más grande que Júpiter es el Sol? ¿Y que Plutón?

✓ ¿Cómo puedes estimar el tamaño total del modelo?

✓ ¿Qué necesitas saber para decidir si debes donar dinero al museo?

Exploración de las razones

PIENSA Y COMENTA

"Hay 3 veces más cacahuates que almendras en la mezcla". "Hay 2 guías por cada 9 excursionistas". "Combina 1 parte de refresco de jengibre y 2 partes de jugo de frutas". Cada una de estas expresiones incluye una *razón*. Una **razón** compara dos números mediante una división.

Puedes escribir la razón del refresco de jengibre al jugo de frutas de tres maneras.

$$1 \text{ a } 2 \qquad 1 : 2 \qquad \frac{1}{2} \leftarrow \frac{\text{refresco de jengibre}}{\text{jugo de frutas}}$$

1. Piensa en tu clase para escribir la razón de tres maneras distintas.

   a. niños a niñas

   b. niñas a niños

   c. niños a total de estudiantes

   d. niñas a total de estudiantes

2. **Discusión** Nombra dos situaciones en las que podrías usar razones.

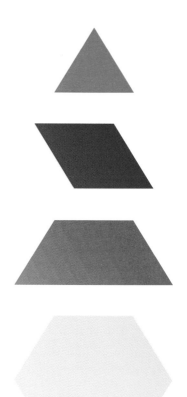

EN EQUIPO

Trabajen en grupos en esta actividad. Usen bloques geométricos para explorar las razones. Escriban una razón para comparar el área de las siguientes figuras.

3. triángulo : rombo

4. triángulo : triángulo

5. triángulo : trapecio

6. triángulo : hexágono

7. Copien y completen la tabla.

a.

Figura	triángulo	trapecio	hexágono
Área	1	▨	▨

b.

Figura	trapecio	hexágono
Área	1	▨

c. Escriban dos razones que comparen el área del trapecio a la del hexágono.

d. Escriban dos razones que comparen el área del rombo a la del hexágono.

Repaso MIXTO

El radio de un círculo mide 4 cm. Sustituye π por 3.14.

1. Halla la circunferencia.

2. Halla el área.

Halla el perímetro de un rectángulo con las siguientes dimensiones.

3. $\frac{1}{2}$ pie por 8 pulg

4. 3 pulg por $\frac{1}{4}$ pie

Escribe dos fracciones equivalentes.

5. $\frac{2}{3}$ **6.** $\frac{3}{5}$

7. Hay ocho animales, entre pájaros y ardillas, en el comedero del patio. Los animales tienen un total de 22 patas. ¿Cuántos pájaros y cuántas ardillas hay?

POR TU CUENTA

Escribe la razón de tres maneras distintas para comparar los objetos.

8. platos a tazones

9. tazas a tazones

10. tazones a tazas

11. platos a tazas

Escribe una razón que represente la comparación.

12. gafas a gorras

13. bates a pelotas

14. el número de vocales a consonantes en el alfabeto español de 27 letras

15. el número de vocales a consonantes de tu nombre

Haz un dibujo que represente la razón.

16. 4 estrellas a 8 lunas

17. $\dfrac{2 \text{ manzanas}}{6 \text{ plátanos}}$

18. 3 fichas grandes : 7 fichas pequeñas

19. 3 camisas a 5 pantalones

Identifica dos bloques geométricos cuyas áreas estén expresadas en la razón.

20. 1 : 2   **21.** $\dfrac{6}{1}$ **22.** 2 a 3   **23.** $\dfrac{3}{1}$

24. Por escrito En la clase de Anna, 12 de 16 estudiantes obtuvieron B o una nota mejor. Anna dijo que 1 de cada 4 obtuvo una nota inferior a B. ¿Está en lo cierto? Explica tu razonamiento.

25. Actividad Halla dos ejemplos de razones en el periódico. Puedes buscarlos en las páginas deportivas o en un anuncio de supermercado.

VAS A NECESITAR

✓ Cronómetro

9-2

Razones y relaciones

Si 1 tz de granos de maíz produce, aproximadamente, 8 ct de palomitas, ¿cuántas podrán producir 3 tz de granos de maíz?

1 : 8

Muestra 1 tz de granos de maíz y 8 ct de palomitas para representar el problema.

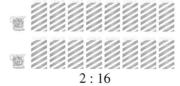

2 : 16

Hay 1 tz de granos de maíz por cada 8 ct de palomitas. Puedes obtener, aproximadamente, 16 ct de palomitas con 2 tz de granos de maíz.

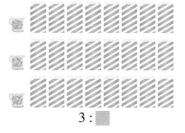

3 : ▓

Por cada 3 tz de granos de maíz puedes obtener, aproximadamente, ▓ de palomitas.

¡RECUERDA!

Multiplicar o dividir el numerador y el denominador de una fracción por el mismo número es lo mismo que multiplicar o dividir por 1.

Las razones 1 : 8, 2 : 16, y 3 : 24 son **razones iguales** puesto que son distintas maneras de expresar el mismo número. Puedes hallar razones iguales multiplicando o dividiendo cada uno de los términos de la razón por un mismo número que no sea cero.

$$\overset{\times\ 2}{\underset{\times\ 2}{\frac{1}{8}}} = \frac{2}{16} \qquad \overset{\div\ 3}{\underset{\div\ 3}{\frac{3}{24}}} = \frac{1}{8}$$

1. Multiplica y divide para escribir dos razones iguales.

    a. 6 : 8   **b.** 10 a 35   **c.** $\frac{21}{42}$ **d.** 12 : 18

¿QUIÉN? Michael Jordan usaba un par de zapatillas deportivas nuevas en cada juego. Después del juego, firmaba las zapatillas y las donaba a una institución benéfica. Incluso en un solo juego, las zapatillas sufrían un intenso desgaste. Michael corría un promedio de 4.5 mi/juego.

Fuente: *3-2-1 Contact*

Por lo general, expresamos las razones en su mínima expresión.

2. a. Escribe la fracción $\frac{25}{75}$ en su mínima expresión.

   b. ¿Cómo escribirías la razón $\frac{50}{150}$ en su mínima expresión?

3. Discusión ¿Tienen las razones iguales la misma mínima expresión? Usa un ejemplo para justificar tu respuesta.

Llamamos **relación** a la razón que compara dos cantidades de distintas unidades. Por ejemplo, $\frac{46 \text{ mi}}{2\text{h}}$ compara las millas viajadas con las horas de viaje. Una **relación unitaria** compara una cantidad con una unidad.

Ejemplo   Un automóvil viajó 300 mi con 12 gal de gasolina. Halla la relación unitaria en millas por galón (mi/gal).

- $\dfrac{\text{millas}}{\text{galones}} \rightarrow \dfrac{300}{12}$ **Escribe la comparación como una razón.**

- $\overbrace{\dfrac{300}{12}}^{\div 12} = \underbrace{\dfrac{25}{1}}_{\div 12}$ **Divide el numerador y el denominador por el M.C.D., 12.**

La relación unitaria es $\frac{25 \text{ mi}}{1 \text{ gal}}$, ó 25 mi/gal. Esta relación se lee "25 millas por galón".

COMPRUEBA ¿Cómo podrías usar un modelo para hallar la relación unitaria?

EN EQUIPO

- Pídele a un compañero que te cronometre durante 10 s mientras escribes en letra de molde las letras mayúsculas del alfabeto en orden, de la A a la Z.

- Ahora, cronometra tú a tu compañero. Cuenten el número de letras que escribió cada uno.

4. a. Hallen la relación de la cantidad de letras escritas. Comparen el número de letras que escribió cada uno en el tiempo asignado.

   b. ¿Cómo pueden usar la multiplicación para hallar la relación unitaria por minuto? Muestren sus trabajos.

5. La relación de Tashia es $\frac{24 \text{ letras}}{15 \text{ s}}$. La de Carol, $\frac{18 \text{ letras}}{10 \text{ s}}$. ¿Quién es más rápida?

Escribe tres razones iguales a la razón dada.

6. 6 : 18   **7.** $\frac{4}{24}$ **8.** 8 a 10   **9.** 30 : 40

10. Deportes El equipo ganó 8 de los 12 juegos en que participó. Escribe en su mínima expresión la razón de los juegos ganados al total de juegos.

Halla la relación unitaria correspondiente.

11. $19.50 por 3 camisas   **12.** 300 mi en 12 h

13. 66 páginas leídas en 2 h   **14.** 110 palabras escritas en 5 min

Un pájaro carpintero puede golpear el pico contra la madera a una relación de 20 picotazos/s.

Escribe tres razones iguales.

15. $\frac{50}{100}$ **16.** 9 a 81   **17.** 8 : 14   **18.** $\frac{14}{42}$

Halla el valor que haga iguales las razones.

19. $\frac{5}{10}, \frac{\blacksquare}{20}$ **20.** 25 : 75, 1 : $\blacksquare$ **21.** 6 a 9, $\blacksquare$ a 3

22. $\frac{8}{\blacksquare}, \frac{2}{20}$ **23.** 7 : $\blacksquare$, 14 : 42   **24.** $\frac{\blacksquare}{15}, \frac{25}{75}$

25. Pensamiento crítico Carlos dice que se ha comido $\frac{1}{3}$ de una pizza. Raylene dice que se ha comido $\frac{9}{27}$ y Maggie dice que se comió $\frac{2}{6}$. ¿Cuál de las fracciones te parece más fácil de usar? Explica la respuesta.

Escribe la razón en su mínima expresión.

26. cuadrados : círculos   **27.** cuadrados : triángulos

28. triángulos : cuadrados   **29.** hexágonos : círculos

Escribe la relación unitaria correspondiente.

30. 16 mi en 4 h   **31.** 175 mi en 7 d

32. $24 por 8 juguetes   **33.** 10 peras para 5 niños

34. 36 globos para 3 grupos   **35.** 144 jugadores en 12 equipos

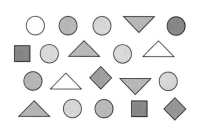

36. Crystal toma lecciones de natación. Pagará $126 por 28 lecciones. Bill pagará $30 por 6 lecciones.

   a. Escribe la relación unitaria de las lecciones de Crystal y de las lecciones de Bill.

   b. ¿Quién paga más por lección? ¿Cuánto más?

Firma en la línea de puntos

¿Tienes un autógrafo de tu celebridad favorita? Bueno, si lo tienes, guárdalo bien. Puede que algún día tenga valor.

Algunos autógrafos de personas célebres del pasado tienen gran valor. El autógrafo de Clark Gable vale $100. El de Lucille Ball vale $75. El del Presidente Truman vale $40 y el de Hillary Clinton vale $100.

La firma de Button Gwinnett, uno de los signatarios de la Declaración de Independencia, se vendió recientemente en $100,000. Sólo existen 40 de sus firmas.

Usa el artículo de arriba. Escribe la razón en su mínima expresión.

37. el precio del autógrafo del Presidente Truman comparado con el de Clark Gable

38. el precio del autógrafo de Lucille Ball comparado con el de Button Gwinnett

39. el precio del autógrafo de Lucille Ball comparado con el de Hillary Clinton

40. Pensamiento crítico La razón de agua a tierra del hemisferio sur es 4 : 1. La razón en el hemisferio norte es 3 : 2. Estima la razón de agua a tierra del planeta.

41. Archivo de datos #9 (págs. 360–361) Escribe en forma de relación los récords de Derek Turnbull de 1992. Compara distancia y tiempo.

42. Por escrito Explica en qué se parecen y en qué se diferencian las relaciones y las razones. Usa un ejemplo de cada una.

Repaso MIXTO

Halla la respuesta.

1. $\frac{2}{3} \times \frac{3}{5}$ **2.** $9\frac{1}{2} \times \frac{3}{8}$

3. Hay 24 estudiantes en la clase del Sr. Álvarez. Doce estudiantes tienen ojos color café y cuatro tienen ojos azules.

a. Halla la razón de estudiantes de ojos color café a estudiantes de ojos azules.

b. Escribe una razón que compare el número de estudiantes de ojos azules al número total de estudiantes.

4. Tienes 5 monedas con un valor total de $.75. Dos de las monedas son de 25¢. ¿Cuáles son las otras?

- Identificar proporciones
- Resolver proporciones

9-3 Resolución de proporciones

EN EQUIPO

Una **proporción** es una ecuación que establece que dos razones son iguales. Por ejemplo, 1 : 2 y 4 : 8 son iguales. Forman la proporción $\frac{1}{2} = \frac{4}{8}$.

Trabaja con un compañero para explorar las proporciones de abajo. Usen la calculadora y las operaciones necesarias con los numeradores y denominadores. Describan tantas relaciones como puedan hallar.

$$\frac{180}{42} = \frac{30}{7} \qquad \frac{7}{8} = \frac{21}{24} \qquad \frac{16}{30} = \frac{8}{15}$$

1. a. ¿Son verdaderas las relaciones anteriores? ¿Cómo lo saben?

 b. Sigan estos pasos para cada expresión. Multipliquen los números rojos. Después, multipliquen los números azules.

 c. ¿Qué pueden notar sobre los productos?

PIENSA Y COMENTA

2. a. Observa la proporción $\frac{3}{4} = \frac{6}{8}$. Describe una forma de determinar si la proporción es verdadera.

 b. Observa la proporción $\frac{12}{20} = \frac{21}{35}$. Describe una forma de determinar si la proporción es verdadera.

 c. ¿Para cuál de las proporciones de arriba fue más fácil demostrar la igualdad? Explica tu razonamiento.

3. a. Examina las razones $\frac{1}{3}$ y $\frac{4}{5}$. Multiplica los números rojos. Multiplica los números azules. ¿Qué observas?

 b. ¿Forman las razones una proporción? ¿Por qué?

Puedes usar *productos cruzados* para determinar si dos razones forman una proporción. Los productos cruzados de una proporción *siempre* son iguales.

4. Los productos cruzados de la proporción $\frac{3}{4} = \frac{9}{12}$ son $3 \times$ ■ y $4 \times$ ■.

Fray Filippo Lippi (1406–1469) fue el primero en dibujar bebés con las proporciones correctas. Los artistas anteriores dibujaban bebés cuyas cabezas tenían $\frac{1}{6}$ de la longitud de sus cuerpos. Aunque $\frac{1}{6}$ es la proporción correcta para un adulto, la cabeza de un bebé tiene $\frac{1}{4}$ de la longitud de su cuerpo.

Fuente: *The Macmillan Illustrated Almanac For Kids*

Ejemplo 1   ¿Forman una proporción las razones $\frac{4}{10}$ y $\frac{20}{50}$?

$$\frac{4}{10} \overset{?}{=} \frac{20}{50}$$ Rodea los productos cruzados con un círculo.

$4 \times 50 \overset{?}{=} 10 \times 20$ Escribe los productos cruzados.

$200 = 200$ Simplifica.

Sí, las razones forman una proporción.

Puedes usar los productos cruzados para hallar el término que falte en una proporción.

Ejemplo 2   Halla el valor de n en $\frac{n}{312} = \frac{5}{24}$.

$$\frac{n}{312} = \frac{5}{24}$$ Rodea los productos cruzados con un círculo.

$n \times 24 = 312 \times 5$ Escribe los productos cruzados.

$24n = 1{,}560$ Simplifica.

$\frac{24n}{24} = \frac{1{,}560}{24}$ Divide ambos lados por 24.

$n = 65$

También puedes multiplicar o dividir por una fracción igual a 1 para hallar el término que falte en una proporción.

5. Divide por una fracción igual a 1 para hallar el valor de y en $\frac{9}{39} = \frac{3}{y}$.

Las proporciones te pueden ayudar a resolver problemas sobre relaciones.

Ejemplo 3   En la librería escolar, los lápices cuestan 2 por $.15. Halla el precio de 21 lápices.

$$\frac{\text{lápices} \rightarrow}{\text{\$} \rightarrow} \frac{2}{0.15} = \frac{21}{p}$$ La letra p representa el precio.

$2 \times p = 0.15 \times 21$ Escribe los productos cruzados.

$.15 \boxed{\times} 21 \boxed{\div} 2 \boxed{=} \mathit{1.575}$ Usa la calculadora para resolver.

$p = 1.575$

Redondea al centavo más próximo. Los lápices cuestan $1.58.

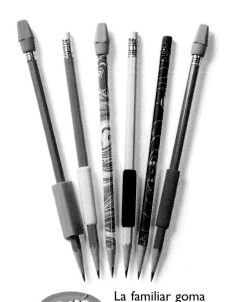

¿QUÉ? La familiar goma de borrar del lápiz no hizo su aparición hasta alrededor de 1860. Algunos maestros se opusieron porque pensaban que los estudiantes cometerían más errores si éstos resultaban fáciles de corregir.

COMPRUEBA ¿Cómo podrías usar un patrón para hallar el precio de los lápices?

Elige Usa calculadora, cálculo mental o papel y lápiz. Determina si el par de razones forma una proporción.

6. $\frac{3}{9}, \frac{6}{18}$ **7.** $\frac{9}{10}, \frac{18}{30}$ **8.** $\frac{1}{2}, \frac{50}{100}$ **9.** $\frac{10}{20}, \frac{30}{40}$

Cálculo mental Halla el valor de *y*.

10. $\frac{48}{y} = \frac{4}{7}$ **11.** $\frac{9}{32} = \frac{y}{48}$ **12.** $\frac{4}{18} = \frac{6}{y}$ **13.** $\frac{y}{55} = \frac{18}{22}$

14. Cierto sabor de yogur helado contiene 65 calorías por cada 2 oz. ¿Cuántas calorías hay en 10 oz?

POR TU CUENTA

Elige Usa calculadora, cálculo mental o papel y lápiz. Determina si el par de razones forma una proporción.

15. $\frac{33}{39}, \frac{55}{65}$ **16.** $\frac{4}{12}, \frac{6}{8}$ **17.** $\frac{42}{6}, \frac{504}{72}$ **18.** $\frac{9}{11}, \frac{63}{77}$

Halla el valor de la variable.

19. $\frac{2}{9} = \frac{25}{x}$ **20.** $\frac{93}{60} = \frac{m}{40}$ **21.** $\frac{18}{n} = \frac{6}{3}$ **22.** $\frac{k}{17} = \frac{20}{34}$

23. Usa los dígitos 2, 5, 6 y 15. Escribe tantas proporciones como sea posible.

24. Marva cobra $7.00 por 2 h de trabajo cuidando niños. El sábado trabajó de niñera para la familia Fields. Le pagaron $17.50. ¿Durante cuánto tiempo trabajó?

25. Por escrito Define *proporción* con tus propias palabras. Escribe y resuelve un problema que use proporciones.

26. Calculadora Un piano tiene 88 teclas. La razón de teclas blancas a teclas negras es de 52 a 36. Un fabricante de pianos tiene 676 teclas blancas.

a. ¿Cuántas teclas negras necesita el fabricante para contar con la razón correcta de teclas blancas a teclas negras?

b. ¿Cuántos pianos podrá construir? Explica cómo obtuviste la respuesta.

Halla el M.C.D.

1. 18, 27   **2.** 52, 78

3. 84, 28

Escribe dos razones iguales.

4. 14 : 35   **5.** $\frac{6}{8}$

6. 8 a 20

7. Julio, Stella y Ted comieron atún, carne asada o pollo para el almuerzo. Ted no comió ni carne asada ni pollo. Stella no comió carne asada. ¿Qué comió cada persona?

 El primer piano fue construido en 1720. El piano más grande que se ha construido pesa $1\frac{1}{3}$ T, es decir, alrededor de 2,700 lb.

27. Deportes Los equipos juveniles de fútbol de Hopkinton cuentan con 22 jugadores y 3 entrenadores. El día de la inscripción en los equipos, 196 estudiantes se presentaron a jugar. ¿Cuántos entrenadores se necesitarán?

28. En la merienda al aire libre de Habra, los invitados comieron 3 hamburguesas por cada 2 perros calientes. Se comieron un total de 18 hamburguesas. ¿Cuántos perros calientes comieron?

29. Archivo de datos #5 (págs. 182–183) Imagina que la alarma del reloj sonara en 220 hogares. ¿Alrededor de cuántas personas se levantarían?

30. Investigación (pág. 362) Halla el diámetro de una pelota de básquetbol. Investiga el tamaño de, al menos, otros 3 tipos de pelotas usados en los deportes. Escribe razones que comparen los diámetros.

¡RECUERDA!

$C = \pi d$

$\pi \approx 3.14$

⌐VISTAZO A LO APRENDIDO

1. Elige A, B, C o D. La librería Lavalle vendió 24 libros en rústica, 6 libros de tapas duras, 38 revistas y 5 calendarios. ¿Cuál es la razón de revistas a libros en rústica vendidos?

A. 24 : 38 **B.** 19 a 31 **C.** $\frac{19}{12}$ **D.** 12 : 24

Escribe dos razones iguales.

2. $\frac{10}{15}$ **3.** 20 a 34 **4.** 18 : 40 **5.** $\frac{23}{44}$

Reduce la razón a su mínima expresión.

6. $\frac{28}{38}$ **7.** 22 : 60 **8.** $\frac{18}{54}$ **9.** 90 : 190

Halla la relación unitaria.

10. Puedes comprar 3 tacos por $2.67.

11. Un paquete de 6 pilas cuesta $2.10.

Determina si el par de razones forma una proporción.

12. $\frac{8}{9}, \frac{64}{88}$ **13.** $\frac{2}{3}, \frac{28}{42}$ **14.** $\frac{7}{12}, \frac{9}{16}$ **15.** $\frac{23}{30}, \frac{6}{8}$

16. Ciencia Un glaciar se desplaza unas 12 pulg cada 8 h. Aproximadamente, ¿qué distancia se desplazará en 72 h?

El mayor iceberg de que se tiene noticia medía 208 mi de largo y 60 mi de ancho. **Compara el tamaño del iceberg con el tamaño del estado en que vives.**

Fuente: *3-2-1 Contact*

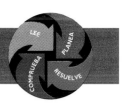

En esta lección

- Estimar y
comprobar para
resolver problemas

9-4 Estima y comprueba

Estimar y comprobar es una buena estrategia para resolver problemas. Primero, haz una estimación razonable y después, compruébala comparándola con la información presentada en el problema. Si tu estimación es incorrecta, prueba de nuevo hasta hallar la respuesta correcta.

> Los brazaletes de la amistad están hechos a mano con 20 cm de hilo. Los anillos hechos a mano tienen 8 cm de hilo. Marny usó un total de 184 cm de hilo para hacer 14 brazaletes y anillos.
>
> **¿Cuántos brazaletes hizo?**

LEE

Lee y entiende la información.
Resume el problema.

Piensa en la información de que dispones y en lo que tienes que hallar.

1. **a.** ¿Cuánto hilo se necesita para hacer un brazalete de la amistad? ¿Y un anillo?

   b. ¿Cuánto hilo usó Marny en total?

   c. ¿Cuántos brazaletes y anillos hizo Marny en total?

2. ¿Qué tienes que hallar en el problema?

PLANEA

Decide qué estrategia usar
para resolver el problema.

Estimar y comprobar resulta una estrategia útil en este caso.

3. Imagina que estimaras que Marny hizo 4 brazaletes.

   a. Discusión ¿Por qué la estimación de que Marny hizo 4 brazaletes implicaría que también hizo 10 anillos?

   b. ¿Cuántos centímetros de hilo se usan para hacer 4 brazaletes? ¿Y 10 anillos? Explica cómo hallaste las respuestas.

   c. ¿Obtienes la respuesta correcta con la estimación de 4 brazaletes? ¿Por qué?

   d. ¿Sería más alta o más baja tu siguiente estimación sobre el número de brazaletes? Explica.

Puedes organizar las estimaciones en una tabla como la de abajo.

Brazaletes	Anillos	Hilo	Alto/Bajo
5 × 20 cm = 100 cm	9 × 8 cm = 72 cm	172 cm	bajo
8 × 20 cm = 160 cm	6 × 8 cm = 48 cm	208 cm	alto
■	■	■	■

4. Una estimación de 5 brazaletes indicaba muy poco uso de hilo y una estimación de 8 brazaletes indicaba demasiado uso de hilo.

   a. ¿Qué estimaciones crees que resultarían razonables ahora?

   b. ¿Parece ser más razonable que la otra una de las estimaciones? Explica.

   c. Copia y completa la tabla de arriba para comprobar la estimación siguiente. Continúa estimando hasta hallar la respuesta correcta.

   d. ¿Cuántos brazaletes de la amistad hizo Marny?

Asegúrate de que la respuesta concuerde con la información del problema.

5. ¿Es 14 el número total de anillos y brazaletes? ¿Es 184 cm la cantidad total de hilo?

PONTE A PRUEBA

Estima y comprueba para resolver el problema.

6. Uno de los métodos de recaudación de fondos de la escuela Fullerton es una rifa. Primero, se venden boletos para los objetos rifados y luego se celebra un sorteo para determinar los ganadores. Puedes comprar un boleto para un juego de video por $2 o para un auto de juguete de control remoto por $3. El sábado, se recaudaron $203 mediante la venta de 80 boletos de rifa. ¿Cuántos boletos se vendieron para el sorteo del auto de juguete de control remoto?

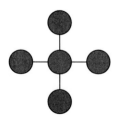

7. Coloca los dígitos 2, 3, 4, 6 y 8 en los círculos de la izquierda, de manera que el producto sea el mismo en todas las direcciones. ¿Cuál es el producto?

8. Dos números tienen una suma de 34 y un producto de 285. ¿Qué números son?

Usa cualquier estrategia para resolver el problema. Muestra tu trabajo.

9. Los boletos para una película valen $4.00 para niños y $7.00 para adultos. El viernes, el cine vendió 120 boletos y recaudó $720. ¿Cuántos boletos para adultos vendieron?

10. Los 182 estudiantes de sexto grado de la Escuela Intermedia Fannie Mae Hammer van a visitar el museo. La entrada vale $1.75 por estudiante y $3.25 por adulto. Un autobús cuesta $189 y puede transportar a 44 personas. ¿Cuál es el gasto total de la visita al museo de los 182 estudiantes y 14 adultos?

11. Millie, Bob y Fran leen novelas fantásticas, de misterio y biográficas. El tipo de novela que leen no empieza con la misma letra que su nombre. Fran lee *El caso del cadáver desaparecido*. ¿Quién lee las novelas fantásticas?

12. ¿Sabías que $\frac{1}{2}$ pulg de lluvia es igual a 4 pulg de nieve? En abril de 1921, cayeron 6 pies 4 pulg de nieve durante un período de 24 h en Silver Lake, Colorado. ¿Cuánto habría llovido si no hubiera hecho suficiente frío como para que nevara?

13. Coloca los dígitos del 1 al 9 en el patrón de la derecha de manera que sumen lo mismo en ambas direcciones. ¿Cuál es la suma?

14. Para hacer limonada se necesitan agua y jugo de limón a una razón de 3 tz de agua por cada 2 tz de jugo de limón. Necesitas un total de 10 gal de limonada para la feria. ¿Cuántas tazas de jugo de limón necesitarás? ¿Cuánto recibiría cada estudiante, si hicieras 10 gal de limonada para tu clase? (*Pista:* 16 tz = 1 gal)

Usa el patrón de la derecha. Imagina que se extiende hasta el infinito.

Ejemplo   8 ↑ → = ■ Halla el número 8 en el patrón. El número encima del 8 es el 13. El número a la derecha del 13 es el 14. Por lo tanto, 8 ↑ → = 14.

15. 29 ↓ = ■

16. 13 ← = ■

17. 3 ↑ ↑ = ■

18. 14 → ← = ■

19. 23 ↓ ↓ → = ■

20. 7 ↓ → = ■

21. 18 ■ ■ = 22

22. 2 → ↑ ← ↓ = ■

23. 35 ↓ = ■

Calcula.

1. 5(3 + 8)
2. 3(14 − 5)

¿Verdadero o falso?

3. $\frac{120}{144} = \frac{145}{75}$ 4. $\frac{32}{80} = \frac{80}{200}$

5. $\frac{18}{3} = \frac{102}{17}$ 6. $\frac{19}{55} = \frac{22}{71}$

7. Hank tarda 45 min en prepararse por la mañana. Caminando, llega a la escuela en 22 min. Tiene que estar en la escuela a las 8:05 a.m. ¿A qué hora se debe levantar?

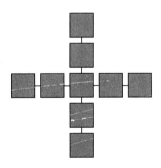

26	27	28	29	30	...
21	22	23	24	25	
16	17	18	19	20	
11	12	13	14	15	
6	7	8	9	10	
1	2	3	4	5	

Práctica: Resolver problemas

ESTRATEGIAS PARA RESOLVER PROBLEMAS

Haz una tabla
Razona lógicamente
Resuelve un problema más sencillo
Decide si tienes suficiente información, o más de la necesaria
Busca un patrón
Haz un modelo
Trabaja en orden inverso
Haz un diagrama
Estima y comprueba
Simula el problema
Prueba con varias estrategias

Usa cualquier estrategia para resolver los problemas. Muestra tu trabajo.

1. El producto de dos páginas consecutivas de un libro es 12,432. La suma es 223. ¿Qué número tienen las páginas?

2. La razón de la estatura de Peter a la estatura de Rick es 5 : 3. La razón de la estatura de Rick a la estatura de Sean es 1 : 3. ¿Cuál es la razón de la estatura de Peter a la estatura de Sean?

3. Janet comió dos porciones de pizza y una ensalada pequeña en la cafetería. Pagó por la comida con un billete de diez dólares. El vuelto fue $5.11. ¿Cuánto costó la comida?

4. Enumera en una lista el número total de triángulos de la figura.

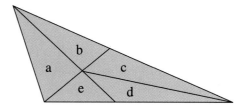

5. A la derecha tienes un *criptograma,* un rompecabezas en que cada letra representa un dígito diferente. Halla el valor de las letras. (*Pista:* ¿Cuál es el único valor posible para G?)

```
 S U M A
+P A R A
─────────
G A N A R
```

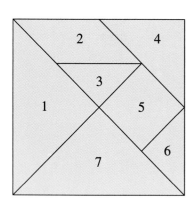

6. Examina las piezas de tangram de la izquierda. Usa las cinco piezas que quieras para hacer un rectángulo. ¿Es tu respuesta la única posible? ¿Cómo lo sabes?

7. En una carrera, Jon iba detrás de Marla, pero delante de Noel. Noel iba detrás de Jon, pero delante de Dana. Ordena a los estudiantes, desde el más rápido hasta el más lento.

8. Maxine guarda monedas de 25¢ y 10¢ en un envase de cristal. Anoche contó $6.75. Hay una moneda más de 10¢ que de 25¢. ¿Cuántas monedas de 25¢ hay?

9. Las longitudes de los lados de un rectángulo tienen una razón de 1 : 3. El perímetro es 40 cm. Halla el área.

En esta lección

• Estudiar las razones en las partes correspondientes de figuras semejantes

■ VAS A NECESITAR

✓ Computadora

✓ Programa de geometría

✓ Transportador

✓ Regla métrica

★ ¡RECUERDA!

Las figuras semejantes tienen la misma forma, pero pueden ser de distintos tamaños.

P I E N S A Y C O M E N T A

"Demasiado esponjoso para comerlo, pero muy divertido de observar". Ésa podría ser tu reacción a un cereal que se expande al añadirle leche. Observa las hojuelas de la caja de Tri-Flex.

1. ¿Te parece que las hojuelas son semejantes? Explica.

Imagina un tazón de Tri-Flex. Las hojuelas crecen al absorber la leche. Las figuras muestran una hojuela antes y después de añadir la leche.

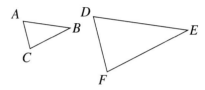

2. **a.** ¿Crees que △*ABC* y △*DEF* son semejantes?

   b. ¿Qué ángulo de △*DEF* era antes ∠*A*?

   c. ¿Qué notas si observas el tamaño de los ángulos de △*ABC* y △*DEF*?

   d. ¿Cómo puedes comparar el tamaño de dos ángulos? Describe al menos dos métodos distintos.

   e. Usa uno de los métodos descritos para comparar las medidas de ∠*A* y ∠*D*, ∠*B* y ∠*E*, y ∠*C* y ∠*F*.

3. Haz coincidir los lados de △*DEF* con sus lados originales en △*ABC*. Llamamos **partes correspondientes** a las partes que coinciden de objetos semejantes. ¿Qué lado de △*DEF* corresponde a cada uno?

   a. $\overline{AB}$ **b.** $\overline{BC}$ **c.** $\overline{AC}$

4. Mide los lados de △*ABC* y △*DEF*.

5. La longitud de $\overline{AB}$, que escribiremos *AB*, es la longitud desde el punto *A* hasta el punto *B*. Compara las razones.

   a. $\dfrac{AB}{DE}$ y $\dfrac{BC}{EF}$ **b.** $\dfrac{BC}{EF}$ y $\dfrac{AC}{DF}$ **c.** $\dfrac{AB}{DE}$ y $\dfrac{AC}{DF}$

6. a. Por escrito Resume los resultados que obtuviste al estudiar las razones que comparan las longitudes de los lados de $\triangle ABC$ y de $\triangle DEF$.

b. Discusión ¿Qué significa decir que las longitudes de los lados de $\triangle ABC$ y las de los lados de $\triangle DEF$ son *proporcionales*?

7. a. Computadora Usa el programa de geometría para construir otro par de triángulos semejantes y comprueba si las longitudes de los lados son proporcionales.

b. Por escrito Haz una conjetura sobre las longitudes de los lados de triángulos semejantes.

EN EQUIPO

Un fabricante ha creado un cereal cuyas hojuelas en forma de cuadriláteros se expanden.

8. a. Busquen en la caja de Robustín tres pares de hojuelas que parezcan ser semejantes.

b. Hallen tres pares que no parezcan ser semejantes.

9. Observen el diagrama de ANTES y DESPUÉS de las hojuelas de cereal Robustín. ¿Parecen ser semejantes los cuadriláteros *HIJK* y *QRST*?

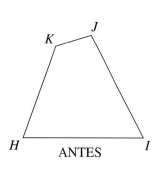

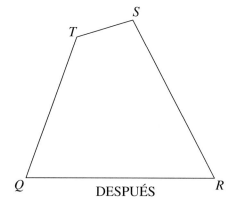

10. a. Midan para comprobar si los lados de los cuadriláteros son proporcionales.

b. Computadora Usen el programa de geometría para construir otros pares de cuadriláteros semejantes. Comprueben si sus lados son proporcionales.

c. Por escrito Hagan una conjetura sobre las longitudes de los lados de los cuadriláteros semejantes.

⌐POR TU CUENTA

Trata de dibujar un par de figuras que no sean semejantes. Si crees que no es posible, explica por qué.

11. dos rectángulos

12. dos cuadrados

13. dos triángulos rectángulos

14. dos triángulos isósceles

15. dos triángulos equiláteros

16. dos paralelogramos

17. Pensamiento crítico Imagina los cuadriláteros $ABCD$ y $EFGH$. No son semejantes, pero los siguientes ángulos tienen las mismas medidas: $\angle A$ y $\angle E$, $\angle B$ y $\angle F$, $\angle C$ y $\angle G$, y $\angle D$ y $\angle H$. Dibuja los dos cuadriláteros.

18. Computadora Usa el programa de geometría. Haz una conjetura sobre una de las preguntas siguientes y compruébala.

a. ¿Qué puedes observar sobre el nuevo triángulo que se forma al unir los puntos medios de los lados del triángulo original?

b. Dentro de un triángulo, dibuja un segmento paralelo a uno de los lados para formar otro triángulo más pequeño. ¿Qué puedes observar sobre la relación entre el nuevo triángulo y el triángulo original?

c. Dibuja un triángulo rectángulo. Después, traza un segmento desde el ángulo recto que sea perpendicular al lado opuesto. ¿Qué puedes observar sobre la relación entre los dos triángulos más pequeños?

19. Investigación (pág. 362) Anteriormente, reuniste datos sobre los diámetros de pelotas de cuatro deportes. Imagina que tienes una fotografía de las cuatro pelotas que elegiste. En ella, el diámetro de la pelota de básquetbol es 1 pulg. Halla los diámetros de las demás pelotas. Redondea a la décima más próxima.

R*e*p*a*s*o* MIXTO

Usa la figura de abajo para los ejercicios 1 y 2.

7 pies
4 pies

1. Halla el perímetro.

2. Halla el área.

Halla el valor de *n*.

3. $\frac{1}{5} = \frac{12}{n}$ **4.** $\frac{15}{n} = \frac{3}{25}$

5. La familia Braxten tiene dos hijos. La suma de las edades de los niños es 21 y el producto es 104. ¿Qué edades tienen los niños?

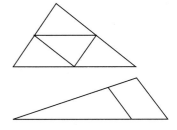

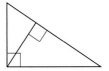

9-6 Dibujos a escala

Los diseñadores crean objetos, vestidos, libros y edificios que son atractivos, sólidos y funcionales. Con frecuencia, usan una escala para hacer dibujos, planos, modelos tridimensionales y diseños de modas. Una **escala** es una razón que compara la longitud de un modelo con la longitud real.

P I E N S A Y C O M E N T A

Examina los dibujos a escala de abajo.

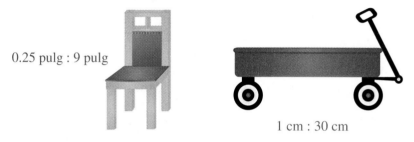

0.25 pulg : 9 pulg

1 cm : 30 cm

1. Escribe la escala de cada modelo como una razón en forma de fracción.

2. Discusión ¿Por qué es importante conocer la escala de un dibujo?

Puedes usar la escala de un dibujo para calcular el tamaño real de un objeto.

1 mm : 10 m

Ejemplo Usa el dibujo a escala de la izquierda para hallar la altura real del rascacielos.

Al medir la longitud, descubrirás que el edificio tiene 34 mm de altura en el dibujo.

$$\frac{\text{dibujo (mm)}}{\text{real (m)}} \rightarrow \frac{1}{10} = \frac{34}{h}$$ Escribe la escala como una razón. Sea h la altura real.

$$1 \times h = 10 \times 34$$ Escribe los productos cruzados.
$$h = 340$$

La altura real del rascacielos es de, aproximadamente, 340 m.

3. **Discusión** ¿Son ejemplos de figuras semejantes los modelos y dibujos a escala y las figuras reales que representan? Usa varios ejemplos para justificar tu respuesta.

Puedes usar papel cuadriculado para reducir o ampliar diseños. Los diseños de abajo fueron creados en cuadrículas. El diseño de la derecha es un dibujo ampliado a escala del diseño original de la izquierda.

 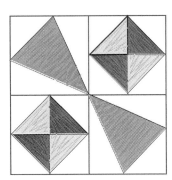

4. Halla las dimensiones de los cuadrados de la cuadrícula de la izquierda. Después, halla las dimensiones de los cuadrados de la cuadrícula de la derecha. ¿Cuál es la escala del diseño original en relación al diseño ampliado?

5. Bianca usó el siguiente método para ampliar el dibujo de la izquierda. Dibujó un cuadrado de 4 cm × 4 cm. Después, dividió el cuadrado en cuatro cuadrados más pequeños de 2 cm × 2 cm.

> "Empecé por el cuadrado inferior derecho del diseño original. Medí y hallé que el vértice del triángulo tocaba cada lado por la mitad. Por lo tanto, medí el cuadrado de mi cuadrícula e hice una marca en el punto medio de cada lado. Usé las marcas para formar el triángulo".

¿Cómo crees que dibujó Bianca el cuadrado superior derecho?

6. **a.** Haz un dibujo del diseño original con una escala de 1 cm a 5 cm.

   b. Discusión Explica los pasos que seguiste para hacer el dibujo.

   c. Imagina que la escala sea de 1 cm a 0.5 cm. ¿Cómo cambiaría el procedimiento?

Usa >, < ó = para comparar.

1. 6.8 ■ 6.08

2. 10.412 ■ 10.421

△**ABC** ≅ △**DEF**.

3. ∠A ≅ ■, ∠B ≅ ■, ∠C ≅ ■

4. $\frac{AB}{BC} = \frac{DE}{■}$

Escribe la razón.

5. 27 comparado con 100

6. 56 comparado con 100

7. Un lanzador de béisbol profesional puede lanzar a 96 mi/h. Escribe la relación en pies por segundo.

7. La altura de una pared en un plano es de 3 pulg. La pared real mide 96 pulg de altura. Halla la escala del plano.

8. **Por escrito** Jorge hace un modelo a escala de un avión. ¿Debe usar una escala de 1 pulg : 1 yd o de 1 yd : 1 pulg? ¿Por qué?

P O R TU CUENTA

Usa la escala del dibujo para hallar el tamaño real.

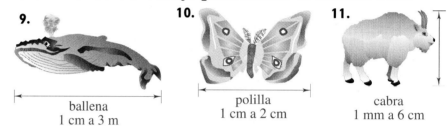

9. ballena
1 cm a 3 m

10. polilla
1 cm a 2 cm

11. cabra
1 mm a 6 cm

12. **Por escrito** ¿Por qué querrías ver el plano de una casa antes de empezar su construcción?

TÚ DECIDES

Borde especial

Puedes distorsionar un diseño para producir efectos fuera de lo común. Sigue las instrucciones de abajo para aprender a crear distorsiones.

REÚNE DATOS

1. Diseña un borde en papel cuadriculado. Para obtener ideas, puedes consultar un libro de arte o uno de diseños geométricos de azulejos. Usa, al menos, dos colores diferentes. Consulta libros de arte o habla con el maestro de arte sobre el diseño.

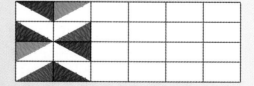

A escala

¿Has notado alguna vez los detalles de un auto de juguete? Los diseñadores tratan de que los autos de juguete parezcan reales.

Un diseñador selecciona un modelo de automóvil y, después, decide el tamaño del juguete. Luego, reduce a escala las piezas del auto real. Para determinar la escala, el diseñador usa la razón $\frac{\text{tamaño del auto de juguete}}{\text{tamaño del auto real}}$.

Copia la tabla. Usa el artículo para completar la tabla.

	Pieza	Tamaño real	Tamaño del juguete
	Automóvil	200 pulg	3 pulg
13.	Manija de la puerta	5 pulg	
14.	Faros delanteros	8 pulg	■
15.	Parachoques delantero	6 pies	■
16.	Ventana trasera	4.5 pies	■

ANALIZA LOS DATOS

2. En las *distorsiones*, la escala no es la misma para ambas dimensiones de un diseño. Mira los dos diseños de la página anterior. Ambos están en una cuadrícula de 4 × 6. ¿Cuáles son las dimensiones del segundo diseño? ¿Por qué no está a escala con el diseño original?

3. Copia y completa la distorsión. ¿Qué le sucede a la forma del diseño?

4. ¿Qué dimensiones podrías usar en la cuadrícula si desearas distorsionar tu diseño del borde de manera que fuera corto y ancho?

TOMA LA DECISIÓN

5. Decide qué dimensiones usar en la cuadrícula para distorsionar tu diseño. Trata de predecir qué aspecto tendrá la distorsión. Dibuja la nueva distorsión y úsala como un borde para papel de cartas.

Los espejos cóncavos y convexos producen imágenes distorsionadas.

9-7 **Comprensión de porcentajes**

PIENSA Y COMENTA

En una encuesta, 75 de 100 personas dijeron que les agradaba ir al cine. Cuando comparas un número con 100, hallas el **porcentaje.** Puedes escribir la razón $\frac{75}{100}$ como 75%.

1. **Discusión** ¿Dónde has podido observar o usar porcentajes con anterioridad?

Puedes considerar un porcentaje como una comparación entre un número y un conjunto de 100. Estudia la cuadrícula de la derecha. La cantidad de cuadrados sombreada comparada con el total representa 15 de 100. Puedes escribir esta cantidad como una fracción y como un porcentaje.

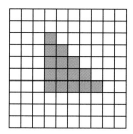

$$\frac{15}{100} \ \text{ó} \ 15\%$$

2. ¿Qué porcentaje de la cuadrícula está sombreado? ¿Qué porcentaje no está sombreado?

a. 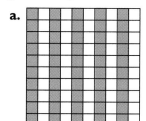   b.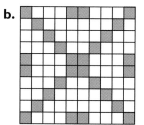

Época de Colón

per cento

Hoy %

¿QUÉ? Las palabras *per cento*, cuyo significado es *por cien*, han evolucionado desde el siglo XV. Después de varias abreviaturas, terminaron por convertirse en el símbolo que usamos en la actualidad.

3. **Estimación** Estima el porcentaje. Elige 25%, 50% ó 75%.

a. Aproximadamente, ¿qué porcentaje del vaso está lleno?

b. Aproximadamente, ¿qué porcentaje de la pizza falta?

c. Aproximadamente, ¿qué porcentaje del cartel está pintado?

4. Usa el diseño de la derecha. ¿Qué porcentaje del diseño representa cada patrón dado?

a. 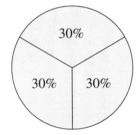   **b.** [ ]   **c.** [ ]   **d.** [ ]   **e.** [ ]

f. Halla la suma de los porcentajes de las partes (a) a la (e).

5. Dibuja tu propio diseño de porcentajes. Usa, al menos, tres patrones distintos. ¿Con cuántos cuadrados debes comenzar?

6. **Discusión** ¿Por qué es incorrecta la gráfica?

a.    **b.**

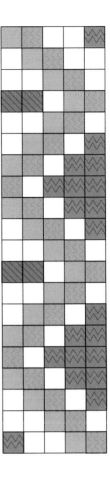

EN EQUIPO

Trabajen en grupos pequeños en esta actividad. Usen una regla de centímetros para hallar las medidas. ¿Qué porcentaje de un metro representa cada medida?

   a. longitud del pie

   b. circunferencia de la cabeza

   c. un cúbito (la distancia entre la punta del dedo corazón y el codo)

   d. un palmo (Separen los dedos. Midan la distancia entre la punta del dedo pulgar y la punta del dedo meñique.)

   e. el ancho de la sonrisa

   f. la distancia de la rodilla al suelo

7. ¿Por qué creen que se escogió el metro en vez de la yarda como unidad de referencia?

★ **¡RECUERDA!**
100 cm = 1m

POR TU CUENTA

Representa el porcentaje con una cuadrícula de 10 × 10.

8. 5%   **9.** 100%   **10.** 75%   **11.** 37%   **12.** 90%   **13.** 18%

Repaso MIXTO

Halla el resultado.

1. $\frac{9}{16} + \frac{12}{16}$
2. $\frac{6}{8} - \frac{3}{8}$

La escala de un dibujo es 1 cm a 2 m.

3. El modelo a escala mide 1 cm × 2.5 cm. ¿De qué tamaño es la mesa?

4. El modelo a escala mide 12 mm. ¿Cuánto mide la ventana?

Expresa en forma decimal.

5. $\frac{5}{20}$
6. $\frac{9}{16}$

7. Hay 30 estudiantes en una clase. Doce pertenecen al club de computadoras, 8 al de excursionismo y 3 a ambos clubes. ¿Cuántos estudiantes no pertenecen a ningún club?

¡RECUERDA!

Un número primo tiene sólo dos factores, uno y el número mismo.

Cicely Williams trabajó durante 20 años en África occidental. Su labor tuvo como resultado la reducción de la mortalidad infantil.

14. **Por escrito** ¿En qué son iguales el 50% de un metro y el 50% de $1? ¿En qué son distintos?

15. **Archivo de datos #1 (págs. 2–3)** ¿Qué porcentaje de las personas encuestadas vieron más de 21 horas de televisión a la semana?

Escribe el porcentaje.

16. 98¢ comparado con 100

17. 11 estudiantes de 100 son zurdos

18. 97 de los 100 días del verano pasado fueron soleados

19. 4 de cada 100 radios llegaron rotos

20. 85 respuestas correctas de un total de 100

Usa los números del 1 al 100.

21. ¿Cuál es el porcentaje de los múltiplos de 3?

22. ¿Cuál es el porcentaje de los números impares?

23. ¿Cuál es el porcentaje de los números primos?

24. ¿Cuál es el porcentaje de los números que tienen al menos un 7?

25. ¿Cuál es el porcentaje de los que no son ni primos ni compuestos?

26. Treinta y cinco por ciento de un grupo que participó en una encuesta respondió que el fútbol americano era su deporte favorito. ¿Qué porcentaje no eligió el fútbol americano?

27. ¿Cuánto aumentaría el precio de un artículo de $1 con un impuesto de ventas del 5%? ¿Y de un artículo de $10?

28. Pregunta a 10 personas cuántas horas de televisión ven a la semana. Usa el porcentaje para determinar cuántas personas ven 10 h ó más a la semana.

29. **Medicina** En 1790, el Dr. Benjamin Rush registró que 34% de 100 pacientes morían antes de llegar a los 6 años. Otro 41% moría antes de los 26 años. ¿Qué porcentaje de sus pacientes alcanzaba o sobrepasaba los 26 años?

30. **Investigación (pág. 362)** Haz un dibujo a escala de la Tierra y la Luna que muestre sus tamaños y la distancia. Usa un diámetro de 2 pulg para la Tierra. Redondea las distancias al millar más próximo.

9-8

Porcentajes, fracciones y decimales

EN EQUIPO

Trabajen en grupos para explorar porcentajes, fracciones y decimales. Usen cuadrículas de 10 × 10 para los modelos.

1. a. Representen los porcentajes 30%, 75%, 20% y 50%.

b. Representen las fracciones $\frac{3}{4}$, $\frac{1}{2}$, $\frac{3}{10}$ y $\frac{1}{5}$.

c. Representen los decimales 0.2, 0.5, 0.75 y 0.3.

d. Determinen qué fracciones y decimales corresponden a los porcentajes.

2. Expresen el área sombreada en forma de porcentaje, de fracción en su mínima expresión y de decimal.

a. 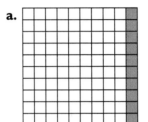 **b.**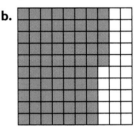

 El noventa y nueve por ciento de todos los tipos de plantas y animales que han existido en el mundo están extinguidos en la actualidad.

Fuente: *The Macmillan Illustrated Almanac For Kids*

PIENSA Y COMENTA

Puedes escribir un porcentaje en forma de fracción y en forma decimal.

Ejemplo 1

Escribe 36% como una fracción en su mínima expresión y en forma decimal.

$36\% = \frac{36}{100}$ **Escribe el porcentaje en forma de fracción con 100 de denominador.**

$\frac{36}{100} = \frac{9}{25}$ **Reduce la fracción a su mínima expresión.**

$\frac{36}{100} = 0.36$ **Escribe la fracción en forma decimal.**

$36\% = \frac{9}{25} = 0.36$

COMPRUEBA ¿Cómo podrías usar un modelo para representar 35% en forma decimal y de fracción?

Puedes también escribir una fracción en forma decimal y de porcentaje.

Ejemplo 2   Escribe $\frac{3}{10}$ en forma decimal y de porcentaje.

$$\frac{3}{10} = \frac{30}{100}$$ Vuelve a escribir la fracción como una fracción equivalente con 100 de denominador.

$$\frac{30}{100} = 0.3$$ Escribe la fracción en forma decimal.

$$\frac{30}{100} = 30\%$$ Escribe la fracción como un porcentaje.

$$\frac{3}{10} = 0.30 = 30\%$$

3. **Discusión** ¿Cómo escribirías 0.40 como una fracción en su mínima expresión y como un porcentaje?

Puedes usar una calculadora de fracciones para convertir fracciones, decimales y porcentajes.

Ejemplo 3   Usa la calculadora de fracciones para escribir 50% en forma decimal y de fracción en su mínima expresión.

50 [%] *0.5*   Usa la tecla del signo de porcentaje.

.5 [F↔D] *5/10*   Usa la tecla de conversión de fracción a decimal.

5/10 [Simp] [=] *1/2*   Usa la tecla Simp.

$$50\% = 0.5 = \frac{5}{10} = \frac{1}{2}$$

4. **Calculadora** Escribe 58% en forma decimal y de fracción en su mínima expresión.

¿QUÉ? Alrededor de siete décimas partes de la superficie terrestre están cubiertas de agua. **Escribe el decimal en forma de porcentaje.**

⌐PONTE A PRUEBA

Sombrea la cantidad en una cuadrícula de 10 × 10. Describe el área sombreada como una fracción en su mínima expresión, como un decimal y como un porcentaje.

5. 0.8   6. $\frac{11}{20}$ 7. 0.72   8. $\frac{2}{5}$ 9. 6%

10. El aire que respiramos se compone de un 80% de nitrógeno y un 20% de oxígeno. Escribe los porcentajes en forma decimal y de fracción en su mínima expresión.

⌐POR TU CUENTA

Copia y completa la tabla de abajo. Reduce la fracción a su mínima expresión.

	Fracción	Decimal	Porcentaje
11.	▨	▨	22%
12.	▨	0.78	▨
13.	$\frac{22}{25}$	▨	▨
14.	▨	0.55	▨
15.	$\frac{4}{5}$	▨	▨

Usa la gráfica de la derecha.

16. ¿En qué porcentaje de loncheras será posible hallar frutas?

17. a. Elige A, B, C o D. ¿A qué conclusión *no* puedes llegar basándote en la gráfica?

  A. Alrededor de un cuarto de las loncheras contenía frutas.

  B. Casi 10% de las loncheras contenían un emparedado.

  C. El número de loncheras con fruta era casi el doble que el de loncheras con galletas.

  D. Los estudiantes no llevan bebidas en las loncheras.

  b. Haz una encuesta en la clase sobre las loncheras de los estudiantes. Dibuja una gráfica para mostrar los resultados.

18. Por escrito ¿En qué se parecen las fracciones, los decimales y los porcentajes? ¿En qué se diferencian?

19. a. La tabla muestra la fracción de estudiantes de secundaria graduados entre 1940 y 1990. Escribe las fracciones como porcentajes.

Año	1940	1950	1960	1970	1980	1990
Graduados	$\frac{1}{4}$	$\frac{17}{50}$	$\frac{11}{25}$	$\frac{11}{20}$	$\frac{69}{100}$	$\frac{77}{100}$

Fuente: *Universal Almanac*

  b. Dibuja una gráfica con los datos de la tabla.

  c. Usa la gráfica para predecir el porcentaje de graduados escolares en el año 2000.

R*epaso* **MIXTO**

Calcula.

1. 13^3 **2.** 9^3

Escribe en forma de porcentaje.

3. De cada 100 adolescentes, 40 escogen la ropa que llevan.

4. De cada 100 adolescentes, 92 ayudan en la compra de alimentos.

5. Dwania ahorra monedas de 10¢. El primer día guarda 1 moneda y el segundo día, 2 monedas. Cada día guarda 1 moneda de 10¢ más que el día anterior. ¿Cuánto dinero tendrá a las 2 semanas?

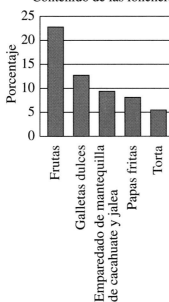

Contenido de las loncheras

Práctica

Escribe una razón de tres distintas maneras con las letras de la palabra SUPERCALIFRAGILISTICOEXPIALIDOSO.

1. el número de letras A al número total de letras

2. el número de letras E al número total de vocales

3. el número de letras I al número de letras S

4. el número de consonantes al número total de letras

Escribe la razón como una fracción en su mínima expresión.

5. 20 a 80   **6.** 15 : 35   **7.** 33 : 77   **8.** 14 a 56   **9.** 17 : 51

10. las vocales a las consonantes del alfabeto español de 27 letras

11. las vocales a las consonantes de tu nombre y apellido

12. Moira toma lecciones de baile. Paga $125 por 10 lecciones.

     a. Expresa el precio de las lecciones como una relación unitaria.

     b. Halla el precio de 25 lecciones.

Halla el valor de n.

13. $\dfrac{n}{28} = \dfrac{9}{12}$ **14.** $\dfrac{45}{n} = \dfrac{30}{48}$ **15.** $\dfrac{60}{108} = \dfrac{n}{9}$ **16.** $\dfrac{96}{144} = \dfrac{4}{n}$ **17.** $\dfrac{3}{15} = \dfrac{12}{n}$

Usa la regla de centímetros y el dibujo a escala de la derecha.

18. Halla la longitud real de la bicicleta.

19. Halla el diámetro real de la rueda delantera.

1 cm : 1 m

Escribe en forma decimal, de porcentaje y de fracción en su mínima expresión.

20. 24 cm de 100 cm   **21.** 55 estudiantes de 100 estudiantes

22. 3 sombreros de 25 sombreros   **23.** 5 bolígrafos de 20 bolígrafos

24. 40 caras de 100 lanzamientos   **25.** 2 días de 10 días

En esta lección

- Estimar el porcentaje de un número

VAS A NECESITAR

✓ Papel cuadriculado

9-9 Estimación con porcentajes

Los porcentajes aparecen con frecuencia en la publicidad. "Ahorre 25% en todo tipo de cámaras". "Hemos ampliado la tienda. Ahora ofrecemos 40% más de mercancía". Aprender a estimar con porcentajes podrá ayudarte a entender estos anuncios.

PIENSA Y COMENTA

Una chaqueta está en venta con un 60% de descuento en el precio normal de $49.95. ¿Serán $25 suficientes para comprarla? Puedes usar un modelo para visualizar la situación. Redondea $49.95 a $50. Sea 100% el precio sin descuento.

Las cantidades en dólares se hallan encima del modelo y los porcentajes debajo.

1. ¿Por qué crees que se redondeó la cantidad a $50? ¿A qué cantidad podrías redondear $43.99? ¿Y $55?

2. ¿Por qué crees que hay diez secciones en el modelo? ¿Cuántas secciones están sombreadas? ¿Qué porcentaje representa cada sección?

3. Copia el modelo en papel cuadriculado. Escribe las cantidades de dinero encima de 20%, 40%, 60% y 80%. ¿Cuál es el valor en dólares de cada sección?

4. ¿Qué representa la sección sombreada del modelo?

5. Estima el precio de la chaqueta. Explica tu razonamiento.

6. Según tu estimación, ¿serán $25 suficientes para comprar la chaqueta? ¿Por qué?

El cerebro utiliza un 20% de las calorías que consumes y un 15% del suministro de sangre del cuerpo. Sin embargo, el cerebro representa sólo un 2% del peso total del cuerpo humano.

Para estimar porcentajes, puedes usar cálculo mental.

Ejemplo 1
Desayunas en la Cafetería Muñoz. Estima una propina del 10% para una cuenta de $6.42.

$6.42 ≈ $6.50   Redondea a un lugar conveniente.

10% = 0.10   Escribe el porcentaje en forma decimal.

0.10 × 6.50 = 0.65   Multiplica mentalmente.

La propina es, aproximadamente, $.65.

7. Observa el ejemplo 1. ¿Por qué crees que se redondeó $6.42 a $6.50, en vez de a $6 ó $7?

8. **Por escrito** Describe un método para estimar una propina del 15%. Incluye indicaciones para redondear la cantidad de la cuenta.

Algunos estados cobran un impuesto a la venta de ciertos productos y servicios. Puedes usar cálculo mental para estimar el impuesto añadido al valor de venta.

Ejemplo 2
Compras un disco compacto por $13.99. El impuesto de venta es del 3%. Estima el impuesto y el precio total.

$13.99 ≈ $14.00   Redondea a un lugar conveniente.

3% → 3¢ por dólar   Piensa en el porcentaje en términos de centavos por dólar.

14 × 3 = 42   Multiplica mentalmente.

14   0.42 = **14.42**   Suma las estimaciones.

El impuesto de venta es, aproximadamente, $.42. El precio total es, aproximadamente, $14.42.

9. Observa el ejemplo 2. ¿Sería conveniente en algún momento redondear el precio de un objeto a un número más bajo antes de estimar el impuesto de venta? ¿Por qué?

EN EQUIPO

Cuando se les pidió enumerar sus alimentos favoritos, un grupo de estudiantes dio las respuestas que aparecen a la izquierda. La pizza fue la comida elegida por el 82% de los estudiantes.

10. **a. Discusión** Supongan que 103 estudiantes participaron en la encuesta. ¿Tendría sentido la expresión: "Unos 30 estudiantes eligieron tacos"? ¿Por qué?

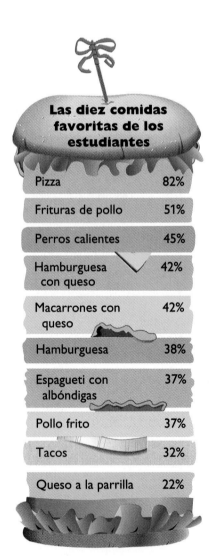

Las diez comidas favoritas de los estudiantes

Pizza	82%
Frituras de pollo	51%
Perros calientes	45%
Hamburguesa con queso	42%
Macarrones con queso	42%
Hamburguesa	38%
Espagueti con albóndigas	37%
Pollo frito	37%
Tacos	32%
Queso a la parrilla	22%

Fuente: *Gallup Organization*

b. Supongan que 207 estudiantes participaron en la encuesta. ¿Cómo podrían estimar el número de estudiantes que eligió cada tipo de comida?

11. Usen la tabla de *Las diez comidas favoritas de los estudiantes*. Estimen el número de estudiantes de la clase que elegiría la pizza como la comida número 1, las frituras de pollo como la número 2, y así sucesivamente para los diez tipos de comida. Si lo desean, pueden usar un modelo.

12. a. Efectúen una encuesta entre los estudiantes de la clase. Pidan a sus compañeros que clasifiquen las comidas de la tabla del 1 al 10. Escriban los resultados en porcentajes.

b. Por escrito Comparen los resultados de la encuesta con las estimaciones del ejercicio 11.

PONTE A PRUEBA

¿Qué cantidad de dinero representa la sección sombreada?

13.
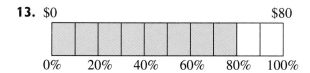

14.
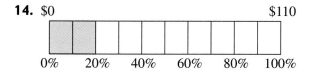

15. El precio normal de un par de botas es $23.99. Están a la venta al 80% de su precio normal. Estima el precio tras el descuento.

16. Estima una propina del 10%, una propina del 15% y una propina del 20% para una comida que cueste $5.83.

17. Estima el impuesto de venta y el precio total de un sombrero que cueste $18.59 y que tenga un impuesto del 5%.

POR TU CUENTA

Dibuja un modelo para poder estimar la cantidad.

18. 90% de 41

19. 20% de 486

20. 10% de 129

21. 25% de 53

22. 75% de 98

23. 15% de 21

R*epaso* MIXTO

Calcula.

1. $\frac{2}{5} + \frac{1}{3}$ **2.** $\frac{7}{12} - \frac{3}{8}$

Escribe el porcentaje.

3. $\frac{9}{36}$ **4.** $\frac{21}{28}$

Escribe en forma de fracción.

5. 40%   **6.** 85%

7. ¿Cuántos números de 3 dígitos son divisibles por 13? Explica qué método usaste para hallar la solución.

24. Un guante de béisbol está en venta al 75% de su precio normal de $39.99. Estima el precio de venta del guante.

25. Pensamiento crítico El precio normal de un sillón es $349. Estima la cantidad ahorrada con cada descuento.

a. 20% de descuento   **b.** 30% de descuento   **c.** 75% de descuento

26. Los niños suelen alcanzar el 50% de su estatura adulta a los dos años de edad. Estima la estatura adulta de un niño de dos años cuya estatura es 2 pies 9 pulg.

27. Miguel recibió las siguientes propinas. Estima su valor. ¿Cuál fue la mayor?

a. 15% de $4.20   **b.** 10% de $4.75   **c.** 12% de $6.00

Usa la tabla de impuestos de venta de la izquierda. Estima el impuesto de venta y el precio total en cada estado.

Impuestos estatales de venta	
Estado	Impuesto
Colorado	3%
Florida	6%
Georgia	4%
Massachusetts	5%
Nueva Jersey	7%

Fuente: *The World Almanac and Book of Facts*

28. patines; $75

29. diccionario; $14.59

30. cartel decorativo; $9.99

31. calculadora; $18.50

32. juego; $21.03

33. gomas de borrar; $.79

34. Actividad Averigua si hay impuesto de venta en tu estado. Después, investiga de qué manera usa el estado los fondos recaudados mediante ese impuesto.

35. Archivo de datos #9 (págs. 360–361) Estima el número de muchachas de cada grupo que pasó la prueba de entrenamiento aeróbico si 250 muchachas de cada grupo de edad participaron en la prueba.

36. Compras Una tienda celebra una venta especial. Todos los artículos tienen un 30% de descuento. Estima el descuento del artículo.

a. una camiseta cuyo precio normal sea $16.99

b. una chaqueta cuyo precio normal sea $129

37. Juanita y Tanisha almorzaron en la cafetería de T.J. La cuenta fue $15.75. Quieren añadir una propina del 15% y pagar la cuenta a partes iguales. Estima la cantidad que debe pagar cada una.

38. Investigación (pág. 362) Haz una lista de cuerpos celestes que podrían aparecer en un modelo del sistema solar, además del Sol, la Tierra, la Luna y los planetas.

9-10 **H**allar el porcentaje de un número

¶PIENSA Y COMENTA

El pulso o ritmo cardíaco aumenta con el ejercicio. La zona de mayor seguridad para hacer ejercicio se halla entre el 60% y el 80% del *máximo ritmo cardíaco*. Para hallar tu máximo ritmo cardíaco, resta tu edad de 220.

Existen al menos tres métodos diferentes que puedes usar para hallar la zona de seguridad de una persona durante ejercicios.

Ejemplo Halla la zona de seguridad durante ejercicios de una persona de 12 años.

$$220 - 12 = 208$$

Halla el máximo ritmo cardíaco.

Método 1 Usa un modelo.

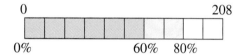

Cada sección representa 20.8 latidos.

Método 2 Escribe los porcentajes en forma de fracciones.

$$60\% = \frac{60}{100} \times 208 = \frac{12{,}480}{100} = 124.8 \approx 125$$

$$80\% = \frac{80}{100} \times 208 = \frac{16{,}640}{100} = 166.4 \approx 166$$

Método 3 Escribe los porcentajes en forma decimal. Usa la calculadora.

60 $\boxed{\%}$ $\boxed{\times}$ 208 $\boxed{=}$ 124.8 ≈ 125

80 $\boxed{\%}$ $\boxed{\times}$ 208 $\boxed{=}$ 166.4 ≈ 166

Todos los métodos producen el mismo resultado. La zona de seguridad durante ejercicios de una persona de 12 años se halla entre 125 y 166 latidos por minuto.

1. Halla la zona de seguridad durante ejercicios de una persona de 20 años y de una persona de 50 años. ¿Cómo cambia la zona de seguridad a medida que envejece la persona?

 Para determinar si estás haciendo ejercicio dentro de la zona de seguridad correcta, puedes tomarte el pulso o usar la *prueba de la conversación*. Si te falta el aire hasta el punto de que no puedes hablar, disminuye el ritmo de actividad. Si eres capaz de cantar, puedes acelerar el ritmo de actividad. Cuando puedas hablar normalmente mientras haces ejercicio, habrás obtenido tu ritmo cardíaco óptimo.

Fuente: *Prentice Hall Health*

A veces un método es más apropiado que otro.

2. ¿Qué método usarías para contestar a la pregunta? Explica las razones. Usa un día de 24 h.

   a. Catherine pasa un 25% del día en la escuela. ¿Cuántas horas diarias pasa en la escuela?

   b. Ian practica el piano el 5% del día. ¿Cuántas horas diarias practica?

   c. **Discusión** Describe una manera de calcular mentalmente los porcentajes anteriores.

PONTE A PRUEBA

3. Aproximadamente el 67% del peso del cuerpo humano está compuesto de agua. Si una persona pesa 114 lb, ¿cuántas libras se deben al peso del agua, aproximadamente?

4. En los Estados Unidos, alrededor de un 46% de la población usa gafas o lentes de contacto.

   a. ¿Cuántas personas crees que usarían gafas o lentes de contacto en un grupo de 85 personas?

   b. Explica cómo hallaste la respuesta y por qué elegiste ese método.

   c. Según estos datos, ¿cuántos estudiantes de tu clase usarían gafas o lentes de contacto?

POR TU CUENTA

Halla el porcentaje. Usa el método que desees.

5. 50% de 786

6. 43% de 61

7. 10% de 56

8. 75% de 84

9. 37% de 140

10. 80% de 255

11. 12% de 72

12. 25% de 112

13. 66% de 99

14. **Deportes** Los Leones ganaron el 75% de los 28 juegos en que participaron este año. ¿Cuántos juegos ganaron?

15. Rosa ganó $950 durante el verano. Ahorró el 40% de lo que ganó. ¿Cuánto dinero ahorró?

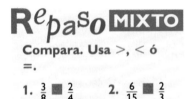

Compara. Usa >, < ó =.

1. $\frac{3}{8}$ ■ $\frac{2}{4}$ 2. $\frac{6}{15}$ ■ $\frac{2}{3}$

Estima el 15% de propina de la cantidad.

3. $4.00   4. $15.50

Halla el valor de n.

5. $\frac{1}{3} = \frac{n}{360}$

6. $\frac{3}{8} = \frac{n}{360}$

7. El director del coro puede ordenar a los miembros en filas de 10, 12 ó 15 sin que sobre nadie. ¿Cuál es el número mínimo de miembros del coro?

16. **Por escrito** Explica cómo decidirías cuándo usar cada uno de los tres métodos de esta lección para hallar el porcentaje de un número.

Frecuencia de las vocales					
Letra	A	E	I	O	U
Frecuencia	8%	13%	6%	8%	3%

Usa la tabla de arriba para estimar el número de letras que habría en cada lectura.

17. el número de letras E en un párrafo de 300 letras

18. el número de letras A en un párrafo de 1400 letras

19. el número de letras U en un párrafo de 235 letras

20. el número de letras I en un párrafo de 695 letras

21. ¿Por qué no suman 100% los porcentajes de la tabla?

22. **a.** Examina un párrafo corto de un libro. Cuenta el número de letras. Usa los porcentajes de la tabla para estimar el número posible de cada vocal.

   b. Cuenta el número de letras A. ¿Coincide la cantidad con la estimación de (a)? ¿Por qué?

   c. Cuenta el número de letras B. Escribe el número como un porcentaje del total de letras del párrafo.

   d. ¿Crees que tienes suficientes datos para llegar a alguna conclusión sobre la frecuencia general de la letra B en los escritos? ¿Por qué?

23. Es difícil acabar con la costumbre de morderse las uñas. Un 40% de los niños y adolescentes se muerden las uñas. Si en un pueblo viven 1,618 niños y adolescentes, ¿cuántos calculas que se morderán las uñas?

24. El club de baile celebra su espectáculo anual. El club imprimió 400 boletos y vendió el 85% de ellos. ¿Cuántos boletos vendió el club?

 Sólo dos palabras del idioma inglés usan todas las vocales a, e, i, o, u en orden. Son las palabras *facetious* y *abstemious*. **Averigua qué significan.**

Fuente: *The Macmillan Illustrated Almanac For Kids*

25. Archivo de datos #9 (págs. 360–361) Usa el número de adolescentes encuestados. ¿Cuántas muchachas participaron en el voleibol? ¿Y cuántos muchachos?

Usa la tabla de la izquierda.

26. Un encuestador habló con 250 jóvenes de cada sexo entre las edades de 12 y 15 años. ¿Cuántos crees que participaron en natación durante el año pasado?

Participación de adolescentes en deportes acuáticos durante el pasado año		
Deporte acuático	**Niños**	**Niñas**
Natación	62%	76%
Esquí acuático	13%	13%
Navegación con vela	15%	15%
Tabla	7%	3%
Submarinismo	9%	4%
Tabla con vela	4%	2%

Fuente: *Teenage Research Unlimited*

V I S T A Z O A LO APRENDIDO

1. El promedio de tres números consecutivos es 9. La suma es 27. ¿Qué números son?

2. Halla el valor de x. Las figuras son semejantes.

5 | 12 | x | 24

3. Un mapa está hecho a una escala de 1 cm : 75 km. La distancia en el mapa entre Hondo y Cheyenne es 3.5 cm. ¿Cuál es la distancia real?

Usa un modelo de cuadrícula de 10 × 10 para representar el porcentaje.

4. 17% **5.** 46% **6.** 89% **7.** 71%

Escribe en forma de porcentaje.

8. $\frac{6}{8}$ **9.** 0.45 **10.** 0.67 **11.** $\frac{15}{25}$

12. Elige A, B, C o D. ¿Cuál de los siguientes métodos *no* sirve para hallar el 88% de 40?

A. 0.88×40 **B.** $\frac{88}{100} \times 40$

C. $\frac{40}{n} = \frac{88}{100}$ **D.** 0.40×88

Halla el porcentaje.

13. 58% de 72 **14.** 86% de 41 **15.** 8% de 40

VAS A NECESITAR

✓ **Papel punteado**

✓ **Regla métrica**

✓ **Tijeras**

✓ **Pegamento**

✓ **Compás**

✓ **Transportador**

EN EQUIPO

Las gráficas circulares proporcionan una buena representación visual de los porcentajes. La tabla muestra los resultados de una encuesta de 1,000 adultos, a los que se les preguntó qué cantidad de tiempo pasaban viendo televisión. Trabaja con un compañero para construir una gráfica circular de acuerdo con los datos.

En exceso	Demasiado poco	Suficiente	No sabe
49%	18%	31%	2%

Fuente: Gallup Organization

1. Usen los datos para hacer una gráfica circular.

   • Dibujen una tira de 10 cm de longitud, dejando un espacio en blanco al final. Dado que 10 cm = 100 mm, cada mm representa un 1%.

   • Marquen en la tira los porcentajes de la tabla.

2. ¿Deben sumar siempre 100% los porcentajes que componen una tabla circular? ¿Por qué?

3. Usen la tira para formar un círculo de porcentajes. Recorten la tira con cuidado. Formen un círculo con la tira y unan los extremos con pegamento o cinta adhesiva. Asegúrense de alinear el principio y el final de la tira.

4. Con un compás, dibujen un círculo un poco más grande que el círculo de porcentajes. Marquen con un punto el centro del círculo. Usen el círculo de porcentajes para marcar los porcentajes alrededor de la circunferencia del círculo que dibujaron con el compás. Mediante una regla, unan las marcas con el centro del círculo dibujado.

5. Escriban los porcentajes en la gráfica y pónganle un título. ¿Tiene sentido la gráfica? Estimen para determinar si las secciones son del tamaño correcto.

6. **a.** Midan los ángulos de la gráfica circular con el transportador.

   b. ¿Se les ocurre alguna otra manera de hallar la medida de los ángulos?

7. Efectúen una encuesta en la clase para determinar qué piensan sus compañeros sobre sus hábitos de televidentes. Presenten una serie de respuestas de donde escoger. Hagan una gráfica circular con los datos obtenidos.

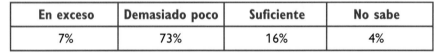

PIENSA Y COMENTA

También puedes hacer la gráfica circular combinando varias destrezas matemáticas que ya conoces.

• hallar el porcentaje de un número
• el número de grados de un círculo
• usar un transportador para dibujar un ángulo de una medida dada

La tabla de abajo muestra las respuestas de 1,000 adultos a quienes se les preguntó cuánto tiempo dedicaban a la lectura como pasatiempo.

En exceso	Demasiado poco	Suficiente	No sabe
7%	73%	16%	4%

Fuente: Gallup Organization

¿QUÉ? El mayor retraso en la devolución de un libro a una biblioteca que se conoce en los EE.UU. fue el de un libro prestado en 1823. El biznieto del cliente moroso devolvió el libro el 7 de diciembre de 1968. La multa por la demora en la devolución del libro habría sido de $2,264.

Fuente: *Guinness Book of Records*

8. **Discusión** Imagina que desearas hacer una gráfica circular. ¿Cómo podrías usar proporciones para hallar las medidas de las secciones? ¿Y porcentajes?

   a. Usa una proporción para determinar el número de grados correspondiente a la respuesta "No sabe".

   b. Usa un porcentaje para determinar el número de grados correspondiente a la respuesta "Demasiado poco".

   c. Usa cualquier método para hallar el número de grados correspondiente a la respuesta "Suficiente". ¿Qué método te parece más fácil? ¿Por qué?

   d. Usa un compás para dibujar un círculo y un radio. Usa un transportador para dibujar los ángulos. Escribe los datos en la gráfica y ponle un título.

9. **Discusión** ¿En qué casos es mejor usar una gráfica circular que una tabla para presentar datos? Usa ejemplos para justificar tu respuesta.

PONTE A PRUEBA

10. La gráfica de la derecha tiene los datos en las secciones equivocadas. Determina a qué sección corresponde cada uno.

11. La Escuela Monte realizó varias actividades. La tabla de abajo muestra el porcentaje recaudado en cada actividad. Dibuja una gráfica circular con los datos.

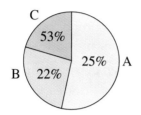

Lavado de autos	Recogida de papel	Venta de libros	Puesto de comidas
42%	28%	18%	12%

POR TU CUENTA

12. **a.** Construye dos gráficas circulares, una con los datos del uso de autobús y otra con los datos del uso colectivo de autos. Escribe los datos en las gráficas y titúlalas.

Qué están dispuestos a hacer los adolescentes para que disminuya la contaminación				
	Muy dispuesto	Algo dispuesto	No muy dispuesto	No sabe
Viajar en autobús más a menudo	22%	25%	50%	3%
Compartir autos más a menudo	49%	26%	23%	2%

Fuente: Gallup Organization

  b. Por escrito ¿Cuál de las dos opciones parece tener mayor probabilidad de éxito? ¿Por qué?

  c. Piensa en otra opción para reducir la contaminación. Usa la misma selección de respuestas de la tabla y haz una encuesta entre 25 estudiantes. Prepara una gráfica circular para presentar los resultados.

13. Enumera en una lista las actividades que realizas los sábados. Estima las horas que dedicas a cada actividad. Escribe las horas como porcentajes de un día de 24 horas. Dibuja una gráfica circular para mostrar los datos.

14. **Archivo de datos #1 (págs. 2–3)** Estima el porcentaje de horas dedicadas a cada tipo de anuncio durante las 604 h de programación infantil.

R$e$$_{pa}$^{s}o MIXTO

Calcula.

1. $\frac{3}{4} \div \frac{4}{5}$

2. $\frac{8}{15} \div \frac{2}{3}$

Halla el porcentaje.

3. 55% de 386

4. 33% de 58

5. ¿Qué número no debe formar parte del conjunto? Explica la razón.

2992   1919

4949   2929

En conclusión

Razones, relaciones y proporciones · 9-1, 9-2, 9-3

Una **razón** es una comparación entre dos números.

Una **relación** es una razón que compara dos medidas de distintas unidades.

Una **proporción** es una ecuación que establece la igualdad de dos razones. Puedes usar productos cruzados para hallar el término que falte en una proporción.

1. El macho adulto de una variedad de erizo mide aproximadamente 45 cm de longitud. Compara de tres maneras distintas la longitud del cuerpo del erizo a 1 m de longitud. (1 m = 100 cm)

2. Un paquete de tres videocintas cuesta $5.97. El paquete de dos videocintas cuesta $3.76. Halla la relación unitaria de cada uno. ¿Qué paquete tiene el mayor precio por unidad?

Halla el valor de _n_.

3. $\frac{3}{5} = \frac{n}{35}$

4. $\frac{6}{9} = \frac{18}{n}$

5. $\frac{n}{6} = \frac{12}{24}$

6. $\frac{32}{n} = \frac{8}{4}$

7. $\frac{n}{15} = \frac{5}{25}$

8. $\frac{17}{51} = \frac{3}{n}$

Figuras semejantes y dibujos a escala · 9-5, 9-6

Si dos figuras son **semejantes,** sus ángulos correspondientes son congruentes y las razones de las longitudes de sus lados correspondientes son iguales.

Una **escala** es una razón que compara la longitud de un dibujo o modelo a la longitud real de un objeto.

9. Por escrito Las medidas de los ángulos de los triángulos son iguales. Explica cómo demostrarías que los triángulos son semejantes.

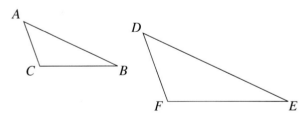

10. La escala del plano de un jardín es 1 pulg : 6 pies. Uno de los muros de piedra mide 4 pulg de longitud en el plano. ¿Qué longitud tiene el muro real?

11. La escala del dibujo de una tortuga laúd es 2 cm : 1 m. El dibujo de la tortuga mide 3 cm de longitud. ¿Qué longitud tiene la tortuga real?

Porcentajes, fracciones y decimales

9-7, 9-8, 9-9

Un **porcentaje** es una razón que compara un número a 100. Puedes escribir un porcentaje en forma decimal o de fracción. Puedes estimar con porcentajes.

12. Escribe 65% en forma decimal y como una fracción en su mínima expresión.

13. Una silla de oficina está en venta a un 80% de su precio normal de $87.95. Estima el precio de venta tras el descuento.

14. Elige A, B, C o D. Halla la mejor estimación del 72% de 90.

    A. 72   **B.** 45   **C.** 68   **D.** 90

Porcentaje de un número y gráficas circulares

9-10, 9-11

Puedes usar un modelo, una fracción o un decimal para hallar el porcentaje de un número.

Para mostrar porcentajes puedes dibujar una gráfica circular.

Halla el porcentaje.

15. 75% de 40   **16.** 23% de 19   **17.** 60% de 80   **18.** 10% de 235   **19.** 5% de $15.98

20. Usa los datos de la derecha para dibujar una gráfica circular.

Maneras de ir a la escuela			
Automóvil	Autobús	Bicicleta	A pie
24%	57%	4%	15%

Estrategias y aplicaciones

9-4

A veces, *estimar y comprobar* puede ser una buena estrategia para resolver problemas. Haz una estimación razonable, compruébala con el problema y sigue estimando y comprobando hasta hallar la respuesta correcta.

21. La clase de Todd construye comederos de plástico para pájaros de dos distintos tamaños. Los comederos pequeños llevan 2 clavijas y los grandes llevan 3. La clase usó 103 clavijas para hacer 38 comederos. ¿Cuántos comederos pequeños construyó la clase?

PREPARACIÓN PARA EL CAPÍTULO 10

22. Lian quería llamar a su amiga Onida, pero los dos últimos dígitos del número de teléfono se han borrado. ¿Cuántos números posibles hay?

375-04■■

APLICA LO QUE SABES

cierra el caso

Un modelo del sistema solar

El Museo de Ciencias del condado de Astro ha iniciado su esfuerzo final de recaudación de donativos para la construcción del modelo del sistema solar. Es hora de aportar tu ayuda. Escribe una carta al jefe de redacción del periódico La Gaceta de Astro. Explica en la carta por qué crees que los residentes deben donar dinero al proyecto u oponerse al mismo. Explica los motivos de tu opinión. Las siguientes sugerencias te pueden ayudar a redactar la carta.

✔ Usa razones.
✔ Usa proporciones.
✔ Usa un dibujo a escala.

Los problemas precedidos por la lupa (pág. 372, #30; pág. 379, #19; pág. 386, #30 y pág. 394, #38) te ayudarán a justificar tu opinión.

El museo tenía razón al mencionar en su folleto la importancia del estudio de las ciencias. Con frecuencia, encuestas revelan que el público estadounidense desconoce las más básicas nociones científicas. Una encuesta reciente mostró que el 20% de los estadounidenses creen que el Sol gira alrededor de la Tierra.

Extensión: ¿A qué distancia estaría la siguiente estrella (después del Sol) en un modelo a escala de nuestra galaxia en el que el Sol fuera del tamaño de una pelota de básquetbol?

Puedes consultar:

• una enciclopedia o un libro de astronomía

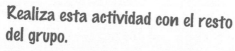

Realiza esta actividad con el resto del grupo.

Busquen en revistas y periódicos hasta hallar al menos 3 ejemplos de gráficas circulares. Escriban dos problemas que puedan ser resueltos con la información de cada gráfica.

Extensión: Observen cuidadosamente las gráficas circulares. ¿Podría mostrarse la información con otro tipo de gráfica? Elijan una de las gráficas circulares y dibujen otro tipo de gráfica para mostrar la misma información.

A ESCALA

Usa papel cuadriculado para hacer un dibujo a escala de tu dormitorio o de alguna otra habitación de tu casa. Halla el largo y el ancho del dormitorio. También tendrás que decidir la escala apropiada para el dibujo.

Después de terminar el dibujo a escala, recorta distintas figuras que puedan ser usadas para representar muebles, como una cama, un escritorio o un librero. Trata de mostrar al menos dos maneras diferentes de situar los muebles en el dormitorio. ¿Cómo acomodarías los muebles de manera que quedara la mayor cantidad de espacio libre posible?

El día de mis sueños

- Imagina que pudieras dedicar un día a hacer todo lo que quisieras, como pasar tiempo con tus amistades, asistir a un concierto o ir de compras a tus tiendas favoritas.

- Crea un horario con actividades desde las 9:00 a.m. hasta las 7:00 p.m. Después de terminar el horario, haz una tabla que muestre en horas y minutos la cantidad de tiempo dedicada a cada actividad.

- Debajo de la tabla, escribe una lista de oraciones que describan el tiempo dedicado a cada actividad en términos fraccionarios, como "Dediqué una décima parte del tiempo a jugar fútbol".

Evaluación

1. ¿De qué otra manera puedes escribir la razón 6 : 3?

    A. 3 : 6   **B.** 6 , 3

    C. $\frac{3}{6}$ **D.** 6 a 3

2. **Por escrito** ¿Son iguales las razones 9 manzanas a 12 manzanas y 6 manzanas a 10 manzanas? Explica la respuesta.

3. Escribe como fracción en su mínima expresión una razón que compare la sección sombreada con la que no lo está.

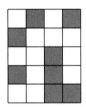

4. Halla la razón igual a $\frac{3}{12}$.

    A. $\frac{9}{24}$ **B.** $\frac{4}{1}$

    C. $\frac{8}{32}$ **D.** $\frac{5}{15}$

5. Halla el valor de n.

    a. $\frac{21}{35} = \frac{9}{n}$ **b.** $\frac{n}{63} = \frac{4}{14}$

6. La escala de un dibujo es 1 cm : 1.5 m. Un árbol del dibujo mide 4.5 cm. Halla la altura real del árbol.

7. Escribe en forma de porcentaje.

    a. $\frac{11}{20}$ **b.** 0.7

8. Escribe en forma de fracción en su mínima expresión.

    a. 38%   **b.** 0.62

9. Escribe en forma decimal.

    a. $\frac{6}{20}$ **b.** 55%

    c. 6%   **d.** $\frac{78}{100}$

10. **Estimación** Elige la mejor estimación para $\frac{5}{12}$. Explica cómo la obtuviste.

    A. 50%   **B.** 40%   **C.** 30%

11. Dibuja un modelo para mostrar el porcentaje.

    a. 75% de 200   **b.** 30% de 210

12. Halla el porcentaje.

    a. 52% de 96

    b. 20% de 400

    c. 38% de 150

13. Usa los datos de la tabla para hacer una gráfica circular.

Tipo de libros preferido			
Misterio	Biografías	Novelas	Humor
22%	13%	55%	10%

14. Marisa gastó $4.25 en sellos. Compró varios sellos de $.29 y varios de $.35. ¿Cuántos sellos compró de cada tipo?

15. Gerald compró materiales de arte por un total de $15.78. El impuesto de venta es 3%. Estima el impuesto y el precio total de los materiales.

16. Estima el 15% de propina de la cuenta.

    a. $25.35   **b.** $9.35

Repaso general

Elige A, B, C o D.

1. ¿Cuál es la razón del número de cuadrados al número de triángulos?

    A. 1 : 1   **B.** 1 : 2

    C. 2 : 1   **D.** 1 : 4

2. Un estacionamiento cobra $2.00 por los primeros 90 min y $1.00 por cada media hora adicional. ¿Qué expresión puedes usar para hallar el precio del estacionamiento durante 4 h?

    A. $2.00 + 4(1.00)$

    B. $2.00 + 2.5(1.00)$

    C. $2.00 + 5(1.00)$

    D. $4(2.00 + 1.00)$

3. ¿Qué número *no* es un factor primo de 2,420?

    A. 2   **B.** 3   **C.** 5   **D.** 11

4. ¿Cuál es la mejor estimación del área de la sección sombreada?

    A. 18 unidades cuadradas

    B. 20 unidades cuadradas

    C. 25 unidades cuadradas

    D. 40 unidades cuadradas

    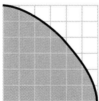

5. Halla el valor de la expresión $3 + b^2$ si $b = 5$.

    A. 64   **B.** 13

    C. 16   **D.** 28

6. ¿Qué expresión *no* es verdadera sobre los puntos A, B y C?

    A. A, B y C son colineales

    B. A, B y C están en el mismo plano

    C. $\angle ABC$ es agudo

    D. A no es parte de $\overleftrightarrow{BC}$

7. ¿Qué debes hacer primero para hallar la diferencia de $5\frac{1}{4} - 3\frac{2}{3}$?

    A. Hallar la diferencia de $5 - 3$

    B. Escribir $5\frac{1}{4}$ como $4\frac{5}{4}$

    C. Hallar la diferencia de $5 - 3\frac{2}{3}$

    D. Escribir $3\frac{2}{3}$ como $2\frac{5}{3}$

8. Sukie se montó al autobús escolar a las 7:48 a.m. y llegó a la escuela a las 8:13 a.m. ¿Cuántos minutos pasó en el autobús?

    A. 13 min   **B.** 65 min

    C. 25 min   **D.** 15 min

9. ¿Qué expresión es equivalente a $35 \cdot 10$?

    A. $35 (100 \div 10)$

    B. $35 (100 \cdot 10)$

    C. $35 + (100 \cdot 10)$

    D. $35 + (100 + 10)$

10. Halla la media de: $4, $2, $2.50, $4, $3.

    A. $4.00   **B.** $2.50

    C. $2.75   **D.** $3.10

Probabilidad

El mapa muestra la falla de San Andrés, en California. Los números de las distintas ubicaciones expresan la probabilidad de terremotos y la intensidad prevista en la escala de Richter.

TEMBLORES Y SACUDIDAS

LA ESCALA DE **R**ICHTER

Los científicos usan la escala de Richter para determinar la intensidad de los terremotos. Charles F. Richter ideó la escala en 1935 para medir la cantidad de movimiento del suelo.

Un terremoto libera, aproximadamente, 30 veces más energía por cada unidad de incremento en la escala Richter. Esto significa que serían necesarios 30 terremotos de magnitud 6 para liberar la energía de un terremoto de magnitud 7. Un terremoto de magnitud 6 libera alrededor de 30 veces la energía de un terremoto de magnitud 5 y alrededor de 30^2 ó 900 veces la energía de un terremoto de magnitud 4.

Fuente: *Earthquakes*, Bruce A. Bolt

Sur de las montañas de Santa Cruz 30%

San Francisco 20%

Parkfield 90%

Costa norte Menos del 10%

8

7

San Francisco

6.5

6

Falla de San Andrés

Daños ocasionados por terremotos	
Escala de Richter	**Daños característicos**
8	Destrucción total.
7	Derrumbe de edificaciones.
6	Grietas en edificaciones y desplazamiento de objetos.
5	Sacudidas de muebles y cuadros.
3–4	Retumba la tierra y se escucha un ruido.
1–2	La mayoría de las personas no notan el temblor.

Fuente: *Junior Scholastic*

Archivo de datos #10

EN ESTE CAPÍTULO

- determinarás los juegos justos e injustos
- usarás diagramas en árbol y fórmulas para determinar probabilidades
- usarás la tecnología para simular experimentos sobre probabilidades
- usarás probabilidades para hacer predicciones

Zonas de movimientos sísmicos en los Estados Unidos

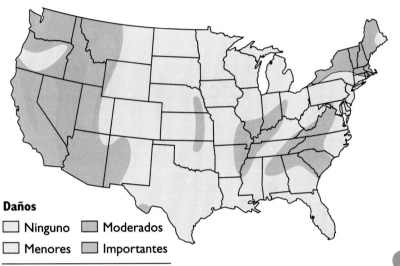

Daños

- ☐ Ninguno
- ☐ Menores
- ▨ Moderados
- ▨ Importantes

Fuente: *Earthquakes*, Seymour Simon

DE TODO EL MUNDO

En 1976, un terremoto en Tangshan, China, causó más de 240,000 muertos. El terremoto midió 8.2 en la escala de Richter y se sintió a más de 800 km de distancia.

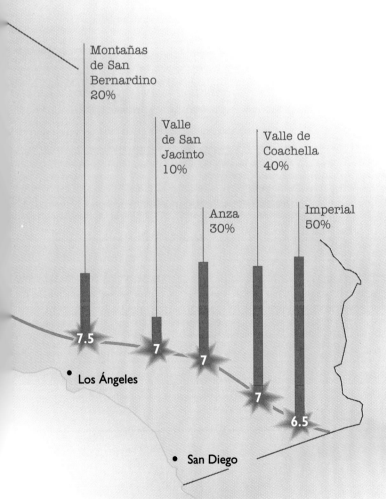

Montañas de San Bernardino 20%

Valle de San Jacinto 10%

Valle de Coachella 40%

Anza 30%

Imperial 50%

7.5

7

7

7

6.5

Los Ángeles

San Diego

Ondas sísmicas

Gráfica: Tiempo (min) vs. Distancia del sismógrafo (km). Ondas S, Ondas P.

LAS ONDAS SÍSMICAS

Las ondas principales (P) se desplazan por la tierra con un movimiento de vaivén a una velocidad de, aproximadamente, 7.7 km/s. Las ondas secundarias (S) viajan con un movimiento transversal y a una menor velocidad: aproximadamente a 4.4 km/s.

Las gráficas muestran el tiempo que tardan las ondas P y las ondas S en desplazarse hasta una distancia dada del terremoto. Un sismógrafo registra las vibraciones de las ondas y el tiempo de llegada. Puedes usar la gráfica para estimar la distancia entre el sismógrafo y el terremoto. Un sismógrafo situado a 1,000 km de distancia de un terremoto registraría las ondas P a los 2 min y las ondas S a los 4 min.

Fuente: *Brief Review in Earth Science*, Prentice Hall; *Movers & Shakers*, State Farm Insurance

(in)vestigación

Informe

El pronóstico acertado de las condiciones climáticas resulta un verdadero desafío. Algunos pronosticadores del estado del tiempo recurren al llamado "efecto de la mariposa" para explicar las dificultades de su tarea. Imagina a una mariposa que bate sus alas en algún lugar de Brasil el lunes por la mañana. El movimiento de las alas perturba el aire que se halla a su alrededor. El efecto se desplaza afectando corrientes de aire cada vez más lejanas. El viernes por la tarde, la turbulencia ocasionada por ese batir de alas afecta la configuración de las tormentas en Chicago.

Ahora, imagina todos los minúsculos disturbios y movimientos del aire en cualquier momento dado en el mundo. ¿Cómo sería posible predecir sus efectos combinados en el clima?

Misión: Predice el estado del tiempo para mañana. Tu pronóstico debe incluir una estimación de las temperaturas máxima y mínima, la cantidad de precipitación y cualquier otro tipo de información que consideres importante. Explica cómo elaboraste el pronóstico y cuáles son las probabilidades de que se confirme.

Sigue Estas Pistas

✓ ¿Qué información de utilidad puedes reunir para elaborar tu pronóstico?

✓ ¿Cuáles son los principales factores que afectan al clima en el área en que vives?

- Determinar si un juego es justo o injusto

- Hallar la probabilidad experimental

█ VAS A NECESITAR

✓ Bolsa o recipiente

✓ Cubos rojos o azules (u otros objetos de dos colores distintos)

10-1 **E**xploración de juegos justos e injustos

█E█N█ █E█Q█U█I█P█O█

Practica estos tres juegos con un compañero.

Un juego es **justo** si todos los jugadores cuentan con la misma probabilidad de ganar. En ese caso, decimos que las posibilidades de ganar de los jugadores son *equiprobables*.

1. Antes de comenzar el juego 1, contesten a esta pregunta: ¿Creen que el juego es justo o injusto? Si el juego es injusto, ¿qué jugador tiene mayor probabilidad de ganar?

Juego 1 Metan un cubo rojo y uno azul en una bolsa. Saquen un cubo de la bolsa, sin mirar. Si el cubo es rojo, gana el jugador A. Si el cubo es azul, gana el jugador B.

2. Decidan quién sacará los cubos y quién anotará los resultados. Jueguen 20 veces. Anoten los resultados en una tabla.

Número de veces que ganó el jugador A	█
Número de veces que ganó el jugador B	█
Número de veces que jugamos	20

3. ¿Creen que el juego es justo o que es injusto? Expliquen.

4. Contesten a las preguntas 1–3 para los juegos 2 y 3.

Juego 2 Metan 2 cubos rojos y 2 cubos azules en una bolsa. Saquen 2 cubos de la bolsa, sin mirar. Si los cubos son del mismo color, gana el jugador A. Si son de distinto color, gana el jugador B.

Juego 3 Metan 3 cubos rojos y 1 cubo azul en una bolsa. Saquen 2 cubos de la bolsa, sin mirar. Si los cubos son del mismo color, gana el jugador A. Si son de distinto color, gana el jugador B.

5. Decidan junto con el resto de la clase cuáles de los tres juegos son justos y cuáles son injustos.

El pueblo mandán, que vivía en las márgenes del río Missouri, jugaba un juego de azar en el que se tiraban fichas de hueso decoradas en una cesta. La puntuación dependía del lado de la ficha que cayera boca arriba.

Calcula.

1. $\frac{9}{10} + \frac{4}{17}$

2. $2\frac{3}{4} - 1\frac{2}{5}$

3. Dibuja una gráfica circular.

Frutas favoritas

Manzanas	65%
Naranjas	15%
Otras	20%

Extiende el patrón.

4. 2, 4, 7, 11, ■, ■, ■

5. 0.75, 1.05, 1.35, 1.65, ■, ■, ■

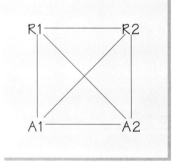

PIENSA Y COMENTA

6. ¿Son justos todos los juegos que lo parecen? Usa ejemplos.

7. Karen y Si practicaron el juego 1. Karen ganó 7 veces y Si ganó 13 veces. ¿Cómo puede pasar esto si el juego es justo?

8. Ki-Jana y Susana practicaron el juego 1. Los primeros 3 cubos fueron azules. ¿Es más probable que el cuarto cubo sea rojo o que sea azul?

Puedes usar una razón para mostrar la fracción de veces que gana un jugador dado. Esta razón constituye la *probabilidad experimental* de ganar el juego. La razón se escribe como se muestra abajo.

$$\text{Probabilidad(gana A)} = \frac{\text{número de veces que ganó A}}{\text{número de veces jugadas}}$$

$$\text{Probabilidad(gana B)} = \frac{\text{número de veces que ganó B}}{\text{número de veces jugadas}}$$

9. Combina los datos de la clase en cada uno de los juegos de la página anterior. Halla la probabilidad(gana A) y la probabilidad(gana B) de cada juego. ¿Qué demuestra esto sobre los juegos?

10. Si jugaras mañana, ¿serían las probabilidades experimentales iguales a las de hoy? Explica.

Puedes decidir si un juego es justo o injusto teniendo en cuenta todos los casos posibles.

11. En el juego 1, los 2 casos posibles son rojo y azul. ¿Son equiprobables? ¿Cómo lo sabes?

12. Eduardo dibujó el diagrama de la izquierda para representar el juego 2. Eduardo nombró los cubos R1, R2, A1 y A2. Cada recta indica que se sacan 2 cubos de la bolsa.

    a. Enumera todos los casos posibles. Por ejemplo, un caso sería R1 A1. ¿Cuántos casos posibles hay?

    b. ¿Con cuántos casos ganaría el jugador A? ¿Con cuántos ganaría el jugador B? ¿Tienen iguales probabilidades de ganar los dos jugadores?

    c. ¿Es el juego justo o injusto? ¿Qué relación hay entre el resultado y las probabilidades experimentales que hallaste en la pregunta 9?

13. Dibuja un diagrama para el juego 3. Enumera en una lista todos los casos posibles. ¿Tienen iguales probabilidades de ganar los jugadores A y B? ¿Es el juego justo o injusto?

Resultados del juego

Gana A	‖‖‖ ‖‖‖
Gana B	‖‖‖ ‖‖‖ ‖
Jugadas	‖‖‖ ‖‖‖ ‖‖‖ ‖‖‖

14. Mia y Jo practicaron un juego y completaron la tabla de la derecha. Halla la probabilidad(gana A) y la probabilidad(gana B).

15. ¿Qué puedes determinar sobre un juego si la probabilidad(gana A) = la probabilidad(gana B)?

16. Leroy tiró 2 dados y halló la suma. Practicó el juego muchas veces y anotó las sumas en un diagrama de puntos.

```
                              ×
                              ×
                    ×         ×    ×
                    ×         ×    ×
          ×         ×    ×    ×    ×
          ×    ×    ×    ×    ×    ×    ×
     ×    ×    ×    ×    ×    ×    ×    ×    ×
_____
Suma  2    3    4    5    6    7    8    9    10   11   12
```

Sumas de dos dados

	1	2	3	4	5	6
1	2	3	4	■	■	■
2	3	4	■	■	■	■
3	4	■	■	■	■	■
4	5	■	■	■	■	■
5	■	■	■	■	■	■
6	■	■	■	■	■	■

a. ¿Qué suma obtuvo Leroy con mayor frecuencia?

b. Completa una cuadrícula como la de la derecha para mostrar todos los casos posibles. ¿Qué suma es más probable? Compara con tu respuesta a la parte (a).

c. Usa los datos de Leroy para hallar la probabilidad(10) y la probabilidad(1).

17. Leroy le dijo a Tim: "Si la suma de los 2 dados es un número primo, tú ganas. Si no, gano yo". Usa la cuadrícula del ejercicio 16(b). ¿Es este juego justo o injusto? Explica.

¡RECUERDA!

Un número primo tiene exactamente dos factores, el número mismo y 1. Un número compuesto tiene más de dos factores.

18. a. Actividad Lanza 2 monedas al menos 25 veces. Si salen 2 caras ó 2 cruces, gana el jugador A. Si sale 1 cara y 1 cruz, gana el jugador B. Anota los resultados en una tabla.

b. ¿Parece ser justo o injusto el juego? Explica.

c. Ten en cuenta todos los casos posibles del juego. ¿Es justo o injusto? Justifica tu respuesta sin usar los resultados.

19. Bodaway y Litisha practicaron un juego 10 veces y decidieron que era injusto. Jaime y Marta lo jugaron 50 veces y decidieron que era justo. ¿Quién crees que estará en lo cierto? ¿Por qué?

20. Por escrito Has aprendido distintos métodos para determinar si un juego parece ser justo o injusto. ¿Qué método prefieres? ¿Por qué?

21. Pensamiento crítico Diseña un juego justo y un juego injusto. Usa monedas, dados, ruletas o cubos de colores.

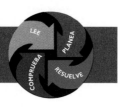

10-2 Simula el problema

Muchas veces, es posible simular un problema de probabilidades para resolverlo. Puedes hacer un modelo, reunir datos basados en él y después usar los datos para resolver el problema.

Sam reparte el periódico a muchos de sus vecinos, entre los que se encuentra la Sra. Smith. Sam entrega el periódico a la Sra. Smith entre las 6:30 a.m. y las 7:30 a.m. La Sra. Smith sale a trabajar entre las 7:00 a.m. y las 8:00 a.m. ¿Qué probabilidad hay de que la Sra. Smith reciba el periódico antes de salir a trabajar?

Lee y entiende la información.
Resume el problema.

1. ¿Recibirá la Sra. Smith el periódico antes de salir a trabajar si Sam entrega el periódico a las horas siguientes?

  a. antes de las 7:00 a.m. **b.** después de las 7:00 a.m.

2. ¿Cuántas veces entrega Sam el periódico a la Sra. Smith antes de las 7:00 a.m.? ¿Y después de las 7:00 a.m.?

3. ¿Durante qué intervalo de tiempo deberá Sam entregar el periódico a la Sra. Smith si desea que lo reciba antes de salir a trabajar?

4. ¿Durante qué intervalo de tiempo deberá la Sra. Smith marcharse a trabajar si desea recibir el periódico antes de salir?

5. Hay dos horas importantes en este problema: la hora a la que Sam reparte el periódico de la Sra. Smith y la hora a la que la Sra. Smith sale a trabajar. ¿Son interdependientes o independientes estos dos horarios?

PLANEA

Decide qué estrategia usar
para resolver el problema.

En vez de reunir datos sobre Sam y la Sra. Smith, puedes representar la situación con un modelo. Hay varias maneras de usar un modelo para simular un problema: sacar cubos de una bolsa, lanzar monedas al aire, girar ruletas, tirar dados y usar números al azar.

6. La ruleta de la derecha representa las horas a las que Sam reparte los periódicos. Dibuja una ruleta que represente las horas a las que la Sra. Smith sale a trabajar.

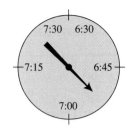

7. Puedes simular lo que sucede una mañana haciendo girar la ruleta una vez. Cada vez que simulas el problema, realizas un **intento**. ¿Cuántos intentos realizarás?

RESUELVE

Prueba la estrategia.

8. Simula el problema muchas veces. Anota los resultados en una tabla. Puedes combinar todos los datos de la clase.

9. Usa los datos para hallar la probabilidad experimental de que la Sra. Smith reciba el periódico antes de salir a trabajar por la mañana. ¿Qué puedes observar?

10. **Discusión** ¿Parece tu respuesta ser razonable? ¿Es ésta la única respuesta posible?

COMPRUEBA

Piensa en cómo resolviste el problema.

11. **Discusión** ¿Se te ocurre alguna otra manera de simular o resolver el problema?

PONTE A PRUEBA

Simula y resuelve el problema. Muestra tu trabajo.

12. Practicas el piano durante 15 min de lunes a viernes, entre las 4:00 p.m. y las 5:00 p.m. Tu papá llega del trabajo entre las 4:30 p.m. y las 5:30 p.m. ¿Qué probabilidad experimental hay de que tu papá llegue del trabajo mientras practicas el piano?

13. **Deportes** Un jugador profesional de básquetbol encesta el 75% de sus tiros libres. ¿Qué probabilidad experimental hay de que enceste dos tiros libres seguidos?

POR TU CUENTA

Usa cualquier estrategia para resolver el problema. Muestra tu trabajo.

14. Imagina que la clase organiza una merienda campestre para celebrar el fin del año escolar. Cada estudiante recibe un emparedado y una lata de jugo. Tres latas de jugo cuestan $1.29. Un emparedado cuesta $1.85. Estima el precio de la merienda para *tu* clase de matemáticas.

Repaso MIXTO

Dibuja un modelo para hallar el cociente.

1. 0.2 ÷ 0.04

2. 0.9 ÷ 0.03

3. Sharon y Ashur practicaron un juego 30 veces. Sharon ganó 18 veces y Ashur ganó 12 veces. ¿Es justo el juego? Explica.

4. Imagina que tiraras un dado 10 veces y saliera siempre el 3. ¿Crees que todas las caras del dado son equiprobables? Explica.

5. Pienso en un número. Si lo multiplico por 3 y resto 11, el resultado será 43. ¿Qué número es?

15. Elvin estimó la cantidad de tiempo que *no* pasa en la escuela durante un año. La tabla de abajo muestra las cantidades. Elvin dice que casi no le queda tiempo para la escuela. ¿Por qué?

Tiempo no pasado en la escuela			
Durmiendo	Comiendo	Vacaciones escolares	Fines de semana
$\frac{1}{4}$	$\frac{1}{8}$	$\frac{1}{4}$	$\frac{2}{7}$

16. ¿Cuál es el menor número de personas que podrías incluir en un grupo para asegurarte de que al menos dos de ellos celebraran cumpleaños el mismo mes? ¿Cuál sería el menor número de manera que tres de ellos celebraran su cumpleaños el mismo mes?

17. Investigación (pág. 410) Halla el promedio de la temperatura y de la precipitación del mes actual en tu ciudad o región. Usa un almanaque o periódicos para hallar la información. Compara la información con la temperatura y precipitación del día de hoy.

18. Archivo de datos #10 (págs. 408–409) ¿Hay más probabilidades de terremoto en San Francisco o en Anza? Explica.

19. A un tablero de damas de 8 por 8 le faltan un par de esquinas opuestas. Una ficha de dominó cubre dos casillas. ¿Puedes cubrir el tablero con fichas de dominó? Si es posible hacerlo, dibuja un diagrama que muestre la solución. Si no es posible, explica por qué.

20. Por escrito Velmanette va a comprar una alfombra nueva para el dormitorio. Ayúdala escribiendo toda la información que necesitará para comprarla.

21. Una máquina dispensadora contiene bolas gigantes de goma de mascar de cuatro sabores: uva, limón, frambuesa y plátano. Madeleine quiere una de cada sabor. Una bola vale 25¢. ¿Alrededor de cuánto dinero tendrá que gastar para poder obtener los cuatro sabores distintos?

22. Biología La araña saltadora puede saltar una distancia igual a 40 veces su propia longitud. ¿Alrededor de cuántos centímetros podría saltar una araña que midiera 15 mm?

La araña saltadora caza al acecho. Sigue a un insecto y después, salta y lo atrapa. ¡Antes de saltar, sin embargo, teje un hilo de seda para poder sujetarse si falla en el salto!

Fuente: *Wild, Wild World of Animals, Insects and Spiders*

10-3 **P**robabilidad experimental y simulaciones

En esta lección

• Usar la computadora para explorar la probabilidad experimental

• Usar dígitos aleatorios para simular problemas de probabilidad

VAS A NECESITAR

✓ Monedas de 1¢

✓ Computadora

✓ Programa con capacidad para números aleatorios y gráficas

**Lista de números
1 y 2 aleatorios**

1 1 2 1 2 1 2 2 2 1 1 2 2 1 2 1 2

1 1 1 1 2 1 2 1 2 1 2 1 2 2 2 1 2

2 2 1 2 1 1 1 1 2 1 2 1 2 2 2 2 1

1 2 1 2 1 1 2 2 1 1 1 1 2 2 2 1 2

PIENSA Y COMENTA

El árbitro lanza la moneda al aire. El entrenador te ha nombrado capitán del equipo de fútbol. Debes elegir entre cara o cruz para ver a qué equipo le toca la pelota. En los primeros tres juegos, ha salido cara.

1. ¿Elegirás cara o cruz? ¿Por qué?

2. Puedes lanzar una moneda al aire para representar el problema.

   a. Primero, debe salir cara en tres lanzamientos seguidos. ¿Qué representan estos lanzamientos?

   b. Entonces, puedes lanzar la moneda una cuarta vez. ¿Qué representa este lanzamiento?

   c. ¿Por qué lleva tanto tiempo representar el problema?

3. ¿Puedes usar una ruleta como la de la izquierda para simular el problema? ¿Sería este método más rápido que el de lanzar las monedas al aire? Explica.

Puedes también usar la computadora para simular el problema. Una computadora puede generar con rapidez una lista de *dígitos aleatorios*. Debido a que los dígitos son aleatorios, o al azar, todos tienen la misma probabilidad de salir.

4. a. Imagina que el dígito 1 represente un lanzamiento en el que la moneda saliera cara. ¿Qué serie de dígitos representaría los lanzamientos del árbitro en los primeros tres juegos?

   b. ¿Qué representan los dígitos 1112? ¿Y los dígitos 1111?

5. Usa la lista de dígitos aleatorios de la izquierda.

   a. ¿Cuántas veces aparece 1112 en la lista?

   b. ¿Cuántas veces aparece 1111 en la lista?

   c. **Discusión** ¿Crees que es más probable que salga cara o que salga cruz al principio del cuarto juego? Explica.

Número de veces que salieron tres caras y, después, cara de nuevo (1111)	■
Número de veces que salieron tres caras y, después, cruz (1112)	■

6. a. **Computadora** Genera e imprime al menos 500 dígitos 1 y 2 aleatorios.

b. Completa la tabla de la izquierda.

c. Halla la probabilidad(cuarta cara) y la probabilidad(cuarta cruz).

d. ¿Qué piensas ahora sobre tu respuesta a la pregunta 1? Explica.

e. **Discusión** ¿Considerarías la solución más segura si imprimieras una lista de 1,000 dígitos aleatorios? Explica.

⌐EN EQUIPO

Trabaja con un compañero en esta actividad. Usen los datos generados en la pregunta 6 para simular qué sucedería al ir aumentando el número de lanzamientos de moneda. Cada pareja de estudiantes debe usar una sección distinta de los datos y contar la cantidad de números 1 y de números 2.

7. Combinen los datos de la clase para completar esta tabla.

Número de lanzamientos	Número de caras	Número de cruces	Probabilidad(caras) $= \dfrac{\text{número de caras}}{\text{número de lanzamientos}}$
10	■	■	■
20	■	■	■
30	■	■	■
40	■	■	■
50	■	■	■
100	■	■	■
200	■	■	■
500	■	■	■
1,000	■	■	■

8. **Computadora** Dibujen una gráfica lineal para mostrar qué sucede con la probabilidad(caras) a medida que aumenta el número de lanzamientos.

9. **Por escrito** ¿Observan alguna tendencia o patrón en la gráfica? Usen los datos o la gráfica para escribir al menos una expresión verdadera.

10. **Pensamiento crítico** ¿Qué creen que sucedería con la probabilidad(cara) si simularan otros 10,000 lanzamientos?

R^{e}p$a$$_s$o MIXTO

Escribe dos razones iguales.

1. 12 a 18   2. $\frac{15}{45}$

3. Los Leopardos jugaron su primer juego de hockey el lunes, 20 de septiembre, y jugaron todos los lunes a partir de entonces. ¿Cuál fue la fecha del séptimo juego?

4. Brett encesta el 40% de sus tiros libres. ¿Qué probabilidad hay de que enceste tres tiros libres seguidos?

5. ¿De cuántas maneras distintas podrías combinar monedas que sumen 31¢?

11. Deportes Imagina que tu oponente lanzara una moneda de diez centavos al aire para determinar a quién le tocaría sacar primero en un juego de tenis. Debes elegir cara o cruz.

    a. Los últimos nueve lanzamientos salieron cruz. ¿Qué vas a elegir, cara o cruz? ¿Por qué?

    b. El último lanzamiento salió cara. ¿Qué elegirás? ¿Por qué?

12. a. ¿Qué probabilidad hay de que salgan "dobles" al tirar dos dados? Simula el problema con la lista de la derecha. Usa dos dígitos a la vez. Completa la tabla.

Número de dobles	▨
Número de tiradas	▨
Probabilidad(dobles)	▨

Lista de dígitos aleatorios 1–6

2 3 4 1 6 3 2 4 1 1 2 5 3 4 5 2 4
3 5 1 4 2 6 3 5 2 3 2 4 3 4 6 4 4
2 4 1 2 3 3 6 2 3 1 3 2 6 4 5 5 4
3 6 3 1 1 4 1 3 4 2 4 5 3 1 4 1 5
2 6 2 2

    b. Ahora, prepara una lista de todos los casos posibles para analizar el problema. ¿Qué probabilidad hay de que salgan dobles? Muestra la solución.

13. Un cine imprime un dígito del 0 al 9 en cada boleto. Cuando reúnas todos los dígitos, recibirás un boleto gratis. ¿Cuántas películas tendrás que ver antes de poder obtener el boleto gratis? Usa los dígitos aleatorios de la derecha para simular y resolver este problema.

Lista de dígitos aleatorios 0–9

5 8 2 0 3 2 1 9 8 4 5 6 0 3 2 1 6
6 1 9 8 7 2 3 0 4 7 2 8 2 2 7 0 1
3 6 3 9 3 9 0 2 6 5 8 3 1 0 8 8 6
8 4 2 9 7 5 0 1 8 2 3 9 5 4 7 0 6

14. Por escrito Una jugadora de básquetbol suele encestar el 50% de sus tiros libres. Explica cómo usar una simulación en la computadora para hallar la probabilidad experimental de que enceste 7 de 10 tiros libres.

15. En otro juego, lanzas tres monedas. Si salen dos caras o dos cruces exactamente, ganas. De lo contrario, pierdes. ¿Es el juego justo o no? Muestra la solución.

16. Elige A, B o C. Imagina que hubiera un 50% de probabilidad de lluvia durante los próximos tres días. ¿Qué método *no* podrías usar para hallar la probabilidad de lluvia durante tres días consecutivos?

    A. Lanza una moneda al aire. Cara representará "lluvia" y cruz representará "no lluvia".

    B. Usa una computadora para enumerar dígitos aleatorios del 0 al 9. Los números pares representarán "lluvia" y los impares "no lluvia".

    C. Haz girar una ruleta con tres secciones iguales: un día de lluvia, dos días de lluvia y tres días de lluvia.

Durante su estancia en prisión en la Segunda Guerra Mundial, John Kerrich lanzó una moneda al aire 10,000 veces. Salieron 5,067 caras. La probabilidad experimental de salir cara resultó ser 50.67%.

Resuelve los problemas. La lista de la izquierda muestra algunas de las estrategias que puedes usar.

ESTRATEGIAS PARA RESOLVER PROBLEMAS

Haz una tabla
Razona lógicamente
Resuelve un problema
más sencillo
Decide si tienes suficiente
información, o más de
la necesaria
Busca un patrón
Haz un modelo
Trabaja en orden inverso
Haz un diagrama
Estima y comprueba
Simula el problema
Prueba con varias estrategias

1. Philip Astley, de nacionalidad inglesa, fue el creador del circo como se conoce en la actualidad. El Sr. Astley organizaba espectáculos de trucos de equitación. Usa las pistas para hallar el año en que comenzó el circo.

   • La suma de los dígitos es igual a 22.

   • El año es divisible por 4.

   • La Revolución Americana ocurrió en ese siglo.

2. ¿Sabías que la pista de un circo tiene un tamaño específico? Philip Astley descubrió que el círculo ideal para la equitación sin silla tenía un diámetro de 42 pies. Halla el área del círculo.

3. Los resultados de una encuesta muestran que el 73% de las personas que van a ver una película compran palomitas de maíz en el cine. Posees un cine de 360 asientos y vendes envases de palomitas de maíz.

   a. ¿Cuántos envases de palomitas de maíz esperarías vender a diario, si el cine se llenara durante las dos tandas?

   b. Un envase de palomitas cuesta 45¢ y se vende por $1.50. ¿Qué ganancias diarias esperarías de la venta de palomitas?

4. **Por escrito** Copia el polígono de la izquierda en papel punteado. Halla el área del polígono. Observa que hay un punto dentro del polígono. Además, hay 8 puntos en el borde del polígono. Dibuja cinco polígonos más del mismo tipo. Halla el área de los polígonos. ¿Qué puedes observar?

5. Un restaurante tiene 25 etiquetas engomadas de cada oferta: sopa, emparedado, ensalada y bebida. El restaurante pone una etiqueta en cada menú. Cada vez que visitas el restaurante, la oferta de la etiqueta del menú que recibes es gratis. ¿Cuántas veces tendrás que visitar el restaurante para recibir gratis cada tipo de oferta?

6. Un planeta tiene dos hemisferios. Hay tres continentes en cada hemisferio y cuatro países en cada continente. Hay cinco estados en cada país. ¿Cuántos estados hay en ese planeta?

10-4 **P**robabilidad

Piensa en el juego 3 de la página 411. Había 3 cubos rojos y 1
azul en una bolsa.

En este juego de suerte
*uno de los participantes tiene
un objeto marcado en una
mano y un objeto sin marcar
en la otra. El oponente gana
al adivinar qué mano contiene
el objeto sin marcar. ¿Qué*
***probabilidad hay de
escoger la mano correcta?***

1. Imagina que sacaras 1 cubo de la bolsa. ¿Qué
   sería más probable, rojo o azul? ¿Cómo lo sabes?

2. Imagina que sacaras 1 cubo y lo metieras de
   nuevo en la bolsa 4 veces. ¿Cuántas veces
   esperarías sacar rojo? ¿Cuántas veces esperarías
   sacar azul?

3. ¿Hay igual probabilidad de sacar cualquiera de
   los 4 cubos de la bolsa?

La probabilidad indica cuáles son las posibilidades de que
ocurra un suceso. Cuando todos los casos son igualmente
posibles, la probabilidad de que ocurra un suceso es igual a la
razón de abajo. Puedes expresar esta razón en forma decimal,
de fracción o de porcentaje.

$$\text{Probabilidad(suceso)} = \frac{\text{número de casos favorables}}{\text{número de casos posibles}}$$

Ejemplo Una bolsa contiene 3 cubos rojos y 1 cubo azul.
¿Cuál es la probabilidad de sacar un cubo rojo?

• Halla la probabilidad de sacar un cubo rojo.

$$\frac{\text{número de casos favorables}}{\text{número de casos posibles}} = \frac{\text{cubos rojos}}{\text{todos los cubos}} = \frac{3}{4}$$

$$\text{Probabilidad(rojo)} = \frac{3}{4} = 0.75 = 75\%$$

4. Halla la probabilidad de sacar un cubo azul.

5. Diseña una ruleta que pudieras usar para simular este
   problema.

6. ¿Cuántos cubos azules podrías añadir a la bolsa para que
   probabilidad(azul) = probabilidad(rojo)?

7. **Discusión** ¿Qué significa la palabra *favorable* en la fórmula
   de la probabilidad?

8. Se saca una canica de la bolsa de la izquierda.

   a. ¿Cuántos casos posibles hay? ¿Es igual la probabilidad de sacar cualquiera de las canicas?

   b. Halla la probabilidad(rojo). Escribe la probabilidad en forma decimal, de fracción y de porcentaje. ¿Cuántos casos son favorables?

9. Imagina que tiraras un dado una vez.

   a. Enumera los casos posibles.

   b. ¿Qué probabilidad hay de que salga un número par?

   c. ¿Qué probabilidad hay de que *no* salga un número par? Descríbela de otra manera.

   d. Halla la suma de probabilidad(par) + probabilidad(no par). ¿Te sorprende? ¿Por qué?

EN EQUIPO

Cuando la probabilidad de un suceso es 1, es *seguro* que el suceso ocurrirá. Cuando la probabilidad de un suceso es 0, es *imposible* que ocurra el suceso.

10. Trabaja con un compañero para hallar al menos 3 sucesos de cada tipo. Escriban todas sus ideas.

    a. seguro   b. imposible   c. posible

11. Hallen la probabilidad de cada uno de los ejemplos. Escriban las probabilidades en forma decimal, de fracción y de porcentaje.

Baja   Alta

12. Dibujen una recta numérica para mostrar la gama de números usados para describir la probabilidad. Anoten en la recta los decimales, porcentajes y fracciones más comunes. Escriban las siguientes palabras en los lugares apropiados de la recta:

    seguro, imposible, muy probable, poco probable, ocurre aproximadamente la mitad de las veces

PONTE A PRUEBA

13. Imagina que tu maestro escriba en distintas tarjetas los nombres de los estudiantes de la clase. Para seleccionar el ganador, el maestro deberá sacar una tarjeta de una caja. Usa los datos sobre tu clase para hallar la probabilidad(tú ganas) y la probabilidad(no ganas).

Una computadora genera dígitos aleatorios del 0 al 9. Halla cada probabilidad. Escríbela en forma decimal, de fracción y de porcentaje.

14. Probabilidad(6)

15. Probabilidad(número par)

16. Probabilidad(no 6)

17. Probabilidad(1 ó 2 ó 3)

18. ¿Estás de acuerdo o en desacuerdo con la siguiente regla? Un suceso cuya probabilidad sea 0 nunca sucederá y un suceso cuya probabilidad sea 1 siempre sucederá.

19. Actividad Trabajen en grupos para diseñar una ruleta que represente probabilidad(A) = 50%, probabilidad(B) = 10%, probabilidad(C) = 0% y probabilidad(D) = 40%.

POR TU CUENTA

Se tira un dado una vez. Halla la probabilidad. Escríbela en forma decimal, de fracción y de porcentaje.

20. Probabilidad(4)

21. Probabilidad(9)

22. Probabilidad(no 5)

23. Probabilidad(1 ó 3 ó 6)

24. Halla la probabilidad(rojo) y la probabilidad(azul) de la ruleta de la derecha.

25. Pensamiento crítico Un icosaedro es un dado de 20 caras. Todos los resultados son igualmente probables. Las caras son de color rojo, azul, amarillo o verde. Sabes que probabilidad(amarillo) = probabilidad(azul) = probabilidad(verde) = probabilidad(rojo). ¿Cuántas caras son de color rojo?

26. Se han vendido mil boletos para una rifa. Compras dos. Se saca el boleto ganador.

a. ¿Qué probabilidad tienes de ganar?

b. ¿Qué probabilidad tienes de no ganar?

 27. Investigación (pág. 410) Halla las probabilidades de lluvia en tu región para hoy y mañana.

a. ¿Informan los medios de comunicación de la probabilidad de lluvia en forma decimal, de fracción, de porcentaje, o con palabras?

b. Por escrito Escribe una oración sobre tu investigación.

R^epaso MIXTO

1. El radio de un círculo mide 15 m. ¿Cuál es su diámetro?

2. El diámetro de un círculo mide 22 pies. ¿Cuál es su radio?

3. Programas una computadora para hacer una lista aleatoria de los números 6, 7 y 8. Salen cuatro números 6 seguidos. ¿Cuál de los tres números tiene más probabilidades de salir después? Explica.

4. ¿Podrías doblar este patrón por las líneas para formar un cubo?

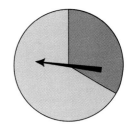

La probabilidad de ver una ballena durante un crucero de observación de ballenas depende de la zona oceánica, la estación, la hora del día y los conocimientos del guía.

28. **Por escrito** ¿Te parece más razonable expresar la probabilidad en forma decimal, de fracción o de porcentaje? ¿Por qué?

29. Ordena los siguientes sucesos de más probable a menos probable.

   A. El sol saldrá mañana.

   B. Tienes tarea escolar para esta noche.

   C. Saldrá cara en la próxima moneda que lances al aire.

   D. Nevará en algún lugar de tu estado esta semana.

   E. Harás la tarea escolar esta noche.

   F. Vivirás hasta los 195 años de edad.

   G. Anotarás una canasta la próxima vez que juegues básquetbol.

30. Una bolsa contiene sólo cubos rojos y verdes. Probabilidad(rojo) = $\frac{3}{8}$. Sacas un cubo sin mirar.

   a. Halla la probabilidad(verde).

   b. Dibuja una ruleta para simular el problema.

   c. ¿Cuántos cubos de cada color podría contener la bolsa?

⌐VISTAZO A LO APRENDIDO

1. Una computadora genera una muestra aleatoria de dígitos del 1 al 5. Halla la probabilidad. Escríbela en forma decimal, de fracción y de porcentaje.

   a. Probabilidad(3)   **b.** Probabilidad(número impar)

   c. Probabilidad(2 ó 3)   **d.** Probabilidad(no 5)

2. Lei-Li y Earline practicaron un juego y completaron la tabla de la izquierda.

   a. Halla la probabilidad experimental de que gane Earline.

   b. Halla la probabilidad experimental de que gane Lei-Li.

   c. ¿Es justo el juego? Explica.

Resultados del juego	
Gana Earline	14
Gana Lei-Li	16
Jugadas	30

3. **Elige A, B, C o D.** ¿Qué suceso es más probable?

   A. "cruz" al lanzar una moneda al aire

   B. "consonante" al seleccionar una letra al azar entre la A y la Z

   C. "9" al generar la computadora una lista aleatoria de dígitos del 0 al 9

   D. "no 3" al tirar un dado

10-5 Diagramas en árbol y principio de conteo

PIENSA Y COMENTA

Los estudiantes de una clase de educación física pueden elegir en qué actividad desean participar durante un período de diez semanas. Las opciones son voleibol, fútbol y béisbol. Al cabo de las diez semanas, los estudiantes pueden elegir una nueva actividad para el siguiente período de diez semanas. Si lo desean, pueden seguir practicando la misma actividad.

1. ¿Cuántas opciones tienen los estudiantes para la primera actividad?

Un **diagrama en árbol** muestra todas las opciones posibles. Cada rama del diagrama muestra una opción. Puedes usar el diagrama en árbol cuando todos los resultados sean equiprobables y cuando un suceso tenga dos o más etapas.

Ejemplo 1   Dibuja un diagrama en árbol para las actividades de la clase de educación física. ¿Cuántas maneras diferentes de elegir las actividades tienen los estudiantes?

Usa la letra V para voleibol, la letra F para fútbol y la letra B para béisbol.

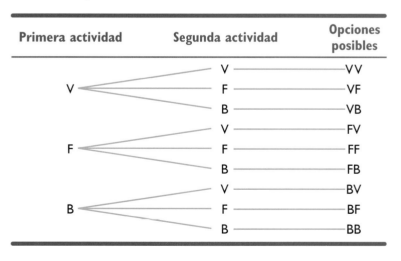

Primera actividad	Segunda actividad	Opciones posibles
V	V	VV
	F	VF
	B	VB
F	V	FV
	F	FF
	B	FB
B	V	BV
	F	BF
	B	BB

Hay 9 maneras diferentes de elegir las actividades.

2. Dibuja un diagrama en árbol que muestre los casos posibles al lanzar 3 monedas al aire.

El 4 de septiembre de 1993, Jim Abbott, de los Yankees de Nueva York, lanzó un juego contra los Indians de Cleveland sin permitir hits.

Puedes usar un diagrama en árbol para hallar la probabilidad de un suceso.

Ejemplo 2

Usa el diagrama en árbol del ejemplo 1. Imagina que una estudiante eligiera al azar. ¿Qué probabilidad habría de que jugara fútbol durante el segundo período?

- Cuenta todos los casos posibles: 9.

- Halla el número de casos favorables: 3.

  Los casos favorables son voleibol/fútbol, fútbol/fútbol y béisbol/fútbol.

  Probabilidad(fútbol durante segundo período) = $\frac{3}{9} = \frac{1}{3}$

3. Pensamiento crítico ¿Existe alguna relación entre el número de actividades del primer período, el número de actividades del segundo período y el número de opciones posibles? ¿Qué relación sería, de haber alguna?

4. ¿Se te ocurre alguna manera de contar los casos posibles sin usar un diagrama en árbol o una cuadrícula? Explica tu respuesta.

Para hallar el número de casos posibles, puedes también aplicar el *principio de conteo*.

El principio de conteo

El número de casos de un suceso de dos o más etapas es el producto del número de casos de cada etapa.

Ejemplo 3

Tus amistades y tú quieren comprar una pizza. Tienen sólo suficiente dinero para una pizza mediana de un relleno. ¿Cuántos tipos distintos de pizza pueden comprar?

Aplica el principio de conteo.

Relleno (6 opciones)		Masa (2 opciones)		Tipos de pizza
6	×	2	=	12

Pueden comprar 12 distintos tipos de pizza.

PALACIO de la Pizza

Rellenos
setas
cebollas
pepperoni
salchicha
pimiento
extra queso

Masa
gruesa
fina

5. El Palacio de la Pizza decide ofrecer un relleno adicional. ¿Cuántos tipos más de pizza podrás comprar con tus amistades?

6. Discusión ¿Qué información obtienes con un diagrama en árbol que no puedes obtener con el principio de conteo?

También puedes aplicar el principio de conteo para hallar la probabilidad de un suceso.

Ejemplo 4 Usa la información del ejemplo 3. Imagina que eligieran una pizza al azar. ¿Qué probabilidad habría de que eligieran una pizza de setas de masa fina?

- Cuenta los resultados posibles: 12.
- Halla el número de resultados favorables: 1.

Probabilidad(setas, masa fina) = $\frac{1}{12}$

7. Halla la probabilidad de elegir el siguiente tipo de pizza.

a. de masa gruesa   **b.** de pepperoni

P O N T E A PRUEBA

8. a. Imagina que tiras dos dados. Aplica el principio de conteo para hallar el número de casos posibles.

b. ¿Por qué sería más fácil aplicar el principio de conteo que dibujar un diagrama en árbol?

c. ¿Qué probabilidad hay de que salgan dos números 5?

9. Autos Cuando encargas un auto, eliges los colores del interior y del exterior. Un concesionario de autos ofrece 10 colores exteriores para un auto nuevo: negro, plateado, pardo, blanco, azul marino, azul claro, rojo, vino, verde y café. Hay 3 opciones de color interior por cada color exterior. ¿Cuántas combinaciones diferentes de colores hay?

10. Autos Para un auto de color azul marino puedes elegir un interior gris, azul o negro. El interior del auto plateado puede ser gris, azul, negro o rojo. Dibuja un diagrama en árbol para mostrar todas las combinaciones posibles de colores.

Los concesionarios de autos opinan que, en el futuro, un mayor número de personas preferirán encargar el auto que desean comprar en lugar de elegirlo del inventario en exhibición. Para los concesionarios resulta demasiado caro acumular todos los distintos autos disponibles. ¡Los consumidores están satisfechos porque así pueden encargar el auto que desean!

11. Un juego tiene bloques grandes y pequeños de cinco figuras: cubo, pirámide, cono, cilindro y prisma triangular. Haz una lista de todos los tipos distintos de bloques del juego.

12. Transporte Cuatro compañías de aviación tienen vuelos directos de Washington a Columbus. Cinco compañías de aviación tienen vuelos directos de Columbus a Seattle. ¿Cuántos pares diferentes de compañías de aviación puedes usar para volar de Washington a Seattle con escala en Columbus?

13. Por escrito Escribe un problema para cuya solución puedas usar el diagrama en árbol de la izquierda y resuélvelo.

14. Consumo La tabla de abajo muestra algunas de las opciones al comprar una computadora. Imagina que debes elegir un teclado, un monitor y una impresora.

Teclados		Monitores		Impresoras	
Normal	$105	Monocromo	$329	Láser	$819
Ampliado	$185	Color de 14 pulg	$539	Térmica	$339
Ajustable	$195	Color de 16 pulg	$1,459	Matricial	$439

a. ¿Cuántas opciones hay?

b. Deseas un monitor de pantalla a colores, pero no deseas un teclado ajustable. ¿Cuántas opciones quedan?

c. ¿Qué computadora cuesta menos? ¿Qué computadora cuesta más? Determina la gama de precios de estas computadoras.

15. Una cafetería sirve los mismos tres platos principales y los mismos tres postres todos los días para el almuerzo. Eliges una comida distinta todos los días, pero siempre almuerzas un plato principal y un postre. ¿Después de cuántos días te quedarás sin opciones?

16. Para practicar un juego de mesa, haces girar una ruleta y sacas una carta. La ruleta está dividida en secciones que te indican que debes avanzar 1, 2, 3 ó 4 espacios. Las cartas dicen "Ganas un turno", "Pierdes un turno" o "Sin cambio". ¿Qué probabilidad hay de que avances 3 espacios y pierdas un turno?

17. Autos Al encargar un auto debes elegir entre 8 colores exteriores e interior de tela o de piel. La tela viene en 3 colores distintos. La piel puede ser clara u obscura. ¿Cuántos tipos diferentes de auto son posibles?

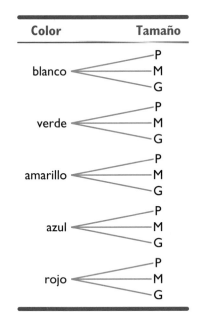

Color	Tamaño
blanco	P / M / G
verde	P / M / G
amarillo	P / M / G
azul	P / M / G
rojo	P / M / G

Usa las barras neperianas para hallar el producto.

1. 297×5
2. $3,429 \times 7$

Halla la probabilidad del suceso.

3. un mes elegido al azar que tenga 30 días

4. una letra elegida al azar en la palabra CIENCIAS que sea una vocal

5. Halla la suma de los números enteros pares del 10 al 48.

En esta lección

- Determinar la probabilidad de dos sucesos independientes

- Determinar si los sucesos son independientes

▪ VAS A NECESITAR

✓ Cubos rojos o azules (u otros objetos de dos colores distintos)

✓ Bolsa o recipiente

⌐EN EQUIPO

Trabaja con un compañero en esta actividad. Observemos de nuevo el juego 3 de la página 411.

1. Traten de recordar los resultados del juego 3. ¿Es un juego justo o injusto? Si es necesario, practiquen el juego o dibujen un diagrama para reconsiderar todos los casos posibles.

2. Ahora, pasen del juego 3 al juego 3A. En vez de sacar 2 cubos a la vez, saquen 1 cubo. Repitan el juego 3A al menos 20 veces. ¿Es justo o injusto? Expliquen la respuesta.

Juego 3A Metan 3 cubos rojos y 1 cubo azul en una bolsa. Saquen un cubo de la bolsa, sin mirar. Anoten el color, vuelvan a meter el cubo en la bolsa y saquen de nuevo un cubo. Si los 2 cubos son del mismo color, gana el jugador A. Si no, gana el jugador B.

⌐PIENSA Y COMENTA

El diagrama en árbol de la izquierda muestra 16 casos equiprobables.

3. ¿Qué juego representa este diagrama: el 3, el 3A o ambos?

4. **Discusión** Usa el diagrama en árbol para determinar si el juego es justo o injusto. Asegúrate de que la clase entera esté de acuerdo.

5. ¿Es igual la probabilidad de sacar cualquiera de los 4 cubos la primera vez en el juego 3A? ¿Y la segunda vez? ¿Depende el resultado al sacar el segundo cubo del resultado al sacar el primer cubo?

6. ¿Depende el resultado al sacar el segundo cubo del resultado al sacar el primero en el juego 3? ¿Por qué?

$\mathbf{S}$i el resultado de un suceso no depende del resultado de otro suceso, los sucesos son **independientes.**

7. ¿Son independientes los sucesos del juego 3 o los del juego 3A?

	Casos
R ——— R	RR
R ⟨ R	RR
R	RR
A	RA
R	RR
R ⟨ R	RR
R	RR
A	RA
R	RR
R ⟨ R	RR
R	RR
A	RA
R	AR
A ⟨ R	AR
R	AR
A	AA

8. ¿Son independientes los dos sucesos? ¿Por qué?

   a. Se toma una carta y no se vuelve a poner en la baraja. Se toma otra carta.

   b. Cleotha estudia matemáticas durante 30 min todas las noches. Cleotha obtiene una A en el examen.

   c. Nieva en Washington, D.C. Se elige un nuevo presidente de los Estados Unidos.

   d. En un juego de fútbol se lanza una moneda al aire y sale cara. En el juego siguiente, sale cruz.

   e. Faraj corre 6 mi diarias. Faraj obtiene el primer lugar en una carrera a campo traviesa.

9. **Pensamiento crítico** Haz una lista que incluya varios sucesos independientes y varios sucesos que no lo sean. Piensa en sucesos que no hayan sido descritos en este capítulo.

10. ¿Qué probabilidad hay de que salga cruz tres veces consecutivas al lanzar una moneda al aire tres veces? Dibuja un diagrama en árbol para mostrar los casos posibles. ¿Son estos sucesos independientes?

Otra manera de hallar la probabilidad de sucesos independientes consiste en multiplicar las probabilidades.

Probabilidad(A y B) = Probabilidad(A) × Probabilidad(B)

11. Usa la multiplicación para hallar la probabilidad de que salga cruz tres veces consecutivas. Completa: probabilidad(cruz, cruz, cruz) = probabilidad(cruz) × probabilidad(cruz) × probabilidad(cruz) = ■ × ■ × ■ = ■. Compara con la pregunta 10.

12. Mei-Ling tiene 3 blusas: rosa, blanca y azul. Tiene 2 pares de pantalones vaqueros: blanco y azul. Tiene 5 pares de medias: 3 blancos, 1 azul y 1 rosa. Selecciona al azar 1 blusa, 1 pantalón y 1 par de medias. ¿Qué probabilidad hay de que sean todos azules?

   a. Aplica el principio de conteo para hallar el número de casos posibles. Después, halla la probabilidad.

   b. Usa la multiplicación para hallar la probabilidad.

   c. Compara las respuestas a la parte (a) y a la parte (b). ¿Qué método prefieres usar para hallar la probabilidad? ¿Por qué?

   d. Explica por qué es preferible no usar un diagrama en árbol para hallar la probabilidad en este caso.

Repaso MIXTO

Usa el transportador para trazar un ángulo de la medida dada.

1. 45°   2. 130°

3. Dibuja un diagrama en árbol para mostrar los casos posibles cuando lanzas una moneda al aire y tiras un dado.

4. ¿Qué probabilidad hay de obtener cara y un número par en el ejercicio 3?

Usa el diagrama de Venn.

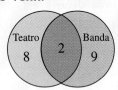

5. ¿Cuántos estudiantes son miembros del club de teatro?

6. ¿Cuántos estudiantes son miembros de la banda y del club de teatro?

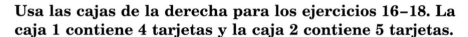
Usa la ruleta para los ejercicios 13–15. Se la hace girar dos veces.

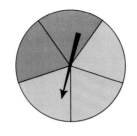

13. ¿Son sucesos independientes las dos vueltas de la ruleta? Explica.

14. Usa la multiplicación para hallar la probabilidad de que la primera vez salga azul y la segunda, rojo.

15. Dibuja un diagrama en árbol para mostrar todos los casos posibles. Halla la probabilidad de que salga las dos veces el mismo color.

Usa las cajas de la derecha para los ejercicios 16–18. La caja 1 contiene 4 tarjetas y la caja 2 contiene 5 tarjetas.

Caja 1

Caja 2

16. Se saca una tarjeta de la caja 1. Halla la probabilidad(A).

17. Se saca una tarjeta de la caja 1. Después, se saca una tarjeta de la caja 2. Halla la probabilidad(AE).

18. Se saca una tarjeta de la caja 1 y se la vuelve a poner en la caja. Después, se saca otra tarjeta. Halla la probabilidad(RT).

19. En un juego, lanzas una moneda al aire y tiras dos dados. ¿Cuántos casos posibles hay para lo siguiente?

    a. una moneda   **b.** un dado

    c. una moneda y un dado   **d.** el juego

20. Por escrito Explica con tus propias palabras qué son sucesos independientes. Presenta varios ejemplos.

21. Elige A, B o C. ¿Qué sucesos no son independientes?

    A. La computadora muestra, en una lista al azar, primero un 1 y después un 2.

    B. Sacas dos tarjetas de colores a la vez de una pila y te sale una roja y una azul.

    C. Tiras un dado dos veces y te sale 6 en ambas ocasiones.

22. Biología Imagina que "niño" y "niña" sean casos equiprobables para el sexo de un bebé. ¿Qué probabilidad hay de que alguien tenga cinco niñas consecutivas? Muestra la solución al menos de dos maneras diferentes.

23. Biología Diana piensa que es igual de probable tener dos bebés del mismo sexo que de distinto sexo. ¿Estás o no de acuerdo? Muestra tu solución.

En esta lección

• Determinar
el número
de diferentes
agrupaciones de un
conjunto de objetos

10-7

Exploración de las agrupaciones

Formen grupos de cuatro estudiantes para esta actividad.

1. ¿De cuántas maneras diferentes pueden ordenar a los miembros del grupo en una fila? Hagan una estimación y escríbanla.

2. Pónganse de pie y formen una fila con todos los miembros del grupo. Después, formen tantas filas distintas como sea posible. ¿Cuántas filas distintas pueden formar?

3. Simulen el problema. Representen los miembros del grupo con objetos, como lápices o libros. Agrupen los objetos en tantas filas distintas como sea posible. ¿Obtuvieron el mismo número de agrupaciones posibles?

Imagina que sólo haya 3 personas en fila. ¿De cuántas maneras distintas pueden 3 personas formar una fila?

4. Usen letras o números para representar a los miembros del grupo. Hagan una lista de todas las agrupaciones posibles.

   a. ¿Cuántas agrupaciones hay en la lista?

   b. Comparen este número con la estimación y con las respuestas a las preguntas 2 y 3.

PIENSA Y COMENTA

Puedes usar diferentes métodos para hallar el número de agrupaciones de un conjunto de objetos.

5. **Discusión** En la actividad de arriba, usaste varios métodos para hallar el número de agrupaciones diferentes de los miembros del grupo. Nombra los métodos. ¿Qué te gustó o disgustó de cada uno?

6. **Discusión** Determina con el resto de la clase las agrupaciones posibles para grupos de 3, 4 y 5 miembros.

Puedes dibujar un diagrama en árbol o hacer una lista ordenada. Después, cuenta todas las agrupaciones posibles.

Resultados

7. El diagrama en árbol de la derecha muestra todas las agrupaciones posibles de los números 1, 2 y 3. Dibuja un diagrama en árbol que muestre todas las agrupaciones posibles de los números 1, 2, 3 y 4.

8. Para contar el número de agrupaciones de A, B, C y D, Verónica empezó a hacer la lista de la derecha. Completa la lista. ¿Ordenarías la lista de esta manera?

Lista de Verónica

| ABCD BCDA CDAB ··· |
| ABDC |
| ACBD |
| ⋮ |

9. **Discusión** ¿Qué método prefieres, dibujar un diagrama en árbol o hacer una lista? ¿Obtienes los mismos resultados con ambos métodos?

Puedes también aplicar el principio de conteo. Por ejemplo, para hallar el número de agrupaciones de cuatro estudiantes, piensa en cada lugar de la fila.

Primer lugar en la fila		Segundo lugar en la fila		Tercer lugar en la fila		Cuarto lugar en la fila		
4	$\times$	3	$\times$	2	$\times$	1	=	24

10. **Discusión** ¿Por qué hay 4 opciones para el primer lugar de la fila, pero sólo 3 opciones para el segundo lugar?

11. **Discusión** ¿Tiene sentido este método? ¿Cuándo podría resultar más práctico que otros?

12. **Deportes** El entrenador debe decidir el orden de bateo de nueve jugadores de béisbol. Usa el principio de conteo para hallar el número de opciones que tiene el entrenador.

Sugerencia para resolver el problema

Escribe el producto que debas hallar. Después, usa la calculadora para hallarlo.

P O R TU CUENTA

13. Haz una lista ordenada de todas las agrupaciones posibles de la palabra SOPA. ¿Cuántas son palabras en español?

14. Muchos periódicos tienen en la sección de pasatiempos un juego en que se combinan letras de distintas maneras. Imagina que estuvieras a cargo de crear este juego. ¿De cuántas maneras diferentes podrías ordenar las letras de la palabra PIENSA?

15. El coro de la escuela va a cantar cinco canciones en un acto público. ¿De cuántas maneras distintas puede el director ordenar las canciones?

16. Deportes En las carreras de bobsled es mejor descender primero porque la pista se pone más lenta con el uso. Dibuja un diagrama en árbol para mostrar todas las agrupaciones posibles de los equipos de Suiza, Alemania e Italia.

17. Literatura Una biblioteca recibió una colección de siete volúmenes de *Las crónicas de Narnia,* de C.S. Lewis.

　a. ¿De cuántas maneras se pueden agrupar los libros en fila en un estante?

　b. Se colocan los siete libros al azar en un estante de la biblioteca. ¿Qué probabilidad hay de que los libros estén en el orden correcto de izquierda a derecha?

18. Música Un animador de radio va a transmitir diez canciones durante la próxima hora. ¿De cuántas maneras distintas podrá agruparlas?

19. Pensamiento crítico Tanya dice que su número de teléfono tiene todos los dígitos del 3 al 9. Kenna decide tratar de llamar a todos los números posibles hasta comunicarse con Tanya. Imagina que Kenna tenga la peor de las suertes. ¿A cuántos números llamará, antes de hablar con Tanya?

20. Por escrito Escribe un problema para cuya solución pudieras usar el diagrama en árbol de la derecha. Resuelve el problema de otra manera.

Rojo 〈 Blanco
　　　 Azul

Blanco 〈 Rojo
　　　 Azul

Azul 〈 Rojo
　　　 Blanco

Simplifica.

1. $15 + 6 \div 3$

2. $8 \times 2^2 - 4 \div 2$

Se tira un dado dos veces. Halla la probabilidad del suceso.

3. 3, después impar

4. 5, después 5

5. Dos números tienen un producto de 364 y una diferencia de 15. ¿Qué números son?

▮ VISTAZO A LO APRENDIDO

1. Se elige una ficha azul, roja o amarilla y se lanza una moneda al aire.

　a. Dibuja un diagrama en árbol para mostrar todos los casos posibles.

　b. Halla la probabilidad(amarillo, cruz).

2. Al ordenar el especial del almuerzo, puedes escoger entre 3 platos principales, 2 sopas y 2 postres. Aplica el principio de conteo para hallar el número de combinaciones posibles.

3. Una bolsa contiene 3 cubos verdes y 4 cubos rojos. Se saca un cubo y se vuelve a meter en la bolsa. Se saca otro cubo. ¿Qué probabilidad hay de sacar 2 cubos rojos?

4. ¿De cuántas maneras diferentes se pueden alinear hombro con hombro en una fila 6 estudiantes para una foto?

1. ¿Es el juego 4 justo o injusto?
   Juego 4: Mete 3 cubos rojos y 3 cubos
   azules en una bolsa. Saca 2 cubos de la
   bolsa, sin mirar. Si son del mismo color,
   gana el jugador A. Si son de distinto
   color, gana el jugador B.

2. **Deportes** Usa una simulación para
   resolver. El promedio de bateo es la
   razón entre el número de hits y el
   número de turnos al bate. El promedio
   de bateo de Andre es 0.250. Halla la
   probabilidad de que batee 2 hits en los
   próximos 2 turnos al bate.

3. Kaylee lanzó una moneda al aire con los
   siguientes resultados: 12 caras, 8 cruces.
   Usa los datos para hallar la probabilidad
   experimental de que salga cara.

4. Explica cómo puedes usar dígitos
   aleatorios para simular la probabilidad
   de que salga cara al lanzar una moneda
   al aire. Comenta con el resto del grupo el
   número de intentos que efectuarías.

**Se tira un dado de 12 caras numeradas del 1 al 12. Los
resultados son equiprobables. Halla la probabilidad.**

5. Probabilidad(par)

6. Probabilidad(13)

7. Probabilidad(no sea 1)

8. Probabilidad(7 u 8)

9. Probabilidad(número menor que 10)

10. Imagina que leyeras en el periódico que
    la probabilidad de lluvia es del 10%.
    Escribe esta probabilidad de otras dos
    maneras y con palabras.

11. Describe un suceso seguro, un suceso
    imposible y un suceso que podría o no
    ocurrir. ¿Cuál es la probabilidad de cada
    suceso?

12. Las sudaderas vienen en verde, gris,
    negro, azul y anaranjado. Las tallas son
    pequeña, mediana y grande. Dibuja un
    diagrama en árbol para mostrar todos los
    casos posibles de sudaderas.

13. Otra tienda tiene las sudaderas en 10
    colores diferentes, 3 modelos y 4 tallas.
    Aplica el principio de conteo para hallar
    el número de casos posibles.

¿Son independientes los dos sucesos? ¿Por qué?

14. Nieva por la noche. Decides pasear en
    trineo al día siguiente.

15. Sacas 2 cubos rojos de una bolsa que
    contiene cubos rojos y azules.

16. Lanzas una moneda al aire dos veces.

17. La computadora saca al azar primero
    un 1 y después un 2.

18. ¿Qué probabilidad hay de obtener dos
    números 6 al tirar dos dados?

19. **Calculadora** ¿De cuántas maneras
    distintas puedes agrupar 11 libros en
    un estante?

10-8 Predicciones

En esta lección

• Hacer predicciones sobre una población basadas en una muestra

> Las encuestas representan sólo un instrumento para sondear la opinión pública. Cuando un presidente o dirigente político presta atención a los resultados de una encuesta, está en realidad prestando atención a la opinión pública.
> —George H. Gallup
> (1901–1984)

PIENSA Y COMENTA

Durante las elecciones presidenciales de 1936, *Literary Digest* efectuó una encuesta para predecir los resultados de las elecciones. Enviaron cuestionarios por correo a 10 millones de personas. Para seleccionar quién recibiría cuestionarios, usaron los nombres y direcciones de las guías telefónicas. Sólo 2.4 millones de personas contestaron y enviaron los cuestionarios. He aquí los resultados de la encuesta y de las elecciones.

	Resultados de la encuesta	Resultados de las elecciones
Franklin Roosevelt	43%	62%
Alfred Landon	57%	38%

1. ¿Qué candidato ganó en la encuesta de *Literary Digest*? ¿Qué candidato ganó las elecciones? ¿Fueron acertados los resultados de la encuesta?

Una **población** es un grupo de objetos o personas sobre los que se desea obtener información. Una **muestra** es el sector de la población usado para hacer predicciones sobre la totalidad de la población dada. Para poder hacer predicciones acertadas, la muestra debe ser *representativa* de la totalidad de la población. En una muestra *aleatoria* todos los miembros de la población tienen la misma probabilidad de ser incluidos en la muestra. Una muestra aleatoria tiene como resultado, por lo general, una muestra representativa.

2. ¿Cuál es la población de la encuesta de *Literary Digest*? ¿Cuál es la muestra?

3. Dos graves problemas de la encuesta de *Literary Digest* causaron predicciones deficientes.

   a. **Discusión** ¡No todo el mundo está en la guía telefónica! De hecho, muchos de los demócratas que votaron por Roosevelt no tenían teléfono. ¿Era representativa la muestra? ¿Era aleatoria? Explica las respuestas.

   b. **Discusión** Sólo 2.4 millones de personas contestaron y enviaron los cuestionarios. ¿Por qué resulta esto un problema?

Durante las elecciones presidenciales de 1948, tres encuestas diferentes predijeron que ganaría el candidato republicano Dewey. ¡Truman resultó ser el ganador! Todas las encuestas incluyeron entrevistas personales para reunir datos. Los entrevistadores preguntaron a un cierto número de personas, pertenecientes a categorías específicas, por quién votarían. He aquí los resultados.

	Predicciones de Crossley	Predicciones de Gallup	Predicciones de Roper	Resultados de las elecciones
Harry Truman	45%	44%	38%	50%
Thomas Dewey	50%	50%	53%	45%

¡*Harry Truman* fue elegido presidente a pesar de que 3 encuestas predijeron que perdería las elecciones!

4. **Discusión** El problema fue que los entrevistadores podían seleccionar a quién entrevistar en las distintas categorías, así que visitaron vecindarios prósperos donde vivían principalmente republicanos. ¿Por qué tuvo esto como resultado unas predicciones deficientes?

EN EQUIPO

Trabajen en equipo para experimentar con muestras aleatorias. Túrnense para representar al equipo 1 y al equipo 2. Después, contesten a las preguntas.

Equipo 1: Seleccionen una población de objetos que sean iguales excepto por el color. Por ejemplo, pueden usar cubos rojos, blancos y azules. Usen entre 2 y 4 colores diferentes. Escriban el número de objetos de cada color de la población. Informen al equipo 2 sólo del número de objetos de la población y el número de colores que usaron.

Equipo 2: Tomen una muestra aleatoria de la población. Después, predigan la distribución de colores de la población. Por ejemplo, si la población contara con 400 cubos rojos y blancos, podrían predecir que habrá 100 cubos blancos y 300 cubos rojos.

5. ¿Cómo se aseguraron de que las muestras fueran aleatorias?

6. ¿Cuántos objetos usaron en la muestra? ¿Por qué?

7. ¿En qué medida la muestra representa a la población?

8. ¿Fueron acertadas las predicciones? ¿Se sorprenden?

9. **Discusión** ¿Por qué se toma una muestra aleatoria, en vez de efectuar un conteo o una encuesta de toda la población?

Re**p**a**s**o MIXTO

Calcula.

1. $2x + 5$ si $x = 9$

2. $b^2 + 4b$ si $b = 3$

3. Un encargado de personal necesita organizar entrevistas para 7 personas. ¿De cuántas maneras distintas puede organizarlas?

4. ¿De cuántas maneras distintas pueden 4 personas estar sentadas en una fila de 4 asientos?

5. ¿Cuántos cuadrados hay en la figura de abajo?

POR TU CUENTA

Este artículo fue publicado en toda la nación.

10. Identifica la población y la muestra de la encuesta.

11. Ofrece al menos tres razones por las cuales los datos de la encuesta no serán representativos de la población.

¿Son aleatorias las muestras? ¿Y representativas? Explica la respuesta.

12. Una compañía desea saber la opinión de los estudiantes de sexto grado en cierta ciudad. Se colocan los nombres de todos los estudiantes de sexto grado de la ciudad en un bombo y se sacan 30 nombres.

13. Para hallar el precio de alquiler de los apartamentos de dos dormitorios en los Estados Unidos, se entrevista a 100 inquilinos de ese tipo de apartamentos en Nueva York.

14. Para determinar el auto más popular de la ciudad en que vives, se reúnen datos sobre todos los autos del estacionamiento de la escuela secundaria.

15. Para probar un plato de sopa, tomas una cucharada.

16. **Pensamiento crítico** ¿Es posible obtener una muestra que sea representativa, pero no aleatoria? ¿Y aleatoria pero no representativa? Usa ejemplos para explicar tus respuestas.

UN GRAN FUTURO

Agricultora

Quisiera ser agricultora cuando sea grande. Creo que las matemáticas son muy importantes para ser agricultora. El agricultor tiene que calcular dónde colocar las semillas. No estoy segura de cómo calcular esto. Quizás podría hacer un dibujo. ¿Lleva mucho tiempo y esfuerzo calcular cuántas semillas comprar y dónde plantarlas?

El agricultor también tiene que calcular cuánto fertilizante necesita. Tendría que aprender cómo hacer la rotación de cultivos para tener siempre un suelo rico en minerales. Creo que usaría las matemáticas de esta manera si fuera agricultora.

Carri Chan

17. Un ovni es un "objeto volador no identificado". Dos encuestas preguntaron a una muestra aleatoria de la población de Estados Unidos si los ovnis eran reales o sólo imaginarios.

    a. Estima la probabilidad de que una persona que conozcas mañana crea que los ovnis son reales.

    b. ¿Cuántas personas de un total de 300 estarían de acuerdo con la afirmación de que los ovnis son imaginarios?

    c. ¿Por qué crees que los datos cambiaron entre 1978 y 1990?

OVNIS Resultados de la encuesta	1978	1990
Reales	57%	47%
Imaginarios	27%	31%
No sabe	16%	22%

18. Archivo de datos #1 (págs. 2–3) Se publican datos sobre la cantidad de horas que las personas ven televisión en una semana dada. ¿Puedes determinar si la muestra es aleatoria o representativa? ¿Crees que las predicciones son acertadas?

19. Por escrito Busca un artículo de periódico o de revista que incluya los datos de una encuesta. Escribe una carta al redactor pidiendo información sobre la muestra, la población y los métodos usados. ¡Envía la carta!

20. Investigación (pág. 410) Reúne datos sobre el clima diario de tu región durante las pasadas dos semanas. Observa las tendencias o los patrones. Pronostica el estado del tiempo de la región para mañana. Explica cómo hiciste el pronóstico. ¿Por qué podría no ser acertado?

Estimada Carri:

Te felicito por tu ambición de ser agricultora. Los agricultores son muy importantes. Cultivan productos de gran calidad para abastecer a nuestro país y a otros muchos.

Las matemáticas son de gran importancia en la agricultura. El agricultor debe calcular la cantidad de dinero que se necesita para sembrar plantas y para alimentar a los animales. Los agricultores preparan presupuestos, calculan intereses, determinan los gastos y los ingresos, entienden de pérdidas y ganancias y equilibran los libros de cuentas.

Los agricultores tienen que colaborar con la naturaleza para cultivar el producto de mayor calidad posible. Para poder tomar decisiones sobre el cultivo de productos y la cría de animales, mantienen tablas y registros de la precipitación y la temperatura.

Los agricultores usan los porcentajes para equilibrar las raciones de alimentos para los animales y las mezclas de fertilizantes para las plantas.

Mis mejores deseos de éxito en tu carrera agrícola.

Larry D. Case

En conclusión

Juegos justos e injustos   10-1

Un juego es *justo* si todos los jugadores tienen igual probabilidad de ganar.

Una manera de determinar si un juego es justo o injusto consiste en considerar todos los casos posibles del juego.

1. Los jugadores se turnan para tirar dos dados numerados. Si la suma de los números de los dados es par, el jugador A se anota un punto. Si la suma es impar, el jugador B se anota un punto. El jugador que se haya anotado más puntos después de 10 tiradas, gana el juego.

   a. Haz una lista de todos los casos posibles.

   b. **Por escrito** ¿Es el juego justo o injusto? Explica la respuesta.

Probabilidad experimental y simulaciones   10-1, 10-2, 10-3

También puedes usar la probabilidad experimental para determinar si un juego es justo o injusto. La *probabilidad experimental* es una razón que muestra la fracción de las veces que un jugador gana en un juego.

Se puede representar una situación dada con un *modelo.* Puedes *simular* un problema con un modelo o con dígitos aleatorios.

2. Abajo se muestran los resultados de un juego.

Gana A	|||
Gana B	＋＋＋||
Jugadas	＋＋＋＋＋＋

   a. Halla la probabilidad(gana A) y la probabilidad(gana B).

   b. ¿Es el juego justo o injusto? Explica la respuesta.

4. ¿Qué probabilidad hay de que salgan "números consecutivos" al tirar dos dados? Usa la lista de dígitos aleatorios de la derecha para simular el problema.

3. Paseas a tu perro 20 min diarios entre las 5:00 p.m. y las 6:00 p.m. de lunes a viernes. Tu mamá llega de trabajar todos los días entre las 5:30 p.m. y las 6:30 p.m. ¿Cuál es la probabilidad experimental de que tu mamá llegue de trabajar mientras paseas al perro?

Lista de dígitos aleatorios 1–6

23	41	63	24	11	25	34	52	22	51	42	63
52	32	43	41	11	24	12	33	62	31	32	64
55	43	63	11	41	34	24	51	14	15	26	32

Puedes describir la **probabilidad** de que un suceso ocurra como la razón del número de casos favorables al número de casos posibles.

5. Una bolsa contiene las letras de la palabra MATEMÁTICAS. Halla la probabilidad.

a. de sacar la letra M   **b.** de sacar la letra R   **c.** de sacar una vocal

Diagramas en árbol, principio de conteo y sucesos independientes   10-5, 10-6

Puedes usar un **diagrama en árbol** o aplicar el **principio de conteo** para hallar el número de casos posibles.

Si el resultado de un suceso no depende del resultado de otro suceso, los sucesos son **independientes.**

6. Una compañía fabrica 5 modelos de auto. Los autos se fabrican de 6 colores distintos. Pueden tener 4 estilos de interior y transmisión automática o manual. Harold desea tener en su concesionario un auto de cada tipo. ¿Cuántos autos tendrá que encargar?

7. Imagina que practicaras un juego con la ruleta de la derecha. Halla la probabilidad de que la primera vez que la hagas girar salga amarillo y la segunda vez salga verde.

Agrupaciones y predicciones   10-7, 10-8

Para hallar el número de agrupaciones de un conjunto de objetos puedes hacer una lista, dibujar un diagrama en árbol, aplicar el principio de conteo o simular el problema.

Una muestra es *aleatoria* si todos los miembros de la población cuentan con la misma probabilidad de ser elegidos para la muestra.

8. Zalika tocará 5 piezas en el recital de piano. ¿De cuántas maneras podrá ordenar las piezas?

9. Para hallar el deporte favorito de los muchachos de la escuela, haces una encuesta a los jugadores del equipo de fútbol. ¿Es la muestra aleatoria? Explica la respuesta.

PREPARACIÓN PARA EL CAPÍTULO 11

¿Representarías la situación con un número positivo o negativo?

1. una deuda de $12   **2.** un avance de 10 yd   **3.** 100 pies bajo el nivel del mar   **4.** 3 pasos hacia delante

APLICA LO QUE SABES

cierra el caso

¿Qué tiempo hace?

Desde que empezaste a estudiar este capítulo, innumerable cantidad de mariposas han batido sus alas por todo el mundo. Sin embargo, ya debes de tener una mejor idea de cómo pronosticar el clima. Para demostrar tu experiencia recién adquirida, prepara el pronóstico del tiempo en tu ciudad para un período de 30 días. Predice las temperaturas, la precipitación, los cambios climáticos inesperados y cualquier otra información que consideres importante.

Puedes presentar tus predicciones de una de las siguientes maneras o de otra que se te ocurra.

✓ un informe por escrito

✓ un artículo de periódico

✓ una presentación oral tipo "especialista del estado del tiempo de la televisión"

Los problemas precedidos por la lupa (pág. 416, #17; pág. 423, #27 y pág. 439, #20) te ayudarán a preparar el informe.

La capacidad de pronosticar el tiempo con precisión es de importancia vital para un país, ya que afecta a todas las actividades, desde las cosechas agrícolas hasta las campañas militares. Hemos realizado grandes progresos en la predicción del clima durante años recientes. Sin embargo, a causa de esas mariposas, nadie espera que podamos lograr un 100% de exactitud.

Extensión: Halla qué efecto podría tener el clima u otros acontecimientos naturales en el precio de las pólizas de seguro para los hogares de la ciudad en que vives.

Puedes consultar:

• a un agente de seguros

Realiza esta actividad con el resto del grupo.

Esta tabla muestra los resultados de hacer girar 60 veces una ruleta dividida en 6 secciones.

Usa los datos de la tabla para determinar cuántas secciones de cada color había en la ruleta. Después, dibuja y colorea la ruleta.

Así gira la ruleta

Morado	ЖЖ ЖЖ ЖЖ IIII	
Verde	ЖЖ ЖЖ	19/60
Azul	ЖЖ ЖЖ ЖЖ ЖЖ	10/60
Anaranjado	ЖЖ ЖЖ I	20/60
		11/60

Puedes construir una ruleta con un lápiz y un sujetapapeles. Mantén en posición vertical el lápiz y con la punta hacia abajo dentro de uno de los extremos del sujetapapeles. Usa el pulgar y el índice para golpear 60 veces el sujetapapeles y hacerlo girar. Traza marcas para llevar la cuenta de los resultados y compáralos con los de la tabla.

HEXAMANÍA

Juega con un compañero. Copien el juego de la derecha.

- Los jugadores escogen marcar con una **X** o con una **O** y se turnan para colocar las marcas en un lado de un hexágono.

- Los jugadores anotan los puntos que aparezcan en el hexágono cuando tengan una marca en cuatro lados.

- El ganador será el primero en anotar 62 puntos o más.

- Jueguen varias veces y escriban el resumen de una estrategia para ganar el juego.

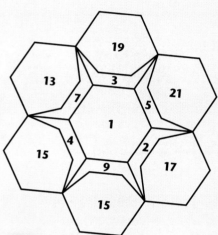

PALABRAS PALABRAS PALABRAS

Realiza esta actividad con el resto del grupo.

- Cada participante escoge una lectura de 50 palabras de una fuente distinta. (Libros de texto, periódicos o revistas, novelas, etc.)

- Dibujen un diagrama de puntos de las letras del alfabeto usando las lecturas. ¿Qué modelo(s) obtienen?

- ¿Qué letra sería más probable que apareciera en una palabra seleccionada al azar?

Extensión: Investiguen las letras del juego Scrabble™. ¿Existe alguna relación entre la frecuencia de una letra dada en el juego y la frecuencia de esa letra en los textos? ¿Existe alguna relación entre la frecuencia de las letras en los textos y su valor en términos de puntuación?

443

1. Sal y Matt practicaron un juego de azar.

Resultados del juego	
Gana Sal	7
Gana Matt	13
Jugadas	20

   a. ¿Qué probabilidad experimental hay de que gane Sal?

   b. Halla la probabilidad experimental de que gane Matt.

   c. **Por escrito** ¿Parece ser justo el juego? Explica la respuesta.

2. Un dado tiene seis lados numerados del 1 al 6. Se tira el dado dos veces. ¿Qué probabilidad hay de que salga un 2 la primera vez y un 5 la segunda vez?

3. Aplica el principio de conteo para hallar el número de casos posibles.

   a. seleccionar una comida entre 5 platos principales, 4 sopas y 3 postres

   b. lanzar una moneda al aire cuatro veces

   c. número de posibles agrupaciones de tres letras en el alfabeto español de 27 letras

4. **Elige A, B, C o D.** La probabilidad de un suceso seguro es ■.

   A. 0   **B.** 1   **C.** $\frac{1}{2}$ **D.** $\frac{1}{4}$

5. Se hace girar la ruleta tres veces.

   a. Dibuja un diagrama en árbol que muestre todos los casos posibles.

   b. Halla la probabilidad (verde, rojo, verde).

   c. Halla la probabilidad (siempre rojo).

6. Una bolsa contiene fichas azules y verdes. La probabilidad de sacar una ficha azul es $\frac{5}{12}$.

   a. Halla la probabilidad(verde).

   b. Dibuja una ruleta que pudieras usar para simular el problema.

7. Halla la probabilidad de que un dígito seleccionado al azar en el número 216,394 sea un múltiplo de 3.

8. Determina si los sucesos son independientes.

   a. Se tiran dos dados. Un dado muestra un 3. El otro muestra un 1.

   b. Sacas una canica roja de una bolsa que contiene canicas rojas y amarillas. No vuelves a meter la canica en la bolsa. Sacas otra canica, que resulta ser roja.

9. Todos los años, una empresa ofrece 3 becas iguales a estudiantes de escuela secundaria. Hay 7 candidatos a las becas este año. ¿De cuántas maneras se pueden seleccionar 3 de un total de 7 candidatos?

10. **Elige A, B, C o D.** Una bióloga marina captura 75 peces de un lago, los identifica con marcas y los vuelve a soltar en el lago. Al mes siguiente, captura 75 peces y descubre que 5 de ellos tienen las marcas de identificación. Estima la población de peces del lago.

   A. unos 80   **B.** unos 325

   C. unos 1,125   **D.** unos 28,125

Elige A, B, C o D.

1. ¿Cuál es el recíproco de $4\frac{2}{5}$?

   A. $6\frac{1}{5}$ **B.** $\frac{5}{2}$ **C.** $\frac{5}{22}$ **D.** $\frac{1}{4}$

2. Halla los dos términos siguientes del patrón numérico 2, 6, 12, 20, . . .

   A. 28, 36   **B.** 30, 42

   C. 24, 32   **D.** 32, 44

3. Para jugar con un amigo a "piedra, papel y tijeras", cada uno esconde una mano detrás de la espalda y, después de contar hasta tres, la muestra indicando una de las opciones del juego. ¿Qué probabilidad hay de que ambos muestren "papel"?

   A. $\frac{1}{3}$ **B.** $\frac{1}{2}$ **C.** $\frac{1}{6}$ **D.** $\frac{1}{9}$

4. ¿Qué valor tiene m si $\frac{2m}{21} = \frac{8}{35}$?

   A. 7   **B.** $\frac{5}{12}$ **C.** 12   **D.** 2.4

5. Estima la solución de la ecuación $x - 17.16 = 33.4$.

   A. alrededor de 16   **B.** alrededor de 50

   C. alrededor de 2   **D.** alrededor de 0.5

6. ¿Qué suceso es menos probable que ocurra?

   A. Tiras un dado y sale un 6.

   B. Lanzas una moneda al aire dos veces y sale cara las dos veces.

   C. Sacas una carta de una baraja de 52 cartas y obtienes un as.

   D. Uno de los próximos 7 días será sábado.

7. ¿Qué valor de d hará que sea mayor la suma de $\frac{8}{1} + \frac{3}{d}$?

   A. 4   **B.** 5

   C. 6   **D.** 7

8. ¿Cuántos números diferentes de tres dígitos puedes formar con los dígitos 1, 3, 5 y 7? (No uses ningún dígito más de una vez.)

   A. $4 \times 3 \times 2$

   B. $7 \times 5 \times 3$

   C. $3 \times 2 \times 1$

   D. $4 \times 4 \times 4$

9. ¿Cuál representa la mejor compra?

   A. media docena de rosquillas a $6.59 la docena

   B. media docena de rosquillas a $3.19

   C. media docena de rosquillas a $.59 cada una

   D. media docena de rosquillas a $1.19 por 2

10. Deseas dibujar un mapa del vecindario en una hoja de papel de $8\frac{1}{2}$ pulg por 11 pulg. ¿Qué escala debes usar para dibujar un área de 1,000 yd por 750 yd?

    A. 1 pulg = 75 yd

    B. 1 pulg = 80 yd

    C. 1 pulg = 85 yd

    D. 1 pulg = 95 yd

Números enteros y gráficas de coordenadas

EN TODO EL MUNDO

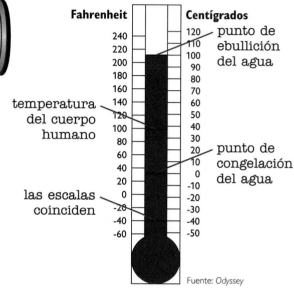

Fahrenheit		Centígrados
240		120 — punto de ebullición del agua
220		110
200		100
180		90
160		80
		70
temperatura del cuerpo humano	140	60
	120	50
	100	40
	80	30
	60	20 — punto de congelación del agua
	40	10
	20	0
las escalas coinciden	0	-10
	-20	-20
	-40	-30
	-60	-40
		-50

Fuente: *Odyssey*

He aquí la fórmula para convertir grados *centígrados* (°C) a grados *Fahrenheit* (°F):

$$\frac{9}{5}(°C) + 32 = °F$$

Temperaturas máximas registradas en cada uno de los siete continentes

África	58°C	Al' Aziziyah, Libia
Antártida	15°C	Bahía Esperanza
Asia	54°C	Tirat Tsvi, Israel
Australia	53°C	Cloncurry, Queensland
Europa	50°C	Sevilla, España
América del Norte	57°C	Death Valley, California
América del Sur	49°C	Rivadavia, Argentina

Temperaturas mínimas registradas en cada uno de los siete continentes

África	-24°C	Ifrane, Marruecos
Antártida	-89°C	Vostok
Asia	-68°C	Oimekon, Federación Rusa
Australia	-22°C	Charlotte Pass, Nueva Gales del Sur
Europa	-59°C	Ust'Schugor, Federación Rusa
América del Norte	-63°C	Snag, Yukón
América del Sur	-33°C	Colonia Sarmiento, Argentina

Fuente: *Encyclopedia Britannica*

Elevación y profundidad (m)

TOPOGRAFÍA DEL FONDO MARINO A LO LARGO DEL ECUADOR

6,000
4,000
2,000
Nivel del mar
2,000
4,000
6,000

Cordillera de los Andes

Islas Galápagos

Océano Pacífico

América del Sur

Las zonas climáticas del mundo

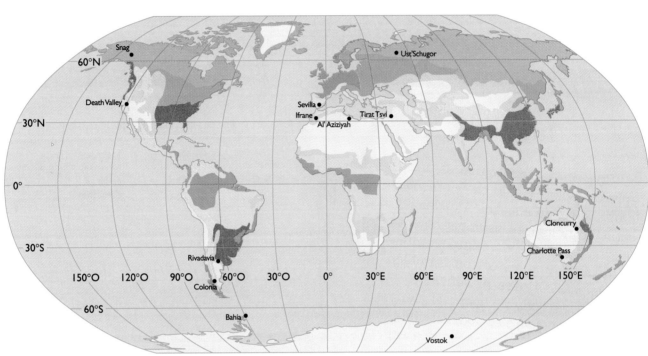

Tropical
- Tropical con estación lluviosa
- Tropical con estaciones lluviosa y seca

Seca
- Desértica
- Semidesértica

Templada
- Mediterránea
- Subtropical lluviosa
- Clima oceánico

Continental
- Continental lluviosa
- Subártica

Polar
- Tundra
- Casquete de hielo

- Regiones montañosas

DE TODO EL MUNDO

Hawai se desplaza *hacia* Japón a una velocidad de unas 4 pulg anuales. América del Norte y Europa se *alejan* a una velocidad de, aproximadamente, 1 pulg anual.

ínvestigación

Informe

Una **recta cronológica** es una representación visual de las fechas de una serie de sucesos. Puedes usar rectas cronológicas para representar sucesos pasados, como importantes acontecimientos históricos. También puedes usarlas para planificar el posible desarrollo de acontecimientos futuros. Por ejemplo, podrías dibujar una recta cronológica para mostrar la sucesión de actividades en un programa de recaudación de fondos.

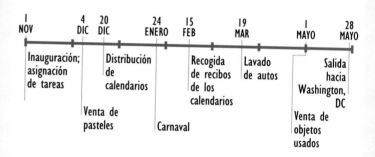

Recaudación de fondos para el viaje de la clase

1 NOV	4 DIC	20 DIC	24 ENERO	15 FEB	19 MAR	1 MAYO	28 MAYO
Inauguración; asignación de tareas	Distribución de calendarios		Recogida de recibos de los calendarios	Lavado de autos		Salida hacia Washington, DC	
	Venta de pasteles		Carnaval			Venta de objetos usados	

Misión: Crea una recta cronológica de los sucesos importantes que hayan ocurrido en tu escuela. Empieza por el "Año 0", tu primer año en la escuela (o tu primer año en el grupo). La cronología deberá incluir las descripciones y las fechas de los sucesos, a partir de cero, y cualquier otra información que consideres importante.

Sigue Estas Pistas

✓ ¿Cómo puedes determinar si un suceso tiene suficiente importancia para ser incluido en la cronología?

✓ ¿Qué tipo de intervalo usarás para numerar la recta cronológica: años, meses, semanas o algún otro?

11-1 Usos de las rectas numéricas

¡RECUERDA!

Para representar un número en una recta numérica, traza un punto en el lugar donde se encuentra el número.

PIENSA Y COMENTA

En un juego de fútbol americano, un receptor atrapó la pelota y avanzó 4 yd. Más tarde, un corredor registró −3 yd, lo que significa que perdió 3 yd. Durante la segunda mitad, el "quarterback" fue derribado y registró −6 yd. He aquí de qué manera se leen los números de yardas producidas.

+4: *positivo 4*   −3: *negativo 3*   −6: *negativo 6*

Para llevar la cuenta de las yardas, puedes dibujar una recta numérica. Extiende la recta numérica hacia la izquierda del 0 para mostrar los números negativos.

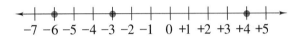

1. Otro de los jugadores de fútbol americano perdió 4 yardas. Escribe esta cantidad en forma de número y represéntala en una recta numérica.

2. Ordena los números −1, 5 y 0 en una recta numérica.

Los números . . . −3, −2, −1, 0, +1, +2, + 3, . . . son **números enteros.** Los números +1, +2, +3, . . . son **números enteros positivos.** Los números −1, −2, −3, . . . son **números enteros negativos.** El 0 no es ni positivo ni negativo. Puedes escribir los números positivos con o sin el signo "+". Por ejemplo, +2 = 2.

Dos números que se encuentran a la misma distancia de 0 en la recta numérica, pero que se hallan en distintas direcciones, son **números opuestos.**

3 y −3 se hallan a tres unidades del 0.

3 y −3 son números opuestos.

La patada de anotación más larga fue de 63 yd. Tom Dempsey fue el pateador de los Saints de Nueva Orleáns que estableció este récord en 1970.

Fuente: *The Guinness Book of Records*

3. Nombra el opuesto del número entero.

   a. 4   **b.** −6   **c.** 15   **d.** 0

4. Nombra dos enteros opuestos. ¿A qué distancia del 0 se hallan los números?

 Nancy López ganó el torneo Rail Charity Golf Classic en 1992 con una puntuación de −17.

Fuente: *Sports Illustrated Sports Almanac*

5. a. ¿Qué es lo opuesto de avanzar nueve yardas en fútbol americano?

b. Escribe las yardas avanzadas y su opuesto con números enteros.

Puedes escribir el opuesto de un número con la tecla `+○−`.

$$5 \;\boxed{+○−} \;\rightarrow\; -5 \qquad 5 \;\boxed{+○−}\;\boxed{+○−} \;\rightarrow\; 5$$

6. Una calculadora muestra −12. ¿Qué mostrará la calculadora, si oprimes la tecla `+○−`?

7. ¿Por qué llamamos "tecla de cambio de signo" a la tecla `+○−`?

Los jugadores de golf calculan la puntuación contando cuántas veces golpean la pelota. Después, comparan ese número con la norma aceptable para el hoyo o el campo. Una puntuación de −2 significa que se golpeó la pelota dos veces menos de lo establecido. En el golf, la menor puntuación es la mejor.

Ejemplo 1 ¿Quién obtuvo la menor puntuación, Eugenio o Mwita?

• Ordena las puntuaciones en una recta numérica.

```
◄──●──┼──●──┼──┼──┼──►
 −5 −4 −3 −2 −1  0  1
```

−5 se encuentra a la izquierda de −1.
−5 < −1 ó −1 > −5

Mwita logró una puntuación menor que la de Eugenio.

Campo de golf Stoneham	
Eugenio	−1
Mwita	−5

 **¡RECUERDA!**

Los números de una recta numérica aumentan de valor de izquierda a derecha.

Puntuaciones de golf	
2	Ilana
0	Dwayne
−4	Luisa
3	Shani
−2	William

8. Usa <, > ó = para comparar.

a. 10 ■ 6 **b.** −7 ■ 0 **c.** 3 ■ −4 **d.** −13 ■ −11

9. Pensamiento crítico Completa la expresión con *siempre*, *algunas veces* o *nunca*.

a. 0 ■ es mayor que un entero negativo.

b. 0 ■ es mayor que un entero positivo.

c. Un entero negativo ■ es menor que otro entero negativo.

Ejemplo 2 Ordena las puntuaciones de menor a mayor.

• Ordena las puntuaciones en una recta numérica.

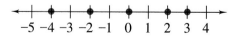
```
┼──●──┼──●──┼──●──┼──┼──●──●──┼
−5 −4 −3 −2 −1  0  1  2  3  4
```

• Escribe las puntuaciones de izquierda a derecha.

En orden, las puntuaciones son −4, −2, 0, 2 y 3.

10. ¿Qué dos jugadores obtuvieron puntuaciones opuestas?

11. Ordena en una lista de menor a mayor: 7, −4, 11, 0, −8.

PONTE A PRUEBA

12. Ordena en una recta numérica: 6, −9, 7, −1, 0, 3.

Nombra el entero representado por el punto.

13. M **14.** N

15. P **16.** Q

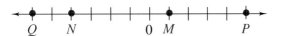

Escribe un entero para representar la situación.

17. ganancias de $25

18. 14 grados bajo cero

19. Geografía Las cuevas de Carlsbad, en Nuevo México, son las más profundas de los Estados Unidos; tienen 1,565 pies de profundidad.

20. Geografía El monte Whitney, en California, tiene una elevación de 4,418 m.

Usa <, > ó = para comparar.

21. −7 ▪ 2

22. −12 ▪ −9

23. −17 ▪ −23

POR TU CUENTA

Usa la gráfica de barras de la derecha.

24. Estimación Estima el cambio en el número de agricultores para el año 2005.

25. Estimación Estima el cambio en el número de abogados para el año 2005.

26. ¿Quiénes perderán más puestos de trabajo, los cajeros de banco o los mecanógrafos? Explica la respuesta.

27. a. Enumera en una lista los empleos, en orden de más trabajos ganados a más trabajos perdidos.

b. Dibuja de nuevo la gráfica con los empleos ordenados de acuerdo a tu lista.

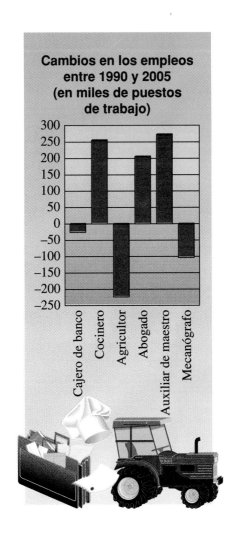

Cambios en los empleos entre 1990 y 2005 (en miles de puestos de trabajo)

Halla la suma o la diferencia.

1. $5\frac{2}{3} + 3\frac{1}{6}$

2. $2\frac{7}{8} - 1\frac{2}{3}$

3. Explica por qué una muestra de la población se debe elegir al azar.

4. Una encuesta del electorado reflejó que el 43% de los votantes se mostraban a favor del aumento de los impuestos. ¿Qué probabilidad hay de que, al preguntarle a otro elector, éste se muestre a favor del aumento?

5. ¿Cuánto suman los primeros 10 enteros pares?

A la edad de 14 años,
Sarah Billmeier, de Vermont, ganó tres competiciones de esquí en las Paraolimpiadas de 1992, en Francia.

28. **Archivo de datos #11 (págs. 446–447)** Estima la profundidad del océano Índico. Usa un entero para escribir la cantidad con respecto al nivel del mar.

Escribe un entero que se encuentre entre ambos.

29. $-7, 3$ 30. $0, -6$ 31. $-5, -13$

Nombra el opuesto del entero.

32. 13 33. -8 34. 150 35. -212

36. Nombra tres pares de situaciones que sean opuestas. Por ejemplo: subir dos escalones, bajar dos escalones.

Escribe el entero que complete la expresión de manera que sea verdadera.

37. $-5 < \blacksquare$ 38. $\blacksquare < 6$ 39. el opuesto de $\blacksquare > 0$

40. **El tiempo** Ordena en una lista las temperaturas, de menor a mayor.

   - La temperatura normal del cuerpo humano es, aproximadamente, 37°C.
   - La temperatura media de un día invernal en el casquete polar es de -25°C.
   - El termómetro registró 45°C el día más cálido en Canadá.
   - El punto de congelación del agua es 0°C. Las estaciones de esquí pueden fabricar nieve artificial a esa temperatura.
   - El termómetro registró -62°C el día más frío en Alaska.

41. **Archivo de datos #11 (págs. 446–447)** Ordena en una lista las temperaturas mínimas registradas, de menor a mayor.

42. **Por escrito** Explica qué son los números enteros y describe los números opuestos. Incluye rectas numéricas en las descripciones.

Calculadora **Nombra el entero que resulte de la secuencia de teclado de la calculadora.**

43. 8 44. 9 45. 6

46. **Investigación (pág. 448)**

   a. ¿En qué se parece una recta cronológica a una recta numérica? ¿En qué se diferencian?

   b. ¿Qué tipo de puntos de la recta cronológica representan sucesos que tuvieron lugar antes de que llegaras a la escuela? ¿Y después de que llegaras a la escuela?

11-2 Representación de números enteros

✓ Fichas de álgebra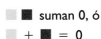

■ → 1   ■ → –1

■■■ → 3

■■■■ → –4

PIENSA Y COMENTA

Puedes usar fichas de colores para representar números enteros. Las fichas amarillas representan los enteros positivos. Las fichas rojas representan los enteros negativos.

1. ¿Qué entero representan las fichas?

   a.   b.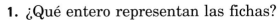

   c.    d. ■■■■■

2. ¿Qué enteros de la pregunta 1 son opuestos?

3. **Pensamiento crítico** ¿Qué puedes observar sobre los conjuntos de fichas que representan un número y su opuesto?

4. Usa las fichas para representar el entero y su opuesto.

   a. 4   b. –3   c. 2   d. –8

▮magina que ganaras $1 y gastaras $1. Entonces, ▯ representa el $1 que ganaste y ■ representa el $1 que gastaste. No tienes *ni más ni menos* dinero que antes.

▯■ suman 0, ó

▯ + ■ = 0

5. Imagina que tuvieras siete fichas positivas. ¿Cuántas fichas negativas necesitarías para que la suma fuera cero?

6. Imagina que tuvieras diez fichas negativas. ¿Cuántas fichas positivas necesitarías para que la suma fuera cero?

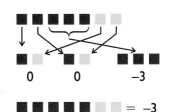

0   0   –3

■■■■■▯▯ = –3

Cuando tengas fichas de dos colores juntas, puedes usar pares de fichas que sumen cero para escribir enteros.

• Agrupa los pares de fichas que suman cero.

• Retira estos pares y deja el resto de las fichas.

• Escribe el entero representado por las fichas que queden.

7. Escribe el entero representado por las fichas.

   a.   b.   c.

8. a. ¿Qué número entero representan ■ ■ ▢ ▢ ▢ ▢ ?

    b. ¿Qué número entero representan ▢ ▢ ▢ ▢ ■ ■ ■ ?

    c. Compara las respuestas de las partes (a) y (b).

    d. Pensamiento crítico ¿De cuántas maneras se puede representar un entero con fichas? Explica la respuesta.

⌐EN EQUIPO

Trabaja con un compañero en esta actividad. Repitan la actividad cuatro veces.

- Elige una situación real que pueda ser representada por un entero. Pide a tu compañero que identifique el entero y lo represente con fichas.

- Pide a tu compañero que describa la situación real opuesta. Identifica el opuesto y represéntalo con fichas.

⌐POR TU CUENTA

9. Por escrito Explica cómo puedes usar las fichas para representar números enteros. Incluye ejemplos y diagramas.

Usa fichas para representar el entero de dos maneras diferentes.

10. 1   **11.** -7 **12.** 0   **13.** 5

Escribe el entero representado por las fichas.

14.   **15.**   **16.**

17. ¿Qué entero representarán 13 fichas negativas y 7 fichas positivas?

18. a. Piensa en dos enteros. Represéntalos con fichas.

    b. Usa un número diferente de fichas para representar el opuesto de cada entero.

19. Pensamiento crítico Imagina que tuvieras 6 fichas y no supieras sus colores.

    a. ¿De cuántas maneras distintas podrías colorearlas?

    b. Enumera en una lista todos los enteros que podrías representar con las fichas.

Halla el valor de x.

1. $\frac{20}{21} = \frac{x}{63}$ **2.** $\frac{4}{28} = \frac{8}{x}$

Escribe el opuesto del entero.

3. -4 **4.** 21

5. Dibuja un par de triángulos que sean semejantes pero no congruentes.

11-3 | **R**epresentación de la suma de enteros

Saltos de práctica de Saltarín		
Intento	Primer salto	Segundo salto
1	3 pies	7 pies
2	−5 pies	−2 pies
3	6 pies	−4 pies
4	−7 pies	3 pies
5	4 pies	−4 pies

 En Estados Unidos, el récord de saltos de rana es de un total de 21 pies $5\frac{1}{2}$ pulg para 3 saltos combinados. Este récord fue establecido en el Jumping Frog Jubilee, en el condado de Calaveras, CA.

Fuente: *The Guinness Book of Records*

P I E N S A Y C O M E N T A

Los residentes de Villasapo entrenan ranas para el Festival Anual de Saltos de Ranas. El principal evento es el salto doble, en el que se combinan las distancias de dos saltos. El campeón del año pasado, Saltarín, está causando algunos problemas a su dueña Pamela. ¡A veces salta hacia atrás! Pamela llevó la cuenta de los saltos de práctica de Saltarín para el salto doble.

Puedes usar fichas para representar la longitud de los saltos de Saltarín y hallar la suma de los saltos. Para hallar la suma de su primer intento, escribe este enunciado numérico.

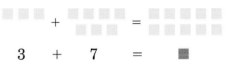

$$3 \quad + \quad 7 \quad = \quad \blacksquare$$

1. Completa el enunciado numérico de arriba. ¿Cuántos pies saltó en total Saltarín en su primer intento?

2. Muestra cómo se pueden usar las fichas para hallar la suma de $9 + 4$.

3. Completa: La suma de dos enteros positivos siempre tiene como resultado un entero ■.

Ejemplo 1 ¿Cuál fue la suma de los saltos de Saltarín en su segundo intento?

• Representa los enteros con fichas. Después, cuenta las fichas.

■■■■■ + ■■ = ■■■■■■■
$$-5 \quad + -2 = \quad -7$$

Saltó un total de -7 pies.

4. Usa las fichas para hallar la suma.

　a. $-8 + (-1)$　　　　b. $-3 + (-6)$

　c. $-12 + (-9)$　　　d. $-7 + (-8)$

5. a. ¿Qué puedes observar sobre el signo de la suma de dos enteros negativos?

b. Completa la expresión: La suma de dos enteros negativos siempre tiene como resultado un entero ■.

Ejemplo 2 Usa la tabla de la página 455. ¿Cuánto sumaron los dos saltos del tercer intento de Saltarín?

• Representa los enteros con fichas. Combina las fichas para formar pares que sumen cero. Escribe el entero representado por las fichas restantes.

$$6 \quad + \quad -4 = \quad\quad\quad 2$$

Saltó un total de 2 pies.

6. Usa fichas para hallar la suma.

a. $-5 + 9$ **b.** $-8 + 3$ **c.** $7 + (-7)$

7. ¿Qué puedes observar sobre el signo de la suma de un entero positivo y un entero negativo?

8. Pensamiento crítico ¿Cuál es la suma de un entero y su opuesto? Usa ejemplos para justificar tu respuesta.

▛EN EQUIPO

Trabaja con un compañero en esta actividad. Pongan 20 fichas amarillas y 20 fichas rojas en una bolsa de papel. Preparen una tarjeta de puntuaciones como la de la izquierda.

• Saquen 1 ficha de la bolsa. Escriban el entero representado por la ficha. Vuelvan a poner la ficha en la bolsa.

• Pidan a su compañero que saque 1 ficha, escriba el entero y vuelva a poner la ficha en la bolsa.

• Continúen sacando fichas y escribiendo enteros. Saquen en cada vuelta 1 ficha más que la que sacaron en la vuelta anterior.

• Al cabo de 8 vueltas, calculen sus puntuaciones. Tachen los pares de cero. Representen con fichas los enteros restantes. Sus puntuaciones son los enteros representados por estas fichas.

• Comparen las puntuaciones. ¿Quién tiene más puntos?

Fichas	Jugador A	Jugador B
1	1	−1
2	2	−2
3	−1	3
4	4	2
5	■	■
6	■	■
7	■	■
8	■	■
Total	■	■

Escribe una expresión numérica para el modelo. Halla la suma.

9. ■■■
   ■■■ + ▦▦▦
               10. ■■ + ■■■■
                            ■■■■

Usa fichas para hallar la suma.

11. $-1 + (-5)$ 12. $10 + (-10)$ 13. $-11 + 4$

Cálculo mental Determina si la suma es positiva o negativa.

14. $16 + 14$ 15. $-16 + (-14)$ 16. $-16 + 18$

Trabaja con un compañero en esta actividad. Escriban un ejercicio de suma que incluya un entero positivo y un entero negativo de manera que puedan obtener el resultado indicado.

17. negativo   18. 0   19. positivo

Usa fichas para hallar la suma.

20. $9 + (-4)$ 21. $-8 + (-7)$ 22. $-15 + 6$

23. $-11 + 11$ 24. $0 + (-8)$ 25. $-6 + 11$

Usa $<$, $>$ ó $=$ para comparar.

26. $-7 + (-3)$ ▩ $7 + 3$ 27. $5 + (-5)$ ▩ $-1 + 1$

28. $-2 + 8$ ▩ $-8 + 2$ 29. $6 + (-3) + (-4)$ ▩ $6 + (-7)$

30. **El tiempo** ¿Qué temperatura registró el termómetro en Spearfish, SD, a las 7:32 a.m. del 22 de enero de 1943?

31. Usa la tabla de la página 456. ¿Qué jugador había obtenido la mayor puntuación después de 4 vueltas? Explica por qué.

32. **Dinero** El sábado, Tyrell ganó $12 haciendo encargos para el hogar de ancianos. El lunes gastó $8 en una cinta musical. El viernes ganó $7 cuidando niños. ¿Cuánto dinero tenía Tyrell al final de la semana?

A las 7:30 a.m. del 22 de enero de 1943, el termómetro registraba una temperatura de $-4°F$ en Spearfish, SD. ¡Asombrosamente, dos minutos más tarde la temperatura había subido 49°F!

Fuente: *Guinness Book of World Records*

33. Deportes Un equipo de fútbol avanzó 6 yd en una jugada. En la siguiente jugada, el equipo retrocedió 11 yd. Usa un entero para escribir el total de yardas perdidas o ganadas.

34. La oficina de correspondencia de una gran compañía se halla en el piso 15. Linda comienza el reparto del correo subiendo 5 pisos en el ascensor. Después, baja 3 pisos. Por último, baja 4 pisos. ¿Dónde se encuentra en relación a la oficina de correspondencia?

 35. Investigación (pág. 448) Investiga los sucesos que tuvieron lugar antes de que llegaras a la escuela. Asigna una fecha negativa en una recta cronológica a cada suceso y explica las fechas.

Cálculo mental Agrupa los opuestos de manera que obtengas una suma de 0. Suma los enteros restantes.

36. $-4 + 7 + 4 + (-2)$ **37.** $6 + (-3) + (-8) + 3$

38. $8 + (-9) + (-8) + 9$ **39.** $-7 + 5 + (-1) + 7 + (-7)$

40. Copia el cuadrado mágico de los enteros. Sitúa los enteros $-4, -3, -2, -1, 0, 1, 2, 3, 4$ de manera que sumen cero en las ocho direcciones (verticales, horizontales y diagonales).

41. Por escrito Resume lo que sabes sobre la suma de 2 enteros positivos, de 2 enteros negativos y de 1 entero positivo y 1 entero negativo.

Cuadrado mágico
de los enteros

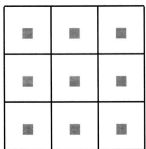

V I S T A Z O A LO APRENDIDO

Usa $<, >$ ó $=$ para comparar.

1. $2 \blacksquare 5$ **2.** $-4 \blacksquare -8$ **3.** $-3 \blacksquare 0$

4. Ordena en una recta numérica: $2, -5, 3, 1, -7, -2$.

5. ¿Qué entero representan ■ ■ ■ ▫ ▫ ▫ ▫ ?

Usa fichas para representar el entero y su opuesto.

6. 6   **7.** -5 **8.** -2 **9.** 8

Usa fichas para hallar la suma.

10. $-2 + (-3)$ **11.** $7 + (-5)$ **12.** $-9 + 9$

R*epaso* **MIXTO**

Escribe el entero representado por las fichas.

1. ■ ■ ■

2. ▫ ▫ ▫ ▫ ▫

3. La longitud de una habitación en un plano es 4 pulg. La longitud real es 20 pies. Halla la escala del plano.

4. Un rectángulo mide 20 pulg de largo y 4 pulg de ancho. Halla el área y el perímetro.

5. Halla todas las combinaciones de 5 números naturales que puedas sumar para obtener 10.

• Usar modelos para restar enteros

Durante la primera mitad de un juego contra los Raiders de L.A., los Broncos de Denver corrieron 79 yd y lanzaron pases por −6 yd. **¿Cuántas yardas más obtuvieron corriendo que pasando?**

⌐**P I E N S A Y C O M E N T A**

Imagina que tuvieras $5 y quisieras gastar $2. ¿Cuánto te quedaría? Para hallar la respuesta necesitas restar. He aquí cómo puedes usar las fichas de álgebra para restar 5 − 2.

Empieza con 5 fichas positivas.

Retira 2 fichas positivas.

Quedan 3 fichas positivas.   Te quedan $3.

1. Muestra cómo usar fichas para restar 10 − 6.

Ejemplo 1   Usa fichas para restar −8 − (−6).

•   Empieza con 8 fichas negativas.

•   Retira 6 fichas negativas.

•   Quedan 2 fichas negativas.

−8 − (−6) = −2

2. Usa las fichas para hallar la diferencia.

   a. 12 − 4   **b.** −10 − (−3)   **c.** −15 − (−9)

Ejemplo 2   Usa fichas para restar 4 − (−3).

•

•   No hay suficientes fichas negativas para retirar 3.
Añade 3 pares opuestos.

•      Retira 3 fichas negativas.
Quedan 7 fichas positivas.

4 − (−3) = 7

3. a. ¿Qué valor total tienen 3 pares opuestos? Explica.

   b. ¿Afectó al valor de 4 añadir 3 pares opuestos? Explica.

Ejemplo 3   El 15 de enero, la temperatura máxima fue 5°C. A medianoche, la temperatura había bajado 9°C. ¿Qué temperatura hacía?

- Usa las fichas para restar 5 − 9.

   Empieza con 5 fichas positivas.

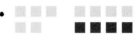   No hay suficientes fichas positivas para retirar 9. Añade 4 pares opuestos.

   Retira 9 fichas positivas. Quedan 4 fichas negativas.

- 5 − 9 = −4

La temperatura a medianoche era −4°C.

4. Pensamiento crítico

   a. ¿Podrías haber añadido 3 pares opuestos en el ejemplo? ¿Por qué?

   b. ¿Sería igual el resultado si hubieras añadido 5 pares opuestos en el ejemplo? ¿Por qué?

5. Usa fichas para hallar la diferencia.

   a. $-5 - (-11)$ **b.** $-10 - 5$ **c.** $12 - 19$

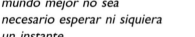

Qué maravilla que para empezar a contribuir a un mundo mejor no sea necesario esperar ni siquiera un instante.

—Anne Frank
(1929–1945)

EN EQUIPO

Trabajen en grupos de tres en esta actividad. Empiecen con 3 fichas positivas y 3 fichas negativas cada uno. Pongan el resto de las fichas en un montón.

- Jueguen a "El juego de los enteros". Gana el primer jugador que se quede sin fichas.

- Decidan cuál será el dado del que restarán. (Por ejemplo, resten un dado rojo de un dado verde.)

- Túrnense para tirar los dados y poner la cantidad de fichas correspondiente en el montón.

- Si no tienen suficientes fichas para poner en el montón, tienen que tomar pares opuestos del montón para completar el número.

- El juego terminará cuando a uno de los jugadores se le acaben las fichas.

PONTE A PRUEBA

Escribe una expresión numérica para el modelo. Halla la diferencia.

6.

7.

Usa fichas para hallar la diferencia.

8. $7 - 12$ **9.** $-8 - 4$ **10.** $-1 - (-5)$

Usa fichas para representar la situación. Halla el resultado.

11. La temperatura aumenta 9°F y después baja 17°F.

12. El ascensor baja 7 pisos y después baja 6 pisos más.

13. **Deportes** Tasheka concluyó un juego de golf con 4 golpes sobre par (+4). Carmen anotó 5 bajo par (−5). ¿Cuántos golpes más dio Tasheka que Carmen?

14. **El tiempo** Un día de invierno, la temperatura subió de una mínima de −8°C a una máxima de 9°C. ¿Cuál fue la gama de las temperaturas de ese día?

POR TU CUENTA

Usa fichas para hallar la suma o la diferencia.

15. $1 - 6$ **16.** $-13 - 8$ **17.** $-4 - (-15)$

18. $-9 + 7$ **19.** $12 + (-3)$ **20.** $0 - 10$

Usa $<$, $>$ ó $=$ para comparar.

21. $-1 - 5$ ■ $-5 - 1$ **22.** $6 - 11$ ■ $11 - 6$

23. $-4 - (-9)$ ■ $-4 + 9$ **24.** $8 - (-8)$ ■ $-8 + 8$

El tiempo **Halla el promedio de los datos de la derecha.**

25. la mediana   **26.** la(s) moda(s)   **27.** la gama

Pensamiento crítico **Halla los tres enteros siguientes del patrón.**

28. $12, 7, 2, -3$, ■, ■, ■   **29.** $19, 13, 7, 1$, ■, ■, ■

Repaso MIXTO

Determina si la suma es positiva o negativa.

1. $2 + 5$ **2.** $-2 + 5$

Halla la descomposición factorial con un árbol de factorización.

3. 60   **4.** 1,240

5. Pienso en un número. Si lo multiplico por 4 y sumo 7, el resultado es 51. ¿Qué número es?

Promedio (°C) de temperaturas mínimas en Boston, MA

Enero	−6	Julio	18
Feb.	−6	Agosto	18
Marzo	−1	Sept.	13
Abril	4	Oct.	8
Mayo	9	Nov.	3
Junio	14	Dic.	−3

30. **Por escrito** Describe cómo usar fichas para restar enteros. Incluye ejemplos de enteros positivos y de enteros negativos.

 31. **Investigación** Enumera varios pares de sucesos que ocurrieron en la escuela. Cada par debe tener un suceso que ocurrió antes y uno que ocurrió después de que empezaste en la escuela. ¿Cuáles son las fechas de los sucesos en la recta cronológica? Halla la cantidad de tiempo transcurrido entre los sucesos de cada par.

Halla el valor si $a = -6$, $b = -1$ y $c = 9$.

32. $7 - a$ **33.** $b - c$ **34.** $-12 - b$ **35.** $b - 11 - a$

Geografía **El mapa muestra los husos horarios de América del Norte. El punto de partida es un huso horario que atraviesa Inglaterra, España y África. Los números indican el tiempo (en horas) comparado con la hora del punto de partida.**

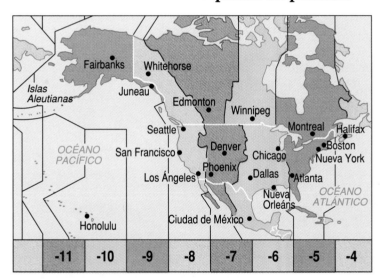

36. Completa con *sumas* o *restas:*
Al viajar hacia el oeste, ▨ 1 h.
Al viajar hacia el este, ▨ 1 h.

37. Son las 2:30 p.m. en el punto de partida. ¿Qué hora es en Denver?

38. ¿Qué hora es en Dallas si son las 8:15 a.m. en San Francisco?

39. En Times Square, Nueva York, se celebra la víspera de año nuevo a medianoche. ¿Qué hora es en Los Ángeles?

40. Compara la hora de Nueva Orleáns con la de Honolulu.

41. a. **Investigación** Halla los nombres de los husos horarios del mapa de arriba.
b. ¿En qué huso horario vives?
c. Sea h la representación de la hora del punto de partida. Escribe una expresión algebraica para indicar la hora en tu huso horario.

Pensamiento crítico **Usa enteros positivos y negativos para escribir dos enunciados de resta diferentes.**

42. ▨ − ▨ = 0   **43.** ▨ − ▨ = 8   **44.** ▨ − ▨ = −5

¿CUÁNDO? Durante un congreso internacional celebrado en 1884, se establecieron los husos horarios internacionales. Antes de dicho congreso, cada país decidía su propio horario.

Fuente: *The World Book Encyclopedia*

Ordena el entero en una recta numérica.

1. -9 **2.** 4 **3.** -1 **4.** 7 **5.** 0

Ordena los enteros de menor a mayor.

6. $-3, 0, -8, 2$ **7.** $5, -12, 1, -7$ **8.** $-9, 6, -4, 0, -2$ **9.** $-72, -76, 72, -73, 71$

Nombra el opuesto del número entero.

10. 5 **11.** -3 **12.** 0 **13.** 6 **14.** -6

Usa $<$, $>$ ó $=$ para comparar.

15. $-1 \blacksquare -3$ **16.** $0 \blacksquare -8$ **17.** $3 \blacksquare 2$ **18.** $-4 \blacksquare -15$

Escribe el entero representado por las fichas.

19.

20.

21.

Usa fichas para representar el entero de dos maneras distintas.

22. 0 **23.** -2 **24.** -1 **25.** 4

Usa fichas para hallar la suma o la diferencia.

26. $-7 + (-3)$ **27.** $-2 + (-5)$ **28.** $-4 + 7$ **29.** $8 + (-8)$

30. $2 - 5$ **31.** $-12 - 9$ **32.** $-3 - (-10)$ **33.** $0 - 6$

Usa $<$, $>$ ó $=$ para comparar.

34. $-5 + (-3) \blacksquare 5 + 3$ **35.** $-7 + 10 \blacksquare -10 + 7$ **36.** $-3 + 3 \blacksquare 1 + (-1)$

37. $-2 - 4 \blacksquare -4 - 2$ **38.** $5 - (-5) \blacksquare -5 + 5$ **39.** $3 - 7 \blacksquare 7 - 3$

Representa la situación con fichas. Halla el resultado.

40. La temperatura era 2°F bajo cero. Después, la temperatura subió 9°F.

41. Chim avanzó 8 yd en una jugada de un partido de fútbol americano. En la jugada siguiente, perdió 13 yd.

En esta lección

• Usar varias estrategias para resolver problemas

En ocasiones, tendrás que usar más de una estrategia para poder resolver un problema.

> Shamika terminó en primer lugar en el concurso de lanzamientos de aro celebrado en el campo de fútbol. El campo tiene zonas de puntuación cuyos valores son 1, 3, 5, 7 y 9 puntos. Las zonas de puntuación tienen forma de semicírculo. Shamika anotó puntos en sus cinco lanzamientos. ¿Cuál de estas puntuaciones podría ser la de Shamika: 4   24   37   47?

LEE

Lee y entiende la información. Resume el problema.

1. ¿Cuántas veces lanzó Shamika el aro?

2. ¿Qué puntuaciones son posibles en cada lanzamiento?

3. ¿Es 0 una puntuación posible en alguno de los lanzamientos de Shamika?

PLANEA

Decide qué estrategia usar para resolver el problema.

Primero, *dibuja un diagrama* del campo de fútbol para que tengas una idea visual del concurso. Después, *usa el razonamiento lógico* para eliminar de la lista anterior las puntuaciones imposibles. Por último, *haz una tabla* para llevar la cuenta de los lanzamientos y puntuaciones restantes.

RESUELVE

Prueba la estrategia.

El diagrama del campo muestra las zonas de puntuación en forma de semicírculo. En cada zona se ven los puntos obtenidos cuando un aro cae en ella.

Lugar ● de lanzamiento

Las únicas puntuaciones posibles para un lanzamiento son 1, 3, 5, 7 ó 9. Piensa lógicamente en el total de puntuaciones posibles que podría obtener Shamika en sus 5 lanzamientos.

4. ¿Cuál es la puntuación total máxima que podría obtener Shamika?

5. ¿Cuál es la puntuación total mínima que podría obtener?

6. ¿Qué dos puntuaciones puedes eliminar de la lista?

Una tabla te ayudará a determinar si Shamika podría haber obtenido las puntuaciones restantes de 24 ó 37. La tabla muestra un ejemplo en el que un jugador anotó 3 puntos en cada uno de 2 lanzamientos, 5 puntos en 1 lanzamiento, 7 puntos en 1 lanzamiento y 9 puntos en 1 lanzamiento.

	Puntos por lanzamiento					Puntuación total
	1	3	5	7	9	
Número de lanzamientos	0	2	1	1	1	$(0 \times 1) + (2 \times 3) + (1 \times 5) + (1 \times 7) + (1 \times 9) = $ **27**
	▦	▦	▦	▦	▦	▦
	▦	▦	▦	▦	▦	▦

Haz una tabla como la de arriba para hallar la puntuación total de Shamika.

7. Experimenta con las maneras posibles de hallar la puntuación total. ¿Qué estrategia usaste para resolver el problema?

8. ¿Cuál de las puntuaciones restantes es imposible? ¿Por qué?

9. ¿Cuál es la única puntuación total posible?

10. Halla tres maneras en que los 5 lanzamientos de Shamika podrían haber sumado la única puntuación total posible.

Scott Zimmerman *estableció el récord mundial con un lanzamiento de aro de 1,257 pies por encima de las cataratas del Niágara, desde Canadá hasta Estados Unidos.*

Fuente: *Guinness Book of Records*

◀ **COMPRUEBA**

Piensa en cómo resolviste el problema.

▛ P O N T E A PRUEBA

Usa cualquier estrategia para resolver el problema. Muestra tu trabajo.

11. El viejo reloj de la torre se atrasa 10 minutos cada 2 días. Los residentes del pueblo han pensado que el reloj acabará por regresar a la hora correcta por su cuenta. Imagina que el 1 de mayo el reloj marcara la hora exacta. ¿En qué fecha volverá a marcarla de nuevo?

12. Un jardinero desea cercar la mayor área posible con 200 pies de cerca. ¿Qué ancho y qué largo deberá tener el jardín?

Thor Heyerdahl y cinco compañeros navegaron desde América del Sur hasta las islas de la Polinesia en una balsa de madera y velas llamada "Kon-Tiki". La balsa recorrió más de 4,000 millas en un viaje que duró $3\frac{1}{2}$ meses.

Usa cualquier estrategia para resolver el problema. Muestra tu trabajo.

13. Imagina que hubieras echado al agua una balsa en el río Ohio a la altura de Three Rivers Stadium, en Pittsburg, PA. La balsa navegó a 3 mi/h durante 2 semanas menos 9 horas. Cuando la balsa llegó a Cairo, IL, había viajado a todo lo largo del río Ohio. ¿Qué longitud tiene este río?

14. Hay 48 estudiantes en la banda. De ellos, 10 son zurdos y 19 tienen las orejas perforadas. Hay 27 estudiantes que no son *ni* zurdos *ni* tienen las orejas perforadas. ¿Cuántos estudiantes son zurdos y tienen las orejas perforadas?

15. Una pareja que se ganó la lotería entregó a sus hijos la mitad del dinero del premio, a sus nietos la mitad del dinero restante y se quedó con $3.8 millones. ¿Cuál había sido la cantidad del premio?

16. **Consumo** Imagina que un cliente no aceptara más de 6 billetes de $1 de cambio. ¿De cuántas maneras distintas podrías darle el cambio si hizo una compra de $79 y pagó con un billete de $100?

17. Halla la suma de todos los números enteros impares desde el 1 hasta el 99.

18. Un joven va al parque a correr un día sí y otro no. Su hermana va a correr cada tres días. Ambos corrieron el 1 de julio. ¿Cuántos días más podrán correr juntos en julio?

19. Imagina que un parpadeo dure, como media, $\frac{1}{5}$ de segundo y que una persona parpadee 25 veces por minuto. Viajaste a una velocidad promedio de 50 mi/h durante 12 horas. ¿Cuántas millas habrás viajado con los ojos cerrados?

20. Una estudiante gastó $\frac{1}{2}$ de su dinero en un boleto de cine y $3 más en algo para comer durante la película. Después de la película, gastó $\frac{1}{2}$ del dinero que le quedaba en un boleto de autobús para regresar a su casa. Le quedaron $2. ¿Cuánto dinero tenía antes de la película?

21. Tienes dos varillas de madera: una de 4 cm de longitud y otra de 8 cm de longitud. ¿Cuáles serían las posibles longitudes (en cm) en números enteros de una tercera varilla que pudieras usar con las dos anteriores para formar un triángulo?

R^{e}pa^{s}o MIXTO

Usa las fichas de álgebra para hallar la diferencia.

1. $5 - (-2)$

2. $-3 - (-5)$

Escribe el porcentaje.

3. 18 de las 100 tablas están torcidas

4. 86 de los 100 asientos están ocupados

5. Dos números tienen una suma de 34 y un producto de 273. ¿Qué números son?

• Usar el plano de coordenadas para representar puntos

• Nombrar las coordenadas de puntos en un plano de coordenadas

VAS A NECESITAR

✓ Geotabla

✓ Elásticos

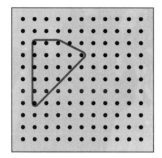

EN EQUIPO

Trabaja con un compañero en esta actividad. Elijan un sistema para localizar puntos en una geotabla.

• Forma una figura en la geotabla con un elástico, como se muestra en el ejemplo de la izquierda. ¡No dejes que tu compañero la vea!

• Pídele a tu compañero que haga preguntas sobre las rectas de la figura. Algunos datos de interés podrían ser el punto de partida, la dirección, la distancia, los cambios de dirección, la posición, etc. Responde a las preguntas usando el sistema de localización.

• Tu compañero debe usar las respuestas para adivinar la figura y hacer una copia de ella en su geotabla. Compara la figura de tu compañero con la figura original.

• Inviertan los papeles y repitan la actividad.

PIENSA Y COMENTA

En matemáticas, para identificar puntos se usa un *plano de coordenadas*. El **plano de coordenadas** se forma mediante la intersección de dos rectas numéricas. La recta numérica horizontal es el **eje de x.** La recta numérica vertical es el **eje de y.** El punto en que se cortan los 2 ejes es el **origen.**

Un plano de coordenadas te permite representar puntos. Cada punto tiene 2 *coordenadas,* que forman un **par ordenado.** La *primera coordenada* indica qué distancia se ha de recorrer en el eje de *x.* La *segunda coordenada* indica qué distancia se ha de recorrer en el eje de *y.*

1. ¿Cuáles son las coordenadas del origen?

2. ¿Te mueves hacia la *izquierda* o hacia la *derecha* a partir del punto de origen para representar un punto con una primera coordenada negativa? Explica.

3. ¿Te mueves hacia *arriba* o hacia *abajo* a partir del punto de origen para representar un punto con una segunda coordenada positiva? Explica.

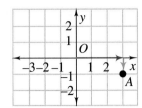

Ejemplo 1

Representa el punto A cuyas coordenadas son $(3, -1)$.

- Recorre 3 unidades a la derecha del origen.
- Recorre 1 unidad hacia abajo desde el eje de x.
- Traza un punto y nómbralo A.

Puedes usar un método similar para identificar las coordenadas de los puntos que ya se encuentran en la gráfica.

Ejemplo 2

Halla las coordenadas del punto B.

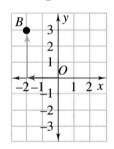

- Empieza en el punto de origen.
- Recorre 2 unidades a la izquierda. La primera coordenada es -2.
- Ahora, recorre 3 unidades hacia arriba desde el eje de x. La segunda coordenada es 3.

Las coordenadas del punto B son $(-2, 3)$.

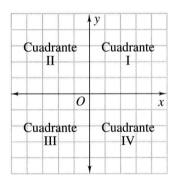

Los ejes dividen el plano de coordenadas en cuatro *cuadrantes*.

4. ¿En qué cuadrante se halla situado el punto $M(-2, 5)$?

5. ¿En qué cuadrantes se hallan las primeras coordenadas de los puntos cuando son números positivos?

6. ¿En qué cuadrantes se hallan las segundas coordenadas de los puntos cuando son números negativos?

PONTE A PRUEBA

Nombra el punto con las coordenadas siguientes.

7. $(1, 2)$ **8.** $(-2, -6)$ **9.** $(3, -3)$ **10.** $(0, -5)$ **11.** $(3, 0)$

Escribe las coordenadas del punto.

12. C **13.** D **14.** K **15.** Q **16.** N

17. El punto M se encuentra en $(6, 4)$. ¿Qué punto tiene las coordenadas opuestas?

18. ¿Cuáles son los signos de la primera y segunda coordenadas de todos los puntos en el segundo cuadrante?

19. ¿En qué cuadrante son positivas todas las coordenadas?

20. Tres vértices de un rectángulo tienen las coordenadas (4, 2), (4, 7) y (−3, 2). Halla las coordenadas del cuarto vértice.

▎POR TU CUENTA

Identifica el cuadrante en el que se encuentra el punto.

21. (3, 2)　　　**22.** (−17, 2)　　　**23.** (−6, −40)　　　**24.** (9, −11)

25. a. Representa los puntos $M(−5, −3)$, $N(2, −4)$ y $P(0, 1)$ en un plano de coordenadas.

b. Une los puntos. ¿Qué figura puedes observar?

26. a. Representa en la gráfica los puntos $A(4, 3)$, $B(−1, 3)$, $C(−4, 0)$ y $D(1, 0)$.

b. Une los puntos en ese orden. ¿Qué figura puedes observar?

c. Pensamiento crítico ¿Cuál es el nombre más específico que puedes usar para describir la figura $ABCD$? Explica la respuesta.

¿En qué lugar del mundo?

¿Cómo podrías explicar a alguien en qué parte del mundo te hallas?

Los científicos han creado un sistema de coordenadas para poder describir con facilidad todas las ubicaciones en la Tierra. El ecuador es el "eje horizontal". El primer meridiano es el "eje vertical" y se extiende desde el Polo Norte hasta el Polo Sur, atravesando Greenwich, Inglaterra.

Las distancias entre estos ejes se indican mediante grados. Los grados al norte o sur del ecuador son los *grados de latitud*. Los grados al este o al oeste del primer meridiano son los *grados de longitud*. Para localizar un lugar, se utilizan los grados. Por ejemplo, Nueva York se encuentra a 41°N, 74°O. Los Ángeles se encuentra a 34°N, 118°O.

27. Archivo de datos 11 (págs. 446–447) Usa latitudes y longitudes para estimar la ubicación de las ciudades.

a. Rivadavia, Argentina　　**b.** Cloncurry, Australia

28. Investigación Busca en un atlas o enciclopedia un mapa del estado en que resides. Localiza tu pueblo o ciudad, al grado más próximo de latitud y longitud.

Repaso MIXTO

1. Payat compró 3 camisas a $14 cada una y un par de pantalones a $23. ¿Cuánto dinero le queda de su presupuesto para ropa?

2. La temperatura es de 70°F a las 10:00 a.m. Sube 2°F por hora. ¿Cuál será la temperatura a las 4:00 p.m.?

3. Expresa 45% en forma decimal y como una fracción en su mínima expresión.

4. Expresa $\frac{3}{8}$ en forma decimal y de porcentaje.

5. Un jugador de básquetbol encesta el 80% de sus tiros libres. ¿Qué probabilidad hay de que enceste 2 tiros libres seguidos?

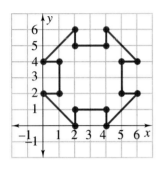

29. a. Investigación Usa un mapa para hallar la latitud y la longitud del lugar en que naciste, redondeadas al grado más próximo.

b. Compara esta ubicación con la que hallaste para la pregunta 28.

Artesanía Algunos fabricantes de colchas usan cuadrículas de coordenadas para planear los patrones.

30. El patrón de "llave inglesa" proviene de una colcha que narra una historia de origen africano. Halla las coordenadas de los puntos del patrón.

31. Crea tu propio patrón para una colcha. Dibújalo en una cuadrícula e identifica las coordenadas de los puntos.

Geografía Los creadores de mapas usan coordenadas para que podamos localizar los lugares. Las coordenadas del mapa se refieren a una sección, no a un punto.

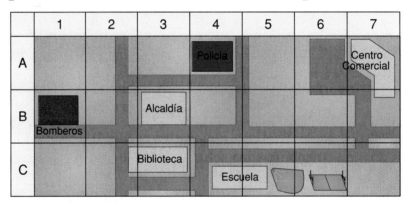

32. ¿Qué identifican las letras A–C? ¿Y los números 1–7?

33. ¿Qué hay en la sección B3?

34. ¿Cuáles son las coordenadas de la escuela y sus terrenos de juego?

35. Por escrito ¿En qué se parecen el mapa y el plano de coordenadas? ¿En qué se diferencian?

36. a. Computadora Imprime una hoja de cálculo en blanco. ¿En qué se parecen a un mapa las filas, columnas y celdillas de la hoja de cálculo?

b. Actividad Selecciona una ciudad cualquiera o crea una por tu cuenta. Dibuja un mapa de la ciudad en la hoja de cálculo. Incluye los nombres de distintos lugares.

c. Haz una tabla que enumere los nombres de los distintos lugares del mapa y sus coordenadas.

ESTRATEGIAS PARA RESOLVER PROBLEMAS

Haz una tabla

Razona lógicamente

Resuelve un problema más sencillo

Decide si tienes suficiente información, o más de la necesaria

Busca un patrón

Haz un modelo

Trabaja en orden inverso

Haz un diagrama

Estima y comprueba

Simula el problema

Prueba con varias estrategias

Resuelve los problemas. La lista de la izquierda muestra algunas de las estrategias que puedes usar.

1. Larry y Shamir quieren construir casas idénticas. Para ello, compraron un terreno rectangular y lo dividieron en dos cuadrados iguales. Cada cuadrado de terreno tiene un área de 2500 m². ¿Qué perímetro tenía el rectángulo original?

2. Decimos que un número positivo es un *cuadrado perfecto* cuando es el cuadrado de un número entero. Los primeros tres cuadrados perfectos son 1, 4 y 9. ¿Cuál es el cuadrado perfecto número 100?

3. Después de 5 exámenes, el promedio de Pedro era 80%. Pedro estaba seguro de obtener una "B" en su tarjeta de calificaciones. Tomó el examen final y su promedio total bajó a 76%, que es una "C". ¿Qué calificación sacó Pedro en el examen final?

4. Yoko y cuatro amigas se dividen una torta en partes iguales. Yoko comparte su porción a partes iguales con sus cuatro hermanas. La hermana menor de Yoko, Hoshi, dio la mitad de su porción a su gatito, Leo. ¿Qué porcentaje de la torta original recibió Leo?

5. **Transporte** Walter inició su viaje por los Estados Unidos con $250. En Philadelphia gastó 5 veces lo que gastó en Nueva York. En Washington, D.C., gastó $9.59 más que en Philadelphia. En Boston, gastó $74.97. Gastó 3¢ menos en Boston que en Philadelphia. ¿Cuánto dinero le quedó?

6. **El tiempo** Durante un viaje invernal, Mina Blackhawk salió de Helena, Montana, y observó cómo la temperatura del termómetro que se hallaba a un costado del avión había subido 100°F al hacer escala en Houston, Texas. Continuó su viaje hasta Marshall, Minnesota, donde observó un descenso de −71°F en la temperatura. Cuando llegó a Portland, Maine, la temperatura estaba a 12°F, 14°F por encima de la temperatura de Marshall. ¿Qué temperatura hacía en Helena esa mañana?

11-7 Traslaciones y reflexiones

■ **PIENSA Y COMENTA**

Los músicos de la banda desfilan sin perder el paso durante el intermedio del partido. Los aviones vuelan en formaciones precisas. Los veleros surcan las aguas en armonía. Por tierra, por aire, por mar, todos los componentes de una formación se mueven al mismo tiempo, como si estuvieran unidos por lazos invisibles.

La banda de la escuela intermedia Valley Middle School formó una V en el campo de fútbol después de la primera mitad del partido; mientras tocaban la marcha escolar desfilaron por el campo de juego manteniendo la formación en V.

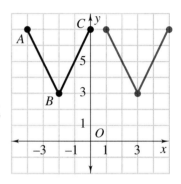

1. ¿Cuáles son las coordenadas de los vértices de la V original?

2. La V se desplazó hacia la derecha. ¿Cuántas unidades se desplazó la V?

3. ¿Cuáles son las coordenadas de los vértices de la nueva V?

4. Compara el tamaño y forma de la nueva V con el tamaño y forma de la V original.

Puedes decir que la V fue *trasladada* hacia la derecha. Una **traslación** es el movimiento de una figura de manera que todos sus puntos se mueven en la misma dirección y recorren la misma distancia. Cada nuevo punto se denomina la **imagen** del punto original.

5. **Discusión** ¿Por qué se denomina *traslación* a este movimiento?

6. **a.** Copia y completa la tabla para la traslación de arriba.

	x original	nueva x	cambio en la x	y original	nueva y	cambio en la y
A	−4	1	+5	7	7	0
B	■	■	■	■	■	■
C	■	■	■	■	■	■

La mayor banda de desfile *hasta la fecha fue la que tocó en Dodger Stadium, compuesta por 4,524 estudiantes de 52 escuelas del área de Los Ángeles.*

Fuente: *Guinness Book of Records*

b. ¿Qué patrones puedes observar en los cambios de la x y de la y?

7. Imagina que parte de la banda formara también una M cuyas coordenadas fueran $(-1, -2)$, $(-1, 2)$, $(1, 0)$, $(3, 2)$ y $(3, -2)$. La formación en M se movió al mismo tiempo que la formación original en V.

   a. ¿Cuáles serían las coordenadas de la M después de la traslación? Explica.

   b. Dibuja un diagrama que muestre la traslación.

⬤tro movimiento de una figura es la *reflexión*. Una **reflexión** consiste en invertir una figura sobre una recta. La nueva figura es un reflejo exacto de la original.

8. En un espectáculo aéreo, cinco aviones cazabombarderos volaron de forma paralela a la tribuna. Su formación *DEFGH* cambia tal como se muestra.

   a. ¿Recorren los cinco aviones la misma distancia durante el cambio? Explica.

   b. ¿Qué sucede con la forma?

   c. Copia el diagrama y dóblalo por la recta del centro. ¿Qué puedes observar sobre los puntos originales y los nuevos?

   d. **Discusión** Describe cómo se reflejaron los aviones sobre el eje de y.

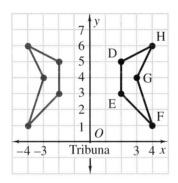

9. Copia la formación original de los aviones. Dibuja la formación después de una reflexión sobre el eje de x.

⌐EN EQUIPO

10. a. **Computadora** Dibuja una figura de tres o más vértices para representar una formación de barcos. Dibuja la reflexión de la figura sobre el eje de x.

   b. Haz una tabla como la de la pregunta 6.

   c. **Por escrito** Haz una conjetura sobre cómo cambian las coordenadas de los puntos de una figura cuando se refleja la figura sobre el eje de x.

   d. **Pensamiento crítico** ¿Cómo pondrías a prueba tu conjetura?

   e. Repite las partes (a)–(c) para una reflexión sobre el eje de y.

 Los *Blue Angels*, el equipo aéreo de acrobacia de la Marina de Guerra, usan el F/A-18 Hornet. Este avión alcanza una velocidad máxima de Mach 2. Los *Thunderbirds* de la Fuerza Aérea usan el F-16 Fighting Falcon, que alcanza una velocidad máxima de Mach 2.3.

Fuente: *The Kids' World Almanac of Transportation*

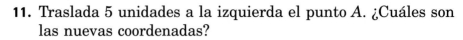

Usa la gráfica de la izquierda.

11. Traslada 5 unidades a la izquierda el punto *A*. ¿Cuáles son las nuevas coordenadas?

12. Traslada 3 unidades hacia abajo y 2 unidades a la derecha el punto *B*. ¿Cuáles son las nuevas coordenadas?

13. El punto *C* se traslada al punto *D*. ¿A qué distancia y en qué direcciones se efectuó la traslación de *C*?

14. Refleja el punto *E* sobre el eje de *x*. ¿Cuáles son las nuevas coordenadas?

15. Refleja el punto *F* sobre el eje de *x* y sobre el eje de *y*. ¿Cuáles son las nuevas coordenadas?

Determina si la gráfica muestra una traslación o una reflexión. Describe el movimiento de los puntos.

16.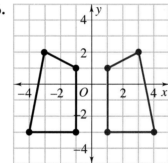

17.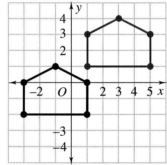

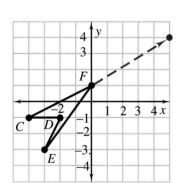

18. Cuatro lanchas de motor navegan en formación de flecha. Se mueven en la misma dirección y recorren la misma distancia que la lancha *F*.

  a. ¿Cómo puedes hallar las nuevas posiciones de *C*, *D* y *E*?

  b. **Computadora** Representa las nuevas posiciones y las posiciones originales de las lanchas en la gráfica. Une cada conjunto de puntos.

  c. Enumera en una lista las coordenadas de las posiciones originales y de las nuevas posiciones de las lanchas.

19. **Por escrito** Describe en qué se parecen y en qué se diferencian las reflexiones y las traslaciones. Usa ejemplos.

 20. **Investigación (pág. 448)** Dibuja una línea vertical que atraviese el año 0 de tu recta cronológica. Explica cómo podrías usar la recta cronológica para mostrar el número de estudiantes matriculados cada año.

21. a. Computadora Representa en la gráfica los puntos $(2, -6)$, $(8, -6)$ y $(4, -1)$.

b. Une los puntos. ¿Qué figura geométrica has dibujado?

c. Computadora Refleja la figura sobre el eje de x. ¿Cuáles son las nuevas coordenadas?

d. ¿Cuál es el área de la figura original? ¿Y de la nueva figura?

e. Haz una conjetura sobre qué le sucede al área de una figura después de una reflexión.

22. Computadora Crea tu propio espectáculo. Elige los vehículos o participantes que desees para la formación. El espectáculo debe incluir al menos un movimiento de traslación y uno de reflexión.

a. Representa en la gráfica la posición y formación originales. Identifica las coordenadas de cada objeto de la formación.

b. Dibuja la formación después de cada traslación o reflexión. Describe cómo se desplaza la formación después de cada traslación o reflexión.

c. Escribe las coordenadas de los puntos después de cada cambio.

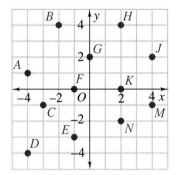

Re**p**a**s**o **MIXTO**

1. ¿En qué cuadrante hallarías el punto $(7, -8)$?

2. ¿En qué cuadrante se encuentran las dos coordenadas positivas de un punto?

Estima el 5% de impuesto de venta del artículo.

3. juego: $8.99

4. bicicleta: $135.95

5. Kendra tiene 20 monedas de 10¢ y de 5¢. El valor total de las monedas es $1.35. ¿Cuántas monedas de 10¢ tendrá Kendra?

 VISTAZO A LO APRENDIDO

1. Rachel escribió a mano los números de 235 boletos, empezando por el número 1. ¿Cuántos dígitos escribió?

Nombra el punto de las coordenadas dadas.

2. $(-1, -3)$ **3.** $(0, 2)$ **4.** $(2, -2)$ **5.** $(-4, 1)$

Escribe las coordenadas del punto.

6. J **7.** M **8.** C **9.** F

10. Elige A, B, C o D. Los vértices del $\triangle ABC$ son $A(-4, 2)$, $B(-3, 4)$ y $C(-2, 2)$. Se traslada este triángulo. Las nuevas coordenadas del punto A son $(2, 2)$ y las del punto B son $(3, 4)$. ¿Cuáles son las nuevas coordenadas del punto C?

A. $(2, 8)$ **B.** $(4, 2)$ **C.** $(-2, 8)$ **D.** $(-8, 2)$

Usa la calculadora para hallar la suma o la diferencia.

11. $-215 + 343$ **12.** $451 - (-134)$ **13.** $-1035 - 961$

11-8 **A**plicaciones de los enteros y las gráficas

En esta lección

• Usar el libro de balances para determinar pérdidas o ganancias

• Dibujar e interpretar gráficas que incluyan enteros

■ VAS A NECESITAR

✓ Calculadora

P I E N S A Y C O M E N T A

Las empresas llevan la cuenta no sólo del dinero que reciben (ingresos), sino también del dinero que gastan (gastos). El *balance* representa las ganancias o las pérdidas de la compañía. Un *libro de balances* se usa para llevar la cuenta de los ingresos y los gastos. Los ingresos se expresan con números positivos. Los gastos se expresan con números negativos. Para hallar el balance sumas los ingresos y los gastos.

balance positivo → ganancias
balance negativo → pérdidas

1. **Discusión** ¿Cuáles son algunos de los gastos que podría tener una empresa?

2. Algunos gastos se mantienen constantes todos los meses. Otros, varían. Enumera en una lista varios gastos de cada tipo.

3. Enumera en una lista varios tipos de empresas. Describe el tipo de ingresos de cada una.

Puedes usar la calculadora para hallar un balance. Recuerda que si oprimes ⊞ cambiará el signo del número.

Ejemplo 1   Halla el balance de Video Manía para el mes de febrero. ¿Obtuvo ganancias o sufrió pérdidas la compañía durante ese mes?

• Suma los ingresos y los gastos.

12,739 ⊞ 9,482 +⊙- ⊟ *3257*

• El balance es positivo. Por lo tanto, hay ganancias.

Video Manía tuvo ganancias de $3,257 durante el mes de febrero.

4. Halla el balance mensual. Determina si Video Manía tuvo ganancias o pérdidas durante el mes dado.

   a. enero   **b.** marzo   **c.** abril

Libro de balances de Video Manía		
Mes	Ingresos	Gastos
Enero	$11,917	−$14,803
Febrero	$12,739	−$9,482
Marzo	$11,775	−$10,954
Abril	$13,620	−$15,149

Después de calcular el balance mensual, las empresas suelen preparar gráficas lineales para determinar las tendencias. Para dibujar gráficas lineales que muestren los datos de balances, ingresos y gastos, puedes aplicar lo que sabes sobre cuadrículas de coordenadas. Usa el primer y cuarto cuadrantes para representar este tipo de datos en la gráfica.

Ejemplo 2

Dibuja una gráfica lineal de los balances mensuales de la juguetería "Juguetes para todos".

- Escribe los meses en el eje horizontal. Escribe las cantidades en dólares en el eje vertical.

- Los datos varían entre $-1,917$ y $1,945$. Dibuja una escala que vaya desde $-2,000$ hasta $2,000$. Usa intervalos de 500.

- Representa los datos en la gráfica y une los puntos.

Libro de balances de "Juguetes para todos"	
Mes	Balance (Ganancias/ Pérdidas)
Enero	−$1,917
Febrero	−$682
Marzo	$303
Abril	$781
Mayo	−$150
Junio	$250
Julio	$933
Agosto	$1,110
Septiembre	−$417
Octubre	−$824
Noviembre	$1,566
Diciembre	$1,945

Balances de "Juguetes para todos"

5. ¿Qué meses reflejan ganancias?

6. ¿Qué mes refleja la mayor pérdida?

7. ¿Durante qué dos meses se mantuvo aproximadamente igual el balance?

8. ¿Qué mes refleja el mayor cambio en el balance?

9. Halla la gama de los balances.

▶PONTE A PRUEBA

Calculadora **Usa una calculadora para hallar la suma o la diferencia.**

10. $-435 + 628$ 11. $581 - (-57)$ 12. $-2044 - (-1806)$

¿Qué escala e intervalos usarías para representar el conjunto de datos en la gráfica?

13. $-2, 3, 2, 4, -4, 1, -1, 3$ **14.** $1, 7, -3, -4, 0, 9, -8, 0, -9$

15. $-34, 98, 12, -71, 53, -95$ **16.** $4, 68, 50, 41, -13, -18, 27$

▛POR TU CUENTA

Elige Usa lápiz y papel, calculadora o cálculo mental.

Día	Gastos	Ingresos
Lunes	−$85	$94
Martes	−$60	$78
Miércoles	−$22	$13
Jueves	−$73	$90
Viernes	−$49	$37
Sábado	−$16	$15
Domingo	−$36	$19

17. $-12 + 5$ **18.** $38 - 64$ **19.** $-245 + 245$

20. $1{,}342 + (-672)$ **21.** $29 - (-18)$ **22.** $-86 + (-96)$

23. a. Usa los datos de la izquierda. Halla el balance diario.

b. Dibuja una gráfica lineal para mostrar los balances.

24. Por escrito Describe una empresa que te interesaría crear. (Podrías vender artículos o prestar algún servicio, como cuidar niños.) Enumera en una lista los gastos que tendrías.

UN GRAN FUTURO

Inventora de juegos de video

Quisiera trabajar en la creación de juegos de video. Me gustan los juegos de video que presenten un reto, que se puedan jugar una y otra vez para tratar de superar la puntuación anterior. Creo que sería necesario usar las matemáticas para este trabajo. Por ejemplo, sería necesario saber el tamaño de la pantalla para que los personajes quepan en ella. Si los personajes ocuparan toda la pantalla, no habría espacio para el fondo. Si inventara un juego que tuviera muchos personajes, necesitaría espacio para todos ellos.

Tengo algunas preguntas. ¿Qué se hace después de tener una idea para un juego? ¿Se dibuja un diagrama? ¿Cómo se crea un juego que incluya distintos niveles? ¿De dónde vienen las ideas para los juegos?

Janna Mendoza

Computadora **Prepara una hoja de cálculo como la de abajo.**

	A	B	C	D
1	**Semana**	**Ingresos**	**Gastos**	**Balance**
2	2/1–2/7	$4,257	−$6,513	▩
3	2/8–2/14	$3,840	−$2,856	▩
4	2/15–2/21	$4,109	−$3,915	▩
5	2/22–2/28	$3,725	−$4,921	▩
6	**Totales**	▩	▩	▩

25. ¿Qué fórmulas escribirías en las celdillas D2–D5?

26. ¿Qué fórmula va en la celdilla B6? Explica.

27. Escribe las fórmulas para hallar los valores que faltan.

28. ¿Reflejan ganancias algunas de las semanas? Explica.

29. ¿Cuál fue el balance final del mes? ¿Hubo ganancias o pérdidas?

R$e$paso MIXTO

Halla el número que tenga la descomposición factorial dada.

1. 2 × 2 × 3 × 7 × 13

2. 2 × 3 × 3 × 5 × 23

Las coordenadas de las vértices del △*ABC* son *A*(−4, 1), *B*(3, 5) y *C*(3, 1). Identifica las nuevas coordenadas de los vértices en la traslación dada.

3. hacia arriba, 4 unidades

4. a la derecha, 6 unidades

5. Escribe un problema que tenga falta de información.

Estimada Janna:

Un buen juego de video, por lo general, empieza cuando alguien tiene una idea. Sin embargo, la mayoría de los inventores de juegos de video trabajan en grupo. Preparan diagramas, crean dibujos animados de personas, objetos y animales, analizan ideas, resuelven problemas y diseñan y ponen a prueba los programas de video.

Cuando termines la universidad, las computadoras habrán cambiado mucho. Hoy en día, las imágenes de una computadora tienen gran colorido, pero son pequeñas y bidimensionales, y las computadoras usadas para los juegos son lentas. Dentro de diez años, con toda probabilidad se usarán imágenes tridimensionales (quizás holográficas). Los programas animarán las figuras de forma realista. Es posible incluso que la realidad virtual te haga parte del juego.

Para que los juegos resulten realistas, sus creadores deben entender de perspectiva, anatomía, estructura, color e iluminación. Las matemáticas resultan de gran importancia para poder lograr las tareas y propósitos específicos de los programas. Los juegos siempre incluyen aritmética simple, pero los mejores programadores usan también trigonometría y matemáticas avanzadas.

Steven L. Cool

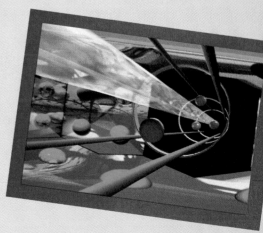

En conclusión

Los números enteros y los opuestos

Dos números que se hallan a la misma distancia del 0 en la recta numérica, pero en direcciones opuestas, se denominan *opuestos.* El conjunto de números naturales y sus opuestos es el conjunto de los *números enteros.*

Para comparar los enteros, piensa en la recta numérica. El entero que se halle más a la derecha será el que mayor valor tenga.

1. ¿Qué entero representa 7°F bajo cero?

2. Nombra el opuesto del entero.

    a. -7 **b.** 1 **c.** -8 **d.** -14

3. Escribe tres números que se hallen entre -4 y -5. ¿Son enteros estos números? ¿Por qué?

4. Explica cómo ordenar los siguientes enteros de menor a mayor: $3, -1, -13, 5, 0$.

Usa $<, >$ ó $=$ para comparar.

5. -9 ▮ -11 **6.** 4 ▮ -13 **7.** -21 ▮ 16 **8.** 0 ▮ 9 **9.** 6 ▮ 11

Escribe el entero representado por el conjunto de fichas.

10.   **11.**   **12.**   **13.**

Representación de la suma y la resta de enteros

Para sumar enteros, represéntalos con fichas. De ser posible, combina las fichas en pares de opuestos y elimina tantos pares como sea posible. Escribe el entero representado por las fichas restantes.

Para restar enteros, representa el primer entero con fichas. Retira las fichas del segundo entero. (Puede que sea necesario añadir pares de opuestos.) Escribe el entero representado por las fichas restantes.

Usa fichas para hallar la suma o la diferencia.

14. $9 + (-4)$ **15.** $-13 + 6$ **16.** $1 - (-7)$ **17.** $-2 - 8$

Gráficas en el plano de coordenadas

El **plano de coordenadas** está formado por la intersección del *eje de x* y del *eje de y*. Todos los puntos del plano pueden ser descritos mediante un **par ordenado** de números (x, y). Estas *coordenadas* indican a qué distancia del origen $(0, 0)$ se halla un punto.

Nombra el punto que se halla en las coordenadas dadas.

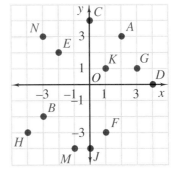

18. $(0, 4)$ **19.** $(3, 1)$ **20.** $(-3, 3)$

21. $(2, 3)$ **22.** $(-4, -3)$ **23.** $(1, 1)$

Escribe las coordenadas del punto.

24. B **25.** F **26.** J

27. E **28.** D **29.** M

Traslaciones y reflexiones

Puedes desplazar las figuras en el plano de coordenadas mediante una **traslación** o invertirlas mediante una **reflexión.**

30. a. Los vértices del triángulo ABC son $A(-4, -3)$, $B(1, 4)$ y $C(1, -3)$. Halla las coordenadas de los vértices del triángulo después de trasladarlo 4 unidades hacia arriba.

    b. ¿Qué puedes observar en los dos triángulos?

Estrategias y aplicaciones

Para resolver un problema puedes usar varias estrategias.

Un *libro de balances* se usa para llevar la cuenta de los ingresos y los gastos. Los *ingresos* se expresan con números positivos y los *gastos* con números negativos.

31. a. Halla el balance mensual. ¿Hubo pérdidas o ganancias?

    b. ¿Qué escala e intervalos usarías para representar los balances en una gráfica?

    c. Dibuja una gráfica lineal para mostrar los balances.

32. Dos personas viven a 36 mi de distancia entre sí. Para encontrarse, salen de sus casas en bicicleta a las 10:00 a.m. La primera persona viaja a un promedio de 8 mi/h y la segunda persona a un promedio de 10 mi/h. ¿A qué hora se reunirán?

Libro de balances de "Panadería Don Pepe"		
Mes	Ingresos	Gastos
Enero	$1,314	-$828
Febrero	$2,120	-$120
Marzo	$1,019	-$1,285
Abril	$1,438	-$765

APLICA LO QUE SABES

Cierra el caso

La recta del tiempo

Al principio del capítulo, dibujaste una recta cronológica que empezaba por el año cero, tu primer año en la escuela (o tu primer año como parte del grupo). Ahora extiende la recta hacia el pasado (antes del año cero) basándote en lo que has estudiado en este capítulo.

Representa tanta información como sea posible en tu recta cronológica. Puedes usar números negativos o un eje vertical para presentar la información. Los problemas precedidos por la lupa (pág. 452, #46; pág. 458, #35; pág. 462, #31 y pág. 474, #20) te ayudarán a completar la recta cronológica.

Extensión: Imagina que desearas crear una recta cronológica sobre la historia de las matemáticas que incluyera el año de tu nacimiento, el año de la muerte de Albert Einstein y el año de la muerte del matemático griego Pitágoras. ¿Qué dificultades presentaría esta recta cronológica?

Puedes consultar:

- una enciclopedia

La guerra de las cuadrículas

Juega con un compañero. Necesitarán papel cuadriculado.

- Cada jugador dibuja dos planos de coordenadas en papel cuadriculado. Cada plano debe tener un eje vertical y, numerado del 0 al 10, y un eje horizontal x, numerado del 0 al 10. ¡No dejes que tu compañero los vea!

- En el primero, cada uno debe escribir una letra del alfabeto y poner X en las intersecciones de las líneas con la cuadrícula. Usen el otro plano de coordenadas para adivinar la letra del oponente.

- El jugador A le dice al jugador B un par ordenado de números. El jugador B anuncia si el punto trazado por el par ordenado es parte de su letra. Si lo es, el jugador A escribe una X en ese lugar del plano de coordenadas en blanco. Si no, escribe un O en el lugar. Después, le toca el turno al jugador B.

El primer jugador que identifique correctamente la letra de su oponente gana el juego.

Reglas del juego:

✍ Juega con dos o más compañeros.

✍ Construyan dos dados. Uno con números positivos del 1 al 6 y el otro con números negativos del -7 al -12.

✍ Los jugadores se turnan para tirar los dados y sumar los números que salgan. Si el jugador suma los números correctamente, la suma representa sus puntos. Si el resultado es incorrecto, el jugador no recibe ningún punto. Después de un número igual de turnos, el jugador que tenga la puntuación más baja gana el juego.

Extensión: Resten o multipliquen los números, en vez de sumar. Construyan un tercer dado con una cantidad igual de signos de +, – y x. Tiren todos los dados al mismo tiempo. El signo del dado indicará si deben sumar, restar o multiplicar.

PARA +SUMAR

LA VIVA IMAGEN

Haz esta actividad con el resto del grupo.

Los miembros del grupo recortan distintas figuras geométricas de cartulina no mayores de 2 pulg por 2 pulg. Metan las figuras en una bolsa de papel. Por turno, cada jugador va sacando una figura de la bolsa.

Los jugadores deben trazar en una hoja de papel una imagen trasladada o reflejada de la figura original. Traten de dibujar tantas figuras como puedan en el espacio de que disponen.

Cuatro, tres, dos, uno, cero

Hagan esta actividad con un compañero.

Mediante movimientos verticales u horizontales, sumen los números de la cuadrícula de manera que el resultado sea 0. Pueden entrar o salir por cualquier cuadrado de los bordes.

Extensión: Dibuja tu propio laberinto en una cuadrícula de 6 por 6. Intercambia cuadrículas con un compañero y resuelvan los laberintos.

-2	-13	7	1	-15
-11	8	-3	-2	7
9	4	6	5	-3
-3	2	12	-7	4
-4	14	-10	6	13

1. Usa $<$, $>$ ó $=$ para comparar.

   a. 18 ■ -24　　**b.** -15 ■ -9

2. Escribe el entero representado por las fichas.

   a. ■■■■　　　**b.** ■■■■■

3. Usa fichas para representar el entero y su opuesto.

   a. -1　**b.** 6　**c.** -2　**d.** -9

4. Usa $<$, $>$ ó $=$ para comparar.

   a. $-13 + 4$ ■ $13 + -4$

   b. $7 + (-8) + (-1)$ ■ $7 + (-9)$

5. La temperatura estaba a 4°F bajo cero a medianoche. A las 6:00 a.m. había subido 22°F. ¿Qué temperatura había a las 6:00 a.m.?

6. Usa las fichas para hallar la suma o la diferencia.

   a. $-11 + (-4)$　　**b.** $-12 - 4$

   c. $6 - (-3)$　　　**d.** $-5 + 5$

7. Halla el valor de la expresión si $x = 4$, $y = -3$ y $z = -12$.

   a. $9 - y$　　　　**b.** $x + y + z$

   c. $z - y - x$　　　**d.** $-8 + y - x$

8. **a.** Representa en una gráfica los puntos $(-4, 1)$, $(1, 6)$, $(-4, 6)$ y $(1, 1)$. ¿Qué observas acerca de estos cuatro puntos?

   b. Suma 2 a la coordenada de x de los puntos. Representa los nuevos puntos en la gráfica.

   c. **Por escrito** Compara las dos gráficas.

9. **Elige A, B, C o D.** Cuando Emilio recibió su prueba de matemáticas corregida, tenía -2 puntos en la primera pregunta, -1 en la segunda, -3 en la tercera, -2 en la cuarta y -1 en la quinta. La prueba valía 50 puntos. ¿Cuántos puntos sacó Emilio?

   A. 50　　**B.** 41　　**C.** 32　　**D.** 12

10. Fai compró 3 tarjetas de cumpleaños a $1.50 cada una y 2 cartelones a $2.75 cada uno. ¿Cuánto gastó en total?

11. Usa la calculadora para hallar la suma o la diferencia.

    a. $-85 + 54$　　**b.** $-112 - (-792)$

    c. $384 + (-556)$　**d.** $3{,}077 - (-1{,}902)$

12. Identifica el cuadrante en el que se encuentra el punto.

    a. $(4, 2)$　　　　**b.** $(-6, -5)$

    c. $(9, -15)$　　　**d.** $(-8, 3)$

13. Los datos de abajo muestran el libro de balances de "La feria de los globos".

Mes	Balance
Enero	$-$985
Febrero	$10,241
Marzo	$-$209
Abril	$17,239

    a. Halla el balance total de los cuatro meses de la tienda "La feria de los globos".

    b. **Por escrito** ¿Tuvo pérdidas o ganancias la tienda? Explica.

Repaso general

Elige A, B, C o D.

1. Halla el perímetro de un cuadrado cuyos lados midan 5 m.

   A. 20 m   **B.** 25 m

   C. 10 m   **D.** 125 m

2. ¿Cuál podría ser el patrón de un prisma rectangular?

   A.   **B.**

   C.   **D.**

3. Halla la mejor estimación del 43% de 87.

   A. 50   **B.** 36

   C. 30   **D.** 25

4. ¿Qué expresión es falsa?

   A. Un cuadrado es siempre un rectángulo.

   B. Algunos rectángulos son rombos.

   C. Todos los cuadriláteros son paralelogramos.

   D. Los paralelogramos se pueden dividir en dos triángulos congruentes.

5. Rehema compró 9 manzanas, 6 naranjas, 12 peras y 8 ciruelas. ¿Cuál es la razón de ciruelas a peras compradas?

   A. $\frac{2}{3}$ **B.** 9 a 12

   C. 12:8   **D.** 4:2

6. Tiras tres veces un dado numerado. Halla la probabilidad de que salga 3 ó 4 las tres veces.

   A. 1   **B.** $\frac{1}{8}$

   C. $\frac{1}{216}$ **D.** $\frac{1}{27}$

7. Halla el valor de la expresión $b - a - 8$ si $a = -7$ y $b = -4$.

   A. -19 **B.** -11

   C. -5 **D.** 11

8. Escribe la expresión numérica representada por el conjunto de fichas. Después, halla la suma.

   A. $-5 + 7; -2$ **B.** $5 + (-7); -2$

   C. $5 + 7; 12$ **D.** $-5 + (-7); -12$

9. Se eligen cuatro estudiantes al azar. Halla la probabilidad de que los cuatro nacieran un lunes.

   A. $\frac{4}{365}$ **B.** $\frac{1}{343}$

   C. $\frac{1}{2401}$ **D.** $\frac{1}{7}$

10. ¿Cuántos números diferentes de seis dígitos se pueden formar con los dígitos 1, 2, 3, 4, 5 y 6, sin repetir ningún dígito en un número?

    A. 5,040   **B.** 36

    C. 21   **D.** 720

Práctica adicional

La tabla de la derecha muestra el número de libros que Mario leyó cada mes durante 1 año.

Número de libros leídos por Mario					
3	1	4	2	4	1
3	2	4	4	2	1

1. **a.** Traza un diagrama de puntos.

   b. Halla la mediana y la moda.

Prepara una tabla de frecuencias y halla la media, la mediana y la moda.

2. 23, 26, 22, 25, 22, 28, 22, 10, 11

3. 102, 202, 102, 302, 102, 402, 102, 402, 201

Elige el tipo de gráfica más apropiado.

4. la precipitación mensual en Costa Rica durante 1 año

5. el precio de 6 automóviles distintos

6. el número de estudiantes de cada grado que juega fútbol

7. **Archivo de datos #1 (págs. 2–3)** Elige el tipo de gráfica más apropiado para representar los datos de la tabla "¿Cuánta televisión vemos?"

8. **a. Archivo de datos #8 (págs. 316–317)** Usa el tipo de gráfica más apropiado para mostrar la cantidad de medallas diferentes que ganó Cuba en 1992.

   b. ¿Cómo cambiaría la presentación de los datos si aumentáramos la escala de la gráfica?

9. **Archivo de datos #1 (págs. 2–3)** Dibuja 2 gráficas lineales diferentes con los datos de "Televidentes durante horas de mayor sintonía". Dibuja la primera gráfica con la escala dada y la segunda con una escala de 5, empezando por 80 y terminando por 110. ¿Cómo afecta el cambio de escala a la representación de los datos?

10. El Sr. Yee depositó $710 en su cuenta bancaria. Entregó al cajero el doble de billetes de $5 que de billetes de $1 y el triple de billetes de $10 que de billetes de $5. Halla el número de billetes de $1, $5 y $10 que depositó el Sr. Yee.

11. **Archivo de datos #3 (págs. 92–93)** Terry tiene tres de las tarjetas de la tabla "Tarjetas de béisbol valiosas". El valor total de sus tarjetas es $43,500. ¿Qué tarjetas tiene?

Capítulo 2

Práctica adicional

Usa la figura de la derecha para los ejercicios 1–9. Nombra lo siguiente.

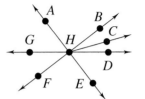

1. 3 ángulos agudos

2. 4 ángulos obtusos

3. 3 puntos no colineales

4. 6 rayos

Usa el transportador para hallar la medida de los ángulos.

5. ∠BHF   **6.** ∠FHC   **7.** ∠FHG   **8.** ∠CHD   **9.** ∠AHC

10. Traza el segmento $\overline{RS}$. Construye un segmento cuya longitud sea el triple que la de $\overline{RS}$.

11. Dibuja el ángulo agudo ∠F. Construye un ángulo congruente con ∠F.

Di si el triángulo cuyos lados tienen la longitud dada es escaleno, isósceles o equilátero.

12. 7 cm, 9 cm, 7 cm

13. 3 m, 3 m, 3 m

14. 18 pulg, 16 pulg, 5 pulg

Di si el triángulo cuyos ángulos tienen las siguientes medidas es acutángulo, obtusángulo o rectángulo.

15. 2°, 176°, 2°

16. 30°, 60°, 90°

17. 45°, 65°, 70°

18. Halla el número de ejes de simetría del octágono.

19. Traza un círculo que contenga una cuerda, un ángulo central y un diámetro.

20. En octubre, 65 estudiantes de escuela intermedia visitaron el museo de ciencias. De estos estudiantes, 24 vieron una película de cine Omni, 29 fueron al planetario y 12 visitaron la exposición de los dinosaurios. Ningún estudiante participó sólo en dos de las actividades. ¿Cuántos participaron en las tres?

21. Los boletos del cine Universal cuestan $2 para niños y $5 para adultos. Una tarde, el teatro ingresó un total de $100 durante una sesión. Enumera las combinaciones posibles de ventas de boletos para niños y adultos. Describe qué patrón puedes observar.

Práctica adicional

Dibuja un modelo para el decimal.

1. 0.8 **2.** 0.35 **3.** 1.2 **4.** tres décimas **5.** siete centésimas

Escribe el decimal con palabras.

6. 0.10 **7.** 0.8 **8.** 0.51 **9.** 0.30 **10.** 3.25 **11.** 33.05

Escribe el número en forma normal.

12. cuatro décimas **13.** cincuenta y siete centésimas **14.** sesenta y seis, y siete centésimas

15. ciento cuarenta y dos milésimas **16.** doscientas veintidós milésimas

Halla el valor del dígito 9 en el número dado.

17. 0.9 **18.** 1.009 **19.** 52.39 **20.** 0.4829 **21.** 351.09

Usa >, < ó = para comparar.

22. 1.11 ■ 1.09 **23.** 0.2357 ■ 0.23 **24.** 11.521 ■ 11.53 **25.** 13.10 ■ 13.1

Redondea al entero más próximo. Estima la suma o la diferencia.

26. 0.8 + 3.5 **27.** 6.2 − 0.625 **28.** 5.001 − 0.67 **29.** 13.41 + 7.61

30. 1.14 + 9.3 **31.** 9 − 3.5 **32.** 4.11 − 2.621 **33.** 3.541 + 1.333

34. Mide los lados del triángulo en milímetros y halla el perímetro.

35. ¿Qué unidad métrica usarías para medir la dimensión?

    a. la altura de una casa   **b.** la longitud de un lápiz   **c.** la longitud de un río

36. Rachel quiere comprar un par de patines de hielo de $170 dentro de un mes. Trabaja 10 h a la semana a $5/h. También gasta $15 a la semana. ¿Podrá comprar los patines dentro de un mes?

37. Judith encontró una foto de su mamá a los 3 años de edad, fechada en 1960. Judith tenía 12 años de edad en 1993. ¿En qué año tendrá la mitad de la edad de su mamá?

Práctica adicional

Redondea los factores al entero más próximo para estimar el producto.

1. 3.7×6.8

2. 4.8×3.2

3. 11.69×8.49

Usa números compatibles para estimar.

4. $3{,}126.38 \div 26.01$

5. $21.49 \div 3.76$

6. 2.28×5.59

Aplica el orden de las operaciones para hallar el valor de la expresión.

7. $7 + 5 \times 6 \div 3$

8. $(17 + 1) \div 3 \times 2$

9. $6 \div 2 + 5 \times 3$

10. $(3 \times 5) \times (6 \div 2)$

11. $26 - 6 \div 3 \times (3 + 5)$

12. $8 \div (1.25 + 0.75)$

Aplica la propiedad distributiva para calcular la expresión.

13. $3 \times (10 + 5)$

14. $4 \times (50 - 5)$

15. $5 \times (7 - 5)$

16. $6 \times (8 + 5)$

Aplica la propiedad distributiva para escribir de nuevo la expresión y calcula.

17. 7×78

18. 8×503

19. 6×66

20. 9×12

Halla el producto.

21. 0.35×0.07

22. 100×0.069

23. 7.9×0.03

24. 9.9×1.2

Dibuja un modelo para hallar el cociente.

25. $0.6 \div 0.05$

26. $1.5 \div 3$

27. $0.24 \div 6$

28. $1.8 \div 0.09$

Halla el cociente.

29. $6.72 \div 4.2$

30. $6.2\overline{)0.5952}$

31. $7.5\overline{)64.5}$

32. $21.12 \div 4.4$

33. ¿Qué información falta o es innecesaria?

Los boletos de la orquesta sinfónica cuestan $12 para los asientos de platea y $7 para los asientos de galería. Los programas cuestan $3. Madeline compró dos boletos. ¿Cuánto gastó?

34. Hameen compró por $28.50 dos camisas rebajadas. Antes de esta oferta, esa misma semana, la tienda vendía las camisas a $18.99 cada una. Halla cuánto dinero ahorró Hameen.

Práctica adicional

Halla los tres términos siguientes del patrón numérico. Establece una regla que describa el patrón.

1. 1, 4, 16, 64

2. 0, 3, 6, 9

3. 0.3, 2.3, 4.3, 6.3

Identifica la base y el exponente.

4. 2^{16}

5. 4^7

6. 4^2

7. 7^4

8. 1^0

Elige Usa lápiz y papel, calculadora o cálculo mental para hallar el valor de la expresión.

9. $(8^2 - 4) \div 10$

10. $6(5 + 5)$

11. $5^8 \div 2$

12. $144 + 56 \div 4$

Cálculo mental Halla el valor de la expresión.

13. $7x$ si $x = 7$

14. $a + 0.30$ si $a = 1.70$

15. $b^2 - 24$ si $b = 8$

Escribe una expresión algebraica.

16. uno menos que b

17. el doble que p

18. cuatro más que b

Resuelve la ecuación.

19. $3b = 21$

20. $20 = y + 1$

21. $27 + a = 163$

22. $n - 35 = 75$

23. $178 = 10d$

24. $b \div 7 = 7$

25. $25 = p - 4.2$

26. $1.5t = 6$

27. $40 = k \div 5$

28. Las cremas de protección solar contienen un factor de protección contra el sol. Para hallar la cantidad de tiempo que se puede permanecer al sol usando una determinada crema, se multiplica el número del factor de protección por el número de minutos que se puede permanecer al sol *sin* la crema. Imagina que pudieras permanecer al sol sin crema durante n min. Escribe una expresión algebraica para la cantidad de tiempo que podrías permanecer al sol usando una crema con un factor de protección de 15.

29. En 1990, Hillsboro tenía 25,000 habitantes. La población aumenta 5,000 habitantes cada 5 años. ¿Cuál será la población en el año 2005?

Práctica adicional

Halla el área de la figura. Sustituye π por 3.14.

1.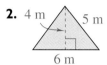
9.5 pulg

5.5 pulg

2.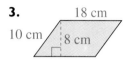
4 m   5 m

6 m

3.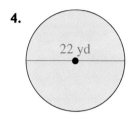
18 cm

10 cm   8 cm

4.
22 yd

5. El área de un triángulo es 36 cm². La base mide 12 cm. Halla la altura del triángulo.

6. El área de un rectángulo es 64 cm². La altura mide 4 cm. Halla el ancho.

Halla la circunferencia y el área de un círculo del radio o del diámetro dado. Primero, sustituye π por 3 para estimar; después, usa la calculadora.

7. $d = 26$
8. $d = 10.6$
9. $r = 30$
10. $r = 11$

11. a. Identifica la figura de abajo.

   b. Halla el número de caras, aristas y vértices.

12. Halla el volumen y el área superficial del prisma rectangular de abajo.

8

10   5

13. Identifica la figura formada por el patrón de la derecha. Después, halla el área superficial.

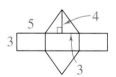
5   4

3

3

14. Martina quiere hacer un borde de cinta para un tablero de anuncios que mide 90 cm por 150 cm. ¿Cuánta cinta necesitará?

15. Los triángulos valen 9 puntos, los cuadriláteros 16 puntos y los pentágonos 25 puntos. Halla el número total de puntos que contiene la figura de abajo. Usa sólo figuras convexas.

Práctica adicional

Cálculo mental **Determina si el número es divisible por 1, 2, 3, 5, 9 ó 10.**

1. 324   **2.** 2685   **3.** 540   **4.** 114   **5.** 31   **6.** 981

Determina si el número es primo o compuesto.

7. 24   **8.** 49   **9.** 7   **10.** 81   **11.** 37   **12.** 23

Usa la descomposición factorial para hallar el M.C.D. del conjunto de números.

13. 16, 36   **14.** 25, 75   **15.** 16, 24, 8   **16.** 54, 63   **17.** 15, 25, 30   **18.** 17, 23

Escribe dos fracciones equivalentes a la fracción dada. Después, escribe la fracción en forma decimal.

19. $\frac{2}{3}$ **20.** $\frac{3}{4}$ **21.** $\frac{2}{5}$ **22.** $\frac{1}{4}$ **23.** $\frac{1}{2}$ **24.** $\frac{3}{5}$

Halla el M.C.D. del numerador y del denominador. Después, simplifica la fracción.

25. $\frac{30}{35}$ **26.** $\frac{27}{36}$ **27.** $\frac{40}{50}$ **28.** $\frac{32}{48}$ **29.** $\frac{6}{60}$

Escribe la fracción impropia como número mixto.

30. $\frac{25}{7}$ **31.** $\frac{39}{12}$ **32.** $\frac{12}{5}$ **33.** $\frac{10}{7}$ **34.** $\frac{7}{2}$

Escribe el número mixto como fracción impropia.

35. $1\frac{7}{8}$ **36.** $2\frac{3}{5}$ **37.** $11\frac{1}{9}$ **38.** $5\frac{6}{8}$ **39.** $10\frac{1}{8}$

40. Pienso en un número primo de dos dígitos. El producto de los dígitos del número es igual a 12. Halla el número.

41. Completa el número de abajo con los dígitos 5, 3 y 1 de modo que el número sea divisible por 6. ¿De cuántas maneras diferentes puedes hacerlo? ¿Seguiría siendo divisible por 2 el número si lo completaras con cualesquiera otros dígitos del 0 al 9? 3 ■ 6 ■ 2 ■ 1 2 4

Capítulo 8

Práctica adicional

Halla la suma o la diferencia.

1. $\frac{1}{2} + \frac{1}{3}$

2. $\frac{1}{6} - \frac{1}{8}$

3. $\frac{3}{4} - \frac{1}{3}$

4. $\frac{7}{10} + \frac{3}{10}$

5. $\frac{7}{8} + \frac{1}{7}$

6. $\frac{3}{5} - \frac{1}{2}$

7. $6\frac{2}{3} + 1\frac{1}{2}$

8. $3\frac{2}{3} - 3\frac{2}{7}$

9. $7\frac{4}{5} + 1\frac{2}{3}$

10. $11\frac{15}{16} - 2\frac{3}{4}$

11. $7\frac{5}{6} - 2\frac{1}{12}$

12. $4\frac{2}{3} + 4\frac{1}{5}$

Estima Después, halla el producto y simplifica.

13. $\frac{1}{2} \times \frac{2}{3}$

14. $4\frac{1}{4} \times 3\frac{5}{6}$

15. $6\frac{1}{3} \times 7\frac{1}{5}$

16. $5\frac{7}{8} \times 2\frac{3}{4}$

17. $8 \times \frac{1}{4}$

18. $\frac{1}{20} \times 100$

19. $\frac{8}{7} \times \frac{4}{9}$

20. $4\frac{7}{6} \times 2\frac{2}{3}$

Divide. Reduce la respuesta a su mínima expresión.

21. $\frac{4}{5} \div 2$

22. $\frac{6}{7} \div \frac{2}{5}$

23. $2\frac{1}{7} \div \frac{2}{3}$

24. $4\frac{1}{2} \div 3\frac{1}{4}$

25. $\frac{2}{5} \div \frac{2}{25}$

26. $\frac{13}{16} \div \frac{1}{16}$

27. $\frac{5}{6} \div \frac{5}{6}$

28. $\frac{1}{4} \div \frac{4}{4}$

Dibuja un modelo para la ecuación.

29. $\frac{2}{5} - \frac{1}{10} = \frac{3}{10}$

30. $\frac{1}{4} + \frac{1}{2} = \frac{3}{4}$

31. $\frac{5}{6} - \frac{2}{3} = \frac{1}{6}$

32. $\frac{2}{5} + \frac{1}{2} = \frac{9}{10}$

Escribe el recíproco del número.

33. $\frac{3}{4}$

34. 5

35. $\frac{3}{9}$

36. $\frac{1}{3}$

37. $4\frac{1}{3}$

38. $5\frac{3}{4}$

39. Completa la tabla de la derecha. Después, añade otra fila y describe el patrón de la columna "Suma".

Expresión	Suma
$\frac{1}{2}$	$\frac{1}{2}$
$\frac{1}{2} + \frac{2}{4}$	■
$\frac{1}{2} + \frac{2}{4} + \frac{3}{6}$	■

40. María quiere plantar una hilera de pinos para formar un seto. El patio mide 44 pies de longitud. Se deben plantar los pinos cada 4 pies. Dibuja un diagrama para hallar el número necesario de pinos.

41. Julio Verne escribió el clásico de la literatura *Veinte mil leguas de viaje submarino*. Una legua equivale a 3 millas. ¿A cuántas millas equivalen 20,000 leguas?

Capítulo 9

Práctica adicional

Escribe la razón como una fracción en su mínima expresión.

1. 30 a 60

2. 5 : 15

3. 13 a 52

4. 7 : 77

5. 18 : 72

Halla el valor de n.

6. $\frac{n}{30} = \frac{3}{15}$

7. $\frac{64}{n} = \frac{5}{10}$

8. $\frac{13}{3} = \frac{n}{6}$

9. $\frac{5}{225} = \frac{2}{n}$

10. $\frac{9}{12} = \frac{12}{n}$

11. $\frac{n}{50} = \frac{3}{75}$

12. $\frac{18}{n} = \frac{3}{10}$

13. $\frac{51}{17} = \frac{n}{3}$

14. $\frac{2}{16} = \frac{n}{24}$

15. $\frac{3}{45} = \frac{4}{n}$

Escribe en forma de porcentaje.

16. 0.77

17. $\frac{10}{25}$

18. 0.06

19. 0.9

20. $\frac{13}{50}$

21. $\frac{18}{60}$

22. 0.03

23. $\frac{3}{50}$

24. 0.39

25. 0.17

26. $\frac{12}{75}$

27. $\frac{4}{5}$

Escribe en forma de fracción en su mínima expresión.

28. 42%

29. 0.66

30. 96%

31. 0.24

32. 80%

33. 0.56

Expresa en forma decimal.

34. 1%

35. $\frac{7}{10}$

36. 87%

37. $\frac{8}{40}$

38. 88%

39. $\frac{15}{25}$

Halla el porcentaje.

40. 48% de 200

41. 5% de 80

42. 62% de 150

43. 35% de 50

44. 20% de 80

45. 15% de $17.50

46. 50% de 86

47. 90% de 100

48. Un diorama del Minute Man National Historic Park, en Concord, MA, muestra una carretera de 12 pulg de longitud que va desde el puente Old North Bridge hasta el centro de visitantes. Una pulgada del modelo representa $\frac{1}{16}$ mi. ¿Cuál es la distancia real entre el puente y el centro?

49. **Archivo de datos #5 (págs. 182–183)** Compara el promedio de horas que duerme el cerdo con el promedio de horas que duerme el perezoso. Escribe la comparación en forma decimal, de porcentaje y de fracción.

Práctica adicional

1. Harvey tira un cubo numerado. Si sale un número par, gana. Si sale un número impar, gana su hermana. ¿Es justo este juego? Explica.

2. Resuelve mediante simulación. Imagina que tomaras un examen de cuatro preguntas con respuestas verdadero/falso. Respondes al azar a todas las preguntas. ¿Qué probabilidad hay de que aciertes 3 de las 4?

3. Nina tomó un examen de preguntas con respuestas verdadero/falso. No sabía ninguna de las respuestas, pero acertó 4 y tuvo 6 incorrectas. Usa los datos para hallar la probabilidad experimental de acertar una pregunta.

4. Usa el número 3,486,335,206 para hallar las siguientes probabilidades. Escribe las probabilidades en forma de fracción y de porcentaje.

   a. probabilidad de que un dígito elegido al azar sea un 3

   b. la probabilidad de que un dígito elegido al azar sea un 2

   c. la probabilidad de que un dígito elegido al azar sea un múltiplo de 2

5. Prepara un diagrama en árbol para mostrar todas las combinaciones posibles de emparedados si eliges sólo 1 ingrediente en cada categoría.

Emparedados	
Carnes:	pavo, carne asada
Pan:	centeno, trigo, blanco
Otros ingredientes:	lechuga, tomate, cebolla

¿Es aleatoria la muestra? ¿Y representativa? Explica.

6. Un distrito escolar necesita averiguar qué frutas debe vender en las cafeterías escolares. Realiza una encuesta con todos los estudiantes de una escuela.

7. Una maestra desea conocer la opinión de todos sus estudiantes sobre las próximas elecciones. Coloca los nombres de todos los estudiantes en una caja y saca 15 nombres de la caja.

Práctica adicional

Ordena los enteros en una lista de menor a mayor.

1. $-7, -6, 7, 6$

2. $0, -14, -15, -13$

3. $15, -7, 71, 1$

4. $5, -4, -1, 1$

Usa $<$, $>$ ó $=$ para comparar.

5. $-3 \blacksquare -1$

6. $5 \blacksquare 7$

7. $-5 \blacksquare -7$

8. $-6 \blacksquare 0$

9. $-3 - 1 \blacksquare -3 + (-1)$

10. $4 - 8 \blacksquare 8 - 4$

11. $-5 - (-2) \blacksquare -5 - 2$

Usa la gráfica de la derecha para los ejercicios 12–23. Nombra las coordenadas del punto.

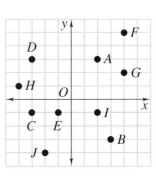

12. A **13.** B **14.** C **15.** D **16.** E

Nombra el punto de las coordenadas dadas.

17. $(4, 2)$ **18.** $(4, 5)$ **19.** $(2, -1)$ **20.** $(-4, 1)$

21. ¿En qué cuadrante se encuentran los puntos C, E y J?

22. Traslada el punto G 4 unidades a la izquierda y 2 unidades hacia abajo. ¿Cuáles son las nuevas coordenadas?

23. Refleja el punto D sobre el eje de y. ¿Cuáles son las nuevas coordenadas?

24. Representa en la gráfica los puntos $X(-3, 2)$, $Y(5, -4)$ y $Z(0, 5)$.

Usa cualquier método para hallar el valor de la expresión.

25. $-14 + 28$

26. $31 - (-52)$

27. $-72 + (-53)$

28. $-217 - (-217)$

¿Qué escala y qué intervalos usarías para representar el conjunto de datos en la gráfica?

29. $0, -35, 25, 15, -17, 5, -4.1$

30. $-12, 0, 12, -7, -6, 3, -8, 6$

31. El planeta Marte viaja alrededor del Sol en 687 días. La Tierra viaja alrededor del Sol en 365 días. Aproximadamente, ¿cuántas veces viajarán Marte y la Tierra alrededor del Sol en 20 años?

32. Archivo de datos #4 (págs. 138–139)
Bernie y Bernice son gemelos. Cumplirán doce años dentro de dos meses. Miden 140 cm de estatura. Estima cuál será su estatura adulta.

Tablas

Tabla 1 Medidas

Métricas

Longitud

10 milímetros (mm) = 1 centímetro (cm)

100 cm = 1 metro (m)

1,000 m = 1 kilómetro (km)

Área

100 milímetros cuadrados (mm^2) = 1 centímetro cuadrado (cm^2)

10,000 cm^2 = 1 metro cuadrado (m^2)

Volumen

1,000 milímetros cúbicos (mm^3) = 1 centímetro cúbico (cm^3)

1,000,000 cm^3 = 1 metro cúbico (m^3)

Masa

1,000 miligramos (mg) = 1 gramo (g)

1,000 g = 1 kilogramo (kg)

Capacidad

1,000 mililitros (mL) = 1 litro (L)

Angloamericanas

Longitud

12 pulgadas (pulg) = 1 pie

3 pies = 1 yarda (yd)

36 pulg = 1 yd

5,280 pies = 1 milla (mi)

1,760 yd = 1 mi

Área

144 pulgadas cuadradas ($pulg^2$) = 1 pie cuadrado (pie^2)

9 $pies^2$ = 1 yarda cuadrada (yd^2)

4,840 yd^2 = 1 acre

Volumen

1,728 pulgadas cúbicas ($pulg^3$) = 1 pie cúbico (pie^3)

27 $pies^3$ = 1 yarda cúbica (yd^3)

Peso

16 onzas (oz) = 1 libra (lb)

2,000 lb = 1 tonelada (T)

Capacidad

8 onzas líquidas (oz líq) = 1 taza (tz)

2 tz = 1 pinta (pt)

2 pt = 1 cuarto (ct)

4 ct = 1 galón (gal)

Tiempo

1 minuto (min) = 60 segundos (s)   1 hora (h) = 60 min

1 día (d) = 24 h   1 año = 365 d

Tabla 2   Fórmulas

Circunferencia de un círculo

$C = \pi d$ o $C = 2\pi r$

Área   paralelogramo: $A = bh$

       rectángulo: $A = bh$

       triángulo: $A = \frac{1}{2}bh$

       círculo: $A = \pi r^2$

Volumen   prisma rectangular: $V = lah$

Tabla 3   Símbolos

$>$	es mayor que	$\approx$	es aproximadamente igual a
$<$	es menor que	$\overline{AB}$	segmento AB
$=$	es igual a	$\overrightarrow{AB}$	rayo AB
$^\circ$	grados	$\overleftrightarrow{AB}$	recta AB
$\%$	por ciento	$\angle ABC$	ángulo ABC
$a:b$	razón de a a b, $\frac{a}{b}$	AB	longitud del segmento AB
$P(S)$	probabilidad de un suceso S	mi/h	millas por hora
π	pi		

Guía de estudio y Glosario

Ángulo (pág. 45)

Un ángulo está formado por dos rayos que parten de un origen común.

Ejemplo

Ángulo agudo (pág. 46)

Un ángulo es agudo si mide menos de 90°.

Ejemplo $0° < m\angle1 < 90°$

Ángulos congruentes (pág. 52)

Ángulos congruentes son aquéllos que tienen la misma medida.

Ejemplo $\angle C$ y $\angle B$ ambos miden 60°, por lo que son congruentes.

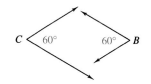

Ángulo llano (pág. 47)

Un ángulo cuya medida es 180° se llama *ángulo llano.*

Ejemplo $m\angle TPL = 180°$

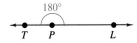

Ángulo obtuso (pág. 47)

Un ángulo obtuso es cualquier ángulo que mide más de 90° y menos de 180°.

Ejemplo

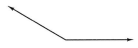

Ángulo recto (pág. 46)

Un ángulo recto es un ángulo que mide 90°.

Ejemplo $m\angle D = 90°$

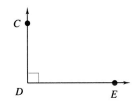

Árbol de factorización (pág. 279)	Se utiliza un árbol de factorización para hallar los factores primos de un número.

Ejemplo

Área (pág. 151)	El número de unidades cuadradas en el interior de una figura es su área.

Ejemplo $l = 6$ pies y $a = 4$ pies, por lo que el área es 24 pies^2.

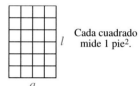

Cada cuadrado mide 1 pie^2.

Área superficial de un prisma rectangular (pág. 256)	El área superficial de un prisma rectangular es la suma de las áreas de sus caras.

Ejemplo Área superficial $= 4 \times 12 + 2 \times 9 = 66$ pulg^2.

Cada cuadrado $= 1$ pulg^2.

B

Base (pág. 192)	Cuando un número se escribe en forma exponencial, el número utilizado como factor es la base.

Ejemplo $5^4 = 5 \times 5 \times 5 \times 5$

base

C

Círculo (pág. 78)	Un círculo es un conjunto de puntos en un plano que se hallan a la misma distancia de un punto dado llamado *centro*.

Círculo O

Ejemplo

Circunferencia (pág. 242)	La circunferencia es el largo del contorno de un círculo. Se calcula multiplicando el diámetro por pi (π), como se expresa en la fórmula $C = \pi \times d$. Pi equivale a 3.14, aproximadamente.

Ejemplo La circunferencia de un círculo con diámetro de 10 cm es aproximadamente 31.4 cm.

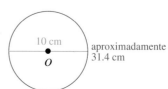

aproximadamente 31.4 cm

| **Compás** (pág. 51) | El compás es un instrumento que se emplea para trazar círculos o partes de círculos llamadas *arcos*. |

Ejemplo

| **Coordenadas** (pág. 467) | Cada punto en un plano de coordenadas se identifica por un único par ordenado de números llamados sus coordenadas. La primera coordenada señala la distancia que hay que desplazarse desde el origen a lo largo del eje de x. La segunda coordenada señala la distancia que hay que desplazarse desde el origen a lo largo del eje de y. |

Ejemplo El par ordenado $(-2, 1)$ describe el punto que se halla dos unidades hacia la izquierda del origen y una unidad hacia arriba.

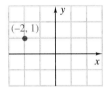

| **Cuadrado** (pág. 62) | Un cuadrado es un paralelogramo con cuatro ángulos rectos y cuatro lados congruentes. |

Ejemplo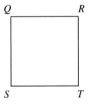

| **Cuadrante** (pág. 468) | El eje de x y el eje de y dividen el plano de coordenadas en cuatro regiones llamadas *cuadrantes*. |

Ejemplo

| **Cubo** (pág. 252) | Un cubo es un prisma rectangular con seis caras congruentes. |

Ejemplo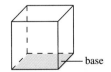

Cuerda (pág. 78)	Una cuerda es un segmento cuyos extremos se hallan en un círculo.
Ejemplo	$\overline{BC}$ es una cuerda del círculo O.

D

Decimal exacto (pág. 304)	Un decimal exacto es un decimal que tiene fin.
Ejemplo	Los números 0.6 y 0.7265 son decimales exactos.

Decimal periódico (pág. 304)	En un decimal periódico hay un dígito o una serie de dígitos que se repiten indefinidamente. El símbolo de un decimal periódico es una raya trazada sobre el dígito o los dígitos que se repiten.
Ejemplo	$0.6666\ldots$ ó $0.\overline{6}$

Descomposición en factores primos (pág. 279)	La descomposición de un número compuesto en el producto de sus factores primos se llama *descomposición en factores primos*.
Ejemplo	La descomposición en factores primos de 30 es $2 \times 3 \times 5$.

Diagrama de puntos (pág. 5)	Un diagrama de puntos muestra los datos sobre una recta horizontal.
Ejemplo	Este diagrama de puntos muestra las puntuaciones logradas en 13 sesiones de juegos de video.

```
                 ×
            ×    ×
       ×    ×    ×    ×
  ×    ×    ×    ×    ×
 ─────────────────────────
  45   46   47   48   49   50
```

Diagrama en árbol (pág. 425)	Un diagrama en árbol presenta todos los resultados posibles de un suceso.
Ejemplo	Este diagrama en árbol muestra los cuatro resultados posibles al lanzar al aire dos monedas: Cara, Cara; Cara, Cruz; Cruz, Cara; Cruz, Cruz. 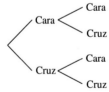

Diámetro (pág. 78)   Un diámetro es un segmento que pasa a través del centro de un círculo y tiene sus extremos en dicho círculo.

Ejemplo $\overline{RS}$ es un diámetro del círculo O.

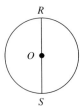

Divisibilidad (pág. 275)   La divisibilidad es la propiedad de un número de ser dividido por otro sin que quede residuo.

Ejemplo   Tanto 15 como 20 son divisibles por 5.

E

Ecuación (pág. 212)   Un enunciado matemático que contiene un signo de igualdad (=) es una ecuación.

Ejemplo $2(6 + 17) = 46$

Eje de x (pág. 467)   El eje de x es la recta numérica horizontal que, junto con el eje de y, forma el plano de coordenadas.

Ejemplo

Eje de y (pág. 467)   El eje de y es la recta numérica vertical que, junto con el eje de x, forma el plano de coordenadas.

Ejemplo

Estimación por la izquierda (pág. 112)   Se emplea la estimación por la izquierda para resolver sumas. Primero, se suman los dígitos de la izquierda. Después, se estima la suma del resto de los dígitos y se suman los dos resultados.

Ejemplo   Estima $3.49 + $2.29.

$$3 \quad + 2 \quad = 5$$
$$0.49 + 0.29 \approx 1$$
$$5 \quad + 1 \quad = 6$$

Exponente (pág. 192)   Un exponente indica las veces que una base se usa como factor.

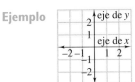

Ejemplo $3^4 = 3 \times 3 \times 3 \times 3$

Expresión algebraica (pág. 196)	Una expresión algebraica es una expresión que contiene al menos una variable.
Ejemplo	$7 + x$

Expresión numérica (pág. 196)	Una expresión que solamente contiene números y símbolos matemáticos es una expresión numérica.
Ejemplo	$2(5 + 7) - 14$ es una expresión numérica.

F

Factor (pág. 278)	Un número es factor de otro cuando lo divide sin residuo.
Ejemplo	1, 2, 3, 4, 6, 9, 12, 18 y 36 son factores de 36.

Figuras congruentes (pág. 70)	Las figuras que tienen el mismo tamaño y la misma forma son figuras congruentes.
Ejemplo	$AB = QS$, $CB = RS$ y $AC = QR$. $m\angle A = m\angle Q$, $m\angle C = m\angle R$ y $m\angle B = m\angle S$. Los triángulos ABC y QSR son congruentes. 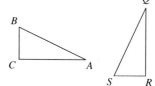

Forma desarrollada (pág. 98)	La forma desarrollada indica el lugar y el valor de cada dígito.
Ejemplo	La forma desarrollada de 0.85 es $0.8 + 0.05$.

Fracciones equivalentes (pág. 286)	Dos fracciones son equivalentes si su mínima expresión es la misma.
Ejemplo	$\frac{1}{2}$ y $\frac{25}{50}$ son equivalentes porque la mínima expresión de ambas es $\frac{1}{2}$.

Fracción impropia (pág. 294)	Una fracción cuyo numerador es mayor que su denominador se llama *fracción impropia*.
Ejemplo	$\frac{73}{16}$ es una fracción impropia.

Función (pág. 209)	Una función es una relación en la que a cada miembro de un conjunto le corresponde exactamente un miembro de otro conjunto.

Ejemplo

Número de monedas de 5¢	Valor en centavos
0	0
1	5
2	10
3	15

G

Gama (pág. 6)

La gama de un conjunto de datos es la diferencia entre el valor mayor y el valor menor del conjunto.

Ejemplo   Conjunto de datos: 62, 109, 234, 35, 96, 49, 201
Gama: 234 − 35 = 199

**Gráfica circular
(págs. 21, 399)**

El círculo representa un total. Cada sección del círculo representa una parte del total.

Ejemplo   Esta gráfica circular representa los diferentes tipos de obras teatrales escritas por William Shakespeare.

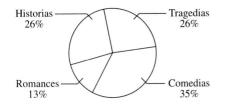

Gráfica de barras (pág. 20)

Una gráfica de barras compara cantidades.

Ejemplo   Esta gráfica de barras compara el número de alumnos en los grados 6, 7 y 8.

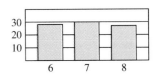

Gráfica lineal (pág. 21)

Una gráfica lineal representa los cambios en una cantidad con el transcurso del tiempo.

Ejemplo   Esta gráfica lineal representa las ventas de sopladores de nieve (en millares) durante el transcurso de un año.

Gramo (pág. 260)

El gramo es la unidad básica de masa, o peso, en el sistema métrico decimal.

Ejemplo   Un sujetapapeles pesa aproximadamente 1 g.

Hallar el valor de una expresión (pág. 197)

Para hallar el valor de una expresión, sustituye cada variable con un número. Entonces, calcula siguiendo el orden de las operaciones.

Ejemplo   Halla el valor de la expresión $2^3 + (y - 5)$ con $y = 17$.
$2^3 + (17 - 5) = 8 + 12 = 20$

Hoja de cálculo (pág. 16)

Una hoja de cálculo se utiliza para organizar y analizar datos. Las hojas de cálculo vienen divididas en filas y columnas. Una celdilla es el cuadrado donde se encuentran una fila y una columna. Los nombres de la fila y la columna determinan el nombre de la celdilla. Una celdilla puede contener valores, rótulos o fórmulas.

Ejemplo   En la hoja de cálculo de abajo, la columna C y la fila 2 se encuentran en el cuadro sombreado, la celdilla C2. El valor de la celdilla C2 es 2.75.

	A	B	C	D	E
1	0.50	0.70	0.60	0.50	2.30
2	1.50	0.50	2.75	2.50	7.25

Imagen (pág. 472)

Un punto, recta o figura que ha sufrido una transformación de modo que tiene un nuevo conjunto de coordenadas es la *imagen* del punto, recta o figura original.

Ejemplo   El rectángulo $A'B'C'D'$ es la imagen del rectángulo $ABCD$.

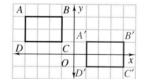

Juego justo (pág. 411)

Un juego es justo cuando cada jugador tiene la misma oportunidad de ganar.

Ejemplo   Al lanzar una moneda al aire, cada jugador tiene la misma oportunidad de ganar prediciendo si va a caer en "cara" o en "cruz". Por lo tanto, este juego es justo.

L

Litro (pág. 262)

El litro (L) es la unidad básica de capacidad, o volumen, en el sistema métrico decimal.

Ejemplo Una jarra contiene unos 2 L de jugo.

M

Máximo común divisor (pág. 282)

El máximo común divisor (M.C.D.) de dos o más números es el mayor número que sea un factor de todos los números.

Ejemplo El M.C.D. de 12 y 30 es 6.

Media (pág. 11)

La media de un conjunto de datos es la suma de todos los datos dividida por el número de datos.

Ejemplo La temperatura media (°F) para el conjunto de temperaturas 44, 52, 48, 55, 60, 67 y 58 es aproximadamente 54.86°F.

Mediana (pág. 12)

La mediana es el número central de un conjunto de datos cuando los datos están en orden numérico.

Ejemplo Las temperaturas (°F) durante una semana, puestas en orden numérico, son 44, 48, 52, 55, 58, 60 y 67. La mediana es 55 porque es el número central en el conjunto de datos.

Metro (pág. 124)

El metro (m) es la unidad básica de longitud en el sistema métrico decimal.

Ejemplo La agarradera de una puerta se halla a una altura de aproximadamente 1 m del piso.

Mínima expresión de una fracción (pág. 289)

Una fracción se halla en su mínima expresión cuando el M.C.D. del numerador y el denominador es 1.

Ejemplo La fracción $\frac{3}{7}$ está en su mínima expresión porque el M.C.D. de 3 y 7 es 1.

Mínimo común denominador (pág. 301)

El mínimo común denominador (m.c.d.) de dos o más fracciones es el mínimo común múltiplo (m.c.m.) de sus denominadores.

Ejemplo El m.c.d. de las fracciones $\frac{3}{8}$ y $\frac{7}{10}$ es 40.

Mínimo común múltiplo (pág. 297)

El número menor que sea un múltiplo común de dos o más números es su mínimo común múltiplo (m.c.m.).

Ejemplo El m.c.m. de 15 y 6 es 30.

Moda (pág. 12)	La moda es el dato que se presenta con mayor frecuencia en un conjunto.
Ejemplo	En el conjunto de salarios por hora $2.50, $3.75, $3.60, $2.75, $2.75 y $3.70, la moda es $2.75.

Muestra (pág. 436)	Una muestra de un grupo es un grupo más pequeño (subgrupo) seleccionado del grupo mayor. Una muestra representativa de un grupo es un subgrupo que tiene las mismas características que el grupo mayor. Una muestra aleatoria de un grupo es un subgrupo seleccionado al azar.
Ejemplo	Una muestra representativa de las pruebas de matemáticas de la semana pasada incluye pruebas de cada una de las clases. Una muestra aleatoria se obtiene mezclando todas las pruebas y seleccionando un número determinado de ellas sin mirarlas.

Múltiplo (pág. 297)	Si un número se multiplica por cualquier número natural que no sea cero, el resultado es un *múltiplo* del número original.
Ejemplo	El número 39 es un múltiplo de 13.

N

Números compatibles (pág. 141)	Estimar productos o cocientes es más fácil si se usan números compatibles. Los números compatibles tienen valores cercanos a los números que deseas multiplicar o dividir. Los números compatibles son fáciles de multiplicar o dividir mentalmente.
Ejemplo	Estima el cociente $151 \div 14.6$.
	$151 \approx 150$ $14.6 \approx 15$ $150 \div 15 = 10$, por lo que $151 \div 14.6 \approx 10$.

Número compuesto (pág. 278)	Un número que tiene más de dos factores se llama *número compuesto*.
Ejemplo	24 es un número compuesto que tiene como factores 1, 2, 3, 4, 6, 8, 12 y 24.

Número mixto (pág. 294)	Un número mixto muestra la suma de un número entero y una fracción.
Ejemplo	$3\frac{11}{16}$ es un número mixto. $3\frac{11}{16} = 3 + \frac{11}{16}$

Números enteros (pág. 449)	Los números enteros están compuestos por el conjunto de los números naturales y sus opuestos.
Ejemplo	$\ldots -3, -2, -1, 0, 1, 2, 3, \ldots$ son números enteros.

Número primo (pág. 278)

Un número primo es un número que tiene exactamente dos factores: 1 y el número mismo.

Ejemplo   13 es un número primo porque sus únicos factores son 1 y 13.

O

Opuestos (pág. 449)

Dos números que están a la misma distancia del 0 en la recta numérica, pero en direcciones contrarias, se llaman *opuestos*. La suma de dos números opuestos es siempre 0.

Ejemplo   Los números 5 y −5 son opuestos. $5 + (-5) = 0$

Orden de las operaciones (pág. 148)

1. Haz todas las operaciones entre paréntesis.
2. Trabaja con las potencias.
3. Multiplica y divide de izquierda a derecha.
4. Suma y resta de izquierda a derecha.

Ejemplo $2^3(7 - 4) = 2^3 \cdot 3 = 8 \cdot 3 = 24$

Origen (pág. 467)

Se llama *origen* al punto de intersección del eje de x con el eje de y en un plano de coordenadas.

Ejemplo   El par ordenado que describe al origen es (0, 0).

P

Par ordenado (pág. 467)

Un par ordenado es un par de números que describe la posición de un punto en un plano de coordenadas. El primer valor es la coordenada x y el segundo valor es la coordenada y.

Ejemplo   (−2, 1). La coordenada x es −2; la coordenada y es 1.

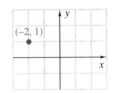

Paralelogramo (pág. 62)

Un paralelogramo es un cuadrilátero en el cual ambos pares de lados opuestos son paralelos.

Ejemplo $\overline{KV}$ es paralelo a $\overline{AD}$ y $\overline{AK}$ es paralelo a $\overline{DV}$.

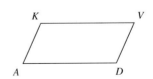

Patrón (pág. 253)

Un diseño que se recorta y dobla para formar una figura tridimensional se llama un *patrón*

Ejemplo   Este patrón se dobla para formar un cubo.

Perímetro (pág. 125)

El perímetro de una figura es el largo de su contorno.

Ejemplo   El perímetro de *ABCD* =
2 pies + 4 pies + 2 pies +
4 pies = 12 pies.

Pirámide (pág. 252)

Las pirámides son figuras tridimensionales con sólo una base. La base es un polígono y las otras caras son triángulos. Las pirámides se nombran de acuerdo a la forma de la base.

Ejemplo   La figura de la derecha es una pirámide rectangular.

Plano de coordenadas (pág. 467)

La intersección de una recta numérica horizontal, llamada el eje de *x*, con una recta numérica vertical, llamada el eje de *y*, da lugar al plano de coordenadas.

Ejemplo

Población (pág. 436)

Una población es un grupo de personas u objetos sobre los cuales se reúne información.

Ejemplo   Un inspector de control de calidad examina una muestra de la población de los productos de una fábrica.

Polígono (pág. 58)

Un polígono es una figura plana cerrada limitada por tres o más segmentos de recta.

Ejemplo   La figura *CDEFG* es un polígono convexo. La figura *VWXYZ* no es un polígono convexo.

Polígonos congruentes (pág. 70)

Son polígonos congruentes aquéllos cuyas partes correspondientes (lados y ángulos) son congruentes.

Ejemplo El triángulo *PON* es congruente con el triángulo *MAS*.

Porcentaje (pág. 384)

Un porcentaje es una razón que compara un número con 100. El símbolo de porcentaje es %.

Ejemplo La razón de 50 a 100 es un porcentaje porque se compara 50 con 100.
$\frac{50}{100} = 50\%$

Potencia (pág. 192)

Un número que se expresa empleando un exponente es una potencia.

Ejemplo 2^4 es dos elevado a la cuarta potencia. $2^4 = 2 \times 2 \times 2 \times 2$

Principio de conteo (pág. 426)

El número de resultados posibles para un suceso de dos o más etapas es el producto del número de resultados en cada etapa.

Ejemplo Se lanza una moneda al aire y se tira un cubo numerado. El número total de resultados posibles = $2 \times 6 = 12$.

Probabilidad (pág. 421)

Se usa la probabilidad para describir las posibilidades de que un suceso ocurra. La razón para la probabilidad P(S), es:

$$P(S) = \frac{\text{número de resultados favorables}}{\text{número de resultados posibles}}$$

Ejemplo La probabilidad de que salga el número 4 al hacer girar la ruleta es $\frac{1}{8}$.

Productos cruzados (pág. 369)

Los productos cruzados de la proporción $\frac{a}{b} = \frac{c}{d}$ son $a \times d$ y $b \times c$.

Ejemplo Los productos cruzados de la proporción $\frac{2}{15} = \frac{6}{45}$ son 2×45 y 15×6.

Propiedad distributiva (pág. 152)

Cada término dentro de un paréntesis puede ser multiplicado por un factor fuera del paréntesis.

Ejemplo $a \times (b + c) = a \times b + a \times c$
También, $a \times (b - c) = a \times b - a \times c$.

Proporción (pág. 369)	Una proporción es una ecuación donde se establece que dos razones son iguales. Los productos cruzados de una proporción siempre son iguales.
Ejemplo	La ecuación $\frac{3}{12} = \frac{12}{48}$ es una proporción porque $3 \times 48 = 12 \times 12$.
Punto (pág. 41)	Un punto es una posición en el espacio. No tiene dimensiones y solamente está definido por su localización.
Ejemplo	D, B y N representan puntos.
Puntos colineales (pág. 42)	Si existe una recta que pasa por un conjunto de puntos, dichos puntos son colineales.
Ejemplo	Los puntos B, C, R y S son colineales.
Puntos no colineales (pág. 42)	Si no hay ninguna recta que pase por todos los puntos de un conjunto, se dice que éstos son *no colineales*.
Ejemplo	Los puntos S, Q, R y T son no colineales.

R

Radio (pág. 78)	Un radio es un segmento que tiene un extremo en el centro de un círculo y el otro en el círculo.
Ejemplo	$\overline{OA}$ es un radio del círculo O.
Rayo (pág. 42)	Un rayo forma parte de una recta. Consiste en un extremo y todos los puntos de la recta que se hallan a un lado de dicho extremo.
Ejemplo	$\overrightarrow{SW}$ representa un rayo.
Razón (pág. 363)	Una razón es una comparación de dos números.
Ejemplo	Una razón puede escribirse de tres formas diferentes: 72 a 100, 72 : 100 y $\frac{72}{100}$.
Razones iguales (pág. 365)	Las razones que establecen la misma comparación o expresan la misma relación son iguales.
Ejemplo	$\frac{2}{3}$, $\frac{4}{6}$ y $\frac{24}{36}$ son razones iguales.

Recíproco (pág. 347)	Dos números son recíprocos cuando su producto es 1. Dividir por un número es lo mismo que multiplicar por el recíproco de dicho número.
Ejemplo	Los números 5 y $\frac{1}{5}$ son recíprocos porque $5 \times \frac{1}{5} = 1$.

Recta (pág. 41)	Una recta se extiende al infinito en direcciones opuestas.
Ejemplo	$\overleftrightarrow{AB}$ representa una recta. 

Rectas paralelas (pág. 43)	Rectas paralelas son aquéllas que se encuentran en un mismo plano y no se cortan.
Ejemplo	$\overleftrightarrow{EF} \parallel \overleftrightarrow{HI}$ 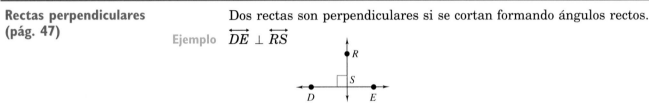

Rectas perpendiculares (pág. 47)	Dos rectas son perpendiculares si se cortan formando ángulos rectos.
Ejemplo	$\overleftrightarrow{DE} \perp \overleftrightarrow{RS}$ 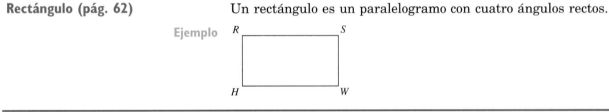

Rectángulo (pág. 62)	Un rectángulo es un paralelogramo con cuatro ángulos rectos.
Ejemplo	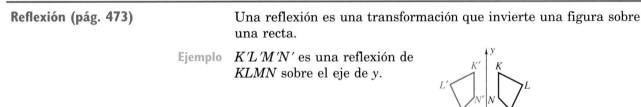

Reflexión (pág. 473)	Una reflexión es una transformación que invierte una figura sobre una recta.
Ejemplo	$K'L'M'N'$ es una reflexión de $KLMN$ sobre el eje de y. 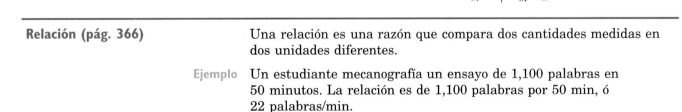

Relación (pág. 366)	Una relación es una razón que compara dos cantidades medidas en dos unidades diferentes.
Ejemplo	Un estudiante mecanografía un ensayo de 1,100 palabras en 50 minutos. La relación es de 1,100 palabras por 50 min, ó 22 palabras/min.

Relación unitaria (pág. 366)	Una relación unitaria compara una cantidad con una unidad.
Ejemplo	Millas por hora es una relación unitaria que compara la distancia recorrida, en millas, con una unidad de tiempo, una hora.

Rombo (pág. 62)	Un rombo es un paralelogramo con cuatro lados congruentes.
Ejemplo	

S

Segmento (pág. 41)	Un segmento es parte de una recta. Está formado por dos extremos y todos los puntos de la recta que se hallan entre dichos extremos.
Ejemplo	$\overline{CB}$ representa un segmento. 

Segmentos congruentes (pág. 51)	Segmentos congruentes son aquéllos que tienen la misma longitud.
Ejemplo	$\overline{AB}$ es congruente con $\overline{WX}$. 

Semejante (pág. 71)	Las figuras que tienen la misma forma son semejantes.
Ejemplo	$\triangle ABC \sim \triangle RTS$ 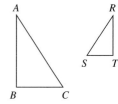

Simetría lineal (pág. 74)	Una figura tiene simetría lineal si se puede trazar una recta a través de la figura de forma que un lado sea la imagen de reflexión del otro.
Ejemplo	Esta figura tiene simetría lineal. El eje de simetría es la recta l.

Simulación (pág. 414)	Una simulación es un modelo de una situación de la vida real.
Ejemplo	Un equipo de béisbol tiene la misma oportunidad de ganar o de perder el próximo juego. Se puede lanzar una moneda al aire para simular el resultado.

Solución de una ecuación
(pág. 213)

Un valor de la variable que hace que una ecuación se cumpla se llama una *solución* de la ecuación.

Ejemplo En $x + 5 = 9$, 4 es la solución.

Sucesos independientes
(pág. 429)

Dos sucesos son independientes si el resultado de uno de ellos no afecta al resultado del otro.

Ejemplo Lanzar al aire una moneda y tirar un cubo numerado son dos sucesos independientes.

T

Tabla de frecuencia (pág. 5)

Una tabla de frecuencia registra el número de veces, o frecuencia, que se ha producido cada tipo de resultado.

Ejemplo

Teléfonos	Conteo	Frecuencia
1	ⅢⅠⅢ	8
2	ⅢⅠ	6
3	ⅠⅠⅠⅠ	4

Teselados (pág. 82)

Los teselados son diseños geométricos que se repiten cubriendo completamente una superficie plana sin dejar espacios vacíos y sin traslaparse.

Ejemplo

Transportador (pág. 45)

El transportador es un instrumento que se usa para medir y trazar ángulos.

Ejemplo $m\angle A = 40°$

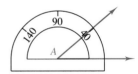

Trapecio (pág. 62)

Un trapecio es un cuadrilátero que tiene exactamente un par de lados paralelos.

Ejemplo

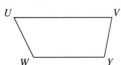

Traslación (pág. 472)	Una traslación es una transformación que desliza puntos, rectas o figuras sobre el plano de coordenadas.
Ejemplo	El rectángulo $A'B'C'D'$ es producto de la traslación del rectángulo $ABCD$. 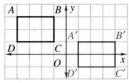
Triángulo acutángulo (pág. 54)	Un triángulo en el que los tres ángulos son agudos es un triángulo acutángulo.
Ejemplo	$m\angle 1, m\angle 2, m\angle 3 < 90°$ 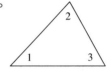
Triángulo equilátero (pág. 54)	Un triángulo es equilátero cuando sus tres lados son congruentes.
Ejemplo	$\overline{SL} \cong \overline{LW} \cong \overline{WS}$
Triángulo escaleno (pág. 54)	Un triángulo escaleno es un triángulo que no tiene ningún par de lados congruentes.
Ejemplo	
Triángulo isósceles (pág. 54)	Un triángulo que tiene al menos dos lados congruentes se llama *isósceles*.
Ejemplo	$\overline{LM} \cong \overline{LB}$ 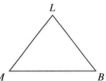
Triángulo rectángulo (pág. 54)	Un triángulo rectángulo es un triángulo que tiene un ángulo recto.
Ejemplo	$m\angle B = 90°$ 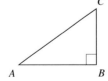

Variable (pág. 196)

Una variable es un símbolo, generalmente una letra, que representa a un número.

Ejemplo La letra x es la variable en la ecuación $9 - x = 3$.

Vértice de un polígono (pág. 237)

Un vértice de un polígono es cualquier punto donde se encuentran dos de sus lados.

Ejemplo C, D, E, F y G son todos vértices de este pentágono.

Volumen (pág. 259)

El volumen de una figura tridimensional es el número de unidades cúbicas necesarias para llenar el espacio interior de la figura.

Ejemplo El volumen de este prisma rectangular es 36 pulg³.

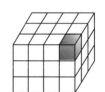

Cada cubo = 1 pulg³.

Índice

Índice

Respuestas escogidas

1-1 (págs. 5–7)

Por tu cuenta   7. a. 1, 3, 6, 0   **9.** 17.5 pulg
13. b. VA, MA, NY, OH   **c.** No; los datos no son numéricos.

Repaso mixto   1. 1,139   **2.** 218   **3.** 18,629
4. 174   **5.** 1 moneda de 25¢, 2 monedas de 10¢, 1 moneda de 5¢ y 2 monedas de 1¢

1-2 (págs. 8–10)

Por tu cuenta   15. Carmen   **17.** 16 triángulos
19. 65 páginas numeradas   **21.** 1:10 p.m.

Repaso mixto   3. 8 pulg   **4.** 4,096 miembros

1-3 (págs. 11–14)

Por tu cuenta   9. a. 11 canciones; 12 canciones
b. La moda; es el número más frecuente de canciones que aparece en los discos compactos.

Repaso mixto   1. 764   **2.** 1,488   **3.** 1,368   **4.** 31
5. 7,600 pies

Vistazo a lo aprendido

1.

gramos de grasa	conteo	frec
0	‖‖‖ ‖‖‖	8
1	‖‖‖ ‖‖‖‖	9
2	‖‖‖	5
3	‖‖‖	3

2.

```
          ×
      ×   ×
      ×   ×
      ×   ×
      ×   ×   ×
      ×   ×   ×
      ×   ×   ×   ×
      ×   ×   ×   ×
      ×   ×   ×   ×
      ─────────────
      0   1   2   3
```

3. 8.6 jugadores   **4.** 9 jugadores   **5.** 11 jugadores

Práctica: Resolver problemas (pág. 15)

1. $2   **3.** 6 años y 9 años   **5.** 7

1-4 (págs. 16–19)

Por tu cuenta   9. Resta el valor de la celdilla B2 al valor de la celdilla C2; multiplica el valor de la celdilla D2 por 6.   **11. a.** No; calcularía que Tamara trabajó negativo diez horas en vez de las dos horas que trabajó.   **13.** =B2 + C2 + D2; =B3 + C3 + D3; =B4 + C4 + D4; =B5 + C5 + D5; =B6 + C6 + D6   **15.** No; podría haber sumado las puntuaciones de los grupos y dividido por 3.   **17. b.** amarillo
c. verde   **d.** Amarillo; tenían la puntuación media más alta.

Repaso mixto   1. 26   **2.** 17   **3.** 15   **4.** 11
5. 49°F

1-5 (págs. 20–23)

Por tu cuenta   17. El número de globos participantes en la fiesta aumentó durante los 20 años entre 1972 y 1992.   **19.** entre 1980 y 1981
21. 5 maestros   **23.** Gráfica circular; se comparan dos partes a un total.   **25.** Gráfica de barras; se compara el promedio de vida de varias especies.

Repaso mixto   1. hoja de cálculo   **2.** una celdilla
3. fórmula   **4.** Sí; la media de las puntuaciones de los exámenes es 85.

Práctica (pág. 24)

1.
```
    ×
    ×   ×              ×
    ×   ×   ×   ×   ×   ×
  ───────────────────────
  196 197 199 202 205 210
```
3. 14 mi/h

7. 3,523; 3,662; no hay moda.   **9.** gráfica lineal
11. ME; RI   **13.** El territorio de Maine es, aproximadamente, 3 veces más grande que el de Vermont.

1-6 (págs. 25–28)

Por tu cuenta   7. Las respuestas pueden variar. Ejemplo: intervalos de 200   **9.** La población disminuyó entre 1950 y 1990.   **11. c.** El costo de la educación universitaria aumenta tanto en las instituciones públicas como en las privadas.

Repaso mixto   1. gráfica de barras   **2.** gráfica de barras   **3.** gráfica lineal   **4.** 21 y 22

Vistazo a lo aprendido

1. c   **2.**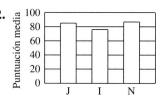

3. el ejército   **4.** 238 medallas de honor

1-7 (págs. 29–31)

Repaso mixto   2. 20 h

En conclusión (págs. 32–33)

1.

vocal	conteo	frec
a	‖‖‖‖‖‖‖‖‖‖‖‖‖‖‖‖‖‖‖	23
e	‖‖‖‖‖‖‖‖‖‖‖‖‖‖‖‖‖‖‖‖‖	27
i	‖‖‖‖	6
o	‖‖‖‖‖‖‖‖‖‖	15
u	‖‖‖‖‖‖‖‖‖‖	15

2.
```
              ×
              ×
        ×     ×
    ×   ×     ×
  ×   ×   ×
  el  una  de
```

3. 9 combinaciones   **4.** 6 combinaciones   **5.** 45; 49; 50   **6.** 6; 7; 9   **7.** La venta de cuerda el 9/10/93 alcanzó un total de $65.
8. =B2 + C2 + D2   **9.** $940.00   **10.** gráfica de barras   **11.** gráfica lineal   **12.** gráfica circular

Preparación para el Capítulo 2   1. triángulo
2. rombo, paralelogramo, cuadrado, rectángulo
3. rectángulo, paralelogramo   **4.** círculo
5. ejemplo: la punta de una flecha indígena
6. ejemplo: loseta   **7.** ejemplo: pizza
8. ejemplo: fotografía

Repaso general (pág. 37)

1. A   **2.** A   **3.** C   **4.** C   **5.** C   **6.** D   **7.** B   **8.** C

CAPÍTULO 2

2-1 (págs. 41–44)

Por tu cuenta   21. A, B y C   **23.** ejemplo: $\overline{AC}$, $\overline{BD}$, $\overline{DE}$ **25.** ejemplo: $\overleftrightarrow{AC}$ y $\overleftrightarrow{DE}$ **27.** $\overline{XY}$ y $\overline{WZ}$
29.
```
•   •   •   •   •
A   B   C   D   E
```
31. siempre

33. a veces   **35.** nunca

Repaso mixto   1. 120   **2.** 20   **3.** 52   **4.** 50   **5.** 12

2-2 (págs. 45–49)

Por tu cuenta   11. a. $\overrightarrow{LK}$, $\overrightarrow{LM}$, $\overrightarrow{LN}$ **b.** ∠MLN: agudo; ∠KLM: recto; ∠KLN: obtuso

13.
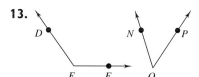

15. Ejemplos: 90°, 180°. Se necesita sólo una regla para dibujar un ángulo llano; una esquina para dibujar un ángulo recto.   **17.** 60°   **19.** 150°
21. unos 120°; 125°; obtuso   **27.** 45°   **29.** A
31. a. 180°   **b.** 70°   **c.** 120°   **d.** 90°   **e.** ∠AGE, ∠BGE, ∠BGF, ∠CGF   **f.** ∠AGD, ∠DGF, ∠CGE   **g.** ∠AGF

Repaso mixto   1. 997   **2.** 1,494   **3.** la moda
4. ejemplo: A, B, C   **5.** ejemplo: $\overrightarrow{BC}$, $\overrightarrow{CB}$ **6.** 12 libros

Práctica: Resolver problemas (pág. 50)

1. C; E   **3.** 7 días

2-3 (págs. 51–53)

Por tu cuenta   7., 9. Las respuestas pueden variar.

Repaso mixto   1. <   **2.** =

3.

datos	conteo	frec
0	‖	2
1	‖	2
2	‖	2
3	‖	2
4	‖	2

4. 4   **5.** ∠1

6. 145°   **7.** 10,880 pies

2-4 (págs. 54–57)

Por tu cuenta   13. isósceles   **15.** equilátero
17. acutángulo   **19.** Sí; tiene al menos dos lados congruentes. No; puede que sólo tenga dos lados congruentes.

21.

```
    /\
2 cm   2 cm
  /_____\
```

27.

```
1.5 cm
   _____
   \        \
        1.5 cm
```

29. No es posible; un △ acutángulo tiene tres ángulos agudos.

Repaso mixto   1. 4,527; 3,201; 3,097; 2,852; 2,684; 978   **2.** unos 88 millones   **3.** compás
4. congruentes   **5.** 6

Vistazo a lo aprendido   1. $\overleftrightarrow{LM}$, $\overleftrightarrow{KN}$ **2.** ejemplo: $\overline{JK}$, $\overline{JL}$, $\overline{JP}$ **3.** ejemplo: $\overline{LM}$, $\overline{JP}$, $\overline{JN}$ **4.** ejemplo: $\angle LJK$ **5.** ejemplo: $\angle KJM$ **6.** ejemplo: $\angle LJP$ **7.** ejemplo: $\angle LJM$ **8.** ejemplo: L, J, M **9.** ejemplo: J, P, M **10.** 47°   **13.** B   **14.** Las respuestas pueden variar. Ejemplo: diseños de colchas, suelos de losetas, velas

2-5 (págs. 58–61)

Por tu cuenta   7. hexágono   **9.** decágono
11. octágono   **13. a.** 3 lados congruentes y 3 ángulos congruentes   **b.** 4 lados congruentes y 4 ángulos congruentes   **c.** 5 lados congruentes y 5 ángulos congruentes   **d.** lados iguales y ángulos iguales   **15.** ejemplo: cuádruple, cuadrante, cuadríceps   **19.** D

Repaso mixto   1. 230   **2.** 15   **3.** acutángulo
4. obtusángulo   **5.** 12 paquetes

2-6 (págs. 62–65)

Por tu cuenta   13. ▢   **15.** ▭

17. ⬦   **19.** paralelogramo, (rectángulo)

23. a. Son congruentes.   **b.** isósceles   **c.** trapecio isósceles, porque dos de sus lados son congruentes   **25.** paralelogramo, rectángulo, rombo, cuadrado, trapecio   **27.** rectángulo, rombo, cuadrado
29. a veces   **31.** siempre   **33.** a veces

Repaso mixto   1. 29   **2.** 25,000   **3.** octágono
4. pentágono   **5.** 15°

2-7 (págs. 66–68)

Por tu cuenta   11. a. 17   **b.** 4   **13.** 17 monedas de 1¢; 12 monedas de 1¢, 1 moneda de 5¢; 7 monedas de 1¢, 1 moneda de 10¢; 7 monedas de 1¢, 2 monedas de 5¢; 2 monedas de 1¢, 1 moneda de 10¢, 1 moneda de 5¢; 2 monedas de 1¢, 3 monedas de 5¢

Repaso mixto   1. 630   **2.** 380   **3.** 11   **4.** 9
5. trapecio   **6.** paralelogramo   **7.** 82

Práctica (pág. 69)

1. S, R, P **3.** $\overline{RQ}$, $\overline{SR}$, $\overline{PR}$ **5.** $\angle QRP$ **7.** 50°
9. 140°   **11.** 40°   **17.** isósceles   **19.** rectángulo
21. acutángulo   **25.** verdadero   **27.** verdadero

2-8 (págs. 70–73)

Por tu cuenta   7. a, d   **9.** semejantes
11. congruentes, semejantes   **15.** Congruente; la ventana tiene que ser del mismo tamaño y de la misma forma para que quepa en la abertura.
17. b. No; los rombos pueden tener distintas formas.   **c.** Sí; tienen siempre la misma forma.
19. Parecen ser semejantes.

Repaso mixto   1. =   **2.** =   **3.** gráfica circular
4. 38   **5.** 18

2-9 (págs. 74–77)

Por tu cuenta

7. **9.**
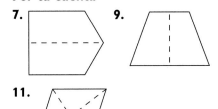

11.
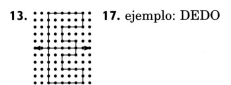

13. **17.** ejemplo: DEDO

Repaso mixto   1. 332   **2.** 332   **3.** equilátero
4. escaleno   **5.** c, b   **6.** a, b, c   **7.** 5 y 7

Vistazo a lo aprendido   1. 10   **2.** 8   **3.** 4   **5. a.** 6
b. 21   **6. a.** A, B, E   **b.** A, B, D, E   **7.** A

2-10 (págs. 78–81)

Por tu cuenta   11. $\overline{RT}$ **13.** $\overline{RT}$, $\overline{ST}$ **15.** 5 pulg
19. 125 pies   **21.** 360 ÷ no. de vagones
23. $\angle ACB$ es siempre un ángulo recto.

Repaso mixto   1. =   **2.** >   **3.** 0   **4.** 1   **5.** 16
6. 8

2-11 (págs. 82–85)
Por tu cuenta   7. sí   **9.** sí   **13.** D

Repaso mixto   1. 37,442   **2.** 7,079   **3.** 4   **4.** 7
5. el doble   **6.** diámetro

En conclusión (págs. 86–87)
1.   A   **2.**   **3.** 3; 6; 1   **4.** llano
5. agudo   **6.** obtuso
7. ejemplo: $\overline{OX}$, $\overline{OY}$, $\overline{OV}$
8. $\overline{XV}$ **9.** ∠XOY, ∠VOY

10. $\overline{VW}$, $\overline{WY}$, $\overline{VX}$ **13.** B   **14.** semejantes
15. ninguna de las dos cosas   **16.** 2   **18.** 5

Preparación para el Capítulo 3   1. centenas   **2.** 6

Repaso general (pág. 91)
1. A   **2.** C   **3.** B   **4.** D   **5.** D   **6.** A   **7.** A   **8.** B
9. C   **10.** C

CAPÍTULO 3

3-1 (págs. 95–97)
Por tu cuenta   13. ocho centésimas
15. cincuenta y seis centésimas   **19.** 0.4   **21.** 0.6
23. 0.8   **25.** aproximadamente 0.25

Repaso mixto   1. 2   **2.** 95   **3.** sí   **4.** no
5. 4,250 lb

3-2 (págs. 98–100)
Por tu cuenta   19. a. 0.22   **b.** 2 décimas; 2
centésimas; 0.2 + 0.02   **21.** $.06   **23.** $.75
25. 5 décimas   **27.** 5 millonésimas
35. 0.2 + 0.04 + 0.009 + 0.0008   **37.** Se añade
un día cada 4 años. Estos años se llaman
"bisiestos".   **39.** 4.7 pt   **41.** 0.001 s

Repaso mixto   1. agudo   **2.** agudo   **3.** 0.9
4. 1.05   **5.** treinta y cinco centésimas   **6.** dos, y
treinta y tres centésimas   **7.** $19.50

3-3 (págs. 101–104)
Por tu cuenta   13. >   **15.** >   **17.** >   **21.** No; el
número de decimales entre 0.4 y 0.5 es infinito.
Se pueden añadir otros lugares decimales a 0.4,
como milésimas, diezmilésimas, etc.   **23.** 0.4; 0.8;
1.1   **25.** 4.28, 4.37, 8.7, 11.09, 11.4   **27.** El año-
luz es la distancia que viaja la luz en un año,
unos 6 billones de millas (6,000,000,000,000 mi).
Esta unidad permite a los astrónomos medir las
vastas distancias solares usando números
menores y más fáciles de entender.

Repaso mixto   1. 68°   **2.** 31°   **3.** 3 décimas   **4.** 3
decenas   **5.** 25 lb

Vistazo a lo aprendido   1. nueve décimas   **2.** una
centésima   **3.** setenta y tres centésimas
4. sesenta centésimas   **5.** 0.3   **6.** 0.02   **7.** 0.92
8. 6 décimas   **9.** 7 centésimas   **10.** 8 unidades
11. 3 milésimas   **12.** <   **13.** =   **14.** >

3-4 (págs. 105–107)
Por tu cuenta   9. No; entrarán 1,320 personas.
11. unos 2.97 ct   **13.** $14.77

Repaso mixto   1. 78°   **2.** 25°   **3.** <   **4.** >   **5.** 243
pasajeros

3-5 (págs. 108–110)
Por tu cuenta   11. 0.95   **13.** 47, 4, 7   **15.** 11
17. 0.7   **19.** 0.3   **21.** 1.09   **23.** 1.55   **25.** 2.00
27. 1.76

Repaso mixto   1. sí   **2.** no   **3.** falso
4. verdadero   **5.** 60 veces (61 veces en año
bisiesto)

3-6 (págs. 111–114)
Por tu cuenta   19. 0.1   **21.** 2.7084   **23.** $14.00
25. $45.00   **27. a.** unas 1.8 oz; unas 5.2 oz
b. unas 0.2 oz   **c.** unas 3.7 oz   **29.** unos $118
31. Las respuestas pueden variar. Ejemplo: dos
adultos, un niño; Cedar Point   **33.** B   **35.**
a. 3.158 y 6.8   **b.** 13.228 y 6.8   **37.** Más alta; se
han redondeado hacia arriba todos los números.
39. $226,000 más

Repaso mixto **1.** ejemplo: $\overleftrightarrow{ST}$, $\overleftrightarrow{SU}$, $\overleftrightarrow{SV}$
2. ejemplo: $\overrightarrow{TS}$, $\overrightarrow{TU}$, $\overrightarrow{UV}$ **3.** 2.6 **4.** 0.1
5. 60 libros

Práctica: Resolver problemas (pág. 115)

1. 7,282 mi **3.** Steve, Sara, Sam, Susana **7.** Sí;
el costo total de las entradas es $28. El descuento
total estimado es de $3.50. $28 − $3.50 − $24.50

3-7 (págs. 116–119)

Por tu cuenta **15.** 6; 5.1 **17.** 9; 8.561 **19.** 3; 2.7
21. 14; 13.87 **23.** 0.27 **27.** gas natural y leña/
carbón vegetal **29.** 0 **31.** $4.25 **33.** C
35. Serían menos los costos basados en el valor
del pedido.

Repaso mixto **1.** verdadero **2.** falso **3.** 1.949
4. 23.0 **5.** $269.50

3-8 (págs. 120–122)

Por tu cuenta **15. a.** Las respuestas pueden
variar. Ejemplo: se organizan los datos usando
celdillas. **b.** Metí; Saqué; Final del día
c. $24.50 **d.** Menos; había $20 al principio del
día. **e.** $24.50 **f.** Principio del día: 20.00, 24.50,
19.49, 23.99, 33.24; Final del día: 17.50, 19.49,
23.99, 33.24, 8.24

Repaso mixto **1.** 45.25 **2.** 4.6 **3.** 22.35 **4.** 4.16
5. $70

Práctica (pág. 123)

7. cinco décimas **9.** setenta centésimas
11. setenta y cinco, y tres centésimas **13.** 0.45
15. 7 décimas **17.** 7 decenas **19.** 7 centésimas
21. 100.051 **23.** 30 + 8 + 0.8 + 0.001 + 0.0005
25. > **27.** < **31.** 6.188 **33.** 95.36 **35.** 3
37. $9.00 **39.** $1.00 **41.** 3; 3.0 **43.** 8; 8.461
45. 11; 11.53 **47.** 5; 5.909

3-9 (págs. 124–127)

Por tu cuenta **13.** 28 mm **15.** 91 mm
17. 110 mm **19.** 18 m **21.** no; 30 m **23.** no;
18 cm **27.** centímetros **29.** kilómetros

Repaso mixto **1.** 82° **2.** 136° **3.** falso
4. verdadero **5.** $99.63

Vistazo a lo aprendido **1.–4.** ejemplos: **1.** 7;
7.32 **2.** 8; 8.26 **3.** 19; 18.19 **4.** 29; 29.2
5. 12.04 **6.** 2 **7.** 9.066 **8.** 53.9 **9.** A

3-10 (págs. 128–131)

Por tu cuenta **9. a.** 25 min **13.** Captain EO,
Red Baron

Repaso mixto **1.** rectángulo **2.** acutángulo
3. 6 mm **4.** el metro **5.** 6:00 p.m.

En conclusión (págs. 132–133)

1. 0.5 **2.** 0.48 **3.** 9.0008 **4.** > **5.** > **6.** =
7. > **8.** 5.698 **9.** 0.88 **10.** 9.236 **11.** 4.0
12. 44 **13.** 0.7 **14.** 1.68 **15.** 0.931
16. 53.642 **17.** 357.48 **18.** 85.62 **19.** 65.62
20. 0.40 **21.** metro **22.** centímetro **23.** metro
24. sí; 8:15 p.m. **25.** 1,440 veces

Preparación para el Capítulo 4 **1.** alrededor de 8
2. alrededor de 54 **3.** alrededor de 1,190
4. alrededor de 9 **5.** alrededor de 8 **6.** alrededor
de 10 **7.** alrededor de 33 **8.** alrededor de 231
9. alrededor de 1,920 **10.** alrededor de 3
11. alrededor de 210 **12.** alrededor de 3

Repaso general (pág. 137)

1. B **2.** C **3.** B **4.** D **5.** A **6.** A **7.** C **8.** D
9. B **10.** B

CAPÍTULO 4

4-1 (págs. 141–144)

Por tu cuenta **19.** alrededor de 36 **21.** alrededor
de 0 **23.** alrededor de 93 **25.** alrededor de 5
27. alrededor de 8 **29.** alrededor de 6
31. alrededor de 50 pies/s **33.** alrededor de 64 g
35. a. alrededor de $300 **b.** alrededor de $9
37. B **39.** alrededor de 60 km

Repaso mixto **1.** 1:32 p.m. **2.** 0.54 **3.** 18,000
4. 40 **5.** febrero y marzo

4-2 (págs. 145–147)

Por tu cuenta **9. a.** Moneda, Composición;
Condición, Costo **b.** 5 **c.** Las respuestas pueden
variar. **e.** $86.75

Repaso mixto **1.** alrededor de 200 **2.** alrededor
de 28 **4.** 0.65 **5.** 3.016 **6.** sí

4-3 (págs. 148–150)

Por tu cuenta   9. resta   **11.** multiplicación
13. 12   **15.** 7.9   **17.** 60   **19.** 5   **21.** 1.5   **25.** >
27. <   **29.** cuando la resta está entre paréntesis
31. 14 ÷ (2 + 5) − 1 = 1
33. (11 − 7) ÷ 2 = 2   **35.** No se necesitan
paréntesis.   **37.** 28   **39.** 8   **41.** ÷, +, +
43. −, ×, ÷ ó −, ×, ×

Repaso mixto   1. $240   **2.** 28   **3.** alrededor de
120   **4.** alrededor de 1000   **5.** alrededor de 10
6. 176 armarios

4-4 (págs. 151–154)

Por tu cuenta   23. (3 × 6) + (3 × 2);
3 × (6 + 2); 24   **25.** 8; 3   **27.** 336   **29.** 560
31. 80   **33.** 77

Repaso mixto   1. 15   **2.** 3   **3.** 0   **6.** ejercicio 4:
12.25; 11.5; 9; ejercicio 5: 8.58; 8.5; 8.5

Vistazo a lo aprendido   1. alrededor de 18
2. alrededor de 52   **3.** alrededor de 60
4. alrededor de 80   **5.** alrededor de 39
6. alrededor de 1500   **7.** 29   **8.** 6   **9.** 8   **10.** C

Práctica: Resolver problemas (pág. 155)

1. 10 llamadas   **3.** 19 filas   **5.** el 7 de mayo
7. 204

4-5 (págs. 156–157)

Por tu cuenta   7. 0.6 × 0.9 = 0.54
9. 0.5 × 0.5 = 0.25   **11.** 0.6   **13.** 1.8
15. 0.14   **17.** 0.6   **19.** 0.72
21. Uno y cinco décimas por una décima es igual
a quince centésimas.

Repaso mixto   1. >   **2.** <   **4.** 120   **5.** 2,574
6. 82.6

4-6 (págs. 158–161)

Por tu cuenta   21. 14.72   **23.** 15.857   **25.** 62
27. 3500   **29.** 24.78   **31.** 0.124   **33.** 4.5
35. 0.1152   **37.** Sí; las respuestas pueden variar.
39. falso; ejemplo: 2 × 3 = 6, 3 × 2 = 6
43. 5 cm   **45.** 105 calorías   **47.** 196 calorías; más

Repaso mixto   1. 544   **2.** 380   **3.**

4.   **5.** 4.97 L   **6.** 8 h 27 min

4-7 (págs. 162–164)

Por tu cuenta   9. Para resolver el problema, se
necesita la cantidad que le cobraron.   **11.** unos
19.5 palmos   **13.** Para resolver el problema, se
necesita el número de tiendas.   **17.** Insuficiente
información; la amplitud de la marea es 39.4. Se
necesita el nivel del agua durante la marea baja.

Repaso mixto   1. 1.52   **2.** 5.7   **3.** 8   **4.** 4 y 24
5. 0.05, 0.505, 0.55, 5.55   **6.** 9.004, 9.04, 90.4,
900.4   **7.** 11

Práctica (pág. 165)

1. alrededor de 32   **3.** alrededor de 3
5. alrededor de 5   **7.** alrededor de 100
9. alrededor de 4   **11.** 20   **13.** 1   **15.** 9   **17.** ÷, −
19. −, ×   **21.** 6, 4   **23.** 33   **25.** 14   **27.** 60
29. 228   **31.** 801   **33.** 0.636   **35.** 6.916
37. 0.492   **39.** 0.0252

4-8 (págs. 166–167)

Por tu cuenta   9. 10   **11.** 0.25   **13.** 1.6   **15.** 16
17. 4   **19.** 2   **21.** 3

Repaso mixto   1. 2.714   **2.** 0.0072   **3.** 0.06
4. Se necesita el récord de la piscina.   **5.**

4-9 (págs. 168–171)

Por tu cuenta   23. 2.5   **25.** 0.003   **27.** 0.02
29. 0.05   **31.** 0.073   **33.** 38   **35.** 6,450   **37.** 32
39. 0.079 pulg   **43. a.** 5   **b.** mayor que 3.5 y 0.7

Repaso mixto   1. 15   **2.** 9   **3.** $12.50/h   **4.** 0.336
5. 3.5

Vistazo a lo aprendido   1. 9; 8   **2.** 5; 6; 2
3. 32.76   **4.** 1.9598   **5.** $48.75   **6.** 4.25   **7.** $14.20
8. 16.4

4-10 (págs. 172–175)

Por tu cuenta **7. a.** unos $20.20 **b.** $9.44

Repaso mixto **1.** 0.39 **2.** 1.91 **3.** 0.00082
4. RF **5.** $\angle M$

En conclusión (págs. 176–177)
1. 125 **2.** 30 **3.** 5 **4.** 100 **6.** 72 **7.** 12.3
8. 105 **9.** 360 **10.** A **11.** 90; 485 **12.** 30; 216
13. $0.3 \times 0.1 = 0.03$ **14.** $0.5 \div 0.1 = 5$
15. 0.1286 **16.** 46.08 **17.** 0.75 **18.** 30 **23.** Se
necesita el número de estudiantes que viajará en
el autobús. **24.** 153.5 cm de estatura

Preparación para el Capítulo 5 **2.** x; y; z

Repaso general (pág. 181)
1. A **2.** C **3.** A **4.** D **5.** D **6.** B **7.** C **8.** D
9. C **10.** C

CAPÍTULO 5

5-1 (págs. 185–187)
Por tu cuenta **9.** 35, 42, 49 **11.** 1, 1.25, 1.5
13. $\frac{1}{16}$, $\frac{1}{32}$, $\frac{1}{64}$ **15.** 1, 1.5, 2.25, 3.375, 5.0625

Repaso mixto **1.** 44.7 **2.** 8.1 **3.** $8 **4.** $223.11
5. setenta y tres centésimas **6.** trescientos
ochenta y seis, y novecientas ocho milésimas
7. $77

5-2 (págs. 188–191)
Por tu cuenta **13.** 301 **15.** 3,632 **17.** 256,758
19. 261,992 **21.** 140 min

Repaso mixto **1.** 3.2 **2.** 19.52 **3.** 256; 1,024;
4,096 **4.** 1.1, 1.4, 1.7 **5.** 7 **6.** 12 **7.** 5, 12

5-3 (págs. 192–195)
Por tu cuenta **19.** 7, 9 **21.** 10, 3 **23.** 4^6 **25.** 35
27. 183 **29.** 82 **31.** 500 **33.** 2^3 **35. a.** 10,000;
10^5; 100,000 **c.** 100,000,000; 10,000,000,000;
1,000,000,000,000

Repaso mixto **1.** 10,000 **2.** 2,400 **3.** 8, 10, 12
4. 24, 30, 36 **5.** 5 cuadras

Vistazo a lo aprendido **1.** 4, 8, 16, 32, 64 **2.** 10^6
3. 4,782,969 **4.** 468 **5.** 6 **6.** 4 **7.** 14

5-4 (págs. 196–199)
Por tu cuenta **19.** 8 **21.** 193 **23.** 3 **25.** 216
27. 4 **29.** $r = 8$, $s = 11$, $t = 10$ **31.** $x = 10$; 14,
28, 42, 56 **33.** A **35.** 110 + 630

Repaso mixto **1.** 15 **2.** 16 **3.** 5^4 **4.** 9^3 **5.** 2, 9,
16, 23, 30 **6.** 95 personas

5-5 (págs. 200–202)
Por tu cuenta **13.** 7 h **15.** sí; no; sí **17.** 7 y 9
19. 24 y 25
21.

	sombrero	abrigo
Anita	Althea	Beth
Cheryl	Anita	Althea
Beth	Cheryl	Anita
Althea	Beth	Cheryl

Repaso mixto **1.** 52.27 **2.** 2.689 **3.** n **4.** f
5. 45 **6.** 38 **7.** 6 combinaciones

Práctica (pág. 203)
1. 10, 12, 14 **3.** 3.2, 4.2, 5.2 **5.** 7, 4 **7.** 2, 8
9. 24^2 **11.** 6 **13.** 14,348,907 **15.** 4 **17.** 468
19. $2r + 4$ **21.** $(s2) + 3$ **23.** 5 **25.** 21 **27.** 12
29. 30

5-6 (págs. 204–206)
Por tu cuenta **17.** h menos que 18, 18 menos h
19. el cociente de 21 y m, 21 dividido por m
21. $k - 22$ **23.** $3m$ **25.** $3l$ **27.** $a + 3$
29. a. 37; 43 **b.** 57 **c.** $n + 10$, $n - 10$, $n - 2$,
$n + 2$ **31. a.** $x - 3$ **b.** $x + 10$ **c.** $x - z$
d. $x + t$ **33. a.** $15t$ **b.** $15t \div 60$

Repaso mixto **1.** 144.72 **2.** 5.176 **3.** = **4.** >
5. 32 trozos

Práctica: Resolver problemas (pág. 207)

1. 6 días   **3.** José: 2.5 km; Frank: 1.25 km; Steve: 2.25 km   **5.** 15 tachuelas   **7.** 16 s

5-7 (págs. 208–211)

Por tu cuenta   7. a. 11, 14, 17; 6, 10, 14
b. $3n + 5$; $4n - 2$ **c.** Sí; el precio aumenta a un ritmo constante.   **d.** No; no ordenarías cero sujetadores de pelotas de fútbol americano.

Repaso mixto   1. falso   **2.** falso   **3.** x dividido por 5   **4.** 14 más que s **5.** $t - 3$ **6.** $n + 8$ **7.** 7 juegos

5-8 (págs. 212–216)

Por tu cuenta   19. verdadero   **21.** verdadero
23. sí   **25.** sí   **27.** no   **29.** 88   **31.** 48   **33.** 26.6
35. 389   **37.** 74.578
41. a. $1 + 3 + 5 + 7 + 9 = 25$ ó 5^2
$1 + 3 + 5 + 7 + 9 + 11 = 36$ ó 6^2
$1 + 3 + 5 + 7 + 9 + 11 + 13 = 49$ ó 7^2
b. El número de sumandos es igual a la base de la potencia.   **c.** usando 10 como la base de la potencia; 10^2 ó 100   **d.** 20^2 ó 400
43. $p + 1,200 = 2,250$; 1,050 mi

Repaso mixto   1. hexágono   **2.** decágono   **5.** la novena parada

Vistazo a lo aprendido   1. B   **2.** $y + 12$
3. $b + 5$ **4.** $6 - w$ **5.** $22 - r$ **6.** 50   **7.** 385
8. 2

5-9 (págs. 217–219)

Por tu cuenta   13. no   **15.** no   **17.** 125   **19.** 18
21. 51,772   **23.** 1.65   **25.** 162.5   **29. a.** $1.28g = 16$
b. 12.5 gal   **31.** 1,188; 1,287; 1,386; 1,485;
$99 \times 16 = 1,584$; $99 \times 17 = 1,683$

Repaso mixto   1. 26 cm   **2.** 116 m   **3.** 6   **4.** 17
5. 18 números

En conclusión (págs. 220–221)

1. 162; 486; 1,458; empieza por el número 2 y multiplica por 3 repetidamente   **2.** 9   **3.** 89
4. 16   **5.** 1.25   **6.** $x - 5$ **7.** $y \div p$ **8.** D   **9.** $.39
11. resta; 5   **12.** suma; 23   **13.** división; 8
14. multiplicación; 128   **15.** D

Preparación para el Capítulo 6   1. perímetro: sumar las longitudes de los lados; área: multiplicar el ancho por la longitud.
2. 15.6   **3.** 289   **4.** 120

Repaso general (pág. 225)

1. C   **2.** C   **3.** D   **4.** A   **5.** B   **6.** B   **7.** B   **8.** B
9. D   **10.** A   **11.** C

CAPÍTULO 6

6-1 (págs. 229–232)

Por tu cuenta   7. 8 cm^2 **9.** ejemplo dado: unas 21 pulg^2 **11.** ejemplo dado: unos 56 cm^2 **15.** B; A   **17.** ejemplo dado: unas 41 pulg^2

Repaso mixto   1. 400   **2.** 9   **3.** 153   **4.** 16   **5.** 25
6. 93×751

6-2 (págs. 233–236)

Por tu cuenta   13. 7 cm; 3 cm^2 **15. a.** 200 pulg^2
b. 60 pulg   **17.** 9 pulg^2 **19.** 7 pies   **21. a.** 2 m
b. 0.25 m^2 **23. a.** 5 m   **b.** 1 m^2 **25.** D
27. 4 por 1, 3 por 2

Repaso mixto   1. 368   **2.** 8,208   **3.** unas 11 unidades cuadradas   **4. a.** 3.6   **b.** $70.15

6-3 (págs. 237–240)

Por tu cuenta   11. 54 cm; 90 cm^2 **13.** 9 unidades cuadradas   **15.** 16 unidades cuadradas
17. a. 30 unidades cuadradas   **b.** 25.8 unidades cuadradas   **c.** 21 unidades cuadradas   **d.** Al disminuir la medida del $\angle B$, también disminuye el área del paralelogramo.   **19. a.** 12 cm^2

Vistazo a lo aprendido   1. 175 pulg^2; 80 pulg
2. 240 pulg   **3.** 38 pulg; 84 pulg^2 **4.** 34 cm; 72.25 cm^2

Práctica: Resolver problemas (pág. 241)

1. 8 semanas **3.** 1 por 17, 2 por 16, 3 por 15, 4 por 14, 5 por 13, 6 por 12, 7 por 11, 8 por 10, 9 por 9 **5.** 4, 5, 25; 9, 10, 15; 9, 12, 13 **7.** 64 pulg; 64 pulg

6-4 (págs. 242–245)

Por tu cuenta **11.** unos 33 m **13.** unos 18 m **15.** 157 m **17.** 402 m **19.** 55 pies **21.** 2 m **23.** 27 cm **25.** 18 m **27.** 22 cm **29.** 6 m **31.** sí **33. a.** Ninguno; todos los puntos del escenario giran de manera simultánea. **b.** La pianista; está situada en un círculo cuyo diámetro es mayor. **c.** 94.2 pies **d.** sí; $2 \times 3.14 \times 30 = 2 \times 2 \times 3.14 \times 15$

Repaso mixto **1.** 4.54 **2.** 0.82 **3.** 289 **4.** 27.04 **5.** 21 cm^2 **6.** 11 m^2 **7.** 7

6-5 (págs. 246–249)

Por tu cuenta **11.** 254.5 cm^2 **13.** 1,963.5 m^2 **15.** 14.1 unidades cuadradas; 15.4 unidades **17.** unos 3 m^2 **21.** 74 m^2 **23.** 19 m^2 **27.** 52 años

Repaso mixto **1.** 3.96 **2.** 345 **3.** unos 31.4 m **4.** unos 100.5 cm **5.** 16

Práctica (pág. 250)

1. ejemplo: 50 cm^2 **3.** ejemplo: 50 cm^2 **5.** 245 m^2; 63 m **7.** 24 pies^2; 24 pies **9.** 48 pulg **11.** 30 cm; 75 cm^2 **13.** 12 cm; 12 cm^2 **15.** 65.97 pulg; 346.36 pulg^2 **17.** 452.39 m; 16,286.02 m^2 **19.** 452.16 cm^2 **21.** 5,941.67 yd^2

6-6 (págs. 251–255)

Por tu cuenta **17.** cilindro **19.** cono **25.** prisma rectangular **27.** prisma triangular

Repaso mixto **1.** 1.68 **2.** 2.05 **3.** 254.34 pies^2 **4.** 153.86 m^2 **5.** 45 **6.** 45 **7.** $1.92

6-7 (págs. 256–258)

Por tu cuenta **5.** 406 pulg^2 **7.** 1,440 cm^2 **9.** 3,150 mm^2 **11.** 80 m^2 **15. a.** 240 pies^2 **b.** 207 pies^2 **c.** 447 pies^2 **d.** 2

Repaso mixto **1.** 50 **2.** 4 **3.** esfera **4.** prisma rectangular **5.** 1,260 **6.** 83.325 **7.** la pizza cuadrada

6-8 (págs. 259–262)

Por tu cuenta **9.** 600 pulg^3 **11.** 180 mm^3 **13.** 42 pies^3 **15.** $l = 5$ cm **17. a.** 125 cm^3 **19.** C **21.** 1 por 1 por 32, 2 por 1 por 16, 2 por 2 por 8, 2 por 4 por 4, 4 por 1 por 8 **23. a.** unos 960 m^3 **b.** unos 960,000 L **c.** al menos 24 m por 16 m

Repaso mixto **3. a.** prisma rectangular **b.** 64 pulg^2 **4.** Jerry; 15¢

Vistazo a lo aprendido **1.** prisma rectangular; 6 caras, 12 aristas, 8 vértices **2.** prisma triangular; 5 caras, 9 aristas, 6 vértices **3.** 62 cm^2 **4.** 54 cm^2

6-9 (págs. 263–265)

Por tu cuenta **9. a.** Las respuestas pueden variar. Ejemplo: 8, 16, 32 **b.** 7, 11, 16 ó 7, 12, 20 **11.** 9.5 unidades cuadradas **13.** 1 por 1 por 12 **15. a.** 6 **b.** 27 **c.** 1

Repaso mixto **1.** 6^4 **2.** 22^3 **3.** 56 cm^3 **4.** 105 pies^3 **5.** Ganó $7.

En conclusión (págs. 266–267)

1. unos 18 m^2 **2.** 13.5 cm^2; 22 cm **3.** 34 m **4.** 45.6 cm^2 **5.** 37.7 pulg; 113.0 pulg^2 **6.** 23.9 m; 45.3 m^2 **7.** 76.9 cm; 471.2 cm^2 **8.** 118.1 pies; 1,109.8 pies^2 **9.** 31.4 pulg; 78.5 pulg^2 **10.** 81.7 m; 530.9 m^2 **11.** 29.5 m; 69.4 m^2 **12. a.** pirámide rectangular **b.** 5, 8, 5 **14.** 64 m^2; 28 m^3 **15.** B **16.** 36 **17.** Las dimensiones de la caja son 8 pulg por 8 pulg por 4 pulg.

Preparación para el Capítulo 7 **1.** 2 **2.** 2, 5, 10 **3.** no **4.** 5 **5.** 2, 5, 10 **6.** no

Repaso general (pág. 271)

1. C **2.** C **3.** B **4.** A **5.** A **6.** C **7.** D **8.** C **9.** D

CAPÍTULO 7

7-1 (págs. 275–277)

Por tu cuenta **11.** 1, 3, 5 **13.** 1, 2, 3, 5, 10 **15.** 1, 2 **17.** 1, 2, 3, 9 **19.** 7 **21.** 4 **23.** ejemplo: 330 **25.** ejemplo: 1,200,000,000 **27.** C **29. a.** 78; 8,010; 21,822 **b.** 78; 8,010; 21,822 **c.** Un número es divisible por 6 si es divisible tanto por 2 como por 3.

Repaso mixto **1.** 9 **2.** 26 **3.** 1 **4.** 30 **5.** 16 **6.** 18 **7.** 270

7-2 (págs. 278–281)

Por tu cuenta **27.** 1, 3; primo **29.** 1, 3, 7, 21; compuesto **31.** primo **33.** compuesto **35.** primo **37.** compuesto **39.** primo **41.** compuesto **43.** 34; 2; 17 **45.** $2 \times 5 \times 5$ **47.** $3 \times 3 \times 5$ **49.** 11×13 **51.** $2 \times 2 \times 3 \times 3 \times 3$ **53.** 692,733 **55.** 3, 5; 5, 7; 11, 13; 17, 19; 29, 31; 41, 43; 59, 61; 71, 73

Repaso mixto **1.** 3, 9 **2.** 3, 5, 9 **3.** 3, 5, 9 **4.** 3 **5.** 24 m^2 **6.** 5.76 cm^2 **7.** 975

7-3 (págs. 282–284)

Por tu cuenta **13.** 7 **15.** 3 **17.** 1 **19.** 2 **21.** 3 **23.** 17

Repaso mixto **1.** $2 \times 2 \times 3 \times 3 \times 3 \times 3$ **2.** $2 \times 2 \times 2 \times 3 \times 5 \times 5$ **5.** 153.86 m^2 **6.** 200.96 pulg^2 **7.** 12 h 11 min

Vistazo a lo aprendido **1.** 1, 2, 3, 5, 10 **2.** 1, 3, 9 **3.** 1, 2, 3, 5, 10 **4.** 1, 2, 3, 5, 10 **5.** $2 \times 2 \times 2 \times 2 \times 2 \times 2 \times 3 \times 5$ **6.** $3 \times 3 \times 3 \times 3 \times 3$ **7.** $2 \times 3 \times 5 \times 7 \times 11$ **8.** $2 \times 3 \times 5 \times 13 \times 13$ **9.** 8 **10.** 6 **11.** 150

Práctica: Resolver problemas (pág. 285)

1. 3 veces **3.** 8 estudiantes **5.** \$8 **9.** 5:50 p.m.

7-4 (págs. 286–287)

Por tu cuenta **11.** $\frac{3}{4}$ **13.** $\frac{2}{4}, \frac{3}{6}, \frac{5}{10}$ ó $\frac{6}{12}$

15. $\frac{4}{6}, \frac{6}{9}$ ó $\frac{8}{12}$

Repaso mixto **1.** 6 **2.** 15 **3.** 4 **4.** $n - 10$ **5.** $2n + 5$ **6.** $6n$ **7.** 12 m $\times$ 4 m

7-5 (págs. 288–290)

Por tu cuenta **15.** $\frac{47}{64}$ **17.** $\frac{2}{6}, \frac{1}{3}$; sí **19.** $\frac{5}{5}$

21. ejemplo: $\frac{1}{2}, \frac{2}{4}$ **23.** ejemplo: $\frac{1}{3}, \frac{2}{6}$ **25.** no; $\frac{3}{7}$

27. no; $\frac{1}{6}$ **29.** no; $\frac{1}{3}$ **31.** no; $\frac{2}{13}$ **35.** $\frac{2}{6}, \frac{4}{12}; \frac{2}{4}, \frac{6}{12}$

Repaso mixto **1.** 1 **2.** 0 **3.** $\frac{1}{2}$ **4.** 600 cm^2 **5.** 148 pulg^2 **6.** 12 personas

Práctica (pág. 291)

1. 1, 2 **3.** 1, 2, 3, 5, 10 **5.** 1, 2, 3 **7.** compuesto **9.** compuesto **11.** 5×7 **13.** $3 \times 7 \times 13$ **15.** $2 \times 2 \times 2 \times 2 \times 3 \times 3$ **17.** 5 **19.** 7 **21.** $\frac{2}{4}$ **23.** $\frac{1}{3}$ **25.** $\frac{6}{8}, \frac{9}{12}$ **27.** $\frac{4}{10}$ **29.** $\frac{2}{12}, \frac{3}{18}$ **31.** $\frac{1}{4}, \frac{6}{24}$ **33.** $\frac{22}{24}, \frac{33}{36}$ **35.** $\frac{3}{6}, \frac{2}{4}$; sí **37.** $\frac{2}{3}$ **39.** $\frac{1}{6}$ **41.** $\frac{3}{7}$

7-6 (págs. 292–293)

Por tu cuenta **13.** $\frac{4}{13}$ **15.** $\frac{2}{5}$ **17.** $\frac{5}{8}$ **19.** $\frac{1}{3}$

Repaso mixto **1.** $\neq$ **2.** $=$ **3.** 20 **4.** 4 **5.** 1 **6.** 50 **7.** piso 11

7-7 (págs. 294–296)

Por tu cuenta **15.** B **17.** $1\frac{6}{7}$ **19.** $3\frac{1}{12}$ **21.** $\frac{33}{5}$ **23.** $\frac{9}{2}$ **25.** $\frac{9}{5}$; $1\frac{4}{5}$

Repaso mixto **1.** $\frac{3}{4}$ **2.** $\frac{9}{16}$ **3.** 1,728 cm^3 **4.** 180 cm^3 **5.** $\times$, $+$ ó $+$, $\times$

Vistazo a lo aprendido **1.** $\frac{3}{4}$ **2.** $\frac{2}{3}$ **3.** $\frac{7}{9}$ **4.** $\frac{1}{6}$ **5.** $\frac{1}{2}$ **6.** $9\frac{4}{5}$ **7.** $2\frac{5}{8}$ **8.** $8\frac{1}{6}$ **9.** $4\frac{1}{4}$ **10.** $2\frac{1}{2}$ **11.** $\frac{17}{3}$ **12.** $\frac{51}{4}$ **13.** $\frac{53}{6}$ **14.** $\frac{21}{2}$

7-8 (págs. 297–299)

Por tu cuenta **5.** 660 **7.** 60 **9.** 462 **11.** dentro de 48 días **13.** D

Repaso mixto **1.** $2\frac{1}{2}$ **2.** $7\frac{7}{8}$ **3.** $6\frac{3}{4}$ **4.** 14 **5.** $A = 11.52$ cm^2; $P = 14.4$ cm **6.** $A = 225$ m^2; $P = 60$ m **7.** unos 1,256 pies^2

7-9 (págs. 300–302)

Por tu cuenta **13.** $<$ **15.** $>$ **17.** Timothy **19.** $\frac{8}{15}, \frac{23}{40}, \frac{7}{12}, \frac{19}{30}$ **23.** B

Repaso mixto **1.** 24 **2.** 30 **3.** 90 **4.** 360 **5.** 686 **6.** 424 **7.** π

7-10 (págs. 303–306)

Por tu cuenta **17.** $\frac{113}{200}$ **19.** $\frac{7}{100}$ **21.** $1.\overline{1}$ **23.** $0.4\overline{6}$

25. $0.208\overline{3}$ **27.** $3.\overline{36}$ **29.** 0.25 **31.** $\frac{11}{20}$ **33. a.** 0.34, $0.\overline{3}$, 0.32, $0.34\overline{6}$ **b.** $\frac{8}{25}, \frac{1}{3}, \frac{17}{50}, \frac{26}{75}$

Repaso mixto **1.** $\frac{2}{3}, \frac{7}{10}, \frac{3}{4}$ **2.** $\frac{1}{6}, \frac{1}{5}, \frac{3}{10}$

3. $\frac{32}{10}, 3\frac{3}{8}, \frac{7}{2}$ **4.** ejemplo: $\frac{18}{20}, \frac{27}{30}, \frac{36}{40}$ **5.** ejemplo: $\frac{6}{8}, \frac{9}{12}, \frac{12}{16}$ **6.** Jan $2.00; Leah $3.25

Vistazo a lo aprendido **1.** 96 **2.** 504 **3.** 360 **4.** 0.4 **5.** 0.07 **6.** 0.375 **7.** $0.1\overline{6}$ **8.** $\frac{13}{25}$ **9.** $\frac{1}{25}$ **10.** $\frac{3}{4}$ **11.** $15\frac{1}{40}$ **12.** D

7-11 (págs. 307–309)

Por tu cuenta **11.** 8 **13.** 18 rosquillas **15.** sábado **23.** 1 h 54 min

Repaso mixto **1.** 0.85 **2.** 0.12 **3.** $\frac{12}{25}$ **4.** $\frac{3}{50}$ **5.** $\frac{19}{20}$ **6.** $\frac{19}{125}$ **7.** ejemplo: 1 triciclo, 3 bicicletas, 3 monociclos

En conclusión (págs. 312–313)

1. 1, 3 **2.** 1, 2 **3.** 1, 3, 9 **4.** 1, 3, 5, 9 **5.** 1, 2 **6.** 1, 2, 5, 10 **7.** B **8.** $2 \times 2 \times 2 \times 3 \times 3$ **9.** $2 \times 2 \times 2 \times 3 \times 5$ **10.** 3×11 **11.** $2 \times 2 \times 2 \times 2 \times 5$ **12.** $2 \times 3 \times 3 \times 13$ **13.** $3 \times 5 \times 23$ **14.** 20; 280 **15.** 1; 294 **16.** 3; 72 **17.** 5; 75 **18.** 6; 1,260 **19.** 2; 240 **20.** $\frac{8}{9}$ **21.** $\frac{2}{5}$ **22.** $\frac{3}{10}$ **23.** $\frac{3}{8}$ **24.** $\frac{4}{11}$ **25.** $\frac{2}{7}$ **26.** ejemplo: $\frac{2}{16}, \frac{3}{24}$ **27.** ejemplo: $\frac{1}{5}, \frac{4}{20}$ **28.** ejemplo: $\frac{1}{5}, \frac{10}{50}$ **29.** ejemplo: $\frac{6}{10}, \frac{9}{15}$ **30.** ejemplo: $\frac{1}{2}, \frac{2}{4}$ **31.** ejemplo: $\frac{3}{5}, \frac{6}{10}$ **32.** $\frac{19}{4}$ **33.** $4\frac{2}{5}$ **34.** $8\frac{1}{7}$ **35.** $\frac{17}{7}$ **36.** $2\frac{2}{14}$ ó $2\frac{1}{7}$ **37.** $\frac{57}{11}$ **38.** $\frac{35}{36}, 1\frac{3}{4}, 1\frac{7}{9}, 1\frac{5}{6}$ **39.** $\frac{1}{25}$ **40.** $3\frac{7}{8}$ **41.** $2\frac{7}{50}$ **42.** 0.425 **43.** $0.\overline{8}$ **44.** $0.\overline{54}$ **45.** $39

Preparación para el Capítulo 8 **1.** $\frac{1}{2}$ **2.** 1 **3.** 0 **4.** 0 **5.** $\frac{1}{2}$ **6.** $\frac{1}{2}$

Repaso general (pág. 315)

1. B **2.** A **3.** B; agudo **4.** C **5.** B **6.** C **7.** D **8.** C **9.** C **10.** A **11.** D

CAPÍTULO 8

8-1 (págs. 319–321)

Por tu cuenta **13.** 10 **15.** $100\frac{1}{2}$ **17.** unas 4 entradas **19.** $\frac{3}{10}; \frac{1}{2}$ **21.** alrededor de 1 pie **23.** $1\frac{1}{2}$ **25.** 3 **27.** 13 **29.** Las respuestas varían. Ejemplo: $\frac{1}{10}, \frac{2}{10}, \frac{8}{10}$ **33.** unos 24 pies

Repaso mixto **1.** 0.1 **2.** 5.618 **3.** sábado **4.** 24 **5.** el precio de cada jugo

8-2 (págs. 322–325)

Por tu cuenta **17.** $\frac{1}{5} + \frac{3}{5} = \frac{4}{5}$ **19.** $\frac{2}{6} + \frac{3}{6} = \frac{5}{6}$ **21.** $\frac{4}{6} - \frac{1}{6} = \frac{3}{6}$ ó $\frac{1}{2}$ **23.** $\frac{8}{10}$ ó $\frac{4}{5}$ **25. a.** $\frac{1}{2}$ cucharada **b.** $\frac{1}{4}$ taza **27.** no; $\frac{2}{5}$ **29.** no; $\frac{4}{9}$ **31.** no; $\frac{2}{3}$ **33.** sí; $\frac{1}{3}$ **39.** $\frac{5}{10}$ **41.** $\frac{7}{8}$ **43.** $\frac{2}{3}$

Repaso mixto **1.** pirámide triangular; 4; 6; 4 **2.** cubo; 6; 12; 8 **3.** 2 **4.** 4 **5.** $21

8-3 (págs. 326–329)

Por tu cuenta **27.** $\frac{1}{3} - \frac{1}{6} = \frac{1}{6}$ **29.** > **31.** $1\frac{9}{24}$ ó $1\frac{3}{8}$ **33.** $\frac{9}{10}$ **35.** $\frac{5}{6}$ **39.** $\frac{1}{10}$ **41.** $\frac{3}{8}$ **43.** no

Repaso mixto **1.** $\frac{2}{3}$ **2.** $\frac{1}{9}$ **3.** 3 **4.** 1.91 **5.** Wahkuna—farmacéutica; Alma—corredora de bolsa; Julia—maestra

Práctica: Resolver problemas (pág. 330)

1. 19 cajas **3.** 6,000 mi **5.** 8:45 a.m. **7.** $.80

8-4 (págs. 331–333)

Por tu cuenta **21.** $\frac{5}{16}; \frac{21}{64}; \frac{1}{4} + \frac{1}{16} + \frac{1}{64} + \frac{1}{256}; \frac{85}{256}$

25. D; al minuto 11 recibirías más de $1\frac{1}{2}$ oz.

Repaso mixto **1.** $1\frac{11}{15}$ **2.** $\frac{11}{48}$ **3.** $\overline{CA}$ **4.** $\overline{OB}, \overline{OA}$ ó $\overline{OC}$ **5.** 47 min 50 s

Vistazo a lo aprendido **1.** $\frac{5}{12}; \frac{1}{2}$ **2.** $\frac{4}{5}; 1$ **3.** $\frac{6}{7}$ **4.** $\frac{4}{8}; \frac{1}{2}$ **5.** $\frac{3}{9}; \frac{1}{3}$ **6.** $\frac{1}{12}$ **7.** $\frac{38}{45}$ **8.** $\frac{9}{8}$ ó $1\frac{1}{8}$ **9.** $\frac{9}{20}$ **10.** $\frac{8}{39}$ **11. a.** $\frac{6}{25}; \frac{31}{125}$ **b.** $\frac{1}{5} + \frac{1}{25} + \frac{1}{125} + \frac{1}{625}; \frac{156}{625}$

8-5 (págs. 334–337)

Por tu cuenta **19.** coyote; $\frac{1}{4}$ pulg **21.** 4 **23.** $4\frac{2}{3}$ **25.** negro, rojo, blanco, noruego **27.** blanco y rojo; rojo y negro **29.** $3\frac{1}{8}$ **31.** $4\frac{7}{15}$ **33.** $3\frac{1}{4}$ **35.** $13\frac{7}{12}$ **37.** \$77.50 **39.** $10\frac{1}{4}$ pulg **41.** $3\frac{1}{2}; 2\frac{1}{3}$

Repaso mixto **1.** $\frac{7}{5}; \frac{9}{5}; \frac{11}{5}$ **2.** $\frac{7}{10}; \frac{3}{5}; \frac{1}{2}$ **3.** equilátero **4.** isósceles **5.** \$7.25

8-6 (págs. 338–340)

Por tu cuenta **15.** unos 80 regalos **17.** sí **19.** 30 s **21.** 230 pies

Repaso mixto **1.** $6\frac{9}{14}$ **2.** $2\frac{1}{2}$

3.
```
    x       x
    x   x   x
    x   x   x   x   x
  ─────────────────────
    A   B   C   D   F
```
4. 8 estudiantes
5. 28 apretones de mano

Práctica (pág. 341)

1. $1\frac{1}{2}$ **3.** $\frac{1}{2}$ **5.** 8 pulg **7.** $3\frac{1}{2}$ pulg **9.** 10 pulg **11.** $\frac{4}{8}; \frac{1}{2}$ **13.** $\frac{2}{4}; \frac{1}{2}$ **15.** $\frac{1}{10}$ **17.** $\frac{73}{168}$ **19.** $\frac{17}{60}$ **21.** $1\frac{1}{10}$ **23.** $8\frac{1}{6}$ **25.** $2\frac{11}{12}$ **27.** $9\frac{1}{16}$ **29.** $15\frac{1}{8}$ **31.** $1\frac{1}{2}$ mi

8-7 (págs. 342–345)

Por tu cuenta **25.** 18 **27.** 60 **29.** $119\frac{3}{4}$ pulg **33.** 10 **35.** 4 **37.** $13\frac{7}{8}$ **39.** $\frac{1}{15}$ **41.** 90 de 191 millones **43.** unos 1,270,000; alrededor de $\frac{1}{18}$

Repaso mixto **1.** 26 **2.** 18 **3.** 5 **5.** 744 veces

8-8 (págs. 346–349)

Por tu cuenta **27.** 6 pedazos **29.** $1\frac{7}{10}$ mi **31.** McKinley **33.** 2 **35.** $1\frac{1}{8}$ **37.** $1\frac{1}{2}$ **39.** $\frac{2}{15}$ **41.** 12 **43.** 24 **47.** 16 **49.** 24 trozos **51.** $6\frac{2}{3}$ **53.** $2\frac{5}{7}$ **55.** $\frac{2}{5}$ **57.** $1\frac{5}{7}$

Repaso mixto **1.** 0.05 **2.** 0.047 **3.** $11\frac{1}{5}$ **4.** 28 **5.** 3 estudiantes

Vistazo a lo aprendido **1.** 8 pedazos **2.** $\frac{8}{7}; \frac{1}{4}$; 3; $\frac{6}{13}$ **3.** $8\frac{3}{4}$ **4.** $\frac{20}{27}$ **5.** $2\frac{1}{4}$ **6.** 6 **7.** $\frac{1}{9}$ **8.** $1\frac{5}{9}$ **9.** $16\frac{2}{3}$ **10.** $1\frac{11}{15}$ **11.** C

8-9 (págs. 350–353)

Por tu cuenta **15.** 9,240 **17.** $1\frac{1}{2}$ **19.** 34 **21.** sí **23.** $>$ **25.** $<$ **27.** $6,665\frac{1}{8}$ pulg **29. a.** 45,000,000 galones **b.** 3,000 T **31.** 3 yd 2 pies

Repaso mixto **1.** 9 **2.** 12 **3.** $3\frac{1}{2}$ **4.** $\frac{15}{49}$ **5.** \$17

En conclusión (págs. 354–355)

1. $\frac{1}{2}$ **2.** $1\frac{1}{2}$ **3.** $4\frac{1}{2}$ **4.** 6 **5.** $\frac{1}{5} + \frac{1}{2} = \frac{7}{10}$

6. $\frac{5}{6} - \frac{2}{6} = \frac{3}{6} = \frac{1}{2}$ **7.** $\frac{5}{9}$ **8.** $2\frac{1}{2}$ **9.** $1\frac{1}{12}$ **10.** $1\frac{2}{7}$

11. $\frac{11}{16}$ **12.** $3\frac{13}{20}$ **13.** $5\frac{1}{24}$ **14.** $\frac{1}{15}$

15.

$\frac{1}{3}$	$\frac{1}{3}$
$\frac{1}{3} + \frac{1}{6}$	$\frac{3}{6}$
$\frac{1}{3} + \frac{1}{6} + \frac{1}{12}$	$\frac{7}{12}$
$\frac{1}{3} + \frac{1}{6} + \frac{1}{12} + \frac{1}{24}$	$\frac{15}{24}$

Cada sucesivo numerador es la suma de los primeros *n* términos del patrón 1, 2, 4, 8, 16, . . .
Cada sucesivo denominador es el doble del denominador anterior.

16. $\frac{1}{2}$ **17.** $\frac{1}{12}$ **18.** $8\frac{1}{8}$ **19.** $\frac{19}{20}$ **20.** 1 **21.** $24\frac{6}{7}$

22. 6 **23.** $2\frac{1}{2}$ **24. b.** sala: 8 pies $\times$ 10 pies, comedor: 8 pies $\times$ 8 pies **c.** sala: 80 pies^2, comedor: 64 pies^2, pasillo: 72 pies^2, área total: 216 pies^2 **25.** 20 yd **26.** 96 panqueques

Preparación para el Capítulo 9 **1.** 7 **2.** 6 **3.** 18 **4.** 2

Repaso general (pág. 359)

1. A **2.** D **3.** A **4.** C **5.** B **6.** B **7.** D **8.** C **9.** C **10.** A **11.** D **12.** D **13.** A

CAPÍTULO 9

9-1 (págs. 363–364)

Por tu cuenta **9.** 2 a 1, 2 : 1, $\frac{2}{1}$ **11.** 3 a 2, 3 : 2, $\frac{3}{2}$ **13.** 5 : 7 **21.** hexágono a triángulo
23. trapecio a triángulo o hexágono a rombo

Repaso mixto **1.** unos 25.12 cm **2.** unos 50.24 cm^2 **3.** 2 pies 4 pulg **4.** 1 pie **5.** Las respuestas pueden variar. Ejemplos: $\frac{4}{6}, \frac{6}{9}$ **6.** Las respuestas pueden variar. Ejemplos: $\frac{6}{10}, \frac{9}{15}$ **7.** 5 pájaros y 3 ardillas

9-2 (págs. 365–368)

Por tu cuenta **15.** $\frac{1}{2}, \frac{5}{10}, \frac{100}{200}$ **17.** 4 : 7, 16 : 28, 24 : 42 **19.** 10 **21.** 2 **23.** 21 **27.** $\frac{2}{3}$ **29.** 0 **31.** 25 mi/d **33.** 2 peras/niño **35.** 12 jugadores/equipo **37.** $\frac{2}{5}$ **39.** $\frac{3}{4}$

Repaso mixto **1.** $\frac{2}{5}$ **2.** $3\frac{9}{16}$ **3. a.** 3 : 1 **b.** 1 : 6 **4.** 2 monedas de 10¢, 1 moneda de 5¢

9-3 (págs. 369–372)

Por tu cuenta **15.** sí **17.** sí **19.** 112.5 **21.** 9 **23.** ejemplo: $\frac{2}{6} = \frac{5}{15}$ **27.** 27 entrenadores **29.** unas 112 personas

Repaso mixto **1.** 9 **2.** 26 **3.** 28 **4.** 28 : 70, 42 : 105 **5.** $\frac{3}{4}, \frac{12}{16}$ **6.** 2 a 5, 16 a 40 **7.** Julio: carne asada, Stella: pollo, Ted: atún

Vistazo a lo aprendido **1.** C **2.** $\frac{2}{3}, \frac{20}{30}$ **3.** 10 a 17, 40 a 68 **4.** 9 : 20, 36 : 80 **5.** $\frac{46}{88}, \frac{69}{132}$ **6.** $\frac{14}{19}$ **7.** 11 : 30 **8.** $\frac{1}{3}$ **9.** 9 : 19 **10.** $.89/taco **11.** $.35/pila **12.** no **13.** sí **14.** no **15.** no **16.** 108 pulg

9-4 (págs. 373–375)

Por tu cuenta **9.** 80 boletos para adultos **11.** Bob **13.** Las sumas y la colocación de los dígitos pueden variar. **15.** 24 **17.** 13 **19.** 14 **21.** ↑← ó ←↑ **23.** 30

Repaso mixto **1.** 55 **2.** 27 **3.** F **4.** V **5.** V **6.** F **7.** 6:58 a.m.

Práctica: Resolver problemas (pág. 376)

1. 111, 112 **3.** $4.89 **5.** ejemplo: 8,936 + 7,626 = 16,562 **7.** Marla, Jon, Noel, Dana **9.** 75 cm^2

9-5 (págs. 377–379)

Repaso mixto **1.** 22 pies **2.** 28 pies^2 **3.** 60 **4.** 125 **5.** 8, 13

9-6 (págs. 380–383)

Por tu cuenta **9.** 12 m **11.** 120 cm **13.** 0.075 pulg **15.** 1.08 pulg

Repaso mixto **1.** > **2.** < **3.** $\angle D$, $\angle E$, $\angle F$
4. EF **5.** $\frac{27}{100}$ **6.** $\frac{56}{100}$ **7.** 140.8 pies/seg

9-7 (págs. 384–386)
Por tu cuenta **15.** 31% **17.** 11% **19.** 4%
21. 33% **23.** 25% **25.** 1% **27.** \$.05; \$.50
29. 25%

Repaso mixto **1.** $1\frac{5}{16}$ **2.** $\frac{3}{8}$ **3.** 2 m $\times$ 5 m
4. 2.4 m **5.** 0.25 **6.** 0.5625 **7.** 13 estudiantes

9-8 (págs. 387–389)
Por tu cuenta **11.** $\frac{11}{50}$; 0.22 **13.** 0.88; 88%
15. 0.8; 80% **17.** D **19. a.** 25%; 34%; 44%, 55%;
69%, 77% **c.** ejemplo: alrededor del 87%

Repaso mixto **1.** 2,197 **2.** 729 **3.** 40% **4.** 92%
5. \$10.50

Práctica (pág. 390)
1. $\frac{3}{32}$, 3 : 32, 3 a 32 **3.** $\frac{6}{3}$, 6 : 3, 6 a 3 **5.** $\frac{1}{4}$ **7.** $\frac{3}{7}$
9. $\frac{1}{3}$ **11.** Las respuestas pueden variar. **13.** 21
15. 5 **17.** 60 **19.** 1.1 m **21.** 55%, $\frac{11}{20}$, 0.55
23. 25%, $\frac{1}{4}$, 0.25 **25.** 20%, $\frac{1}{5}$, 0.2

9-9 (págs. 391–394)
Por tu cuenta **25.** ejemplos: **a.** \$70 **b.** \$105
c. \$262.50 **27.** c **a.** \$.63 **b.** \$.48 **c.** \$.72
37. redondeando a \$16, \$9.20 cada una

Repaso mixto **1.** $\frac{11}{15}$ **2.** $\frac{5}{24}$ **3.** 25% **4.** 75% **5.** $\frac{2}{5}$
6. $\frac{17}{20}$ **7.** 69, ejemplo de método:
1,000 ÷ 13 ≈ 76, y restar la cantidad de
números de dos dígitos, 76 − 7 = 69

9-10 (págs. 395–398)
Por tu cuenta **5.** 393 **7.** 5.6 **9.** 51.8 **11.** 8.64
13. 65.34 **15.** \$380 **17.** unas 39 **19.** unas 7
21. Las respuestas pueden variar. También hay
consonantes. **23.** 647 niños y adolescentes
25. muchachos—unos 225; muchachas—unas 319

Repaso mixto **1.** < **2.** < **3.** ejemplo: \$.60
4. ejemplo: \$2.33 **5.** 120 **6.** 135 **7.** 60
miembros

Vistazo a lo aprendido **1.** 8, 9, 10 **2.** $x = 10$
3. 262.5 km **8.** 75% **9.** 45% **10.** 67% **11.** 60%
12. C **13.** 41.76 **14.** 35.26 **15.** 3.2

9-11 (págs. 399–401)
Repaso mixto **1.** $\frac{15}{16}$ **2.** $\frac{4}{5}$ **3.** 212.3 **4.** 19.14
5. Las respuestas pueden variar. Ejemplo: 2992
no tiene dígitos alternos.

En conclusión (págs. 402–403)
1. 45 a 100, $\frac{45}{100}$, 45 : 100 **2.** tres cintas: \$1.99,
dos cintas: \$1.88; la cinta en el paquete de tres
3. 21 **4.** 27 **5.** 3 **6.** 16 **7.** 3 **8.** 9
10. 24 pies **11.** 1.5 m **12.** 0.65, $\frac{13}{20}$ **13.** unos \$70
14. C **15.** 30 **16.** 4.37 **17.** 48 **18.** 23.5
19. \$.80 **21.** 11 comederos pequeños

Preparación para el Capítulo 10 **1.** 100

Repaso general (pág. 407)
1. B **2.** C **3.** B **4.** C **5.** D **6.** A **7.** B **8.** C
9. A **10.** D

CAPÍTULO 10

10-1 (págs. 411–413)
Por tu cuenta **15.** El juego parece ser justo.
17. Injusto; hay 15 sumas posibles que dan un
número primo y 21 sumas posibles que dan un
número compuesto.

Repaso mixto **1.** $1\frac{23}{170}$ **2.** $1\frac{7}{20}$ **3.**
4. 16, 22, 29 **5.** 1.95, 2.25, 2.55

manzanas 65% | 20% | otras | 15% | naranjas

10-2 (págs. 414–416)

Por tu cuenta **15.** Pasa sólo $\frac{5}{56}$ del tiempo en la escuela. **19.** No; siempre quedarían descubiertos dos cuadrados no adyacentes. **21.** Usa una simulación. Las respuestas pueden variar.

Repaso mixto

1. 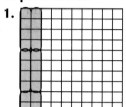 **2.**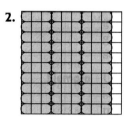

5. 18

10-3 (págs. 417–419)

Por tu cuenta **13.** unas 22 **15.** injusto

Repaso mixto **1.** $\frac{2}{3}, \frac{4}{6}$ **2.** $\frac{1}{3}, \frac{2}{6}$ **3.** 1 de noviembre **4.** $\frac{8}{125}$ **5.** 18

Práctica: Resolver problemas (pág. 420)

1. 1768 **2.** unos 1,384.74 pies cuadrados
3. a. unos 525 **b.** $551.25 **6.** 120

10-4 (págs. 421–424)

Por tu cuenta **21.** 0, 0.0, 0% **23.** $\frac{1}{2}$, 0.5, 50%
25. 5 **29.** Las respuestas pueden variar. Ejemplo: A, B, E, G, C, D, F

Repaso mixto **1.** 30 m **2.** 11 pies **3.** Todos tienen igual probabilidad. **4.** no

Vistazo a lo aprendido **1. a.** $\frac{1}{5}$, 0.2, 20% **b.** $\frac{3}{5}$, 0.6, 60% **c.** $\frac{2}{5}$, 0.4, 40% **d.** $\frac{4}{5}$, 0.8, 80% **2. a.** $\frac{7}{15}$ **b.** $\frac{8}{15}$ **c.** El juego parece ser justo, dado que las probabilidades se aproximan a $\frac{1}{2}$. **3.** D

10-5 (págs. 425–428)

Por tu cuenta **15.** 9 **17.** 40

Repaso mixto **1.** 1,485 **2.** 24,003 **3.** $\frac{1}{3}$ **4.** $\frac{4}{8} = \frac{1}{2}$ **5.** 580

10-6 (págs. 429–431)

Por tu cuenta **13.** Sí; la segunda vuelta es independiente de la primera. **15.** $\frac{9}{25}$ **17.** $\frac{1}{10}$
19. a. 2 **b.** 6 **c.** 12 **d.** 72 **21.** B

Repaso mixto **1.** (ángulo 45°) **2.** (ángulo 130°)

4. $\frac{1}{4}$ **5.** 10 **6.** 2

10-7 (págs. 432–434)

Por tu cuenta **15.** 120 **17. a.** 5,040 **b.** $\frac{1}{5,040}$
19. 5,040

Repaso mixto **1.** 17 **2.** 30 **3.** $\frac{1}{12}$ **4.** $\frac{1}{36}$
5. 28, 13

Vistazo a lo aprendido **1. a.**

A < Ca, Cr
R < Ca, Cr
Am < Ca, Cr

b. $\frac{1}{6}$

2. 12 **3.** $\frac{16}{49}$ **4.** 720

Práctica (pág. 435)

1. injusto **3.** $\frac{3}{5}$ **5.** $\frac{1}{2}$ **7.** $\frac{11}{12}$ **9.** $\frac{3}{4}$ **13.** 120 **15.** no **17.** sí **19.** 39,916,800

10-8 (págs. 436–439)

Por tu cuenta **13.** no; no **15.** Sí; es posible.
17. a. 47% **b.** unos 93

Repaso mixto **1.** 23 **2.** 21 **3.** 5,040 **4.** 24 **5.** 30

En conclusión (págs. 440–441)

1. a.

	1	2	3	4	5	6
1	2	3	4	5	6	7
2	3	4	5	6	7	8
3	4	5	6	7	8	9
4	5	6	7	8	9	10
5	6	7	8	9	10	11
6	7	8	9	10	11	12

2. a. $\frac{3}{10}$; $\frac{7}{10}$　**b.** injusto　**4.** $\frac{2}{9}$　**5. a.** $\frac{2}{11}$　**b.** 0　**c.** $\frac{5}{11}$

6. 240 autos　**7.** $\frac{15}{64}$　**8.** 120　**9.** No; no todos los muchachos de la escuela tienen la misma probabilidad de participar en la encuesta.

Preparación para el Capítulo 11　1. negativo **2.** positivo　**3.** negativo　**4.** positivo

Repaso general (pág. 445)
1. C　**2.** B　**3.** D　**4.** D　**5.** B　**6.** C　**7.** A　**8.** A **9.** B　**10.** D

CAPÍTULO 11

11-1 (págs. 449–452)
Por tu cuenta　25. Las respuestas pueden variar. Ejemplo: +210,000　**27. a.** auxiliar de maestro, cocinero, abogado, cajero de banco, mecanógrafo, agricultor　**29.** −3　**31.** −8　**33.** 8　**35.** 212 **37.** −2　**39.** −7　**41.** −89°C, −68°C, −63°C, −59°C, −33°C, −24°C, −22°C　**43.** −8　**45.** −6

Repaso mixto　1. $8\frac{5}{6}$　**2.** $1\frac{5}{24}$　**4.** 43%　**5.** 110

11-2 (págs. 453–454)
Por tu cuenta
15. −2　**17.** −6　**19. a.** de 64 maneras　**b.** −6, −5, −4, −3, −2, 1, 0, 1, 2, 3, 4, 5, 6

Repaso mixto　1. 60　**2.** 56　**3.** 4　**4.** −21

11-3 (págs. 455–458)
Por tu cuenta　21. −15　**23.** 0　**25.** 5　**27.** = **29.** =　**31.** A　**33.** −5 yd　**37.** −2　**39.** −3

Repaso mixto　1. −3　**2.** 5　**3.** 4 pulg : 20 pies **4.** 80 pulg²; 48 pulg

Vistazo a lo aprendido
1. <　**2.** >　**3.** <
4.
$-7\ -6\ -5\ -4\ -3\ -2\ -1\ \ 0\ \ 1\ \ 2\ \ 3\ \ 4\ \ 5$
5. 1　**6.** 6, −6
7. −5, 5　**8.** −2, 2　**9.** 8, −8　**10.** −5　**11.** 2 **12.** 0

11-4 (págs. 459–462)
Por tu cuenta　15. −5　**17.** 11　**19.** 9　**21.** = **23.** =　**25.** 6°C　**27.** 24°C　**29.** −5, −11, −17 **33.** −10　**35.** −6　**37.** 7:30 a.m.　**39.** 9:00 p.m.

Repaso mixto　1. positiva　**2.** positiva **3.** $2 \times 2 \times 3 \times 5$　**4.** $2 \times 2 \times 2 \times 5 \times 31$　**5.** 11

Práctica (pág. 463)
7. −12, −7, 1, 5　**9.** −76, −73, −72, 71, 72　**11.** 3 **13.** −6　**15.** >　**17.** >　**19.** 0　**21.** 5 **23.** Las respuestas pueden variar.　**25.** Las respuestas pueden variar.　**27.** −7　**29.** 0 **31.** −21　**33.** −6　**35.** >　**37.** = **39.** <　**41.** −5 yd

11-5 (págs. 464–466)
Por tu cuenta　13. 981 mi　**15.** $15.2 millones **17.** 2500　**19.** 50 mi　**21.** 5, 6, 7, 8, 9, 10, 11

Repaso mixto　1. 7　**2.** 2　**3.** 18%　**4.** 86%　**5.** 13 y 21

11-6 (págs. 467–470)
Por tu cuenta　21. I　**23.** III　**27.** Las estimaciones pueden variar.　**a.** unos 35°S, 65°O **b.** unos 20°S, 140°E　**33.** la alcaldía

Repaso mixto　1. insuficiente información **2.** 82°F　**3.** 0.45; $\frac{9}{20}$　**4.** 0.375; 37.5%　**5.** $\frac{16}{25}$

Práctica: Resolver problemas (pág. 471)
1. 300 m　**3.** 56%　**5.** $.44

11-7 (págs. 472–475)
Por tu cuenta　11. (−2, 4)　**13.** 3 unidades a la izquierda y 7 unidades hacia arriba　**15.** (4, −3) **17.** traslación; 4 unidades a la derecha, 3 unidades hacia arriba　**21. b.** un triángulo **c.** (2, 6), (8, 6), (4, 1)　**d.** 15 unidades cuadradas; 15 unidades cuadradas

Repaso mixto　1. IV　**2.** I　**3.** $.45　**4.** $6.80　**5.** 7

Vistazo a lo aprendido　1. 597　**2.** E　**3.** G　**4.** N **5.** A　**6.** (4, 2)　**7.** (4, −1)　**8.** (−3, −1)　**9.** (−1, 0) **10.** B　**11.** 128　**12.** 585　**13.** −1,996

11-8 (págs. 476–479)
Por tu cuenta　17. −7　**19.** 0　**21.** 47 **23. a.** lunes: $9; martes: $18; miércoles: −$9; jueves: $17; viernes: −$12; sábado: −$1; domingo: −$17　**25.** =B2 + C2; =B3 + C3; =B4 + C4; =B5 + C5　**27.** Balances 2: −$2,256; 3: $984; 4: $194; 5: −$1,196 Ingresos totales: $15,931; Gastos: −$18,205; Balance: −$2,274

Repaso mixto **1.** 1,092 **2.** 2,070 **3.** $A(-4, 5)$
$B(3, 9)$ $C(3, 5)$ **4.** $A(2, 1)$ $B(9, 5)$ $C(9, 1)$

En conclusión (págs. 480–481)

1. -7 **2. a.** 7 **b.** -1 **c.** 8 **d.** 14 **5.** > **6.** >
7. < **8.** < **9.** < **10.** -1 **11.** 3 **12.** 1 **13.** 2
14. 5 **15.** -7 **16.** 8 **17.** -10 **18.** C **19.** G
20. N **21.** A **22.** H **23.** K **24.** $(-3, -2)$
25. $(1, -3)$ **26.** $(0, -4)$ **27.** $(-2, 2)$ **28.** $(4, 0)$
29. $(-1, -4)$ **30. a.** $(-4, 1)$; $(1, 8)$; $(1, 1)$ **b.** Son
congruentes. **31. a.** enero: \$486, ganancias;
febrero: \$2,000, ganancias; marzo: $-\$266$,
pérdidas; abril: \$673, ganancias **b.** escala de
-500 a 2,000; intervalos de 500 **32.** a las
12:00 p.m.

Repaso general (pág. 485)

1. A **2.** C **3.** B **4.** C **5.** A **6.** D **7.** C **8.** B
9. C **10.** D

Práctica adicional 1 (pág. 486)

1. a.
```
              x
    x    x    x
    x    x    x   x
    x    x    x   x
    1    2    3   4
```
b. 2.5; 4

3.

núm	conteo	total
102						4
201			1
202			1
302			1
402				2

media: 213

mediana: 201

moda: 102

5. gráfica de barras **7.** gráfica circular
11. Mantle, Roberts y Ruth

Práctica adicional 2 (pág. 487)

1. Las respuestas pueden variar. Ejemplo:
$\angle BHC$, $\angle BHD$, $\angle CHD$ **3.** ejemplo: E, D, C
5. 180° **7.** 36° **9.** 112° **13.** equilátero
15. obtusángulo **17.** acutángulo
19.

Práctica adicional 3 (pág. 488)

1. 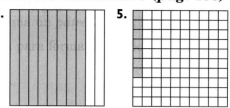 **5.**

7. ocho décimas **9.** treinta centésimas
11. treinta y tres, y cinco centésimas **13.** 0.57
15. 0.142 **17.** 9 décimas **19.** 9 centésimas **21.** 9
centésimas **23.** > **25.** = **27.** 5 **29.** 21 **31.** 5
33. 5 **35. a.** m **b.** cm **c.** km **37.** 2005

Práctica adicional 4 (pág. 489)

1. 28 **3.** 96 **5.** 7 **7.** 17 **9.** 18 **11.** 10 **13.** 45
15. 10 **17.** 546 **19.** 396 **21.** 0.0245 **23.** 0.237
25. 12 **27.** 0.04 **29.** 1.6 **31.** 8.6 **33.** No se sabe
qué tipo de boleto compró. No es preciso saber
cuánto cuestan los programas.

Práctica adicional 5 (pág. 490)

1. 256, 1,024, 4,096; empieza por el 1 y multiplica
por 4. **3.** 8.3, 10.3, 12.3; empieza por 0.3 y suma
2 al número anterior. **5.** 4, 7 **7.** 7, 4 **9.** 6
11. 195,312.5 **13.** 49 **15.** 40 **17.** $2p$ **19.** 7
21. 136 **23.** 17.8 **25.** 29.2 **27.** 200 **29.** 40,000

Práctica adicional 6 (pág. 491)

1. 52.25 pulg^2 **3.** 144 cm^2 **5.** 6 cm **7.** $C = 78$;
81.68; $A = 507$; 530.93 **9.** $C = 180$; 188.5;
$A = 2,700$; 2,827.43 **11. a.** prisma pentagonal
b. 7, 15, 10 **13.** prisma triangular; 72 unidades
cuadradas **15.** 4 triángulos, 4 cuadriláteros, 1
pentágono; 125 puntos

Práctica adicional 7 (pág. 492)

1. 1, 2, 3, 9 **3.** 1, 2, 3, 5, 9, 10 **5.** 1
7. compuesto **9.** primo **11.** primo **13.** 4 **15.** 8
17. 5 **19.** $\frac{4}{6}$, $\frac{6}{9}$; $0.\overline{6}$ **21.** $\frac{4}{10}$, $\frac{6}{15}$; 0.4 **23.** $\frac{2}{4}$, $\frac{3}{6}$; 0.5

25. $5, \frac{6}{7}$ **27.** $10, \frac{4}{5}$ **29.** $6, \frac{1}{10}$ **31.** $3\frac{1}{4}$ **33.** $1\frac{3}{7}$

35. $\frac{15}{8}$ **37.** $\frac{100}{9}$ **39.** $\frac{81}{8}$ **41.** 6; 531, 135, 351 y 513, 153, 315; sí

Práctica adicional 8 (pág. 493)

1. $\frac{5}{6}$ **3.** $\frac{5}{12}$ **5.** $\frac{57}{56}$ ó $1\frac{1}{56}$ **7.** $\frac{49}{6}$ ó $8\frac{1}{6}$ **9.** $\frac{142}{15}$ ó $9\frac{7}{15}$

11. $\frac{69}{12}$ ó $5\frac{3}{4}$ **13.** $\frac{1}{3}$ **15.** $\frac{228}{5}$ ó $45\frac{3}{5}$ **17.** 2 **19.** $\frac{32}{63}$

21. $\frac{2}{5}$ **23.** $\frac{45}{14}$ ó $3\frac{3}{14}$ **25.** 5 **27.** 1 **33.** $\frac{4}{3}$ **35.** 3

37. $\frac{3}{13}$ **41.** 60,000 mi

Práctica adicional 9 (pág. 494)

1. $\frac{1}{2}$ **3.** $\frac{1}{4}$ **5.** $\frac{1}{4}$ **7.** 128 **9.** 90 **11.** 2 **13.** 9 **15.** 60

17. 40% **19.** 90% **21.** 30% **23.** 6% **25.** 17%

27. 80% **29.** $\frac{33}{50}$ **31.** $\frac{6}{25}$ **33.** $\frac{14}{25}$ **35.** 0.7 **37.** 0.2

39. 0.6 **41.** 4 **43.** 17.5 **45.** $2.63 **47.** 90

49. $\frac{13}{20}$, 65%, 0.65

Práctica adicional 10 (pág. 495)

1. Sí, es justo. **3.** 0.4

5.

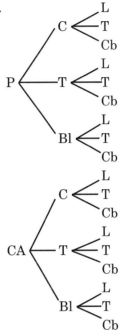

7. Sí, es posible.

Práctica adicional 11 (pág. 496)

1. $-7, -6, 6, 7$ **3.** $-7, 1, 15, 71$ **5.** < **7.** >
9. = **11.** > **13.** $(3, -3)$ **15.** $(-3, 3)$ **17.** G
19. I **21.** 3er cuadrante **23.** $(3, 3)$ **25.** 14
27. -125 **29.** escala: -35 hasta 25; intervalos:
5 ó 10 **31.** Marte: unas $10\frac{1}{2}$ veces; la Tierra:
20 veces

Agradecimientos

Cover Design
Martucci Studio and L. Christopher Valente

Front Cover Photo Martucci Studio

Back Cover Photo Ken O'Donoghue

Book Design DECODE, Inc.

Technical Illustration ANCO/Outlook

Illustration
Anco/OUTLOOK: 15, 118, 119, 121, 122, 128, 129, 130, 133, 141, 142, 145, 162, 200, 230 T, 231, 264, 265, 277, 287, 301, 302, 319, 325, 331, 332, 333, 336, 352, 365, 376, 380, 384, 412, 431, 433, 450, 456, 460, 464, 470, 476, 477, 478, 481, 484

Eliot Bergman: 195

Arnold Bombay: 28, 118, 172, 426,451

DECODE, Inc.: vii TL, viii TL, ix TL, x TL, xi TL, xii TL, xiii TL, xiv TL, xv TL, xvi TL, xvii TL, 2 TL, 34 B, 35 BL, 35 C, 35 TL, 40, 88 C, 89 C, 89 T, 92 Tl, 134, B, 135 BR, 135 T, 135, BL, 138 TR, 178 B, 179 B, 179 TL, 179 TL, 182 TL, 222 B, 223 CL, 223 CR, 223 T, 226 TL, 228, 268 B, 269 B, 269 CR, 269 T, 272 TL, 312 BR, 313, 313 B 313 C, 316 TL, 318, 356 B, 357 T, 357 TL, 360 TL, 380 TR 404 B, 405 T, 405, BR, 408 TL, 442 B, 443 C, 443 T, 446 TL, 482 B, 483 B 483 TL, 483 TR

Jim DeLapine: 41, 47, 54, 99, 279, 288

Donald Doyle: 384

Horizon Design/John Sanderson: 229, 230 B, 329, 462

Dave Joly: 455, 457

Rick Lovell: viii TR, 38–39, 126, 205

Scott MacNEILL: 21, 164, 174, 397, 398, 413, 461

Steve Moscowitz: 63, 73, 78, 275, 292, 338, 364

Matthew Pippin: 242, 256, 259, 400, 411, 422

Precision Graphics: vii TR, x TR, xi TR, xiii TR, xy TR, xvi TR, xvii TR, 2–3, 138 C, 139 L, 182&183, 272–273, 274, 317, 361, 408–409, 409T, 446–447, 447 T

Pat Rossi: 25, 100, 186, 199, 212, 337

Schneck-DePippo Graphics: 59, 75, 82, 84, 208

Schneck-DePippo Graphics and Anco/OUTLOOK: 49, 59, 75, 185, 187, 196, 201, 202, 210

Ned Shaw: xv B, 13, 105, 112, 113, 173, 200, 219, 241, 280, 289, 377, 378, 392

DAYS OF THUNDER™, 299; drawing courtesy of Paramount Parks, TM and © 1994 Paramount Pictures.

Photography
Front Matter: i, ii, iii, Martucci Studio; **iv–v,** Bill DeSimone Photography; **vii BL,** C.C. Lockwood/Cactus Productions; **viii TR,** Josef Beck/FPG; **ix TR,** PH Photo; **x L,** Lee Celano/Sipa Press; **xii L,** R. Ian Lloyd/ Stock Market; **xii TR,** Steve Greenberg Photography; **xiv TR,** Mike Powell/Allsport; **xiv L,** William R. Sallaz/duomo; **xvi L,** PH Photo.

Chapter One: 4, Ken O'Donoghue; **7,** Courtesy, The Franklin D. Roosevelt Library; **9,** Museum of the American Indian; **12,** C.C. Lockwood/Cactus Clyde Productions; **16,** Dan McCoy/Rainbow; **17,** The Metropolitan Museum of Art, Rogers Fund, 1903, Photograph by Schecter Lee; **18,** Russ Lappa; **19,** Carol Halebian/The Gamma Liaison Network; **23,** Bob Burch/Bruce Coleman, Inc.; **30,** A. Tannenbaum/Sygma; **31,** Christopher Brown/Stock Boston; **35,** David Young-Wolf/PhotoEdit.

Chapter Two: 43, Steven E. Sutton/© duomo; **45,** Ken O'Donoghue; **46,** S. N. Nielsen/Bruce Coleman, Inc.; **50, Courtesy, Jay E. Frick; 55,** Rob Crandall/ Stock Boston; **57,** Ken O'Donoghue; **58 both,** The Granger Collection; **59,** Dr. Jeremy Burgess/Science Photo Library/Photo Researchers, Inc.; **60,** © Staller Studios; **61,** Raphael Gaillarde/Gamma Liaison; **65,** Josef Beck/FPG International; **70,** Bryce Flynn/Stock Boston; **71,** J. Messerschmidt/Bruce Coleman, Inc.; **74,** John Shaw/Bruce Coleman, Inc.; **75,** © Boltin Picture Library; **77,** Philippe Sion/The Image Bank; **81,** The Granger Collection; **82,** Reproduced with permission from *Geometry in Our World;* **85,** Courtesy, Roma Tile Company, Watertown, MA., photo by Ken O'Donoghue; **89,** Sybil Shackman/Monkmeyer Press.

Chapter Three: 92 BL, Annie Hunter; **92,** Courtesy, Prentice Hall; **94,** Ken O'Donoghue; **96,** Photo by Gary Gengozian, Fort Payne, AL.; **102,** Louis Goldman/ Photo Researchers, Inc.; **107, 109,** The Granger Collection; **111,** © Jerry Jacka Photography; **114,** Courtesy, Paramount's Great America; **115,** The National Museum of Photography, Film & Television/The Science Museum; **116,** Ken Levine/Allsport; **117,** UPI/ Bettmann; **120,** Paula Friedland; **122,** Robb Kendrick/ National Geographic Society; **125,** Bob Daemmrich/The Image Works; **128,** Lawrence Migdale; **130,** Courtesy, Evin Demirel; **131,** © NASA (Dan McCoy)Rainbow; **132,** Annie Hunter.

Chapter Four: 140, Mark Thayer; **143,** D. Mainzer Photography, Inc.; **144,** Richard Hutchings/Photo Researchers, Inc.; **146,** Willie Hill, Jr./Stock Boston; **148,** The Bettmann Archive; **150,** Arthur Grace/Stock Boston; **152,** The Granger Collection; **153,** Derek Berwin/ The Image Bank; **155,** Richard J. Green/Photo Researchers, Inc.; **158,** Lee Celano/Sipa Press; **159,** Hans Reinhard/Bruce Coleman, Inc.; **161,** Bob Daemmrich/Stock Boston; **164,** $obert Maier/Animals Animals; **169,** Courtesy, Ringling Brothers, Barn um and Bailey; **171 L,** © M.M. Heaton; **171 R,** The Granger Collection; **174,** Courtesy, Justin Rankin; **175,** Ken O'Donoghue; **179,** Tony Freeman/PhotoEdit.

Chapter Five: **184,** David Young-Wolff/PhotoEdit; **186,** The Science Museum; **187,** ESA/Phototake; **188,** The Science Museum, London; **190,** Courtesy, Katherine Shell; **191 both,** Lee Boltin; **192,** Kindra Clineff; **193,** The Granger Collection; **198,** Mary Evans Picture Library; **199,** Wolfgang Kaehler; **204,** Peter Morenus/ Cornell University Photo; **208,** Lon Photography/NFL Photos; **209,** Rosanne Olson; **214,** Association for Women in Mathematics; **216 both,** Mark Greenberg/Visions; **218,** UPI/Bettmann; **223,** Bob Daemmrich/The Image Works.

Chapter Six: **229,** Steve Greenberg, **232,** Solomon D. Butcher Collection/Nebraska State Historical Society; **233,** The Bettmann Archive; **234,** Comstock; **236,** R. Ian Lloyd/TSM; **238,** V. Wilkinson/Valan Photos; **239,** Abe Frajndlich/Sygma; **245,** Mary Evans Picture Library; **247,** Jock Montgomery/Bruce Coleman, Inc., **249,** Museo de Antropología, Mexico City, Mexico/Superstock; **251 L,** Hazal Hankin/Stock Boston; **251 R,** Kunio Owaki/The Stock Market; **252,** J. Messerschmidt/The Stock Market, **253 TL,** Gordon R. Gainer/The Stock Market; **253 TR,** Bill Gallery/Stock Boston; **253 BL,** Halle Flygare Photos LTD/Bruce Coleman, Inc.; **253 BR,** Peter Campbell/The Bettmann Archive; **254 T,** Rene Burri/Magnum Photos; **254 B,** Courtesy, Jane Broussard; **255,** Laurence Gould - Oxford Scientific Films/Earth Scenes; **258,** Debra P. Hershkowitz/Bruce Coleman, Inc.; **260,** Annie Hunter; **264,** Mike Moreland/Custom Medical Stock Photo; **268,** Lawrence Migdale/Stock Boston.

Chapter Seven: **275,** Norman Owen Tomalin/Bruce Coleman, Inc.; **276,** Scala/Art Resource; **282,** Ken O'Donoghue; **283,** E. Adams/Sygma; **286,** Kent Wood/Peter Arnold, Inc.; **290,** T. Campion/Sygma; **294,** Eddie Hironaka/The Image Bank; **297,** CNRI/Science Photo Library/ Photo Researchres, Inc.; **198,** Courtesy, Stephen Hore; **305,** NASA; **308,** AP Photo/Wide World; **309,** Emerson/ NARAS/Sygma; **312,** David R. Frazier/Photo Researchers, Inc.

Chapter Eight: **316,** Mike Powell/Allsport; **320,** Jim Gund/Allsport; **321,** Wendell Metzen/Bruce Coleman, Inc.; **323,** Ken O'Donoghue; **325,** Jean-Pierre/

Sygma; **328,** E.R. Degginger/Bruce Coleman, Inc.; **330,** William R. Sallaz/© duomo; **335,** K&K Ammann/Bruce Coleman, Inc.; **336,** Lynne M. Stone/Bruce Coleman, Inc.; **339,** The Granger Collection; **344,** Bruce Roberts/ Photo Researchers, Inc.; **347,** © duomo; **348,** David p-Madison/Bruce Coleman, Inc.; **351,** James P. McCoy Photography; **352,** Courtesy, Lisa Mollmann; **353,** Norvia Behling/Animals Animals; **354,** Mike Powell/Allsport; **357,** PhotoEdit.

Chapter Nine: **360,** Victah Sailer/Agence Shot; **366,** Mitchell Layton/© duomo; **367,** Darek Karp/Animals Animals; **369,** Mike James/Photo Researchers, Inc.; **370,** Ken O'Donoghue; **371,** The Granger Collection; **372,** Bjorn Bolstad/Photo Researchers, Inc.; **383,** George Goodwin/Monkmeyer Press; **387,** Tom McHugh/Photo Researchers, Inc.; **388,** Michael Simpson/FPG International; **395,** Ken O'Donoghue; **402,** Victah Sailer/Agence Shot; **405,** David Young-Wolf/Photo Edit.

Chapter Ten: **410,** Keith Kent/Science Photo Library/ Photo Researchers, Inc.; **416,** Mik Dakin/Bruce Coleman, Inc.; **419,** Fred Lyon/Photo Researchers, Inc.; **421,** Ken O'Donoghue; **424,** J. David Taylor/Bruce Coleman, Inc.; **425,** Kevin Larkin/AP/Wide World Photos; **427,** Tony Freeman/PhotoEdit; **432,** Rhoda Sidney/Stock Boston; **434,** David Madison/© duomo; **437,** UPI/Bettmann; **438,** Russ Lappa; **439,** Thomas Kitchin/Tom Stack & Associates; **443,** Jock Montgomery/Bruce Coleman, Inc.

Chapter Eleven: **449,** AP/Wide World Photos; **450,** Dan Helms/© duomo; **452,** David Madison/© duomo; **459,** Sportschrome East/West; **460,** The Granger Collection; **465,** Denis Cahil/The St. Catharines Standard; **466,** Courtesy, The Kon-Tiki Museum, Oslo; **469,** Courtesy, The First Church of Christ Scientist; **472,** C. V. Faint/The Image Bank; **478,** Courtesy, Janna Mendoza; **479,** Gregory MacNicol/Photo Researchers, Inc.; **482,** Mary Mate Denny/PhotoEdit.

Photo Research Toni Michaels

Contributing Author Paul Curtis, Hollis Public Schools, Hollis NH

Editorial, Design, and Electronic Prepress Production for the Teaching Resources
The Wheetley Company

Editorial Services for the Teacher's Edition
Publishers Resource Group, Inc.

Editorial, Design, and Production Services for the Spanish Edition of the Student Textbooks
The Hampton-Brown Company